建筑规范运用手册

蒋靖生　编著

上海科学技术出版社

图书在版编目(CIP)数据

建筑规范运用手册 / 蒋靖生编著. —上海：上海
科学技术出版社，2014.8
ISBN 978 - 7 - 5478 - 2306 - 4

Ⅰ.①建⋯ Ⅱ.①蒋⋯ Ⅲ.①建筑规范—技术手册
Ⅳ.①TU202 - 62

中国版本图书馆 CIP 数据核字(2014)第 145229 号

建筑规范运用手册

蒋靖生　编著

上海世纪出版股份有限公司
上 海 科 学 技 术 出 版 社　出版
(上海钦州南路 71 号　邮政编码 200235)

上海世纪出版股份有限公司发行中心发行
200001　上海福建中路 193 号　www.ewen.cc
苏州望电印刷有限公司印刷
开本　889×1194　1/16　印张：24.75　插页：4
字数：630 千字
2014 年 8 月第 1 版　2014 年 8 月第 1 次印刷
ISBN 978 - 7 - 5478 - 2306 - 4/TU・193
定价：98.00 元

内容提要

本书系作者作为建筑师从业数十年的经验和心血结晶,是为了解决工作中的实际问题,从规范到构造,把有关建筑设计的规范、政策法令乃至图集,摘录提炼,分门别类加以整理,进行横向和纵向不同方向的梳理,试图帮助读者通过非常规的思路和另一种秩序的安排,加深对于规范的理解,提高记忆的能力和工作效力。有些规范条文,作者还根据实践工作经验作了批注和点评,对读者有相当大的参考价值。

本书适合建筑设计师参考阅读,对于刚从学校毕业、踏上工作岗位的新建筑师,能帮助他们从比较理论的课程设计奔向实在的工程设计,帮助他们了解和熟悉繁琐的规范,避免漫无目的的寻找;对于业务骨干,能帮助他们节省时间、提高工作效能;对于房产商、律师、业主……每一个想了解建筑法规的人,浏览本手册,也许都会有所帮助。

本手册从私人笔记脱胎而成,不是论文,不是规范,是为了解决工作中的实际问题,从规范到构造,把有关建筑设计的规范政策法令乃至图集,摘录提炼,分门别类加以整理,进行横向和纵向不同方向的梳理,试图帮助本人,也可帮助读者诸君,通过非常规的思路和另一种秩序的安排,加深对于规范的理解,提高记忆的能力和工作效力。有些地方,还会出现个人对一些问题的理解,不一定完全对,供读者参考。

既然是笔记,体裁和叙事的方式就比较灵活,遵守不了一般的规矩,不能以一般规矩来要求形式上的中规中矩。为了特定目的,视需要与可能,说话或长或短,长的详细说,短的只有主语和地点状语,请读者诸君在阅读本手册时注意。随着信息量增加,到了一定程度,使用什么查找的方法,可能是比信息本身更为重要而又难以解决的问题。本手册力求信息全面,寻找方便,采取交叉查找法,以提高命中率。同一信息既属于甲,又属于乙,就两方面都安排。比如最小梯宽,既能从5.9.5最小梯宽一节时查到,也可从6.5.4地下营业厅中查到地下营业厅的最小梯宽,还可以从综合表格中查到。又如节能限制的材料,既可从"材料禁忌"找到,也可以从"节能"中找到。同一问题可从不同切入点找到答案,避免了一般规范条文的单一性。这个方法,大大地体现了笔记体裁灵活的特点。这样做,每个问题都可一次说得比较全面,减少遗漏,减少来回查找的次数。同时,还会根据笔者的经验把一些相关的内容编进去,比如说到消防控制室,就把常见的商场地下车库、锅炉房设置自动控制和喷淋的要求联系起来放在一起,给实际工作带来方便。

本手册因此也有了它区别于一般规范和法令的最根本特点,它能反映相关规范和法令之间的交叉情况,或相同,或相似,或矛盾,或相关,提供诸君判别。

中国是当今世界最大的建筑市场,而上海又是中国最大最活跃的建筑市场,本手册为了适应这种情况,搜罗了上海有关的地方法令法规。苏、浙、鲁是上海的近邻,其间交流多多,适当摘录它们的重要规范以备用。尤其是江苏,我常会把江苏的规范同上海的放在一起作比较。

本人还致力于规范运用的工具化,制作了一些图表供参考。虽然是种尝试,但在本人近几年的实践中,证明它们确实是有用的。

本手册最适合刚从学校毕业,才踏上工作岗位没几年的新同行们,他们知道一些规范要求,但离开全面了解规范还有一段距离。本手册可以帮助他们从比较理论的课程设计奔向实在的工程设计,帮助他们了解和熟悉繁琐的规范，避免漫无目的的寻找。对于业务骨干，他们已经熟悉规范，如果能帮助他们节省时间、提高一点效率，就更好了。对于经验丰富而且记忆力强的老同行们，似乎多此一举。至于其他人，房产商、律师、业主……每一位想了解建筑法规的人，浏览本手册，也许都会有所帮助。其实，本手册的最大作用还是帮助像本人一样对什么事情都只知大概的人，能在最短的时间里找到确定的答案，解决记忆力与经验之间的矛盾。也许，我很难保证它对别人有多大的用处，但对本人而言，工作的时候，它是一条"猎犬"、一只"看门狗"，帮我搜索，替我看守。

受古文典籍的启发，在句子中会用不同的字体表达不同的内容。例如："低规 5.3.6 5.3.12.3：地下房间面积＜50 m²，人数＜15 人，可设一个门。"其中楷体字表示一个规范的简称，宋体字为这个规范的内容摘要（有时候是原文摘录）；规范的条款编号上有删除线的，表示此规范前后不同版本的章节号（笔者后来的经验表明，这样做有些费事，不如在每个规范之前加上出版年份，以表示不同版本，比如 03 技措、09 技措，即 2003 年、2009 年技措的不同版本，这样反而清楚明白，操作也简单）。因为工程建筑的使用历经数年数十年，可能遵守同一规范的不同版本，这样做的目的在于留下历史的足迹，给解释同一内容不同做法带来方便。表明信息来源其实更有利于辨别正误，一旦有疑问一查就明白。再如："【高规 4.3.4】消防车道距高层建筑物外墙宜大于 5.0 m"，像"【高规 4.3.4】"这样用黑月牙号括起来的，表示直接引用《高层民用建筑设计防火规范》中的 4.3.4 条原文，以供参考。这样做，免得读者一本一本去寻找原来的规范，节省一点时间。当然直接引用原文只能拣主要的，不可能全都如此。还有一些属本人附带说明，则标明提示或以笔者注的形式出现，以分清主次。因为仅是一家之言，难免失误，请读者指正。

最后，要作以下声明：

（1）本手册不是规范，工作时一律以规范为准。事实上，笔者只能给读者提供一个思考的方向，关键时刻往往还要回到规范，仔细体会规范的说法，也只有这样，才能做到逐步熟悉和掌握规范。

（2）规范时有修改，本手册希望能跟上最新规范，及时补充修改。敬请诸位关心版本更新。

（3）本手册实用第一，对于应付各类考试一无用处，绝不能用它作为考试的参考资料。

（4）画设计图，包括两个方面：画图和修正。了解规范规定是根本，笔者能给读者的帮助，也仅仅如此而已。画完图之后的校对和修改，要发现图纸中有哪些错漏空缺，这可实在是门精细艺术。要做到全面而不顾此失彼，相当困难，只有靠读者自己长期努力积累经验，别无他法。

（5）尽管本人以极大的耐心校对，但在实际使用中，漏网之鱼还是经常发现，十分无奈，这也是我数度推迟本手册与公众见面的原因之一。无奈之余，希望得到谅解，并诚恳欢迎大家指正。另外，文中一些个人的想法属一家之言，往往会自以为是，实质上可能偏激乃至错误，请读者在独立思考后决定取舍。

蒋靖生

本书取名为《建筑规范运用手册》，但是是以笔记体形式编写的，笔者认为很有必要解释一下，也许能帮助读者比较快地进入角色，理解我在书中讲些什么。

通常来讲，写书是给别人看的，可是本书在出版之前，是专给本人自己看的，是我平时，为了工作方便，自编自用的一本密切结合工作的手册。

既然如此，待到准备出版本书的今天，回过头来看一下，静下心来想一下，确实存在以下几方面问题：

（1）上下文连贯的逻辑性不够强，这是我早期就意识到的。虽然如此，我也觉得似乎是一定会产生的。因为一般的规范法令最忌讳重复。事成之前，会仔细斟酌其顺序段落，以免重复。这本书产生的过程并不是这样的，因为是笔记，内容是逐渐慢慢地增加的，经过漫长的十几年增补方才形成的，这样有时难免逻辑性差。所谓逻辑性，在叙说过程中，无非体现一种秩序，总包分、大包小、先主后次、先直接后间接、先近后远或先远后近等。但是，在我整理规范时，既要讲规范，又不能完全是规范，如果完全和规范一样，就会太冗长。另外，我在讲一个事情时，非但要说明应当遵守什么规范哪一条，更多地把不同规范对同一事情的各自的要求，有相同的、相似的，甚至相反的都写出来。在表达这些内容时，往往还附带本人的看法、认识，以及在日常工作怎么处理的方法等。这样写法，就很难和规范一样秩序井然、逻辑性很强。这是必然的。可能，和这个缺点同时并存的恰恰是本书的特色。

（2）另一个逻辑性差表现在文句的表达上。一般规范表达起来，主语谓语宾语状语，样样都有，排列顺序合乎语文法则，一副正经面孔。但是我的书也是这样写的话，费事费时又不合乎我的叙述规律，只得舍弃。我是这样写书的：一本新规范来了，先认真读上几遍，弄懂意思后，用自己口语化通俗化的语句，用手写的方法记下笔记，再把它打入电脑。对某一问题写出综合性笔记之后，马上把它拆分，补充到相关方面的内容中去。

（3）定位性差，目前只能定位到某一内容，其实，下面还有更具体的细节，这些更具体的细节就没法定位了，只有靠读者诸君平时去熟悉了，这样就影响效率。

为什么要这样做？这样做有什么利弊？

一个人处理问题，高明不高明，关键之一在于有没有联系的能力。我在把每种规范的综合笔记写出之后，马上把它拆分，补充到相关方面的内容中去，就是为了这个目的，把相联系的各种因素放在一起。经过长时间的积累,罗列的因素多了,这种联系的能力也就强了。同时,从记忆方面来说,记忆的能力也由此增强了。这是有利之处。这样补充的做法,很难做到很强的逻辑性,只能是大体上合理,但解决了"互相联系"的主要矛盾。

(4) 我的书,首先是给我本人看的(几乎天天看,看了好几年)。所以,说话的口气口语化通俗化,内容往往掐头去尾,只挑最最重要的关键部位,我自己一看就能明白。但是,出版之后,阅读的对象变了。一般读者刚开始读这本书的时候,一时会感到很不习惯,甚至会不太明白。为此最近我做了一次试验,结果证明,确实有可能存在这个问题,但只要是做过建筑设计的人都表示能明白我的意思,只是程度不同而已。我相信,只要陌生期一过,就能克服这种困难。

当大家熟悉本人的特殊表达方法之后,说不定会体会到其中的好处,比规范叙说明白易懂,抓住要害。而且,因为有比较,容易深入理解条文内容并了解其间的差别。

(5) 大家知道明代有个大剧作家汤显祖,看他的《牡丹亭》剧本,它既要表达唱词,又要表达道白;既要表达曲调,又要表达人物是谁出场,还要表达人物的动作,非常复杂。作者巧妙地利用大中小不同字体有机结合,合理明白连续地解决了同时表达多种内容的矛盾。我就是学习他的技巧,把它运用到我的书中。用宋体字表达条文内容(口语化通俗化),用楷体字表达这个条文引自什么规范哪一条。作为日常工作中的校对人审图人的我,常常面临的不仅仅是告诉提问人某个结果(某个规定),还要告诉他这个规定的出处,这两个方面是否吻合? 是错是对,马上可以查对,一查就明白。如果我说错了,立刻可以更正。这是一般规范没法办到的,因为他们只讲规定内容不讲出处,无法查对,更不要说同一内容的不同说法了。而本手册既表达内容又表达出处,这恰恰是本书的特色,也是提高工作效率的关键因素之一。

宋体字通常为规范条文内容,楷体字则表示这条规范的出处(即规范的条目)。规范出处有时在前面,有时在后面,甚至在中间,这内容和规范条目相结合到哪里为止,看句号位置。有时,在规范出处的前后有箭头号"→",表示牵涉、包含、推论等间接引用情况,因为有些问题是没有直接答案的。有时,笔者还往往在某章节的开头作一些提示;还有笔者对某一问题的看法,或是例子的解释。至于有时要直接引用某规范内容,用【 】符号表示,如【高规 6.2.8】即后面为《高层民用建筑防火设计规范》6.2.8 条。

能否用别的方法,比如表格来表达本书的内容,大概可以。但是,又不尽然。表格有表格的优点,用来表达互相比较的内容,特别明白,所以书中有不少表格。如果所有内容全都用表格,时时处处看到的都是一副面孔,会引起视力疲劳,降低工作效率。况且有不少内容不一定适合用表格来表达,甚至是不可能的。比如一段话,表达一个有相互比较情况的概念,中间会牵涉几个规范,如果把它表格化,分成几个格子,意思就不能连贯。具体如 5.9.17 管道井一节开头的提示:"关于管道井的位置,高规和低规都没有明文规定(因此对于公建的管井,放在何处,小心为妙)。除住宅外,一般公建是不允许将管道井设在楼梯间内及其前室内的(住宅指南 5.4/高规 7.4.2 说明/高规 7.4.3 说明)。只有《上标》明确说住宅管道井可在前室或楼梯间内(上标 5.4.2)。住法 9.4.3.4:住宅管井可以设在前室或合用前室内(检修门 FM 丙),其他建筑物的防烟楼梯间及其前室内不允许开设疏散门以外的开口(低规 7.4.3)。具体工作中要分清不同地区不同性质建筑选用不同规范。另外,《通则》说管道井宜在每层靠公共走道的一侧设检修门(通则 6.14.2)。《住法》也对住宅建筑中电缆井设在防烟楼梯前室和合用前室的做法认可(住法 9.4.3.4 说明)。江苏水管井可在楼梯间,电管井可在前室(苏标 8.5.4/8.5)。"这个仅仅 8 行的一小段,把它表格化,要分成多少格才行。即使这样做了,与我要表达的意思也不相符了。

总起来说,书中大体上包括下列内容:

(1) 目录,读者可以由此了解建筑规范的全称和简称,最新版本。

（2）提示，提醒注意事项。

（3）规范条文，通俗化、口语化地叙说规范条文内容（宋体字），在其前或其后或中间用楷体字表示根据什么规范哪一条。由于版本更新频繁，规范条文索引更改常常顾此失彼。发现条文索引不对的，请查一查上一版本，或许就对了。

（4）直接引用规范条文，其前用【　】符号表示，如【高规 6.2.8】，即直接引用规范条文高规 6.2.8 条。有时会用箭头号"→"表示间接、包含、牵涉、推论等关系，如独立变电站与甲、乙类厂房的防火间距为 25.0 m（低规 3.4.11→低规 3.4.1），表示这条规定引自"低规 3.4.11"，并且与"低规 3.4.1"有关。

（5）举例。

（6）审校提纲，对各类建筑设计应当注意规范内容加以综合，无论笔者本人或一般设计人作查询应当会很有用处。

（7）图表，本书中有不少图表，如 7.1 各类建筑防火综合表、7.2 总图配套用房与相邻建筑相互间距表、7.9 居住建筑离界距离及相互间距图解、7.10 建筑相互间距表等，会对各位读者提高工作效率有莫大帮助。比如，设计上海的小区平面，相互间距是一个必不可少的环节，你要是去查规定，相当费事。我把它制成表格，无非南北平行、东西平行、互相垂直，居住或公建几种交互情况，制成表格三张纸解决问题。主体建筑相互间距决定之后，利用"总图配套用房与相邻建筑相互间距表"决定配套用房位置，一张总图就大体完成了……

"7.10 建筑相互间距表"的用法，以上海南北平行建筑为例。看右下侧小图图示，所有南北平行建筑不外乎四种情况，居住建筑同居住建筑、居住建筑同非居住建筑、非居住建筑同居住建筑、非居住建筑同非居住建筑，分别在第 2、第 3、第 1、第 4 象限。每一种大的情况，又分为低层、多层和高层三种可能。就是说，上海南北相互平行建筑布置，无论居住建筑同非居住建筑，一共有 3×3×4＝36 种可能。依据不同安排，到四个象限中的一个，总能找到答案。比如，求证北面多层居住建筑南面高层非居住建筑两者之间的规划间距，在第 3 象限中找到答案有两个：① 1.0～1.2H_S（南面建筑高度），满足这个间距不必进行日照分析，其根据是上海规划条例解释 23（一）1 条；② 0.5H_S（南面建筑高度），同时 ≥24.0～30.0 m，满足这个间距之后还要进行日照分析，其根据为上海规划条例解释 27（二）1 条。其他情况同样方法类推。

还有一点要说明，做建筑设计或讲规范，少不了"单位"，诸如长度单位、高度单位、人口密度单位、传热系数的单位、电压的单位等，为了节省时间精力，本手册常常省略"单位"，读者可从一般意义上去理解，不会影响你对规范的理解。不能钻牛角尖，如果一律要求写出"单位"，则因小失大，会把宝贵的精力白白浪费了。

希望上文能对各位读者理解本书内容有所帮助。

蒋靖生

目 录

1 参考文献和建筑规范全称简称对照

为节约时间而又便于记忆,在本书中编者对参考文献和各类建筑规范大量使用简称代替全名,如"技措"即是《全国民用建筑工程设计技术措施/规划·建筑·景观》,"低规"即是《建筑设计防火规范》,"通则"即是《民用建筑设计通则》,等等。

文献和规范类别	文献和规范简称	文 献 和 规 范 全 称	标准号或文号、年份、编著者、出版者
防火类	高规	高层民用建筑设计防火规范	GB 50045—95,2005 年版
	低规	建筑设计防火规范	GB 50016—2006
	下规	人民防空工程设计防火规范	GB 50098—2009
		平战结合人民防空工程设计规程	DBJ 08—49—96
	防规	人民防空地下室设计规范	GB 50038—2005
	装规	建筑内部装修设计防火规范	GB 50222—95
	污规	民用建筑工程室内环境污染控制规范	GB 50325—2001,2006 年版
	烟规	建筑防排烟技术规程	DGJ 08—88—2006
	汽火规	汽车库修车库停车库设计防火规范	GB 50067—97
		中国消防手册 第三卷 消防规划·公共消防设施·建筑防火设计	上海科学技术出版社 2006 年版
	苏商规	江苏商业建筑设计防火规范	DGJ 32/J67—2008
	渝商规	重庆市大型商业建筑设计防火规范	DBJ 50—054—2006
		重庆市坡地高层民用建筑设计防火规范	2004
		上海《城市煤气、天然气管道工程技术规程》 参考:上海市消防局沪消(防)[1999]133 号文,2001 年 8 月 1 日停止执行 参考:DGS 08—88—2000《民用建筑防排烟排技术规程》(烟规),2006 年 4 月 1 日停止执行 参考:《厂房库房集市贸易批发市场排烟系统防火设计要求》,沪消发(2002)174 号	J10472—2004
综合类、节能类		工程建设标准强制性条文(房屋建筑部分)	2002
	技措	全国民用建筑工程设计技术措施/规划·建筑·景观	2009
	通则	民用建筑设计通则	GB 50532—2005
	面规	建筑工程建筑面积计算规范	GB/T 50353—2005
		图释建筑工程建筑面积计算规范	中国建筑工程造价管理协会编
	深规	建筑工程设计文件编制深度规定	建设部,2008 年 11 月
		上海《建筑工程设计文件编制深度规定》	DBJ 08—64—97
	残规	城市道路和建筑物无障碍设计规范	JGJ 50—2001
		方便残疾人使用的城市道路和建筑物	JGJ 50—88

(续表)

文献和规范类别	文献和规范简称	文 献 和 规 范 全 称	标准号或文号、年份、编著者、出版者
综合类、节能类	上残	无障碍设施设计标准	JI 0264—2003
	厕标	城市公共厕所设计标准	CJJ 19—2005
	上厕标	城市公共厕所规划和设计标准	DG/TJ 08—401—2007
	厂规	工业企业总平面设计规范	GB 50—187—93
	木规	木结构设计规范(其中包括木结构建筑防火)	GB 50005—2003
	问题分析	民用建筑工程设计常见问题分析及图示	05SJ807
	节能专篇	全国民用建筑工程技术措施节能专篇/建筑	2007
		夏热冬冷地区居住建筑节能设计标准	JG 134—2010
	节技规	住宅建筑围护结构节能应用技术规程	JI 0186—2002
	公节	公共建筑节能标准	GB 50189—2005
		既有建筑节能改造技术规程	GB/TJ—2010—2005
	上节标	居住建筑节能设计标准	DG/TJ 08—205—2009
		CR 聚氨酯硬泡体防水保温工程技术规程	DBJ/CT 017—2002
分类建筑规范	住法	住宅建筑规范	GB 50368—2005
	住规	住宅设计规范 (参考:该规范 1999 年版)	GB 50096—2011,2012 年 8 月 1 日起实施
	上标	住宅设计标准 (参考:《住宅设计标准应用指南》) (参考:DBJ 08—20—98《住宅设计标准[局部修订]》,2001 年 8 月 1 日停止执行)	DGJ 08—20—2007
	苏标	江苏省住宅设计标准	DGJ 32/J26—2006
	上村标	郊区中心村住宅设计标准	DGJ 08—2015—2007
	宿规	宿舍建筑设计规范	JGJ 36—2005
	汽规	汽车库建筑设计规范	JGJ 100—98
	上交标	建筑工程交通设计及停车库(场)设置标准	DGJ 08—7—2006
	车库环规	机动车停车库(场)环境保护设计规程	DGJ 08—98—2002
		机动式停车库(场)设计规程	DGJ 08—60—2006
		城市居住区交通组织与设计规程	DG/TJ 08—2027—2007
	上垃	小型压缩式生活垃圾收集站设置标准	DG/TJ 08—402—2000
	商规	商店建筑设计规范	JGJ 48—88
	老规	老年人建筑设计规范	JGJ 122—99
	国校规	中小学建筑设计规范	GBJ 99—86
	国舍标	城市普通中小学校校舍建设标准	2002
		上海市标《中小学建设标准试行》	DBJ 08—12—90
	上校标	上海市标"普通中小学建设标准"	DG/TJ 08—12—200,JI0355—2004
	上幼标	上海市标"幼儿园建设标准"	DG/TJ 08—45—2005
	饮标	上海市标"饮食行业环境保护设计规程"	DGJ 08—110—2004
	幼规	托儿所幼儿园建筑设计规范	JGJ 39—87

(续表)

文献和规范类别	文献和规范简称	文 献 和 规 范 全 称	标准号或文号、年份、编著者、出版者
分类建筑规范	体规	体育建筑设计规范	JGJ 30—2003
	办规	办公建筑设计规范	JGJ 67—2006
	锅规	民用建筑锅炉房设置规定(局部修订)	DBJ 08—73—2002
	影规	电影院建筑设计规范	JGJ 58—2008
	防规	人民防空地下室设计规范	GB 50038—2005
规划	国规	城市居住区规划设计规范 (参考：GB 50180—93《城市居住区规划设计规范》)	GB 50180—93,2002 年版
		工程建设标准强制性条文/城乡规划部分	
		城市道路绿化规划与设计规范	CJJ 95—97
		城市用地竖向规划规范	CJJ 83—99
		上海市城市管理技术规定	2003.11
		城市居住地区和居住区公共服务设施设置标准	DGJ 08—55—2006
		建筑工程交通设计及停车库设置标准	DBJ 08—7—2006
		城市居住区交通组织与设计规程	DG/TJ 08—2027—2007
	上规	上海市城市规划管理技术规定	2007 修订版(含应用解释)
	上服标	城市居住地区和居住区公共服务设施设置标准 (参考：该规程 1996 年版和 2002 年版)	DGJ 08—55—2006 (J10768—2006)(上海)
	厂规	工业企业总平面设计规范	GB 50—187—93
	苏规	江苏省城市规划管理技术规定	
政府行政法令	大办	关于建筑工程消防设计审核若干问题的处理意见	沪消字(2001)4 号
		关于进一步严格控制党政机关办公楼等楼堂馆所建设问题的通知	中办发(2007)11 号
		党政机关办公用房建筑标准的通知	计投资(1999)2250 号
		上海市建设和交通委员会关于进一步加强本市民用建筑节能设计管理技术的通知	沪建交(2006)765 号,2006 - 11 - 28
	绿标	绿色建筑评价标准	GB/T 5378—2006
		关于改变结合民用建筑修建防空地下室规定的通知	人防委字(1984)9 号
		关于高层建筑工程消防扑救场地若干问题的处理意见	沪消字(2001)65 号
		关于超高层建筑工程消防设计若干问题的处理意见	沪消发(2002)333 号
	小商	小型商业用房防火设计技术规定	沪消发(2003)54 号
		租赁式公寓和公寓式办公楼防火设计技术规定	沪消发(2003)257 号
	大商	大中型商场防火设计技术规定	沪消发(2004)352 号
		上海市公共建筑防火分隔消防设计若干规定(暂行)	沪消(2006) 439 号,2006 - 12 - 28
		建设工程消防设计技术问题研讨纪要	江苏省公安厅消防局 20100518
		建设工程施工图设计审查技术问答	江苏省
		关于印发《2006 年浙江省消防工程技术专家组研讨会纪要的通知》	浙江省公安厅消防局建设发(2007)36 号,浙公消(2008)180 号
		关于对本市烂尾楼工程施工图设计文件审查的指导意见	上海市建设工程安全质量监督总站,20030201
		关于进一步加快推进建筑节能工作的若干意见	沪建建(2003)658 号
	质监	建筑工程质量监督要点	

(续表)

文献和规范类别	文献和规范简称	文献和规范全称	标准号或文号、年份、编著者、出版者
政府行政法令		上海市房屋建筑面积计算及共有建筑面积分摊规则	20030501
		上海市建设和交通委员会关于进一步加强本市民用建筑节能技术管理的通知	沪建交(2006)765 号,20061128
		上海民用建筑外墙保温工程应用导则	沪建筑安质监(2007)020 号
		上海市民用建筑节能设计标准补充规定	
		民用建筑围护结构节能工程施工工法(一)	上海市建设建材业市场管理总站编
		关于发布和实施"工业项目建设用地指标"的通知	国土资发(2008)24 号,20080131
		民用建筑外保温系统及外墙装饰防火暂行规定	公通字(2009)46 号,20090928
		关于转发公安部《关于进一步明确民用建筑外保温材料消防监督管理有关要求的通知》的通知	上海市消防局沪消发(2011)74 号 20110316/公安部公消(2011)65 号 20110314
			沪规土资建(2011)106 号
		上海市建筑面积计算规划管理暂行规定	2011
工程构造	玻规	建筑玻璃应用技术规程	JGJ 113—2009
		建筑用安全玻璃防火玻璃	GB 15763.1—2001
		商品砂浆生产与应用技术规程	DG/T 08—502—2002
		建筑安全玻璃管理规定	建设部等发改运行(2003)2116 号/沪建建(2004)25 号
		建筑幕墙	GB/T 21086—2007
	幕规	玻璃幕墙工程技术规范	JGJ 102—2003
	屋规	屋面工程技术规范	GB 50207—2004
	上屋规	屋面工程施工规程	DG/TJ 08—022—2005
	植规	种植屋面工程技术规程	JGJ 155—2007
		建筑外墙防水工程技术规程	JGJ 235—2011
	地规	建筑地面设计规范	GB 50037—96
	下水规	地下工程防水技术规范	GB 50108—2008
		BIAD 建筑设计深度图示	北京市建筑设计院编,2010
		民用建筑工程设计互提资料深度及图样	05SJ806
		工业建筑防腐蚀设计规范	GB 50046
		建筑装饰工程施工及验收规范	JG 73—91
		CR 聚氨酯硬泡体防水保温工程技术规程	DBJ/CT 017—2002
常用图集		住宅建筑构造	国标 03J930—1
		工程做法	国标 05J909
		内装修(有外国古典柱式和中国传统基础样式)	J502—1/2/3
		平屋面建筑构造	国标 99J201(一)
		防火建筑构造(一)	国标 07J905—1
		楼地面建筑构造	国标 01J304
		楼梯建筑构造	国标 99SJ403
		住宅排气道(二)	国标 02J916—2

（续表）

文献和 规范类别	文献和 规范简称	文 献 和 规 范 全 称	标准号或文号、年份、 编著者、出版者
常用 图集		地沟用盖板	国标 02J331
		变形缝建筑构造(一)	国标 04CJ01—1
		铝合金节能门窗	国标 03J603—2
		铝合金门窗	国标 02J603—1
		木质防火门	市标 1999 沪 J603
		住宅信报箱	市标 2003 沪 J906
		地下建筑防水构造	国标 02J301
		施工说明	苏 J9501(第二版)《江苏省建筑 配件标准图集》
		多孔砖墙体建筑构造 居住建筑	国标 96SJ101
		民用建筑工程建筑施工图设计深度图样	04J801
		民用建筑工程建筑初步设计深度图样	05J802
		民用建筑工程总平面初步设计、施工图设计深度图样	05J804

2 总图/单位换算

☞ 提示1：规划总用地范围一侧为各级道路或自然分界线时，划至道路中心线或自然分界线。用地与其他用地相邻，划至交界处（国规11.0.2）。

☞ 提示2：计算所有建筑的相互间距时，当部分外墙伸出≤1.00 m、宽≤3.00 m、<总长1/4者，可以不计（上规附录二.4）。江苏、浙江有类似要求。

☞ 提示3：计算居住建筑的相互间距时，其阳台宽度累计≤1/2者，可以不计（上规附录二.4）。

☞ 提示4：基地边界、道路红线与建筑控制线三者间的关系，因不同情况有时合、有时分。三者与建筑的关系见通则4.2.1/4.2.2/4.2.3。

笔者注：关于建筑控制线，国规2.0.17和通则2.0.9/4.2.3都用了"基底"这个词来描述，但是"基底"是什么意思？是指基础、底层，还是指基础的底面？应该限制到底层外墙面，还是地下室外墙面？又或者是所有楼层的外墙面？这都不只是一个"基底"说明得了的，而如此常用的基本概念在堂堂国家规范中竟然如此"儿戏"（在上规中则找不到"建筑控制线"的专门条文。在上海"住宅指南"中虽然有"建筑控制线"的专门条文，但是没用明确建筑的上空外伸及地下外伸说明是否允许突出"建筑控制线"，但大体上说明"建筑控制线"以建筑物底层的外墙面或台阶为准。至于天上地下的限制视当地规划的要求）。相似的例子还有建筑密度，国规2.0.31和通则2.0.10也都用了"基底"这个词来描述，同样概念模糊，倒是上规附录一.2明确说明是"底层占地面积与建筑基地面积的比率"，应该表扬上规的慎重态度。

☞ 提示5：江苏省凡① 底层外墙有凸出的（不包括结构柱子），从凸出处算起；② 上面有出挑，≥1/2的或>8.0 m的，从凸出处的投影算起（苏规附录一.3.2）。

☞ 提示6：单位换算

1 m＝3 市尺＝3.28 ft（英尺）

1 ft（英尺）＝30.5 cm

1 in（英寸）＝2.54 cm

1 hm²（公顷）＝10 000 m²＝15 亩

1 亩＝666.67 m²

1 m²＝10.764 3 ft²（平方英尺）

☞ 提示7：本书中，为简化打字，在表达规范的条文编号时，规范名称用笔者设定的简称，若规范的条文编号原为中文大写者，在本书中则用阿拉伯数字代替，如"上海市城市规划管理技术规定第三十八条"表达为"上规38"。

☞ 相关规范

说明："【 】"表示是对规范原文的摘录，全书同。

☞ 【通则4.1.2】基地应与道路红线相邻接，否则应设基地道路与道路红线所划定的城市道路相连接。基地内建筑面积小于或等于3 000 m²时，基地道路的宽度不应小于4 m；基地内建筑面积大于

3 000 m² 且只有一条基地道路与城市道路相连接时,基地道路的宽度不应小于 7 m;若有两条以上基地道路与城市道路相连接时,基地道路的宽度不应小于 4 m。

☞【通则 4.1.4】相邻基地的关系应符合下列规定:

1. 建筑物与相邻基地之间应按建筑防火等要求留出空地和道路。当建筑前后各自留有空地或道路,并符合防火规范有关规定时,则相邻基地边界两边的建筑可毗连建造。

2. 本基地内建筑物和构筑物均不得影响本基地或其他用地内建筑物的日照标准和采光标准。

3. 除城市规划确定的永久性空地外,紧贴基地用地红线建造的建筑物不得向相邻基地方向设洞口、门、外平开窗、阳台、挑檐、空调室外机,废气排出口及排泄雨水。

☞【通则 4.2.1】建筑物及附属设施不得突出道路红线和用地红线建造,不得突出的建筑突出物为:

地下建筑物及附属设施,包括结构挡土桩、挡土墙、地下室、地下室底板及其基础、化粪池等。

地上建筑物及附属设施,包括门廊、连廊、阳台、室外楼梯、台阶、坡道、花池、围墙、平台、散水明沟、地下室进排风口、地下室出入口、集水井、采光井等。

除基地内连接城市的管线、隧道、天桥等市政公共设施外的其他设施。

☞【通则 4.2.2】经当地城市规划行政主管部门批准,允许突出道路红线的建筑突出物应符合下列规定:

1. 在有人行道的路面上空:

1) 2.50 m 以上允许突出建筑构件:凸窗、窗扇、窗罩、空调机位,突出的深度不应大于 0.50 m。

2) 2.50 m 以上允许突出活动遮阳,突出宽度不应大于人行道宽度减 1 m,并不应大于 3 m。

3) 3 m 以上允许突出雨篷、挑檐,突出的深度不应大于 2 m。

4) 5 m 以上允许突出雨篷、挑檐,突出的深度不宜大于 3 m。

2. 在无人行道的路面上空:4 m 以上允许突出建筑构件:窗罩、空调机位,突出的深度不应大于 0.50 m。

3. 建筑突出物与建筑本身应有牢固的结合。

4. 建筑物和建筑突出物均不得向道路上空直接排泄雨水、空调冷凝水及从其他设施排出的废水。

通则 4.2.3:因城市规划需要,各地城市规划行政主管部门常在用地红线范围之内另行划定建筑控制线,以控制建筑物的基底不超出建筑控制线,但对突出建筑控制线的建筑突出物和附属设施各地因情况不同,要求也不相同,故不宜作统一规定,设计时应符合当地规划的要求。

☞【上规附录二.4】建筑间距计算:

(1) 除另有规定外,建筑间距是指两幢建筑的外墙面之间的最小的垂直距离。

(2) 建筑物有每处不超过 3 m 长(含 3 m)的凸出部分(如楼梯间),凸出距离不超过 1 m,且其累计总长度不超过同一面建筑外墙总长度的 1/4 者,其最小间距可忽略不计凸出部分。居住建筑阳台累计总长度(突出于山墙面之外或转弯到山墙面上的阳台长度可不计)不超过同一建筑外墙总长度 1/2(含 1/2)的,其最小间距仍以建筑外墙计算;超过 1/2 的,应以阳台外缘计算建筑间距(**笔者注**:外墙面在空间上有进出,是以底层外墙面计,还是以变化层外墙面主计,又或是以变化层外墙面计,并无明文说明,有待了解)。

(3) 坡度大于 45°的坡屋面建筑,其建筑间距是指自屋脊线在地面上的垂直投影线至被遮挡建筑的外墙面之间最小的垂直距离。

(4) 建筑后退基地边界的距离和建筑间距应同时符合规定。……

☞【上规 24】多、低层居住建筑底层有商店或其他非居住用房的,其间距计算不得扣除底层高度。

笔者注:问题:若底部两层为连续的商店(即商店屋面作为住宅入口大平台),那么住宅之间的间距怎么算? 回答:照正常情况算。

附带一条涉及防火、交通功能的规定:

☞【01 上标 5.6.5/07 上标 5.8.2】建筑总高度不超过 54 m 的塔式、单元式住宅,当顶层为两层一套的跃层式住宅或底层设有敞开空间时,在满足结构、日照的条件下,可按实际层数减去一层后,对照本标准(上海"住宅设计标准")其他条文的规定设计。

笔者注:如上海地区 11 层住宅顶层为跃层(11F+1F),那么要设消防电梯吗? 按上标 5.2.3/5.6.5 可不设。

☞【上规 38】建筑物的围墙、基础、台阶、管线、阳台和附属设施,不得逾越道路规划红线。

地下建筑物后退道路规划红线的距离,按第三十三条第一款第(四)项的规定执行。

在规定的后退道路规划红线的距离内,不得设置零星建筑物;雨篷、阳台、招牌、灯饰等可外挑,但其离室外地面的净空高度不得小于 3 m。

2.1 退界距离

退界距离必须同时满足规划与防火的要求。

2.1.1 建筑物至城市道路距离

☞ 建筑物至城市道路距离,上海算到外墙为止(不分高层或裙房)(上规附录 2.4),江苏则规定按建筑不同高度分别计算(苏规 3.2.3.1)。

☞【国规 8.0.5.8】道路边缘至建、构筑物最小距离　　　　　　　　　　　　　　(m)

与建、构筑物关系 ＼ 道路级别			居住区道路	小区路	组团路及宅间小路
建筑物面向道路	无出入口	高层	5.0	3.0	2.0
		多层	3.0	3.0	2.0
	有出入口		—	5.0	2.5
建筑物山墙面向道路	高层		4.0	2.0	1.5
	多层		2.0	2.0	1.5
围墙面向道路			1.5	1.5	1.5

注:居住区道路的边缘指红线;小区路、组团路及宅间小路的边缘指路面边线。当小区路设有人行便道时,其道路边缘指便道边线。

☞【住法 4.1.2】住宅至道路边缘的最小距离　　　　　　　　　　　　　　　　(m)

与住宅距离 ＼ 路面宽度			<6.0 m	6.0～9.0 m	>9.0 m
住宅面向道路	无出入口	高层	2.0	3.0	5.0
		多层	2.0	3.0	3.0
	有出入口		2.5	5.0	—
住宅山墙面向道路	高层		1.5	2.0	4.0
	多层		1.5	2.0	2.0

注:1. 当道路没有人行便道时,其道路边缘指便道边线。
　　2. 表中"—"表示住宅不应向路面宽度大于 9.0 m 的道路开设出入口。

☞ 上规规定 4～8 层的建筑为多层居住建筑,≥9 层为高层居住建筑(上规附录一.4 及附录一.5)。

☞【上规 34】沿城市道路两侧新建、改建建筑,除经批准的详细规划另有规定外,其后退道路规划红线的距离不得小于下表所列值。

后退距离(m)　　　　　道路宽度 建筑高度	$D\leqslant24\ m$	$D>24\ m$
$H\leqslant24\ m$	3	5
$24<H\leqslant60\ m$	8	10
$60<H\leqslant100\ m$	10	15
$H>100\ m$	15	20

☞【上规35】新建影剧场、游乐场、体育馆、展览馆、大型商场等有大量人流、车流集散的多、低层建筑(含高层建筑裙房),其面临城市道路的主要入口后退道路规划红线的距离,除经批准的详细规划另有规定外,不得小于 10 m,并应留出临时停车或回车场地。

摘要: 大型影剧院、商场、体育馆后退道路红线≥10.0 m。

☞【上规37】道路交叉口四周的建筑物后退道路规划红线的距离,多、低层建筑不得小于 5 m,高层建筑不得小于 8 m(均自道路规划红线直线段与曲线段切点的连线算起)。

摘要: 低、多层建筑后退十字路口道路规划红线≥5.0 m,高层建筑后退十字路口道路规划红线≥8.0 m。

笔者注: 道路红线/用地红线/建筑控制线(通则 2.0.7/2.0.8/2.0.9)。分离时注意,既要满足建筑物退让道路红线的要求(国规 8.0.5/住法 4.1.2/工总 4.7.5,江苏苏规 3.2.3.1,上海上规 34/33/38/35/36/37),同时也要满足沿路建筑物包括地下、地上的附属设施乃至属于小区的地下管线全在用地红线范围以内(通则 4.2.1/4.2.2/4.2.3)。如果沿马路还有小区道路和围墙,则围墙包括基础都在用地红线之内。在用地红线范围内另行划定建筑控制线的,建筑物的基底不应超出建筑控制线(通则 4.2.3)。

☞ 离公路:50 m/20 m/10 m/5 m(上规 39),20 m/15 m/10 m/5 m(苏规 3.2.3.3)。

☞ 门卫室、垃圾房、自行车棚等离路 3.0 m(上规 34/38)。

☞【苏规 3.2.3.1】建筑物后退城市道路规划红线最小距离　　　　　　　　　(m)

后退距离　　　　建筑高度 道路宽度	$<24\ m$	$24\sim50\ m$	$>50\ m$
40 m 以上	8	12	15
30 m 以上~40 m	6	10	15
20 m 以上~30 m	5	中、小城市 10,大城市 8	15
20 m 及以下	3	中、小城市 10,大城市 8	15

注:高低层组合的建筑后退距离按建筑不同高度分别控制。

☞【工总 4.7.5】厂区围墙的结构形式和高度,应根据企业性质、规模确定。围墙至建筑物、道路、铁路和排水明沟的最小间距,应符合下表 4.7.5 的规定。

表 4.7.5　围墙至建筑物、道路、铁路和排水明沟的最小间距　　　　　　(m)

名　称	至围墙最小间距
建　筑　物	5.0
道　　路	1.0
准轨铁路(中心线)	5.0

(续表)

名　　称	至围墙最小间距
窄轨铁路(中心线)	3.5
排水明沟边缘	1.5

注：1. 表中间距除注明者外，围墙自中心线算起；建筑物自最外边轴线处起；道路为城市型时，自路面边缘算起；为公路型时，自路肩边缘算起。

2. 围墙至建筑物的间距，当条件困难时，可适当减少；当设有消防通道时，其间距不应小于 6 m。

3. 传达室、警卫室与围墙的间距不限(**笔者注**：上海情况不同，见上标33)。

4. 当条件困难时，准轨铁路至围墙的间距，当有调车作业时，可为 3.5 m；当无调车作业时，可为 3.0 m。窄轨铁路至围墙的间距，按准轨铁路的相应条件，可分别为 3.0 m 和 2.5 m。

2.1.2 建筑物至边界距离

☞《建筑外墙外保温系统规划管理规定》(沪规法[2005]1180 号，2005 年 12 月 12 日发布，2006 年 1 月 1 日起执行)：外墙外保温的建筑面积应计入建筑工程建筑面积，但不计入计算容积率和建筑密度。外墙外保温系统的厚度应计入墙体厚度，在此基础上计算建筑间距(**笔者注**：笔者认为这个规定操作性不强)。同此产生的与边界距离的差距在验收时予以认可。

☞ 对上规 33，尤其是上规 33.3 的理解：

上规 33 分四个方面来说明建筑物离界距离的要求。

(1) 无论什么类型的建筑，公建或居住建筑离界距离一律以建筑物高度的倍数控制，并且不得小于最小距离，其值见上规 33 表。

(2) 如果界外是居住建筑，那么界内的建筑，无论是居住建筑或非居住建筑与之的距离，既要考虑相互之间的规划间距，同时还要分别按居住建筑或非居住建筑考虑自身的离界距离，两样都要满足。

(3) 如果界外是公共绿地，也是本条规范要好好理解的重点。如果界外是公共绿地，界内的建筑，无论是居住建筑或非居住建筑，与基地边界的距离，一律以居住建筑考虑。同时不光是满足距离要求，还要受高度限制(见上规 6.0)。比如在机场或保护文物周围，或规划高度的限制，以及高度与面宽之比的限制等。像公园周围小区内的房子与其围墙的距离，就要根据上规 33.3 来确定(**笔者注**：不过从上规 6.0 看，实在看不出建筑物因为与公共绿地相邻而受到什么高度限制的条文)。

(4) 地下建筑的离界距离按地下建筑的埋深的 0.7 倍考虑，最小不得小于 3.0 m(外地为 5.0 m)。但为 3.0 m 时，要经过技术论证。像地下车库(包括车道)的离界距离就是按上规 33.4 来考虑的。

不同情况下建筑物离界距离表

序号	不同情况	离界距离
1	界外为已存在的或规划中的居住建筑	界内的建筑，无论居住建筑或非居住建筑，与之的距离，既要考虑相互之间的规划间距，同时还要考虑自身的离界距离，两样都要满足
2	界外为公共绿地	界内的建筑，无论是居住建筑或非居住建筑，与基地边界的距离，一律以居住建筑考虑。不光是满足距离要求，同时还要受高度限制(见上规 6.0)
3	地下建筑	按地下建筑的埋深的 0.7 倍考虑，最小不得小于 3.0 m。但为 3.0 m 时，要经过技术论证

☞ 对相互间距和离界距离的理解：离界距离是相互间距的一种特殊情况。规划中只提及如何计算相互间距，却未提及离界距离。笔者认为两者应该一致。关于相互间距/离界距离，上海和江苏说法不一样：上海分居住建筑与非居住建筑，江苏则不分。

上海：① 无论居住建筑与非居住建筑，底层外墙有凸出，面宽≤3.0 m、进深≤1.0 m 者或凸出部分的累计宽度≤边长的 1/4 者，凸出部分忽略不计，即离界距离算到外墙为止；② 居住建筑阳台累计宽度≤1/2边长的,凸出部分不计,即离界距离算到外墙为止(上规附录二.4.2)。

江苏:① 底层外墙有凸出的(不包括结构柱)从凸出处算起;② 上面有出挑≥1/2边长的或>8.0 m的,从凸出处的垂直投影算起(苏规附录一.3)。

☞ 围墙不能压红线。门房(传达室)、垃圾房、永久自行车库退道路红线3.0 m(上规33)。

☞ 【上规33】离界距离表

离界 距离 建筑朝向	建筑 类别	居 住 建 筑				非 居 住 建 筑	
		建筑物高度的倍数		最小距离(m)		建筑物高度 的倍数	最小距离(m)
		浦西内环 线以内	其他 地区	浦西内环 线以内	其他 地区		
主要朝向	低层	0.5	0.6	6		—	3
	多层			9		—	5
	高层	0.25		12	15	0.2	12
次要朝向	低层	0.25		2		—	按消防间距控制
	多层			4		—	按消防间距控制
	高层	0.2		12		—	6.5

注:1. 建筑山墙宽度>16 m的,其离界距离按主要朝向离界距离控制。
2. 低层独立式住宅主要朝向离界距离按照0.7倍控制。

☞ 江苏退界规定:

规范名称和条目	规范摘要或原文摘录,笔者注
苏规 3.2.2.1	两边与边界距离各为1/2的原则。 ☞ 住宅:苏规3.1.3 ☞ 住宅对非住宅:苏规3.1.9.2 ☞ 非住宅对非住宅:苏规3.1.10.1 ☞ 山墙:苏规3.1.7/3.1.8
苏规 3.2.2.4	**笔者注**:条文叙述令人费解(不光是一个人感觉如此)。笔者认为,这一条全条分两个内容,前半条指建筑物后退道路的情况,后半条"……小于消防间距……"指建筑物离界距离小于消防间距时,照消防间距处理
苏规 3.2.3.1/3.2.3.2	后退城市道路规划红线,从地面层外墙边线算起。 【苏规3.2.3.1】建筑物后退城市道路规划红线最小距离(m)

道路宽度 \ 建筑高度	<24 m	24~50 m	>50 m
40 m以上	8	12	15
30 m以上~40 m	6	10	15
20 m以上~30 m	5	中、小城市10,大城市8	15
20 m及以下	3	中、小城市10,大城市8	15

注:高低层组合的建筑后退距离按建筑不同高度分别控制

苏规 3.2.2.9/3.2.3.7	地下室退界及离路:3.0 m
苏规 3.2.3.4	电影院、商场、车站:8.0 m
苏规 4.6.3.2	生活垃圾站:日转运量<50 t,与相邻建筑间距≥8 m
苏规 3.2.3.3	公路沿线

(续表)

规范名称和条目	规范摘要或原文摘录,笔者注
苏规 3.2.3.5→3.2.3.1	道路平面交叉口
苏规 3.2.4	铁路沿线
苏规 3.2.5	河道蓝线:8.0 m/10.0 m(已有驳岸/延后驳岸)(**笔者注**:上海为 6.0 m)

2.1.3 河道蓝线

☞【上规 40】沿河道规划蓝线(城市总体规划确定的长期保留的河道规划线)两侧新建、扩建建筑物,其后退河道规划蓝线的距离除有关规划另有规定外,不得小于 6 m。

摘要:河道蓝线≥6.0 m。

☞ 苏规 3.2.5:河道蓝线,8.0 m/10.0 m(已有驳岸/延后驳岸)。

2.1.4 高压输电线避让

提示	规范名称和条目	规范内容摘要或原文摘录,笔者注
1	【上规 43】	在电力线路保护区范围内,不得新建、改建、扩建建筑物。 (一)架空电力线路保护区,指导线边向外侧延伸所形成的两平行线内的区域。 1. 一般地区沿架空电力线路两侧新建、改建、扩建建筑物,其后退线路中心线距离除有关规划另有规定外,不得小于以下距离: 500 kV,30 m; 220 kV,20 m; 110 kV,12.5 m; 35 kV,10 m。 2. 中心城和郊区城镇人口密集地区,沿架空电力线路两侧新建、改建、扩建建筑物,其后退线路中心线距离应符合电力管理的有关规定。 (二)电力电缆线路保护区,指地下电力电缆线路向外两侧延伸所形成的两平行线内的区域。其每边向外侧延伸的距离应不小于 0.75 m。 **摘要**:高压走廊中心线与建筑距离:500 kV,30 m;220 kV,20 m;110 kV,12.5 m;30 kV,10 m。 **笔者注**:似乎差别较大,为谨慎起见,适当偏大(国技措 2.6.2 也有参考表)
2	GBJ 61—83《工业与民用 35 千伏及以下架空电力线路设计规范》之 7.0.8	与道路的距离,除有关规划另有规定外,35 kV 为最高塔高(最小 5.0 m),10 kV 为 0.5 m

<table>
<tr><td rowspan="3">3</td><td rowspan="3">【GB 50293—1999《城市电力规划规范》之 7.5.2.1,表 B.0.2】</td><td colspan="7">架空电力线路边导线与建筑物之间安全距离(在最大计算风偏情况下)</td></tr>
<tr><td>线路电压(kV)</td><td><1</td><td>1~10</td><td>35</td><td>66~110</td><td>220</td><td>330</td></tr>
<tr><td>安全距离(m)</td><td>1.0</td><td>1.5</td><td>3.0</td><td>4.0</td><td>5.0</td><td>6.0</td></tr>
</table>

<table>
<tr><td rowspan="5">4</td><td rowspan="5">【GB 50293—1999《城市电力规划规范》之 7.5.5.2,表 7.5.5】</td><td colspan="4">市区 35~500 kV 高压架空电力线路规划走廊宽度(单杆单回水平排列或单杆多回垂直排列)</td></tr>
<tr><td>线路电压等级
(kV)</td><td>高压线走廊宽度
(m)</td><td>线路电压等级
(kV)</td><td>高压线走廊宽度
(m)</td></tr>
<tr><td>500</td><td>60~75</td><td>66,110</td><td>15~25</td></tr>
<tr><td>330</td><td>35~45</td><td>35</td><td>12~20</td></tr>
<tr><td>220</td><td>30~40</td><td></td><td></td></tr>
</table>

2.1.5 地下室边界距离

提示	规范名称和条目	规范摘要或原文摘录,笔者注
1	【上规33.4】	地下建筑物的离界间距,不小于地下建筑物深度(自室外地面至地下建筑物底板的底部的距离)的0.7倍;按上述离界间距退让边界,或后退道路规划红线距离要求确有困难的,应采取技术安全措施和有效的施工方法,经相应的施工技术论证部门评审,并由原设计单位签字认定后,其距离可适当缩小,但其最小值应不小于3m,且围护桩和自用管线不得超过基地界限。 相邻新建高层商业办公建筑地下室按规划应设置连接通道的,通道宽度不小于4m,净高度不小于2.8m,并由相关建设单位负责实施各自基地的通道部分。 **摘要:埋深×0.7,可以有条件突破,但不得小于3.0m(笔者注:上海以外地区为5.0m)**
2	09技措2.2.4	地下建筑物离界距离不小于埋深的0.7倍,不小于5.0m(老区3.0m)

2.2 相互间距

2.2.1 规划间距、高度定义、扣层规定

提示	规范名称和条目	规范摘要或原文摘录,笔者注
		规 划 间 距
1	上规附录二.4.1	间距指外墙面之间的最小垂直距离
	上规27.5	两建筑非平行布置:夹角≤45°,视为平行;夹角>45°,视为垂直
	上规附录二.4	建筑外墙的平面和剖面形状发展趋势日益复杂,如何确定可以忽略的凸出部分?"上规附录二.4"原文为:"建筑物有每处不超过3m长(含3m)的凸出部分(如楼梯间),凸出距离不超过1m,且其累计总长度不超过同一面建筑外墙总长度的1/4者,其最小间距可忽略不计凸出部分。居住建筑阳台累计总长度(突出于山墙面之外或转弯到山墙面上的阳台长度可不计)不超过同一建筑外墙总长度1/2的(含1/2),其最小间距仍以建筑外墙计算;超过1/2的,应以阳台外缘计算建筑间距。" **笔者注:上规附录二.4忽略了剖面上的进退变化,实际操作中无依据可依。笔者以为,应从建筑的最高北檐的最外水平投影算起,如果遇到只有底层楼梯间突出成门楼状况,那样就可合理忽略**
2	苏规附录一.3	凸出部分总长>1/2或凸出部分连续长度>8m者,按凸出部分垂直投影线计算。 **笔者注:江苏、上海的规定大不一样,江苏较宽**
3	上规23/上标3.2.1/3.2.2及其说明	新的上规解释允许高、多、低层相互间距都可执行上规23、26。执行上规23、26不必日照计算;如果执行上规27,则要日照计算
	国规5.0.2	住宅间距以日照为基础
4	技措2.6.5	住宅建筑视线干扰距离:18.0m
5	技措2.4.7	居住建筑底层为商店或非居住建筑,住宅间距计算可扣除底层高度或不扣除,各地不一样
6	国规5.0.2说明表1	多层住宅正面间距:国规5.0.2说明表1。南北方由于纬度不同,间距相差很大
7	国规5.0.2.3	多层条式住宅侧面间距:6.0m;高层住宅侧面间距:13.0m
8	上规23.2.3	上海:山墙宽度≤16.0m,山墙宽度>16.0m,则间距照平行布置算
9	苏标3.1.5.2	江苏:山墙宽度≤15.0m,山墙宽度>15.0m,则间距照平行布置算
10		规划间距常与日照有关,有关日照要求见"5.27.4朝向/日照"一节
		上海本地建筑规划间距
1		本书第7章提供简单实用方便的表格可直接查用
2	建筑外墙外保温系统规划管理规定(沪规法[2005]1180号)	外墙外保温系统的建筑面积应计入建筑工程面积,但该部分建筑面积不纳入计算容积率和建筑密度。外墙外保温系统的厚度应计入墙体厚度,在计算建筑间距、建筑退界时,应符合"上规"规定

(续表)

提示	规范名称和条目	规范摘要或原文摘录,笔者注
		上海本地建筑规划间距
3	上规	南北平行的高、多层居住建筑间距:1.0H/1.2H[上规23(一).1],多层非居住建筑平行布置的间距:10.0 m[上规29(二)→31(三)],南北平行的高层非居住建筑间距0.4H/24.0 m[上规27.(一).1]。 东西平行的高、多层居住建筑间距:0.9H/1.0H[上规23(一).2],东西平行的高层非居住建筑间距:0.3H/18.0 m[上规31(一).2],东西平行的高层居住建筑间距:0.4H/24.0 m[上规27(一).2]。 高层住宅与垂直布置的南面非居住建筑之间:20.0 m[上规29(一)→27(四)]。 多层住宅与垂直布置的南面非居住建筑之间,无论是南北向间距还是东西向间距:0.7H/0.8H,≥6.0 m[上规29(一)→23(二)]。 高层住宅与垂直布置的北面非居住建筑之间:13/9/6 m[上规29(二)→上规31/高规4.2.1]。 高、多、低层住宅与低层独立住宅之间:1.4H[上规26]
		高 度 定 义
1	高层定义范围不一致	上规附录一.5:高层住宅层数>8层。 上标2.0.14/住规1.0.3:高层住宅指≥10层。 **笔者注:**以上规定有待有关部门统一。 **例:**某上海住宅小区,全为9+1层房子。设计方认为属多层,由于"上规"中高层住宅指层数>8层,因此在确定相互间距、离界距离或离路距离等时应当按高层处理,这就引发了一系列麻烦:就防火而言,(9+1)−1,还是9层,当然算多层。但计算人防面积时,算多层还是高层没有人说过,但算人防面积也可能是规划内容之一。幸好,基础埋深都超过3.0 m。其实,在9层或10层的情况下,区分多、高层意义不大
2	规划意义上的高度定义:上规附录二.5	平屋面:有女儿墙的,从室外地面算到女儿墙墙顶,有檐口时从室外地面算到檐口顶加檐口挑出宽度,坡屋面:屋面坡度≤45°者也是从室外地面算到檐口顶加上檐口挑出宽度,屋面坡度>45°者,则从室外地面算到屋脊顶
	消防意义上的高度定义:低规1.0.2注1/高规2.0.2	建筑高度应为从建筑物室外设计地面到檐口或屋面面层的高度,水箱间和机房等不计入建筑高度内
		笔者注:注意规划和消防两者说法略有不同,注意在不同场合运用不同概念
3	[上规附录二.5.2]	水箱、楼梯间、电梯间、机械房等突出屋面的附属设施,其高度在6.0 m以内,且水平面积之和不超过屋面建筑面积1/8的,不计入建筑高度
	上规解释附录二.5	① 凡直径>50 cm的建(构)筑物且高度≥6.0 m者均计入建筑高度;② 水箱、楼梯间、电梯间、机械房等突出屋面的附属设施,虽其高度在6.0 m之内,但水平投影面积之和(装饰性构筑物按构架围合面积计算)超过该屋面水平面积的1/8,应计入建筑高度;③ 灯箱广告等计入建筑高度
4	通则4.3.2.2	局部突出屋面的水箱间、楼梯间、电梯间等辅助用房,占屋顶平面面积不超过1/4者,装饰构件不计入建筑高度。 **笔者注:**例如绍兴某办公楼,大屋面高度24.0 m左右,装饰构件计入或不计入建筑高度就成为关键依据。当然,还得看绍兴当地有无具体要求。如果当地没有具体要求,根据通则就应当认为是非高层
5	苏规附录一.4.3	局部突出屋面的水箱、楼梯间、电梯间等辅助用房,高度6.0 m以内,且水平面积之和占屋面面积不超过1/8者……不计入建筑高度。 **笔者注:**基本上同上海的说法
		层 数 计 算
1	上规附录二	顶板面离地≤1.0 m的半地下室,其面积不计入容积率计算面积范围。 **笔者注:**苏标8.1.3.1说的是离地≤1.5 m的地下室不计入层数。两者不是同一概念。地下室半地下定义见低规2.0.8/9、高规2.0.13/14、住规2.0.23/24、通则2.0.16/17,但都未对计入层数一事加以说明,只有苏标说了

（续表）

提示	规范名称和条目	规范摘要或原文摘录,笔者注
	上规 24	多、低层居住建筑底层有商店或其他非居住用房的,其间距计算不得扣除底层高度(**笔者注:意思是按住宅定间距**)。 **笔者注:江苏高度/层数扣除不一样,见苏标 8.1.3/8.1.4**
2	上标 ~~5.6.5~~ 5.8.2	总高度不超过 54.0 m 的非通廊式住宅,当顶层为跃层或底层为架空层时,可以扣除一层后对照执行上规(结构、日照除外)。 **笔者注:此条在 2001 上标中与层数折算结合(上标 5.8.2/住法 9.1.6)。** **防火间距/楼梯类型等防火概念以及日照与层数有关,层数折算(住法 9.1.6/上标 5.8.1/苏标 8.1.3.3)将层高>3.0 m 的若干层之和除以 3.0 m,满半进一。层数折算不牵涉总平面层数的标注和容积率以及单体平立剖面层数的划分(上标 5.8.1 说明)。** **笔者注:此说法与沪规法[2004]1262 号《关于严格依法审批,进一步加强规划管理的若干规定》反映了不同规范规定,从不同立场为了不同目的,采取相同的手法,以解决各自的问题。其实,层数折算从某种意义上来说,就是一种控制容积率的方法,是一种防止某些人作假的手段。所以,应分名义上的容积率和实际上的容积率,用名义容积率控制实际容积率**
3	上标 5.8.2/苏标 8.1.3.1/2/ 苏规 3.1.5.3/苏规 3.1.6.3	减层方法
4	低规 1.0.2	减层方法
5	低规 1.0.2	层数计算
6	苏标 8.1.4 说明	江苏住宅底层商业网点层高≤4.50 m,底部两层商业网点两层高≤7.80 m
7	参考沪规法(2002)731 号	住宅层高 2.80~3.20 m,超过 3.20 m 者要特批
8	沪规区[2008]269 号	公寓式办公建筑层高不超过 4.50 m
9	沪规法[2004]1262 号	住宅层高不得高于 3.6 m,层高≥2.2 m 的建筑部分必须计算建筑面积,并纳入容积率计算。层高≥5.6 m 的商业(影院、剧场、独立大卖场等另有规定)、办公建筑在计算容积率指标时,必须按照每 2.8 m 为一层折算建筑面积,纳入总建筑面积合计,禁止擅自内部插层建筑。 **笔者注:由此产生一个经折算后生成的"名义建筑面积",以计算容积率指标。"名义建筑面积"≠实际建筑面积。坡角>45°时,请注意这种情况。奉贤世贸即是一例**
关于"上规"应用解释(2006 年 7 月 1 日起生效)		
1	上规解释 23/26	原条文"上规 23/26"只指多、低层,"上规 27"只指高层。应用解释允许高层也可执行"上规 23/26"。执行"上规 23/26",无论是高层还是多、低层,都不必日照计算。执行"上规 27",则照原规定要按日照计算
2	上规解释 25	高层执行"上规 25"。规定山墙间距 $0.5H_h$ 时,其大于 30.0 m 的可按 30.0 m 控制
3	上规解释 59 页 23/26/27 条	补充既非正面平行,又非山墙正好相对的情况。这种情况下,设立避让三角区(对于高、多、低)或梯形区(对于高层居住)。三角区或梯形区的一个直角边,等于正面平行的间距;另一个直角边,等于山墙间距。当正面平行的间距采用高层间距 $0.5H$,山墙间距>13.0 m 时,可取梯形高和一个底边为 13.0 m 的梯形(见"上规"应用解释 27 条图解)。在既非正面平行、又非山墙正好相对的情况下,布置相邻建筑不得进入该三角区或梯形区,所以笔者称之为"避让三角区或梯形区"。执行避让三角区,不必以日照计算;执行避让梯形区,还应日照计算

注:表中"上标 ~~5.6.5~~ 5.8.2"这样索引章节上有删除线的,表示前后不同版本的章节号。工程建筑的使用历经数年甚至数十年,可能遵守同一规范的不同版本,这样做的目的在于留下历史的足迹,给解释同一内容的不同做法带来方便。表明信息来源其实更有利于辨别正误,一旦有疑问一查就明白。以下情况类同。

2.2.2 防火间距、高度定义、层数折算与减层规定

提示	规范名称和条目	规范摘要或原文摘录,笔者注

防 火 间 距

1 【低规 5.2.1】

民用建筑之间的防火间距 （m）

耐火等级	一、二级	三 级	四 级
一、二级	6.0	7.0	9.0
三级	7.0	8.0	10.0
四级	9.0	10.0	12.0

注：1. 两座建筑物相邻较高一面外墙为防火墙或高出相邻较低一座一、二级耐火等级建筑物的屋面 15 m 范围内的外墙为防火墙且不开设门窗洞口时,其防火间距可不限。

2. 相邻的两座建筑物,当较低一座的耐火等级不低于二级、屋顶不设置天窗、屋顶承重构件及屋面板的耐火极限不低于 1.00 h,且相邻的较低一面外墙为防火墙时,其防火间距不应小于 3.5 m。

3. 相邻的两座建筑物,当较低一座的耐火等级不低于二级,相邻较高一面外墙的开口部位设置甲级防火门窗,或设置符合现行国家标准 GB 50084《自动喷水灭火系统设计规范》规定的防火分隔水幕或本规范第 7.5.3 条规定的防火卷帘时,其防火间距不应小于 3.5 m。

4. 相邻两座建筑物,当相邻外墙为不燃烧且无外露的燃烧体屋檐,每面外墙上未设置防火保护措施的门窗洞口不正对开设,且面积之和小于等于该外墙面积的 5% 时,其防火间距可按本表规定减少 25%。

5. 耐火等级低于四级的原有建筑物,其耐火等级可按四级确定;以木桩承重且以不燃烧材料作为墙体的建筑,其耐火等级应按四级确定。

6. 防火间距应按相邻建筑物外墙的最近距离计算,当外墙有凸出的燃烧构件时,应从其凸出部分外缘算起。

摘要：（1）防火间距为相邻建筑物外墙的最近距离。

（2）一、二级防火等级的低、多层民用建筑之间的防火间距为 6.0 m（**笔者注：最小可到 0、3.5 或 75%,具体做法见低规 5.2.1 的说明**）

2 【低规 3.3.1 3.4.1】

除本规范另有规定者外,厂房之间及其与乙、丙、丁、戊类仓库、民用建筑等之间的防火间距不应小于表 3.4.1 的规定。

表 3.4.1　厂房之间及其与乙、丙、丁、戊类仓库、民用建筑等之间的防火间距（m）

名　称		甲类厂房	单层、多层乙类厂房（仓库）	单层、多层丙、丁、戊类厂房（仓库）			高层厂房（仓库）	民用建筑		
				耐火等级				耐火等级		
				一、二级	三级	四级		一、二级	三级	四级
甲类厂房		12.0	12.0	12.0	14.0	16.0	13.0	25.0		
单层、多层乙类厂房		12.0	10.0	10.0	12.0	14.0	13.0	25.0		
单层、多层丙、丁类厂房	耐火等级 一、二级	12.0	10.0	10.0	12.0	14.0	13.0	10.0	12.0	14.0
	三级	14.0	12.0	12.0	14.0	16.0	15.0	12.0	14.0	16.0
	四级	16.0	14.0	14.0	16.0	18.0	17.0	14.0	16.0	18.0
单层、多层、戊类厂房	耐火等级 一、二级	12.0	10.0	10.0	12.0	14.0	13.0	6.0	7.0	9.0
	三级	14.0	12.0	12.0	14.0	16.0	15.0	7.0	8.0	10.0
	四级	16.0	14.0	14.0	16.0	18.0	17.0	9.0	10.0	12.0
高层厂房		13.0	13.0	13.0	15.0	17.0	13.0	13.0	15.0	17.0

(续表)

提示	规范名称和条目	规范摘要或原文摘录,笔者注

| 2 | 【低规 ~~3.3.1~~ 3.4.1】 | (table below) |

名称		甲类厂房	单层、多层乙类厂房（仓库）	单层、多层丙、丁、戊类厂房(仓库) 耐火等级			高层厂房(仓库)	民用建筑 耐火等级		
				一、二级	三级	四级		一、二级	三级	四级
室外变、配电站变压器总油量(t)	≥5,≤10	25.0	25.0	12.0	15.0	20.0	12.0	15.0	20.0	25.0
	>10,≤50			15.0	20.0	25.0	15.0	20.0	25.0	30.0
	>50			20.0	25.0	30.0	20.0	25.0	30.0	35.0

　　注: 1. 建筑之间的防火间距应按相邻建筑外墙的最近距离计算,如外墙有凸出的燃烧构件,应从其凸出部分外缘算起。

　　2. 乙类厂房与重要公共建筑之间的防火间距不宜小于50.0 m。单层、多层戊类厂房之间及其与戊类仓库之间的防火间距,可按本表的规定减少2.0 m。为丙、丁、戊类厂房服务而单独设立的生活用房应按民用建筑确定,与所属厂房之间的防火间距不应小于6.0 m。必须相邻建造时,应符合本表注3、4的规定。

　　3. 两座厂房相邻较高一面的外墙为防火墙时,其防火间距不限,但甲类厂房之间不应小于4.0 m。两座丙、丁、戊类厂房相邻两面的外墙均为不燃烧体,当无外露的燃烧体屋檐,每面外墙上的门窗洞口面积之和各小于等于该外墙面积的5%,且门窗洞口不正对开设时,其防火间距可按本表的规定减少25%。

　　4. 两座一、二级耐火等级的厂房,当相邻较低一面外墙为防火墙且较低一座厂房的屋顶耐火极限不低于1.00 h,或相邻较高一面外墙的门窗等开口部位设置甲级防火门窗或防火分隔水幕或按本规范第7.5.3条的规定设置防火卷帘时,甲、乙类厂房之间的防火间距不应小于6.0 m;丙、丁、戊类厂房之间的防水间距不应小于4.0 m。

　　5. 变压器与建筑之间的防火间距应从距建筑最近的变压器外壁算起。发电厂内的主变压器,其油量可按单台确定。

　　6. 耐火等级低于四级的原有厂房,其耐火等级应按四级确定。

摘要: (1) 一、二级防火等级丙类厂房间距10.0 m。

(2) 丙、丁、戊类厂房与民用建筑之间防火间距10.0 m

| 3 | 【高规 4.2.1】 | (table below) |

高层建筑之间及高层建筑与其他民用建筑之间的防火间距　　　　(m)

建筑类型	高层建筑	裙房	其他民用建筑 耐火等级		
			一、二级	三级	四级
高层建筑	13	9	9	11	14
裙房	9	6	6	7	9

| 4 | 【低规 ~~3.3.4~~ 3.4.8】 | (text below) |

　　除高层厂房和甲类厂房外,其他类别的数座厂房占地面积之和小于本规范第3.3.1条规定的防火分区最大允许建筑面积(按其中较小者确定,但防火分区的最大允许建筑面积不限者,不应超过10 000 m²)时,可成组布置。当厂房建筑高度小于等于7.0 m时,组内厂房之间的防火间距不应小于4.0 m;当厂房建筑高度大于7.0 m时,组内厂房之间的防火间距不应小于6.0 m。

　　组与组或组与相邻建筑物之间的防火间距,应根据相邻两座耐火等级较低的建筑,按本规范第3.4.1条的规定确定。

摘要: 成组布置厂房的防火间距为4.0~7.0 m

（续表）

提示	规范名称和条目	规范摘要或原文摘录,笔者注
5	【低规 ~~5.2.4~~ 5.2.3】	数座一、二级耐火等级的多层住宅或办公楼,当建筑物的占地面积的总和小于等于2 500 m²时,可成组布置,但组内建筑物之间的间距不宜小于4.0 m。组与组或组与组相邻建筑物之间的防火间距不应小于本规范第5.2.1条的规定。 **摘要:** 多层住宅或办公楼成组布置,且总面积≤2 500 m²,组内两建筑之间的距离不宜小于4.0 m
6	【高规 4.2.4】	两座高层建筑或高层建筑与不低于二级耐火等级的单层、多层民用建筑相邻,当相邻较高一面外墙耐火极限不低于2.00 h,墙上开口部位设有甲级防火门、窗或防火卷帘时,其防火间距可适当减小,但不宜小于4.00 m
7	高规 4.2.1、住规 9.3.2	一、二级防火等级的高层建筑与多层、裙房、高层民用建筑之间的防火间距分别为6.0 m、9.0 m、13.0 m
8	低规 ~~3.3.2~~ 3.4.7	E形厂房的两翼距离不小于10.0 m(低规 ~~3.3.2~~ 3.4.7),但占地小于低规 ~~3.2.1~~ 3.3.1规定者可为6.0 m。 **笔者注:** E形民用建筑的两翼距离,无明文规定。虽然低规3.4.7的概念可取,但值得注意的是:因为无成文,故不能硬性要求为13.0 m、9.0 m、6.0 m。如不能满足硬性要求,可在较高的一面用防火窗(FM甲)解决,如高层的两翼距离可小至4.0 m(高规4.2.3),低层的两翼距离则可小至3.5 m(低规5.2.1);或可参考低规5.2.3,当一座建筑物的占地面积<2 500 m²时,间距不宜小于4.0 m
9	商规 4.1.6	商场中庭两侧为不同防火区时,高层、多层有不同面宽要求(13.0 m、6.0 m)
10	防火间距<要求时	不满足时可至低规 ~~3.3.1~~ 3.4.1的注63/注74中寻找补救办法
11	【沪消(防)字[2001]4号】	高层建筑与相邻的单、多层建筑(包括三、四级耐火等级的建筑),当高层建筑的外墙为防火墙,或比相邻单、多层建筑屋面高15 m以下范围内的墙为不开设门窗洞口的防火墙时,其防火间距可适当减小,但不得小于6 m(防火墙上可开设面积小于2 m²的卫生间的窗)
12	[2004]沪公消(建函)字第192号	设置在小区里的室外的停车位不作为停车场要求相互间距
13	高层的裙房开天窗时的防火间距	**笔者注:** 一个实例,即高层的裙房开天窗,天窗离高层应该多远?根据高规4.2.3的精神,防火间距≥4.0 m,且要求天窗耐火不低于1.00 h,并用甲级防火窗。如果高层的裙房开天井,天井离高层应该多远?这个问题复杂了,见5.22"防火分隔构造"一节
14		**笔者注:** 对于有些建筑,若不明了其火灾危险分类,可从低规3.1.1及其说明、表3.1.1的规定确定它的火灾危险分类,然后确定相互间距等

层 数 计 算

1	【低规 1.0.2】	建筑层数的计算:建筑的地下室、半地下室的顶板面高出室外设计地面的高度小于等于1.5 m者,建筑底部设置的高度不超过2.2 m的自行车库、储藏室、敞开空间,以及建筑屋顶上突出的局部设备用房、出屋面的楼梯间等,可不计入建筑层数内。住宅顶部为两层一套的跃层,可按1层计,其他部位的跃层以及顶层多于2层一套的跃层,应计入层数
2	层数折算	防火间距/楼梯类型等防火概念以及日照与层数有关,层数折算(低规1.0.2/住法9.1.6/上标5.8.1/苏标8.1.3.3)将层高>3.0 m者的若干层之和除以3.0 m满半进一。层数折算不牵涉总平面层数的标注和容积率以及单体平立剖面层数的划分(上标5.8.1说明)。 **笔者注:** 此说法与沪规法[2004]1262号反映了不同规范规定,从不同立场为了不同目的,采取相同的手法,以解决各自的问题。其实,层数折算从某种意义上来说,就是一种控制容积率的方法,是一种防止某些人作假的手段。所以,应分名义上的容积率和实际上的容积率,用名义容积率控制实际容积率。 建规合稿不再以层数而是以高度确定居住建筑楼梯的型式,所以建规合稿没有层数折算方法这一条。以高度确定居住建筑楼梯的型式见建规合稿5.5.29/5.5.30
3	减层方法	总高不超过54.0 m且顶层为跃层的可减1层(上标5.8.2)。顶层为跃层、出地面≤1.50 m的地下室、建筑底部设置的高度≤2.20 m的车库、储藏室、架空层可减1层或不计层数(苏标8.1.3.1/2)。 **笔者注:** 减层方法是防火概念,与算不算面积(是否纳入容积率计算)的规划概念不是一回事。这在(18+1)层的跃层设计中特别要注意。

(续表)

提示	规范名称和条目	规范摘要或原文摘录,笔者注
3	减层方法	低规 1.0.2 说明/住规 4.1.6 说明/苏标 8.1.3/上标 5.6.5 都提到跃层的层数计算方法。苏标 8.1.3 最明确,只跃一层的,可以扣去一层。上标 5.6.5 有总高 54.0 m 的限制。低规 1.0.2 说明的说法与苏标 8.1.3 一致,但有只能用于多层之嫌。住规 4.1.6 的说明说法虽然与低规 1.0.2 的说明说法一样,但有只用于交通之嫌。对于有些地方,如山东东营消防局认为 18+1(跃一层)不算 19 层而作 18 层是该罚款的错误,要提高警惕——18 还是 19,差别很大。一个楼梯间还是两个楼梯间等,施工图之前务必得到当地消防部门的认可
	高度定义与计算	
1	【高规 2.0.2】	建筑高度为建筑物室外地面到其檐口或屋面面层的高度,屋顶上的水箱间、电梯机房、排烟机房和楼梯出口小间等不计入建筑高度
2	【低规 1.0.2 注 1,2】	建筑高度的计算:当为坡屋面时,应为建筑物室外设计地面到其檐口的高度;当为平屋面(包括有女儿墙的平屋面)时,应为建筑物室外设计地面到其屋面面层的高度;当同一座建筑物有多种屋面形式时,建筑高度应按上述方法分别计算后取其中最大值。局部突出屋顶的瞭望塔、冷却塔、水箱间、微波天线间或设施、电梯机房、排风和排烟机房以及楼梯出口小间等,可不计入建筑高度内
3	【通则 4.3.2.2】	平屋顶应按建筑物室外地面至其屋面面层或女儿墙顶点的高度计算;坡屋顶应按建筑物室外地面至屋檐和屋脊的平均高度计算;下列突出物不计入建筑高度内: 1) 局部突出屋面的楼梯间、电梯机房、水箱间等辅助用房占屋顶平面面积不超过 1/4 者; 2) 突出屋面的通风道、烟囱、装饰构件、花架、通信设施等; 3) 空调冷却塔等设备
4	苏公消[2004]17 号 3	当为坡屋面时,应为建筑物室外设计地面到其檐口的高度;当为平屋面时,应为建筑物室外设计地面到其屋面面层的高度;当有女儿墙时,应为建筑室外设计地面到其女儿墙顶部的高度。三者不同时,取最大值。 **笔者注**:苏公消[2004]17 号似乎把规划和消防的概念混为一谈了

2.3 面宽限制

☞ 【上规 50】建筑物的面宽,除经批准的详细规划另有规定外,按以下规定执行:

(一) 建筑高度小于、等于 24 m,其最大连续展开面宽的投影不大于 80 m。

(二) 建筑高度大于 24 m,小于、等于 60 m,其最大连续展开面宽的投影不大于 70 m。

(三) 建筑高度大于 60 m,其最大连续展开面宽的投影不大于 60 m。

摘要:建筑高度≤24.0 m,面宽≤80.0 m;高度 24.0~60.0 m 者,面宽≤70.0 m。建筑高度>60.0 m 者,面宽≤60.0 m。

笔者注:高层和裙房分开算。由此,同一裙房上有几幢高层的可能性不大。

☞ 上规 50 解释:关于面宽限制,由于实施上规应用解释,与原"上规 50"条文在内容形式上没有变化,但是实际上起了根本性变化:① 过去包括所有类型建筑,现在主要指居住、办公和商业等建筑;② 裙房和高层分开计算,高层建筑物的面宽指高层建筑主体部分的面宽。一个裙房上有多幢高层的,高层之间的间距按通常情况要求。这样一来,一个裙房上几乎不可能有多幢高层。

☞ 与此问题相关的因素,消防道的 150.0 m 的安排要求(国规 8.0.5.1/高规 4.3.1/低规 6.0.1/3)。

☞ 两幢房子用连廊相连,算一幢还是两幢? 面宽是否超限? 规定没有说明。笔者认为,关键看两幢房子间距。间距≤防火间距,如果廊子足够宽,视为一幢;否则,两幢房子间距>防火间距,廊子也不那么宽,应视为两幢。笔者的看法和数年之后出版的江苏 DGJ 32/J67—2008《商业建筑设计防火规范》的 5.5.4 条有相似之处,该规范也是说两幢房子用连廊相连,若间距<防火间距,则认为是一座建筑。

2.4 小区道路

2.4.1 小区出入口位置安排

提示	规范名称和条目	规范摘要或原文摘录,笔者注
1	【通则 4.1.5】	基地机动车出入口位置应符合下列规定: 1. 与大中城市主干道交叉口的距离,自道路红线交叉点量起不应小于 70 m。 2. 与人行横道线、人行过街天桥、人行地道(包括引道、引桥)的最边缘线不应小于 5 m。 3. 距地铁出入口、公共交通站台边缘不应小于 45 m。 4. 距公园、学校、儿童及残疾人使用建筑的出入口不应小于 20 m。 5. 当基地道路坡度大于 8％时,应设缓冲段与城市道路连接。 6. 与立体交叉口的距离或其他特殊情况,应符合当地城市规划行政主管部门的规定。 **摘要:**基地机动车出入口,与主干道上的交叉口距离 70.0 m,与人行天桥和人行地道距离 5.0 m
2	【上交标 4.2.1】	基地位于城市主干路与次干路、支路相交的位置旁,出入口不应设置在主干路上;基地位于次干路和支路相交的位置旁,出入口不应设在次干路上。确需在主干路上设置时,距离交叉口不应小于 80 m 或在基地的最远端。在次干路上设置出入口,距离交叉口不应小于 50 m 或在基地的最远端。在支路上设置出入口,距离与主干路相交的交叉口不应小于 50 m,距离与次干路相交的交叉口不应小于 30 m,距离与支路相交的交叉路口不应小于 20 m
3	上交标 4.2.1、 通则 4.1.5	设在主干道上时,距交叉口 80.0/70.0 m。 设在次干道上时,距交叉口 50.0 m。 设在支路上时,距主干交叉口 50.0 m,距次干交叉口 30.0 m。 距支路交叉口 20.0 m(上交标 4.2.1、通则 4.1.5 略有不同)
4	通则 4.1.2	与城市道路相接的基地出入口宽度,基地内建筑面积≤3 000 m² 的,不应小于 4.0 m;基地内建筑面积＞3 000 m² 的,不应小于 7.0 m 或 2×4.0 m
5	国规 8.0.5.1、 通则 4.1.6	大型/特大型商业、娱乐、体育、交通的基地应至少有 2 个不同方向出口
6	93 厂规 4.7.4/12 厂规 5.7.4	工厂出入口,不宜少于 2 个
7	上交标 4.2.6	基地机动车出入口更多地取决于基地内机动车的数量,上交标在这方面有更详细的规定:小于等于 100 辆,不应超过 1 个;大于 100 且小于等于 300 辆,不应超过 2 个;大于 300 辆,不应超过 3 个
8	上交标 4.1.3	停车数＞100 辆的大型住宅区在基地入口处应设置出租车候车处 2 个车位,之后按每 200 辆/1 个车位增加。候车道长度按 $L=0.2n$(单位: m)($n=$总停车数,$n≥80$)计算。候车道宽≥3.0 m,长度 $L≥16.0$ m
9	09 技措 4.5.1.7	类似于小区与公交道路的关系,地面停车场出入口的个数,≤50 辆 1 个出入口、51～300 辆 2 个出入口,＞300 辆这两个出入口要分别安排出口和入口,＞500 辆要 3 个双车道出入口

2.4.2 小区交通道路/构造

提示	规范名称和条目	规范摘要或原文摘录,笔者注
1	【住法 4.3.1】	每个住宅单元至少应有一个出入口可以通达机动车。 **笔者注:**因此,也许有一些平台式住宅方案(如上海梧桐花园)不能成立
2	住法 4.1.2	住宅不应向大于 9 m 宽的道路开设出入口
3		人行道宽不应小于 1.50 m,单车道路宽不应小于 4.00 m,双车道路宽不应小于 7.00 m。不分是否消防车道(通则 5.2.2)。步行道最大纵坡为 8％(技措 4.3.1)。
4		通则 3.3.1:车行道纵坡 0.2％～8％,个别地段 11％,横坡 1％～2％(技措 4.3.1)。纵坡 11％时,坡长 80 m

（续表）

提示	规范名称和条目	规范摘要或原文摘录，笔者注
5	住法 4.5.1	地面排水坡度不应小于 0.2%
6	【1987 版通则 3.2.1】	长度超过 35.0 m 的尽端式车行路应设回车场。供消防车使用的回车场不应小于 12.0 m×12.0 m，大型消防车的回车场不应小于 15.0 m×15.0 m
7	住法 4.3.2	双车道≥6.0 m，宅前道≥2.5 m，尽端道长不宜大于 120 m，设 12.0 m×12.0 m 的回车道
8		技措 4.3.4：通行小车道路转弯半径（指内径）6.0 m，通行载重车道路转弯半径 9.0 m、10.0 m，消防车道路转弯半径：轻型 9.0~10.0 m，重型 12.0 m（技措 4.2.1）
9	上规 21、苏规 2.3.7.2	道路上空净空高度，上海及江苏道路分别规定 4.6 m、5.5 m
10	2007 版上标 3.3.1	低多层、中高层消防道转弯半径 R＞6.0 8.0 m（到道路中心线），高层的消防道转弯半径 R＞12.0 m，尽端式回车场 12.0 m×12.0 m。 道路半径指道路中线半径（**笔者注**：之前的规范都未明确，所以 2007 版上标 3.3.1 的转弯半径数字有所修改）
11	上海市标"高层垃圾"	垃圾房车道 3.5 m 宽，荷重 5 t，道路转弯半径 R＞8.0 m，坡度 I＜5%
12		高层建筑的消防车道 W≥4.00 m，转弯半径 R＞12.0 m，尽端式消防道设 15.0 m×15.0 m、18.0 m×18.0 m 的回车场（低规 6.0.9/高规 4.3.4/高规 4.3.5 说明）。大型消防车道设18.0 m×18.0 m 回车场（低规 6.0.10）
13		消防车道宽度×高度：4.0 m×4.0 m（低规 6.0.9/工总 5.3.5/参考 87 通则 3.2.2/技措 4.2.1/上标 3.3.2），基地单车道路宽度 4.0 m（通则 5.2.2）。多层中小高层消防车道宽度可以小到 3.5 m（上标 3.3.1 说明）
14	建筑资料集 总图运输（第 200 页）	消防车车道转弯半径 6.0 m
15	道路断面	道路断面参看建筑资料集 8 第 117 页/95 沪 J001 第 2 页。通行小卧车道路 C30 混凝土垫层 120 厚、通行卡车道路 C30 混凝土垫层 180 厚、通行大客车道路 C30 混凝土垫层 220 厚
16	填土	道路断面的确定常涉及填土 E_0，E_0 见 GB 50037—96《建筑地面设计规范》表 C.1.5 中黏性土过湿者（上海多雨）
17	"室外工程" 苏 J9508	小区车行道路构造：① 150（小区级）/220（居住区级）厚 C30 混凝土面层、70 厚级配碎石（粒径 25~40）、200 厚块石（粒径 100~200）、压实路基。② 15 厚沥青砂面层、50 厚沥青混凝土（中粒式）、100 厚级配碎石（粒径 50~80）、300 厚块石（粒径 200~600）、压实路基。人行道路构造：50 厚 C25 细石混凝土块面层、30 厚米砂、70 厚级配碎石（粒径 25~40）、压实路基（**笔者注**：小区道路构造还可见苏 G9501 第 93~95 页"施工说明"）
18	地规 5.0.6	户外道路台阶散水明沟的混凝土垫层一定要有碎石等抗水性能好的加强层，而室内可有可无
19	国规 8.0.5 说明	各种不同车型不同类型的回车场尺寸
20	【通则 5.2.2】	建筑基地道路宽度应符合下列规定： 1. 单车道路宽度不应小于 4 m，双车道不应小于 7 m。 2. 人行道路宽度不应小于 1.50 m。 3. 利用道路边设停车位时，不应影响有效的通行宽度。 4. 车行道路改变方向时，应满足车辆最小转弯半径要求；消防车道应按消防车最小转弯半径要求设置。
21	【通则 5.3.1】	建筑基地地面和道路坡度应符合下列规定： 1. 基地地面坡度不应小于 0.2%，地面坡度大于 8% 时宜分成台地，台地连接处应设挡墙或护坡。 2. 基地机动车道的纵坡不应小于 0.2%，亦不应大于 8%，其坡长不应大于 200 m，在个别路段可不大于 11%，其坡长不应大于 80 m；在多雪严寒地区不应大于 5%，其坡长不应大于 600 m；横坡应为 1%~2%。 3. 基地非机动车道的纵坡不应小于 0.2%，亦不应大于 3%，其坡长不应大于 50 m，在多雪严寒地区不应大于 2%，其坡长不应大于 100 m；横坡应为 1%~2%。

(续表)

提示	规范名称和条目	规范摘要或原文摘录,笔者注
21	【通则5.3.1】	4. 基地步行道的纵坡不应小于0.2%,亦不应大于8%,多雪严寒地区不应大于4%,横坡应为1%~2%。 5. 基地内人流活动的主要地段,应设置无障碍人行道。 注:山地和丘陵地区竖向设计尚应符合有关规范的规定
22	【技措4.3.1】	车行道纵坡0.2%~8%,横坡1.5%~2.5%,个别地段11%
23	【参考87通则3.2.1】	长度超过35.0 m的尽端式车行路应设回车场。供消防车使用的回车场不应小于12.0 m×12.0 m,大型消防车的回车场不应小于15.0 m×15.0 m

2.4.3 道路和建筑距离

提示	规范名称和条目	规范摘要或原文摘录,笔者注
1	高规4.1.7/4.3.7/4.3.4	高层建筑的底边至少有一个长边或1/4周长直接落地,此范围内无乔木和架空线,且有直通楼梯间的出入口。或在此范围内可做4.0 m×5.0 m裙房(**笔者注**:实际操作中,有关当局会有具体规定,不必拘泥于此)
2	住法4.1.2	住宅不应向宽≥9.0 m的道路直接开设出入口
3	技措2.1.9.3	中小学校入口与城市道路应有10.0 m以上的距离
4	消防登高场地	消防登高场地大小15.0 m×8.0 m(上标3.3.4/5),消防登高场地距外墙5.0 m(5.0~10.0 m,苏标8.3.8.2),两单元可合用一个场地
5	通则5.2.3.2/国规8.0.5.8	道路与建筑距离2.0~5.0 m(结合高层消防登高场地为5.0 m),道路与墙距离1.50 m
6	高规4.3.4	消防车道距离建筑物不得小于5.0 m。 **笔者注**:这是对于民用高层而言,不能用于工厂布置。低规无此具体要求
7	上规34	**上海建筑后退道路规定** <table><tr><th rowspan="2">道路宽度后退距离(m) 建筑高度(m)</th><th>D≤24</th><th>D>24</th></tr></table>

上海建筑后退道路规定

道路宽度后退距离(m) ＼ 建筑高度(m)	D≤24	D>24
h≤24	3	5
24<h≤60	8	10
60<h≤100	10	15
>100	15	20

提示	规范名称和条目	规范摘要或原文摘录,笔者注
8	【高规4.1.7】	高层建筑的底边至少有一个长边或周边长度的1/4且不小于一个长边长度,不应布置高度大于5.00 m、进深大于4.00 m的裙房,且在此范围内必须设有直通室外的楼梯或直通楼梯间的出口
9	【上标3.3.4/5】	消防登高场地离住宅的外墙不宜小于5 m
10	【通则5.2.3】	道路与建筑物间距应符合下列规定: 1. 基地内设有室外消火栓时,车行道路与建筑物的间距应符合防火规范的有关规定。 2. 基地内道路边缘至建筑物、构筑物的最小距离应符合现行国家标准《城市居住区规划设计规范》GB 50180的有关规定。 3. 基地内不宜设高架车行道路,当设置高架人行道路与建筑平行时应有保护私密性的视距和防噪声的要求

(续表)

提示	规范名称和条目	规范摘要或原文摘录,笔者注
11	苏规3.2.3.1	**江苏建筑后退城市道路红线最小距离** (m) <table><tr><td>距离 建筑高度 道路宽度</td><td><24</td><td>24~50</td><td>>50</td></tr><tr><td>>40</td><td>8</td><td>12</td><td>15</td></tr><tr><td>30~40</td><td>6</td><td>10</td><td>15</td></tr><tr><td>20~30</td><td>5</td><td>中小城市 10,大城市 8</td><td>15</td></tr><tr><td><20</td><td>3</td><td>中小城市 10,大城市 8</td><td>15</td></tr></table>
12	【国规8.0.5.8】	**居住区内道路边缘至建筑物、构筑物的最小距离** (m) <table><tr><td colspan="2">道路级别 与建、构筑物关系</td><td>居住区 道路</td><td>小区路</td><td>组团路及 宅间小路</td></tr><tr><td rowspan="3">建筑物面向道路</td><td rowspan="2">无出入口 高层</td><td>5.0</td><td>3.0</td><td>2.0</td></tr><tr><td>多层 3.0</td><td>3.0</td><td>2.0</td></tr><tr><td>有出入口</td><td>5.0</td><td>2.5</td></tr><tr><td rowspan="2">建筑物山墙面向道路</td><td>高层 4.0</td><td>2.0</td><td>1.5</td></tr><tr><td>多层 2.0</td><td>2.0</td><td>1.5</td></tr><tr><td>围墙面向道路</td><td>1.5</td><td>1.5</td><td>1.5</td></tr></table> 注:居住区道路的边缘指红线;小区路组团及宅间小路的边缘指路面边线。当小区路设有人行便道时,其道路边缘指便道边线
13	【住法4.1.2】	**住宅离道路边缘最小距离** (m) <table><tr><td>路面宽度 与住宅距离</td><td><6.0</td><td>6.0~9.0</td><td>>9.0</td></tr><tr><td rowspan="3">住宅面向道路 无出入口 高层</td><td>2.0</td><td>3.0</td><td>5.0</td></tr><tr><td>多层 2.0</td><td>3.0</td><td>3.0</td></tr><tr><td>有出入口 2.5</td><td>5.0</td><td>—</td></tr><tr><td>住宅山墙面向道路 高层</td><td>1.5</td><td>2.0</td><td>4.0</td></tr><tr><td>多层</td><td>1.5</td><td>2.0</td><td>2.0</td></tr></table> 注:1. 当道路设有人行便道时,其道路边缘指便道边线。 2. 表中"—"表示住宅不应向路面宽度大于9.0m的道路开设出入口。

2.4.4 消防车道布置

有关消防车道的布置,高规与上标要求相差较大,低规6.0.10作了补充,即消防车可利用交通道路。上海在消防车道布置方面把中高层同低层、多层一样对待。

提示	规范名称和条目	规范摘要或原文摘录,笔者注
1	上标3.3.3.3/ 苏标8.3.7.4	一般而言,消防车道及消防登高面的布置与建筑出入口应该在同一侧。但有时受条件限制,消防车道与建筑出入口不在同一侧,虽然不是最好,但也是允许的,但是建筑在消防车道侧应有窗户或阳台

（续表）

提示	规范名称和条目	规范摘要或原文摘录，笔者注
2	【高规4.3.1】	高层建筑的周围，应设环形消防车道。当设环形车道有困难时，可沿高层建筑的两个长边设置消防车道。当建筑的沿街长度超过150 m或总长度超过220 m时，应在适中位置设置穿过建筑的消防车道。 有封闭内院或天井的高层建筑沿街时，应设置连通街道和内院的人行通道（可利用楼梯间），其距离不宜超过80 m
3	【低规6.0.1】	街区内的道路应考虑消防车的通行，其道路中心线间距不宜超过160 m。当建筑物沿街部分的长度超过150 m或总长度超过220 m时，均应设置穿过建筑的消防车道。当确有困难时，应设置环形消防车道
4	【低规6.0.10】	环形消防车道至少应有两处与其他车道连通。尽头式消防车道应设置回车道或回车场，回车场的面积不应小于12.0 m×12.0 m；供大型消防车使用时，不宜小于18.0 m×18.0 m。 消防车道路面、扑救作业场地及其下面的管道和暗沟等应能承受大型消防车的压力。 消防车道可利用交通道路，但应满足消防车通行与停靠的要求
5	【上标3.3.2】	联体的住宅群，当一个方向的长度超过150 m或总长度超过220 m时，消防车道的设置应符合下列之一的规定： 1. 应沿建筑群设置环形消防车道或在适中位置设置穿过建筑的消防车道，消防车道的净宽度和净高度均不应小于4 m。 2. 消防车道应沿建筑的两个长边设置，消防车道旁应设置室外消火栓，且建筑应设置与两条车道连通的人行通道（可利用楼梯间），其间距不应大于80 m
6	上规50	上海建筑，同时限制建筑物长度的，还有规划面宽的规定
7	住宅设计标准 应用指南3.3.1	消防车道转弯半径指消防车道中线半径（**笔者注：**这在过去不太明确）
8	低规8.1.2 及其说明	附近有河浜，可利用天然水源作为消防水源，取水高差≤6.0 m。 **笔者注：**如何利用，仍旧有消防车道，码头，水泵房（临时/永久），电源＋移动式水泵？应该可有多种选择
9	上标3.3.1	关于中高层在消防道的设置上纳入多层的概念
10	上标3.3.1/3.3.2	多层建筑（低层、多层、中高层）街区内的消防道，只要考虑160.0 m×160.0 m的道路网即行
11	低规6.0.1/ 建规合稿7.1.1	条文本身说明不了道路网的意思，但低规图示6.0.1的图清楚表明是网的意思，即X、Y两个方向都要考虑160.0 m的间距。建筑物沿街长度超过150.0 m，或总长超过220.0 m，均应设置穿越建筑物的消防车道。无法设置穿越道时，可以设环形消防车道。也就是说，当为环形消防车道时可以不设消防车穿越道，低规6.0.1本身就是这个意思。另外，在高规4.3.1说明中，更有文字明确表明"对于设有环形消防车道的高层建筑，可以不设置穿过建筑的消防车道"。对于多层建筑街区内的道路，根据上述原则，首先明确是否消防道，再确定其转弯半径
12	高规4.1.7/4.3.1	要求高层建筑一个长边着地和消防道设置有密切关系
13	住法9.8.1	高层住宅建筑应设环形消防道或沿一个长边设置消防道。 **笔者注：**对于高层建筑，到底应该是设置一条消防道还是两条消防道，由于条件限制，有时成为关键问题，如俊庭。这时，要判别它是否属于住宅。若属于住宅建筑，就可以设一条（住法9.8.1/上标3.3.1）。住宅建筑一包含其他功能空间处于同一建筑中的住宅部分，如商住楼亦属住宅（住法2.0.1），照此定义，商住楼可以一条消防道，但实际工作中，建议视商业部分的规模而定
14	高规4.3.1	高层建筑应设环形消防道或沿两个长边设置消防道。建筑物沿街长度超过150.0 m，或总长超过220.0 m，均应设置穿越建筑物的消防车道。 **笔者注：**高规只提及消防道，没有提及消防登高场地及消防登高面等
15	低规6.0.5/ 技措4.2.7	3 000个以上座位的体育馆、2 000以上座位的会堂、占地3 000 m²以上的展览馆等公建宜设环形消防道。另外还包括高层民用建筑（建规合稿7.1.5）
16	高规4.3.2/ 低规6.0.2/ 技措4.2.4	内院短边＞24.0 m时，消防车道应进入内院或天井

(续表)

提示	规范名称和条目	规范摘要或原文摘录,笔者注
17	苏商规 4.3.1.2	大型商场或高层商场设置环形消防道或沿两条长边设置消防道。当未设环形消防道,而且建筑的边长>150 m 时,设穿越建筑物的消防车道
18	低规 6.0.10/技措 4.1.4	尽端式消防车道设回车场 12.0 m×12.0 m,回转半径 R=6.0 m,中型回车场 15.0 m×15.0 m。大型回车场 18.0 m×18.0 m,回转半径 R=12.0 m。小区内尽端道路长不宜超过 120 m
19	上标 3.3.1	上标也要求设环形道,考虑到住宅相对于大型公共建筑,其扑救难度较小。因此,困难时沿长边设一条消防道即可,尽端设回车场 15.0 m×15.0 m,R=12.0 m[或 1/2 消防道宽+拐角距离=14.0 m,沪消字(2001)65 号一.2]。多层 12.0 m×12.0 m、高层 18.0 m×18.0 m 回车场(技措 4.2.2)
20	上标 3.3.1/技措 4.2.1/高规 4.3.5 说明	低层、多层、中高层住宅消防道转弯半径 R>6.0 8.0 m,高层的消防道转弯半径 R>12.0 m,尽端式回车场 12.0 m×12.0 m
21	低规 6.0.10 说明	普通消防车转弯半径为 9.0 m,登高车转弯半径为 12.0 m,特种车辆转弯半径为 16.0～20.0 m
22	国规 8.0.5/高规 4.3.1/低规 6.0.1/3	当建筑长度>150.0 m(转角 220.0 m),在两条消防道之间设穿越车道(4.0 m×4.0 m,低规 6.0.9)和人行道 @80.0 m(常利用楼梯间)。当为环形道时,可以不考虑穿越车道(高规 4.3.1 说明/低规 6.0.1)。 笔者注:这一条,高规和低规指沿街建筑,而上标指凡联体建筑,不论街坊内外侧,一律要。不过,低规 6.0.3 说明指出此地的"街"就是一般的供人员和车辆通行的道路(高规 4.3.1/低规 6.0.3 说明/上标 3.3.2),因此,高规、低规、上标三者的说法是一样的。车道可从房子中穿过去。问题是,能否这样理解:如果这幢房子,它的后面不是封闭内院,也没有天井,是否就不必设置 @80.0 m 的人行道呢
23	通则 5.2.1.2	沿街建筑应设连通街道和内院的人行通道(可利用楼梯间),其间距不宜小于 80 m
24	低规 6.0.4 6.0.6	工厂、仓库应设置消防车道。一座甲、乙、丙类厂房的占地面积超过 3 000 m² 或一座乙、丙类库房的占地面积超过 1 500 m² 时,宜设置环形消防车道;如有困难,可沿其两个长边设置消防车道
25		消防车道的宽度×高度:4.0 m×4.0 m(低规 6.0.9/工总 5.3.5/参考 87 通则 3.2.2/技措 4.2.1/上标 3.3.2),基地单车道路 4.0 m(通则 5.2.2)。低层、多层、中高层住宅消防车道宽度可以小到 3.5 m(上标 3.3.1 说明)
26		(利用市政道路作为上标 3.3.5.3)消防车道和高层建筑之间不应设乔木架空线(高规 4.3.7/上标 3.3.5.3)。 笔者注:高规规定过于宽泛,规定高层建筑和消防车道之间都不能有乔木架空线,那高层建筑四周就只能光秃秃的了

2.4.5 消防登高场地/登高场面

提示	规范名称和条目	规范摘要或原文摘录,笔者注
1		上海的高层住宅[上标 3.3.3/3.3.5,沪消字(2001)65 号一.2]或其他高层民用建筑(江苏高层住宅大体一样,苏标 8.3.7/8)都有消防登高面与消防登高场地之说法,而高规没有。但高规有至少 1/4 周边长度或不小于一个长边外墙直接落地的要求,以便消防车开展工作(高规 4.1.7/4.3.7)。楼梯出入口、消防电梯出入口上不宜设大面积玻璃幕墙(上标 3.3.3)。玻璃幕墙下的楼梯入口、消防电梯出入口上方应设雨篷(苏商规 4.3.3.3)
2		消防登高场地 15.0 m×8.0 m,结合消防登高面,离高层外墙 5.0 m(建规合稿 7.1.9),离登高面边缘 10.0 m(上标 3.3.3/3.3.4/苏标 8.3.8)。消防登高场地离建筑外墙 5.0～20.0 m(《中国消防手册 第三卷 消防规划·公共消防设施·建筑防火设计》第 325 页),5～15 m(建规合稿 7.2.2)。消防登高面应尽可能结合消防车道、消防登高场地、楼梯出入口、消防电梯出入口。有困难时,消防登高面可结合阳台窗户(上标 3.3.3 说明)。 笔者注:这里涉及消防车道在哪一侧布置的问题。结合阳台窗户而不是结合楼梯出入口一侧布置消防车道,虽然允许,但不是上策。 消防登高场地也可结合消防道布置,与建筑外墙距离不小于 5.0 m,应在其登高面一侧整边布置 8.0 m 宽的登高场地[沪消防字(2001)65 号]

(续表)

提示	规范名称和条目	规范摘要或原文摘录,笔者注
3	【高规4.1.7】	高层建筑的底边至少有一个长边或周边长度的1/4且不小于一个长边长度,不应布置高度大于5.00 m,进深大于4.00 m的裙房,且在此范围内必须设有直通室外的楼梯或直通楼梯间的出口
4	【上标3.3.3】	高层住宅应设置消防登高面,并应符合下列规定: 1. 塔式住宅的消防登高面不应小于住宅的1/4周边长度。 2. 单元式、通廊式住宅的消防登高面不应小于住宅的一个长边长度。 3. 消防登高面应靠近住宅的公共楼梯或阳台、窗。 4. 消防登高面一侧的裙房,其建筑高度不应大于5 m,且进深不应大于4 m。 5. 消防登高面不宜设计大面积的玻璃幕墙
5	上标3.3.4/ 沪消字(2001) 65号三.2	【上标3.3.4】消防登高场地15.0 m×8.0 m,结合消防登高面,离外墙5.0 m,其最外一点至消防登高面边缘的水平距离不应大于10 m。 沪消字(2001)65号要求:上海的非住宅高层建筑和高层住宅的登高面、登高场地安排与大小要求一样,只是消防道的设置要求不一样,高层住宅可以只设一条、一般高层建筑需设两条
6	【上标3.3.5】	消防登高场地应符合下列规定: 1. 消防登高场地距住宅的外墙不宜小于5 m,其最外一点至消防登高面的边缘的水平距离不应大于10 m。 2. 设有坡道的消防登高场地,其坡道不应大于15%(江苏为3%,苏标8.3.8.3)。 3. 利用市政道路作为消防登高场地,其绿化、架空线路、电车网架等设施不得影响消防车的停靠、操作
7	高规4.1.7/ 上标3.3.3	建筑底层外墙在消防车道一侧允许有4.0 m(深)×5.0 m(高)外凸
8	苏商规4.3.3/ 4.3.4	特大型、大型高层商场或高层建筑内的商场,沿一条长边或1/3周长设扑救面。扑救面一侧与出入口、消防梯出入口、消防道/扑救场地相结合。扑救场地与建筑面同长,宽15.0 m
9	浙江建设发 (2007)36号1	浙江高层建筑消防登高场地应在消防登高面一侧,将与整个同宽的消防道拓宽至6.0 m²即可。消防道距离建筑5~10 m(房高50 m者)或10~15 m(房高>50 m者)
10		上标的相关要求部分是由高规引申而来的
11		关于高层建筑的消防施救场地,2003年3月7日有专文沪消(防)字(2001)65提出各项要求,它大体上反映在2001年8月1日开始执行的上海《住宅设计标准》3.3.3/3.3.4/3.3.5条文中
12	低规6.0.10	消防车道可利用交通道路

2.4.6 过街楼消防道及人行道

提示	规范名称和条目	规范摘要或原文摘录,笔者注
1	低规6.0.2/6.0.9	消防车通过门洞:4.0 m×4.0 m
2	高规4.3.6	消防车通过门洞:4.0 m(高)×4.0 m(宽)
3	上规21	城市道路上空净空:4.6 m/5.5 m(高)×6.0 m(宽)
4		上标3.3.2:联体建筑长度>150.0 m(或总长>220.0 m)时,设过街楼消防车道4.0 m×4.0 m;80.0 m设人行通道。 通则5.2.1.2/低规6.0.3/高规4.4.1:沿街建筑设人行道间距80 m。 **笔者注:**上标指的联体住宅群不管是否沿街,而通则、低规、高规均指沿街建筑。在不同情况下区别对待。联体住宅群和沿街(马路)住宅是两种说法,大体一致,小有差别
5	【通则5.2.1】	建筑基地内道路应符合下列规定: 1. 基地内应设道路与城市道路相连接,其连接处的车行路面应设限速设施,道路应能通达建筑物的安全出口。 2. 沿街建筑应设连通街道和内院的人行通道(可利用楼梯间),其间距不宜大于80 m。 3. 道路改变方向时,路边绿化及建筑物不应影响行车有效视距。 4. 基地内设地下停车场时,车辆出入口应设有效显示标志;标志设置高度不应影响人、车通行。 5. 基地内车流量较大时应设人行道路

（续表）

提示	规范名称和条目	规范摘要或原文摘录,笔者注
6	【低规 ~~6.0.2~~ 6.0.9】	消防车道的净宽度和净高度均不应小于 4.0 m。供消防车停留的空地,其坡度不应大于 3%。消防车道与厂房(仓库)、民用建筑之间不应设置妨碍消防车作业的障碍物
7	【低规 6.0.3】	沿街建筑应设连通街道和内院的人行通道(可利用楼梯间),其间距不宜超过 80 m
8	【高规 4.3.1】	高层建筑的周围,应设环形消防车道。当设环形车道有困难时,可沿高层建筑的两个长边设置消防车道。当高层建筑的沿街长度为 150 m 或总长度超过 220 m 时,应在适中位置设置穿过高层建筑的消防车道。 高层建筑应设有连通街道和内院的人行通道,通道之间的距离不宜超过 80 m
9	【高规 4.3.6】	穿过高层建筑的消防车道,其净宽和净空高度均不应小于 4.00 m
10	【上标 3.3.2】	联体的住宅群,当一个方向的长度超过 150 m 或总长度超过 220 m 时,应在适中位置设置符合下列之一的规定: 1. 消防车道应沿建筑的两个长边设置,消防车道旁应设置室外消火栓,且建筑应设置与两条车道连通的人行通道(可利用楼梯间),其间距不应大于 80 m。 2. 建筑的适中位置应设有穿过建筑的门洞,其净高、净宽不应小于 4 m
11	【国规 8.0.5.1】	小区内主要道路至少应有两个出入口;居住区内主要道路至少应有两个方向与外围道路相连;机动车道对外出入口间距不应小于 150 m。沿街建筑物长度超过 150 m 时,应设不小于 4 m×4 m 的消防车通道。人行出口间距不宜小于 80 m,当建筑物长度超过 80 m 时,应在底层加设人行通道
12	【上规 21】	建筑物之间因公共交通需要,架设穿越城市道路的空中人行廊道的,应符合下列规定: 廊道的净宽度不宜大于 6 m,廊道下的净空高度不小于 5.5 m;但穿越宽度小于 16 m 且不通行公交车辆的城市支路的廊道下的净空高度可不小于 4.6 m

2.4.7　1996 版与 2006 版上交标对照表

序号	2006 版	1996 版	内容提示	主 要 异 同
1	3.0.5	2.0.5	车库地面坡度	新增部分内容。停车场地面坡度 0.5%,车库地面坡度 1%~4%
2	3.0.6		立项交通分析	新建项目超过一定规模要进行立项交通分析
3	4.2.1/4.2.2	3.2.1	基地出入口位置	保留。距离各级道路交叉口分别为 80.0/50.0/30.0/20.0(m)。距离到道路曲直交叉点为止,见 4.2.2 图解。起止点说法与 1996 版 3.2.1 有出入
4	4.2.3	3.2.2	基地出入口与桥隧距离	>2% 坡度时,基地出入口与桥隧距离≥50 m,同原要求。新增 1%~2% 坡度时,出桥隧范围即可
5	4.2.4	3.2.3	视通条件	略有变化,其中 7.5 m 意义不明
6	4.2.5	3.2.4	基地出入口的宽度	双向行车 7.0~11.0 m,单向行车 5.0~7.0 m
7	4.3.3	3.3.3	车库坡道数量	<25 辆,宜 1 条双车道或 1 条单车道。 <100 辆,1 条双车道或 2 条单车道。 100~200 辆,不少于 2 条单车道。 200~700 辆,不得少于 2 条车道进 2 条车道出。 ≥700 辆,不少于 3 条单车道
8	4.3.2	3.3.2	坡道出口终点与道路距离	修改,7.5 m/5.0 m。 附记:坡道出口终点与住宅建筑距离 8.0~10.0 m(上车环规 4.1)
9	4.3.6	3.3.6	车行道与人行道距离	保留 5.0 m。略有修改,即允许车行道与人行道相邻,此时要有分隔物
10	4.4.1/4.4.8	3.4.1	坡道宽度	直道 5.50 m(双)、3.50 m(单)。弯道 7.00 m(双)、4.00 m(单)。转弯内径≥15.0 m 时,即可认为是直道。直道坡度 16%(原 15%),弯道坡度 12%

(续表)

序号	2006 版	1996 版	内容提示	主 要 异 同
11	4.4.7	3.4.7	库内车道转弯半径	保留小车转弯半径 3.0 m
12	4.4.9	3.4.9	净空高度	保留 2.20 m
13	4.5.3/4.5.1	3.5.1	自行车库	净高 2.0 m、坡道宽度 2.0 m、坡度 120%，助推道 0.30 m。人车同一坡道坡度＜15%
14	5.2	4.2	停车位指标	中高档宾馆：0.5 车位/每客房，一般旅馆：0.3 车位/每客房，餐馆娱乐：0.75 车位/百平方米建筑面积，办公楼：内环 0.6/内环外 1.0，商场：0.3～0.5，超市：0.8～1.2。
14	5.2	4.2	停车位指标	体育馆：2.0～10.0 车位/百座，剧场：2.5 车位/百座。展览馆：0.6 车位/百平方米建筑面积，医院：0.2～1.2 车位/百平方米建筑面积，游览场所：0.07～0.15 车位/百平方米建筑面积。车站码头：3.0～1.2 车位/百平方米建筑面积，机场：4.0 车位/百平方米建筑面积
15	5.2.10	4.2.10	住宅停车位指标	住宅 0.8/1.0/1.1、0.8/0.5/0.7、0.3/0.4/0.5 车位/一、二、三类每户之车位，内环之间/内外环之间/外环外
16	5.2.17/5.2		学校停车位指标	以其办公楼面积参照办公楼定额，内环内 0.6/内环外 1.0
17		4.2.14	工厂停车	取消
18	4.1.5	3.1.5	地面停车	10%→5%

2.5 小区规划

2.5.1 小区规模/用地指标

2.5.1.1 规模

提示	规范名称和条目	规范摘要或原文摘录，笔者注
1	国规 2.0.1/3.0.3	国规中的居住区概念：居住区规模 10 000～16 000 户，人口 16 000×3.2＝51 200 人
2	国规和上规在规划人口规模分类上的比较	国规和上规在规划人口规模分类上有较大的不同，因此，在面积规模上也有较大的不同。列表如下：

	居住地区	居住区	小 区	组团/街坊	条文依据
国规	—	3.0万～5.0万人/1.0万～1.6万户	1.0万～1.5万人/0.3万～0.5万户	1 000～3 000 人/300～1 000 户	国规 1.0.3
上规	20.0 万	5.0 万	2.5 万	0.4 万	上服标 1.0.4

2.5.1.2 用地指标

提示	规范名称和条目	规范摘要或原文摘录，笔者注

		人均居住区用地指标			(m²/人)
		居住规模	层 数	建筑气候区划		

提示	规范名称和条目	居住规模	层 数	Ⅰ、Ⅱ、Ⅵ、Ⅶ	Ⅲ、Ⅴ（上海）	Ⅳ
1	【2002 国规 3.0.3】	居住区	低 层	33～47	30～43	28～40
			多 层	20～28	19～27	18～25
			高 层	17～26	17～26	17～26

(续表)

提示	规范名称和条目	规范摘要或原文摘录,笔者注			
1	【2002 国规 3.0.3】	人均居住区用地指标　　　　　　　　　　　　　　　（m²/人）			

居住规模	层　数	建筑气候区划		
		Ⅰ、Ⅱ、Ⅵ、Ⅶ	Ⅲ、Ⅴ（上海）	Ⅳ
小　区	低　层	30~43	28~40	26~37
	多　层	20~28	19~26	18~25
	中高层	17~24	15~22	14~20
	高　层	10~15	10~15	10~15
组　团	低　层	25~35	23~32	21~30
	多　层	16~23	15~22	14~20
	中高层	14~20	13~18	12~16
	高　层	8~11	8~11	8~11

2.5.1.3　用地分配

提示	规范名称和条目	规范摘要或原文摘录,笔者注
1	【国规 3.0.2】	见下表
2	国规 11.0.2.1/ 11.0.2.6	面积计算要点:用地——至小区道路和外围道路中心线;道路计算——不计入外道路和宅前小路
3	【2006 上服标 4.0.3 说明】	见下表

居住区用地平衡指标　　　　　　　　　　　　　　　　（%）

用地构成	居住区	小　区	组　团
1. 住宅用地	50~60	55~65	70~80
2. 公建用地	15~25	12~22	6~12
3. 道路用地	10~18	9~17	7~15
4. 公共绿地	7.5~18	5~15	3~6
居住区用地	100	100	100

用地构成	用地面积(m²/人)	06 上服标(%)	02 国规(%)
1. 住宅用地	14~25	56~63	50~60
2. 公建用地	5.6~6.0	15~22	15~25
3. 公共绿地	3.0	7.5~12	7.5~18
4. 道路用地	2.5~6.0	10~15	10~18
居住区用地	25~40	100	100

2.5.1.4　上海规划中的"居住区"级人口规模

提示	规范名称和条目	规范摘要或原文摘录,笔者注
1	上服标 1.0.4	5 万人左右(**笔者注**:"居住区"级与国规中的居住区概念相当)

2.5.1.5 上海规划"居住区"级公建用地指标

提示	规范名称和条目	规范摘要或原文摘录,笔者注
1	上服标 4.1.3	人均用地 1.6～1.7 m²,千人指标 1 570～1 680 m²

2.5.1.6 上海规划"居住区"级公建建筑面积指标

提示	规范名称和条目	规范摘要或原文摘录,笔者注
1	上服标 4.0.2	人均建筑面积 1.2 m²,千人指标 1 185～1 229 m²

2.5.1.7 上海规划各级居住区公建建筑面积及用地面积

见上服标表 4。各级居住区公建具体项目内容、用地指标、建筑面积指标见上服标附录 A 表 1-4。

2.5.2 各项公共服务设施面积和容积率确定过程中的有关信息

国家标准见国规 6.0.3,上海见上公服标附录 A 表 1-4。面积的确定与容积率有关。下面的细节信息是确定各项指标的前提条件,不同工程地点、不同时间,这些信息不是一成不变的。

提示	规范名称和条目	规范摘要或原文摘录,笔者注
1	国规 2.0.29/上规附录一.1	容积率(建筑面积毛密度)=地上建筑面积总和/建筑基地面积(**笔者注**:有些地方,如宁波就不完全如此,不仅仅是地上面积的总和)
2	上规、苏规	计算小区容积率时要注意,不算建筑面积的当然不包括在内(上海,设备层面积)。还要注意,有算入总建筑面积但不计入容积率的情况[上海,地下室、架空层和屋顶层面积(上规附录二.2.1/2/5)]。具体来讲,层高<2.2 m的地下室、半地下室,半地下室出地面不足 1.0 m者不计入容积率,但算在总建筑面积内(上规附录二 2.1)。地下室出地面 1.0 m以上者打折计入容积率(上规附录二 2.2)
		江苏容积率计算范围与面积算法同国家规范,无特殊情况(苏规附录五.1/附录一.1),计入容积不包括地下室(苏规附录五.1),面积不包括屋顶水箱(国面规 3.0.24.4)
		有关江苏容积率计算:① 开放空间的限制(苏规附录四/2.3.6);② 容积率计算时不包括地下建筑面积(苏规 2.3.6);③ 建筑面积按国家规定(苏规附录一.1);④基地面积计算,不包括道路红线和河道蓝线内面积(苏规附录一.2)。**笔者注**:江苏对容积率的计算,没有如上海明确规定架空层面积计入建筑总面积,但不计入容积率(上规附录二.5)。而架空层面积的计算,国家规定也没有明说说法。江苏对容积率的计算,也没有如上海一样规定顶板面离地≤1.0 m的半地下室、>1.0 m的半地下室怎样分别计算建筑面积而后计入容积率。总之,苏规对于半地下室是个空白点,但在苏标 8.1.3注 1 中说明高出地面≤1.5 m的半地下室和层高≤2.2 m的架空层不计入层数
3	住规 3.5.2.4/3.5.3.4/上标 8.0.3.4	外保温时,建筑面积均从保温层外侧表面算起。内保温时,使用面积均从保温层内侧表面算起(室内方向为内,室外方向为外)
	国面规 3.0.22、3.0.21	当有复合保温层时,面积均从保温层外表面算起(国面规 3.0.22)。有幕墙者,面积从幕墙外边算起(国面规 3.0.21)
	沪规发(2005)1180号 2005-12-12	外墙保温系统的建筑面积应计入建筑密度。外墙外保温系统的厚度应计入墙体厚度。在计算容积率和建筑密度时,外墙外保温系统的厚度应计入墙体厚度。在计算建筑间距、建筑退界时应符合"上规"规定
4	沪府办发(2005)33 号 2005-10-20/沪规法(2004)355 号 2004-04-14	在现有的交通、邮电、环卫等各类市政公用设施,文化、卫生、教育等各类公共服务设施,以及工厂、仓储等第二产业的用地上,凡新建、改建、扩建建设项目,必须严格按照经批准的规划执行,不得随意改变土地使用性质

(续表)

提示	规范名称和条目	规范摘要或原文摘录,笔者注
5		上海 2011 年 10 月 1 日正式实行《上海市建筑面积规划管理暂行规定》,原"沪规发(2000)156号"作废
6	沪规法(2004)1262 号 2004 - 12 - 08	住宅的层高不得高于 3.60 m,层高大于 2.2 m 的部分必须计算建筑面积,并纳入容积率计算。层高≥5.6 m 的商业(影院、剧场、独立大卖场等另有规定)、办公建筑在计算容积率指标时,必须按每 2.8 m 为一层折算建筑面积,纳入总建筑面积合计,禁止擅自内部插层建筑
	上规附录二.1	层高≤2.2 m 的设备层,可不计入建筑面积。底层储藏可参考
	上规附录二.2	高、多层民用建筑架空层不计入容积率,但应计入 容积率总建筑面积[上规附录二.2.(5)]。 ① 屋顶层面积不超过标准层建筑面积的 1/8 时,可不计入容积率[上规附录二.2.(1)]。 ② 计算小区容积率的总建筑面积时,不包含地下室面积[离地面≥1.00 m 者打折,$S_{计入}=S_地×H_1$(高出地面距离)/H(地下室层高)][上规录二.2.(1)]
7	上规附录二.3.(2)	建筑基地面积,不包括:① 3 000 m² 以上的公共绿地,或小区级以上的公共绿地;② 学校等公建;③ 变电站污水处理等市政设施;④ 城市道路及其他
8	国规 8.0.2	道路宽度不同级别为:居住区道路 20.0 m,小区道路 5.0~8.0 m,组团路 3.0~5.0 m,宅间路 2.5 m
9	住宅设计标准 应用指南第 23 页/ 上规附录二.2.4	容积率计算,高层住宅中商业不足 10% 的照住宅算,多层住宅中仅设底层商店的照住宅算
10	【上规附录二、 1/2(1/2)/5】	建筑面积按国家有关建筑面积的计算规则计算。对于高度在 2.2 m 以下(含 2.2 m)的设备层,可不计算建筑面积;对于设备兼作避难层的,其高度可适当放宽。 建筑容积率计算: (1) 在计算容积率时,地下室的建筑面积不计;屋顶层建筑面积不超过标准层建筑面积 1/8 的不计;半地下室在室外地面以上部分的高度不超过 1 m 的不计。 (2) 半地下室在室外地面以上部分不超过 1 m 的,按下式计算建筑面积: $$A' = KA$$ 式中 A'——折算的建筑面积; K——半地下室地面以上的高度与其层高之比; A——半地下室建筑面积。 (3) 高、多层民用建筑底层设架空层用作通道、停车、布置绿化小品、居民休闲设施等公共用途的,其建筑面积可不计入建筑容积率,但应计入总建筑面积。架空层不得围合封闭改作他用或出售、出租

2.5.3 公建指标

国规 6.0.3 与上服标 4.0.2/4.0.3 比较

级 别	居住地区		居住区		小 区		组 团		遵循规范
	建筑面积 (m²)	用地面积 (m²)	建筑面积 (m²)	用地面积 (m²)	建筑面积 (m²)	用地面积 (m²)	建筑面积 (m²)	用地面积 (m²)	
国规公建 总指标	—	—	1 668~ 3 293/千人	2 172~ 5 559/千人	968~ 2 397	1 091~ 3 835	362~ 835	448~ 1 058	国规 6.0.3
上海公建 总指标	3 329~ 3 377/千人	5 507~ 5 982/千人	1 185~ 1 299	1 570~ 1 680	1 678~ 1 682	2 264~ 3 007	466	1 295	上服标 4.0.2/ 4.0.3

上海公建总指标分居住地区、居住区、居住小区、街坊四个级别,分别见上服标附录 A 表 1~表 4

注:国规 6.0.3 其下还有各个分项目的分指标,此处略。

2.5.4 上海本地公建组团建筑面积

提示	规范名称和条目	规范摘要或原文摘录,笔者注
1	城市居住地区和居住区公共服务设置标准 DGJ 08—55—2006 表4.0.3/4.0.2	上海本地街坊级公建指标,建筑面积/用地面积=466~1 295 m²/千人
		新老版本规模不一样。上海本地公建组团建筑面积,因组团规模人数不同造成面积不同。老版本 DBJ 08—55—96《城市居住区公共服务设置标准》组团2 500人。新版本 DBJ 08—55—2006 (10189—2002)《城市居住地区居住区公共服务设置标准》街坊4 000人,居住小区2.5万人,居住区5.0万人(上服标1.0.4)
		关于小区公用服务设施标准,老标准分大小范围两种标准,现在合二为一,为 DGJ 08—55—2006《城市居住地区和居住区公用服务设施设置标准》,2006年4月1日起执行
2	上服标1.0.8	居住区公用服务设施用地(不计公共绿地)占居住总用地的15%~22%。原为16%
3	上服标3.2.8	新建居住区绿地率不应低于35%(**笔者注**:原为30%)
4	上服标3.2.9→附录A表7/上交标5.2.10.1/2/3	小车停车位(**笔者注**:维持原标准不变)
5	上服标附录A表6	1.0万人一所幼儿园,2.5万人一所小学、一所初级中学,5.0万人一所高级中学
6		不同规模各项公建面积分别见上服标附录A表1-4

2.6 各地地方法规摘录

2.6.1 鲁标

山东省标准 DBJ 19—S1—2000《住宅建筑设计标准》(鲁标):

☞ 鲁标3.2.4:特别提出入口处设置鞋子、雨具存放。

☞ 鲁标3.3.3:只准垂直烟道。

☞ 鲁标3.4.4:卫生间不可在下层住户的卧、居、厨、餐上面(同上海),卫生间可在本户的卧、居、厨、餐上面(同上海)。

☞ 鲁标3.5.6:沿马路的住宅阳台宜为封闭式。

☞ 鲁标3.7:未对储藏面积作硬性规定。

☞ 鲁标3.8.1:分户门洞口1 000 mm(上海为950 mm)、卧室门洞口900 mm(上海为950 mm)。

☞ 鲁标4.1.2:楼梯净宽1 100 mm,没有1 000 mm的说法。

☞ 鲁标4.1.3:楼梯平台深1 200 mm,平台外侧为墙时深1 300 mm。

☞ 鲁标4.1.10:电梯候梯厅进深1 500 mm(无障电梯为1 800 mm),候梯厅同为走廊时应走廊加宽900 mm,1 200+900=2 100 mm净宽。

☞ 鲁标4.2.5:高层住宅外廊净宽1 300 mm(住规和上标为1 200 mm)。

☞ 卧室无面宽要求。

2.6.2 苏标2000

提示:DB 32/380—2000(苏标)已在2006年9月1日由 DBJ 32/J26—2006代替,在此摘录仅供参考。

江苏省标准 DB 32/380—2000《江苏省住宅设计标准》(苏标):

(1) 苏标3.2.1:阳台因不同户型要求不同面积,一、二类5.0 m²,三、四类单/双阳台5.0/8.0 m²。进深1 300/1 100。阳台面积不计入使用面积。

(2) 苏标3.2.1/3.2.2:三、四类住宅必须设储藏,≥2.0 m²。三类住宅2卧室,四类住宅3卧室。

（3）苏标 3.2.1：四类住宅应设双卫生间。

（4）苏标 4.1.2.1：卫生间不可在下层住户的卧、居、厨、餐上面（**笔者注**：同上海），卫生间可在本户的除厨房以外的其他房间的上面（**笔者注**：上海可以）。

（5）苏标 4.4.1：楼梯梯宽 1 000 时，平台深 1 300。

（6）苏标 4.4.6：电梯候梯厅进深≥1 500，利用楼梯平台时≥2 100。

（7）苏标 5.1.4：住宅地面以上墙体严禁使用实心黏土砖。

（8）苏标 5.2.4：分户门与门窗距离应≥1 000。

（9）苏标 5.2.6：并联阳台之间应采取分隔安全措施（**笔者注**：上海为分隔板）。

（10）苏标 6.2.4：只准垂直烟道。

（11）苏标 6.2.7：屋顶及西墙应采取保温隔热措施（**笔者注**：既然节能，此条好似多余）。

（12）江苏有类似上海 765 号文的《江苏省民用建筑工程施工图设计文件（节能专篇）编制深度》（2008 年版），其中重点为第 7 条：当① 屋面传热系数不达标；或② 窗和外墙的传热系数同时不达标；或③ 窗遮阳和传热系数不达标即不得进行性能性指标设计。

2.6.3　苏标 2006

江苏省标准 DBJ32/J26—2006《江苏省住宅设计标准》（苏标）于 2006 年 9 月 1 日实行。

提示：2006 苏标同 01 上标大体相同，只有小差别，下面列表说明。

序号	苏　标	内　容　提　要	上标不同说法
1	4.1.4/7.1.3	次卧室面宽 2.40 m/工人房 3.5 m²，卫生间≥1.20 m²	
2	4.2.5/6	暗厅<10 m²，单侧采光起居室不宜>8 m²	
3	4.3.4	厨房烟井（垂直烟井）	
4	▲4.4.1	必须有一间明厕	上标 5.2.5：有多个卫生间时至少有一间明厕
5	4.6.3	沿街和高层宜高设封闭阳台	
6	4.7.1	层高≥2.8 m，≤3.0 m	上标 4.8.1：层高宜为 2.8 m；上规 51：2.8~3.6 m
7	4.7.3.3	架空层净高≥2.40 m	
8	4.7.3.5	低层住宅单间车库净高≥2.00 m	
9	4.8.3	户门洞宽 1.0 m，起居室门洞宽 1.20 m，卧室门洞宽 0.9 m	上标 7.1.4：户门卧室门 0.9 m
10	4.9.7/8	套内楼梯踏步 0.22 m×0.18 m/层间净高 2.0 m	
11	4.10.5	电梯厅进深 1.50 m/1.80 m（无障）/2.10 m（共用）	
12	4.14.5	自行车库每单元宜设单独人口	
13	6.2.5	东西南向应设外遮阳	
14	8.4.4/4.11.9	三合一前室要求 8.0 m²/FM 甲/进深 1.30 m	
15	8.4.5.5/6	≥18 层单元住宅窗槛墙 1.20 m 时可用 0.8 m 窗槛墙＋0.4 m 挑檐代替	
16	8.4.13	电梯机房对封闭楼梯和防烟前室开门用 FM 甲	
17	8.4.18.1	塔式住宅≥10 层即设消防电梯	上标 5.2.3：≥12 层高层住宅设消防电梯
18	8.4.20	消防电梯应停靠地下车库	上标 5.2.5：至少应有一台电梯通向地下车库

(续表)

序号	苏标	内 容 提 要	上标不同说法
19	8.5.2.1	≥12层单元住宅分隔墙两侧窗间距1.20 m。未对12层以下的情况提出具体要求	上标7.6.2.1：高层多层1.0 m
20	8.5.4	水道管井可在封闭楼梯间或防烟前室内	上标5.4.2：管井检修门可设在合用前室或楼梯间内
21	8.5.5	电缆管井可在防烟楼梯间前室或合用前室内	
22	8.1.4-5/说明	住宅底部一、二层商业网点，每个小店≤300 m²，作为一个防火单元。一、二层总高7.80 m，或底层一层高4.50 m	
23	8.5.1/8.5.2.1	只有高层单元住宅分户墙认作防火隔墙，两侧窗距1 200 mm	上标7.6.1：单元住宅分户墙认作防火隔墙，不分高层多层，两侧窗距1 000 mm
24	7.1.4/10.5.3	屋面雨水立管不应设在套内(含阳台)。离窗600 mm以上。	
25	7.2.4	空调冷凝水不得排入屋面雨水立管，但可接入阳台排水系统	上标7.5.2
26	4.6.7	阳台排水系统应与屋面雨水管分开设置	上标4.7.5同左

2.6.4 苏规 2004

《江苏省城市规划管理技术规定》(2004)(苏规)：

1) 计算高度、相互距离、离道路距离

(1) 苏规附录二：计算高度为从窗台(0.9 m)至女儿墙顶、窗台至檐口或屋脊的高度。

(2) 苏规附录一.3：相互距离从外墙凸出部位算起。

(3) 苏规附录一.3：阳台等总长＞面宽1/2或总长＞8.0 m，相互距离从阳台边算起。

(4) 苏规3.2..3.2：离道路距离从地面层外墙边线算起。

2) 间距

(1) 住宅间距

① 条状住宅间距其系数因地区而不同(苏规3.1.5.1/苏规表3.1.3)：

大城市大寒日2 h(如苏州1.30)；

小城市大寒日3 h(如昆山宜兴1.30)；

旧区改建大寒1 h。

② 点状住宅间距(苏规附录一.3/苏规3.1.5.1→3.1.5.2)：

面宽＞15.0 m时，按照条状住宅间距；

≤2幢时，×0.9；≥3幢时，×1.0。

③ 北侧住宅建筑南侧非住宅建筑相互距离，照住宅建筑处理(苏规3.1.9.1→3.1.3)。

④ 裙房分三种情况，≤10 m，照低层；10～24 m，照多层；＞24 m，照高层(苏规表3.1.10.1)。

(2) 不同方位打折扣：15°～60°，×0.9；东西向，×0.95(苏规表3.1.3.3)。

(3) 非平行布置：以60°(**笔者注：上海为45°**)为准，＜60°，作∥计，×0.9；＞60°，作⊥计，×0.95(苏规3.1.4)。

(4) ⊥布置：长条形住宅的南侧⊥布置的低多层住宅，其间距×0.9；当⊥布置的低多层住宅山墙＞15.0 m，或⊥布置的低多层住宅为≥3幢，其间距×0.9(苏规3.1.5.2)。

(5) 高度扣除

① 苏规3.1.5.3：

底层架空或为自行车库(≤2 200)，扣除底层高度。

沿街住宅底层为非住宅用房(如商店)，扣除底层高度。

底层非架空或非自行车库,非沿街住宅即小区内部住宅其底层为非住宅用房,则不得扣除底层高度。

② 苏规 3.1.6.3:高层住宅底部为**非住宅用房**,扣除**底部**高度。牵涉高层的要进行日照分析。

(6) 最小间距

① 住宅建筑之间的最小间距,见下表(苏规 3.1.8)。

	高层(遮挡)				多层、中高层(遮挡)				低层(遮挡)			
	平行布置	垂直布置	山墙		平行布置	垂直布置	山墙		平行布置	垂直布置	山墙	
			两侧	单侧或无			两侧	单侧或无			两侧	单侧或无
高层(被遮挡)	30	25	13	—	18	15	13	—	18	15	13	—
多层、中高层(被遮挡)	30	20	13	—	12	10	8	—	12	—	6	—
低层(被遮挡)	30	20	13	—	12	10	8	—	6	—	—	—

② 住宅建筑(南侧)与非住宅建筑(北侧)之间的最小间距,见下表(苏规 3.1.9.2)。

	高层住宅建筑				多层、中高层住宅建筑				低层住宅建筑			
	平行布置	垂直布置	山墙		平行布置	垂直布置	山墙		平行布置	垂直布置	山墙	
			两侧	单侧或无			两侧	单侧或无			两侧	单侧或无
高层非住宅建筑	24	20	13	—	15	13	13	—	12	13	13	—
多层、中高层非住宅建筑	18	13	9	—	12	9	8	—	10	—	6	—
低层非住宅建筑	9	9	9	—	9	6	8	—	9	—	—	—

③ 非住宅建筑之间的最小间距,见下表(苏规 3.1.10.1)。

	高 层				多 层				低 层			
	平行布置	垂直布置	山墙		平行布置	垂直布置	山墙		平行布置	垂直布置	山墙	
			两侧	单侧或无			两侧	单侧或无			两侧	单侧或无
高 层	18	15	13	—	13	13	9	—	9	9	9	—
多 层	13	13	9	—	12	9	6	—	6	6	6	—
低 层	9	9	9	—	6	6	6	—	6	6	6	—

(7) 山墙间距:13.0 m/6.0 m(苏规 3.1.7/8)。

无门窗山墙相对的两建筑物山墙之间的间距,应满足防火间距或者贴邻。贴邻建造时,在总体上还应满足消防道安排的距离间距 150.0 m 或人行道间距 80.0 m 的要求。

(8) 混合布置:北住宅建筑南非住宅建筑、东西向住宅建筑的两侧非住宅建筑,同住宅建筑间距一样处理(苏规 3.1.9.1/3.1.9.2/3.1.12)。

宿舍同住宅一样处理(苏规 3.1.12)。

北住宅建筑南非住宅建筑时的最小间距,见苏规 3.1.9.2。

独立布置的传达室、配电房等与南侧住宅建筑的间距可适当减小(苏规 3.1.9.2)。

(9) 病房托幼疗养院间距

① 苏规 3.1.12：大城市大寒日 2 h+0.25，小城市大寒日 3 h。

② 苏规 3.2.2.5→3.2：病房托幼疗养院离边界，照住宅。

(10) 老年人建筑与中小学：大城市大寒日 2 h+0.20，小城市大寒日 3 h+0.15（苏规 3.1.12）。

(11) 学生宿舍：同住宅（苏规 3.1.12）。

3) 退界

(1) 概述

① 苏规 3.2.2.1：两边与边界距离各为 1/2 的原则；住宅参见苏规 3.1.3；住宅对非住宅参见苏规 3.1.9.2；非住宅对非住宅参见苏规 3.1.10.1；山墙参见苏规 3.1.7/3.1.8。

② 苏规 3.2.2.4 条文叙述令人费解（不光是笔者一个人感觉）。笔者认为，这一条全条分两个内容，前半条指建筑物后退道路的情况，后半条"……小于消防距离……"指建筑物离边界，小于消防距离（和边界另一侧对应建筑之间的距离）的一半时，按其一半要求。这和上规 33 中所提按消防间距控制是一样说法。

(2) 后退城市道路红线，从地面层外墙边线算起（苏规 3.2.3.1/3.2.3.2），见下表：

建筑后退城市道路红线最小距离（苏规 3.2.3.1）　　　　　　　　　　　　（m）

道路宽度 ＼ 建筑高度	<24	24～50	>50
40 以上	8	12	15
30 以上～40	6	10	15
20 以上～30	5	中小城市 10，大城市 8	15
20 及以下	3	中小城市 10，大城市 8	15

建筑有不同高度，按不同高度分别控制。

(3) 地下室退界及离路：3.0 m（苏规 3.2.2.9/3.2.3.7）。

(4) 电影院商场车站：8.0 m（苏规 3.2.3.4）。

(5) 生活垃圾站日转运量＜50 t，与相邻建筑间距≥8 m（苏规 4.6.3.2）。

(6) 公路沿线，见苏规 3.2.3.3。

(7) 道路交叉口，见苏规 3.2.3.5→3.2.3.1。

(8) 沿铁路，见苏规 3.2.4。

(9) 河道蓝线：8.0/10.0 m（已有驳岸/迟后驳岸）（苏规 3.2.5）（**笔者注**：上海为 6.0 m）。

4) 绿化

(1) 居住区绿地率：30%（苏规 3.4.1.1）；

　　厂矿：20%～30%（苏规 3.4.1.2）；

　　行政文教科研部队：35%（苏规 3.4.1.3）。

(2) 居住区公共绿地指标：组团级，0.5 m²/人；小区级，1.0 m²/人；居住区级，1.5 m²/人（苏规 3.2.4.1）。

5) 停车指标

(1) 住宅建筑，见下表（苏规 3.6.1）：

类　　别	小　汽　车	自　行　车
一类居住区	1 辆/户	1 辆/户
二类居住区	0.4 辆/户	2 辆/户

（2）公共建筑，见下表（苏规 3.6.2）：

建筑类别	小 汽 车	自 行 车
	车位/10 000 m² 建筑面积	车位/10 000 m² 建筑面积
办公	50	300
商业、金融、服务业、市场	50	750
文娱、餐饮	60	500
医院	30	300

6）设备

（1）煤气调压站，见苏规 4.3.5。

（2）架空管线（电力电信热力），见下表（苏规 4.7.12/13）：

		建筑物（凸出部分）	道路（路缘石）	铁路（中心线）	热力管线
电 力	10 kV 边导线	2.0	0.5	杆高+3.0	2.0
	35 kV 边导线	3.0	0.5	杆高+3.0	4.0
	110 kV 边导线	4.0	0.5	杆高+3.0	4.0
电信杆线		2.0	0.5	3/4 杆高	1.5
热力管线		1.0	1.5	3.0	—

（3）小区变电所，见苏规 4.3.4.5。

7）灵活应用

（1）沿街非住宅可与相邻住宅建筑山墙毗邻建造（苏规 3.1.9.3）。

（2）传达室、变电所与非住宅建筑间距可适当减小（苏规 3.1.10.1）。

8）工具图表

本手册有专门工具图表供参考。

9）江苏省大中小城市住宅建筑日照间距系数表

参见下表（苏规 3.1.3）：

表 3.1.3 市、县(市)住宅建筑日照间距系数表

序号	大城市名称	大寒日		序号	中小城市名称	大寒日	
		2 h	1 h			3 h	1 h
1	苏州市	1.30	1.27	1	吴江市	1.34	1.26
2	无锡市	1.31	1.28	2	高淳县	1.34	1.27
3	常州市	1.32	1.29	3	宜兴市	1.35	1.27
4	南通市	1.33	1.30	4	昆山市	1.35	1.27
5	南京市	1.33	1.30	5	溧阳市	1.35	1.27
6	镇江市	1.34	1.31	6	太仓市	1.35	1.27
7	扬州市	1.35	1.32	7	常熟市	1.36	1.28
8	淮安市	1.41	1.38	8	溧水县	1.36	1.28
9	徐州市	1.44	1.41	9	金坛市	1.36	1.29
10	连云港市	1.46	1.43	10	启东市	1.37	1.29

（续表）

序号	中小城市名称	大寒日		序号	中小城市名称	大寒日	
		3 h	1 h			3 h	1 h
11	张家港市	1.37	1.29	34	洪泽县	1.44	1.36
12	海门市	1.37	1.29	35	盐城市	1.45	1.36
13	江阴市	1.37	1.29	36	泗洪县	1.45	1.37
14	句容市	1.37	1.29	37	建湖县	1.45	1.37
15	丹阳市	1.38	1.30	38	泗阳县	1.46	1.38
16	靖江市	1.38	1.30	39	涟水县	1.47	1.38
17	通州市	1.38	1.30	40	射阳县	1.47	1.38
18	泰兴市	1.38	1.31	41	阜宁县	1.47	1.38
19	扬中市	1.39	1.31	42	睢宁县	1.48	1.39
20	仪征市	1.39	1.31	43	宿迁市	1.48	1.39
21	如东县	1.39	1.31	44	滨海县	1.48	1.40
22	如皋市	1.40	1.32	45	灌南县	1.48	1.40
23	江都市	1.40	1.32	46	沭阳县	1.49	1.40
24	泰州市	1.40	1.32	47	铜山县	1.49	1.40
25	姜堰市	1.40	1.32	48	响水县	1.49	1.41
26	海安县	1.40	1.32	49	灌云县	1.49	1.41
27	高邮市	1.42	1.33	50	邳州市	1.49	1.41
28	东台市	1.42	1.34	51	新沂市	1.50	1.41
29	兴化市	1.43	1.34	52	东海县	1.51	1.42
30	盱眙县	1.43	1.35	53	丰 县	1.52	1.43
31	金湖县	1.43	1.35	54	沛 县	1.52	1.43
32	大丰市	1.44	1.36	55	赣榆县	1.53	1.44
33	宝应县	1.44	1.36				

注：1. 本表的日照标准根据《城市居住区规划设计规范》(GB 50180-93)(2002 年版)表 5.0.2-1 确定。

2. 我省大城市住宅建筑不应低于大寒日 2 小时的日照标准；中小城市住宅建筑不应低于大寒日 3 小时的日照标准。

3. 旧区改建项目内新建住宅建筑的日照标准可酌情降低，但不应低于大寒日 1 小时的日照标准。"旧区"的范围由城市总体规划确定。

4. 城市规模依据《江苏省城镇发展报告》(2002 年)确定。城市规模等级发生变化的,应按相应日照标准执行。

5. 表中大城市和中小城市分别按城市纬度从南至北排序。

2.6.5 甬规 1999

宁波市城市规划管理技术规定-1999(甬规)：

1) 计算高度

计算高度：从室外地面到建筑物外沿顶标高的高度(甬规 73.1)。

2) 间距

(1) 条状多层住宅(面宽>30 m)[甬规 14.1.1,即十四.(一).1,下同]：

旧区改造,×1.1H_S(H_S 指南侧建筑高度)；

新区,×1.25H_S；

困难时,×1.0H_S。

(2) 点状多层间距(甬规 14.1.4)：

面宽>30.0 m 时,按照条状住宅间距;

面宽≤30 m 时,旧区改造,×1.0H_S;新区,×1.1H_S。

(3) 高层(中高层)建筑间距(高层可为居住建筑或非居住建筑)(甬规 14.4):

面宽>30.0 m 时,与其北侧居住建筑,×1.0H_S,>24.0 m;

面宽≤30 m 时,与其北侧居住建筑,×0.6H_S,>24.0 m。

(**笔者注**: 表六注中高层住宅间距参照多层住宅建筑间距,此说法与甬规 14.4 条矛盾)

(4) 低层居住建筑间距(甬规 14.6):

低层居住建筑南侧为一、二层建筑时,×1.5H_S;

低层居住建筑南侧为三层建筑时,×1.25H_S;

在新建一类低层住宅,×2.0H_S。

(5) 住宅建筑之间的最小间距(甬规 14.5):

① 低层建筑与北侧为非居住建筑的最小间距:依防火间距而定,分别为:4.0/6.0/9.0/13.0 m,见低建 5.2.3/5.2.1。

② 低层建筑与北侧多层住宅之间的最小间距:>6.0 m。

③ 多低层建筑与北侧高层建筑、中高层住宅之间的最小间距:>13.0 m。

(6) 非居住建筑建筑间距(甬规 16):

① 多层建筑北侧为非居住建筑,≥0.7H_S,

② 高层建筑北侧为非居住建筑,≥18.0 m。

(7) 混合布置(甬规 16):

① 多层居住建筑北侧为非居住建筑,≥0.7H_S,

② 高层、中高层居住建筑北侧为非居住建筑,≥18.0 m。

(8) ⊥布置(甬规表六)

① "一"型,条状。

A. 旧区改造,间距 0.1H_S(原文如此,可能有误),困难时 0.6H_S;

B. 新区,间距 0.8H_S;

C. 低多层,间距≥8.0 m(甬规表六注);

D. 遇有高层,间距≥13.0 m(甬规表六注)。

② "一"型,南侧建筑面宽 12～30 m 时,按点式处理(**笔者注**: 意义不明,说法欠当)(甬规 14.4)。

A. 低多层,间距≥8.0 m(甬规表六注);

B. 遇有高层,间距≥13.0 m(甬规表六注)。

③ "⊥"型

A. 低多层,间距≥0.6H_S、≥8.0 m;

B. 南侧为高层,间距≥18.0 m。

④ "⊣"型

A. 低多层,间距≥0.6H_E(H_E指东侧建筑高度)、≥8.0 m;

B. 东侧为高层,间距≥18.0 m。

⑤ "⊢"型

A. 低多层,间距≥0.6H_E(东侧房高)、≥8.0 m;

B. 其中一个为高层,间距≥13.0 m;

C. 南北向建筑,面宽 12～30 m 时,按点式处理(**笔者注**: 意义不明,说法欠当)。

(9) 山墙间距,以较高一幢为准(甬规 14.7):

较高一幢为 6 层,≥6.0 m;

较高一幢为 6 层附车库,≥6.5 m;

较高一幢为 7 层,≥7.0 m;

较高一幢为 7 层附车库,≥7.5 m;

低层与低层,≥5.0 m;

低层与多层,按多层考虑。

(10) 病房、托幼、疗养院、大中小学教育楼间距(甬规 14.15):

南侧为多层建筑或中高层居住建筑,≥1.25H_s(旧区),≥1.50H_s(新区);

南侧为高层建筑,日照分析。

(11) 不同方位打折扣(甬规 14.1.1):

0°~15°,×1.0;

15°~45°,×0.95。

(12) 东西向(45°即算)(甬规 14.1.4):×0.9。

(13) 非平行布置,缺项。

(14) 高度扣除(甬规 14.3/2)

① 多层或高层建筑,底层自行车库(砖混<2 400,框架<2 500),同时(**笔者注**:*原文为"以及"*)北侧住宅底层也有自行车库,扣除底层高度。

② 同一裙房之上的居住建筑,扣除裙房高度(**笔者注**:*原文只指多层,高层未提及*)。

③ 多层建筑,底层有突出的裙房时,不是高度扣除而是折减水平距离。从两个方面,既要保证下部裙房与裙房之间,或裙房与多层住宅之间的距离≥0.8H_s(旧区改造),≥1.0H_s(新区);又要保证上部多层住宅之间的距离≥1.1H_s(旧区改造),≥1.25H_s(新区)(此时的 H_s 为扣除裙房高度之后的高度),即上部距离同一般情况处理。

④ 多层住宅底部为商店或非住宅用房,不得扣除底部高度。

3) 退界(甬规 17)

(1) 界外为空地或旧城改造,南北向低多层建筑离南北边界,≥0.6H;离东西边界,多层≥5.0 m、低层≥4.0 m。

(2) 界外为空地或旧城改造,东西向低多层建筑离南北边界,≥0.45H;离东西边界,多层≥5.0 m、低层≥4.0 m。

(3) 界外为空地或旧城改造,面宽≤30 m 的高层和中高层住宅正面离界,≥0.3H,同时≥12.0 m,侧向端距 0.15~0.20H。

(4) 界外为空地或旧城改造,面宽>30 m 的高层和中高层住宅正面离界,缺项。

(5) 新区新建,缺项。

4) 后退城市道路红线(甬规 20)

(1) 建筑后退城市道路红线最小距离(m),见下表:

	高层建筑	多低层建筑	中 高 层	交 叉 口
道路宽度 12 m	8	3	5.5	8
道路宽度 16、18 m	10	4	7	10
道路宽度 20、24、28 m	12	5	8.5	12
道路宽度 32、34 m	14	6	10	14
道路宽度 42、44 m	16	8	12	16
道路宽度 50、64 m	18	12	15	18

高层建筑后退还应按甬规 30 控制：$H=1.2-1.5(W+S)$，其中 W 为路宽，S 为后退距离。

（2）地下室退界及离路，缺项。

（3）电影院商场车站：常规后退＋6～10 m（甬规 19）。

（4）公路沿线，缺项。

（5）道路交叉口，参见甬规 20。

（6）河道蓝线与绿化，参见甬规 12。

5）绿化（甬规 11）

（1）一类居住区，绿地率≥40％；

二类居住区，绿地率≥32％（旧城改造，≥25％）；

商业，≥20％；

厂矿，30％～35％；

行政文教科研，≥35％（苏规 3.4.1.3）。

（2）居住区公共绿地指标（甬规 11）：组团级，0.5 m²/人；小区级，1.0 m²/人；居住区级，1.5 m²/人。

旧城改造，不少于上述指标的 1/2。

公共绿地内绿地面积（含水面），不少于 70％。

6）停车指标

（1）住宅建筑停车指标，见下表（甬规 49）：

类　别	小　汽　车	自　行　车
一类居住区	1.0～1.5 辆/户	
二类居住区	0.2～0.5 辆/户	3.0 辆/户

（2）公共建筑停车指标，见下表（甬规 49）：

建筑类别	小　汽　车	自　行　车
	车位/100 m²建筑面积	车位/100 m²建筑面积
办公	0.5～1.5	4.0
商业、金融、服务业、市场	0.6～1.2	20.0
文娱、餐饮	1.5	4.0
医院	0.3～0.5	5.0

有更详细标准可选择。

7）设备

（1）煤气调压站，缺项。

（2）电力边线与建筑间距(m)，见下表（甬规 24）：

电压(kV)	一般地区	市区或城镇人口密集地区	
		最大风偏	一般情况
10	5	1.5	3.5
35	10	3	7.5
110	12	4	12
220	15	5	15
500	20	8.5	20

(3) 小区变电所,缺项。

8) 层数限制(甬规 29)

(1) 无电梯住宅,6 层(无架空层或底层车库,应)。

(2) 中学,5 层(宜)。

(3) 小学,4 层(宜)。

(4) 幼儿园,3 层(宜)。

9) 其他

(1) 计入容积率的面积包括地下商场餐厅办公面积(甬规 73.3)。

(2) 传达室、变电所等非居住建筑间距可适当减小(甬规 16)。

10) 笔者注

(1) 值得注意之处:

① 中高层住宅间距参照多层建筑控制(表六附注),上海规划中没有中高层居住建筑的说法。

② 高层住宅(含中高层)(甬规 14.4),与上海规划不同。

③ 多层建筑与北侧高层建筑,中高层住宅,$\geqslant 13.0$ m(甬规 14.5),与上海规划不同。

④ 基地边界退界,中高层和高层建筑归入同一类(甬规 17.1),与上海规划不同。

⑤ 甬规 16.5 与甬规 14.5 似矛盾。

(2) 有待补充之处:

① 条式<30 m 是否归入点式,未明确(甬规 14.1.1)。

② 北低居南多非情况未列入。

③ 基地边界退界,面宽>30 m 建筑的退界距离多少,未见规定。

④ 非平行布置情况未列入。

2.6.6 沈规 1999

沈阳市生活居住建筑间距规定(沈阳市人民政府令第 26 号,1999 年 3 月 22 日)(沈规):

(1) 沈规 5.1:建筑高度,按常规。屋顶坡度$>1:2$ 时,以屋顶高度为准。

(2) 沈规 6:条式居住建筑平行布置(夹角$<30°$,参考执行沈规 8→5.1),见下表:

高　　度	旧区改造、二环内一般情况	二环内特殊情况	二环外、二环内新建筑
$\leqslant 9.0$ m(含 9.0 m)	$1.3H(\geqslant 6.0$ m)	$1.3H(\geqslant 6.0$ m)	$1.5H(\geqslant 6.0$ m)
$9.0 \sim 21.0$ m(含 21.0 m)	$1.5H$		$1.7H$
>21.0 m	$1.7H$	$1.5H$	$2.0H$
	新建建筑遮挡原有建筑参考本条执行		

(3) 沈规 7:条式居住建筑垂直布置且短边对东、西、北侧居住建筑长边时,$1.3W$(短边宽度),$\geqslant 12.0$ m。

(4) 沈规 8:条式居住建筑夹角布置,见下表:

夹　　角	间 距 系 数	
$<30°$	同一般平行	沈规 8→6
$30° \sim 60°$	-0.2	沈规 8→6 减 0.2
$>60°$	同一般垂直	沈规 8→6

（5）沈规9：条式居住建筑山墙间距≥6.0 m。

（6）沈规10：条式点式居住建筑混合布置

① 沈规10.1：点式对条式居住建筑东、西、北侧居住建筑长边时，见下表：

	二环内旧区改造	二环外、二环内新建筑	二环内特定地区旧区改造
间　距	1.4B（点式面宽）	1.5B	1.3B

② 沈规10.2→6：点式对南侧条式居住建筑长边时，同沈规6规定，见下表：

高　度	旧区改造、二环内一般情况	二环内特殊情况	二环外、二环内新建筑
≤9.0 m（含9.0 m）	1.3H（≥6.0 m）	1.3H（≥6.0 m）	1.5H（≥6.0 m）
9.0～21.0 m（含21.0 m）	1.5H		1.7H
＞21.0 m	1.7H	1.5H	2.0H
	新建建筑遮挡原有建筑参考本条执行		

③ 沈规10.3：点式对条式居住建筑短边时，1.3B（条式建筑短边宽度）。

（7）沈规11：点式居住建筑成组布置，见下表：

二环内旧区改造	二环外、二环内新建筑	二环内特定地区旧区改造	沿主干道一侧布置
1.4B（主要遮挡建筑墙面宽度）	1.5B	1.3B	影响其他居住建筑时，≥20.0 m 不影响其他居住建筑时，≥13.0 m

（8）沈规12：非居住建筑遮挡居住建筑时，参考上面各条。

（9）沈规13：托幼（卧、活）、校（教）、医（病）、老（居）与其他建筑的距离：

① 条式建筑对上述建筑的长边时，2.0。

② 条式建筑短边对东、西、北侧上述建筑的长边时，1.5。

③ 点式建筑对东、西、北侧上述建筑的长边时，1.6。

（10）例外情况

① 路宽＞30.0 m的道路两侧建筑间距由规划部门另定（沈规15）。

② 城市规划区以外的城镇，参考二环外情况（沈规16）。

2.6.7　沈规2007

沈阳市居住建筑和住宅日照管理规定（2007年1月1日）：

1）间距定义

沈规5：间距定义：最大遮挡面与遮挡建筑主采光面外墙之间的最小垂直距离。

（1）主采光面只认一个。

（2）最大遮挡面有凸出的，累计1/2以上、连续1/3以上的，从凸出部位算起。

2）间距系数

沈规6：间距系数，分高度系数（H）和面宽系数（W）两种。

（1）高度系数（H），指间距与遮挡建筑的高度（包括地面高差）之比。如为坡顶，忽略檐口宽度。

（2）面宽系数（W），指间距与遮挡建筑最大遮挡面投影宽度之比。

3）住宅建筑面宽限制

沈规 9：住宅建筑面宽限制，$H \leqslant 40.0$ m，$W \leqslant 80.0$ m；$H > 40.0$ m，$W \leqslant 60.0$ m。

4）间距

（1）住宅对住宅，住宅对公建的间距，见下表：

平面布置	所在位置	间 距 系 数		根 据 条 目
多住↔多住，平行（0°~30°）	三环以内	遮挡建筑 $H \leqslant 18.0$ m	1.5H、$\geqslant 9.0$ m	沈规 10.1
		遮挡建筑 $H > 18.0$ m	1.7H	
	三环以外	1.7H、$\geqslant 9.0$ m		沈规 10.2
多住卜、┤├（60°~90°）		1.3W、$\geqslant 12.0$ m		沈规 11
多住夹角（30°~60°）	三环以内	遮挡建筑 $H \leqslant 18.0$ m	1.3H、$\geqslant 9.0$ m	沈规 10.1 三种情况—0.2H
		遮挡建筑 $H > 18.0$ m	1.5H	
	三环以外	1.5H、$\geqslant 9.0$ m		沈规 12→10.1
高层平行	高宽比，$\leqslant 12$	三环以内	1.7H	沈规 13.1
		三环以外	2.0H	沈规 13.2
		保障住宅	1.5H	沈规 13.3
	高宽比，> 12	三环以内	$H \leqslant 40.0$ m	1.3W，且$\geqslant 30.0$ m	沈规 14.1
			$H > 40.0$ m	1.4W，且$\geqslant 40.0$ m	
		三环以外	1.5W，且$\geqslant 40.0$ m		沈规 14.2
		保障住宅	1.3W，且$\geqslant 30.0$ m		沈规 14.3
短边相对	多↔多，且其中之一为住宅时	$\geqslant 8.0$ m		沈规 15.1
	多↔高，且其中之一为住宅时	多层之短边×1.3，且$\geqslant 13.0$ m		沈规 15.2

（2）公建对公建的间距，见下表：

主遮挡	被遮挡	间 距 系 数		根据条目
多层	公建主采光面	平行	2.0H	沈规 18.1
		┬	1.5W	
高层	公建主采光面	遮挡建筑高面比$\leqslant 1.2$	2.0H	沈规 18.2
		遮挡建筑高面比> 1.2	1.6W	
遮挡与被遮挡建筑之间既非正面平行也非┬		另行确定		沈规 19

（3）混合布置。

平 面 布 置	间 距 系 数	根 据 条 目
多居长边对北西东侧多非或高非	$\geqslant 20.0$ m	沈规 20.1
高居长边对北西东侧高非	$\geqslant 30.0$ m	沈规 20.2

5）其他规定

（1）沈规 16：沿城市河流大型绿地布置建筑，当退界$\leqslant 1/2$间距要求时，成组布置者，相邻建筑间距应$> 2/3$平均面宽。独栋建筑的面宽应$\leqslant 2/3$临界面宽。

（2）沈规 17：沿城市主要道路两侧布置的高层建筑之间间距除应满足要求外，不得$\leqslant 30$ m。

(3) 沈规 22：40 m 以上城市主要道路两侧建筑之间的间距，另行确定。

6）减层

沈规 21：被遮挡建筑底部为 2 层的非住，确定间距时可考虑减去底部高度，且最小间距为 30.0 m。

7）日照

(1) 沈规 24：日照标准，大寒日满窗 2 h[8:00～16:00(沈规 23)]。

(2) 沈规 26：日照分析对象：① 新建建筑对周围已建建筑；② 成组布置的高层住宅或高层多层混合住宅；③ 体形复杂的遮挡建筑；④ 其他。

(3) 沈规 29/31：日照不足时的特殊处理办法(此处略)。

2.6.8　津规 1995

天津市城市规划管理技术规定(1995 年 4 月)(津规)：

1）计算高度

津规说明 4：从地面到女儿墙顶、檐口或屋脊。

2）相互间距

(1) 檐宽＜0.8，不计入(津规说明 6)。

(2) 相互间距指遮挡建筑的遮挡计算线投影线到被遮挡建筑的外墙之间的距离(津规 6)。

① 楼梯间不计(津规说明 6)。

② 矩形、圆形、多边形的遮挡计算线各不相同。

③ 成组布置高层，相互间距小于规定者(津规 6.1)，其间距计入遮挡建筑的遮挡计算线投影线宽度，即成排考虑(津规 6.5→6.1)。

3）离界距离(津规说明 7)

离界距离计至最突出外墙边线，忽略台阶、雨罩、阳台、挑层、招牌等，同时要求这些空间因素高度 ≥3.0 m，外挑≤2H/5。

4）缺口很多

诸如十字路口人流多的建筑、商贸区建筑、河流道路绿地、内环内离路、传达室公厕、绿化带、非居对非居等。

5）多层条形居住建筑，点状高层及其裙房对其他

(1) 平行布置，见下表(津规 5.1/6.4)：

被遮挡建筑朝向	南偏东或西＜15°	南偏东或西 15°～30°	南偏东或西 30°～90°
改造(区)	≥1.2H_S	≥1.1H_S	≥1.0H_S
新建(区)	≥1.5H_S	≥1.3H_S	≥1.0H_S

(2) 最小间距(津规 5.2)：

① 与北侧多层，≥10.0 m。

② 与北侧低层，≥6.0 m。

③ 东西向，以东侧高度为准(津规 6.4)：

H_e≥10.0 m，≥10.0 m；

H_e≤6.0 m，≥6.0 m，且＝H_w。

(3) 多层错位平行布置，错位≤6.0 m，最小间距 12.0 m(津规 5.3)。

(4) ⊥布置(津规 5.4)：

① "⊥"形、"⊣"形,最小间距 10.0 m+d(山墙宽度与 12.0 m 的差值)。

② "⊤"形、"⊢"形,最小间距 12.0 m。

(5) 点式($W<H$)居住建筑(津规 5.5):

本身为遮挡建筑,位于南侧、东侧或西侧,10.0 m+d(山墙宽度与 12.0 m 的差值)。

本身为被遮挡建筑,位于北侧、东侧或西侧,10.0 m。

(6) 多层山墙间距,≥8.0 m(津规 5.6)。

(7) 扣除(津规 5.7):被遮挡的多层,底层一层为非居时,可以扣除一层高度,但≥14.0 m。

(8) 低层与多层之间、低层与低层之间,≥6.0 m(津规 5.8→5.1/5.2)。

6) 条形高层与多层,以条形高层宽度 W_h 为准

(1) 南北平行布置,1.0W_h(改造区)/1.2W_h(新建区)(津规 6.1)。

(2) 东西平行布置,0.8W_h(改造区)/1.0W_h(新建区)(津规 6.1)。

(3) 非矩形高层的遮挡线向被遮挡建筑延伸情况,至多延伸 1/2 W_h,最小间距=14.0 m(津规 6.1)。

(4) 错位布置,错位≤6.0 m,最小间距 14.0 m(津规 6.2)。

(5) 高对多山墙间距,≥14.0 m(津规 6.3/6.1)。

7) 病、休、幼、托、中小学

无特殊(津规 7)。

8) 道路两侧建筑(津规 8)

内环以内路宽≥20.0 m,不计遮挡影响;

中环以内路宽≥25.0 m,不计遮挡影响。

9) 离界距离(津规 11)

(1) 通常 0.5 间距。

(2) 界外为住宅、幼、医(津规 11→5/6)。

(3) 界外为河流道路高压走廊网,见有关规定(津规 11.3)。

10) 后退道路距离(津规 12)

路　　宽	建　筑　高　度		
	≤24.0 m	24.0~50.0 m	>50. m
≤20.0 m	8.0 m	6. 0 m	10.0 m
>20.0 m	5.0 m	10.0 m	15.0 m

11) 底层架空并开放

底层架空并开放后退道路距离可适当减小,折减系数≥0.6(津规 14)。

12) 居住楼间或组团内的低层建筑

居住楼间或组团内的低层建筑只能作为公建设施用房,不得作为居住或配套用房(津规说明 2)。

2.6.9 安徽宁国规划(2007 年 6 月 20 日)

下面几条,仅仅根据一个实例总结,而非当地的规划条例的摘要。

(1) 建筑容积率,不得大于 2.5。

(2) 建筑密度不得大于 35%。

(3) 住宅建筑日照间距不得大于 1:1.24($H:D$)(以日照分析为准)。

(4) 离路 5.0～8.0 m。

(5) 退界 3.0 m 以上。

(6) 停车位：商业建筑，5 个机动车位/1 000 m²，7.5 个自行车位/1 000 m²；

　　　　　　住宅，每户 0.5 个机动车位，2.0 个自行车位。

(7) 配套建筑，物业管理用房为总建筑面积的 0.5%。

(8) 公厕，不小于 40 m²一个。

(9) 排洪沟两侧退让 4.0 m。

2.6.10　蓉规 2008

《成都市规划管理技术规定》(2008)(蓉规)：

1) 计算高度

(1) 南侧或东西向建筑平均高度(蓉规表 3.1.3.1 注)。平顶高层从地面到大屋面、多层平顶从地面到女儿墙顶、坡屋面从地面到檐口和屋脊的平均高度(蓉规附录二.5)。

(2) 条状高层 $H>80$ m 者，以 80 m 计(蓉规表 3.1.3.1 注)。

(3) 点状高层 $H>60$ m 者，以 60 m 计(蓉规表 3.1.3.1 注)。

点状高层者，指主要朝向投影面宽 ＜35.0 m 的高层住宅(蓉规附录一.22)。

2) 层数计算

见蓉规附录二.8→住规 3.6，架空层计入层数。

3) 间距

(1) 间距以外墙轴线为准(蓉规附录二.7)。

(2) 以三环为准，分环内环外(蓉规附录一.32～36)。

(3) 虽然分主次朝向，但是基本上不考虑东西南北方位(蓉规附录一.21)。主次朝向，把建筑拟人化，以其主要房间安排的一侧为主，另一侧为次。相当于俗话中的"门前"、"后背"和"肩膀"(蓉规20～21)。

(4) 建筑本身的朝向(方位)依据"冬冷夏热地区居住建筑节能标准"执行(蓉规附录二.4)。

(5) 与日照的关系。除了以下两种情况外，日照与间距两方面都要满足：①山墙；②错位且转角 ＜60⁰时的山墙间距(蓉规附录三)。

(6) 日照要求参见蓉规 3.1.2 原文摘录：

(7) 错位时间距处理比上海简单，大体上相当于满足防火间距，最窄处水平间距 13.0/9.0/6.0 等，且与转角角度有关(蓉规附录三)。

(8) 文物保护视距、高度，见蓉规附录二.6。

(9) 住宅不得兼容办公或酒店(指单幢建筑物)(蓉规 2.3.17)。

☞【蓉规 3.1.2】建筑日照要求应满足以下规定：

1. 每套住宅至少应有一个卧室或起居室(厅)大寒日日照不低于 2 小时(三环路以内住宅大寒日日照不低于 1 小时)；

2. 老年人、残疾人专用住宅应有一个卧室或起居室(厅)冬至日日照不低于 2 小时；

3. 托儿所、幼儿园的生活用房和医院、疗养院半数以上病房、疗养室冬至日底层日照不低于 3 小时；

4. 大、中、小学教学楼南向教室冬至日底层日照不低于 2 小时；

5. 须满足日照要求的建筑，当下部作为商店、管理办公、停车、架空层等功能使用时，日照时间计算起点从最低层住宅窗台面起算；

蓉规附录三 建筑间距图示

布置形式		居住建筑之间最小间距 $L_x(L_y)$	非居住建筑之间最小间距 $L_x(L_y)$	示意图	备注
平行	长边与长边	三环路以外：1.2H 三环路以内：1.0H且 低层相对：≥7.0 m 多层对多、低层：≥12.0 m	1.0H且≥6.0 m		满足日照
	长边与主要朝向	高层位于南侧：0.5H(高)且≥27.0 m 高层位于东、西、北侧 1.0H(多)且≥18.0 m 1.3H(低)且≥13.0 m	1.0H(多)且≥13.0 m		
	主要朝向与主要朝向	0.5H且≥27.0 m	0.3H且≥21.0 m		
	长边对山墙	低层相对：6.0 m 多层对低层：8.0 m 多层相对：10.0 m	8.0 m		满足日照
	长边对次要朝向	次要朝向面宽且≥13.0 m	13.0 m		
	主要朝向对次要朝向	次要朝向面宽且≥13.0 m	次要朝向面宽且≥13.0 m		
	山墙对山墙	6.0 m	6.0 m		
	山墙对次要朝向	9.0 m	9.0 m		
	次要朝向对次要朝向	13.0 m	13.0 m		
长边成角度	α≤30°	按本表中主要朝向(或长边)对主要朝向(或长边)规定控制			满足日照：如东西向与南北向同时存在，计算南北向；最窄处间距
	30°<α≤60°	按本表中主要朝向(或长边)对主要朝向(或长边)规定的0.8倍控制			
	α>60°	按本表中主要朝向(或长边)对次要朝向(或山墙)规定控制			满足日照：最窄处间距
错位	α≤60°	高层与高层：13 m 高层与多、低层：9 m 多、低层与多、低层：6 m			最窄处间距
	60°<α≤90°	高层与高层：13 m 高层与多、低层：13 m 多、低层与多、低层：10 m	高层与高层：13 m 高层与多、低层：13 m 多、低层与多、低层：8 m		满足日照：L_x、L_y 中任意一个方向单向控制

注：1. B：指多、低层山墙面宽或高层次要朝向。
　　2. $L_x(L_y)$：指建筑最小间距或建筑控制间距的两个方向的最小垂直距离。

6. 日照计算须计入实体女儿墙和跃层建筑的高度，以及出挑的阳台、檐口等影响因素。

公寓，除日照外，其他均满足"住法"、"住规"的强制性要求（蓉规附录1.6）。

4）建筑退界

（1）一般建筑退界。

类　别	序号	内　　容
一般建筑后退	1	一般建筑后退用地红线，参见蓉规 3.2.3
	2	单层公建后退用地红线≥15.0（蓉规 3.2.3.1）
	3	地下构筑物后退用地红线≥5.0（蓉规 3.2.3.1）
	4	高层裙房＝多层非居（蓉规 3.2.3.3）
	5	中高层住宅＝高层住宅（蓉规 3.2.3.4）
规划绿地带	1	后退规划绿地（分带状块状），相当于后退道路。纯住宅→蓉规表 3.2.5，并且≥3.0（蓉规 3.2.4）
	2	其他→蓉规表 3.2.5，并且≥5.0（蓉规 3.2.4）
用地内新增绿地	1	绿地属自建者，后退≥5.0（蓉规 3.2.4.3/蓉规 3.2.5）
	2	绿地属非自建者，后退→蓉规表 3.2.3/蓉规 3.2.4.3
避灾绿地		后退按后退用地红线→蓉规 3.2.3 进行（蓉规 3.2.4.4）

【蓉规表 3.2.3】各类建筑后退用地红线的最小距离。

建　筑　类　型	建　筑　朝　向	建筑高度的倍数		最小距离（m）
居住建筑、第 3.1.2 条涉及的文教卫生建筑	多、低层长边	0.5（中心城三环路内）0.6（中心城三环路外）		6.0
	多、低层山墙	无倍数控制		4.0
	高层主要朝向	$\alpha \leqslant 30°$	0.3	13.0
		$30° < \alpha \leqslant 60°$	0.24	
	高层次要朝向	0.2		9.0
非居住建筑	多层长边	0.5		6.0
	多层山墙	无倍数控制		4.0
	高层主要朝向	$\alpha \leqslant 30°$	0.2	13.0
		$30° < \alpha \leqslant 60°$	0.16	
	高层次要朝向	0.125		9.0
低层辅助用房	长边、山墙	0.5		2.0

注：1. α 为高层建筑主要朝向与用地红线间的夹角。
　　2. 建筑高度超过 80.0 m 的建筑工程，按 80.0 m 高度计算建筑退距。

（2）生产性工业建筑后退（蓉规 3.1.8）。

类　别	序　号	内　　容
生产性建筑	1	与民用建筑相邻，后退 $0.5H$
	2	与同类建筑相邻，后退按防火间距
	3	内部间距，后退按防火间距
	4	特殊要求者，见相应规范
非生产性建筑	1	按非居间距处理→蓉规 3.1.5.1 进行（蓉规 3.1.9）
	2	非生产性工业建筑指工厂办公楼、实验楼、仓库、辅助建筑

5) 离路

类　别	序　号	内　　容
区外现存道路	1	各类建筑离路按蓉规 3.2.5 进行
	2	大型公建指影展博图建筑面积>20 000 m²者(蓉规表 3.2.5 注 2)
	3	边界=道路中心线的情况,相当于后退用地红线(蓉规 3.2.5 注 3)
	4	道路对面为绿地或河道时,相当于后退道路红线(蓉规 3.2.5 注 4)
	5	不同宽度道路交叉口,按宽者计(蓉规 3.2.5 注 5)
	6	地下构筑物,≥5.0 m(蓉规 3.2.5.1)
	7	地下车库坡道离道路,≥7.5 m(蓉规 3.2.5.1)
	8	H>24.0 m 的单层公建,≥25.0 m(蓉规 3.2.5.2)
	9	建筑物阳台、雨篷、踏步可在离路距离内,但不得>0.5 距离(蓉规 3.2.5.3)
区内新增市政道路		同时满足日照间距和离路要求(蓉规 3.2.6)
市政管线河道保护带		蓉规 3.2.7
门房低辅	1	门房 2.0 m(蓉规 3.2.8)
	2	低辅按蓉规 3.2.3 进行。低辅不应临规划道路,可临围墙安排(蓉规 3.2.8)
工业建筑		离各种线 5.0 m(蓉规 3.2.10)
同一权属范围内不同性质地块		满足日照和相当低辅的要求→蓉规 3.1.2 和 3.1.7(蓉规 3.2.9)

【蓉规表 3.2.5】各类建筑后退规划道路红线的最小距离。

道路宽度 建筑类型	道路红线宽度<30.0 m	道路红线宽度≥30.0 m
多、低层建筑	5.0 m	8.0 m
专业市场、大型公共建筑	12.0 m	12.0 m
高层建筑(含裙房)	10.0 m	8.0 m

注：1. 本表中的专业市场特指在控制性详细规划中用地性质为市场用地(C26)上修建的小商品市场、工业品市场、综合市场等。

2. 本表中的大型公共建筑特指在控制性详细规划中用地性质为(C3*)上修建的建筑面积大于 2 万 m²的各类建设项目,如:影剧院、艺术中心、展览馆、博物馆、图书馆等。

3. 建筑后退道路中心线的距离必须符合后退用地红线的相应规定,当道路对面的用地性质为规划绿地、河道等时,只需满足退规划道路红线的要求。

4. 当道路对面建筑为高层建筑时,在退让道路对面建筑距离满足本规定第 3.1.2~3.1.7 条间距规定的基础上,只需满足退规划道路红线的要求。

5. 建筑后退规划道路切角红线的距离按较宽规划道路退线距离要求控制。

6. 建筑后退规划的绿线、蓝线、紫线、黑线、黄线等色线的距离还需符合相关规定。

7. 建筑退离规划桥梁和现状桥梁时宜适当加大退距。

2.6.11　杭规 2008

杭州市城市规划管理技术规定(2008)(杭规):

1) 计算高度

杭规附二.1:以地区而论,西湖区、西溪区计至最高点,以外从室外地面到建筑物外沿顶标高的高度。

2) 容积率

只计地上面积(杭规附一.6)。

3) 高多低层定义(杭规附一.2/3)

(1) 住宅≤24.0 m 者为多层。

(2) 公建>24.0 m 者为高层。

(3) 低层,1~3层住宅,其余$H<10.0$m者。

4) 高层建筑影响系数Q(杭规附一.7)

H(m)	24~50(含)	50~75(含)	75~100(含)	100~200(含)	>200
Q	1	1.2	1.4	1.6	1.8

5) 遮挡建筑定义(杭规附一.9)

(1) 对于某个建筑而言,除了它北面的建筑之外,它的南面的、东西侧的建筑都是它的遮挡建筑。

(2) 在计算与之⊥的建筑间距时,还有视线干扰的因素。这要看具体情况而言,看建筑沿轴线移动时视线干扰的范围,大则用$0.7L$,最小时如与山墙相对,则$9.0/6.0$m即可(杭规13)。

(3) 建筑与建筑相互关系的"面向",指对方建筑主要房间一面与自己的关系,对方建筑山墙延长线与自己相交,谓之"面向"。否则,不属于"面向"范围(杭规附一.10)。

6) 多层低层相互间距(杭规11)

(1) 相互"="正面间距,$1.2H_{遮}$。

(2) 不同方位打折扣:

$0°$~$15°$,$×1.0$;

$15°$~$30°$,$×0.90$;

$30°$~$45°$,$×0.8$;

$>45°$,$×0.9$。

(3) 最小间距,13.0m(低层10.0m)。

① 住宅与北侧非住宅间距,$0.7H_{住}$,$\geqslant13.0$m。当其中之一为低层时,最小10.0m(杭规12)。

② 非"="布置,依夹角大小而定最小点距离(杭规11.2):

夹角$\leqslant30°$,最小距离$1.2H_{遮}$。

夹角$>30°$,最小距离$1.0H_{遮}$。

7) 扣层办法

本身为被遮挡建筑,其底层为架空层、自行车库或商业建筑,可以扣去部分高度,最多去5.0m(杭规14)。

8) 住宅山墙间距

一边有窗或阳台,6.0m;两边有窗或阳台,8.0m(杭规15)。

9) 老年人公寓、病房、托幼、疗养院、大中小学教育楼间距(杭规16)

(1) 与南面"="建筑间距,$L\geqslant1.5H_S$,且$\geqslant15.0$m。

(2) 与南面"⊥"建筑间距,$L\geqslant1.2H_S$,且$\geqslant13.0$m。

(3) 如遮挡建筑为低层,最小距离可为10.0m。

(4) 非正面"="建筑间距,可参照杭规11变动。

10) 宾馆客房、科研、办公等非居建筑距南侧建筑(杭规17)

(1) 相"="者,$0.7H_{遮}$,$\geqslant10.0$m。

(2) 非居建筑距南侧建筑,相"⊥"者,$0.6H_{遮}$,$\geqslant6.0$m。

(3) 集体宿舍距南侧建筑间距,适当扩大。

(4) 宾馆客房、科研、办公、集体宿舍的山墙间距参考住宅山墙。

11) 高层建筑与北、东西两侧建筑间距

(1) 高层建筑与北、东西两侧建筑间距,除满足2h日照外,视对面或两侧建筑是否是主朝向而定(视线干扰因素)(杭规20)。

S 为高层建筑面宽,当裙房部分满足 $L>1.2H$ 时,不计入面宽。面宽只算不满足 $L>1.2H$ 的高层部分。当高层部分为两幢建筑时,其间间距 $\leqslant 30$ m 时,则视这部分空挡也是边续的(杭规附二.3)。

① 高层建筑与北侧住宅间距(杭规 20.1),$L=(H-24)\times 0.3+S$,$\geqslant 29.0$ m。

② $L>1.2H$ 时,取 $L=1.2H$,计算 L 时可按不同方位打折扣。

③ 同一地块同时设计,间距可为 $0.9L$(杭规 20.1.2)。

④ 受遮挡建筑为新建住宅时,可采用扣层办法,但最多扣除 10.0 m(杭规 20.1.3)。

(2) 高层建筑与东西两侧建筑间距(杭规 20.2):

① 面对自己的建筑,考虑视线干扰因素,$24Q$(无论"="、"⊥"或偏置)(杭规 20.2.1)。

② 同一地块同时设计,可不计 Q 值(杭规 20.2.1)。

(3) 背对自己的建筑,$18Q$(杭规 20.2.3)。

(4) 山墙相对,$13Q$(杭规 20.2.2)。

12) 高层建筑南与侧住宅建筑间距(杭规 21)

(1) 南侧为相"="低多层住宅,$L\geqslant 18Q$(杭规 21.1)。

(2) 南侧为非"="的东西向低多层住宅,$L\geqslant 13Q$(杭规 21.1)。

(3) 南侧为"="高层住宅,$L\geqslant 24Q$(杭规 21.2)。

(4) 南侧为老年人公寓、病房、托幼、疗养院、大中小学教育楼时,见杭规 22.5.16 的规定。不过笔者对杭规 22/16 有点弄不明白,读者如果碰到这种情况,要对杭规 22/16 仔细研究。

13) 非居高层之间建筑间距

(1) 相"="布置,与地块外 $L\geqslant 20Q$,与地块内 $L\geqslant 15.0$ m(杭规 23.1)。

(2) 相"⊥"布置,$L\geqslant 13Q$(一般)或 $15Q$(南侧建筑外墙朝北)(杭规 23.2)。

(3) 山墙相对,$13Q$(杭规 23.3)。

14) 高层与地块外相邻的多低层非居建筑间距

(1) 外墙之间,$\geqslant 15.0$ m(杭规 24.1)。

(2) 外墙与山墙之间,$\geqslant 13.0$ m(杭规 24.2)。

(3) 山墙与山墙之间,$\geqslant 9.0$ m(杭规 24.3)。

(4) 高层为居住,它与多非的间距,必须满足多层建筑遮挡居住建筑的有关规定外,并且 $L\geqslant 18.0$ m(杭规 24.4)。

(5) 相邻低多为客房或宿舍,上述四项应再 $\times Q$(杭规 24.5)。

15) 高层的裙房

以多层计,遵守相应条文(杭规 25)。

16) 独立小建筑、门卫、变电泵房、车库或面向住宅不开窗的商建 $\geqslant 6.0$(杭规 26)

17) 学生宿舍

参考住宅(杭规 27)。

18) 离路距离(杭规 32 表 6-1)

道 路 宽 度	离 路 距 离		
	低 层 骑 楼	低 多 层	高 层
12~20(含)	2	3~5	$5Q$
20~40(含)	3	5~8	$8Q$
>40	5	8~10	$10Q$

(1) 以底层外墙最突出处为准。

(2) 阳台、雨篷、飘窗、台阶在距离的 1/3 内不计,并且剩余宽度≥2.0 m。

(3) 上部突出部分为大体量时,从外挑外沿算起。

(4) 小区大门或门卫离路,路宽≥30 m 的,后退 3.0 m。路宽<30 m 的,后退 2.0 m(杭规 35)。

19) 离高架

参见杭规 33。

20) 大型商场等公建

后退≥10.0 m(杭规 35)。

21) 围墙中心线

1. 围墙中心线后退道路红线,≥0.5 m(杭规 35)。

2. 围墙中心线后退非道路的地界线,视具体情况定,相邻方为已征地,围墙中心线压地界线。相邻方为未征地,围墙外边压地界线(杭规 35)。

22) 距离铁路正线

见杭规 36。

23) 架空线

见杭规 37。

24) 退界问题

(1) 外墙退界(杭规 38 表 6-4)。

建筑高度	居 住 建 筑 $H<100$ m (一般距离)		居住建筑 $H\geqslant100$ m (最小距离)	非 居 住 建 筑 $H<100$ m (一般距离)		非居住建筑 $H\geqslant100$ m (最小距离)
退界距离						
低层		6		北侧为居住用地,退北界≥0.6H。南侧居住用地退南侧界≥0.5H。其他情况按最小值控制	4	
多层	≥06H	9			6	
高层 北侧为居住用地,退北界≥1/2L	15	1/2L	北侧为居住用地,退北界≥1/2L		15	1/2L
高层 南侧为规划中高层建筑	15	20	其他情况		9	15
高层 其他情况	13	20				

(2) 山墙退界(杭规 38 表 6-5)。

建筑高度	居 住 建 筑 $H<100$ m (一般距离)		居住建筑 $H\geqslant100$ m (最小距离)	非 居 住 建 筑 $H<100$ m (一般距离)		非居住建筑 $H\geqslant100$ m (最小距离)
退界距离						
低层		4		北侧为居住用地,退北界≥0.4H。其他情况按最小值控制	4	
多层	北侧为居住用地,退北界≥0.4H。其他情况按最小值控制	6				
高层 北侧为居住用地,退北界≥1/2L	15	1/2L	北侧为居住用地,退北界≥1/2L	15	1/2L
高层 其他情况	9	15	其他情况	6	13

(3) 后退城市公共绿地(杭规 40 表 6-6)。

建 筑 类 别	后退城市公共绿地最小距离	
	绿地在建筑的东、西和南侧	绿地在建筑的正北侧
围 墙	0.5	0.5
低 层	2	3
多 层	3	5
高 层	3	建筑两端离绿地距离平均值不宜小于建筑长度的 0.12 倍,且 >6.0 m

25) 地下室离界(杭规 39)

(1) 通常为 0.7 埋深,并且≥3.0 m。

(2) 离绿地≥1.0 m。

(3) 与现存住宅的外墙≥10.0 m,与现存住宅的山墙≥6.0 m。

26) 西溪区、名胜区

宜坡顶(杭规 45)。

27) 严格控制住宅东西向

见杭规 47。

28) ±0.00 与地面高差

无地下室,≤0.6 m;有地下室,≤1.50 m(杭规 44)。

29) 场地标高(杭规 42)

(1) 场地现状标高与相邻地块相差≤0.6 m 以内的,设计场地标高与相邻地块相差≤0.6 m 以内。

(2) 场地现状标高与相邻地块相差>0.6 m 的,设计场地标高不得抬高现状标高。

(3) 设计场地标高不宜超过相邻地块标高 0.3 m。

(4) 景观堆坡或复杂地形例外处理。

30) 高层消防施救场地[浙江建设发(2007)36]

高层建筑(未明确公建与住宅分别对待)应在消防登高面一侧,将消防道路拓宽至 6 m,作为扑救场地,宽度同登高面宽。距离建筑物分两种情况:$H<50$ m 者,离开 5~10 m;$H\geqslant50$ m 者,离开 10~15 m。

2.6.12 浙江省消防建筑方面摘要

浙江省消防建筑方面的规定全文见浙江省建设发(2007)36 号,以下为部分原文摘要。

1. 高层建筑(未明确公建与住宅分别对待)应在消防登高面一侧,将消防道路拓宽至 6 m,作为扑救场地,宽度同登高面宽。距离建筑物分两种情况:$H<50$ m 者,离开 5~10 m;$H\geqslant50$ m 者,离开 10~15 m。

2. 商业网点总高度不应大于 7.8 m,内部可设一座型式不限的疏散楼梯。逃生距离,室内任意一点到达户外出口或到封闭楼梯间,22.0 m。楼梯疏散距离按其 1.5 倍水平投影计算。

55. 商住楼的住宅与商业之间的窗槛墙高度不小于 1.2 m 或设置不小于 1.00 m 的防火挑檐时,其中住宅部分按住宅概念防火。住宅部分不超过 100 m 时可不设置喷淋。

57. 18 层以下单元式高层住宅,当设置横向防火挑檐,一般情况下挑檐外伸不应小于 0.6 m,而在单元之间的防火隔墙两侧,挑檐外伸不应小于 1.0 m,两侧宽度盖过两侧洞口 300。这样,每个单元可设置一部疏散楼梯。笔者提示:① 本条条文表达不清,肯定有遗漏。② 此条可与苏标 8.4.5.6 的后半段、上标 7.6.4 或住法 9.4.1 相比较,这个防火构造作法,原本是窗间墙和窗槛墙都不足 1 200 情况(高规 6.1.1.2)的替代措施,但同苏标要求窗槛墙≥800,其余略有差异。详见本书"住宅防火构造"。

72. 高层民用建筑层与层之间(不同的防火分区)、窗槛墙(竖向的窗间墙)的高度应不小于 0.8 m,设防火挑檐者除外。**笔者注**:这条补充了 57 条的不足。

7. 公寓式办公的消防依据办公楼设计。酒店式公寓的消防依据旅馆设计。

8. 学生公寓、宿舍的消防依据非住宅类居住建筑设计(详见宿舍建筑设计规范 JGJ36 - 2005 之 5.4 节)。

9. 工业厂房内部分楼层为办公用房时,整个楼定性为工业建筑,其中办公楼部分按民用建筑设计。

16. 丁字形内走道的疏散距离按位于两个安全口之间的情况计算,但其中袋形走道长度应加倍计算。

20. 消防电梯宜到达各个使用层,如住宅的跃层,地下车库都宜到达。

21. 工业厂房的楼梯间底层处理:

H≤24.0 m 者,可离大门 15.0 m(限丁、戊类);

H>24.0 m 者,应直通室外或作扩大楼梯间处理。

23. 层数计算,多层住宅按《建规》1.0.2 执行,高层住宅按《住宅建筑规范》9.1.6 执行。

25. 大开间多个防火区场合:

(1) 每个防火区的安全出口楼梯宽度占 70%,与相邻防火区的防火墙上的 FM 甲,可作为辅助安全出口,宽度可占 30%。但:① 这个 FM 甲在数量上不纳入安全出口的个数;② 这个 FM 甲,距离相邻防火区的安全出口≤30 m。

(2) 楼梯疏散宽度以层计,共用楼梯不能重复计算。

26. 歌舞娱乐计算最大容纳人数时,按厅室建筑面积计算,走道不包括在内。

43. 歌舞娱乐在非地上 1、2、3 层时,一个厅室≤200 m² 为限,该厅室隔墙耐火极限 2 h,楼板 1 h,两个门。厅室与相邻厅室的隔墙上不得开任何门窗洞口。笔者提示:该条文有遗漏之处。

50. 地下车库每个防火分区必须设置两个(或以上)直通室外的安全出口,Ⅵ类车库除外。

54. 住宅楼梯可以在裙房屋顶,通过独立的疏散楼梯到达室外地面,数量及宽度应满足疏散要求(笔者认为此条与住法 4.3.1 抵触)。

63. 住宅建筑的地下室,埋深≤2 层或埋深≤10 m,且为非营业性场所,如果地上楼梯间及前室自然防烟的,则地下部分也可以一样处理。

65. 通常情况下,防烟楼梯间及封闭楼梯间内不得设置管道井、电缆井。当符合下列条件时,10 层、11 层住宅的楼梯间及其他建筑的消防前室内可设置管道井和电缆井:

(1) 竖井每层封堵。

(2) 检修门采用乙级防火门,且检修门的开启不影响人员疏散。

54. 疏散楼梯位置可以变更(笔者认为应当慎用此条,尤其是在非住宅建筑)。

71. 超过 100 m 的高层建筑(除塔式住宅外)不得设置剪刀楼梯。

2.6.13 浙公消(2008)180 号

以下为浙公消(2008)180 号《浙江省高层居住建筑消防设计若干问题研讨会纪要》。

一、塔式高层居住建筑剪刀楼梯的两个楼梯口和消防电梯不应直接开向同一前室。

二、塔式高层居住建筑的两个安全出口之间的距离不应小于 5 m,确有困难时,两个安全出口之间的距离可不限,但应满足下列条件:

1. 塔式高层居住建筑每层户数不超过 6 户;

2. 建筑高度不超过 100 m;

3. 任一层建筑面积不大于 650 m²;

4. 任一户的户门至最近楼梯间门的距离不大于 10 m;

5. 剪刀楼梯间两个梯段应分别设置机械加压送风系统;

6. 开向前室的户门均应采用甲级防火门;

7. 消防电梯、剪刀楼梯的合用前室以及剪刀楼梯两个梯段的共用前室面积均不应小于 8 m²,独立前室的面积仍按规范执行;

8. 前室(不含敞开阳台、敞开凹廊)、公共走道应增设自动喷水灭火系统;

9. 相邻前室之间的门应向户数较少一侧开启。

三、单元式高层居住建筑各个单元剪刀楼梯的设置可参照塔式高层居住建筑的要求执行,但仍应满足下列条件:

1. 各单元之间的墙为防火墙;

2. 消防登高场地的设置应能保护到该建筑的各个单元。

四、高层综合楼、商住楼的居住部分剪刀楼梯的设置可参照上述第一条、第二条、第三条规定执行。

五、仅供一户疏散用的剪刀楼梯的阳台面积不应小于 3 m²,阳台开向楼梯间应采用甲级防火门。该甲级防火门与户门、窗及开口部位之间的最近直线距离大于 2 m 时,该户通至阳台的门窗可采用普通门窗。

六、建筑高度不超过 100 m 的高层综合楼居住部分的消防设计应按高层商住楼居住部分的要求执行。

七、其余设计应严格按照国家和我省有关规范、标准和规定执行。

2.6.14 江苏省 2010 年关于印发《建设工程消防设计技术问题研讨纪要》的通知

以下为江苏省公安厅消防局 2010 年文件《关于印发〈建设工程消防设计技术问题研讨纪要〉的通知》。

各市消防支队:

为解决我省建设工程消防设计审核工作中遇到的有关技术问题,更好地适应和服务于经济建设,省局组织召开了由有关建设工程专家和部分支队消防专业技术人员参加的技术研讨会。会议就近几年来我省在实际应用消防技术规范过程中所遇到的部分典型问题进行了认真的讨论和研究,并就如何解决达成共识形成纪要,纪要并经国家标准《建筑设计防火规范》和《高层民用建筑防火设计规范》管理组审定,现将会议纪要印发给你们,供参照执行。

江苏省公安厅消防局

二〇一〇年五月十八日

建设工程消防设计技术问题研讨纪要

一、关于商住楼商业营业厅的定性问题

商住楼商业营业厅包括为商业配套的办公、非歌舞娱乐游艺放映场所性质的公共娱乐场所、无明火餐饮等场所。

二、关于电影院是否界定为歌舞娱乐放映游艺场所的问题

符合《电影院建筑设计规范》(JGJ58)的电影院,其固定座位放映厅可不按歌舞娱乐放映游艺场所

的规定要求进行建筑防火设计,但应同时符合《建规》或《高规》有关规定。当电影院与其他建筑组合建造时,其底层出入口应能直通室外。

三、关于新型公共娱乐场所(如足浴、足疗、棋牌、美体中心、SPA、台球等)是否界定为歌舞娱乐放映游艺场所的问题

新型公共娱乐场所应根据具体使用功能定性,对具有歌舞娱乐放映游艺场所类似功能的应界定为歌舞娱乐放映游艺场所,足浴、足疗、棋牌、美体中心、SPA、台球可不界定为歌舞娱乐放映游艺场所。

四、关于高层建筑中宿舍、公寓的定性及消防设计问题

高层建筑中,公寓应定性为公共建筑,学生宿舍、员工宿舍应结合建筑形式和使用功能进行定性。建筑高度不超过 60 m 的公寓、宿舍公共部位应设置自动喷水灭火系统。单元组合式或塔式宿舍、公寓,当每层(每个单元)建筑面积不超过 500 m^2 且人数不超过 50 人时,可设一部疏散楼梯(楼梯形式可按高层住宅建筑执行)。

五、关于《建筑设计防火规范》(GB50016)第 5.3.5 条中"人员密集的公共建筑"的界定问题

《建筑设计防火规范》(GB50016)第 5.3.5 条中"人员密集的公共建筑"应为商店、图书馆、会议展览、剧场、电影院及设有类似使用功能空间的建筑。

六、关于消防车道及消防扑救面的设置问题

消防车道的净宽度和净空高度均不应小于 4 m,消防车道的坡度不宜大于 8%,其转弯处应满足消防车转弯半径的要求。消防车道距高层建筑或大型公共建筑的外墙宜大于 5 m。供消防车停留的空地作业场地,其坡度不宜大于 3%。

消防登高车操作场地应符合下列要求:

1. 消防登高车操作场地可结合消防车道布置,宽度不小于 8 m,场地靠建筑外墙一侧至建筑外墙的距离不宜小于 5 m,且不应大于 15 m;当确有困难时,可在此范围内确定一块或若干块登高车操作场地,且两块场地的边缘间距不宜超过 40 m。

2. 消防登高车操作场地面积不应小于 15 m×8 m(长×宽)。

3. 消防登高车操作场地应能承受大型消防车的压力。

4. 与消防登高车操作场地相对应的范围内,必须设置直通室外的楼梯或直通楼梯间的入口。

5. 与消防登高车操作场地相对应的范围内每层均应设置可开启外窗,窗口的净尺寸不得小于 0.8 m×1.0 m(宽×高),窗口下沿距室内地面不宜大于 1.2 m,并宜设置可从外部开启的装置。

6. 消防救援面不应设置影响灭火救援的高压电线、树木、地下车库出入口等。

七、关于大型公共建筑消防控制室的设置位置

大型公共建筑消防控制室应设置于建筑首层靠外墙部位。

八、关于商业建筑中组合建造自用仓库的消防问题

商业建筑中组合建造的自用仓库面积不应超过该层总建筑面积的 10%,且每个仓库隔间的建筑面积地上不应超过 500 m^2,地下不应超过 200 m^2。自用仓库与其他部位应进行防火分隔,地上面积大于 100 m^2 小于 500 m^2 或地下面积大于 50 m^2 小于 200 m^2 的仓库,应采用耐火极限不低于 2.00 h 的隔墙和 1.50 h 的楼板与其他部位分隔,隔墙上的门应采用甲级防火门,且在火灾情况下能自行关闭。

商业建筑中超过 500 m^2 的地上仓库和超过 200 m^2 地下仓库应设置独立的防火分区和独立的安全出口,并按仓库的防火设计要求设置消防设施。

九、关于地上公共建筑可否借相邻防火分区安全疏散问题

一、二级耐火等级的地上商店营业厅、展览建筑的展览厅,每个防火分区设置不少于两个安全出口,当个别防火分区疏散距离执行消防技术标准确有困难时,相邻防火分区之间防火墙上设置的防火

门(应向疏散方向开启并设置明显的疏散指示标志)可作为安全出口,但其宽度不计入该防火分区安全出口疏散总宽度。

十、关于直升机停机坪设置问题

建筑高度超过100 m且标准层建筑面积大于1 000 m^2 的重要公共建筑原则要求设置屋顶直升机停机坪或供直升机救助的设施,并应符合《高规》的要求。

十一、关于避难间消防设计问题

避难间所在楼层不得设置歌舞娱乐放映游艺场所、商场等公众聚集场所、厨房等直接动用明火的场所和可燃物较多的库房等。

避难间与该楼层的其他房间之间应采用防火墙分隔,避难间除开向防烟楼梯间或其前室的门外,不得开设其他门窗洞口。

十二、关于公共建筑防火分隔措施问题

对于大型、特大型的商铺式商业建筑,应结合商铺布局和内部装修,采用耐火极限不低于2 h的不燃烧体隔墙对各个商铺进行分隔,以形成各自独立的防火单元,防火单元的建筑面积不宜大于1 000 m^2。

公共建筑用防火墙划分防火分区有困难时,可采用防火卷帘分隔;除中庭外,当防火分隔部位的宽度不大于30 m时,防火卷帘的宽度不应大于10 m;当防火分隔部位的宽度大于30 m时,防火卷帘的宽度不应大于防火分隔部位宽度的1/3,且地下建筑不应大于20 m。

十三、关于大跨度钢结构防火保护问题

严格限制采用大跨度钢结构形式。对确因功能需要采用大跨度钢结构形式的,应根据其火灾危险性,对其柱、梁、檩条等构件采取可靠的防火保护措施,防火保护应优先选用外包覆不燃材料保护,采用外包覆不燃材料确有困难时,可采用厚涂型钢结构防火材料喷涂保护或自动喷水灭火系统保护。

十四、关于人员密集场所内部装修材料使用问题

人员密集场所内部装修不应使用易燃装修材料;疏散楼梯间及其前室和安全出口的门厅,其顶棚、墙面和地面应采用不燃装修材料;房间内部装修应采用不燃或难燃装修材料;疏散走道两侧、顶部和安全出口附近不应大面积设置镜面等误导人员疏散的装修材料。

十五、关于建筑外墙广告牌和条幅的设置问题

建筑外墙室外大型广告牌和条幅的设置不得影响室内自然排烟和建筑物的消防扑救。广告牌和条幅宜采用不燃、难燃材料制作,并易于破拆。

十六、关于地下建筑通风、空气调节系统设备和风管的保温、绝热材料选型问题

地下建筑或地下室有人员停留的场所,其通风、空气调节系统设备和风管的保温材料、绝热材料应采用不燃材料。

十七、关于民用建筑消防软管卷盘设置范围

人员密集的公共建筑、高层建筑应设置消防软管卷盘,其他未设置室内消火栓系统的建筑宜设轻便消防水龙(可直接利用生活给水)。

十八、关于塔式住宅室内消火栓的设置问题

塔式住宅室内消火栓宜设置在消防前室。建筑高度不超过60 m的塔式住宅可设置1根消防竖管,并采用双阀双出口消火栓;建筑高度超过60 m的塔式住宅应采用2根消防竖管,并采用单阀单出口消火栓。

十九、关于防火门的设置问题

经常有人员出入部位的防火门应采用带有释放器的常开式防火门,并应合理设置防火门逻辑控制关系。设有门禁形式常闭式疏散门,应设置手动开启装置,并在显著位置设置标识和使用提示。

二十、关于镶玻璃构件的设置问题

有耐火极限要求的镶玻璃构件原则上应执行《镶玻璃构件耐火试验方法》GB/T 12513—2006 要求,并应满足耐火完整性和隔热性要求。非隔热性镶玻璃构件不得作为防火分区分隔物;当用于背火面无温升要求的防火分隔物时,应经论证确定。

二十一、关于新材料、新技术的应用问题

鼓励、支持消防科学研究和技术创新,积极推广新材料、新技术在建设工程消防设计中的应用。对于尚无国家标准或行业标准的产品和材料,应提供相应的证明性文件,经论证后方可使用。

二十二、关于地下商业开发与城市轨道交通设施之间的消防关系问题

1. 地下商业开发不得利用地铁等地下轨道交通设施的疏散通道作为火灾时人员疏散的出口。地下商业开发和地铁等的疏散系统应分别独立设置,不得相互借用。

2. 地下商业开发与地铁站厅(站台)层应分隔成不同的防火分区,相连接处应以通道形式连接,通道内应设两道防火卷帘,两道防火卷帘的距离不宜小于 6 m,且由地铁与商业开发分别控制。

3. 商业开发与车站站厅公共区呈上、下层布置时,严禁采用中庭形式相通,站厅与商业开发之间的联络楼梯(扶梯)间的开口部位应采取防火分隔措施,当在开口部位设置防火卷帘时,地铁与商业开发应都能控制。站台层严禁与商业开发相通。

4. 当商业开发与地下车站站厅公共区全长相接时,商业开发与地铁站厅(台)层之间临界面应采取防火墙分隔。当确需开设门洞相连通时,应设置防火门或防火卷帘,单个门洞宽度不宜超过 8 m,每侧防火墙上相邻门洞之间应设置宽度不小于 24 m 的防火墙。

2.7 停车位指标

☞ 居民汽车停车率不小于 10%(02 国规 8.0.6.1),地面停车率不宜超过其中的 10%(02 国规 8.0.6.2)。此为 2002 年的要求。

☞ 上残 19.13.3:户外停车位大小 2 500×6 000。无障停车位(1 200+2 500)×6 000。

☞ 本地居住区停车位指标资料寻找途径:最新资料为 2007 版"城市居住区交通组织与设计规程"(DG/TJ 08—2027—2007 之 4.3.2)。次新为 2006 年的上服标附录 A 的表 7、表 8,以及 2003 年的上规 55;其次为 2002 年的上服标 4.0.4/3.0.6;再次为 1996 年的上交标 4.2.10.2(96 上交标 4.2.10.2 的资料可能有点过时)。次新资料为 06 版的上交标 5.2。

上海停车指标相关地方法令表(按时间顺序):

顺　序	年　份	规　范　法　令
1	1996	上交标 4.2.10.2
2	2002	上服标 4.0.4/3.0.6
3	2006	上交标 5.2
4	2007	城市居住交通组织与设计规程 DGTJ-08-2027 之 4.3.2

☞ 公建停车位地面停车位,不宜小于 5%(上交标 4.1.5)。

参考:居住区停车位地面停车位,不宜小于 10%(96 上交标 3.1.5);地面停车位(包括首层)城市中心区不宜小于 10%,城市一般地区不宜小于 15%(浙交标 3.1.6)。

☞ 小车位 0.60 车位/户,30.0～35.0 m²/1 个车位(上服标 3.2.9 说明表 7)。中心区 0.6 车位/户,郊区×1.2(上规 57)。

☞【国规 6.0.5.1】配建公共停车场车位(2007 年版)。

名 称	单 位	自 行 车	机 动 车
公共中心	车位/100 m² 建筑面积	≥7.5	≥0.45
商业中心	车位/100 m² 营业面积	≥7.5	≥0.45
集贸市场	车位/100 m² 营业面积	≥7.5	≥0.30
饮食店	车位/100 m² 营业面积	≥3.6	≥0.30
医院、诊所	车位/100 m² 建筑面积	≥1.5	≥0.30

☞【技措表 4.5.1.2】大中城市大中型民用建筑停车位(2009 年版)。

序号	建 筑 类 别		计算单位	机动车	非机动车		备 注
					内	外	
1	宾馆	一 类	每套客房	0.6	0.75		一级
		二 类	每套客房	0.4	0.75		二、三级
		三 类	每套客房	0.3	0.75	0.25	四级(一般招待所)
2	办 公		1 000 m²	6.5	1.0	0.75	证券、银行、营业场所
3	餐馆	≤1 000 m²	1 000 m²	7.5	0.5	0.25	
		>1 000 m²	1 000 m²	1.2	0.5		
4	商业	一类(>10 000 m²)	1 000 m²	6.5	7.5	12	
		二类(<10 000 m²)	1 000 m²	4.5	7.5	12	
5	购物中心		1 000 m²	10	7.5	12	
6	医院	市 级	1 000 m²	6.5			
		区 级		4.5			
7	展览馆		1 000 m²	7	7.5	1.0	图博参考
8	电影院		100 座	3.5	3.5	7.5	
9	剧 院		100 座	10	3.5	7.5	
10	体育馆	大型 场>15 000 座 馆>4 000 座	100 座	4.2	45		
		小型 场<15 000 座 馆<4 000 座	100 座	2.0	45		
11	娱乐性体育设施		100 座	10			
12	学校	中 学	100 名学生	0.5			有校车停车位
		小 学	100 名学生	0.5	80~100		有校车停车位
		幼儿园	100 m²	0.7			
13	住宅	中高档商品住宅	每户	1			包括公寓
		高档别墅	每户	1.3			
		普通住宅	每户	0.5			包括经适房

☞【上服标附录 A 表 7】居住区小汽车停车位指标。

类　别	内环线以内(%)	内外环之间(%)	内环线以外(%)
一类住宅(每户面积＞150 m²)	≥80(70)	≥100	≥110
二类住宅(每户面积 100～150 m²)	≥50	≥60	≥70
三类住宅(每户面积＜100 m²)	≥30	≥40	≥50

注：(70%)来自《城市居住区交通组织与设计规程》DG/TJ 08—2027—2007 之表 4.3.3.2。

上海本地公建停车位指标资料寻找途径：1996 年的上交标 4.2→2006 版上交标 5.2 或 2006 年的上服标表 7→2007 版《城市居住区交通组织与设计规程》DG/TJ 08—2027—2007 之 4.3.2。

☞【上交标表 5.2.3、5.2.4】本地公建停车位指标(每 100 m² 建筑面积停车位)。

项　目		机　动　车		非机动车	
				内　部	外　部
商业建筑	商　业	内环线以内	0.3	0.75	1.2
		内环线以外	0.5	0.75	1.2
	超　市	内环线以内	0.8	0.75	1.2
		内环线以外	1.2	0.75	1.2
办公楼		内环线以内	0.6	1.0	0.75
		内环线以外	1.0	1.0	0.75

☞ 中高档宾馆 0.5 车位/每客房，旅馆 0.30 车位/每客房，饭店、娱乐 0.75/1.25 车位/100 m² 建筑面积，办公楼 0.6～1.0 车位/100 m² 建筑面积，商场 0.3～0.50 车位/100 m²，超市 0.8～1.2 车位/100 m²(上服标 3.0.6→上交标 5.2)。

☞ 体育馆 2.0～10.0 车位/每百座、剧场 2.5 车位/每百座，展览馆 0.6 车位/100 m² 建筑面积，医院 0.2～1.2 车位/100 m² 建筑面积(上交标 5.2)。

☞ 游览场所 0.07～0.15 车位/100 m² 建筑面积，住宅 1.1～0.5 车位/一、二类每户，商业中心 0.25 车位/100 m² 建筑面积，饮食店 1.7 车位/100 m² 建筑面积(上交标 5.2)。

☞ 车站码头 3.0～1.2 车位/100 m² 建筑面积，机场 4.0 车位/100 m² 建筑面积(上交标 5.2)。

☞ 设置在小区里的室外的停车位不作为停车场要求相的互间距[(2004)沪公消(建函)192 号]。

☞ 居民汽车停车率不应小于 10%(国规 8.0.6.2)。上海本地不宜小于 5%(上交标 4.1.5)。

☞ 上海住宅小车/自行车停车位[上交标 5.2.10.1/2/3/(上服标附录 A 表 7/8)2006 年版]。

类　别	内　环　内	内外环之间	外　环　外
一类(＞150 m²/户)	≥0.8 小车/0.8 自行车	≥1.0/0.5	≥1.1/0.5
二类(100～150 m²/户)	≥0.5(0.6)/1.0	≥0.5/0.9	≥0.7/0.9
三类(＜100 m²/户)	≥0.3/1.2	≥0.4/1.1	≥0.5/1.1

☞ 参考 96 上交标 4.2.14：工厂停车位，×1.5 原有车位数，自行车数为工人×30%。

☞ 自行车数(上交标 5.2 各表/上服标表 8)。

☞ 江苏住宅建筑及公建停车位指标(苏标 3.6.1、3.6.2)。

类　别	小　汽　车	自　行　车
一类住宅(居住区)	每户 1 辆	每户 1 辆
二类住宅(居住区)	每户 0.4 辆	每户 2 辆

(续表)

类　别	小　汽　车	自　行　车
办　　公	每 10 000 m² 50 个车位	每 10 000 m² 300 个车位
商　　业	每 10 000 m² 50 个车位	每 10 000 m² 750 个车位
文化、娱乐、餐馆	每 10 000 m² 60 个车位	每 10 000 m² 2 500 个车位
医　　院	每 10 000 m² 30 个车位	每 10 000 m² 300 个车位

☞ 浙江住宅建筑及公建停车位指标,分别见浙江省《城市建筑和道路交通工程停车库设计、设置规则》4.2.1～15。其描述相当仔细可供参考,但是有点过头,因为停车位指标归根究底是个经济问题,是动态的,不是固定不变的。

2.8　绿化

☞ 集中绿地,不等于绿地率(国规 2.0.12/2.0.32/上规 54)。

☞ 居住区绿地率≥30%(住法 4.4.1/4.4.2),旧区改建不宜小于 25%(国规 7.0.2.3)、35%(上海市绿化条例第 15 条)。

☞ 居住用地内,公共绿地(集中绿地)>10%,文娱、体育、医疗有专业规定,其他>5%(上规 54)。

☞ 居住区绿地率≥3̶0̶ 35%,集中绿地>10%[上服标(上海城市居住地区和居住区公共服务设施设置标准) 3̶.̶0̶.̶7̶ 3.2.8/国规 7.0.2.3]。

☞ 公共绿地(国规 2.0.12)包括居住区公园、小游园和组团绿地,有日照及面积要求。

☞ 国规 7.0.4.1.5:组团绿地的设置应满足不少于 1/3 的绿地面积在标准的建筑日照阴影之外的要求。

☞ 国规 7.0.4.2:带状绿地宽不小于 8 m,面积不小于 400 m²。

☞ 绿地率(国规 2.0.32):绿地包括公共绿地、宅旁绿地、公共服务设施所属绿地和道路绿地(即道路红线内绿地),不包括屋顶或晒台的人工绿地。宅旁绿地离宅 1.50 m 算起,公共绿地离路 1.0 m 算起(国规附录 A 图解)。

☞ 绿地包括其中的水域(上规 10)。运动场地不包括在绿地之内(校规 2.2.1)。

☞ 沉箱水草消灭臭水。水草、金鱼草、小苦草和伊乐藻,从无锡和杭州运来(青年报 20080703)。

☞ 旧区基地屋顶绿化可按高度折算,离地 12.0 m 以上不计(上规 54)。

☞ 人均公共绿地>3.0 m²(上服标 3.2.8 说明)。

☞ 人均公共绿地>1.0 m²(住法 4.4.2)。

☞ 上规 10:绿地包括其中的水域。

☞ 住法 4.4.3:无护挡水体的近岸 2 m 范围内的水深不应>0.5 m。

☞ 技措 2.5.3:大型民用建筑建设用地内的广场、居住区入口广场、公用空间广场可以计入道路用地。属于环境绿化设计的铺地面积,不计入道路用地面积。

☞ 地下车库顶板上常用绿化地面做法(住宅建筑构造 03J930 第 60 页之 84/83)。

☞【上规 54】计算绿地率的绿地面积,包括建筑基地内的集中绿地面积和房前屋后、街坊道路两侧及规定的建筑间距内的零星绿地面积。

☞【上规 54】(集中绿地=公共绿地)居住小区内每块集中绿地的面积应不小于 400 m²,且至少有 1/3 的绿地面积在规定的建筑间距范围之外。沿城市道路两侧的公共绿地或绿化隔离带,不在建筑基地范围内的,不得作为小区集中绿地计算。但中心城区范围内,沿城市道路两侧的公共绿地,由开发单位实施的,可按 50% 比例纳入建筑基地面积,且增加的建筑面积不得超过核定建筑面积(原建筑基地面积乘以核定建筑容积率)的20%。

☞【上规56】旧区基地屋顶绿化可按高度折算。

位于浦西内环线以内的建筑基地,确实难以达到规定绿化指标的,可将屋面地栽绿化面积(每块面积不得小于100 m²)折算成绿地面积。其折算公式:

$$F = m \times N$$

式中 F——地面绿地面积;m——屋面地栽绿化面积;N——有效系数(见下表)。

屋面标高与基地地面的高差(m)	有效系数 N
≤1.5	0.70
>1.5,≤5.0	0.50
>5.0,≤12.0	0.30
>2.0	

2.9 设备房/消防控制室

☞ 变压器室锅炉房(低规 ~~5.4.1~~ 5.4.2/建筑规合稿5.4.8.2)、消防水泵房(低规 ~~8.8.1~~ 8.6.4)[包括在楼层上的,其出口应直通安全出口(低规 ~~8.8.1~~ 8.6.4)]和消防控制室宜在首层或地下一层,应直通室外(高规4.1.4/下规3.1.9/通则8.3.4.2.2)。

☞ 地下锅炉房和变压器室(高规4.1.2.2/民锅规3.2.1/3.3.5/3.4.4)、消防泵房(高规7.5.2),以及消防控制室(高规4.1.4/低规11.4.4)要有直通地上户外的楼梯。

☞ 设自动报警和喷淋的建筑应设消防控制室(低规11.4.3/11.4.1/8.5.1)。

☞ 关于设备房的门及其开向的相关条文。由下列条文可知除低规 ~~7.2.11~~ 7.2.5规定的多层建筑物内的消防控制室、固定灭火装置设备室(如钢瓶间、泡沫液间)、通风空调机房设门用FM乙外,其余均应为FM甲。

☞ 下规5.1.1.4/说明:≤200.0 m²、3人的防火区,如通风机房、排烟机房、变配电室、库房,其安全出口可只设一个门FM甲。

☞ 常见设备房设在地下室,而且集中布置,这样的防火区面积多大?除了下规5.1.1.4说明的说法外,从理论上说,应该研究这些设备房的火灾危险等级,对照低规说明3.1.1表1,确定其火灾危险等级。再照低规表3.1.1,确定其防火区面积。属丙类者,500;属丁、戊类者,1 000。如油浸式变压器室、变配电房属丙类;锅炉房属丁类;水泵房属戊类(低规说明3.1.1表1)。

☞ 汽车库内设备房(为车库所用的通风机房和排烟机房除外)防火区面积1 000 m²(江苏省"建设工程施工图设计审查技术问答"34)。

☞ 地下柴油机房、直燃机房、锅炉房及各自配套的储油间、水泵房、风机房应划分为独立的防火分区,设门用FM甲(下规4.1.1说明/4.2.2)。

☞ 地下消防水泵房、排烟机房、灭火剂房、变配电房、通信机房、通风空调机房、可燃物多的房间设门用FM甲(98版下规3.1.5)。

☞ 车库内的锅炉房、变压器室、高压电容器室、多油开关室、自动灭火系统设备室、消防水泵房设门用FM甲(汽火规5.1.9.3/5.1.10/5.2.6)。

☞ 多层建筑物内的消防控制室、固定灭火装置设备室(如钢瓶间、泡沫液间)、通风空调机房设门用FM乙(低规 ~~7.2.11~~ 7.2.5,墙用耐火极限不低于2 h的隔墙,有人比照防火墙,要求隔墙两侧窗距

1 000 mm,笔者认为有一定道理)。消防水泵房门用 FM 甲(低规 8.6.4)。设自动喷淋的建筑应设消防控制室(低规 11.4.3/高规 9.4.5)。附设在建筑物内的消防控制室宜在底层及地下一层,应设直通室外的安全出口(低规 11.4.4.2)。

☞ 附设在(地上)建筑物内的消防控制室、固定灭火装置设备室(如钢瓶间、泡沫液间)、消防水泵房门用 FM 乙。通风空调机房和变配电设门用 FM 甲(建规合稿 6.2.5)。

☞ 高层建筑物内的消防控制室、自动灭火系统设备室、通风空调机房设门用 FM 甲(高规 4.1.4/5.2.7/5.2.3)。高层建筑物内的消防控制室宜在底层及地下一层,应设直通室外安全出口(高规 4.1.4)。

☞ 低规 8.6.4:消防水泵房在首层的,门直通室外;在楼层或地下的,宜靠近安全出口。门用 FM 甲。

☞ 高层建筑物内的消防水泵高门用 FM 甲(高规 7.5.1)。

高层建筑物内的锅炉房及其储油间、变压器设门用 FM 甲(高规 4.1.2.3/4)。

☞ 高层建筑物内的柴油机房及其储油间设门用 FM 甲(高规 4.1.3.2/3)。

☞ 高层建筑物内的变配电所,与主体隔墙上的门应用 FM 甲、变压器室通往配电间的门用 FM 甲、变配电所内的门宜用 FM 丙,变配电所外的门应用 FM 丙(通则 8.3.2/技措 15.3 15.2)。

☞ 附建于多层建筑内的油浸式变压器室现主体隔墙上的门应用 FM 甲(通则 8.3.1/技措 15.3。通则与技措说法相似,通则的说法似有改进之处)。

☞ 低规 5.4.2:附建在民建内的锅炉房、变压器室,与主体建筑隔墙上的门用 FM 甲。

☞ 低规 5.4.3:附建在民建内的柴油机房及其储油间,与主体建筑隔墙上的门用 FM 甲。

☞ 吸音墙面构造做法见 05J909 之 NQ63 - 68。

2.9.1 民用独立终端变电站

这里说的民用建筑独立终端变电站,指电压 10 kV 降至 380 V,油浸式变电站(技措 15.3)。

☞ 低规 5.2.2→5.2.1:单台蒸汽锅炉≤4 t/h,或单台热水锅炉≤2.8 MW 锅炉房,距离多层 6.0 m。蒸发量超过上述者,12.0 m/15.0 m/20.0 m(低规 5.2.2→3.4.1)。

☞ 低规 4.1.2:燃油燃气锅炉房(2.0 t/h×3＝6 t/h)、油浸式变电站(容量 630 kV·A×2＝1 260 kV·A)可以有条件地设在高层建筑内。

☞ →高规 4.2.1:独立终端变电站距离高层 9.0 m、裙房 6.0 m。

☞ 干式变电站则无此要求(GB 50053—94 之 4.1.3)。

☞ 低规 5.2.2:10 kV 以下的箱变,与建筑距离不小于 3.0 m。

☞ 【低规 5.2.2】民用建筑与单独建造的终端变电所、单台蒸汽锅炉的蒸发量≤4 t/h 或单台热水锅炉的额定热功率≤2.8 MW 的燃煤锅炉房,其防火间距可按本规范第 5.2.1 条的规定。

民用建筑与单位建造的其他变电所、燃油或燃气锅炉房及蒸发量或额定热功率大于上述规定的燃煤锅炉房,其防火间距应按本规范第 3.4.1 条有关室外变、配电站和丁类厂房的规定执行。10 kV 以下的箱式变压器与建筑物的防火间距不应小于 3.0 m。

☞ 【低规 5.2.1】民用建筑之间的防火间距,不应小于表 5.2.1 的规定。

(m)

	一、二级	三 级	四 级
一、二级	6	7	9
三 级	7	8	10
四 级	9	10	12

注:1. 两座建筑相邻较高的一面的外墙为防火墙时,其防火间距不限。

2. 相邻的两座建筑物,较低的一座的耐火等级不低于二级、屋顶不设天窗、屋顶承重构件的耐火极限不低于1 h,且相邻的较低一面外墙为防火墙时,其防火间距可适当减少,但不应小于3.5 m。

3. 相邻的两座建筑物,较低一座的耐火等级不低于二级,当相邻较高一面外墙的开口部位设有防火门窗或防火卷帘和水幕时,其防火间距可适当减少,但不应小于3.5 m。

4. 两座建筑相邻两面的外墙为非燃烧体,如无外露的燃烧体屋檐,当每面外墙上的门窗洞口面积之和不超过该外墙面积的5%,且门窗口不正对开设时,其防火间距可按本表减少25%。

5. 耐火等级低于四级的原有建筑物,其防火间距可按四级确定。

☞【高规4.2.1】高层建筑之间及高层建筑与其他民用建筑之间的防火间距。

(m)

建筑类别	高层建筑	裙　房	其他民用建筑耐火等级		
			一、二级	三　级	四　级
高层建筑	13	9	9	11	14
裙　房	9	6	6	7	9

2.9.2　室外总降压变电站

这里的室外总降压变电站,指电压为35~500 kV,油浸式变电站。

油浸式变配电站与建筑防火间距概念表

	基本防火间距		变电所(站)锅炉防火间距
工　厂	10.0 m (低规3.3.1)	独立	电压在35~500 kV之间,且每台变压器容量在10 MV·A以上、变压器总油量>5 t的室外降压变电站,对不同类型的建筑,按不同油量选择相应防火间距: ① 对于民用建筑,15.0 m/20.0 m/25.0 m。 ② 对于丙、丁、戊厂房,12.0 m/15.0 m/20.0 m。 ③ 对于甲、乙类厂房,25.0 m (01低规3.3.10/06低规3.4.11→3.4.1/3.5.1)
		附建	只供甲、乙类厂房专用的10 kV以下的变电所可贴邻建造,用无门窗洞口的防火墙与厂房隔开。 允许在乙类厂房这样的防火墙上开窗,并用固定甲级防火窗 (01低规3.2.7/06低规3.3.14)
民用建筑	多层　6.0 m (低规5.2.2→5.2.1)	独立	终端变电所(630~1 000 kV·A)、锅炉房[单台4 t/h(蒸汽)或单台2.8 MW(热水)]:6.0 m(低规5.2.2→5.2.1)。 10 kV以下的箱变:3.0 m(低规5.2.2)
			终端变电所、中型锅炉房(功率>上述者):12.0~20.0 m(01低规5.2.3/06低规5.2.2说明2/1→01低规3.3.1/06低规3.4.1)
		附建	变电所锅炉房可贴邻建造,用防火墙隔开(低规5.4.1/2)
	高层	独立	变电所锅炉房宜设在独立建筑内。独立变电所锅炉房:13.0 m/9.0 m/6.0 m→(高规4.1.2→4.2.1)
		附建	变电所锅炉房可附设在高层或裙房的首层或地下一层内(高规4.1.2→4.1.2.1/通则8.3.1.2) 地下室内不得设置油浸式变压器和其他油浸式电器设备(下规3.1.12)

注:低规5.4.2/高规4.1.2:所谓小型指燃油燃气锅炉房,蒸发量2.0 t/h×3=6 t/h。油浸式变电站,容量为630 kV·A×2=1 260 kV·A。

☞ 低规 ~~3.3.1~~ 3.4.1:不同油量距离一、二级民用建筑分别为15.0 m/20.0 m/25.0 m;不同油量距离丙、丁、戊类厂房分别为12.0 m/15.0 m/20.0 m;距离甲、乙类厂房25.0 m。距离甲、乙类库房分别为25.0 m/30.0 m/40.0 m。

☞ 低规 ~~5.4.1~~ 5.4.2/高规4.1.2/通则8.3.1.2:总容量<1 260 kV·A,单台容量<630 kV·A的油浸式变压室可贴邻民用建筑布置。变压器室或锅炉房应设直通室外出入口。外墙上开口部位的

上方设 1 000 mm 宽防火挑檐。

☞ 通则 8.3.1.5：高压配电房的采光窗离地≥1 800 mm，低压配电房沿街不能开采光窗。

☞ 变配电房不应设在最底层地下室。地下室只有一层时，地面抬高 100～300 mm 或做门槛(低压配电设计规范 GB 50045—95 3.3.1/技措 15.3.3.4)。与此相反，水泵房或水箱间的地面应比同层地面降低 150～200 mm 或做门槛(技措 15.5.6)。

☞ 变配电房顶棚不需粉刷。

☞ 配电房宽＞7.0 m，开 2 个门(通则 8.3.1.6/低压配电设计规范 GB 50045—95 之 3.3.2)。60 m 以上再加 1 个门(通则 8.3.1.6)。

☞ 变配电房的门窗地沟等应设防止小动物进入的措施(通则 8.3.1.8)。

☞ 变配电房的正上方和正下方为住宅、客房、办公室等时，变配电房应作屏蔽处理(通则 8.3.1.5)。

☞ 通则 8.3.1/技措 15.3.3.2：配电房不应设在厕所浴室或其他经常积水处的正下方或贴邻。变配电室、变压器室、电容器室不应朝西(03 技措为不宜)。

☞ 高层建筑的变配电房用 FM 甲与其他部分分开，燃油变电与配电房之间用 FM 甲分开，变配电房的内门和外门用 FM 丙(通则 8.3.2)。

☞ 技措 15.3.3.5：地下室、变电室应装通风设备。

☞ 箱变距离建筑 1.5 m，离人行通道 1.0 m(技措/电 3.4.5.7)。

☞ 10 kV 以下箱变距离建筑 3.0 m(低规 5.2.2)。

☞ 开关站内为高压开关箱，无变压器。它同别的建筑的间距无明文规定，充其量照变电所处理，小则按配电所处理。关于电视屏蔽处理亦是如此。有一种说法，为防电视干扰，要求 12.0 m 间距，但尚未找到文字根据。

☞ 【低规 ~~3.3.10~~ 3.4.1】除本规范另有规定者外，厂房之间及其与乙、丙、丁、戊类仓库和民用建筑等之间的防火距不应小于表 3.4.1 的规定。

表 3.4.1　厂房之间及其与乙、丙、丁、戊类仓库和民用建筑等之间的防火距　　　(m)

			甲类厂房	单层、多层乙类厂房(仓库)	单层、多层丙、丁、戊类厂房(仓库)			高层厂房(仓库)	民用建筑		
					耐火等级				耐火等级		
					一、二级	三级	四级	一、二级	一、二级	三级	四级
甲类厂房			12.0	12.0	12.0	14.0	16.0	13.0	25.0		
单层、多层乙类厂房			12.0	10.0	10.0	12.0	14.0	13.0	25.0		
单层、多层丙、丁类厂房	耐火等级	一、二级	12.0	10.0	10.0	12.0	14.0	13.0	10.0	12.0	14.0
		三级	14.0	12.0	12.0	14.0	16.0	18.0	17.0	14.0	16.0
		四级	16.0	14.0	14.0	16.0	18.0	17.0	14.0	16.0	18.0
单层、多层戊类厂房		一、二级	12.0	10.0	10.0	12.0	14.0		6.0	7.0	9.0
		三级	14.0	12.0	12.0	14.0	16.0	15.0	7.0	8.0	10.0
		四级	16.0	14.0	14.0	16.0	18.0	17.0	9.0	10.0	12.0
高层厂房			13.0	13.0	13.0	15.0	17.0	13.0	13.0	15.0	17.0
室外变、配电站变压器总油量(t)		≥5,≤10			12.0	15.0	20.0	12.0	15.0	20.0	25.0
		＞10,≤10	25.0	25.0	15.0	20.0	25.0	15.0	20.0	25.0	30.0
		＞50			20.0	25.0	30.0	20.0	25.0	30.0	35.0

注：1. 建筑之间的防火距应按相邻建筑外墙的最近距离计算，如外墙有凸出的燃烧构件，应从其凸出部分外缘算起。

2. 乙类厂房与重要公共建筑之间的防火间距不应小于 50.0 m。单层、多层戊类厂房之间及其与戊类仓库之间的防火间距，可按本表的规定减少 2.0 m。为丙、丁、戊类厂房服务而单独设立的生活用房应按民用建筑确定，与所属厂房之间的防火间距不应小于 6.0 m。必须相邻建造时，应符合本表注 3、注 4 的规定。

3. 两座厂房相邻较高一面的外墙为防火墙时，其防火间距不限，但甲类厂房之间不应小于 4.0 m。两座丙、丁、戊类的厂房相邻两面的外墙均为不燃烧体，当无外露的燃烧体屋檐，每面外墙上的门窗洞口面积之和各小于等于外墙面积的 5%，且门窗洞口不正对开设时，其防火间距可按本表的规定减少 25%。

4. 两座一、二级耐火等级的厂房，当相邻较低一面外墙为防火墙且较低一座厂房的屋顶耐火极限不低于 1.00 h，或相邻较高一面外墙的门窗开口部位设置甲级防火窗或防火分隔水幕或按本规范第 7.5.3 条的规定设置防火卷帘时，甲、乙类厂房之间的防火间距不应小于 6.0 m；丙、丁、戊类厂房之间的防火距离不应小于 4.0 m。

5. 变压器与建筑之间的防火间距建筑最近的变压器外壁算起。发电厂内的主变压器，其油量可按单台确定。

☞【低规 5.2.2】民用建筑与单独建造的终端变电所，单台蒸汽锅炉的蒸发量≤4 t/h 或单台热水锅炉的额定热功率≤2.8 MW 的燃煤锅炉房，其防火间距可按本规范第 5.2.1 条的规定执行。民用建筑与单独建造的其他变电所，燃油或燃气锅炉房及蒸发量或额定热功率大于上述规定的燃煤锅炉房，其防火间距应按本规范第 3.4.1 条有关室外变、配电站和丁类厂房的规定执行。10 kV 以下的箱式变压器与建筑物的防火间距不应小于 3.0 m。

☞【低规 5.4.2】燃油或燃气锅炉、油浸电力变压器、充有可燃油的高压电容器和多油开关等用房受条件限制必须布置在民用建筑内时，不应布置在人员密集场所的上一层、下一层或贴邻，并应符合下列规定：

(1) 燃油和燃气锅炉房、变压器室应设置在首层或地下一层靠外墙部位，但常(负)压燃油、燃气锅炉可设置在地下二层，当常(负)压燃气锅炉距安全出口的距离大于 6.0 m 时，可设置在屋顶上。

(2) 燃油锅炉应采用丙类液体作燃料，采用相对密度(与空气密度的比值)≥0.75 的可燃气体为燃料的锅炉，不得设置在地下或半地下建筑(室)内。

☞【05 高规 4.1.2/通则 8.31.2】燃油、燃气的锅炉，可燃油油浸电力变压器，充有可燃油的高压电容器和多油开关等宜设置在高层建筑外的专用房间内。

除液石油气作燃料的锅炉外，当上述设备受条件限制必须布置在高层建筑或裙房内时，其锅炉的总蒸发量不应超过 6.00 t/h，且单台锅炉蒸发量不应超过 2.00 t/h；可燃油油浸电力变压器总容量不应超过 1 260 kV·A，单台容量不应超过 630 kV·A，并应符合下列规定(略)。

2.9.3 架空电力线路

☞ 上规 43：建筑物后退电力线路距离为：500 kV，30 m；220 kV，20 m；110 kV，12.5 m；35 kV，10 m。

☞ 工业与民用 35 kV 及以下架空电力线路设计规范 GBJ 61—83 之表 7.0.8：电力线路平行于道路时，后退距离为：35 kV 时等于最高塔高(最小 5.0 m)；10 kV 时为 0.5 m。

☞ 技措 2.6.2：高压走廊隔离宽度：500 kV，60～75 m；220 kV，30～40 m；110/66 kV，25～15 m；35 kV，10～20 m。

2.9.4 油罐

☞ 高规 4.2.5：距离建筑 25.0～40.0 m。

☞【高规 4.2.5】高层建筑与小型甲、乙、丙类液体储罐，可燃气体储罐和化学易燃物品库房的防火间距见下表。

名 称 和 储 量		防火间距(m)	
		高 层 建 筑	裙 房
小型甲、乙类液体储罐	<30 m³	35	30
	30～60 m³	40	35

(续表)

名 称 和 储 量		防火间距(m)	
		高 层 建 筑	裙 房
小型丙类液体储罐	<150 m³	35	30
	150～200 m³	40	35
可燃气体储罐	<100 m³	30	25
	100～500 m³	35	30
化学易燃物品库房	<1 m³	30	25
	1～5 m³	35	30

注：1. 储罐的防火间距应从距建筑物最近的储罐外壁算起。
　　2. 甲、乙、丙类液体储罐直埋时,本表的防火间距可减少50%。

2.9.5 煤气调压站

☞ 高规 4.2.8→城镇燃气设计规范 GB 50028—2006 之 6.6.3/03 技措 15.4.2：距离高层 13.0～25.0 m (采取适当措施可减小距离。09 技措删除了煤气调压站的相关内容,变成了燃气表室,反而不方便)。

独立中压,与高层距离(一级) 20.0 m,裙房 15.0 m。

独立中压,与高层距离(二级)15.0 m,裙房 13.0 m。

独立中压,与一般建筑距离 6.0 m,与重要建筑距离 25.0 m。

变电站距离煤气调压站 25.0 m(低规 3.3.1←3.1.1 说明,煤气属甲类)。

☞ 上海《燃气箱式调压站安装设计标准》2.0.7：悬挂式煤气调压站,离建筑的门窗洞口 1.0 m,且不得安装在门窗上。

落地式煤气调压站(区域式)距一般建筑 6.0 m,距重要建筑 15.0 m。

落地式煤气调压站(专用)距一、二级建筑 1.0 m。

距其他级别 6.0 m(上海《燃气箱式调压站安装设计标准》2.0.7/2.0.4)。

泄压面积,0.5 m²/m³。

地坪采用不发火材料。

☞ 燃气调压房为甲类厂房,要求≥二级耐火,与锅炉房相邻的燃气调压房的门窗外开,并不应直接开向锅炉房(03 技措/风 8.3.1.3)。

☞ 【高规 4.2.7】高层建筑与厂(库)房、煤气调压站、液化石油气气化站、混气站和城市液化石油气供应站瓶库的防火间距,不应小于表 4.2.7 的规定,且液化石油气气化站、混气站储罐的单罐容积不宜超过 10 m³。

名 称		防火间距(m)	一 类		二 类	
			高层建筑	裙 房	高层建筑	裙 房
丙类厂(库)房	耐火等级	一、二级	20	15	15	13
		三、四级	25	20	20	15
丁、戊类厂(库)房	耐火等级	一、二级	15	10	13	10
		三、四级	18	12	15	10
煤气调压站	进口压力(MPa)	0.005～<0.15	20	15	15	13
		0.15～≤0.30	25	20	20	15

(续表)

名　　称	防火间距(m)		一　类		二　类	
			高层建筑	裙　房	高层建筑	裙　房
煤气调压箱	进口压力(MPa)	0.005～<0.15	15	13	13	6
		0.15～≤0.30	20	15	15	13
液化石油气气化站、混气站	总储量(m³)	<30	45	40	40	35
		30～50	50	45	45	40
城市液化石油气供应站瓶库		≤15	30	25	25	20
		≤10	25	20	20	15

☞【03技措15.4.2】燃气调压站与其他建筑物构筑物水平净距。

(m)

建筑形式	条　　件	压力级别	距多层或构筑物	距重要公建或高层	要　　求
地上单独建筑	液化石油气和相对密度＞1.0的燃气(03技措15.4.1.2)	高压(A)	10.0	30.0	(1) 一、二级耐火等级。(2) 轻型屋顶。(3) 不发火地面。(4) 门窗防爆(安全玻璃)向外开启,设防护栏杆和防护网
		高压(B)	8.0	25.0	
		中压(A)	6.0	25.0	
		中压(B)	6.0	25.0	
地下单独建筑	进口压力≤0.4 MPa者(03技措15.4.1.2)	中压(A)	5.0	25.0	
			5.0	25.0	
附建	相邻单独单层	进口压力≤0.4 MPa者(03技措15.4.4.1)			① 其与主体建筑间的隔墙上无门窗;② 轻型屋顶;③ 不发火地面;④ 隔墙厚250 mm双面抹抹灰;⑤ 门窗防爆(安全玻璃)向外开启;⑥ 一、二级耐火等级
	屋顶	进口压力≤0.2 MPa者(03技措15.4.4.2)			① 轻型屋顶;② 不发火地面;③ 防爆门窗(安全玻璃);④ 隔墙双面抹抹灰
调压箱	03技措15.4.3				距建筑的门窗洞口1.0 m。不得安装在门窗及平台的上下方

注:本表可与手册7.2表配合使用,适用于外地,本地另有规定《燃气箱式调压站安装设计标准》。

2.9.6 锅炉房/柴油机房

☞ 锅炉房(技措15.1)

☞ 低规5.2.2:燃煤锅炉房(单台蒸发量4t)或终端变电站和民用建筑的防火间距6.0 m。

☞ 低规 5.2.3 5.2.2→低规 3.3.1 3.4.1:燃油锅炉房蒸发量超过上述规定的燃煤锅炉房和民用建筑的防火间距12.0～20.0 m。

☞ 锅炉房(和油浸式变压器室)宜设在高层建筑外的专用房间内,困难时应布置在首层或地下一层靠外墙部位,并设直接外出口和1.0 m防火挑檐(高规4.1.2.2)[或1 200上下窗槛墙(低规5.4.15.4.2)]内墙上开门为FM甲。

☞ 不应与人员密集场所(如教育楼、观众厅、病房楼等)相邻(高规4.1.2.1/民锅规3.1.2/技措

15.1.5)。

☞ 泄压面积(低规3.6.3)按公式计算。

☞ 参考01低规3.4.3:泄压面积与厂房体积之比为0.05~0.22。

☞ 泄压面积为锅炉基础外包1.0 m范围的1/10[民锅规3.1.7(2.1.7)]。

☞ 锅炉房设计规范GB 50041—2008/15.1.2:泄压面积为锅炉间占地面积的1/10(技措15.1.7)。

☞ 低规3.6.4:泄压门窗不应采用普通玻璃。

☞ 防火间距≤4T/台,距一、二级防火等级建筑6.0 m(低规5.2.2及说明→低规5.2.1)。

>4T/台,距一、二级防火等级建筑12.0 m(低规5.2.35.2.2→低规3.3.13.4.1)。

2T×3台可贴邻民用建筑(03技措15.1.9/低规5.4.2)。

☞ 为车间所用的锅炉房与车间贴邻建造,其间设防火墙(低规5.4.15.4.2/民锅规2.1.8)。

☞ 炉前走道长度≤12.0 m。面积<200 m²,可以设一个出口(技措15.1.14)。

☞ 民锅规3.2.2:地上首层的锅炉房宜设两个出入口,直通室外的出入口不得少于一个。

☞ 民锅规3.3.5:地下(半地下)锅炉房宜设两个出入口,直通室外的出入口不得少于一个。

☞ 民锅规3.3.4:楼层中锅炉房必须有两个出入口通向安全楼梯或露天平台。

☞ →高规4.1.2.1:常压(或负压)屋顶锅炉房的门距离安全出口≥6.0 m。

☞ 低规5.4.2:常压(或负压)锅炉房可置于地下二层或屋顶,屋顶锅炉房的门距离安全出口≥6.0 m。

03技措15.1.14:锅炉房的门外开,锅炉房内工作间或生活间的门开向锅炉间。

☞ 柴油机房可以在首层或地下一、二层(低规5.4.3.1),火灾危险性分类为丙类(低规3.1.1及其说明表1),内部要求(低规5.4.3),相互间距≥10 m(低规3.4.1)。

☞ 柴油机房:① 位置可在1F、—1F、—2F(低规5.4.3/高规4.1.3/下规3.1.6/技措15.4.3.1);② 在地下室时,没有直通地面的要求(下规3.1.6);③ 和其他部分有2h墙、1.5h楼板、FM甲隔开(低规5.4.3);④ 储油间与机房间隔开、FM甲。油罐下部设防止油品流散的设施(低规5.4.3);⑤ 防火距离,油罐离一、二级民用建筑12.0 m/15.0 m(参考低规4.2/3.4);⑥ 柴油为丙类液体(低规3.1.1说明)。

☞【高规4.1.2.1】不应布置在人员密集场所的上一层、下一层或贴邻,并采用无门窗洞口的耐火极限不低于2.00 h的隔墙和1.50 h的楼板其他部位隔开,当必须开门时,应设甲级防火门。

☞【高规4.1.2.2】锅炉房、变压器应布置在首层或地下一层靠外墙部位,并应设直接对外的安全出口。外墙开口部位的上方,应设置宽度不小于1.00 m不燃烧体的防火挑檐。

☞【低规5.4.15.4.2】燃油或燃气锅炉、油浸电力变压器、充有可燃油的高压电容器和多油开关等用房受条件限制必须布置在民用建筑内时,不应布置在人员密集场所的上一层、下一层或贴邻,并应符合下列规定:

(1) 燃油或燃气锅炉、油浸电力变压器应布置在首层或地下一层靠外墙部位。但常(负)压燃气锅炉可设置在地下二层。当常(负)压燃气锅炉距安全出口的距离大于6.0 m时,可设置在屋顶上。燃油锅炉应用丙类液体作燃料,采用相对密度(与空气密度的比值)大于等于0.75的可燃气体为燃料的锅炉,不得设置在地下或半地下建筑(室)内。

(2) 锅炉房、变压器室的门均应有直通室外或直通安全出口;外墙开口部位的上方应设置宽度不小于1.0 m的不燃烧体防火挑檐或不小于1.2 m的窗槛墙。

(3) 锅炉房、变压器室与其他部位之间应采用耐火极限不低于2.00 h的不燃烧体隔墙和1.50 h的不燃烧体楼板隔开,在隔墙和楼板上不应开洞口;当必须在隔墙上开设门窗时,应设置甲级防火门窗。

(4) 当锅炉房内设置储油间时,其总储存量不大于1 m³,且储油间应采用防火墙与锅炉间隔开;当必须在防火墙上开门时,应设置甲级防火门。

(5) 变压器室之间、变压器与配电室之间,应采用耐火极限不低于2.00 h的不燃烧体墙隔开。

(6) 油浸电力变压器、多油开关室、高压电容器室,应设置防止油品流散的设施,油浸电力变压器下面应设置储存变压器全部油量的事故储油设施。

(7) 锅炉的容量应符合现行国家标准《锅炉房设计规范》(GB 50041)的有关规定,即油浸电力变压器的总容量不应大于1 260 kV·A,单台容量不应大于630 kV·A。

(8) 应设置火灾报警装置。

(9) 应设置与锅炉、油浸变压器容量和建筑规模相适应的灭火设施。

(10) 燃气锅炉房应设置防爆泄压设施,燃气、燃油锅炉房应设置独立的通风系统,并应符合本规范第10章的有关规定。

2.9.7 水泵房/空调机房

☞ 上标6.1.6:水泵房不宜设在住宅建筑内。上标10.0.19:给水泵房内不应有污水管穿越。

☞ 高层建筑的消防水泵房,二级耐火等级:2 h墙、1.5 h楼板,隔墙上的门为FM甲,并直通室外(高规7.5.1/2)。

☞ 多层建筑的消防水泵房,1 h墙、1 h楼板,隔墙上的门为FM甲,设在底层或一楼的应直通室外;地下或楼层上的,其出口靠近安全出口(低规8.8.18 8.6.4)。

☞ 商规3.1.11:中央空调时,营业厅与空气处理之间的隔墙应为防火兼隔声构造,并不得直接开门相通(即设前室)。

☞【通则8.1.14】给水泵房、排水泵房不得设置在有安静要求的房间上面、下面和毗邻的房间内;泵房内应设排水设施,地面应设防水层;泵房内应有隔振防噪设置。消防泵房应符合防火规范的有关规定。

2.9.8 设备房直通地面出口要求

名 称	楼 层 位 置	出入口要求	门个数/类别	依 据
锅炉房	首层或地下一层。避开人员密集场所	应设直接对外安全出口		高规4.1.2.2/低规5.4.2/技措15.1.5
(油浸式)变配电所	首层或地下一层	应设直接对外安全出口	FM甲/建规合稿6.2.5	高规4.1.2.2/通则8.3.1.2/低规5.4.2/技措15.3.3.4
消防水泵房		在首层,应设直通安全出口。在地下室时,应直通(高规原文)或靠近(高规条文说明和低规)安全出口		高规7.5.2/低规8.6.4/技措15.5.3/非地下室时靠近安全出口——建规合稿6.2.5
煤气调压站	压力<0.4 MPa时可设在地下单独建筑物内。液化气和相对密度>1.0的煤气调压装置不得设在地下室或半地下室			高规4.1.2.2/低规/03技措15.4.1
柴油机房	首层或地下一、二层	在地下室时没有直通地面的要求		高规4.1.2.2/通则8.3.3.6/低规5.4.3.1/技措15.4.3
消防控制室	首层或地下一层	应设直接对外安全出口		高规4.1.2/低规11.4./通则8.3.4.2.2

2.10 标高

☞ 本地用吴淞高程基准,外地用56黄海高程,两者相差1.688 m。56黄海高程+1.688 m=吴淞高程[《城市用地竖向设计规范》(CJJ 83—99)3.0.7]。还有其他基准。

据说现在全国统一黄海高程,但尚未找到根据。

☞ 基地地面高程应与相邻基地标高协调不妨碍相邻各方的排水(通则 4.1.3.2)。

☞ 建筑物的室外地面标高,应当符合控制性详细规划的要求。控制性详细规划未明确规定的,一般以周边相邻的城市道路的中心标高为基准加上 0.3 m 作为室外地面标高。遇有一条以上城市道路,以最低的城市道路的中心标高为基准加上 0.3 m 作为室外地面标高。其他需构筑地形的,应综合考虑该地区城市排水设施情况和附近道路、建筑物标高,通过……规划确定室外地面标高(上海市建筑面积计算管理暂行规定)。

2.11 总图审校内容、总图指标

总图要表达批文,批准建筑面积与设计建筑面积对照、一系列经济技术指标、文字标明红线、建筑层数及相互间距、周围建筑层数性质及间距、离界距离、日照说明、道路(表明宽度、定位、离建筑及围墙距离、转弯半径 R)登高场地和标高等。

应送市消防局审核的方案扩初的范围见沪消发(2003)209 号、沪消(2007)23 号。

2.11.1 审图公司对施工图的审核内容[沪消发(2003)236 号]

☞【沪消发(2003)236 号 5】

(1) 总平面布局和平面布置中涉及消防安全的防火间距,消防车道、消防登高面、消防水源等。

(2) 建筑的火灾危险性类别、耐火等级和建筑构造。

(3) 建筑防火分区、防烟分区。

(4) 安全疏散和消防电梯。

(5)(略)。

(6) 防烟、排烟和通风、空调系统的防火设计。

(7)(略)。

(8)(略)。

(9)……消防控制室。

(10)(略)。

(11) 有爆炸危险的甲、乙类厂房的防爆设计。

(12) 国家工程建筑设计标准中有关消防设计的其他内容。

2.11.2 对施工图的审查内容[建设技(2000)21 号 4]

审查重点是……涉及安全、公众利益和强制性标准、规范的内容。

笔者注:笔者认为具体的内容不外乎包括:无障、节能、栏杆、低窗台保护、公共出入口安全玻璃、防火分区、防火设施、防火构造和安全疏散及材料禁忌等。

2.11.3 施工图开工前总图校对内容

(1) 内容复审时,首先列表明确各建筑物的定性。

(2) 基地入口个数和宽度及其位置。

(3) 消防道的安排及其影响。

(4) 离界距离。

（5）离路。

（6）相互间距（规划间距及消防间距）。

（7）建筑超宽。

（8）车库出入口离红线、离路距离，地下车库离红线、离路距离。

（9）车库排烟口与敏感目标的距离。

（10）辅助建筑与其他建筑的距离。

（11）商业步行街的要求。

（12）商场卸货/人防室外出入口。

（13）人防室外出入口在倒塌范围之外。

2.11.4　总图指标，各项指标应符合国规的要求（国规 3.0.2.2）

☞ 规划总用地当其一侧为城市道路、居住区级道路、小区路或自然分界线时，用地范围划至道路中心线或自然分界线（国规 11.0.2）。

☞ 规划总用地当其一侧为相邻用地时，用地范围划至双方交界处（国规 11.0.2）。

☞ 综合楼或商住楼中住宅或公建各占用地面积按它们在楼里的建筑面积比例分摊。如有突出主楼而成为专属某一部分，则这部分应全属相应的公建范围（国规 11.0.2.2）。注意各地特殊的关于面积计算和有关商业网点和商业建筑等的地方要求，一至二层的商业网点仍算作住宅，而商业建筑则列入公建。

☞ 上海 20111001 正式实行《上海市建筑面积规划管理暂行规定》，原沪规发（2000）156 号作废。

☞ 按容积率计算，高层住宅中商业不足 10% 的照住宅算，多层住宅中仅设底层商店的照住宅算（住宅设计标准应用指南第 23 页/上规附录二.2.4）。

☞ 江苏住宅底部商业网点用房层数不应超过两层（苏标 8.1.4）。江苏住宅底层商业网点层高≤4.50 m，底部两层商业网点层高≤7.80 m（苏标 8.1.4）。

☞ 商住楼指住宅建筑底部设置商业营业场所与上部住宅组成的建筑，但商业服务网点除外（苏标 2.0.33/8.1.5 说明）。

☞ 架空层用地的划分，应按架空层和它的上部建筑的使用性质来处理，如果性质不同，按它们在楼里的建筑面积比例分摊（国规 11.0.2.2）。

2.11.5　道路用地（国规 11.0.2.5）

（1）道路用地与工程范围规模相联系，是居住区、小区还是组团，道路用地只包括该工程范围相应规模及其以下等级的道路，除此以外的道路不计入。

（2）居住区级道路，按红线宽度计入。这时才发生与绿化面积计算有关的道路绿化面积问题。

（3）小区路、组团路以路面宽度计入。小区路如有人行便道时，连带人行便道计入。

（4）宅间小路（国规 2.0.10）不计入（笔者理解宅间小路应为非机动车道）。

（5）居民停车场地计入道路用地。

2.11.6　绿化面积计算（国规 11.0.2.4）

（1）宅间（宅旁）绿地（国规附录 A 附图 A.0.2）。

（2）道路绿地，以道路红线内的绿地范围为准（国规 11.0.2.4.2）。也就是说，只有居住区级别的设计才涉及道路绿地，其他如小区设计、组团设计不存在道路绿地问题，倒是有可能存在"其他用地"的问题。

(3) 院落式组团绿地,划至离宅旁 1.5 m、离宅间小路 1.0 m 处(国规 11.0.2.4.3)。

(4) 集中绿地(国规 11.0.2.4/国规 7.0.4.5/国规附录 A 附图 A.0.4)。

2.11.7 其他用地面积(国规 11.0.2.6)

(1) 用地外围不能计入本工程道路用地的道路面积,计至外围道路中心线。试将此条与道路用地不计入范围比较就容易明白。比如即便是小区级设计,该小区外围可能是城市道路、居住区级道路,这时这些道路面积(实际只算一半面积)只能计入"其他用地"范围。

(2) 规划用地范围内的其他用地,按实际占用面积计算。

☞【~~沪消发(2003)209 号~~ 沪消(2007)23 号】方案扩初审核范围:

① 除下列建筑工程的方案扩初消防设计应报市消防局审核外,其他的建筑工程的方案或扩初消防设计原则上不能再送消防部门审核:

☞ 高度超过 100 m 的建筑。

☞ 单幢建筑面积大于 20 000 m² 的公共建筑或商住建筑的商场部分面积大于 10 000 m² 的建筑。

☞ 总投资大于 5 000 万的甲、乙类厂房,装置、储罐和总投资 1 亿元以上的丙类厂房。

☞ 面积 1 000 m² 甲、乙类仓库和面积 10 000 m² 的丙类仓库、物流中心。

☞ 轨道交通、隧道、大桥、码头等重大市政工程。

☞ 市建设、规划行政主管部门认为需要审批的其他重大或重要项目。

☞ 占地面积大于 10 hm² 的总体规划方案。

② 浦东区范围内上述建筑工程项目方案扩初的消防设计可委托消防技术咨询服务公司提供技术咨询,但建筑高度 100 m 以上的公共建筑、重大市政工程项目、总投资三亿元人民币以上的丙类及以上工业项目应报市消防部门审核。

3 地下建筑/自行车库

☞ 设计体量庞大、功能复杂的地下建筑物,宜在初步设计时列表说明楼梯类型,以免时间一久记不清、前后提法不一致,给本专业,也给通风专业造成困难。在检查防火时,将疏散走道(绿)和楼梯(黄)用颜色一一标出。先查每个防火区面积、安全出口(楼梯)个数,再沿走道检查楼梯间间距或楼梯到防火墙上防火门FM甲的间距,然后检查房间大小、房门个数、逃生距离、门的开向。由内而外,再查防火墙两侧窗户间距,然后检查有无特殊要求房间、有无直通地面、有无防爆等要求。

☞ 技措表 3.2.4.2:地下室防水等级:居住建筑地下用房、办公用房、餐厅、商场、娱乐场所、配电间、发电机房等一级,地下车库、空调机房、水泵房等二级。地下室种植顶板一级(技措 3.2.11.1)。

☞ 地下室防火等级一级(下规 4.3.2)。

☞ 高层内的展厅、商业营业厅有喷淋时 $4\,000\,m^2$ 地下 $2\,000\,m^2$,逃生距离 30 m(高规 5.1.2/6.1.7/低规 5.3.13/下规 5.1.5.3/苏商标 5.4.4)。**笔者注**:逃生距离在有喷淋时,可以×1.25,这是低规和下规的说法,高规没有这个说法。笔者认为下规移植低规的这一说法欠妥当。苏商标没有提到地下商场疏散距离。

☞ 下规 4.1.3.2:地下电影院、观众厅有喷淋时防火区面积 $1\,000\,m^2$。

☞ 下规 5.1.5.2 说明:明确说明地下的商场、餐厅、展览厅、生产车间疏散距离 40.0 m/20.0 m,房间内 15.0 m。不可再有喷淋×1.25。

☞ 下规 5.1.1.2.3:地下工程每个防火区直通地面室外,疏散宽度不宜小于总疏散宽度的 70%。

☞ 明确提出防火墙上 FM 甲可以作为第二安全出口(下规 5.1.1/高规 6.1.1.3),而且,规范中也并未对商业等防火区面积较大的情况加以限制(下规 5.1.1.2/4.1.3)。但此时一定要有 1 个直通户外的出口(下规 5.1.1 说明)。

☞ 疏散走道上不宜有阶梯(下规 5.2.6)。也有提不应有阶梯的说法(《中国消防手册》第三卷第 346 页),但此为资料提法,仅供参考。走道上有小于 3 级的踏步时宜做成 1/8 的斜坡(通则 6.2.2.1)。

☞ 面积不大于 $500\,m^2$/30 人,可以设 1 个出入口(或防火墙上的 FM 甲)+竖井(低规 5.3.12/下规 5.1.1.3)。

☞ 柴油发电机房、直燃机房、锅炉房及各自配套的储油间,水泵间、风机房[通风和空调机室、排风排烟机室、变配电室、库房等(下规 5.1.1 说明)]应划分独立防火分区(下规 4.1.1.3)。

☞ 地下设备间 $200\,m^2$ 以下,设 1 个 FM 甲,FM 甲内面积可不计入防火区面积(下规 4.1.1)。对于这样的独立防火分区安全出口数量的要求,1 个通向邻区的 FM 甲即可(下规 5.1.1 说明)。

☞ 建规合稿 5.3.1:防火分区面积:地下室 $500\,m^2$,设备用房 $1\,000\,m^2$。

☞ 配电所 7 m 长以上,设 2 个门,>60 m 增加 1 个出口(通则 8.3.1.6)。

☞ 防烟分区可采用从顶棚下凸出不小于 500 mm 的梁划分,即把梁作为挡烟垂壁(《中国消防手册》第三卷第 502 页)。不过,这种做法有利也有不利,风专业有时很难实施。

☞ 疏散走道/避难走道的概念与运用(《中国消防手册》第三卷第 346 页)。房间不能对避难走道直接开门,只有疏散走道对避难走道直接开门。避难走道的入口处设置前室,>6.0 m²,前室的门为 FM 甲。

☞ 地下室半地下室定义(低规 2.0.8/9)。

☞ 计算小区容积率时要注意,不算建筑面积的当然不被包括在内(上海,设备层面积)。还要注意,有算入总建筑面积但不计入容积率的情况[上海市,地下室、架空层和屋顶层面积(上规附录二.2.1/2/5)]。具体来说,层高<2 200 mm 的地下室、半地下室,以及半地下室出地面不足 1.0 m 者不计入容积率,但算在总建筑面积内(上面规二/8)。地下室出地面 1.0 m 以上者打折计入容积率(上规附录二.1/2)。

计入容积率的半地下室面积的折扣方法见上规附录二.2.2。

☞ 在防火意义上,把地下室列入地下室(低规 5.1.3-5.1.7)。

☞ 私人住宅常用地下室作为储藏,应标明禁止甲、乙类物品(低规 4.2.4 3.3.7)。

☞ 住宅卧、居、厨不应布置在地下室(住法 5.4.1/住规 4.4.1/通则 6.3.2/2)。

☞ 儿童和残疾人活动的场所不应布置在地下室(下规 3.1.3)。

☞ 游艺场所只应布置在地下一层,而且埋深不能>10 m(下规 3.1.4B)。

☞ 地下商店营业厅不宜设在地下三层或三层以下(下规 3.1.4A)。

☞ 甲、乙类工厂和仓库不应设在地下或半地下(低规 3.3.7)。

☞ 地下建筑疏散走道不宜设阶梯(下规 5.2.6)。

☞ 地下建筑至防烟楼梯或避难走廊入口处应设前室(单独 6.0 m²,合用 10.0 m²),前室门 FM 甲(下规 5.2.3)。

☞ 地下室净高≥2 000 mm(通则 6.2.3)。

☞ 因 2003 年上海市地铁发生了一起渗水事件,一年后《上海市地下工程建设防汛影响专项论证管理暂行办法》出台,地下工程需到建筑设计院进行"防汛专项论证"(青年报 2006-06-21A1)。但此项条例未见相应的行政许可条例,笔者也未听说过。

☞ 相关规范

☞【低规 2.0.8】半地下室(Semi-basement):房间地面低于室外设计地面的平均高度,大于该房间平均净高 1/3,且小于等于 1/2 者。

☞【低规 2.0.9】地下室(Basement):房间地面低于室外设计地面的平均高度,大于该房间平均净高 1/2 者。

☞【低规 5.1.3】地下、半地下建筑内的防火分区间应采用防火墙分隔,每个防火分区的建筑面积不应大于 500 m²。

☞【低规 4.2.4 3.3.7】甲、乙类生产场所不应设置在地下或半地下,甲、乙类仓库不应设置在地下或半地下。

☞【住法 9.1.3/住规 4.5.1】住宅建筑内严禁附经营、存入和使用火灾危险性为甲乙类物品的商店、车间和储藏间。

☞【上标 5.6.2】住宅的公共用房(裙房)等严禁设置存放和使用易燃易爆化学物品的商店、车间和仓库。

☞【住法 5.4.1/住规 4.4.1】住宅的卧室、起居室、厨房不应布置在地下室内。当布置在半地下室时,必须对采光、通风、日照、防潮、排水及安全防护采取措施。

☞【下规 3.1.3】人防工程内不宜设置哺乳室、幼儿园、托儿所、游乐厅等儿童活动场所和残疾人员活动场所。

☞【98 下规 3.1.4】(地下)电影院、礼堂等到人员密集的公共场所和医院病房宜设置在地下一层;当需要设置在地下二层时,楼梯间设置应符合本规范第 5.2.1 条的规定。此条在 09 下规被取消。

☞【下规3.1.9】消防控制室应设置在地下一层。并应邻近直接通向(以下简称"直通")地面的安全出口;消防控制室可设置在值班室、变配电室等房间内;当地面建筑设置有消防控制时,可与地面建筑消防控制室合用。

3.1 防火区面积

☞ 低规 ~~5.1.3~~.5.1.7:地下室、半地下室 500.0 m^2,有喷淋 $500 \times 2 = 1\,000.0 \text{ m}^2$。

☞ 高规 5.1.1:地下 500.0 m^2,有喷淋 $500 \times 2 = 1\,000.0 \text{ m}^2$。

☞ 低规 4.1.2:地下 500.0 m^2,有喷淋 $500 \times 2 = 1\,000.0 \text{ m}^2$。

☞ 高规 5.1.2/下规 4.1.3.1/低规 5.1.13:多层、高层内地下营业厅、展览厅有喷淋,最大均为 $2\,000 \text{ m}^2$[地上为 $4\,000 \text{ m}^2$(高规 5.1.2);单层或多层的底层为 $10\,000 \text{ m}^2$(低规 5.1.12)]。

☞ 下规 4.1.3.2:地下影院、礼堂的观众厅,有无喷淋均为 $1\,000 \text{ m}^2$。

☞ 汽火规 5.1.1:地下室停车库有喷淋 $2\,000.0 \times 2 = 4\,000.0 \text{ m}^2$。复式停车库 $\times 0.65$。

☞ 风机房、变配电房、库房 $< 200 \text{ m}^2$,可用 FM甲划作独立防火区(下规 5.1.1.4 及说明)。

☞ 防火区面积扣除水泵房、污水泵房、水库、厕所(下规 4.1.1),柴油机房/直燃机房/锅炉房及其储油间、水泵房、风机房(用 FM甲隔开的设备用房间)(下规 4.1.1)和水场、游泳池、靶区、球道区(下规 4.1.3.3)。

☞ 相关规范

☞【高规 5.1.2】高层建筑内的商业营业厅、展览厅等,当设有火灾自动报警系统和自动灭火系统,且采用不燃烧或难燃烧材料装修时,地上部分防火分区的允许建筑面积为 $4\,000 \text{ m}^2$;地下部分防火分区的允许建筑面积为 $2\,000 \text{ m}^2$。

☞【低规 5.1.13】地下商店应符合下列规定:

(1) 营业厅不应设置在地下三层及三层以下。

(2) 不应经营和储存火灾危险性为甲、乙类储存物品属性的商品。

(3) 当设有火灾自动报警系统和自动灭火系统,且建筑内部装修符合现行国家标准《建筑内部装修设计防火规范》(GB 50222)的有关规定时,其营业厅每个防火分区的最大允许建筑面积可增加到 $2\,000 \text{ m}^2$。

(4) 应设置防烟与排烟设施。

(5) 当地下商店总建筑面积 $20\,000 \text{ m}^2$ 时,应采用不开设门窗洞口的防火墙分隔,相邻区域确需局部连通时,应选择采取下列措施进行防火分隔:

① 下沉式广场等室外开敞空间。该室外开敞空间的设置应能防止相邻区域的火灾蔓延和便于安全疏散。

② 防火隔间。该防火隔间的墙应为实体防火墙,在隔间的相邻区域分别设置火灾时能自行关闭的常开式甲级防火门。

③ 避难走道。该避难走道除应符合现行国家标准《人民防空工程设计防火规范》(GB 50098)的有关规定外,其两侧的墙应为实体防火墙,在局部连通处的墙上应分别设置火灾时能自行关闭的常开式甲级防火门。

④ 防烟楼梯间。该防烟楼梯间及前室的门应为火灾时能自行关闭的常开式甲级防火门。

☞【下规 4.1.1.2】水泵房、污水泵房、水库、厕所、漱洗间等无可燃物的房间,其面积可不计入防火分区的面积之内。

☞【下规 4.1.1.3】柴油机发电机房、直燃机、锅炉房及各自配套的储油间、水泵房、风机房等应独立划分防火分区(用 FM 甲隔开)。

3.2 安全出入口数量

☞ 高规 6.1.12/下规 5.1.1.2 说明/低规 5.3.12/3.8.3:地下、半地下建筑每个防火区安全出入口至少 2 个[其中 1 个可以借用通往隔壁的防火门(符合疏散方向的防火门,见低规图示第 27,63 页),1 个为直接出口,包括由地上底层楼梯间再到户外的出口]不可全为非直接出口,见条文说明。高规 6.1.12/下规 5.1.1/低规 ~~5.3.6~~ 5.3.12/3.8.3 及其说明同样都有明确的说法。但在地下商场、车库中,防火区面积>1 000 m² 的,必须每个防火区设不少于 2 个的直接安全出口,不得借用隔壁防火区为安全出口[(2004)沪公消建函 192 号 7]。**笔者注:**显然这个说法,同下规 5.1.1.2 的规定有矛盾。

☞ 技措 3.3.2.3.1:地下商场防火区面积>1 000 m² 的,每个防火区必须设不少于 2 个直接安全出口,不得借用隔壁防火区为安全出口。不大于 1 000 m² 的,可设 1 个直接安全出口,作为第二安全出口的 FM 甲,其宽度只能占 30%。

☞ 下规 5.1.1.3/低规 ~~5.3.6~~ 5.3.12:≤500.0 m²、埋深 $H=10.0$ m 以内、人数<30 人的防火区,其安全出口可为一个竖井+金属梯,另一个为借用防火门出口(高规 6.1.12 与此说法有所不同)。

☞ 下规 5.1.1.4/说明:≤200.0 m²、3 人的防火区如通风机房、排烟机房、变配电室、车库,其安全出口可只设一个 FM 甲。

☞ 下规 5.1.1.5:改造工程,可只设两个不同方向的借用防火门为出口。

☞ 高规 6.1.12.2:地下房间面积<50 m²、人数<15 人的可设 1 个门。

☞ 低规 ~~5.3.6~~ 5.3.12:地下房间面积<50 m²、人数<15 人的可设 1 个门。

☞ 下规 5.1.2:地下房间面积<50 m² 的可设 1 个门。

☞ <200 m² 风机房、变配电房、库房可以开一个通向相邻防火区的门 FM 甲作逃生口(下规 5.1.1 说明)。

☞ 低规 ~~5.3.6~~ 5.3.12.6→7.4.4/高规 6.2.8:地下室楼梯单独出口,且与地上部分隔开。

☞ 沪公消(建函)字 192 号 16:别墅地上、地下共用楼梯,总面积<500 m²、地下面积<200 m² 的,可不在首层作防火分隔。

☞ 沪公消(建函)字 192 号 9:独立别墅的地下室,如房内最远点至首层门口的距离<20 m 的,可设 1 个出口。

☞ 沪公消(建函)字 192 号 4:高层住宅地下室<500 m²(仅 1 个单元),只有 1 个疏散楼梯,可设 1 个金属直梯作为第二出口。

☞ 地下室厂房安全出口见低规 3.7.3,地下室仓库安全出口见低规 3.8.3。

☞ 【下规 5.1.1】每个防火分区安全出口设置的数量,应符合下列规定之一:

(1) 每个防火分区的安全出口数量不应少于 2 个。

(2) 当有 2 个或 2 个以上防火分区,相邻防火分区之间的防火墙上设有防火门时,每个防火分区可只设置一个直通室外的安全出口。

(3) 建筑面积不大于 500 m²,且室内地坪与室外出入口地面高差不大于 10 m,容纳人数不大于 30 人的防火分区,当设置有竖井,且竖井内有金属梯直通地面时,可只设置一个安全出口或一个与相邻防火分区相通的防火门。

(4) 建筑面积不大于 200 m²,且经常停留人数不大于 3 人的防火分区,可只设置一个通向相邻防火分区的防火门。

(5) 改建工程的防火分区,可设置不少于 2 个通向相邻防火分区的防火门,但应设置在不同的方向,且相邻防火分区必须符合本条第1款或第2款的规定。

3.3 直通地上室外

☞ 燃油燃气地下锅炉房、(油浸式)变压器室(高规4.1.2.2)、消防水泵房(高规7.5.2)、消防控制室(高规4.1.4)直接对外开门。

☞ 相关规范

☞【高规4.1.2】燃油燃气的锅炉、可燃油油浸电力变压器、充有可燃油的高压电容器和多油开关等宜设置在高层建筑外的专用房间内。

☞【高规4.1.2.2】锅炉房、变压器室,应布置在首层或地下一层靠外墙部位,并应设直接对外的安全出口。

☞【高规4.1.4】消防控制室宜设在高层建筑的首层或地下一层,且采用耐火极限不低于2.00 h的隔墙和1.5 h的楼板与其他部位隔开,并应设直通室外的安全出口。

☞【高规7.5.2】当消防水泵房设在首层时,其出口宜直通室外。当设在地下室或其他楼层时,其出口应直通安全出口。

☞【高规3.1.5】消防控制室、消防水泵房、排烟机房、灭火剂储瓶室、变配电室、通信机房、通风和空调机房、可燃物存放量平均值超过30 kg/m² 火灾荷载密度的房间等,应采用耐火极限不低于2.00 h的墙和楼板与其他部位隔开,隔墙上的门应采用常闭的甲级防火门。

3.4 楼梯形式

☞ 下规5.2.1/低规 5.3.6 注5.3.12.6→7.4.4:埋深10.0 m以内且为地下一、二层者,设封闭楼梯间,用FM乙[(下规5.2.2),同样适用于丙、丁、戊类的车间或仓库(下规1.0.2)]。>10.0 m者,一律防烟楼梯间用FM甲(下规5.2.3)。

☞ 下规5.2.2:封闭楼梯间的地面出口可被用于自然通风;不能自然通风者,应采用防烟楼梯间。此条为09下规新增内容,不过09技措把它移植到地下车库(技措3.4.21.8),似有不妥。因为下规的应用范围(下规1.0.2),不包括地下车库。所以,地下车库的楼梯间类型,笔者认为,仍照车库防火规定。

☞ 下规5.2.1:地下电影院、礼堂>500.0 m²的医院、旅馆,>200 m²的商场、餐厅、展览厅、娱乐场所、小型体育场所,埋深H>-10.0 m时用防烟楼梯间。地下二层且埋深H≤-10.0 m时可为封闭楼梯。

☞ 当住宅地下室为自行车、汽车停车或机电设备用房时,楼梯间形式可以不变,对其无采光的前室和楼梯间可放宽处理,不设机械加压送风(上标5.1.8)。

☞【低规5.3.12】地下、半地下建筑(室)安全出口和房间疏散门的设置应符合下列规定:

(1) 每个防火分区的安全出口数量应经计算确定,且不应少于2个。当平面上有2个或2个以上防火分区相邻布置时,每个防火分区可利用防火墙上1个通向相邻防火分区的防火墙门作为第二安全出口,必须有1个直通室外的安全出口。

(2) 使用人数不超过30人且建筑面积小于等于500 m²的地下、半地下建筑(室),其直通室外的金属竖梯可作为第二安全出口。

(3) 房间建筑面积小于等于50 m²,且经常停留人数不超过15人时,可设置1个疏散。

(4) 歌舞、娱乐、放映、游艺场所的安全出口不应少于2个,其中每个厅室或房间的疏散门不应少于 2 个。当其建筑面积小于等于 50 m² 且经常停留人数不超过 15 人时,可设置 1 个疏散门。

(5) 地下商店和设置歌舞、娱乐、放映、游艺场所的地下建筑(室),当地下层数为 3 层及 3 层以上或地下室内地面与室外入口地坪高差大于 10 m 时,应设置防烟楼梯间;其他地下商店和设置歌舞娱乐放映游艺场所的地下建筑,应设置封闭楼梯间。

(6) 地下、半地下建筑的楼梯间应符合本规范第 7.4.4 条。

3.5 疏散口总宽度

☞ 下规 5.1.5:埋深 $H \leqslant -10.0$ m,100 人/0.75 m;埋深 $H > -10.0$ m,100 人/1.0 m。**笔者注**:笔者认为地下室疏散人员人数计算只要这一规定即可。不必分高层或多层的地下室。关于把地下室分为高层或多层,实际上有时并不可分,难以操作。因此笔者认为 09 技措 3.3.2.3.4/5 两条规定并列不太妥当。这也显示了把防火规范分成高层、多层、地下三个概念的不合理。

☞ **【下规 5.1.5】**安全出口相邻防火分区之间防火墙上的防火墙门、顶梁柱和疏散走道的最小净宽(m)。

工 程 名 称	安全出口、相邻防火分区之间防火墙上的防火门和楼梯的净宽	疏 散 走 道 净 宽	
		单面布置房间	双面布置房间
商场、公共娱乐场所、小型体育场所	1.40	1.50	1.50
医 院	1.30	1.40	1.50
旅馆/餐厅	1.00	1.20	1.30
车 间	1.00	1.20	1.50
其他民用工程	1.00	1.20	1.40

3.6 安全距离

☞ 下规 5.1.4:房间内 15.0 m。

☞ 下规 5.1.4:房门口到安全口距离:医院 24.0 m,旅馆 30.0 m,其他 40.0 m。尽端式安全距为各个的 1/2。**笔者注**:地下室也有"有喷淋×1.25"的说法,笔者认为不尽合理。

☞ →低规 5.3.13:观众厅、多功能厅、营业厅、展览厅、餐厅、阅览室安全距离为 30.0 m。

3.7 地下室库房禁忌

☞ 甲、乙类物品库房不应在地下室、半地下室内(低规 42.4 3.3.7)。

☞ 住宅的地下储藏,因住宅类型不同,其防火处理概念不一样。比如叠层式时,有公共楼梯间直接下去,因为楼梯间可以作为疏散出口,成为确确实实的一个防火区。而从住户套内楼梯下去的,则因不是公共楼梯间而不能作为公众逃生出口。两者情况不同,因而不能一概而论。

☞ 有公共楼梯间直接下去的,成为确确实实的一个防火区的,防火区面积 500 m²(依照仓库、储存衣物属丙 2 类)(低规 3.1.1),有关安全出口数量、楼梯类型等均依照一般情况处理,这是有根据可查的。

☞ 而从住户套内楼梯下去的,因进入的是私人领域,不能作为公众逃生出口,也不能作为一个完整的防火区处理,而只能作为一个类似防火区处理。防火区面积 500 m²,有关安全出口数量、楼梯类型等均参考一般情况处理,这是规范所没有明文规定的。

☞ 地下仓库的防火墙 3+1=4 h(低规 3.2.2)。防火墙上的门为 FM 甲,公共楼梯间的门为 FM 乙,地下仓库的门为 FM 甲。地下仓库 100 m² 一个门(低规 3.8.2)。

☞ 属公共楼梯的,地上、地下共享楼梯间,在底层要用墙和 FM 乙隔开(低规 7.4.4)。但是江苏住宅,高层应当分,多层不必分(苏标 8.4.15)。属私人套内楼梯的,上海有明文规定[沪公消(建函) 192 号文],而江苏则无明文规定。

☞ 由私人套内楼梯下去的储藏室,建议用墙把储藏室和楼梯隔开,储藏室的门为 FM 甲,楼梯间的门为 FM 乙,以策安全。

☞ 下规 3.1.5:地下室房间,可燃物>30 kg/m²,其门为 FM 甲(技措 3.3.5.4)。

☞ 地下室可燃物储存间的门为 FM 甲(高规 5.2.8)。

☞ 地下商场的仓储问题,相应规定有低规 3.8.3、下规 5.1.1.4(说明)、上海大商 2.2 和苏商规 5.6。除下规 5.1.1.4(说明)外,其他都涉及直通地面安全出口问题。如果直通地面安全出口问题可以解决,当然不成问题。如果直通地面安全出口问题无法解决,那只有运用下规 5.1.1.4(说明)。下规 5.1.1.4 的说明,明确包括面积≤200 m²/3 人的仓库在内的独立(定语)防火分区可以以开向相邻防火分区的 FM 甲作为安全出口。

3.8 自行车库

☞ 下规 4.1.4 说明/低规 3.3.2:地下自行车库,戊类 1 000 m²。地下摩托车丁类 500 m²。地上自行车库一、二级,无面积限制。

☞ 通则 6.6.2.4/技规 5.3.4/住法 5.4.3/办规 4.4.5/上交标 4.5.1/苏标 4.14.5:车库净高 2.00 m、车道坡度宜 1∶5、坡道长>6.0 m 应设休息平台。车道宽度 $W=2.00$ m(上交标 4.5.1)、$W=1.40$ m(苏标 4.14.5)、$W=2.50$ m(办规 4.4.5)、人车共享同一坡道时其坡度宜<15%、助推道宽 0.30 m。占地每辆 1.5~2.0 m²(上交标 4.5.2)、自行车每辆占地 1.5~1.8 m²(办规 4.4.5)。摩托车每辆占地 2.5~2.7 m²(技措 4.5.2.1)。

☞ 通则 6.6.2.4:自行车坡道每段长不宜超过 6 m,车道坡度不宜>1∶5。

☞ 存车 300 辆以上的车库设 2 个车辆出入口坡道,出入口净宽不宜小于 2.0 m(技措 4.5.2/办规 4.4.5/上交标 4.5.1)。这是对自行车交通而言,非人员安全出口(上交标 3.5.1)。人员出入口仍依每防火区至少 2 个而定,当然车辆出入口坡道可以兼作人员出入口。作为库房而非厂房,自行车库无安全距离要求。

☞ 苏标 4.14.5:地上、地下、半地下自行车库的出入口宜每单元单独设立。

☞ 地下自行车库作为戊类仓库,可以利用防火墙上的 FM 甲作为第二安全出口,但每防火区必须至少有一个直通室外的安全出口(低规 3.5.3)。低规只规定高层仓库应设封闭楼梯间,并未对多层或地下仓库的楼梯间类型作出规定。如果把自行车坡道兼作楼梯间,且要求作封闭楼梯间,是有一定道理的,但封闭楼梯间一定要有的防火门,对于自行车进出太不方便。

☞ 技规 4.5.2.3:自行车停放宜分段,每段 15~20 m 长。每段设一个宽 3 m 的出入口。

☞ 地下室为地下自行车库、地下设备房、消防电梯可不下去(上标 5.2.5)。

☞ 上海居住区小汽车自行车率分别见上服标 4.0.4[上海《城市居住区共服务设施置标准》 (J10189—2002)]→上交标 5.2。

☞ 上规附录二:计算小区容积率的总建筑面积时,不包含地下室面积[离地面≥1.00 m 者打折, $S_{计入}=S_{地}×H_1$(高出地面距离)/H(地下室层高)]。

☞ 上规33：地下室离界距离为埋深×0.7，可以有条件地突破，但不得＜3.0 m（技措2.2.4）。外地为5.0 m。

☞ 相关规范

☞【上规附录二(2)】半地下在室外地面以上的部分超过1 m的，按下式计算成本建筑面积：

$$A' = KA$$

式中　A'——折算的建筑面积；

K——半地下室地面以上的高度与其层高之比；

A——半地下室建筑面积。

☞ 相关规范

☞【上规33(四)】地下建筑物的离界间距，不小于地下建筑物深度（自室外地下建筑物底板的底部的距离）的0.7倍；按上述离界间距退让边界，或后退道规划红线距离要求确有困难的，应采取技术安全措施和有效的施工方法，经相应的施工技术论证部门评审，并由原设计单位签字认定后，其距离可适当缩小，但其最小值应不小于3 m，且围护桩和自用管线不得超过基地界限。

4 地下车库/停车库

4.1 防火区面积

☞ 防火区面积 2 000 m²，有喷淋×2＝4 000 m²（汽火规 5.1.1）。

☞ 汽火规 5.1.6/5.2.6：车库贴邻其他建筑物时，必须用防火墙隔开。防火墙上开门，用 FM 甲。这一条，在车库与自行车库、车库与住宅地下储藏、别墅车库等到处常碰到。要结合不同防火区、不同面积要求，可否借用防火墙上的 FM 甲作为安全出口，仔细分辨。

☞ 木规 10.6.1：居住单元使用的机动车停车库，隔墙 1.0 h，门 0.5 h，＜60 m²。

☞ 复式汽车库防火区面积［复式汽车库指其设备能叠放停车的车库（汽火规 5.1.1 说明）］2 000×0.65＝1 300 m²（汽火规 5.1.1 注 3），有喷淋时×2＝2 600 m²（汽火规 5.1.1）。

笔者注：实际工作中有复式汽车库与普通汽车库共处于一个防火区中，此时防火区面积该是多少？规范中并未确说明，笔者认为因为性质相同，可以按比例折算。

☞ 汽火规 4.2.1 表：汽车库防火距离 10.0 m，停车场防火距离 6.0 m。

☞ 地下车库耐火等级一级（汽火规 3.0.3）。

☞ 地下车库里的设备房间如锅炉房、变压器室的防火区面积是多少？ 500 m²/1 000 m² 或 2 000 m²/4 000 m²？根据汽火规 5.1.9 说明/5.1.1，应该是有条件的：2 000/4 000。按规范下规 4.1.1.3，应独立划分防火分区，根据下规 5.1.1.4，凡＜200 m²/3 人者，可只设置一个通向相邻防火区的 FM 甲。参考江苏《建筑工程施工图设计审查技术问答》1.1.34 为 1 000 m²，但未提及具体依据。丁、戊类厂房 1 000 m²（下规 3.3.1）。油浸式变压器配电间每台装油量＞50 kg 的设备属丙类，锅炉房乙类，不燃液体的泵房为丙类。

☞ 下规 5.1.1.4/说明：≤200.0 m²、3 人的防火区如通风机房、排烟机房、变配电室、库房，其安全出口可只设一个门 FM 甲。

☞ 地下、半地下常见设备房设在地下室，而且集中布置，这样的防火区面积多大？除了下规 5.1.1.4 说明的说法外，从理论上说，应该研究这些设备房的火灾危险等级，对照低规说明 3.1.1 表 1，确定其火灾危险等级。再照低规表 3.1.1，确定其防火区面积。属丙类者，500 m²；属丁、戊类者，1 000 m²。如油浸式变压器室、变配电房属丙类。锅炉房属丁类，水泵房属戊类（低规说明 3.1.1 表 1）。

☞ 汽车库内设备房（为车库所用的通风机房和排烟机房除外）防火区面积 1 000 m²（江苏省《建设工程施工图设计审查技术问答》34）。

☞ 建规合稿 5.3.1：地下、半地下设备房防火分区 1 000 m²。

4.2 人员出入口数目

☞ 汽火规 6.0.2：每个防火区不少于 2 个，≤50 辆（4 类车库），同一时间不超过 25 人可以 1 个。

☞ 对于有多个防火区的地下车库,是否可以借用防火墙上的门作为第二安全出口,汽车防火规范没有具体规定,上海有2条相关规定。作为地下工程,防火墙上的FM甲明确可以作为第二安全出口(下规5.1.1说明)。地下工程包括如商场这样使用人多的建筑,都允许防火墙上的FM甲作为第二安全出口,从其实质上说,防火就是为了人。地下车库人不多,笔者认为,应当可以适用于地下车库。地下车库每防火区4 000 m²,以35辆/m²计,一个防火区至多停115辆。以每辆2人论,一共230人,与商场2 000 m²/3=666人相比较,其结果不言而明。事实上,一般情况下,不可能同时有这么多人,除非开会。话虽如此,关于地下车库的防火墙上的FM甲能否作为第二安全出口,是一个不太明确的问题,还是小心为妙,听从消防部门的意见是明智的做法。

☞ 沪公消(2004)建函第192号:地下商场、汽车库防火分区面积>1 000 m²的,必须每个分区设不少于2个安全出口,不得借用防火墙上的门作为第二安全出口。09技措只采用地下商场部分,对地下汽车库未置可否。

☞ 上标5.6.4/技措3.4.22.3:居住区的地下车库可借用住宅楼梯间作为安全出口,但其门应为FM甲,并用防火墙划出专用通道(上标7.6.3)。居住区的地下车库借用住宅楼梯间作为安全出口时,地下车库应建立在每个防火分区至少有一个独立的疏散楼梯的基础上(住宅指南第467页)。

☞ 浙江省建设发(2007)36号:地下车库每个防火分区必须设置2个(或以上)直通室外的安全出口,Ⅵ类车库除外。

☞ 辅助安全出口——符合开向的防火门,这个概念只见本地相应规定,大商3.6[沪消(2007)23号三(五)]。辅助安全出口不计入安全出口数量,但可计入疏散距离和疏散宽度(不超过30%)——适用场合:商场(高层、多层地下未予明确,笔者推测都可应用)。

☞【高规6.1.12/低规5.3.12/下规5.1.12】高层建筑地下室、半地下室的安全疏散应符合下列规定:

6.1.12.1 每个防火分区的安全出口不应少于两个,当有两个或两个以上防火分区,且相邻防火分区之间的防火墙上设有防火门时,每个防火分区可分别设一个直通室外的安全出口。

6.1.12.2 房间面积不超过50 m²,且经常停留人数不超过15人的房间,可设一个门。

6.1.12.3 人员密集的厅、室疏散出口总宽度,应按其通过人数每100人不小于1.00 m计算。

4.3 汽车疏散出口/敏感目标

☞ 汽车疏散出口的数量,是对整个车库而言,而非对每个防火区而言(汽火规6.0.6/上交标4.3.3)。

☞ 通则5.2.4/汽规3.2.8:地下车库出入口与城市道路距离(垂直或平行布置),地下车库出入口和基地出入口的距离均至少7.50 m。

☞ 上交标4.3.2:车库坡道终点面向城市道路,离路≥7.50 m。平行于城市道路(或斜交),后退基地出入口≥5.0 m。

☞ 库址车辆出入口距过街天桥、地道、桥梁或隧道口应>50 m;距道路交叉口应>50 m(汽规3.2.9)。

☞ 上海机动车停车库环境保护设计规程(车库环规)J10212—2002/4.1.1:社会停车库(指停放公交出租运输类大客车、大型车、载重车的停车库)出入口距住宅、医院、学校≥20.0 m,非社会停车库出入口距住宅、医院、学校10.0 m(0类或1类地区)/8.0 m(2类及以下地区)。

☞ 上海机动车停车库环境保护设计规程(车库环规)J10212—2002/4.1.1/→上标6.1.1说明:

车库的进出口在1类或0类城市环境噪声区距离敏感建筑物,如住宅、医院、学校、托幼≥10.0 m,在2类或以下城市环境噪声区距离敏感建筑物不小于8.0 m。

☞ **车库环规4.1.3**:商场、办公楼、文体建筑不属于环境敏感建筑物。在此类非环境敏感建筑物主体内的停车库出入口,宜布置在窗户最少的立面一侧,其与有人员活动的窗户(不包括设备间、仓库和过道走廊的窗户)间距不应小于10 m。

☞ **车库环规4.2.1**:车库的排风口距住宅、医院、学校、托幼≥10.0 m。

☞ **车库环规4.2.4**:进排风口在同一立面时的水平距离≥20.0 m,进风口在上风方向。

☞ **汽规3.2.11/车库环规4.2.2**:地下车库的排风口应在下风向,不应朝向邻近建筑和公共场所,排风口离地2.50 m以上,装消音百叶。

☞ **车库环规4.2.3/采暖空调规范GBJ 19—87 4.2.3**:机械送风系统进风口位置尽量设在排风口的上风;口底距地坪不宜<2.0 m,在绿化中不宜<1.0 m。

笔者注:上述车库的出入口和排风口的规定与就近建筑物的性质密切相关,特别是在房子底下钻进钻出的情况,如果是住宅、医院、学校、托幼,就要高度警惕。

☞ 各汽车出入口之间净距离15.0 m(汽规3.2.3)。

☞ 汽车库可与非托幼、非养老院等公建组合建造,病房地下室也可作汽车库(汽火规4.1.2)。组合建造时,注意防火挑檐(1.0 m)或上下窗间墙距离(1.20 m),楼板2.0 h,墙3.0 h(汽火规5.1.6及其说明)。

☞ 上规33:地下车库离界,埋深×0.7,可以有条件突破,但不得<3.0 m;外地5.0 m(技措2.2.4)。

☞ 坡道最小转弯半径3.0 m(内径)(住宅指南第38页)。

☞ 内部通道转弯半径(内径)3.0 m(上交标4.4.7)。

☞ **【城市区域环境噪声标准GB 396—93】**环境噪声标准分类:

0类	疗养区、高级别墅区、高级宾馆;
1类	居住、文教、乡村居住环境;
2类	居住、商业、工业混杂区;
3类	工业区;
4类	交通区。

4.3.1 外地

☞ **汽火规6.0.6**:地上车库50辆以内,可以1条单车道;地上车库150辆以内,可以1条双车道。地下车库100辆以内,可以1条双车道。

地下多层车库层间的坡道数,可由最底层往上算,数量累计,满足汽火规6.0.6(汽火规6.0.6说明)。这个说法比技措的说法清楚。

☞ **技措3.4.21**:地下车库,<50辆以内,不少于1条单车道;50~100辆以内,不少于1条双车道;>100辆,错层或斜楼板做法时(汽规4.2.1有图示),首层及地下一层汽车出入口不得少于2个,其他层次可以1个。

☞ **汽火规6.0.7**:>100辆时,错层或斜楼板做法时,首层及地下一层汽车出入口不得少于2个,其他层次可以1个。人车逃生口一定要分开或隔开,不可借用(汽火规6.0.1说明)。各种车库类型见汽规4.2说明图示。通常的非错层式或斜楼板式车库不必遵守此条。

☞ 地下汽车库的汽车出入口数[技措(二)3.4.3]:大中型(51~500辆)不少于2个,特大型(>500辆)不少于3个(浙交标3.3.3.4)。车道间净距应>10 m。**笔者注**:技措(二)3.4.3应该指的是车库所在基地与市政道路连接的出入口个数,和技措(一)4.5.7一个意思,但和技措(二)3.4.21所指的是两回事。

☞ 笔者对技措 3.4.21.4 的理解是,技措 3.4.21.4 有两层意思:① 多层汽车库的汽车出入口坡道数(技措 3.4.21.4),一般情况下,以车库总的存车数计算。② 特殊情况下,如果坡道也有自动喷水灭火,则分别以各层的车数来确定各层的汽车出入口坡道数:<50 辆,一条单车道;50~100 辆,一条双车道;>100 辆,两条车道。这显然和汽火规 6.0.6 说明所举例子的第二种说法矛盾。汽火规 6.0.6 说,上一层到该层的坡道所负担的车辆是该层和其下各层存车数的和,而技措 3.4.21.4 说,如果坡道也有自动喷水灭火,则分别以各层的车数来确定各层的汽车出入口坡道数,由上至下,各层之间不相搭界。

☞ 坡道有无自动喷水灭火的关键是坡道有无卷帘,水道专业要求无卷帘则要设自动喷水灭火。而汽规 5.3.3 说,坡道两侧应用防火墙同防火区分开,坡道的出入口应用水幕防火卷帘同停车区分开,有自动灭火系统,不受限制。两家要求不相同,互为前提,叫设计人无所适从。

☞ 结论性意见:凡外地设计多层地下汽车库的汽车出入口坡道数,照汽火规 6.0.6 所举例子的第二种说法做。

☞ 关于地下汽车库的汽车出入口坡道数以存车总数作为依据时,建议采取上海的算法(上交标 4.3.3),因为现代地下汽车库越造越大,将来车子也会越来越多,太少了不适用。

☞ 关于"地下多层汽车库的汽车出入口坡道数"(技措 3.4.21.4/汽火规 6.0.6 说明),这个问题看似简单,其实不简单。规范上说的,看来看去,总是不十分理解。就以说得比较清楚的"汽火规 6.0.6 说明"来说,何谓"……按总量控制"? 它与后面所举例子,从 −1 层到地面层所要求的有什么差别? 第二,"车道上设喷淋"的前提条件是什么意思? 没有喷淋就不能如此计算? 不过,汽火规 6.0.6 说明采取举例子的方法来说明问题,解释得还是比较清楚的,否则更不明白。

☞ 保留 03 技措原来要求作对照。03 技措(一)5.1.5 和(一)5.2.4 是同一个意思,指的是车库所在基地与市政道路连接的出入口个数,和(二)3.2.10 所指的是两回事。(地下原文前半段指地下停车库)多层汽车库的汽车出入口数(03 技措 3.2.10,文字相当令人费解)。① 上下层存车数不同时,从存车<50 辆楼层的最底一层到下一层的车道可为单车道;② 也就是说,如果多层汽车库的每层存车数>50 辆,则层层设双车道;③ 如果由此车道上去的存车总数>100 辆,则此车道为双车道。

4.3.2　本地

☞ <25 辆,宜 1 个双车道或 1 个单车道(上交标 4.3.3);

<100 辆,1 个双车道或者 2 个单车道;

100~200 辆,不少于 2 个单车道;

200~700 辆,不得少于 2 条进库车道和 2 条出库车道。

≥700 辆,不得少于 3 条双车道。

☞ 各汽车出入口之间净距离为 15.0 m(汽规 3.2.3)。

☞ 上交标 4.3.3 指的是单体,指一个车库,它要求多少个出入口,和上交标 4.2.6 指的是两回事。上交标 4.2.6 指的是一个小区(当然包括小区里的车库)停多少车,小区与市政道路连接的个数及宽度。两者有联系有差别。上交标说法十分清楚。相比之下,技措(二)3.4.3/技措(一)4.5.7 同技措(二)3.4.21 的说法,不够清楚和明白。

4.4　人员疏散安全距离

☞ 借用住宅出口要有专用通道(上标 7.6.3),这也是消防局要求的。

☞ 最远距离(汽火规 6.0.5):45.0 m;有喷淋(和单层或首层):60.0 m。

4.5 楼梯间

☞ 汽火规 6.0.3:汽车库的室内疏散楼梯应为封闭楼梯,1.10 m 宽;地下车库等,其楼梯间及前室的门均用 FM 乙。**笔者注:** 09 技措 3.4.21.8 要求地下车库的暗楼梯间应为防烟楼梯间+FM 乙的提法显然与汽火规的说法有很大差异(技措 3.4.21.8/汽火规 6.0.3)。此条为 09 下规新增内容,09 技措把它移植到地下车库(技措 3.4.21.8),似有不妥。而且,下规本身明确说明有关地下车库的设计按 GB 5067 有关规定执行(下规 3.1.14)。

☞ 埋深>10 m 的地下车库,应设防烟楼梯间和消防电梯(技措 3.4.21.8.2/5)。消防电梯不到地下层(技措 9.5.4.8)。**笔者注:** 09 技措自相矛盾。

☞ 技措 3.4.2/上标 5.6.4→苏标 8.5.6:居住区地下车库可借用住宅楼梯,但通向楼梯间的门应为 FM 甲。设置专用通道的,开向通道的房间的门 FM 甲(上标 7.6.3/住宅指南第 290 页)。

☞ 居住小区地下车库利用住宅的楼梯间作为安全出口,必须在车库每个防火区有一座独立楼梯间的基础上进行(住宅设计标准应用指南第 467 页)。**笔者注:** 显然,这个说法与上标 5.6.4 的解释有出入,事实上也很难做到。

☞ 住法 9.4.4/苏标 8.5.6(未要求 FM 甲):住宅的楼梯和电梯直通下部车库时,楼梯和电梯在车库的出入口部位应采取防火措施(如加门斗或前室)。

☞ 在别墅或联排住宅的地下车库,常会出现由车位进入私家出口的情况,这时,私家出口不等于公众安全出口,应当另外设立公共疏散楼梯。更有把车位私有化,外面设卷帘,这就带来喷淋安装公私不分和私有车位变成储藏的可能,引起防火区划分及面积变化等新问题。

☞ 低规 5.3.11.2:电梯直通住宅楼下部车库时,电梯在车库的出入口部位应设候梯厅并采取防火分隔措施。

☞ (2004)沪公消(建函)字 192 号:上海地下商场、地下车库等防火区面积>1 000 m² 的,每个防火区不少于 2 个安全出口,不得借用防火墙上的门作为第二安全出口。**笔者注:** 就是说≤500 m²(有喷淋时 1 000 m²)的可按低规 5.3.7 执行。

☞ 当建筑的地下部分为三层或三层以上,或埋深>10 m 时应设置防烟楼梯间,并采用机械加压送风方式;当地下为一至二层,且埋深≤10 m 时应设置封闭楼梯间,当封闭楼梯间在首层有直接开向室外的门或不小于 1.2 m² 的可开启外窗时,其楼梯间可不采用机械加压送风方式(烟规 3.1.8)。

☞ 下规的楼梯间规定同上,但那是对公建而言,并非对地下汽车库而言(下规 5.2.1),机械加压送风装置只对防烟楼梯间及其前室,而并非对封闭楼梯间而言(下规 6.1.1)。

☞ 高层住宅,当地上部分的楼梯间或前室设置可开启的外窗,且地下室为自行车、汽车库或机电设备用房时,其地下室的楼梯间或前室可不设机械加压送风装置(上标 5.1.8)〔江苏为地下室一层的楼梯间或前室可不设机械加压送风装置(苏标 8.4.14)〕。

4.6 库内车道宽度及坡度

☞ 车库内通道的往往由于占用一跨,宽度>3.0 m 或 5.5 m,不成问题,常常不去深究。如果是停车场停车或一跨之中停两排车子,两排车子之间的距离(即库内通道宽度),则由动静两态停车方式决定(汽规 4.1.5.3/上交标 4.4.2/4.4.6),如垂直式后退停车 5.50 m/斜列式 60°前进停车 4.50 m/平行式前进停车 3.80 m(小型汽车)(上交标 4.4.2 说明)。注意进出口坡道的宽度和坡度(上交标

4.4.1/4.4.8),上海市标与外地略有不同。

☞ 停车场(库)直坡道净宽度,单车道 3.0 m,双车道 5.5 m,纵坡 $I=16\%$(上交标 4.4.1,96 上交标为 $I=15\%$)或 $I=12\%\sim16\%$(汽规 4.1.8)。坡道最小转弯半径 3.0 m(内径)(住宅指南第 38 页)。环形坡道横向坡度 $2\%\sim6\%$(速度大、坡度大)(汽规 4.1.11)。

车 辆 类 型	直线纵坡	曲线纵坡	最小转弯半径	资 料 来 源
小汽车	16%	12%	3.0 m(内径)	住宅指南第 38 页

☞ 弯坡道宽度:单车道 4.0 m,双车道 7.00 m。纵坡≤12%[当弯道内径>15.0 m 时,可认为是直道,即可为 5.50 m 宽(上交标 4.4.1)],上下端各设 3 500 mm 长原坡度 1/2 的缓冲坡道,或 $R=22.0$ m 的竖曲线。

☞ 汽规 4.1.7 表:外地坡道坡度:直道 15%,弯道 12%。

☞ 外地汽车疏散坡道宽度有两种说法:① 单车道 4.00 m,双车道 7.00 m,不管弯道直道(汽火规 6.0.9)。② 直单 3.0 m,直双 5.5 m,曲单 3.8 m,曲双 7.0 m(汽规表 4.1.6)。这两种说法的后一种与上交标 4.4.1/4.4.8 说法一样,前一种与上交标 4.4.1/4.4.8 说法不尽相同。因此要分清本地与外地运用的不同规范。

☞ 汽规 4.1.8:直线坡道两端做 3 600 mm 长原坡道坡度的 1/2 的缓冲坡道,弯线坡道两端做 2 400 mm 长的 $R=20.0$ m 的竖曲线(有图解)。

☞ 上交标 4.4.8 与汽规 4.1.8 在缓冲坡道坡度要求上说法略有不同。上交标不分直道与弯道,都是 3 500 mm 长原纵坡 1/2 的缓冲坡道,而国家汽标要分直道与弯道。

☞ 汽车库内汽车的最小转弯半径,小汽车为 6.0 m(汽规 4.1.9 表)。内部通道转弯半径(内径) 3.0 m(上交标 4.4.7 说明/住宅指南第 38 页)。这两种说法差别太大,叫人不太明白。

☞ 车库内汽车环形坡道的最小转弯半径见汽规 4.1.10 图解其定义。

☞ 汽规 4.1.12:坡道两侧若无墙,则做道牙,0.03 m 高。

☞ 汽规 5.3.3:坡道两侧应用防火墙同防火区分开,坡道的出入口应用水幕防火卷帘同停车区分开。有自动灭火系统的,则不受限制。

☞ 汽车坡道综合表:

地 点		单车道宽度 m	双车道宽度 m	纵向坡度	弯道横向坡度	起始过渡坡道		最小转弯半径(内径)(m)	规范法令
						长 度	坡 度		
外地	直道	4.0(汽火规 6.0.9)	7.0(汽火规 6.0.9)						汽车库修车库停车库设计防火规范、汽车库建筑设计规范
		3.0(汽规表 4.1.6)	5.5(汽规表 4.1.6)	15%(汽规表 4.1.7)		3 600(汽规表 4.1.8)	原 1/2(汽规表 4.1.8)	4.50(汽规表 4.1.9)	
	弯道	4.0(汽火规 6.0.9)	7.0(汽火规 6.0.9)						
		3.8(汽规表 4.1.6)	7.0(汽规表 4.1.6)	12%(汽规表 4.1.7)	2%~6%(汽规表 4.1.11)	2 400(汽规表 4.1.8)	竖曲线半径 20 m(汽规表 4.1.8)	6.00(汽规表 4.1.9)	
本市	直道	3.0(上交标 4.4.1)	5.5(上交标 4.4.1)	16%(上交标表 4.4.8)		3 500(上交标表 4.4.8)	原 1/2(上交标表 4.4.8)		建筑工程交通设计及停车库设置标准
	弯道	4.0(上交标 4.4.1)	7.0(上交标 4.4.1)	12%(上交标表 4.4.8)					

4.7 净空高度

- ☞ 上交标 4.4.9/汽规 4.1.13：2 200 mm。
- ☞ 住宅地下车库内车道净高 2 200 mm，车位净高不应低于 2 000 mm（住法 5.4.2.3）。
- ☞ 苏标 4.7.3.5：低层住宅的单间车库地面至梁底净高不应小于 2 000 mm（由此车库的门高至少 2 000 mm）。

4.8 汽车排列

- ☞ 汽车排列间距关系到柱网安排（上交标 4.4.4）。
- ☞ 横向间距 0.60 m/0.5 m（汽规 6.0.12）。
- ☞ 与柱间距 0.5 m/0.3 m（汽规 6.0.12）。
- ☞ 小型汽车大小 1.80 m×4.80 m×2.0 m（高）（上交标 3.0.4）。
- ☞ 桑塔纳 1 710×4 680×1 423（03 技措附录 2）。
- ☞ 车位大小 6 000×2 500（上残 19.13.3）。
- ☞ 3 车停放柱子间距：7.60+X（上海）/7.00+X（国标）（X 指柱子宽度）。
- ☞ 2 车停放柱子间距：5.20+X（上海）/4.7+X（国标）（X 指柱子宽度）。
- ☞ 占面积：25～30 m²/辆（办规 3.4.4），27.0～35.0 m²/辆（汽规 4.1.5）。

4.9 其他

停车库设计还有好多问题，比如：各种等级、排烟、库内外防排水、库内附建设备储藏（仓库）的处理、消防电梯、屋顶停车场等。

4.9.1 各种等级

- ☞ 耐火等级（汽火规 3.0.3）：地下车库一级。地上车库，存车＜100 辆时三级、存车＞100 辆时二级以上。
- ☞ 建筑等级：纯地下车库大约 2 级（深规附表未明文规定地下车库的建筑等级，但四、五级人防为 1 级，因此与人防结合的车库为 1 级）。
- ☞ 防水等级：地下车库Ⅱ级（地下工和防水技术规范 3.2.2 说明），地下车库Ⅲ级（地下建筑防水涂膜工程技术规程 DB/TJ）。上述两种说法不完全一致。

4.9.2 排烟

- ☞ 汽火规 8.2.2/烟规 4.1.6：地下车库防烟区 2 000 m²，挡烟垂壁高 500 mm，耐火时间 1 h。面积＞2 000 m² 的地下车库应设机械排烟（汽火规 8.2.1）。面积＜2 000 m² 的机械立体车库或单层车库（没有明确地上或地下）可自然排烟（烟规 4.1.2.5/汽火规 8.2.1）。**笔者注**：有不少甲方为了节约愿意做＜2 000 m² 的小车库。有无单独出入口坡道是区别独立车库或一个车库内的防火区的关键。
- ☞ 自然排烟窗净面积见烟规 4.2.3.4/低规 9.2.2。设有喷淋的大空间办公室、汽车库排烟窗净面积不小于 2% 地板面积。

4.9.3　库内外防排水

☞ 上交标 3.0.5:停车场地面坡度≤0.5%(03 技措 5.1.9),车库地面坡度 1%~4%(汤臣 0.02)。楼地面排水坡度不应小于 0.5%(03 技措 5.2.1.6)。

☞ 地下车库最下层设集水坑或地漏,中距≤40 m。集水坑或地漏周边内找坡 1%(技措 3.4.14)。**(笔者注**:但"最下层"与"层层设置"又让人不明白。)

☞ 汽规 4.2.9:斜楼板式汽车库,其楼板坡度不应大于 5%。

☞ 地下车库顶板上常用绿化地面做法(住宅建筑构造 03J930—1 的第 60 页之 84/83)。

☞ 地下车库大面积顶板排水问题参考《地下建筑防水构造》02J301 之第 9074,9076 页夹层塑料板防排组合构造。

☞ 变电所贴邻设备用房时,应适当抬高地面或采取其他防水措施(09 技措 15.3.3.9/03 技措 15.2.2.2)。仅有一层或最下一层地下室时的变配电所地面适当抬高(比如 100 mm)。

☞ 技措 15.5.6:水泵房或水箱间地面应比同层地面低 150~200 mm,或做防水门槛。

4.9.4　库内附建设备储藏(仓库)的处理

☞ 建规合稿 5.3.1:防火分区面积:设备用房 1 000 m²。

☞ 地下设备间 200 m² 以下,设 1 个 FM 甲,FM 甲内面积可不计入防火区面积(下规 4.1.1)。对于这样的独立防火分区安全出口数量的要求,1 个通向邻区的 FM 甲即可满足(下规 5.1.1 说明)。

☞ 配电所 7 m 长以上,设 2 个门,>60 m 增加 1 个出口(通则 8.3.1.6)。

☞ 设备房直通地面出口要求。

名 称	楼 层 位 置	出入口要求	门个数/类别	依 据
锅炉房	首层或地下一层。避开人员密集场所	应设直接对外安全出口		高规 4.1.2.2/低规 5.4.2/技措 15.1.5
(油浸式)变配电所	首层或地下一层	应设直接对外安全出口	FM 甲(建规合稿 6.2.5)	高规 4.1.2.2/通则 8.3.1.2/低规 5.4.2/技措 15.3.3.4
消防水泵房		在首层,应设直通安全出口在地下室时,应直通(高规原文)或靠近(高规条文说明和低规)安全出口		高规 7.5.2/低规 8.6.4/技措 15.5.3/非地下室时靠近安全出口——建规合稿 6.2.5
煤气调压站	压力<0.4 MPa 时,可设在地下单独建筑物内。液化气和相对密度>1.0 的煤气调压装置不得设在地下室或半地下室			高规 4.1.2.2/低规/03 技措 15.4.1
柴油机房	首层或地下一、二层	在地下室时没有直通地面的要求		高规 4.1.2.2/通则 8.3.3.6/低规 5.4.3.1/技措 15.4.3
消防控制室	首层或地下一层	应设直接对外安全出口		高规 4.1.2/低规 11.4./通则 8.3.4.2.2

☞ 关于地下储藏(仓库)的处理,看似简单,实则不然,详见地下建筑部分。

4.9.5　消防电梯

☞ 电梯直达(上标 5.2.5)。至少有一台电梯(但不一定是消防电梯)通向地下车库,而地下自行车库、地下设备房的消防电梯可不下去。

☞ 居住区内地下车库,通往住宅楼梯间的门为 FM 甲(上标 7.6.3)。

☞ 低规 5.3.11.2：住宅楼电梯下到(地下)车库时,应设电梯厅加 FM 乙。

4.9.6 屋顶停车场

☞ 浙江省建设发(2007)36 号：屋顶停车场与相邻建筑(如楼梯间)的距离照防火距离算(汽火规 4.2.1)。屋面雨水管独立设置,并采用金属管。

☞ 技措 4.1.5.7：屋顶停车场的出入口数,可参考地面停车场,≤50 辆,1 个双车道；51～300 辆, 2 个双车道；300 辆以上,出口、入口分开设置；>500 辆,不少于 3 个双车道。

☞ 技措 4.1.5.14.4：停车场距离建筑物 6.0 m。机械停车>10 个停车装置,与建筑之间的防火距离≥10.0 m。

☞ 技措 4.3.4：小型机动车最小转弯半径 6.0 m,轻型机动车最小转弯半径 6.5～8.0 m。

5 单体设计

☞ 建筑等级(见上深规说明,这个等级是用来计算设计费的,在市场经济情况下已没有多大参考价值)。

特级,>30 层住宅;

1 级,别墅;

2 级,高级小住宅、16~29 层高层住宅;

3 级,7~15 层有电梯住宅;

4 级,多层住宅。

☞ 设计使用年限(通则 3.2.1):4 类,纪念性建筑和特别重要建筑 100 年;

                                       3 类,普通建筑 50 年。

☞ 高层建筑防火分类:一类与二类(高规 3.0.1)。**笔者注:高规 3.0.1 把部分商住楼划入一类或二类公共建筑,带来概念上的混乱,使实际操作不方便。**

☞ 防火等级(高规 3.0.4/3.0.1):一级,≥19 层高层住宅、10 层以上空调住宅、地下室(包括车库);二级,10~18 层住宅(住法 9.2.2)、裙房。

☞ 屋面防水(屋规 3.0.1):Ⅱ级,重要的建筑和高层建筑 15 年,设防要求见 04 屋规 3.0.1,相当于 12 屋规Ⅰ级,12 屋规没有年限的说法;Ⅲ级,多层建筑 10 年,见 04 屋规 3.0.1,相当于 12 屋规Ⅱ级,12 屋规没有年限的说法。

☞ 地下室防水(涂膜规程 3.0.2):Ⅰ级,地下变电所;Ⅱ级,设备房、商场、地下车库、自行车库。

☞ 地下室防水(地下工程防水技术规范 3.2.2 说明):一级,办公用房、档案库、文物库、配电间、地铁车站等;二级,一般生产车间、地下车库、地铁隧道、城市公路、公路隧道、人员掩蔽工程等;三级,城市地下工程公共管线沟、战备交通隧道、疏散干道等;四级,涵洞等。

☞【通则 3.2.1】民用建筑的设计使用年限应符合表 3.2.1 的规定。

类　　别	设计使用年限(年)	示　　　例
1	5	临时性建筑
2	25	易于替换结构构件的建筑
3	50	普通建筑和构筑物
4	100	纪念性建筑和特别重要建筑

5.1　落地和消防车道

☞ 高层建筑的一个长边,或 1/4 周长落地(高规 4.1.7),或布置 5.0×4.0($H×W$)裙房。

☞ 低规 6.0.1:多层建筑街区消防车道间距 160 m。

☞ 低规 6.0.5：3 000 座体育馆、2 000 座会堂、3 000 m² 展览馆等公建应设环形消防车道。

☞ 低规 6.0.6：占地 3 000 m² 的甲、乙、丙厂房，占地 1 500 m² 的乙、丙仓库应设环形消防车道。

☞ 高规 4.3.1：高层建筑的周围，应设环形消防车道；有困难时，可沿高层建筑的两个长边设置消防车道。

☞ 住法 9.8.1：高层住宅应设置环形消防车道，或至少沿建筑的一个长边设置消防车道。

☞ 上标 3.3.1：高层住宅应设置环形消防车道，其转弯半径不应小于 12.0 m，或至少沿住宅的一个长边设置消防车道。消防登高场地也可结合消防道布置，与建筑外墙距离不小于 5.0 m，应在其登高面一侧整边布置 8.0 m 宽的登高场地 [沪消防字 (2001) 65 号]。

☞ 商场消防道设置：特大型商场设置环形消防道（苏商规 4.3.1.1）。

大型或高层商场设置环形消防道或沿两条长边设置消防道（苏商规 4.3.1.2）。消防道设置，对中小型未提要求。

☞ 非环形消防道时，沿街长度 150 m 或总长 220 m 以上时设穿越消防道（苏商规 4.3.1.3）。

☞ 上标 3.3.5.1：高层住宅消防登高场地离外墙不宜小于 5.0 m，离登高面外缘不应大于 10.0 m。

☞ 技措 4.2.6：消防车道离高层建筑的外墙不宜小于 5.0 m（5.0～20.0 m《中国消防手册》第三卷第 325 页）。

☞ 高规 4.3.7：消防车道与高层建筑之间，不应设置妨碍登高消防车操作的树木、架空管线等。

☞ 上标 3.3.1：非高层消防车道转弯半径 6.0 m，高层消防车道转弯半径 12.0 m，尽端消防车道设回车场 12.0 m×12.0 m。

☞ 上标 3.3.4：消防登高场地 15.0 m×8.0 m，离建筑高层部分而非裙房 5.0 m，远端 10.0 m。

☞ 楼内消防车道净空 4.0 m×4.0 m（高规 4.3.6）。

☞【高规 4.1.7】高层建筑的底边至少有一个长边或周边长度的 1/4 且小于一个长边长度，不应布置高度大于 5.00 m、进深大于 4.00 m 的裙房，且在此范围内必须设有直通室外的楼梯或直通楼梯间的出口。

☞【高规 4.3.1】高层建筑的周围，应设环形消防车道，当设环形车道有困难时，可沿高层建筑的两个长边设置消防车道，当高层建筑的沿街长度超过 150 m 或总长度超过 220 m 时，应在适中位置设置穿过高层建筑的消防车道。

☞【高规 4.3.6】穿过高层建筑的消防车道，其净宽和净空刻度均不应小于 4.00 m。

☞【高规 3.3.4】高层住宅应在登高面一侧，结合消防车道设置不少于一块的消防登高场地，每块消防登高场地面积不应小于 15 m×8 m。

☞【低规 6.0.1】街区内的道路应考虑消防车的通行其道路中心线间的距离不宜为 160.0 m，当建筑物沿街道部分和长度大于 150.0 m 或总长度大于 220.0 m 时，应设置穿过建筑物的消防车道；当确有困难时，应设置环形消防车道。

☞【高规 6.0.6】工厂、仓库区内应设置消防车道。

占地面积 3 000 m² 的甲、乙、丙类厂房或占地面积大于 1 500 m² 的乙、丙类仓库，应设置环形消防车道；当确有困难时，应设置环形消防车道。

5.2 防火分区/防烟区面积

☞ 防火区的概念，除了面积限制、安全出口个数、疏散距离、楼梯间型式等外，不能不明白一个最基本的要求，即一旦区外发生火灾而使本区成为一个封闭区域时，防火区内各个房间的人都可以通过区内的公共走廊顺利到达本区的安全出口疏散。安全出口（楼梯间）应当是实际有效的（能为本防火区人员疏散服务的),不可以只能穿过某些房间才能到达,这就是不穿越原则的实际运用(由一个难得的实例想到的问题20080104),同时也不能只借用区外的交通才能到达安全出口,这样才是完整的防火区(这个概念在规范中不够明确)。

☞ 对于多层敞开楼梯时防火分区的面积怎么算,87低规未予明确,06低规5.1.9/高规5.1.4/建规合稿5.3.2已明确要上下叠加计算面积[(2004)沪公消(建函)字192号20040923有关这一方面的说明,也应作废]。敞开楼梯间则不然,不必上下叠加计算面积(《中国消防手册》第三卷第348页)。其实,06低规也应明确说明敞开楼梯间时不必上下叠加计算面积。

☞ 高规5.1.1说明:防火分区应从水平和垂直两个方面考虑,垂直方面就是用1.5 h或1.0 h的楼板和1.2 m高的窗槛墙将上下层分开,以及中庭等缺口部位的处理。但在住宅建筑上下窗槛墙可小到900 mm(上标7.6.4),甚至是800 mm(住法9.4.1),在玻璃幕墙只要求0.80 m高(低规7.2.7/高规3.0.8)的窗槛墙,也许是作为特例处理。

☞ 常常会想到变形缝与防火区间的关系,但找不到答案,因此只能认为防火区间中可以有变形缝。相似的情况,人防单元内不得设置沉降缝(防规3.1.3)。

☞ 应设自动喷淋的场所(低规8.5.1/建规合稿8.3.1)。

☞ 建规合稿1.0.4:同一建筑内有多种使用功能场所,应按不同使用功能进行防火区分隔。按不同功能类型确定不同疏散距离。商业建筑内虽然功能相同,但平面安排不同,大厅式或铺位式,疏散距离也不同。

☞ 防火分区的问题一定要在方案期就解决,绝不能拖到绘施工图时,因为防火分区牵涉楼梯安排等重要问题。

☞ 建规合稿5.3.1:防火分区面积,高层无论一、二类,一律1 500 m²,多层2 500 m²,地下室500 m²,设备用房1 000 m²。与主体高层有防火分隔的裙房2 500 m²,与主体高层没有防火分隔的裙房1 500 m²。有喷淋×2。问题是,所谓主体高层与裙房之间的防火分隔有时难以界定。

☞ 低规 ~~5.1.1~~ 5.1.7:每个防火分区间,每层允许面积2 500 m²,最大长度150.0 m。

☞ 低规5.1.12/建规合稿5.3.5:底层单层商场展览厅10 000 m²(有喷淋)。

☞ 低规5.1.13/建规合稿5.3.7:地下商场防火区面积有淋2 000 m²。地下商场最大2 000 m²,总建筑面积>20 000 m²时作特殊处理。

☞ 商业建筑疏散楼梯宽度牵涉一个重要概念,疏散楼梯宽度以防火区计还是以整个一层的面积计算,这也牵涉到不同防火区能否共用一个楼梯间的问题(或者说共用楼梯间算"一个梯"的宽度还是"两个梯"的宽度)。但是,不同规范有不同说法。以一层计(低规5.3.17.1/高规6.2.9),还是以防火区计(上海大商1.4/下规5.1.6)。同是全国规范,低规高规和下规不一样,建议统一。上海以防火区计,江苏以层计,重庆名义上以防火区计,实际上也是以层计。有人要求且也有人在非塔式商场设计中使用剪刀梯,笔者认为不妥当:两个口子太近,与双向设计的原则不相符合(建规合稿5.5.2)。

☞ 无论高层、多层防火墙上的FM甲都可作为第二安全出口,但是宽度至多只能占30%(建规合稿5.5.16)。

☞ 低规5.3.8/建规合稿5.5.11:房间<120 m²,可以1个门。

☞ 高规5.1.1:一类高层1 000 m²,二类高层1 500 m²,有喷淋×2。

☞ 高规5.1.2/建规合稿5.3.6:高层建筑内的商业营业厅、展览厅,地上部分防火分区最大面积4 000 m²,地下部分每个防火区面积2 000 m²(下规4.1.2)。地下电影院、礼堂无论有无喷淋,都为1 000 m²(下规4.1.3)。

☞ 江苏商业有高层商业建筑防火区面积1 000 m²/1 500 m²的说法(苏商规2.3.1),笔者认为无此必要,而且让人弄不明白,无法操作。

☞ 高规 5.1.3/建规合稿 5.3.1：与之有防火墙分开的裙房最大分区面积 2 500 m²（有喷淋×2＝5 000 m²）。建规合稿 5.3.1：未设置防火墙分开的裙房最大分区面积 1 500 m²。

☞ 地下车库有淋 4 000 m²（汽火规 5.1.1）。

☞ 高规 6.1.7/低规 5.3.13：高层建筑内的大空间人员密集场所如观众厅、会议厅、多功能厅、餐厅、营业厅和阅览室等，其室内任何一点至疏散口的距离，不得＞30.0 m；其他房间内最远一点至房门不得＞15.0 m（高规 6.1.7）。当此场所经由疏散口及疏散走道到达安全出口时的疏散距离为 45.0 m（建规合稿 5.5.15 注 1）。这些房间应设在一、二、三层，在其他层内时，应满足一个房间＜400 m²，2 个以上安全出口（高规 4.1.5）。低规对大空间人员密集场所无此相应条文，也就是说，多层建筑无此限制（建规合稿 5.4.6）。

☞ 01 低规 5.1.1A/06 低规 5.1.14/15：娱乐场所宜在一、二、三层的靠外墙部位。在尽端部位，逃生距离 9.0 m。低规允许娱乐场所设在袋形走道的两侧或尽端，与高规不一样，在非一、二、三层时，另有限制，不应布置在地下二层及以下，一个室的面积＜200 m²，2 h 墙和门 FM 乙。

☞ 高规 4.1.5A/下规 3.1.4B：娱乐场所应设在高层的一、二、三层的靠外墙部位，或地下一层（埋深＜10.0 m）。非一、二、三层时，一个厅室面积不应＞200 m²。高规不允许娱乐场所设在袋形走道的两侧或尽端。类似情况，高层里的多功能厅等在非一、二、三层时，一个厅室面积不应＞400 m²（高规 4.1.5A）。注意面积限制不一样。

☞ 对于防火分区面积，如有喷淋面积通常增加一倍（建规合稿 5.3.1），唯有地下礼堂不能增加，只能 1 000 m²（下规 4.1.3.2），面积可以增加，但疏散距离多层×1.25，高层不变。对于局部喷淋增加防火分区面积如何算，设局部喷淋面积为 S_1，其余没有喷淋面积为 S_2，那么，$S_2＋0.5×S_1＝1 000/1 500$。而建规合稿，无论多层、高层，一律可以×1.25（建规合稿 5.4.6）。

☞ 木结构建筑防火分区（木构 10.3.1）见后文。

☞ 汽火规 8.2.2/烟规 4.1.6：防烟区面积 2 000 m²，挡烟垂壁高 500 mm、耐火 1 h（烟规规定边长 0～75 m）。

☞ 低规 9.4.2/下规 4.1.6：防烟区面积 500 m²，挡烟垂壁高 500 mm、耐火 1 h（净高 6.0 m 以上，可以不受此限制，未见高规规定具体防烟区面积）。防烟区面积 2 000 m²（烟规 4.1.6）。挡烟垂壁可以利用 $H＞500$ mm 的梁，但是每个防烟区应设排烟口，利用梁作储烟仓，则排烟口太多，因此，梁下再设挡烟垂壁就比较合理，但是层高又增加了。

☞ 自然坡地建筑或人工坡地建筑由于地面倾斜常常呈现建筑物的一侧为道路，另一侧为自然土或人工堆土，这样建筑物的防火区按地上、地下，差别很大，也往往是设计方同审图方的争议所在，希望以后的规范对此种现实情况有个说法。笔者认为有时可以参考《重庆市坡地高层民用建筑设计防火规范》规定，看上层和吊层的建筑类别相同与不同，类别相同时按各自类别进行防火设计，类别不同时全按高类别进行防火设计（渝火规 3.0.7）。

☞【高规 5.1.4】高层建筑内设有上下层相连通的走廊、敞开楼梯、自动扶梯、传送带等到开口部位时，应按上下连通层作为一个防火分区，其允许最大建筑面积之和不应超过本规范第 5.1.1 条的规定，当上下开口部位设有耐火极限大于 3.00 h 的防火卷帘或水幕等分隔设施时，其面积可不叠加计算。

☞【低规 ~~5.1.2~~ 5.1.9】当多层建筑物内设置自动扶梯、敞开楼梯等上下层相连通的开口时，其防火区面积应按上下层相连通的面积叠加计算，当其建筑面积之和大于本规范第 5.1.7 条的规定时，应划分防火分区。

☞【低规 5.1.10】建筑屋内设置中庭时，其防火分区面积应按上下层相连通的面积叠加计算，当超过一个防火分区最大允许建筑面积时，应符合下列规定：

（1）房间中庭相通的开口部位应设置能自行关闭的甲级防火门窗。

（2）与中庭相通的过厅、通道等处应设置甲级防火门或防火卷帘，防火门或防火卷帘应能在火灾时自动关闭或降落，防火卷帘的设置应符合本规范设置排烟设施。

☞【低规 5.1.12】地上商业厅、展览建筑的展览厅符合下列条件时，其每个防火分区的最大允许建筑面积不应大于 10 000 m²：

（1）设置在一、二级耐火等级的单层建筑内或多层建筑的首层。

（2）按本规范第 8.9.11 章的规定设置有自动喷水灭火系统、排烟设施和火灾自动报警系统。

内部装修设计符合现行国家标准《建筑内部装修设计防火规范》(GB 50222) 的有关规定。

☞【低规 5.1.13】地下商店应符合下列规定：

（1）营业厅不应设置在地下三层及三层以下。

（2）不应经营和储存火灾危险性为甲、乙类储存物品属性的商品。

（3）当设有火灾自动报警系统和自动灭火系统，且建筑内部装修符合现行国家标准《建筑内部装修设计防火规范》(GB 50222) 的有关规定。其营业厅每个防火分区最大允许建筑面积可增加到 2 000 m²。

（4）应设置防烟与排烟设施。

（5）当地下商店总建筑面积大于 2 000 m² 时，应采用不开设门窗洞口或防火墙分隔，相邻区域确需局部连通时，应选择采取下列措施进行防火分隔。

① 下沉式广场等室外开敞空间，该室外开敞空间的设置应能防止相邻区域的火灾蔓延和便于安全疏散。

② 防火隔间，该防火隔间的墙应为实体防火墙，在隔间的相邻区域分别设置火灾时能自行关闭的常开式甲级防火门。

③ 避难走道，该避难走道除应符合现行《人民防空工程设计防火规范》(GB 50098) 的有关规定外，其两侧的墙应为实体防火墙，且在局部连通处的墙上应分别设置火灾时能自行关闭的常开式甲级防火门。

④ 防烟楼梯间，该防烟楼梯间及前室的门应为火灾时能自动关闭的常开式甲级防火门。

☞【低规 5.3.8】公共建筑和通廊式非住宅类居住建筑中各房间疏散门的数量应经计算确定，且不应少于 2 个，该房间相邻 2 个疏散门最近边缘之间的水平距离不应小于 5.0 m，当符合下列条件之一时，可设置 1 个：

（1）房间位于 2 个安全出口之间，且建筑面积小于等于 120 m²，疏散门的净宽度不小于 0.9 m。

（2）除托儿所、幼儿园、老年人建筑外，房间位于走道尽端，且由房间内任一点到疏散门的直线距离小于等于 15.0 m，其疏散门的净宽度不小于 1.40 m。

（3）歌舞、娱乐、放映、游艺场所内建筑面积小于等于 50 m² 的房间。

☞【高规 3.0.1】高层建筑应根据其使用性质、火灾危险性、疏散和扑救难度等进行分类，并应符合表 3.0.1 的规定。

名　称	一　类	二　类
居住建筑	十九层及十九层以上	十层至十八层的住宅
公共建筑	1. 医院 2. 高级旅馆 3. 建筑高度超过 50 m 或 24 m 以上部分的任一楼层的建筑面积超过 100 m² 的商业楼、展览楼、综合楼、电信楼、财贸金融楼	1. 除一类建筑以外的商业楼、展览楼、综合楼、电信楼、财贸金融楼、商住楼、图书馆、书库 2. 省级以下的邮政楼、防灾指挥调度楼、广播电视楼、电力调度楼 3. 建筑高度不超过 50 m 的教学楼和普通的旅馆、办公楼、科研楼、档案楼等

（续表）

名　称	一　　类	二　　类
公共建筑	4. 建筑高度超过 50 m 或 24 m 以上部分的任一楼层的建筑面积超过 150 m² 的商住楼 5. 中央级和省级（含计划单列市）广播电视楼 6. 网局级和省级（含计划单列市）电力调度楼 7. 省级（含计划单列市）邮政楼、防灾指挥调度楼 8. 藏书超过 100 万册的图书馆、书库 9. 重要的办公楼、科研楼、档案楼 10. 建筑高度超过 50 m 的教学楼和普通的旅馆、办公楼、科研楼、档案楼等	

5.3　安全距离

安全距离参见高规 6.1.5/6.1.7/6.1.8/低规 5.3.8/下规 5.1.4/办规 5.0.2 规定。

☞ 对安全口之间的距离要求 5.0 m，甚至推而广之到相邻房间的疏散出口之间也要求 5.0 m，笔者有不同看法，见本手册"楼梯综述"。

☞ 实际工作中，经常会碰到房间套房间的问题，但是未有规范明确说明，可供参考的条文仅仅在办规和上海小商店规定中找到，此种情况下的安全距离指套间内最远点到房间开向疏散走道的出口为止的距离，为 30 m［办规 5.0.2 及其说明及小商 3.3.1.3（上海）］。

☞ 疏散距离指房间门到两个安全出口中最近的一个安全出口的距离，并非要求到两个安全出口的距离都满足（高规 6.1.5/低规 5.3.13/下规 5.1.4）。

☞ 丁字形内走道的疏散距离按位于两个安全口之间的情况计算，但其中袋形走道长度应加倍计算［浙江省建设发（2007）36 号］。

☞ ＞4 层的多层或高层建筑疏散楼梯间在底层应设直接出口，或设扩大楼梯间或扩大防烟前室以解决距离问题（建规合稿 5.5.15.3）。≤4 层的建筑疏散楼梯距对外出口 15 m（高规 6.2.6/低规 5.3.13.3/住法 9.5.3/苏标 8.4.9.3/建规合稿 5.5.15.3）。高规 6.2.6 说明允许在短距离内通过门厅到达室外。这短距离多长？充其量 15.0 m，这恰恰就是苏标 8.4.9.3 的规定，也是答案。

☞ 低规 5.3.11/住法 9.5.1/苏标 8.4.2.1/2/3：单元（面积≤650 m²）住宅逃生距离，多层 1 个安全出口时 15.0 m，高层一个安全出口时 10.0 m。≥19 层单元住宅每单元不少于 2 个安全出口（住法 9.5.1.3/上标用连廊解决/上标 5.3.2）。如果单元面积＞650 m²，但如果是 2 个梯的话，就没有 10 m/15 m 的限制。

☞ 关于塔式住宅，江苏、上海要求不同。上海：12～18 层 1 个梯、18 层以上 2 个梯（上标 5.1.2），江苏 10～18 层 1 个梯、18 层以上 2 个梯（苏标 8.4.2.3）。江苏还把使用剪刀梯的塔式住宅作为"三合一"特殊情况要求（苏标 8.4.4）。

☞ 上标 4.6.5/5.3.3：计算跃层式、跃廊式住宅逃生距离时，楼梯以其层高的 2 倍计。

☞ 低规表 5.3.13 注 4/说明：跃层式住宅内的户内楼梯逃生距离以其梯段总长度的水平投影尺寸计算，跃层式住宅逃生距离从房间内或户内最远点算起。

☞ 高规 6.1.6/苏标 8.4.16/17：跃廊式住宅内的户内楼梯逃生距离以其梯段总长度的水平投影尺寸的 1.50 倍计算，高层跃廊式住宅逃生距离从户门算起。高规、低规两者规定不尽相同。高层跃廊式住宅从户门外到总的楼梯间往往有一条长廊，而多层跃廊式住宅几乎不用长廊。尽管高规、低规都规定跃廊式住宅的疏散距离是 40 m，但实际上是不一样的。另外，上海规定通廊式住宅的疏散距离为 20 m（从户门到疏散楼梯间）。

☞ 建规合稿 5.5.26：跃廊式住宅内的小楼梯逃生距离以其梯段总长度的水平投影尺寸的 1.50 倍计算。跃层式住宅内的户内楼梯逃生距离以其梯段总长度的水平投影计算。

☞ 上标 4.6.3.4 4.6.5/苏标 8.4.17：跃廊式套内最远点离户门距离≥20 m 时，跃层向走道开门。

☞ 上标 5.3.4：通廊式住宅户门到楼梯距离不大于 20.0 m。

☞ 一般公共建筑，中间 40.0 m，尽端 20.0 m（多层 22.0 m）（高规 6.1.5/低规 ~~5.3.8~~ 5.3.13/建规合稿 5.5.15）。住宅类建筑，中间 40.0 m，尽端 20.0 m（多层 22.0 m）（建规合稿 5.5.26）。宿舍类建筑被视为同一般公共建筑（建规合稿 5.5.27）。

对于非高层建筑，敞廊式建筑者，+5.0 m；敞开楼梯者，−5.0 m；尽端者，−2.0 m。有喷淋时，安全距离增加 25%（低规 ~~5.3.8~~ 5.3.13）。但是，高层建筑的安全距离无此说法。而新的建规合稿规定高层建筑的安全距离可以同样×1.25 处理（建规合稿 5.5.15）。

☞ 婴幼儿用房间/多层内娱乐设施不宜布置在袋形走道两侧或走道尽端（袋形走道安全距离 9.0 m）（低规 5.3.8.2 说明/低规 5.1.14/建规合稿 5.4.5）。高层内娱乐设施不应布置在袋形走道两侧或走道尽端（高规 4.1.5A）。低规、高规说法有差别，低规在时间上最接近。建规合稿不分高多层，一视同仁均可以有 9.0 m 袋形走道（建规合稿 5.4.5）。

☞ 酒店式公寓，公寓套内安全距离 20.0 m［沪消（防）字（2003）257 号］。其套外安全距离是多少？无人作答，是不是防火规范法令制造者忘记了安全距离是防火规范法必须明确的问题？笔者认为，因为酒店式公寓内厨房允许使用煤气，参考通廊式住宅的套外安全距离 20.0 m，比较合理。

☞ 老人住宅安全距离 20.0 m，尽端 15.0 m（市老标 6.0.3）。

☞ 高规 6.1.5/低规 5.3.8 说明：一、二级耐火建筑住宅户门到封闭楼梯间最大距离 40.0 m（此条未直接说明而是归入其他类，似有疑问，此条与上标 5.3.4 相去甚远）。

☞ 沪公消（建函）字 192 号：独立别墅的地下室，如房内最远点至首层门口的距离<20 m，可设一个出口。

☞ 大面积别墅安全距离多少？未见过明文规定，笔者认为参照上标 4.6.5 比较合适。但是，如果到施工图时再讨论这个问题，便迟了一些。

☞ 办规 5.0.2 及其说明：开放式、半开放式办公逃生距离 30 m（从小房间内最远点到大空间办公室开向疏散走道的出口的距离）（条文原文为至安全出口，条文说明则为至疏散出口，规范又一次把疏散出口和安全出口混为一谈了）。

☞ 大套小的情况，比如更衣套浴室，从浴室到更衣室门口为 15 m（低规 5.3.8.2/高规 6.1.7←问题分析 4.8）。

☞ 公寓式办公，办公室内安全距离为 15.0 m［沪消（防）字（2003）257 号］。

办公楼后装修常有局部加层，除了合法性、面积（局部及整体）之外，能否满足逃生距离 30 m/15 m 是关键。

☞ 低规 ~~5.3.8~~ 5.3.13：多层学校，中间 35.0 m，尽端 22.0 m。

☞ 高层建筑房间内的安全距离，一般不宜>15.0 m（高规 6.1.7/低规 5.3.8.2 为尽端房间）。

☞ 多层建筑房间内的安全距离在≥2 个门时为 20.0 m/22.0 m（低规 5.3.13.4）。而一个门的房间，面积限制 120 m²（低规 ~~5.3.8~~ 15.3.8.1）。

☞ 建规合稿 5.5.11：公建无论是高层还是多层，两个安全出口之间的房间≤120 m²，房间内安全距离 15.0 m，可以设 1 个净宽 900 mm 的门；尽端房间≤200 m²，可以设 1 个净宽 1 400 mm 的门。除上述情况外，就是一个房间有 2 个及以上的门时，多层可以为 22.0 m，高层为 20.0 m（建规合稿 5.5.15.4）。

☞ 沪消(防)字(2001)4 号：无论是高层还是多层，60～100 m² 的房间，10 人，安全距离 15.0 m，可以设一个 1 500 mm 宽的门。

☞ 高层旅馆、展览楼、教育楼、医院非病房部分 30.0 m/15.0 m(高规 6.1.5)。

☞ 高层医院病房部分 24.0 m/12.0 m(高规 6.1.5)。

☞ 观众厅、展览厅、多功能厅、餐厅、营业厅(阅览室)，此类场所经由疏散口及疏散走道到达安全出口时的疏散距离为 45.0 m(建规合稿 5.5.15 注 1)。

☞ 高层或多层内观众厅、展览厅、多功能厅、餐厅、营业厅(阅览室)30.0 m(高规 6.1.7/低规 5.3.13)。但高规 6.1.7 原文与图示为最远点至疏散出口/高规 6.1.7 条文说明为至安全出口的直线距离，有喷淋也是 30.0 m。低规为至安全出口，有喷淋可以 30.0 m×1.25。非但高规与低规解释不同，就连高规条文原文与条文说明也自相矛盾，有待统一。实际设计中，一个商场中有多个餐厅，大小餐厅结合，而非整个楼层一个餐厅的情况下，用 30.0 m 来衡量，笔者认为欠妥当。一个商场中有多个餐厅的情况下，每个餐厅以一门还是多个门，厅内以 15.0 m/(20.0～22.0)m 来衡量比较合理。对于一系列小餐厅而言，厅外疏散距离应是 30 m/40 m，没有一本规范明确说明，笔者认为 40.0 m 比较合理。

顺便说一下，高规 6.1.4 大概指整个楼面是大空间设计的情况，不是对一个大厅而言，这个意思在高规图示 6.1.7 中看得很明白。

笔者还碰到过一个实际例子，某高层建筑的裙房为展览类建筑。其中有一个展览大厅，建筑施工图上显示其为封闭式大厅，很明显，安全距离是 30.0 m。待装修图时，把它改成了半封闭式大厅，一边有厅门，一边直通大门。最远点至厅门，≤30 m；最远点至大门，≥30 m。如此情况，依高规原文与说明，合乎要求；依高规说明，则不合乎要求。该如何下结论？另外，这个建筑的门厅，基本上呈半封闭式，尺度大，进深达 40～50 m，即从门厅最深处至大门口要 40～50 m 远，用高规 6.1.7 来限制它，好像不够名正言顺，但门厅也应有安全距离的限制；或者，用低规 7.2.3 来要求它。但无论如何，建筑物内门厅或其他任何地点都应合乎安全距离的限制，这是肯定的。

☞ 高层大空间设计必须符合双向疏散和袋形走道规定(高规 6.1.4)。

☞ 参考沪消发(2004)352 号附文 3.4.1，多层商场营业厅 35.0 m。

☞ 低规 5.1.15：娱乐部分，在一、二、三层的中间 40.0 m(低规 5.1.14/→5.3.13)；袋形走道时，9.0 m；非一、二、三层时，另有限制。不应在地下二层或埋深 10 m 以下，房间面积＜200 m²，门用 FM 乙(低规 5.3.8.3/5.3.12.4)。娱乐部分房间＜50 m²，可设一个门(地上、地下都如此)(建规合稿 5.5.11)。

☞ 高规 6.1.8：中间房间面积＜60 m²，可设一个 1 000 mm 的门，尽端房间＜75.0 m²，可设一个 1 500 mm 的门。

☞ 低规 ~~5.3.15~~ 3.8.1：中间房间面积＜120 m²，可设一个门，尽端房间只设一个外开 1 500 mm 的门，最远点 15.0 m。≥2 个门的房间，20.0～22.0 m(低规 ~~5.3.8(三)~~ 5.3.13.4)。

这一条只有低规中有，高规无此说法。高规规定一个房间内的逃生距离，无论几个门，都是 15.0 m(高规 6.1.7)。20.0～22.0 m 距离的得出，要结合低规 ~~5.3.1~~ 5.3.8 和 ~~5.3.8(三)~~ 5.3.13.4 才能明白。低规 ~~5.3.1~~ 5.3.8 说的是只有一个疏散口的特殊情况及条件，~~5.3.8(三)~~ 5.3.13.4 说的是对 2 个疏散出口的普遍情况。这个在低规 ~~5.3.1~~ 5.3.8 说明的开头提及的"首先强调建筑或房间至少设 2 个安全出口的原则要求……"意思已十分清楚，规范的编排不太合理，应把低规 ~~5.3.8(三)~~ 5.3.13.4 的情况放到低规 ~~5.3.1~~ 5.3.8 一起叙述，才容易理解。另外，从 ~~5.3.1~~ 5.3.8 说明中可以看出，安全疏散的普遍原则是 2 个出口，无论是一个房间，还是一个防火区，还是一幢建筑。低规 ~~5.3.8(三)~~ 5.3.13.4 是对普遍情况而言，低规 ~~5.3.1~~ 5.3.8 则是对特殊情况而言。

本说法,在"建筑设计防火规范图示"5.3.13图示4得到很明白的证明。建规合稿5.5.15.4把多层、高层统一了。

☞ 低规5.3.8.3/5.3.12.4/下规5.1.2:地下室房间<50 m²,可以设1个门(娱乐、非娱乐都如此)。

☞ 下规5.1.1.4:对于设备房间,200 m²可以设一个门。

☞ 低规5.3.85.13.3/住法9.5.3:≤4层的多层民用建筑,在底层的楼梯可距对外出口≤15.0 m(住法9.5.3未明确说明高层、多层,估计都可以。小型商场也有类似的要求,高层只有扩大楼梯间的说法)。

☞ 高规6.3.3.3:高层建筑消防电梯前室在首层应设直通室外出口或离出口可有30.0 m专用通道。

地下建筑内容复杂时,一个楼层有好几个防火区,每个防火区至少要有2个安全出口,安排楼梯间有困难。如果运用一般常规方法,往往会使问题复杂化,不容易处理。而运用避难走道的方法,可以比较简单有效地解决各防火区人员的疏散问题(参见《中国消防手册》第三卷图3.7.8)。这个方法,如果设计者从一开始就知道,可以省不少功夫。避难走道至少要有2个设在不同方向上的直通地面出口(下规5.2.4)。

☞【低规 5.3.1 5.3.2】公共建筑内的每个防火分区、一个防火分区内的每个楼层,其安全出口的数量应经计算确定,且不应少于2个,当符合下列条件之一时,可设一个安全出口或疏散楼梯:

(1)除托儿所、幼儿园外,建筑面积小于等于200 m²且人数不超过50人的单层公共建筑。

(2)除医院、疗养院、老年人建筑及托儿所、幼儿园的儿童游乐厅等儿童活动场所等外,符合表5.2.3规定的二、三层公共建筑。

表5.3.2　公共建筑可设置1个安全出口的条件

耐火等级	最多层数	每层最大建筑面积(m²)	人　　数
一、二级	3层	500	第二层和第三层的人数不超过100人
三级	3层	200	第二层和第三层的人数之和不超过50人
四级	2层	200	第二层人数不超过30人

☞【低规5.3.8(三)5.3.13】民用建筑的安全疏散距离应符合下列规定:

(1)直接通向疏散走道的房间疏散门至最近安全出口的距离应符合表5.3.13的规定。

(2)直接通向疏散走道的房间疏散门至最近非封闭楼梯间的距离,当房间位于两个楼梯间之间时,应按表5.3.13的规定减少5.0 m;当房间位于袋形走道两侧或尽端时,应按表5.3.13的规定减少2.0 m。

(3)楼梯间的首层应直通室外的安全出口或首层采用扩大封闭楼梯间,当层数不超过4层时,可将直通室外的安全设置在离楼梯间小于等于15.0 m处。

(4)房间内任一点到该房间直接通向疏散走道的疏散门的距离,不应大于表5.3.13中规定的袋形走道两侧或尽端的疏散门至安全出口的最大距离。

表5.3.13　直接通向疏散走道的房间疏散门至最近安全出口的最大距离　　　　(m)

各　　称	位于两个安全出口之间的疏散门			位于袋形走道两侧或尽端的疏散门		
	耐火等级			耐火等级		
	一、二级	三级	四级	一、二级	三级	四级
托儿所、幼儿园	25.0	20.0	—	20.0	15.0	—
医院、疗养院	35.0	30.0	—	20.0	15.0	—

（续表）

各　称	位于两个安全出口之间的疏散门			位于袋形走道两侧或尽端的疏散门		
	耐火等级			耐火等级		
	一、二级	三　级	四　级	一、二级	三　级	四　级
学　校	35.0	30.0	—	22.0	20.0	—
其他民用建筑	40.0	35.0	25.0	22.0	20.0	15.0
建筑内的观众、展览厅、多功能厅、餐厅、营业厅和阅览室等，其室内任何一点至最近安全出口的直线距离不宜大于30.0 m						
有≥2个出入口的房间内任一点到该房间直接通向疏散走道的疏散门的距离，不应大于本表中规定的袋形走道两侧或尽端的疏散门至安全出口的最大距离（20.0～22.0 m）						

注：1. 敞开式外廊建筑的房间疏散门至安全出口的最大距离按本表增加5.0 m。
　　2. 建筑物内全部设置自动喷水灭火系统时，其安全疏散距离可按本表规定增加25％。

房间内任一点到该房间直接通向疏散走道门的距离计算；住宅应为最远房间内任一点到户门的距离，跃层式住宅内的户门楼梯的距离可按其梯段总长度的水平投影尺寸计算。

☞【低规5.1.15】当歌舞厅、录像厅、夜总会、放映厅、卡拉OK厅（含具有卡拉OK功能的餐厅）、游艺厅（含电子游艺厅）、桑拿浴室（不包括洗浴部分）、网吧等歌舞娱乐放映游艺场所必须布置在袋形走道的两侧或尽端时，最远房间的疏散门至最近安全出口的距离不应大于9 m；当必须布置在建筑物内首层、二层或三层外的其他楼层时，尚应符合下列规定：

（1）不应布置在地下二层及二层以下。当布置在地下一层时，地下一层地面与室外出入口地坪的高差不应大于10.0 m。

（2）一个厅、室的建筑面积不应大于200 m²，并应采用耐火极限不低于2.00 h的不燃烧体隔墙和1.00 h的不燃烧体楼板与其他部分隔开，厅室的疏散门应设置乙级防火门。

（3）应按本规范第9章设置防烟与排烟设施。

☞【高规6.3.3.3】消防电梯间前室宜靠外墙设置，在首层应设直通室外的出口或经过长度不超过30 m的通道通向室外。

☞【上标5.3.4】通廊式住宅，其户门至最近楼梯间的距离不应大于20 m。

☞【高规6.1.5表】安全疏散距离

高 层 建 筑		房间门或住宅门至最近的外部出口或楼梯间的最大距离（m）	
		位于两个安全出口的房间	位于袋形走道两侧或尽端的房间
医　院	病房部分	24	12
	其他部分	30	15
旅馆、展览楼、教学楼		30	15
其　他		40	20

☞【下规5.1.4】安全疏散距离应满足下列规定：

（1）房间内最远点到该房间门的距离不应大于15 m。

（2）房间门至最近安全出口或至相邻防火分区之间防火墙上防火门的最大距离，医院应为24 m，旅馆应为30 m，其他工程应为40 m。位于袋形走道两侧或尽端的房间，其最大距离应为上述相应距离的一半。

5.4 连廊

连廊作为高层住宅单元和单元之间的安全和交通补偿因素,同时考虑交通与防火因素。外地与本地要求不同。只有一个疏散楼梯时,要考虑防火因素的连廊(高规 6.1.1.2/上标 5.1.1.2/苏标 8.4.5.5);只有一个电梯时,要考虑交通因素的连廊(住规 4.1.8/4.1.7/上标 5.1.1.2/苏标 4.10.3)。交通连廊允许半平台连廊,防火连廊不允许半平台连廊。要注意连廊的性质与限制。

☞ 上标 5.3.2 说明:连廊应有顶棚。

☞ 上标 5.3.1.1/2:连廊因层数不同而有差异,只有≤18 层时才可半平台连廊。

☞ 上消 133 文 3.5.1/3.4 上标 5.3.2/高规 6.1.1.2:单元住宅>18 层,且每层只有一座防烟楼梯和消防电梯的,从 18 层起设连廊(本条与 2001 高规 6.1.1.2 呼应,而 2005 高规有很大变动)。

☞ 上标 5.3.2:单元住宅 12~18 层的,12~15 层设连廊。

☞ 上标 5.3.2:单元住宅 12~14 层(底层无架空,顶层无跃层),一梯两户单元住宅可只设屋顶连廊。一梯三户则不行。

☞ 上标 5.1.1.2:10、11 层单元住宅设敞开楼梯时,出屋面且屋顶平台连通,两者同时满足。

☞ 上标 5.3.2.2:≥12 层的单元住宅,只有 1 台电梯时,应从 12 层起设连廊,每三层设连廊。

☞ 高规 6.2.3.1/6.1.1.2:10、11 层单元住宅可不设封闭楼梯,但户门应为 FM 乙,且楼梯出屋面,与上标略有不同。上标则为两者居一(上标 5.1.13)。只有一个疏散楼梯的≤18 层单元式高层住宅,要求屋面连通(户门为 FM 甲)。

☞ 参考 2001 高规 6.1.1.2:只有一个疏散楼梯的单元式高层住宅从第 10 层起,层层连廊。这是从消防意义上要求。此条和上海标准要求的不一样,两者的解释也不一样。

☞ 高规 6.1.1.2:只有一个疏散楼梯的单元式高层住宅从第 18 层以上起,层层连廊,利用阳台或凹廊连通单元之间的楼梯,其 18 层及 18 层以下部分,户门为 FM 甲,单元之间设防火墙,窗子间距 1 200 mm,窗槛墙 1 200 mm。这是从消防意义上要求,此条和上海标准要求的不一样,两者的解释也不一样。另外,户门≠前室门,当然有时户门=前室门,是 FM 甲还是 FM 乙,要仔细分辨。但凡有 2 座疏散楼梯,开向前室的户门为 FM 乙(高规 6.1.3)。只有 1 座疏散楼梯的,开向前室的户门为 FM 甲(高规 6.1.1.2)。

☞ 住规 4.1.8:单元式高层住宅每单元只有一部电梯时应采用联系走廊(适当层数之间住规 4.1.8说明)联通,这是从交通意义上要求。此条容易被遗忘,应该引起足够重视,具体做法可参考上标 5.3.2.2。

☞ 户门类型比较表:

住宅类型	层　　数	开向前室的户门(高规 6.1.3)	户门(高规 6.1.1.2)	层　　数	住宅类型
单元式	高规 6.2.3.1:10、11 层,开敞楼梯间。	FM 乙	FM 甲	高规 6.1.1.2:≤18 层	单元式
	高规 6.2.3.1:10、11 层,封闭楼梯间,无前室	×①			
	高规 6.2.3.2:10~18 层,封闭楼梯间,无前室	FM 乙	FM 甲	高规 6.1.1.2:>18 层时的≤18 层部分,只有 1 座疏散楼梯	
	高规 6.2.3.3:>18 层,防烟楼梯间,有前室	FM 乙	FM 乙	高规 6.1.3:有 2 座疏散楼梯	

(续表)

住宅类型	层　　数	开向前室的户门 (高规 6.1.3)	户门 (高规 6.1.1.2)	层　　数	住宅类型
塔式	高规 6.2.1：防烟楼梯间，有前室	FM 乙			
通廊式	高规 6.2.4：≤11 层，通廊式封闭楼梯间，无前室	×①			
	高规 6.2.4：>11 层，通廊式防烟楼梯间，有前室	FM 乙			

注：① "×"表示不用 FM 乙，用一般的户门就可以了。

☞【上标 5.3.2】下列住宅应设置单元与单元之间的连廊：

(1) 十八层以上的单元式住宅，当每单元一个防烟楼梯间时，应从第十层起，每层在相邻的两单元的走道或前室设连廊。

(2) 十二层及以上的单元式住宅，当每单元设置一台电梯时，应在十二层设连廊，并在其以上层每三层相邻的两单元的走道、前室或楼梯平台设置连廊，每单元每层不超过两套的十二层至十四层(不包括十四层跃起十五层，且底部无敞开空间)的单元式住宅，可直接在屋顶设置连廊。

☞【上标 5.1.1.3】十层、十一层的单元式住宅每单元应设一个敞开楼梯间，但户门应为乙级防火门(户门可朝户内开启)，且楼梯通至屋顶，各单元的屋顶平台应相连通。

☞【上标 5.3.2】下列住宅应设置单元与单元之间的连廊：

(1) 十八层以上的单元式住宅，当每单元设置一个防烟楼梯间时，应在十八层以上部分，每层相邻的单元楼梯通过阳台或凹廊连通。

(2) 十二层及以上的单元式住宅，当每单元设置一台电梯时，应在十二层设连廊，并在其以上层每三层相邻的两单元的走道、前室式楼梯平台设置连廊。

注：每单元每层不超过两套的十二层至十四层(不包括十四层跃起十五层，且底部无敞开空间)的单元式住宅，可直接在屋顶设置连廊。

☞【2005 高规 6.1.1.2】十八层及十八层以下每个单元设有一座通向屋顶的疏散楼梯，单元之间的楼梯通过屋顶连廊，单元与单元之间设有防火墙，户门为甲级防火门，窗间墙、窗槛墙高度大于 1 200 mm 且为不燃烧体墙的单元住宅。

超过十八层，每个单元设有一座通向屋顶的疏散楼梯。十八层以上部分每层相邻阳台或凹廊连通(屋顶可以不连通)，十八及十八层以下部分单元或单元之间设有防火墙，且户门为甲级防火门，窗间墙、窗槛墙高度大于 1 200 mm 且为不燃烧体墙的单元住宅。

☞【参考 2001 高规 6.1.1.2】每个单元设有一座通向屋顶的疏散楼梯，有从第十层起每层相邻单元设有连通阳台或凹廊的单元式住宅。

5.5　环廊

环廊的做法是考虑到单元内部因户数过多且楼层过高的特殊要求(两个方向逃生)。

☞ 133 文 3.3.5 上标 5.3.1：十八层以上塔式住宅，每单元设两座防烟楼梯的单元住宅，每层不超过 6 户，短走道(10 m 以内)不超过 3 户时，可不设环廊。每层超过 6 户或短走道超过 3 户时，应设环绕电梯或楼梯的环廊，上海以外地区无此概念。实际上，短走道 4 户有打擦边球做法，但不一定全行，建议在确定方案时征求消防局同意。

☞【上标 5.3.1】十八层以上的塔式住宅，每单元设有两个防烟楼梯间的单元式住宅，当每层超过

6 套或短走道超过 3 户时,应设环绕电梯或楼梯的走道。

注:短走道指防烟楼梯间的前室门至最远的一套户门之间的走道。

5.6 楼层安排/安全防护

☞ 低规 ~~5.1.1~~ 5.3.3→5.1.7/上幼儿标 4.3.1:幼儿园应单独建造,不应设在四层以上或地下、半地下,儿童用房如附设在其他建筑内,设单独入口。

☞ 高规 4.1.6:幼儿园不应设在高层建筑内,如附设在高层建筑内,只能设在一、二、三层,并设单独入口。

☞ 低规 5.4.6:住宅和其他功能在同一座建筑,分单独出入口。

☞ 下规 3.1.3/通则 6.3.2.1:幼儿园和残疾人活动场所(老年人活动用房)不应布置在地下室内(半地下室内)。

☞ 老年护理院不应设在四层及四层以上(老标 6.0.1)。

☞ 老人院宜≤3 层,≥4 层设电梯(老规 4.1.4),≥3 层设电梯(市老标 6.0.1)。

☞ 低规 5.1.15:娱乐场所宜在一、二、三层的靠外墙部位。在尽端部位,逃生距离 9.0 m。低规允许娱乐场所设在袋形走道的两侧或尽端,与高规不一样。在非一、二、三层时,另有限制,不应布置在地下二层及以下,一个室有<200 m² 的面积、2 h 墙和门 FM 乙。

☞ 通则 6.3.2.3/低规 ~~5.1.1A~~ 5.1.15:娱乐场所可以设在地下一层,但埋深不能>10 m,不应设在地下二、三层。对于社区中心,有不同理解,2006/2007 上海鲁班路俊庭项目允许会所设在地下二层。

☞ 高规 4.1.5A/下规 3.1.4B:娱乐场所应设在高层的一、二、三层的靠外墙部位,或地下一层(埋深<10.0 m)。非一、二、三层时,一个厅室面积不应>200 m²。高规不允许娱乐场所设在袋形走道的两侧或尽端。类似情况,高层里的多功能厅等在非一、二、三层时,一个厅室面积不应>400 m²(高规 4.1.5)。

☞ 低规 ~~5.1.3A~~ 5.1.13/5.3.13/高规 4.1.5B/下规 3.1.4A:地下商场不宜设在地下三层及以下,且禁止经营甲、乙类物品。甲、乙类物品,如汽油、煤油、60°以上白酒、硫黄、樟脑 、漆布、油布、油纸及其制品(建筑设计防火禁忌手册第 24 页)。

☞ 住法 9.1.3/住规 4.5.1/上标 5.6.2/苏标 8.1.2:住宅禁止附设经营甲、乙类物品商店及仓库。

☞ 上海"饮食行业环境保护设计规程"J10473 - 2004 之 3.1.2:中心城、新城和中心镇的新建住宅楼内严禁设置饮食单位;既有住宅楼内严禁新设置产生油烟污染的饮食单位。

☞ 低规 3.3.7:甲、乙类工厂和仓库不应设在地下或半地下。

☞ 高规 4.1.5:高层内的观众厅、会议室、多功能厅等人员密集的场所应在一、二、三层;如在其他层内,一个厅室的面积不宜超过 400 m²。

☞ 下规 3.1.4:(地下)电影院、礼堂和医院病房宜设在地下一层。

☞ 上校标 6.0.2:小学四层,中学五层。

☞ 高规 4.1.2.1:热水锅炉房可设在地下一层或地下二层。

☞ 高规 4.1.2.1:直燃型溴化锂冷热水机组不得设在地下室或半地下室,可设在屋顶。

☞ 低规 5.4.3:柴油机房宜布置在首层或地下一、二层。

☞ 参考市标住修 6.0.1:分户门具有防盗功能,不得有气窗。

☞ 市标住修 6.0.2/上标 7.1.2/通则 6.9.4:底层外墙窗、走廊窗、公共屋面层 2.0 m 以下窗,装栅。

☞ 参考 87 通则 4.5.2:高层宜采用推拉窗,当用外开窗时应有牢固窗扇的措施。2005 通则已取消。2003 技措 10.4.2 虽有,但那是从 87 通则而来的。这个问题反映了规范相互交叉,前后修改无法及时呼应引起的困窘。可能用滑撑窗会好些。

☞ 高层建筑不应采用外平开窗(09 技措 10.4.2)。

☞ 高层外窗为铝窗时要防雷接地(GB 50057)。

☞ 市标住修 6.0.6/上标 4.7.4:顶层阳台同宽度雨篷,分户的毗连阳台应设分户隔板。毗连空调机平台要考虑安全隔离措施,应予以注意(上标 7.5.3)。

☞ 住规 3.7.4:顶层阳台应设雨罩,毗连阳台应设分户隔板。参考市标修 6.0.6 并联阳台应考虑防盗安全措施,新标准只强调分隔功能,而老标准强调防盗功能,因此,现在在住宅图纸中不强调防盗功能也无所谓。

☞ 通则 6.10.3 注/住规 3.9.1/技措 10.5.2/上标 7.1.3:住宅窗台<900 mm 的落地窗或低窗台,应有防护措施(上标指二层及二层以上,同住规和通则的说法略有不同)。技措分窗台高于或低于 500 mm 两种情况,对其分别有不同要求。窗台高于 500 mm,设 900 mm 高栏杆,栏杆高度从地面算起;低于 500 mm 的,设 900 mm 高栏杆,栏杆高度从窗台面算起(技措 10.5.4)。上海分窗台高于或低于 450 mm 两种情况,对其分别有不同要求。窗台高于 450 mm,设 600 mm 高栏杆;低于 450 mm 的,设 900 mm 高栏杆,栏杆高度均从窗台面算起(上标 7.1.3)。

☞ 通则 6.10.3.4:一般建筑窗台低于 800 mm 时,设防护措施。

☞ 技措 10.5.3:作防护用固定窗的玻璃,夹层玻璃≥16.78 ~~6.38~~ mm(有那么厚的吗? 技措 10.6.3),横挡推力 100 kg/m(上海),承受水平荷载的栏板玻璃≥12 mm 厚钢化(夹层)玻璃,离地 5.0 m 以上者,应用钢化夹层玻璃(玻规 5.2.4)。

☞ 住规 3.9.1 说明:栏杆有效防护高度应为净高≥900 mm,450 mm 高以下的台面、横栏杆等的可踏面不应计入窗台净高。就是说,假如可踏面低于 450 mm,则栏杆的有效高度要从可踏面算起。

☞ 技措 10.5.2:低窗台防护高度≥0.8 m(一般)/0.9 m(住宅),分两种情况:窗台低于 0.5 m,高度从窗台面算起;窗台高于 0.5 m 的,高度地面算起,但护栏下部 0.5 m 范围内不能有任何可踏部位,固定窗作为防护措施,用厚度不小于 16.78 ~~6.38~~ mm 的夹层玻璃(技措 10.5.3)。就是说,低窗台防护可以不用护栏而用玻璃,但是要用不小于 16.78 ~~6.38~~ mm 的夹层玻璃,这方面玻璃幕墙的要求不一样。

☞ 玻璃幕墙当楼面向外缘无实体窗下墙时,应设防撞栏杆(03 技措 4.9.2/10.5.3)。

☞ 通则 6.10.3 注 2/技措 10.5.2:低凸窗台防护高度一律从窗台算起。某些情况下实行这一条显得十分不合理。低凸窗台(外墙在窗台内侧)不计面积,规范无宽度限制,只有防护要求。

☞ 上标 7.1.3/沪建标定(2002)23 号:低窗台防护可采取下列措施:

(1) 其内侧高度不小于 900 mm 的栏杆。

(2) 在其下部设安全玻璃固定窗,固定窗高度不小于 600 mm,其上口离地高度不小于 1 050 mm,横挡能受水平推力 100 kg/m,开启窗设限位开关。

笔者认为本规定第 1 条适合低窗情况,第 2 条适合低凸窗台情况(也可适用低窗台情况,比其他有关规定更为合理,因此实际工作中就用它)。

☞ 安全玻璃指夹层玻璃、钢化玻璃及其制品。单片半钢化玻璃、单片夹丝玻璃不属于安全玻璃(技措 10.6.3.1)。中空玻璃的两侧可以是夹层玻璃、钢化玻璃、半钢化玻璃,所以由这些单片玻璃做成的中空玻璃叫中空安全玻璃(住宅指南第 415 页),这是为加强强度的措施。为加强节能,单片玻璃可以是涂膜玻璃。建筑外墙玻璃窗,区分为外开、内开,窗台高低(以 500 mm 为界),玻璃块的面积大小(以 1.5 m² 为界),抗风压性能等才能确定整扇窗或整扇窗的某一部分是否应是安全中空玻璃或非安全中空玻璃。

☞ ≥7 层建筑物的外开窗,窗台低于 500 mm 的落地窗,面积>1.5 m² 的窗玻璃,或公共建筑物的入口门厅用安全玻璃[发改运(2003)2116号]。

☞ 玻规8.2.4：离地高度>5.0 m的天棚玻璃要用夹层玻璃。

☞ 临空阳台栏杆高度(住法5.2.2/住规3.7.3)：多层1 050 mm，中高层、高层>1 100 mm。

通则6.6.3：临空高度<24 m，栏杆高度≥1 050 mm，临空高度>24 m，栏杆高度≥1 100 mm，底部100 mm不留空。一般楼梯栏杆无底部100 mm不留空的特殊要求(通则6.7.7)。

通则6.6.3：栏杆底部如有低于0.45 m而且宽度≥220 mm的可踏部位面(有图解)，应从可踏部位顶面算起。笔者认为这220 mm/450 mm其实还是相当不安全，笔者的办公室就有190 mm/420 mm的低窗可踏部位，还没达到220 mm/450 mm，踏起来太方便了，这是其一。另外，对于最没安全概念的小孩子来说，220 mm太大了，100～150 mm也许足以放得下整个脚掌，因此建议以100 mm/500 mm代替220 mm/450 mm，从大人和小孩两方面考虑，保证绝对安全。

技措11.1.1：栏杆底部如有低于0.5 m的可踏部位，就从可踏部位顶面算起。

封闭阳台栏杆高度也应遵守敞开阳台栏杆高度(住规3.7.3/苏标4.6.4)。

☞ 校规6.2.3/6.3.5：外廊栏杆，户外楼梯栏杆≥1 100。

☞ 上人屋面女儿墙(通则6.6.3)：1.05/1.10 m＋X(认真考虑保暖层厚度及找坡因素)且底端0.10 m不可透空。

☞ 通则6.6.1.2：人流密集处的台阶≥0.70 m设护栏，但未具体要求护栏高度。

☞ 通则6.7.9：少儿活动场所楼梯井道>200 mm，采取措施。

☞ 住法5.2.3/住规4.1.5：住宅楼梯井道>110 mm，采取措施。

☞ 文娱、商业、体育、园林建筑栏杆垂直杆件净距110 mm(通则6.6.3.5)。

☞ 通则6.7.9：有儿童活动的场所，楼梯栏杆应不易攀登，净间距110 mm。

☞ 住法5.1.5/住规3.7.2/上标4.7.3：住宅楼梯栏杆净间距110 mm。

☞ 住规5.2.4：位于阳台、外廊及敞开楼梯平台的下部时，公共入口上应设雨罩，雨罩兼具防火功能(高规6.1.17)。

☞ 上标4.7.4/住规3.7.4：顶层阳台应设不小于阳台尺寸的雨罩，分户毗连阳台应设分户隔板。

☞ 上标7.5.3：相邻空调机座板之间应设隔离措施。

☞ 电梯坑底通常不可进人，不可安排设备房，如有必要，则应采取措施(技措9.6.3/上海灭火规程9.2.6.4)。

☞ 易燃易爆商店、作坊、储藏间严禁设在民用建筑内(低规5.4.2)。

☞ 住宅、公用房内严禁设置易燃易爆商店、作坊、储藏间(上标5.6.2/住法9.1.3/住规4.5.1)。

☞ 住宅、公用房内禁止设置餐饮(上标6.5.1/住规4.5.2为不宜，住法未提此条)。

☞ 关于厨房，只有"上标"强调为独立式，其他如"住规"、"住法"、"苏标"、"办规(办规4.2.3)"只强调自然通风，都未强调为独立式。但是，煤气规范规定煤气灶安装在卧室的套间或走廊等处，要有门与卧室隔开[《城镇燃气设计规范》(GB 50028—2006)之8.4.4]。也就是说卧室一定要有门。

☞【通则6.6.3】阳台、外廊、室内回廊、内天井、上人屋面及室外楼梯等临空处应设置防护栏杆，并应符合下列规定：

(1)栏杆应以坚固、耐久的材料制作，并能承受荷载规范规定的水平荷载。

(2)临空高度在24 m以下时，栏杆高度不应低于1.05 m；临空高度在24 m以上(包括中、高层住宅)时，栏杆高度不应低于1.10 m。

注：栏杆高度应从楼地面或屋面至栏杆扶手顶面垂直高度计算，如底部有宽度大于或等于0.22 m，且高度低于或等于0.45 m的可踏部位，应从可踏部位顶面起计算。

(3)栏杆离楼面或屋面0.10 m高度内不宜留空。

（4）住宅、托儿所、幼儿园、中小学及少年儿童专用活动场所的栏杆必须采用防止少年儿童攀登的构造，当采用垂直杆件做栏杆时，其杆件净距不应大于 0.11 m。

（5）文化娱乐建筑、商业服务建筑、体育建筑、园林景观建筑等允许少年儿童进入活动的场所，当采用垂直杆件做栏杆时，其杆件净距也不应大于 0.11 m。

☞【通则 6.10.3】窗的设置应符合下列规定：

（1）窗扇的开启形式应方便使用，安全和易于维修、清洗。

（2）当采用外开窗时，应加强牢固窗扇的措施。

（3）开向公共走道的窗扇，其底面高度不应低于 2 m。

（4）临空的窗台低于 0.80 m 时，应采取防护措施，防护高度由楼地面起计算不应低于 0.80 m。

（5）防火墙上必须开设窗洞时，应按防火规范设置。

（6）天窗应采用防破碎伤人的透光材料。

（7）天窗应有防冷凝水产生或引泄冷凝水的措施。

（8）天窗应便于开启、关闭、固定、防渗水并方便清洗。

注：1. 住宅窗台低于 0.90 m 时，应采取防护措施。

2. 低窗台、凸窗等下部有能上人站立的宽窗台面时，贴窗护栏固定窗的防护高度应从窗台面起计算。

5.7 一台电梯/一个楼梯

☞ 一个楼梯的适用条件表见技措 8.3.10。

☞ 多层公建一个楼梯的条件（低规 5.3.2）：一、二级耐火，三层，其中第二、三层每层面积≤500 m²，第二、三层人数之和≤100 人。

☞ 建规合稿 5.5.3：公建一个楼梯的条件，一、二级耐火，三层，其中第二、三层每层面积≤200 m²，第二、三层人数之和≤50 人。

☞ 局部升起一个楼梯的条件（低规 5.3.4/建规合稿 5.5.4）：主体有两个梯，局部升起至多两层，每层面积 200 m²，局部升起两层人数之和≤50 人。但同时应设 1 个通往屋面的门。

☞ 一台电梯最高达 11 层（上标 5.2.2/住规 4.1.7）。12 层以上塔式、类塔式的单元高层住宅不应少于 2 台电梯。

☞ 一个楼梯最高达：塔式≤18 层，8 户，每层建筑面积 650 m²，设防烟楼梯和消防电梯（高规 6.1.1）。

☞ 上标 5.1.1.5：塔式单元式住宅，12～18 层，可只设一个防烟楼梯，前室面积＞4.50 m。

单元式住宅，≥18 层，只设一个疏散楼梯并通屋顶，则 18 层以上部分层层连通阳台或凹廊（高规 6.1.1.2）。

☞ 住规 4.1.6：≥7 层，H≥16.0 m 住宅设电梯。

☞ 低规 5.3.2/5.3.11：住宅任一层建筑面积 650 m²，安全距离 15.0，可设 1 个安全出口。

☞ 汽火规 6.0.2：每个防火区不少于 2 个，≤50 辆（4 类车库），同一时间不超过 25 人可以 1 个人员安全出口。

☞ 参考 01 低规 5.3.2：≤9 层的宿舍，每层建筑面积 300 m² 30 人，可设 1 个封闭楼梯间。

☞ 上标 5.3：单元式住宅超出一个楼梯一台电梯的范围用连廊解决。由一个楼梯和一台电梯带来的疏散和交通方面的困难。

☞ 低规 5.3.7 5.3.5：医院病房楼空调，≥2 层的商店娱乐等以及其他≥5 层的公建应设封闭楼梯间。

☞ 高层建筑裙房中（甚至高层主体中），灵活利用高规 6.1.13 条文的精神，可以将数个只有 1 个疏散楼梯的防火区并列,只要 $S_1+S_2+S_3+\cdots\leqslant1\,000\times1.4$ 或 $1\,500\times1.4$,防火门上开门 FM 甲作为第二安全出口。这在理论上成立。但要以产品质量(防火门在任何时候两边都能打开)和经营管理办法为安全保障。

5.8 地上地下共享楼梯

☞ 高规 6.2.8/低规 ~~5.3.6~~ 5.3.12.6→7.4.4:地下室同地上层不宜[不应(下规 5.2.3)]共用楼梯,必须共享时,在适当部分分开。多层 1.5 h 墙,乙级防火门,高层 2.0 h 墙,乙级防火门。

☞ 沪公消(建涵)192 号文:总面积<500 m^2 或地下面积<200 m^2 的别墅,地上地下共享一个楼梯,在底层可不作分隔。

☞ 苏标 8.4.15:高层住宅地上地下共享楼梯间用 2.0 h 墙,乙级防火门分隔。多层不在此列。不知苏标是有意还是疏忽?说"有意",因为它有一定道理;说"疏忽",是它忘了低规 5.3.12.6→7.4.4 就是这么说的,江苏也要遵守。如果按苏标 8.4.15,多层或别墅的地上与地下之间就不用分隔。

高层建筑地下室的楼梯间型式,笔者认为,既然地上地下用 FM 乙和墙分开,自成体系,应该可以独立地根据地下室的埋深、层数和建筑类型确定楼梯间型式,防火门类型,同地上分开处理。

☞【高规 6.2.8】地下室、半地下室的楼梯间,在首层应采用耐火极限不低于 2.00 h 的隔墙与其他部位隔开并应直通室外,当必须在隔墙上开门时,应采用不低于乙级的防火门。

☞【低规 5.3.6→7.4.4】地下室或半地下室与地上层不应共享楼梯间,当必须共享楼梯间时,应在首层地下或半地下层的出入口处,设置耐火极限不低于 2.00 h 的隔墙和乙级的防火门隔开,并应有明显标志。

☞【苏标 8.4.15】高层住宅地下室或半地下室不应与地上共享楼梯间,当必须共用楼梯间时……

5.9 楼梯综述(安全出口)/扩大楼梯间

5.9.1 综述

5.9.1.1 定义方面

☞ 关于安全出口。根据安全出口的定义(低规 2.0.17/高规 2.0.15/下规 2.0.8),安全出口指安全疏散用的楼梯间、室外楼梯的出入口和直通户外安全区域的出口。开敞楼梯≠开敞楼梯间。所以,开敞楼梯不能作为安全出口。而开敞楼梯间可作为安全出口的一种类型。日常工作中,常常会忽略开敞楼梯和开敞楼梯间之间的差别。

☞ 疏散出口的定义(下规 2.0.7),疏散通道的定义(下规 2.0.9)。

不少人甚至规范把安全出口和疏散出口混为一谈,使设计人和校对人无所适从,举例展览厅的疏散距离(直线距离)30.0 m 如下:

规 范 条 文	规 范 原 文	规 范 条 文 说 明	规 范 图 示	有 喷 淋
高规 6.1.7	疏散出口/30 m	安全出口/30 m	疏散出口/30 m	不可以×1.25
低规 5.3.13 注 1	安全出口/30 m		安全出口/30 m	×1.25
下规 5.1.5.3	安全出口/30 m	安全出口/40 m(更离奇)		×1.25(笔者认为不合理)
办标 5.0.2	安全出口/30 m	疏散出口/30 m		没说

☞ 举例:

① 有一幢上海金山的展览类建筑,其装修图展览厅的疏散距离(直线距离)按规范原文,满足。按

规范条文说明,就不满足。疏散距离应该算到疏散出口还是安全出口? 建规合稿 5.5.15 注 1 有明确合适的答案,到疏散出口 30 m,到安全出口 45 m。

② 特殊情况,同一楼梯间上面几层为封闭楼梯间或开敞楼梯间,下面几层为开敞楼梯,可不可以? 未见明文规定。笔者反复琢磨之后认为可以。但应满足相当于户外楼梯的条件,楼梯间墙上设 FM 乙,梯段净宽 900 mm、倾角≤45°、扶手高 1 100 mm、梯子不能正对出口。梯子周围 2 000 mm 以内不得有其他洞口等(高规 6.2.10/低规 ~~7.4.2~~ 7.4.5)(例见青浦练塘镇政府迁建机关办公楼/九晟设计)。

③ 特殊情况,架空层(或部分架空)算不算安全出口? 内院算不算安全出口? 笔者认为,由楼梯间在架空层的出口能否方便地到达户外? 内院是否足够大,比如>6 m×6 m 或 13 m×13 m,只能定性不能定量的问题(例见青浦练塘镇政府迁建机关办公楼/九晟设计)。

☞ 辅助安全出口[符合开向的防火门,这个概念只见本地相应规定,大商 3.6/沪消(2007)23 号三(五)/建规合稿 5.5.16]。辅助安全出口不计入安全出口数量,但可计入疏散距离和疏散宽度(不超过 30%)适用场合:商场(高层、多层地下未予明确,本人推测都可应用)。

① 无论是高层还是多层防火墙上的 FM 甲都可作为第二安全出口,但是宽度至多只能占 30%(建规合稿 5.5.16)。

② 地上商场等防火区之间防火墙上的防火门,可作为安全出口,但其疏散宽度不计入总疏散宽度(江苏建筑工程设计技术问题研讨纪要 7)。

☞ 低规 5.3.11:住宅的疏散楼梯和电梯相邻时,楼梯应用封闭楼梯间,其他建筑也可参考,实际上,单元住宅常有这种做法,所以要特别强调。而非住宅公建的疏散楼梯除少数外,一般要求楼梯,是同样的结果,楼梯当然是不能和电梯同在一个空间里(低规 5.3.5)。当户门为 FM 甲时,可不为封闭楼梯间(建规合稿 5.5.33)。

☞ >4 层的多层和高层楼梯间的首层应设直接出入口(低规 5.3.13.3/高规 6.2.6)或在首层设扩大楼梯间(建规合稿 5.5.15.3)。高规规定在首层楼梯间可以短距离通过公用门厅,但不允许经其他房间到达室外(高规 6.2.6 说明)。<4 层时,首层楼梯间可离直接出入口 15.0 m(建规合稿 5.5.15.3)。住宅(不分高层、多层)或≤4 层的多层建筑的楼梯间可以离直接出入口≤15.0 m(低规 5.3.13/住法 9.5.3/苏标 8.4.9.3)。

☞ 多层和高层封闭楼梯是在首层允许扩大楼梯间(高规 6.2.2.3 及说明/低规 5.3.13)。通常情况下,只要楼梯间和门厅连在一起,15.0 m 的限制就不成问题。但也有个别情况,楼梯间和门厅处在两个防火区,楼梯间就必须有直通室外的出口,如浦东建行大楼即是个例子。

☞ 低规 5.3.1/住法 9.5.1:两个安全出口边缘的距离≥5.0 m,类似规定在上海的大商场规定中也有,大商场中距离≤20.0 m 的两个安全出口被视为一个安全出口(大商 3.5),另外一个关于双向疏散的类似规定,当 2 个疏散梯子的夹角<45°,则被认为是一个(大办图 2)。

☞ 关于安全出口 5.0 m 距离的问题,高规 6.1.5 和 01 低规 5.3.6A 下规 5.1.3/建规合稿 5.5.2(公建)/5.5.25(住宅)都有论述,只是 01 低规在 5.3.6A 说明中把它扩大到房间出口,容易叫人误会一个房间里的门至少也要距离 5.0 m(如昆山社区中心的审图要求),但是根据高规 2.0.15 安全出口的定义,安全出口指保证人员安全疏散的楼梯或直通室外地平面的出口,并不指房间出口,作扩大到房间的推论似不妥。实际上,一个房间可以办到,相邻房间的门之间的距离,就很难保证,尤其是圆形平面布置更有局限,建议低规在以后修改此条的说明。此条由于 06 低规把房间面积由 60 m² 扩大到了 120 m²(低规 5.3.8),>120 m² 的中间房间开 2 个疏散门,要求 5.0 m 距离的问题也许不成问题了。

关于共用楼梯的平面做法,上海有特别的相关规定[沪消(2006)439 号 3.4]:2 个同 3 个或 3 个以上防火分区都可以共用一个疏散楼梯间,但是它们的平面做法要求不一样。3 个或 3 个以上防火分区共用一个楼梯间(设备间的第二安全出口除外)的时候,应专门分隔出疏散走道。这几个防火区只能对疏散走道开门,而不能直接对楼梯间开门,相当于楼梯间外面设一个前室,把这个前室作为过渡空间。此外,这个疏散走道应满足避难走道的要求(下规5.2.5)。但是,要满足避难走道的要求,事情变得就复杂了。根据下规5.2.5,首先要有不少于2个直通地面出口,这个要求就难以达到,所以,笔者对"应满足避难走道的要求"说法表示怀疑。

☞ 地上、地下不应共用楼梯间(高规6.2.8/低规7.4.4/下规5.2.2),必须共用则要采取措施(高规6.2.8/低规7.4.4/下规5.2.2)。

☞ 疏散楼梯错位,明确不允许(高规6.2.6/低规7.4.4/下规5.2.7),但避难层楼梯则要错位。

☞ 楼梯要分清疏散楼梯和非疏散楼梯,但是未见定义,笔者认为,所谓疏散楼梯,指满足消防规范要求(安全距离、形式、宽度、夹角度、防火防烟、上下直通等)作为安全出口的楼梯,其踏步数、角度、平台宽度均有限制,而一般交通楼梯,如公建大堂观赏梯、住宅建筑内的套内楼梯、设备室的工作梯,则没有上面这些严格的要求,疏散楼梯和非疏散楼梯在结构荷载上也不一样(建筑结构荷载规范4.1.1)。

☞ 低规 ~~7.4.4~~ 7.4.7:圆弧形楼梯能否作为疏散楼梯,要仔细分辨。

☞ 室外楼梯,作为辅助防烟楼梯,净宽>900 mm,倾角45°,平台板防火1.0 h,梯段防火0.25 h,梯段不能直对防火门。梯子周围2 000 mm以内,不可开别的洞口(高规6.2.10),作为厂房第二安全出口,可用800 mm宽金属梯(低规7.4.5),高层外门用FM乙,低层无此规定。

☞ 高层和多层建筑封闭楼梯间的底层都允许作扩大楼梯间(高规6.2.2.3及说明/低规5.3.7及说明)。

☞ 关于底层扩大封闭楼梯间和扩大防烟前室(高规6.2.2.3/低规7.4.2.2/7.4.3.6):

(1) 高层住宅封闭楼梯间的门应为FM乙(高规6.1.3)。

(2) ≥12层的高层住宅应设消防电梯(上标5.2.3)。

(3) 底层扩大封闭楼梯间的做法要求:① 取消楼梯间的门FM乙,使楼梯间和大厅或走道成一体。② 大厅或走道两侧其他房间,这些房间的门应为FM乙(高规6.2.2.3)。③ 扩大楼梯间时,特别要注意:垃圾道、管道井等的抢修门不能直接开向楼梯间内(低规7.4.2说明)。

(4) 在应设防烟楼梯间的高层建筑底层能否应用扩大封闭楼梯间的概念,过去规范没有正面加以回答,06低规7.4.3.6明确可以作扩大防烟前室(低规7.4.3.6)。

(5) 防烟楼梯间如与消防电梯合用前室,扩大封闭楼梯间后,消防电梯在底层还要前室否? 要。但是大厅无可燃物,可以不要[沪公消(2003)174文]。低规7.4.3.6有扩大防烟前室的说法,注意楼梯间有门FM乙,与封闭楼梯间的底层扩大封闭楼梯不同之处(低规7.4.3.6)。

5.9.1.2 附件——门

☞ 低规 ~~7.4.7~~ 7.4.12/高规6.1.16:民用建筑及厂房的公共疏散门(门厅的外门、展览厅、多功能厅、餐厅、舞厅、营业厅、观众厅的门等)均应向疏散方向开启。疏散门不应为侧拉门、卷帘门、吊门、转门。

☞ 浙江省建设发(2007)36号:自动门、旋转门设于安全出口时,该门附近应另设平开门。

☞ 严寒地区建筑物的出入口应设门斗,寒冷地区建筑物的出入口宜设门斗(通则7.3.3)。

☞ 低规7.6.4/3:非燃结构天桥可以被当作安全出口处理,注意其两侧门的开启方向及其左右、下方窗洞情况[或以防火窗FM甲代替(参考低规5.2.1注3)]等。

5.9.1.3 注意点

☞ 低规 ~~5.1.1~~ 5.3.3/高规4.1.6:托幼设在其他建筑物内时,应设独立出入口。

☞ 高规6.1.3.A/低规 ~~5.4.2~~ 5.4.6/住法5.2.4/9.1.3/住规4.5.4/上标5.6.3/商规4.1.4/建规合稿5.4.7:商住楼、综合楼的商店部分出入口与住宅或其余部分分开,注意此时的楼梯间墙是防火墙,其两侧的窗子洞口间距有一定要求(上标7.6.3)。

☞ 综合建筑中商店部分的安全出口必须同其他部分分开(商规4.1.4)。

☞ 综合楼内的办公部分的安全出口必须同同一楼内的对外的商场、营业厅、娱乐、餐馆等部分分开(办规5.0.3)。

☞ 除了楼梯间的门之外,封闭楼梯间或防烟楼梯间的楼梯间及其前室内墙上不应开设其他洞口(低规7.4.2.3/7.4.3.5/高规6.2.5.1)。开敞楼梯间则不在此禁忌之内,所以低规7.4.1没有提这一要求,而只是在低规7.4.2.3/7.4.3.5分别提出,足见它不包括开敞楼梯间。此外,如果消防电梯和防烟楼梯间合用前室时,此条文中提到的这个洞口想必只包括消防电梯的门洞,但日常工作中常常把非消防的乘客电梯的门洞也开在防烟楼梯的前室内,这种约定俗成的做法,谁也没有提出过异议。不过,认真说来,这种约定俗成的做法并不符合这条规定。

举一个实例:江阴的某幢别墅,沿外墙设一个下地下室的楼梯间。设计人向这个楼梯间分别开了两扇窗,一个是工具间的,一个是卫生间的。审图人认为他违背了不能向楼梯间开窗的原则。笔者认为,审图人没有了解不能向楼梯间开窗的原则的前提是封闭楼梯间或防烟楼梯间,而这个楼梯间只有内门,没设外门,是个开敞楼梯间,不在禁忌之内。因此,开了也无妨。建议取消工具间的窗,保留卫生间的窗。这个实例还有一个不合常规的问题,地下室的楼梯间允许是开敞楼梯间吗? 照下规5.2.1,一般不可以。但是依据这个实例,做成没有外门的开敞楼梯间,没有什么不妥。

5.9.1.4 具体问题

03技措8.3.7:不宜将走道的一段分割在封闭楼梯间内。

苏标8.4.4解释:住宅走道不应作为扩大的前室,不论什么情况,住宅分户门不应直接开向"三合一"前室(剪刀梯与消防电梯的合用前室)。

这个问题要看楼梯的具体布置,能否实现双向疏散,如果妨碍双向疏散,则不能将走道的一段分割在封闭楼梯间内或前室内。如果不妨碍双向疏散,比如,两个楼梯在长走廊的两头,只将走道的一段分割在封闭楼梯间内或前室内也没关系。或者本来就是一组剪刀梯在走廊的中点附近,或将一个楼梯在走廊的中点附近,将走道的一段分割在前室内,也不妨碍原本的袋形疏散。

☞ 有种外廊住宅,把楼梯间放在中间,把外走廊分成两段,这样的方案可以吗? 参考上标5.3.1对连廊的要求,如果>18层,每层>6户则要求做成通廊,不允许把外走廊分成两段;如果<18层,每层<6户,就是说疏散人数相对少的情况下,把外走廊分成两段不做成通廊,可以考虑。

☞ 低规5.3.11:住宅的疏散楼梯和电梯相邻时,楼梯应用封闭楼梯间,其他建筑也可参考,实际上,单元住宅常有这种做法,所以要特别强调,而非住宅公建的疏散楼梯除少数外,一般要求楼梯,是同样的结果,楼梯当然不能与电梯同在一个空间里(低规5.3.5)。当户门为FM甲时,可不为封闭楼梯间(建规合稿5.5.33)。

5.9.1.5 相关联的问题

☞ 对于设有消防电梯的高层建筑,把消防电梯和安全出口(楼梯)一起同时考虑有其好处。因为都要在扑救面一侧有直接出口,当然,消防电梯还可用30 m专用通道(高规6.3.3.3/低规7.4.10.2)。消防电梯不一定要下地下室(高规6.3.3说明/上标5.2.5/3),也有一定要下地下室的(苏标8.4.20)。

☞ 市消防局(2004)沪公消建函字192号8/10:防烟楼梯间和消防电梯间首层应设前室,但首层门厅无可燃物而作为安全出口时,可以不设。

☞ 浙江省建设发(2007)36号:非敞开前室内不得开设住宅用户的采光窗。

☞ 开敞楼梯间与电梯井相邻,应设计成封闭楼梯间(01低规7.4.1)。

高规6.2.5.1/06低规7.4.2.3/7.4.3.5/01低规7.4.1:封闭楼梯、防烟楼梯的楼梯间及其前室的内墙上,除了通向公共走道的门之外不能向其他房间开门。规范有疏漏之处,遇到商场办公之类的大空间怎么办,碰到大空间办公商场就有问题。这两种场合,楼梯间之外没有走道,那楼梯间的门就没有地方可以开了。因此,上海要求作特殊处理,要求楼梯间的门外设 $R=2\,000$ 控制区[沪消字(2001)4号/大办一,1.2,有图示]。此外,住宅对本条也有变通的处理,比如允许将管井的门(上标 7.4.2)或户门设在楼梯间或前室内。也正因为这条规范条文有疏漏之处,所以 06 低规 7.4.2.3 对 01 低规 7.4.1.1 作了修改,在说法上就不完全相同。仔细看,就会发现,按 01 低规 7.4.1.1 的说法,楼梯间的门只能开向走道,按 06 低规 7.4.2.3 的说法楼梯间的门开向走道或大空间都可以,这就是 06 低规 7.4.2.3 和 01 低规 7.4.1.1 在说法上的差别。

☞ 高规 7.4.6.1/8:高层建筑应在走道、楼梯附近及消防电梯前室设消火栓。

☞ 高规 6.1.2.3:剪刀楼梯应分别设置前室,塔式住宅确有困难时,可设置一个前室,但两座楼梯应分别设加压送风系统。

☞ ≥12 层的高层住宅应设消防电梯(上标 5.2.3)。

☞ 低规 5.3.7:与此常相联系的一个问题,即电梯宜设电梯厅。

☞ 低规 7.2.3:06 低规新规规定一、二级耐火等级建筑门厅隔墙 2 h、墙上的门窗 FM 乙。笔者认为应视建筑的简繁而定,一些内容简单、规模不大的建筑似乎没有必要强调。

5.9.1.6 相关规范

☞ 【高规 6.1.5】高层建筑的安全出口应分散布置,两个安全出口之间的距离不应小于 5.00 m,安全疏散距离应符合表 6.1.5 的规定。

☞ 【低规 5.3.8】公共建筑和通廊式非住宅类居住建筑中各房间疏散门的数量经计算确定,且不应少于 2 个,该房间相邻 2 个疏散门最近边缘之间的水平距离不应小于 5.0 m,当符合下列条件之一时,可设置 1 个:

(1) 房间位于 2 个安全出口之间,且建筑面积小于等于 120 m²,疏散门的净宽度不小于 0.9 m。

(2) 除托儿所、幼儿园、老年人建筑外,房间位于走道尽端,且由房间内任一点到疏散门的直线距离小于等于 15.0 m,其疏散门的净宽度不小于 1.4 m。

(3) 歌舞、娱乐、放映、游艺场所的建筑面积小于等于 50 m² 的房间。

☞ 【高规 6.2.2.3】楼梯间的首层紧接主要出口时,可将走道和门厅等包括在楼梯间内,形成扩大的封闭楼梯间,但应采用乙级防火门措施与其他走道和房间隔开。

☞ 【高规 6.2.5.1】楼梯间及防烟楼梯间前室的内墙上,除开设通向公共走道的疏散门和本规范第 6.1.3 条规定的户门外,不应开设其他门、窗、洞口。

☞ 【低规 7.4.2】封闭楼梯间除应符合本规范第 7.4.1 条的规定外,尚应符合下列规定:

(1) 当不能天然采光和自然通风时,应按防烟楼梯间的要求设置。

(2) 楼梯间的首层可将走道和门厅等包括在楼梯间内,形成扩大的封闭楼梯间,但应采用乙级防火门等措施与其他走道和房间隔开。

(3) 除楼梯间的门之外,楼梯间的内墙上不应开设其他门窗洞口。

(4) 高层厂房(仓库)人员密集的公共建筑、人员密集的多层丙类厂房设置封闭楼梯间时,通向楼梯间的门应采用乙级防火门,并应向疏散方向开启。

(5) 其他建筑封闭楼梯间的门可采用双向弹簧门。

☞ 【低规 7.4.3】防烟楼梯间除应符合本规范第 7.4.1 条的有关规定外,还应符合下列规定:

(1) 当不能天然采光和自然通风时,楼梯间应按本规范第九章的规定设置防烟或排烟设施,应按本规范第 11 章的规定设置消防应急照明设施。

(2) 在楼梯间入口处应设置防烟前室、开敞式阳台或凹廊等,防烟前室可与消防电梯门前室合用。

(3) 前室的使用面积,公共建筑不应小于 6.0 m²,居住建筑不应小于 4.5 m²。合用前室的使用面积,公共建筑、高层厂房及高层仓库不应小于 10.0 m²,居住建筑不应 6.0 m²。

(4) 疏散走道通向前室及前室通向楼梯间的门应采用乙级防火门。

(5) 除楼梯间门和前室门外,防烟楼梯间及其前室的内墙上不应开设其他门窗洞口(住宅除外)。

(6) 楼梯间的首层可将走道和门厅等包括在楼梯间前室内,形成扩大的防烟前室,但应采用乙级防火门等措施与其他走道和房间隔开。

☞【低规 7.6.4】连接两座建筑物的天桥,当天桥采用不燃烧体且通向天桥的出口符合安全出口的设置要求时,该出口可作为建筑物的安全出口。

5.9.2 数量

5.9.2.1 正常情况

无论是哪种规范,都分正常情况和特殊情况,只有在思想上有了这样的明确概念,才会对一些条文正确运用的条件有清楚的认识。比如,高规 6.1.3 和高规 6.1.1 同样是户门,为什么一个是 FM乙,一个是 FM 甲,这不是矛盾吗? 其实,前者是指正常情况,即有两个梯子的情况,规范本身没有写,要你自己去体会;而后者是特殊情况,即只有一个梯子的情况,规范本身写了,要你自己去体会它是特殊情况。如果是特殊情况,FM 甲;如果是正常情况,FM 乙。

☞ 高规 6.1.1/低规 5.3.2/7.6.4:每个防火区 2 个安全出口(高度重视一个梯的条件)。有公共交通走廊连通所有安全出口,特别要注意防止穿越某个房间才能到达安全出口的情况。

☞ 无论高层、多层防火墙上的 FM 甲都可作为第二安全出口,但是宽度至多只能占 30%(建规合稿 5.5.16)。

☞ 合格的天桥可作为第二安全出口(建规合稿 6.6.4)。

☞ 辅助安全出口——符合开向防火门,这个概念只见本地相应规定[沪消(2006)439 号三(五)/大商 3.6]。低规未见类似规定。辅助安全出口不计入安全出口数量,但可计入疏散距离和疏散宽度(不超过 30%),适用场合:商场(高层、多层地下未予明确,笔者推测都可以应用)。

☞ 地下商场、汽车库防火分区面积>1 000 m²的,必须每个分区设不少于 2 个安全出口,不得借用防火墙上的门作为第二安全出口[(2004)沪公消建函第 192 号]。

☞ 技措 3.3.2.3.1:地下商场防火分区面积>1 000 m²的,必须每个分区设不少于 2 个安全出口,不得借用防火墙上的门作为第二安全出口。<1 000 m²的可以只设 1 个直通室外的安全出口。第二安全出口只能占总宽度的 30%。

☞ 低规 5.3.2/3 说明:医院、疗养院、老年人建筑、托幼不允许只设置 1 个梯。

☞ 高层住宅≥19 层(即使是单元住宅),2 个出入口。

5.9.2.2 特殊情况

指一个防火区或一幢楼只有一个楼梯间的情况。

☞ 高层、多层地下建筑只设一个疏散楼梯的条件表(技措 8.3.10.3-5)。

☞ 高规 6.1.1.1.1:塔式住宅≤18 层,≤8 户,≤650 m²,可以 1 个。

☞ 住法 9.5.1:非高层住宅,建筑面积≤650 m²/层,户门到安全出口距离≤15.0 m,单元住宅可以 1 个出入口。10~18 层高层住宅,建筑面积≤650 m²/层,户门到安全出口距离≤10.0 m,单元住宅可以 1 个出入口。

☞ 高规 6.1.1.2:关于高层单元住宅 1 个楼梯间的条件:高层单元住宅,如果在它的 18 层及 18 层以下部分,满足一系列条件的时候,可以只有 1 个疏散楼梯间。这一系列条件,包括住宅单元之间的隔墙做防火墙、户门为 FM 甲、窗间墙和窗槛墙大于 1.2 m 等,18 层以上部分,相邻单元楼梯用阳台或凹廊连通(高规 6.1.1.2)。但是条文没有明确>18 层部位的户门应是 FM 甲还是 FM 乙,能不能运用高规 6.1.3 条前把开向前室的门做成 FM 乙? 另外,18 层以上部分,要不要也要住宅单元之间的隔墙做防火墙、户门为 FM 甲、窗间墙和窗槛墙大于 1.2 m 等，都没有说清楚。高规图示 06SJ812 的图示要求它也为 FM 甲，不能套用高规 6.1.3。但高规图示用连廊，比较合理。楼梯间用阳台或凹廊连通似乎难以办到。另外凹廊的含义是什么，不清楚。如高规图示的连廊叫它阳台或凹廊，不合适。高规 6.1.1 说 18 层及以下部分都要采取加强措施。当楼高＞18 层时，18 层以上部分除了连廊之外，18 层以下部分都要和上面提到的采取一样的加强措施。非但表述不清楚，而且显然不够合理。但在建规合稿 5.5.25.3 里，就说得非常清楚。只有楼高＞60 m 时，≤60 m 部分要采取加强措施，＞60 m 部分除了连廊之外照常规作法。而楼高＜60 m 时，没有什么特殊要求。建规合稿 5.5.25 和高规 6.1.1 有着概念上的不同。

☞ 上标 5.1.16：＞18 层的高层单元住宅每设一个防烟楼梯时，应从第 19 层起层层连廊（上标 5.3），＞18 层的塔式住宅每单元设不少于 2 个防烟楼梯（上标 5.1.2.4）。

☞ 高规 6.1.1.2：高层公建相邻防火区面积总和＜1.4 倍限定面积，可只设 1 个直接疏散口，另 1 个可借用防火墙上的 FM 甲。但是，即使有喷淋，面积也不可再扩大。地下、半地下建筑有类似规定（下规 5.1.1/高规 6.1.12.1/低规 5.3.12），但是低规对多层建筑无类似规定。

举一个实例：一幢一类高层中廊式租赁式公寓，每层面积约 1 200 m²，2 个楼梯间。按高规 7.6.2，把它认作住宅类，则可以不做自动喷淋，那它的防火区面积应≤1 000 m²，1 200 m² 就应分成两个防火区。分成两个防火区后，每个防火区要有两个安全出口（楼梯间），原有的楼梯间个数就不够了。怎么解决这个矛盾呢？分成两个防火区后，因为 1 000 m²×1.4＝1 400 m²，本方案就有条件运用高规 6.1.1 的 1.4 倍原则，把每层分成两个防火区，只要在防火墙上开个 FM 甲当作第二安全出口，就满足每个防火区有两个安全出口的规定了。另外，由于走廊不够宽，不可能同时开 2 扇方向相反的 FM 甲。那么，能否不用 FM 甲而用卷帘门？查高规 5.4.5，只要满足一定条件，在走廊上可用卷帘门代替 FM 甲。同时注意防火墙两侧窗的距离，满足高规 5.2.1/2 的要求。

☞ 灵活应用高规 6.1.1.3，可将数个只有 1 座疏散楼梯的防火区并列，在防火区的分隔墙上开防火门 FM 甲，作为第二安全出口。只要相邻两个防火区面积之和＜1 000×1.4 或 1 500×1.4 就行。这个方法可应用于高层建筑底部二、三层的相邻商业网点间的处理，从理论上可以省去 1 个楼梯。

☞ 关于非高层建筑的安全出入口数，通常应为≥2 个，要满足一定条件才允许一个，非高层建筑分公建和居住建筑两大类。

公建 1 个安全出入口分两种情况：① 通常情况，一、二级防火三层建筑，每层面积≤500 m²，二、三层人数之和≤100 人，可以 1 个出口（低规 5.3.2）；② 局部升高 2 层，升高部分每层面积≤200 m²，升高 2 层人数之和≤50 人，升高部分可以 1 个出口，同时另设 1 个屋面出口（低规 5.3.4）。

居住建筑 1 个安全出口也分两种情况：① 通常情况即住宅，每层面积≤650 m²，或逃生距离≤15.0 m，可以 1 个出口（低规 5.3.11/住法 9.5.1）。② 通廊式非住宅类居住建筑（如宿舍、旅馆），1 个安全出入口的条件同公建，即一、二级防火三层建筑，每层面积≤500 m²，二、三层人数和≤100 人，可以 1 个出口（低规 5.3.11。低规 5.3.2 类似于低规 5.3.11）。

☞ 低规 3.7.2：厂房 1 个安全出入口的条件。

低规 3.8.2：库房 1 个安全出入口的条件，占地≤300 m²。≤100 m² 的库房可设 1 个门（FM 乙）。

低规 3.7.2/下规 5.1.1.4/下规 5.1.2：厂房地下室 1 个安全出入口的条件。

下规 5.1.1.4：地下室，＜200 m²，3 人，可只设 1 个通向相邻防火区的防火门。

☞ 下规 5.1.2：地下室，＜50 m² 房间，可只设 1 个门。

5.9.2.3 相关规范

☞【高规 6.1.5】高层建筑的安全出口应分散布置，两个安全出口之间的距离不应小于 5.00 m，安全疏散距离应符合表 6.1.5 的规定。

☞【低规5.3.8】公共建筑和通廊式非住宅类居住建筑中各房间疏散门的数量经计算确定,且不应少于2个,该房间相邻2个疏散门最近边缘之间的水平距离不应小于5.0 m,当符合下列条件之一时,可设置1个。

1. 房间位于2个安全出口之间,且建筑面积小于等于120 m²,疏散门的净宽度不小于0.9 m。

2. 除托儿所、幼儿园、老年人建筑外,房间位于走道尽端,且由房间内任一点到疏散门的直线距离小于等于15.0 m其疏散门的净宽度不小于1.4 m。

3. 歌舞、娱乐、放映、游艺场所的建筑面积小于等于50 m²的房间。

☞【高规6.2.2.3】楼梯间的首层紧接主要出口时,可将走道和门厅等包括在楼梯间内,形成扩大的封闭楼梯间,但应采用乙级防火门措施与其他走道和房间隔开。

☞【高规6.2.5.1】楼梯间及防烟楼梯间前室的内墙上,除开设通向公共走道的疏散门和本规范第6.1.3条规定的户门外,不应开设其他门、窗、洞口。

☞【低规5.3.3】公共建筑内和每个防火分区,一个防火分区内的每个楼层,其安全出口的数量应经计算确定,且不应少于2个,当符合下列条件之一时,可设一个安全出口或疏散楼梯:

1. 除托儿所、幼儿园外,建筑面积小于等于200 m²且人数不超过50人的单层公共建筑。

2. 除医院、疗养院、老人院建筑,以及托儿所、幼儿园的儿童用房和儿童游乐厅等儿童活动场所等外,符合表5.3.2规定二、三层公共建筑。

表 5.3.2　公共建筑可设置 1 个安全出口的条件

耐火等级	最多层数	每层最大建筑面积(m²)	人　数
一、二级	3层	500	第二层和第三层的人数之和不超过100人
三　级	3层	200	第二层和第三层的人数之和不超过50人
四　级	2层	200	第二层人数不超过30人

【低规7.6.4】连接两座建筑物的天桥,当天桥采用不燃烧体且通向天桥的出口符合安全出口的设置要求时,该出口可作为建筑物的安全出口。

5.9.3　类型/层数/层数折算、扣层

5.9.3.1　提示

提示1:本地与外地住宅楼梯类型的确定有些不同,本地住宅楼梯类型在按层数确定时,有总高54.0 m的限定。≤54.0 m时,顶层为跃层及底层为架空层时,可按原始层数减去一层对照执行出入口个数、楼梯类型等(结构日照除外)(上标5.8.2)。

高规无此变通说法。国家住宅规范4.1.6注,也说跃层可不计入层数,这仅指交通而言,与防火无关。苏标8.1.3则明确住宅顶层为两层一套的跃层,可按一层计。

05版住宅建筑规范9.1.6/2001上标5.8.1有层数折算的具体规定,反映了一个事情的两个方面,楼层层数怎么减怎么加,层数在确定楼梯类型时起关键作用,住宅建筑中如有>3.0 m层高者,应进行层数折算,除以3.0 m,余数>1.5 m时,作为一层算(住法9.1.6/上标5.8.1)。另外,架空层和跃层等到底怎么扣层,各地有不同的说法。同时还要注意,防火和规划上的要求不相同,2001上标5.8.2把它们并列,明确了折算和扣层的关系,即在上海,在54.0 m总高的前提下,视情况实施扣层,跃层或架空层可扣去一层,高过54.0 m的不得扣层。同时是跃层或架空层的,只可扣一次。

如果不是架空层而是储藏室层能不能扣?不得扣。强调架空层是公用空间,不可为住宅自用的辅助用房。这个推断和苏规3.1.5.3说法一致,底层非架空或非自行车库不得扣除底层高度。

江苏扣层有关规定(苏规3.1.5.3):底层架空或为自行车库(≤2 200),扣除底层高度;沿街住宅

底层为非住宅用房(如商店),扣除底层高度。底层非架空或非自行车库,非沿街住宅即小区内部住宅其底层为非住宅用房,则不得扣除底层高度。注意沿马路的可以扣,不沿马路的就不可以扣。

建规合稿不再以层数而是以高度确定居住建筑楼梯的型式,所以建规合稿没有层数折算方法这一条。以高度确定居住建筑楼梯的型式见建规合稿5.5.29/5.5.30。

提示2:遇组合式单元高层住宅时,要当心不同层数的单元高层组合造成的"假单元类塔式"情况时的楼梯类型。2009年在江阴消防局曾听说塔式住宅不能与单元式住宅放在一起,中间一定要有防火间距,感到十分新鲜也很疑惑。苏标8.3.2明确说只要有必要的防火措施甚至可以贴邻。防火措施(苏标8.4.5.6)、消防登高面(苏标8.3.7)、并注意"假单元类塔式"内的楼梯个数和类型、面积限制等,应当可以放在一起。为什么不可以? 还说江苏省特别研究过这个问题。

提示3:上标5.1.8/苏规8.4.14/浙江建设发(2007)36号63条:当住宅地下室为自行车、汽车停车或为机电设备用房时,楼梯间形式可以不变,楼梯间地上部分有自然通风时,对其无采光的前室和楼梯间可放宽处理,不设机械加压送风(浙江为非营利场所)。

提示4:江苏住宅相关层数的规定[苏标8.1.3/8.4.2(楼梯类型)/8.4.1.3(电梯机房)]:江苏住宅对跃层、架空层等同时扣除的规定,笔者认为不太合理,参见上标5.8.2。地上、地下共享一个楼梯间,应在底层用墙(2.0 h)和FM乙分隔(下规5.2.1/低规5.3.6注/高规6.2.8)。

提示5:楼梯间类型表见技措8.3.4。

5.9.3.2 楼梯类型

1)敞开式楼梯间

☞ 敞开式楼梯间和敞开楼梯是两个不同的概念。在住宅设计中,除了跃层式和跃廊式住宅的户内楼梯外,不得设置敞开楼梯(指南5.1)。

☞ 当住宅中的电梯井与疏散楼梯相邻,应设置封闭楼梯间,当户门为FM甲时,可不设封闭楼梯间(建规合稿5.5.32)。

☞ 当住宅中的电梯井与疏散楼梯相邻,应设置封闭楼梯间,当户门为FM乙时,可不设封闭楼梯间(低规5.3.11)。

☞ →低规5.3.11.1/2:非高层居住建筑楼梯类型:① 通廊式居住建筑,>2层时户门为FM乙,可以开敞楼梯间。② 其他形式居住建筑,≤6层或任一层面积<500 m²,或所有户门为FM乙,可以开敞楼梯间。

☞ 高规6.2.3.1/133文四:≤11层单元式住宅,户门为乙级防火门,可为敞开式楼梯间。疏散楼梯应通至屋顶。有电梯相邻则必须用FM乙或封闭楼梯间(低规5.3.11)。

☞ 上标5.1.1.1:低、多层住宅,疏散距离≤15.0 m者,可为敞开式楼梯间。

☞ 上标5.1.1.2:7～9层住宅,疏散距离≤15.0 m者,开敞楼梯间,但户门应为FM乙或楼梯间出屋面,两者择其一。有电梯相邻则必须用FM乙或封闭楼梯间(低规5.3.11)。

☞ 高规6.2.3:单元式住宅疏散楼梯,均应通至屋顶。

☞ 烟规4.1.5:敞开式楼梯间口部应设挡烟垂壁或卷帘,实际工作常常忽略这一点。

☞ 2008－7－16:一个特殊例子,同一楼梯间上面几层为封闭楼梯间或开敞楼梯间,下面几层为四面临空完全开敞的楼梯,可不可以? 未见明文规定。笔者反复琢磨之后认为可以。但应满足相当于户外楼梯的条件,楼梯间墙上设FM乙,梯段不能作辅助防烟楼梯,净宽900 mm、倾角≤45°、扶手高1 100 mm、疏散门为FM乙、梯子不能正对出口。梯子周围2 000 mm以内不得有其他洞口等(高规6.2.10/低规 ~~7.4.2~~ 7.4.5)。

2)封闭式楼梯间

☞ 当住宅中的电梯井与疏散楼梯相邻,应设置封闭楼梯间,当户门为FM乙时,可不设封闭楼梯间(低规5.3.11)。

☞ 低规5.3.5.1说明：未规定剧院、电影院、礼堂、体育馆的室内疏散楼梯应为封闭式楼梯间。

☞ 低规5.3.5/建规合稿5.5.8：非高层公共建筑楼梯类型，凡医院疗养院、>2层的商店娱乐等人员密集公建(低规5.3.15说明)、>5层的其他公建，应为封闭楼梯间。人员密集公建指同一时间内聚集50人以上的公共活动场所的建筑，如宾馆饭店、商场市场、体育场所、会堂、展览馆、证券所、公共娱乐场所、门诊楼、病房楼、养老院、托儿所、幼儿园、学校、教育楼、图书馆、集体宿舍、公共图书馆的阅览室、车站码头空港的候车候船候机厅(楼)(低规5.3.15说明)。多层建筑用的封闭楼梯间的门为双向弹簧门或FM乙(低规7.4.2.4/5)，高层厂房、人员密集的公建和多层丙类厂房的封闭楼梯间的门用FM乙。

☞ 低规5.3.1/2：非高层居住建筑楼梯类型：① 通廊式居住建筑，>2层且户门不为FM乙，应为封闭楼梯；② 其他形式居住建筑，>6层或任一层面积>500 m²，应为封闭楼梯间。

笔者注：为什么不把500 m²(限楼梯类型)和650 m²(限楼梯数量)两者统一起来？

☞ 建规合稿5.5.30：建筑高度21~32 m间的居住建筑应为封闭楼梯间，当户门是FM甲，可以不设封闭楼梯间。

☞ 建规合稿5.5.7：建筑高度<32 m的二类高层建筑应为封闭楼梯间。

☞ 高规6.2.3.2：12~18层单元式住宅应为封闭楼梯间。≤11层的单元式住宅可不做封闭楼梯间，但户门应为FM乙(高规6.2.3.1/低规5.3.11)。

☞ 高规6.2.4：<11层通廊式住宅封闭楼梯间。

☞ 高规6.2.2：<32.0 m的二类高层建筑封闭楼梯间。

☞ 高规6.2.2：高层裙房楼梯，如为暗楼梯间照防烟楼梯间处理，实际操作中，屋顶有百叶仍可做封闭楼梯间。

☞ 上标5.1.1.4：10、11层塔式住宅封闭楼梯间。

☞ 上标5.1.1.2：7~9层住宅如做封闭楼梯间，户门可为非防火门，同时楼梯间通屋面。

☞ 低规3.7.6：甲、乙、丙类多层厂房及高层厂房应采用封闭楼梯或室外楼梯。

☞ 下规5.2.1/低规5.3.6注/高规6.2.8：埋深10.0 m以内且为地下一、二层者设封闭楼梯，用FM乙(说法不够明白清楚)(下规5.2.2)。>10.0 m者，一律防烟楼梯，用FM甲(下规5.2.3)。

☞ 汽火规6.0.3：汽车库的室内疏散楼梯应为封闭楼梯，1.10 m宽，地下车库高层车库(高度>32.0 m，用防烟楼梯)和裙房内的车库等，其楼梯间及前室的门均用FM乙。

☞ 下规5.2.1：地下二层且埋深(从室外出入口地面算起)<10.0 m的地下室楼梯封闭楼梯间[同样适用于丙、丁、戊类的车间或仓库(下规1.0.2)]。封闭楼梯间可利用地面出口自然通风。当不能自然通风时，应采用防烟楼梯间(下规5.2.2)。

3) 防烟式楼梯

☞ 高规6.2.1：① 一类高层；② 高度>32.0 m的二类高层(不包括通廊式住宅和单元式住宅)；③ 塔式高层住宅，均设防烟楼梯(注意名义上是单元住宅实际上是塔式住宅的楼梯形式)。

☞ 建规合稿5.5.29：建筑高度>32 m间的居住建筑应为防烟楼梯间，当户门是FM甲时，户门可直接开向前室。

☞ 建规合稿5.5.7：一类高层建筑、建筑高度>32 m的二类高层建筑应为防烟楼梯间。

☞ 高规6.2.2.1：封闭楼梯间不能自然通风者按防烟式楼梯处理。

☞ 高规6.2.4：>11层的通廊式住宅设防烟楼梯。

☞ 高规6.2.3.3：≥19层的单元式住宅防烟楼梯。

☞ 低规3.7.6：高度>32 m的高层厂房应采用防烟楼梯或室外楼梯。

☞ 上标5.1.1.5：>12层塔式住宅、单元式住宅。注意高规6.2.3.3和上标5.1.1.5在单元式住宅上不同的说法引起本地及外地住宅设计不同的要求。

4）剪刀楼梯

☞ 剪刀梯是防烟楼梯，用于18层以上塔式或不设连廊的单元住宅（上标5.1.1.5/6）。两个梯子同时要出屋面（上标5.1.6）。原文说"剪刀梯楼梯的两个楼梯应在前室、走道或屋顶连通"，出屋面而后在屋顶连通，从而保证即使一个楼梯进烟，另外一个楼梯还是安全的。但烟气是从下往上跑的，剪刀楼梯间两个楼梯在底层门厅是连通的，门厅有2个门还是3个门都无所谓，关键是两个楼梯分别出口互相不影响才能解决问题（如果严格要求剪刀梯楼的两个楼在底层分别出口，出屋面而后在屋顶连通，那从方案开始就要注意有些楼梯安排方案是行不通的）。

☞ 剪刀梯前室与消防前室合用，不应＜12 m²，且短边不应＜2.4 m（建规合稿5.5.31，都比过去要求大了）。

☞ 剪刀梯虽然可以做到相距5.0 m，用在塔式建筑中有其优点，但毕竟比较集中，不符合分散的原则，用在非塔式建筑中不太妥当［建规合稿5.5.2/5.5.10。上海沪消发（2004）352号3.5规定商场两个出口相距≥20 m］。

☞ 剪刀楼梯间两个楼梯在底层应该是一个出口还是分别出口是个具有争议的问题，深圳市建筑设计院说高层建筑的两部疏散梯子到达首层时不得合二为一共用一个门厅，应该保持两个安全出口直通室外，两个安全出口间距≥5.0 m（深圳市院技措11.6.4。但是似乎与高规可以共用一个前室的说法有抵触）。

☞ 高规6.1.2.3：剪刀楼梯应分别设置前室，塔式住宅有困难时可设一个前室，但这种情况下，两座楼梯应分别设置加压送风系统。旅馆办公楼的剪刀楼梯间应每个楼层都有两个前室（高规6.1.2说明）。同时注意每个梯子加防火门/开向，公建剪刀楼梯的两个楼梯不能合用一个前室，例如联海大厦。但关于住宅剪刀楼梯，上标5.1.6有不完全相同的说法，上标5.1.6中提及剪刀楼梯的两个梯应在前室、走道或屋顶连通，因此，外地住宅和上海住宅在这方面处理不一样。

☞ 江苏剪刀楼梯间，原文条文说明里说无论是自然采光或人工采光，均应采用人工加压送风系统，才能保证楼梯间是无烟区（苏标8.4.3说明）。苏标8.4.3关于剪刀梯的两个梯子均应采用人工加压送风系统是从高规6.1.2.3移植过来的。但是，采用人工加压送风系统必须与火灾报警系统联动（上标5.1.3说明）。而一般住宅是不设火灾报警系统的（高规9.4.1/2），这样，这个规定就成了一句空话。苏标8.4.3说明这个说法，同时似与苏规8.4.10.3要求楼顶层设百叶窗相矛盾，有了百叶窗，再怎么送风也要漏气。所以，上标5.1.3在楼顶层设百叶窗时没有要求加压送风系统。这个说法与高规8.3.1/烟规3.1.3.3/烟规3.1.7都有出入。问题的关键在于要保证剪刀楼梯间中两个不同楼梯都有自然通风。事实上，难得有时做到，大都做不到（与平面安排有关），往往只能做到一个有一个没有。所以，苏标8.4.3说明有一定道理，但不一定。在上海，如果剪刀楼梯间中两个不同楼梯都有自然通风，就不一定加压送风。因此，烟规3.1.7说100 m以下的住宅宜自然通风，烟规3.1.3.3说18层及18层以下的住宅有自然通风不必加压送风。如果把剪刀楼梯间拆成两个单独的非剪刀楼梯间，更容易理解每个楼梯间都有自然通风的要求。

剪刀楼梯间实际上是两个楼梯间，平台即是楼面，《中国消防手册》第三卷第347页有图示，因此，笔者认为剪刀楼梯间的开窗面积应是每5层2 m²的2倍，即每5层4 m²。当然，可为暗梯时就不谈开窗面积了。

☞ 江苏"三合一"前室（苏标8.4.4）指剪刀楼梯间的两个楼梯间合用一个前室的前提下，再与消防前室合用，谓之"三合一"前室。如果剪刀楼梯间的两个楼梯间分别设前室，就不能称"三合一"前室，也就没有"三合一"前室的特殊要求。

☞ 浙公消（2008）180号：浙江高层住宅剪刀楼梯不应和消防电梯合用前室。也就是说浙江不允许"三合一"。

☞ 浙公消（2008）180号：浙江消防电梯前室、剪刀楼梯前室、剪刀楼梯两个梯段的合用前室面积

≥8.0 m²,独立前室面积仍按原规定。相邻前室之间的门开向户数少的一侧。

☞ 浙公消(2008)180 号:浙江一户独用的剪刀楼梯的阳台面积不应小于 3.0 m²。阳台开向楼梯间的门应为 FM甲。此门与户门、窗及开口部位的距离应>2.0 m。该户通向阳台的门窗可为普通门窗。

☞ 浙公消(2008)180 号:浙江的塔式住宅和单元住宅(包括商住楼)一样处理。

☞ 浙公消(2008)180 号:浙江的单元住宅间的墙为防火墙。

☞ 有种方案,消防电梯两边开门,使原本不通的两个前室在电梯门打开时两个前室成为一体,最终也成了"三合一"前室,这是其一。同时,电梯门能同时打开也不能满足电梯井隔墙 2 h 耐火时间(高规 6.3.3.6)。所以,笔者对这种方案的合理性表示怀疑。

☞ 高规 6.2.5.1/01 低规 7.4.2:封闭楼梯间的墙上除走道外,不应对其他房间开门窗(06 低规 7.4.2 和 01 低规 7.4.1 对此条的规定不完全一样,06 低规 7.4.2.3 虽然说清了禁止什么,但没有说明不允许门向何处开。不知道是有意放宽还是疏忽,没有见到明确的说明)。

☞ 下规 5.2.1/5.2.3:地下二层且埋深(从室外出入口地面算起)≥10.0 m的地下室楼梯设防烟楼梯,设前室,门为 FM甲。防烟楼梯间及其前室或合用前室应机械加压送风(下规 6.1.1)。

5) 楼梯类型表

大多数公建的楼梯应为封闭楼梯间(低规 5.3.5/5.3.15 说明)。

规范	单元式住宅	塔式住宅	通廊式住宅	公　建	消防电梯
高规	☞ ≤11 层的单元式住宅可以敞开式楼梯,但户门应为 FM乙(高规 6.2.3.1)。 ☞ 12~18 层单元式的住宅设封闭楼梯(高规 6.2.3.2)。上海 12~18 层单元式住宅为防烟楼梯间(上标 5.1.1.5)。 ☞ ≥19 层单元式住宅防烟楼梯(高规 6.2.3.3)。	☞ 高层塔式住宅设防烟楼梯(高规 6.2.1),上标同它有所不同,上标中>12 层才设防烟楼梯,但苏标和它相同	☞ ≤11 层的通廊式住宅设封闭楼梯(高规 6.2.4)。 ☞ >11 层的通廊式住宅设防烟楼梯(高规 6.2.4)	☞ 裙房和 H≤ 32.0 m的二类公建封闭楼梯,暗楼梯则照防烟楼梯(高规 6.2.2)。 ☞ 一类公建和 H≤32.0 m的二类建防烟楼梯(高规 6.2.1)	☞ 一类公建、高层塔式住宅,以及 H>32.0 m的二类公建、≥12 层的单元式住宅和通廊式住宅消防电梯(高规 6.3.1)
	☞ 高层建筑楼梯间应设直通室外出口(高规 6.2.6)				☞ 首层消防电梯距离对外出口 30.0 m (高规 6.3.3.3)。
低规	☞ >6 层或任一层面积>500 m²时,当户门为非 FM乙时,设楼梯间;当户门为 FM乙时,可不设封闭楼梯间(低规 5.3.11.2)		☞ >2 层的通廊式住宅设封闭楼梯,当户门为 FM时可不设封闭楼梯间(低规 5.3.11.1)	☞ 病房楼、旅馆、>2 层的类似商店的人多公建(低规 5.3.15 说明);>2 层的歌舞娱乐场所;>5 层的其他公建设封闭楼梯间(低规 5.3.5)	☞ H>32.0 m的有电梯的厂房仓库设消防电梯(低规 3.7.7/3.8.9)
	☞ ≤4 层时,首层楼梯间距离对外出口≤15.0 m(低规 5.3.13)				
住法					☞ ≥12 层的高层住宅每栋不少于 2 台电梯(住规 4.1.7)
	☞ <10 层住宅,当每层面积>650.0 m²或安全距离>15.0 m,设安全出口 2 个(住法 9.5.1.1)。 ☞ 10~18 层住宅,当每层面积>650.0 m²或安全距离>10.0 m,设安全出口 2 个(住法 9.5.1.2)。 ☞ ≥19 层住宅,当每层面积>650.0 m²或安全距离>10.0 m,设安全出口 2 个(住法 9.5.1.3)。 ☞ 首层楼梯间离对外出口≤15.0 m(住法 9.5.3)				☞ ≥12 层的高层住宅设消防电梯(住法 9.8.3)

(续表)

规范	单元式住宅	塔式住宅	通廊式住宅	公 建	消防电梯
上标	☞ 低层、多层、中高层住宅,安全距离<15.0 m敞开式楼梯(上标5.1.2.1/5.1.1.2)				
	☞ 中高层住宅安全距离<15.0 m敞开式楼梯,户门为FM乙或楼梯直通屋顶(上标5.1.1.2)。 ☞ 10、11层单元式住宅可以设敞开式楼梯,但户门应为FM乙且楼梯直通屋顶(上标5.1.1.3)。 ☞ 12~18层塔式、单元住宅设防烟楼梯间(上标5.1.1.5/5.1.2.4)。高规6.2.3.2则是12~18层单元式住宅为封闭楼梯间。 ☞ ≥18层单元式住宅防烟楼梯且连廊(上标5.1.1.6)	☞ 10、11层 塔式住宅设封闭楼梯间(上标5.1.1.4)。 ☞ 12~18层塔式住宅设防烟楼梯间(上标5.1.1.5),和高规有所不同。 ☞ ＞18层的塔式住宅设防烟楼梯(上标5.1.2.4)	☞ 10、11层通廊住宅设封闭楼梯(上标5.1.2)。 ☞ ≥12层的通廊式住宅设防烟楼梯(上标5.1.2)		☞ ≥12层的高层住宅设消防电梯(上标5.2.3)。 ☞ 至少一台电梯停靠地下汽车库(上标5.2.5)
苏标	☞ ≤6层的单元式住宅设开敞楼梯间(苏标8.4.5.1)。 ☞ 7~9层单元式住宅设开敞楼梯间,直通屋顶,户门为FM乙时楼梯可不通屋顶(苏标8.4.5.3)。 ☞ ≥19单元式住宅设防烟楼梯间,18层以上部分相邻单元连通,楼梯在屋顶可以不连通(苏标8.4.5.5)	☞ ≤6层的塔式住宅每层面积650.0 m²(安全距离15.0 m)设开敞楼梯间(苏标8.4.2.2)。 ☞ ≥10层的塔式住宅每层面积650.0 m²每梯8户(安全距离10.0m)设防烟楼梯间(苏标8.4.2.3。苏标和高规要求相同)			☞ ≥10层的高层塔式住宅设消防电梯(苏标8.4.18.1)。 ☞ ≥12层的高层单元式住宅设消防电梯(苏标8.4.18.1)。 ☞ 消防电梯应停靠地下汽车库(苏标8.4.20)
	☞ 高层住宅首层楼梯间距离对外出口15.0 m(苏标8.4.9.3)				☞ 住宅首层电梯距离对外出口15.0 m (苏标8.4.18.4)
下规				☞ 地下二层埋深在10.0 m及以内封闭楼梯间(下规5.2.1)。封闭楼梯间可利用地面出口自然通风。当不能自然通风时,应采用防烟楼梯间(下规5.2.2及其说明)。 ☞ 埋深在10.0 m以下的防烟楼梯间(下规5.2.1)。防烟楼梯间及其前室或合用前室应机械加压送风(下规6.1.1)	

注:技措8.3.4,也有类似的楼梯表,可参考。但是它缺乏地方特色,在上海、江苏设计就要遵守当地的规定。

5.9.3.3 相关规范

☞【高规6.2.2.1】楼梯间应靠外墙,并应直接天然采光和自然通风,当不能直接天然采光和自然通风时,应按防烟楼梯间规定设置。

☞【高规6.1.2.3】剪刀楼梯应分别设置前室,塔式住宅确有困难时可设置一个前室,但两座楼梯应分别设加压送风系统。

☞【高规 6.1.2.3】住宅设一个楼梯间,应符合以下规定:

① 低层、多层住宅,当每套户门到楼梯口的距离不大于 15 m 时,应设一个敞开楼梯间。

② 中高层住宅,当每套户门至楼梯口的距离不大于 15 m 时,应设一个敞开楼梯间,户门应为乙级防火门或楼梯间通至屋顶平台。

③ 10、11 层的塔式单元式住宅每单元应设一个敞开楼梯间,但户门应为乙级防火门(户门可朝户内开启)且楼梯应通至屋顶,各单元的屋顶平台应相连通。

④ 10、11 层的塔式住宅应设一个封闭楼梯间。

⑤ 12~18 层的塔式、单元式住宅应设一个防烟楼梯间,且前室面积不应<4.5 m²。

⑥ 当 18 层以上的单元式住宅每单元设一个防烟楼梯间时,应按本标准 5.3 节设置连廊。

☞【上标 5.1.2】本标准 5.1.1 条规定以外的住宅,其设置楼梯间的数量不应少于两个,并应符合下列规定:

① 低层、多层、中高层住宅应设敞开楼梯间。

② 10、11 层的通廊式住宅应设封闭楼梯间。

③ 12 层及以上的通廊式住宅应设防烟楼梯间。

④ 18 层以上的塔式住宅应设防烟楼梯间。

☞【高规 5.1.2】楼梯或前室应靠外墙设置,并应设置可开启的外窗和楼梯间顶部的百叶窗,不宜设机械加压送风,其开窗面积及楼梯门顶部的百叶窗面积应符合《民用建筑排烟技术规程》(DGJ 08—88)的有关规定:18 层以上的塔式住宅,当防烟楼梯间只在前室设置可开启的外窗,楼梯间为暗楼梯间时,楼梯间的顶部应设置自然通风窗,有效面积不小于 1.5 m²。

☞【高规 5.1.6】住宅的楼梯设计应符合《住宅设计规范》(GB 50096)的有关规定,剪刀楼梯设计尚应符合下列规定:

① 剪刀楼梯的两个楼梯应在前室、走道或屋顶连通。

② 剪刀楼梯的梯段之间应设置耐火极限不低于 1.00 h 的实体墙分隔。

☞【低规 5.3.5】下列公共建筑的室内疏散楼梯应采用封闭楼梯间(包括首层扩大封闭楼梯间)或室外疏散楼梯:

① 医院、疗养院的病房楼。

② 旅馆。

③ 超过 2 层的商店等人员密集的公共建筑。

④ 设置有歌舞、娱乐、放映、游艺场所且建筑层数超过 2 层的建筑。

⑤ 超过 5 层的其他公共建筑。

☞【低规 5.3.12】地下、半地下建筑(室)安全出口和房间疏散门的设置应符合下列规定:

① 每个防火分区的安全出口数量应经计算确定,且不应少于 2 个。当平面上有 2 个或 2 个以上防火分区相邻布置时,每个防火分区可利用防火墙上 1 个通向相邻分区的防火门作为第二安全出口但必须有 1 个直通室外的安全出口。

② 使用人数不超过 30 人且建筑面积≤500 m² 的地下、半地下建筑(室),其直通室外的金属竖向梯可作为第二安全出口。

③ 房间建筑面积≤50 m²,且经常停留人数不超过 15 人时,设置 1 个疏散门。

④ 歌舞、娱乐、放映、游艺场所的安全出口不应少于 2 个,其中每个厅室或房间的疏散门不应少于 2 个,当其建筑面积≤50 m² 且经常停留人数不超过 15 人时,可设置 1 个疏散门。

⑤ 地下商店和设置歌舞、娱乐、放映、游艺场所的地下建筑(室),当地下层数为 3 层以上或地下室内场面与室外出入口地坪高差大于 10 m 时,应设置防烟楼梯间,其他地下商店和设置歌舞、娱乐、放

映、游艺场所的地下建筑,应设置封闭楼梯间。

⑥ 地下、半地下建筑的疏散楼梯间应符合本规范第7.4.4条的规定。

5.9.4 暗楼梯/防烟/人工加压送风

文中提到的"烟规",原本是上海市的,现已升级,变成国家规范。

讨论暗楼梯,分两种情况:① 绝对要人工加压送风的;② 非绝对要人工加压送风的,要分别不同情况,加以区别对待。

5.9.4.1 绝对要人工加压送风的

(1) 通常情况下各类疏散楼梯每五层内通风面积不应小于2.0 m²(高规8.2.2/低规9.2.2/烟规3.2.1,高规、低规只指防烟楼梯)并保证楼梯间顶层设有不小于0.8 m²的自然通风面积(烟规3.2.1/上标5.1.3/苏标8.4.10.3)。但在人工加压送风时就不必强调开窗,由设计者结合实际灵活处理。

疏散楼梯可否为暗楼梯,实际上是楼梯间及其前室的防烟问题,如果说这个问题在高规、低规中说得不够明白,高规、低规不分地上、地下,不分公建居住,在烟规中就说得比较清楚了。在应该防烟的部位(烟规3.1.1/低规9.1.2/高规8.2.1),允许不设防烟系统(烟规3.1.3),那就是可以作暗楼梯的地方。在设计操作中,分清外地、本地,运用不同规范。但是低规、高规同烟规在防烟对象上有很大不同。低规、高规指防烟楼梯间,而烟规指疏散楼梯间。疏散楼梯间非但包括防烟楼梯间,还包括封闭楼梯间和开敞楼梯间。按烟规的说法,就很难解释别墅中的开敞楼梯有时作暗梯的现象。如果按低规的说法,因为别墅中的开敞楼梯不属防烟范围,作暗梯的现象在默认之中,就解释得通。

(2) 烟规3.1.8/低规9.3.1/高规8.3.1:两种情况下,三个部位应机械防烟(非机械防烟不可)。

第一种情况:地下建筑(烟规3.1.8)(例外情况见下表)和高度>50 m的公建(建筑烟规3.1.6)。

第二种情况:高度100>m的居住建筑(烟规3.1.7)。

三个部位:A. 疏散楼梯间(高规8.3.1/低规9.1.2指防烟楼梯间,两者有差别)。

B. 防烟楼梯间的前室、消防电梯的前室,以及两者的合用前室。

C. 避难层(间)(烟规3.1.1/高规8.3.1/低规9.3.1未提及)。

上述情况与部位,既然要机械防烟,暗梯也就成为理所当然的事了(烟规3.1.1)。本节主要讨论不设机械加压防烟的暗楼梯。

5.9.4.2 非绝对要人工加压送风的,要分别不同情况加以区别对待

(1) 对于楼高<100 m的居住建筑的楼梯间或前室,要不要人工加压送风?烟规3.1.3回答了这个问题,只不过其说法十分晦涩,还不如原沪消(防)[1999]133号文来得明白易懂。

楼高<100 m的居住建筑分两种情况:

① ≤18层的居住建筑,防烟楼梯间或前室,只要其中之一有可开启外窗即行(烟规3.1.3.3)。

② >18层的居住建筑,防烟楼梯间的前室,一定要有可开启外窗才行(烟规3.1.3.2)。但是,当为合用前室时,要满足自然通风面积3.0 m²,往往有点困难。

上标5.1.3:也就是说,>18层的居住建筑的防烟楼梯间可为暗梯,这种情况下,上标5.1.3作了补充。>18层的塔式住宅的防烟楼梯间为暗梯时,楼梯间的顶层应有1.50 m²的百叶,这实际上满足了利用自然通风达到防烟要求(烟规3.2.1)。而高规8.2.3和烟规3.1.3.1都提及,只要前室有两个朝向的可开启外窗,防烟楼梯间为暗梯也是可以的(高规8.2.3说明图例)。上标5.1.3和烟规3.1.3.1的要求略有不同。高规没有说暗梯时顶上应有1.50 m²的百叶,就可以不设,遇外地情况可以这么处理。

(2) 多层、小高层、低层别墅用暗梯行吗?

这个问题低规未见明确说明,不能不说没尽到责任,但在烟规中说得十分明白。首先,凡疏散楼梯间应设防烟系统(烟规3.1.1)。其次,防烟方式可为自然通风和机械加压送风(烟规3.1.4)。然后无论是敞开楼梯间、封闭楼梯间或是防烟楼梯间,自然通风要求每5层2.0 m²,同时顶层设0.8 m²自然通风面积(烟规3.2.1)如为百叶,除以0.6~0.8系数(烟规4.3.1说明)。没有自然通风的暗梯行吗? 照上所述,通常是不行的,但有些特殊情况还是可以的。比如公寓的套内楼梯、别墅楼梯,大多做成暗敞开梯,约定成俗,也未见消防部门干涉过。当然,套内楼梯,别墅的楼梯,多层商店的楼梯如为暗梯,有条件时在其顶上开天窗,也不失为一个好办法。

实例:一个叠加式五层住宅,应为敞开楼梯间或封闭楼梯间,不必设防烟楼梯间,不在机械排烟范围内。因此,可以暗梯,而且,实际上只有一家使用这楼梯,相当于套内楼梯,作暗梯,笔者认为可以。

另一实例:有一个三层别墅楼梯为暗梯,可以吗? 上标5.1.3间接说明低层住宅可以用暗梯。

(3)高层裙房作小型商店,暗梯行吗?

高层裙房楼梯应为封闭楼梯间,无自然通风时,照防烟楼梯处理(高规6.2.2.1)。但在江苏、浙江商业网点内部楼梯的形式不受限制[苏商标8.3.1/浙建设发(2007)36号之2]。

(4)<50 m的公建:>3~5层或<32 m为封闭楼梯间,>32 m为防烟楼梯间。既然无论敞开、封闭,还是防烟楼梯间自然通风要求每5层2.0 m²同时顶层设0.8 m²自然通风面积(烟规3.2.1)如为百叶,除以0.6~0.8系数(烟规4.3.1说明),那么暗楼梯当然不行。

总之,高层建筑中封闭楼梯间如是暗梯,一律要机械防烟。防烟楼梯因由楼梯间和前室两部分组成,这就出现了楼梯间和前室分别开窗的区别。多层公共建筑封闭楼梯间作暗梯,可以吗? 大型多层商场常常会有这个问题。可以在暗梯的位置上(离大门口≤15.0 m),但应在其上开天窗(低规7.4.1/参考烟规3.1.3.1),这实际上还是明梯。当多层公共建筑封闭楼梯间只能是暗梯时,应按楼梯间处理(低规7.4.2.1)。同时,公建和居住建筑又不一样,比较复杂,下面列表总结。

5.9.4.3 地上建筑楼梯间通风表

建筑类型	高 度		防烟楼梯间	前室或合用前室	消防电梯前室	合用前室
居住建筑	<100 m	>18层	☞ 前室一定要有窗(烟规3.1.3说明)。 ☞ 暗梯时,顶层加1.5 m²百叶(上标5.1.3)		两种方式都可,宜采用自然通风(烟规3.1.7)	
			虽然是暗梯,但前室两个方向有窗时,暗梯可不设防烟设施(高规8.2.3)	前室两个方向有窗(高规8.2.3)		
		≤18层	☞ 可为明梯暗前室(烟规3.1.3说明)。 ☞ 两者之一开窗即行(烟规3.1.3.2/3),两者结合起来理解			
	低层住宅		可以为暗梯[→上标(2007版)5.1.3]。要对"除低层住宅外……"作合理的引申,便可做出结论。而2001版则无"除低层住宅外……"这个前提			
	>100 m		一律机械加压送风(烟规3.1/高规8.2.1)			
公共建筑	<50 m的多层或高层		☞ 无自然通风的封闭楼梯间照防烟楼梯设置(高规6.2.2.1/低规7.4.2.1)。 ☞ 高层建筑封闭楼梯间为暗梯时机械排烟(烟规3.1.9) ☞ 一类高层和高度>32 m的二类高层应用防烟楼梯间(高规6.2.1)。这种情况下,即使楼梯间是明楼梯,但其前室如为暗前室(前室或合用前室)时仍机械排烟(高规8.3.1.2说明表17)			
	>50 m		一律机械加压送风(烟规3.1.6)。 当防烟楼梯的前室或合用前室采用机械加压送风,其楼梯也应采用机械加压送风(烟规3.1.5/高规8.2.1)			

（续表）

建筑类型	高　　度	防烟楼梯间	前室或合用前室	消防电梯前室	合用前室
地下建筑	地下二层,埋深<10.0 m		设封闭楼梯间,在首层有直通室外的外门,或1.20 m²的外窗,可不采用机械加压送风(烟规3.1.8,和上标5.1.8/苏标8.4.14的说法不一样)。因此当共享楼梯间时,要把地下室楼梯间放在外侧,使之有可能开窗。如相反安排,则达不到地下室楼梯间开窗的目的。封闭楼梯间可利用地面出口自然通风。当不能自然通风时,应采用防烟楼梯间(下规5.2.2及其说明)。 高层住宅地下室(作为自行车汽车库或设备用房)的楼梯间,可不采用机械加压送风(上标5.1.8/苏标8.4.14)		
	地下三层或更多,埋深>10.0 m		设防烟楼梯间,采用机械加压送风(烟规3.1.8)。 防烟楼梯间及其前室或合用前室应机械加压送风(下规6.1.1)		
工业建筑	H>32.0 m且人数>10 人	设防烟楼梯间,采用机械送风(烟规3.1.6)			机械加压送风(烟规3.1.6)
注　意	机械加压送风部位不宜设置可开启外窗或百叶窗(上标指南第230页)				

5.9.4.4

☞ 对于非上海地区,直接运用高规,不必受制于烟规。此时看【高规8.3.1说明表17】疏散楼梯防烟部位设置表,更直截了当。

☞【高规8.3.1说明表17】疏散楼梯防烟部位设置表(笔者已把此表说法通俗化,使之容易看明白)

防烟楼梯组合关系		消防电梯前室	需要人工加压送风的防烟部位
楼　梯　间	前　　室		
暗梯间	暗前室		暗梯间
暗梯间	明前室(或明合用前室)		暗梯间
明梯间	暗前室(或暗合用前室)		暗前室(或合用前室)
暗梯间	暗合用前室		暗梯间、合用前室
		暗消防前室	消防前室
注　意	机械加压送风部位不宜设置可开启外窗或百叶窗(上标指南第230页)		

☞ 防烟楼梯间的防排烟图见技措8.3.3.10。

☞ 一个实际例子:昆山世茂32层单元住宅,设防烟楼梯,前室有窗户,暗梯可以吗?有什么相关规定?

① 高规6.2.2.3:≥19层单元住宅,设防烟楼梯,可以。

② 参考上标5.1.3:>18层塔式住宅,前室有窗户,楼梯为暗梯,则楼梯间顶设1.5 m²百叶窗。

③ 高规6.2.2.1说明一:"为此,32 m以下的二类建筑,当楼梯间为暗梯时,就应高设置防烟楼梯间",这是否说明32 m以上的建筑不能为暗梯?

④ 高规8.2.3/烟规3.1.3.1:前室有不同方向的可开启外窗自然排烟时,该楼梯间可不设防烟设施。因此,关键是前室有不同方向的可开启外窗。

多层住宅暗楼梯行吗,不应为暗楼梯,2008版上标5.1.3有所说明,但低层除外。由此也可得出结论,低层住宅可为暗楼梯。

☞ 另外一个实际例子,也是苏州,18层,本来是一个一梯两户的基本平面。垂直式布置防烟楼梯,楼梯间两侧各设一个电梯,合用一个前室兼走廊。这样的布置十分平常。但是,它在前室中加了一道墙,将前室一分为二。这样,方案起了质的变化,变成了两个独户单元型住宅共用一个楼梯间。本来是一个一梯两户的基本平面,可以只用一台消防电梯,现在因为是两个独户单元型住宅共用一个楼梯间,就变成了两边都是消防电梯,一个消防前室变成了两个消防前室。根据高规8.3.1说明表17,暗消防前室应机械加压送风。根据高规7.4.6.1/8,两个消防前室都应设消火栓。这是其一。

其二,在要不要机械加压送风,哪些部位加压送风上有三种不同答案。① 在上海,100 m以下,按烟规3.1.3,前室或楼梯间,两者之一,有窗就行,不必机械加压送风。② 按高规8.3.1说明表17/低规9.3,明梯暗前室(合用前室),则暗前室(合用前室)要机械加压送风。③ 在江苏,按苏标8.4.10说明,暗前室的情况下,前室(合用前室)和楼梯间都要机械加压送风(没有说得很清楚是否有)。在浙江,住宅建筑的地下室,埋深≤2层或埋深≤10 m,且为非营业性场所,如果地上楼梯间及前室自然防烟的,则地下部分也可以一样处理[浙江省建设发(2007)36号]。

公有理乎? 婆有理乎? ……

其三,既然是共用一个楼梯间的两个独户单元型住宅,单元分隔墙两侧窗的距离>1 000/1 200。

其四,户门为FM甲还是FM乙? 这里是一个梯,根据高规6.1.1,应是FM甲。如果是两个梯,根据高规6.1.3,可以是FM乙。

5.9.4.5 小结

下面罗列一些相关规范要求:

☞ 低规9.2.2/高规8.2.2.2:防烟楼梯间外墙开窗面积2.0 m²/5层。

☞ 烟规3.1.4/低规9.1.1:防烟式可为自然通风和机械加压送风。

☞ 烟规3.2.1:(敞开、封闭、防烟)楼梯间自然通风要求每5层2.0 m²,同时顶层设0.8 m²自然通风面积[如为百叶,除以0.6~0.8系数(烟规4.3.1说明)]。

☞ 烟规3.2.2/低规9.2.2:前室通风面积,独立前室2.0 m²,合用前室3.0 m²。

☞ 烟规3.1.8/3.1.7/3.1.6:地下建筑,高度>100 m的居住建筑、高度>50 m公共建筑的防烟楼梯应机械加压送风。

☞ 烟规3.1.8:地下室同地上层共享楼梯,当地下封闭楼梯间首层有直接开向室外的门或有不小于1.2 m²的可开启外窗,该楼梯间可不采用机械加压送风方式。

☞ 烟规3.1.9:高层封闭楼梯间宜自然通风,暗封闭楼梯间应机械排烟。

☞ 高规6.2.2.1:高层裙房应设封闭楼梯间,无自然通风的暗封闭楼梯间应按防烟楼梯设置。

☞ 烟规3.1.1:非疏散楼梯不要设置排烟系统。

☞ 高规6.2.2.1:当防烟楼梯前室不能靠外墙时,必须在前室和楼梯间加以机械送风。

☞ 上标5.1.3:>18层的塔式住宅防烟楼梯前室有窗,暗楼梯间的顶部设1.5 m²的自然通风窗。

☞ 高规6.2.1说明:32 m以下的二类高层建筑,当楼梯间为暗楼梯间时,应设防烟楼梯。

☞ 烟规3.1.9:机械送风时,楼梯间和前室不宜设置0.8 m²的百叶窗。

☞ 前室面积。防烟楼梯前室面积,公建的6.0 m²,住宅的4.5 m²。共用前室:居住的6.0 m²,公建的10.0 m²(高规6.3.3.2)。

☞ 高规和烟规对楼梯间的防烟说法有所不同,对顶层1/2层高以上设0.8 m²百叶,只是上海上标烟规和江苏住标要求,注意本地外地的区别(上标5.1.3/苏标8.4.10.3)。

5.9.5 净宽度/最小梯宽

☞ 通常楼梯净宽度为[0.55m+(0-0.15)m]×2以上(通则4.2.1)。

☞ 住宅楼梯净宽度为1.10 m(住法5.2.3/住规4.1.2/上标5.1.7)。

☞ ≤6层住宅楼梯或叠加式住宅上面套户门外楼梯(上标5.1.7.2)净宽度可为1.0 m(住法5.2.3/住规4.12)。

☞ 疏散楼梯和走道的最小宽度可为1 100 mm,≤6层单元住宅可以1 000 mm(低规3.14)。

☞ 非居住建筑楼梯净宽度为≥1.20 m,病房楼≥1.30 m(高规6.2.9)。

☞ 低规5.3.17/高规6.2.9:一、二级耐火极限建筑的学校、商店、办公、候车室、游艺场所楼梯宽度＝每百人1.00 m×楼层折减系数:一、二层0.65,三层0.75,四层及以上1.00。低规5.3.17说明:特别强调楼梯间门、前室门和走道的宽度同时符合此要求。

低规5.3.17:商店人数＝商店营业厅面积×疏散人数换算系数。

楼层位置	-2层	-1层、底层、2层	3层	≥4层
换算系数	0.8	0.85	0.77	0.6

☞ 住宅单面走道出垛处最小净宽≥900(高规6.1.10→高规6.2.9)。

☞ 商店营业部分的公用楼梯净宽度为≥1.40 m(商规3.1.6)。

☞ 商店疏散楼梯、疏散门疏散走道最小净梯宽1.40 m,商业网点疏散楼梯1 100 mm(技措8.3.7。与上海、江苏不太一样)。

☞ 下规5.1.5:地下商场疏散楼梯最小净梯宽1.40 m。

☞ 商店出口门净宽度应≥1.40 m(大商3.7/商规4.2.2)。

☞ 商业(及其他)建筑疏散楼梯宽度牵涉一个重要概念,疏散楼梯宽度以防火区计还是以整个一层的面积计算,这也牵涉到不同防火区能否共用一个楼梯间的问题(或者说共用楼梯间算"一个梯"的宽度还是"两个梯"的宽度)。但是,不同规范有不同说法。以一层计则见低规5.3.17.1/高规6.2.9,以防火区计则见上海大商1.4/下规5.1.6。同是全国规范,低规、高规和下规不一样,建议统一。

☞ 楼梯总的净宽度由每层人数按每百人多少宽来确定(低规5.3.12/高规6.1.10)。

☞ 商场人数＝商业用房面积×换算系数(商规4.5.6/低规5.3.17):地下二层0.80人/m²,地下一层和地上一、二层0.85人/m²,三层0.77人/m²,四层0.60人/m²。

☞ 低规5.3.17:营业厅面积,地上50%～70%,地下不小于70%。

☞ 大商3.1/3.2:上海大空间商场人数3.0 m²/人,与外地算法相差很大。

☞ 楼梯踏级高度及级数限制:170×260,3～18级(通则6.7.4/10)。专用疏散楼梯180×250(通则6.7.10)。

☞ 宿舍安全出口门净宽不应小于1 400(宿规4.5.7)。这条规定欠妥当,门净宽不小于1 400,那疏散楼梯的梯宽也不能小于1 400。每个防火区至少2个梯,梯宽总共至少2 800。2 800的梯宽,这个宿舍每层可容纳280人,一般没有这么大的规模。所以,技术措施把宿舍的最小梯度定为1 200(09技术措施8.3.8)。

☞ 汽车库疏散楼梯最小净宽度1 100 mm(汽火规6.0.3)。

☞ 户外楼梯作为防烟楼梯,净宽≥900,倾角45°。

☞ 厂房第二安全出口,800 mm宽金属梯,倾角45°(低规 ~~7.4.3~~ 7.4.6)。

☞ 非辅助防烟楼梯,净宽≥800 mm,倾角60°,板防火1 h/楼段0.25 h(低规7.4.6/高规6.2.10)。

☞ 室外楼梯平台耐火1.0 h,门FM乙(高规6.2.10)。如为钢梯,耐火1.0 h(高规3.0.3/3.0.2)。

☞【高规6.2.9】疏散楼梯最小净宽度

(m)

高 层 建 筑	疏散楼梯电波净梯宽度
医院病房建筑	1.30
居住建筑	1.10
其他建筑	1.20

☞【低规 5.3.14】除本规范另有规定者外,建筑中的疏散走道、安全出口、疏散楼梯以及房间疏散门的各自总宽度应经计算确定。

安全出口、房间疏散门的净宽度不应小于 0.9 m,疏散走道和疏散楼梯的净宽度不应小于 1.1 m,不超过 6 层的单元式住宅,当疏散楼梯的一边设置栏杆时,最小净宽度不宜小于 1.0 m。

☞【下规 5.1.5】

(m)

工程名称	安全出口、防火门及 疏散楼梯的最小宽度	疏散走道净宽度	
		单面布置房间	双面布置房间
商场、娱乐、小型体育	1.40	1.50	1.60
医 院	1.30	1.40	1.50
旅馆、餐厅	1.00	1.20	1.30
车 间	1.00	1.20	1.50
其他民用工程	1.00	1.20	1.40

☞ 住法 5.2.3/住规 4.1.2/上标 5.1.7:住宅楼梯的最小净宽度为 1.10 m。

☞ 住法 5.2.3/住规 4.1.2/上标 5.1.7:≤6 层住宅楼梯的最小净宽度可为 1.0 m。

☞ 2005-03 上海质监站"建筑工程施工图审查常见问题及其处理"7.22:商店疏散楼梯最小宽度,高层≥1 200 mm(高规 6.2.9),多层≥1 100 mm(低规 5.1.13)。

☞ 人员密集,同一时间疏散人数 50 人/时,疏散口(梯及门)净宽>1 400 mm 或一个房间>50 人/100 m²(2007 年全市勘察设计质量检查问题汇总一. 8/低规 5.3.15)。

☞ 楼梯最小净宽度和休息平台最小宽度表见技措 8.3.8。

5.9.6 平台深度

☞ 梯段改变方向时,楼梯平台深度≥楼梯净宽度,至少≥1.2 m(通则 6.7.3)。

☞ 对于不改变行进方向的平台,其宽度不受限制(建梯协标 GBJ 101—872.0.8)。

直跑梯平台不应小于 1 100 mm(技措 8.2.3)。

在改变行进方向的平台处不能只做 1 级踏步,至少要做 3 级。

☞ 住宅楼梯平台深度≥1.20 m(住法 5.2.3/住规 4.1.4/上标 5.1.7.3)。

☞ 上海开间 2 400 时的住宅楼梯平台深度>1.30 m(上标 5.1.7)。

☞ 住规 4.1.9:住宅候梯厅深度≥1.50 m,≥轿箱深度。

☞ 候梯厅深度≥1.80 m(残规 7.7.2)。

☞ 上残 14.3.1:中高层、高层住宅及公寓的建筑入口、入口平台、公共走道、电梯轿厢、候梯厅和无障碍住房应进行无障碍设计。

5.9.7 空间要求

通则 6.7.5:梯段倾斜部分上空净空高度≥2 200(包括起止步外侧各 300 mm 范围)。平台部分上空净空高度≥2 000。

5.9.8 栏杆及踏步

☞ 一般建筑楼梯倾斜部分栏杆高 900 mm(从踏步前沿算起),水平部分栏杆高 1 050 mm(通则 6.7.7)。

☞ 住宅建筑楼梯倾斜部分栏杆高 900 mm(从踏步前沿算起),水平部分栏杆高 1 050 mm(住法 5.2.3/住规 4.1.3/通则 6.7.7)。

☞ 踏步高宽大小:住宅 260 mm×175 mm(住法 5.2.3/住规 4.1.3/通则 6.7.10/苏标 4.9.2),托幼 260 mm×150 mm(幼规 3.6.5/通则 6.7.10),商店、剧场、医院 280 mm×160 mm(商规 3.1.6/通则 6.7.10),其他 260 mm×170 mm(通则 6.7.10),专用疏散楼梯 250 mm×180 mm(通则 6.7.10),服务楼梯、住宅套内楼梯 220 mm×220 mm[通则 6.7.10,江苏套内宜 220 mm×180 mm(苏标 4.9.7)],住宅无障 260 mm×161 mm,公建无障 280 mm×150 mm(上残 19.9.2)。

☞ 踏步高宽大小当然要满足规范要求,但也要看是日常用还是偶尔用(比如有电梯),以及是多数人用还是少数人用。

☞ 通则 6.7.4:每个梯段的踏步不应超过 18 级,亦不应少于 3 级。

☞ 室内玻璃栏板,不受水平荷载的,至少 5 mm 厚钢化玻璃或 6.38 mm 厚钢化夹层玻璃。受水平荷载的,分别按其所在高度而定,底高 3.0 m 以内,至少 12 mm 厚钢化玻璃或 16.76 mm 厚钢化夹层玻璃。底高 3.0~5.0 m 的,至少 16.76 mm 厚钢化夹层玻璃。底高 5.0 m 以上的,不得使用受水平荷载的玻璃栏板(玻规 7.2.5)。

☞ 室外玻璃栏板,除了同上要求外还要进行抗风抗震设计(玻规 7.2.6)。所以可能还要比室内玻璃栏板有更高要求,在工作中严格按照图集要求,不要自作主张变小厚度,同时在图纸上用文字强调说明。

5.9.9 梯井宽度

☞ 托幼中小学、少儿专用活动场所楼梯的梯井宽度要≤200 mm(通则 6.7.9/国校规 6.3.4/上校标 6.0.10/国幼 3.6.5.2);如>200 mm 时,应采取安全措施。

☞ 住宅楼梯的梯井宽度要<110 mm;如>110 mm,要采取安全措施(住法 5.2.3/住规 4.1.5/苏标 4.11.10)。

☞ 住宅楼梯栏杆立杆@110(住法 5.2.3/住规划地图 4.2.1/上标 4.7.3),其形式能防止攀爬。

☞ 公建疏散楼梯的梯井不宜小于 150 mm(低规 7.4.5/7.4.8),以备救火时吊挂水带。

5.9.10 楼梯及前室开窗要求

☞ 高规 6.2.5.1/低规 ~~7.4.1~~ 7.4.2.3:封闭楼梯及防烟楼梯前室的内墙上,除了通向公共走道的门之外,不能向其他房间开门[包括道井抢修门(低规 7.4.2.说明)]。但住宅中部分户门 FM 乙以及允许设置的管井门 FM 丙不在此例。

每 5 层开窗面积≥2.0 m²。楼梯顶部开 0.8 m² 百叶窗(烟规 3.2.1/苏标 8.4.10.3)或 1/2 层高以上的可开启窗(烟规 4.3.1)。如果是百叶窗再除以 0.8。高规只指靠外墙的防烟楼梯间可开启外窗每 5 层开窗面积≥2.0 m²(高规 8.2.2.2)。

18 层以上塔式住宅(或类塔式的单元住宅)为暗楼梯时,则① 楼梯间顶设 1.50 m² 的百叶(上标 5.1.3);② 前室一定要有窗;③ 户门不应直接开向前室(上标 5.3.5)。

☞ 地上、地下共享楼梯间时,地上、地下楼梯间的窗户不能连通,原因同地上、地下共享楼梯间要求在地面层用墙或 FM 乙分开(高规 6.2.8/低规 7.4.4/下规 5.2.2)一样。如果连通了,就等于这些措施白做。

☞ 楼梯及前室开窗

参考 18 层及 18 层以下,楼梯及前室至少其中 1 个开窗(133 文 2.1 高规 3.3.3)。

参考 18 层以上,楼梯及前室,两者都要开窗,但是前室开窗面积>3.0 m²,顶部有 1.5 m² 百叶窗,户门不开向前室时,则楼梯间可不开外窗。或者,利用敞开阳台凹廊或前室有不同朝向的开启窗,楼梯间也可不开外窗(133 文 3.5.4)。

☞ 上标 5.3.5:18 层以上住宅,暗楼梯间时,户门不应开向前室。

上标 5.1.3/烟规 3.2.2:≥18 层可为暗梯,前室一定要有自然通风。单独前室可开启外窗 2.0 m²,合用前室可开启外窗面积 3.0 m²(高规 8.2.2.1)。

☞ →上标 5.1.3:≤18 层住宅的楼梯间和前室,两者之一有窗即可。

☞ 高规 8.2.3/烟规 3.1.3.1:具有不同方向开窗前室的防烟楼梯间可不设防烟设施(即为暗梯,无机械加压送风也无自然通风)。

☞ 建规合稿 6.4.1:楼梯间与两侧窗户之间的水平距离≥2 000。

☞ 住宅楼梯及其前室的窗户与相邻房间的窗户之间的防火距离,水平 1 000 mm,转角 2 000 mm(上标 7.6.2/133 文 2.3/住法 9.4.2)。

☞ 楼梯间及其前室的开窗常与防烟有关,明梯间或明前室应当有窗,暗梯间暗前室无窗。

☞【高规 8.3.1 说明表 17】疏散楼梯防烟部位设置表

防烟楼梯组合关系		消防电梯前室	防 烟 部 位
楼 梯 间	前 室		
暗梯间	暗前室		暗梯间
暗梯间	明前室(或明合用前室)		暗梯间
明梯间	暗前室(或暗合用前室)		暗前室(或合用前室)
暗梯间	暗合用前室		暗梯间、合用前室
		暗消防前室	消防前室
注 意	机械加压送风部位不宜设置可开启外窗或百叶窗(上标指南第 230 页)		

5.9.11 户内外台阶

☞ 台阶与楼梯的定义:台阶(通则 2.0.21),解决地面或楼面层附近的垂直交通;楼梯(通则 20.0.24),解决地面层或楼面层间的垂直交通。

☞ 台阶步宽 W≥300 mm,步高 H≤150 mm,至少 2 级(通则 6.6.1.1)。高差不足二级宜做坡道,其坡度室内 1:8、室外 1:10、残坡 1:12(技措 8.4.2)。

☞ 户内台阶 0.30 m×0.15 m。户外台阶 0.35 m 宽(技措 8.4.1)。

☞ 通则 6.6.1.2:台阶 H>0.70 m 时设栏杆,但没有要求具体高度。江苏住宅台阶栏杆高度 900 mm(苏标 4.11.7)。

☞ 台阶 H>0.70 m 时设栏杆(技措 8.4.1.2)。

5.9.12 套内楼梯

☞ 套内楼梯净宽度(住规 3.8.3/上标 4.6.4):一边临空一边实墙时,宽 750 mm(800 mm);两边实墙时为 900 mm(上标 4.6.4.4)。空间高度梯段上方 2 000 mm、平台上方 1 900 mm。

☞ 上标 5.1.7.2:叠加式住宅楼梯宽 1 000。叠加式住宅楼梯应是套内楼梯的特殊情况(它在户门之外)。

☞ 踏步 220 mm(W)×200 mm(H)(通则 6.7.10)[平台能作转弯踏级处理(住规 3.8.3 说明图示),但直角转弯处只能做 2 步]。

江苏套内楼梯 220 mm(W)×180 mm(H)(苏标 4.9.7)。

☞ 跃层式套内楼梯(上标 4.6.4/2.0.19 说明):明确只指跃层,独户住宅的不算。住规 3.8.3 说明:套内楼梯一般在两层住宅内和跃层内作垂直交通使用。两者定义范围不一样,牵涉到别墅类的楼梯设计。因此,要根据本地、外地区别对待,才能判断正确与否。

☞ 套内楼梯的类型。套内楼梯的燃烧性能和耐火极限不按疏散楼梯的要求设计(上标 4.6.4)。商业网点的楼梯按疏散楼梯的要求设计。往往写"楼梯自理",其实在耐火极限上根本不同。商业网点的楼梯疏散楼梯耐火极限为 1 h(低规 5.1.1)。

5.9.13　户外疏散楼梯

☞ 高规 6.2.10/低规 ~~7.4.2~~ 7.4.5:做辅助防烟楼梯,净宽 900 mm,倾角≤45°,扶手高 1 100 mm,疏散门为 FM 乙,梯子不能正对出口。梯子周围 2 000 mm 以内不得有其他洞口。注意平行于梯子,而距离又小于 2 000 mm 的情况。如果根据各种条件确定一个梯子不是疏散楼梯,则不能用这些要求来限制这个梯子。如果洞口距离不够,可以做固定 FM 乙补足(住宅设计指南 7.6.1. 二)。

低规 ~~7.4.2~~ 7.4.6:做非辅助防烟楼梯,净宽 800 mm,倾角≤60°。

☞ 高规 6.2.6/低规 7.4.6:疏散用螺旋楼梯,扇步夹角<10°(一圈最多 36 步,外径≥1 500～16 00),离扶手 250 mm 处的踏步深 220 mm 以上。这是判断一个梯能否作为疏散梯的重要依据之一(转弯是否设平台,这是一般的使用要求,不是判断一个梯能否作为疏散梯的依据)。

5.9.14　住宅电梯机房的门

☞ 住宅电梯机房的门,不宜开在封闭楼梯间或防烟前室内(133 文 2.8/上标 5.1.5)。开敞楼梯间无此限制。高规无此规定,笔者认为住宅之外的高层建筑可参照执行(参考苏标 8.4.13 电梯机房门如开在封闭楼梯间或防烟前室内,机房的门用 FM 甲)。

☞ 一般电梯机房门用 FM 乙,直接开向室外者除外(技措 9.5.7)。消防电梯机房门用 FM 甲(技措 9.5.4.4)。

5.9.15　地下设备房直通户外楼梯

☞ 地下通风设备间、锅炉房和变压器室、消防泵房、消防控制室要有直通地上户外的楼梯[多层建筑的消防水泵房应设直通室外的出口,在楼层上的,其出口应直通安全出口,在地上或地下门为 FM 甲(低规 ~~8.8.1~~ 8.6.4)]。

☞ 沪消发(2003)54 号:商业网点不宜设在地下室。如设在地下室,必须有直通地上户外的楼梯。

☞【低规 8.6.4】独立建造的消防水泵房,其耐火等级不应低于二级。附设在建筑中的消防水泵房应按本规范第 7.2.5 条的规定与其他部位隔开。

消防水泵房设置在首层时,其疏散门宜直通室外;设置在地下层或楼层上时,其疏散门应靠近安全出口。消防水泵房的门应采用甲级防火门。

5.9.16　楼梯间的门/前室

5.9.16.1　楼梯间的门

☞ 高规 6.2.5.1/(低规 ~~7.4.1~~ 7.4.2/7.4.3):封闭楼梯间和防烟楼梯间(及其前室)内墙上只能向公共走道开门(住宅除外,另外,高规低规说法不尽相同。高规并未说明向何处开门)。在底层的扩大楼梯间和扩大前室则包括走道和相应的房间/FM乙(低规7.4.2.2/7.4.3.6)。

☞ 技措8.3.7：不宜将走道的一段分割在封闭楼梯间内。

☞ 高层经由阳台或凹廊进入楼梯间的门应为防火门(高规8.1.1/2图解)。

☞ 苏标8.4.4解释：住宅走道不应作为扩大的前室，不论什么情况，住宅分户门不应直接开向"三合一"前室(剪刀梯与消防电梯的合用前室)。

☞ 多层建筑用的封闭楼梯间的门为双向弹簧门或FM乙(低规7.4.2.4/5，高层厂房、人员密集的公建和多层丙类厂房的封闭楼梯间的门用FM乙)。

☞ 高层工业厂房用的封闭楼梯间的门为FM乙(乙级防火门)(低规7.4.2)。

☞ 7～9层住宅敞开楼梯间且不出屋面时，其户门为FM乙(上标5.1.1.2)。

☞ 11层及11层以下单元式住宅不设封闭楼梯间时，住户开向楼梯间的户门应为FM乙(高规6.2.3.1)。

☞ 高层住宅楼梯间(封闭楼梯间或防烟封闭楼梯间)及前室的门均为乙级防火门(上标5.1.1)。

☞ 高层居住建筑户门可部分通向前室。通向前室的分户门为FM乙(高规6.1.3。高规没有具体化多少扇门可以，多少扇门不可以。非沪苏住宅可参考上标苏标，以免事后麻烦)。

☞ 开向前室的户门至多3个(上标5.3.5)。

☞ 高层居住建筑户门可部分通向前室(苏标8.4.7)。开向前室的户门至多3个(苏标8.4.7说明)。

☞ 高规6.1.1.2/高规6.1.3：高层单元住宅只有一个楼梯的条件之一，户门为FM甲，其说法与高规6.1.3提的FM乙似有矛盾。不过，分清户门前室门，再确定FM甲FM乙，不失为实用的办法。分清是一个安全出口还是两个出口？如是一个安全出口，则为加强安全，要求户门为FM甲。高规6.1.3应指有2个安全出口的情况下，开向前室的户门为FM乙。可惜高规未对其足够强调。

☞ 只有1座疏散楼梯，>18层的高层居住建筑，其≤18层的部分，通向前室的分户门为FM甲(高规6.1.1.2)。这是2005高规新规定，含义不明，且与高规6.1.3有矛盾。是不是高规6.1.1.2与高规6.1.3的前提条件不一样？笔者认为，高规6.1.1.2的前提是一个安全出口，高规6.1.3的前提是一般情况，有两个安全出口或多个安全出口。

☞ 应设防烟楼梯间的高层住宅[>18层的单元住宅、>12层的通廊住宅和塔式住宅(上标5.1.1/5.1.2)]，开向前的门不应超过3套(上标5.3.5)。

☞ >18层的住宅，当为暗楼梯间时，户门不应直接开向前室(上标5.3.5)。此时前室的位置要仔细考虑。

☞ 经由阳台或凹廊进入楼梯间的门用FM乙(高规8.1.2说明)。

☞ 下规5.2.2：地上地下共享楼梯间应用FM乙在首层隔开。

☞ 地下室埋深<10m，2层时用封闭楼梯，其门则为FM乙或FM甲(下规5.2.1/5.2.2)。

☞ 地下室埋深>10m时为防烟楼梯间，楼梯间及其前室的门为FM甲(下规5.2.1/5.2.3)。

☞ [半]地下室楼梯间在首层的非外门为FM乙(高规6.2.8)。

☞ 防烟楼梯间前室的门为FM乙(高规6.2.1.3)。

☞ 高层建筑封闭楼梯间的门为FM乙(高规6.2.2.2)。

☞ 地下汽车库其楼梯间和前室的门应用FM乙(汽火规6.0.3)。

☞ 防火门向疏散方向开启，平开(高规5.4.2)。

☞ 高层住宅楼梯间通至屋面平台的门宜为普通玻璃门，开向屋面(上标5.1.4)。

☞ 上标5.6.4：居住区地下车库的楼梯可借用住宅楼梯，但其通往住宅楼梯间的门应为FM甲。

☞ 高规6.1.10：高层建筑疏散楼梯间及其前室的门最小净宽度900mm。底层疏散外门最小净宽度见下表。

（mm）

高 层 建 筑	外门最小净宽	走 道 净 宽 度	
		单 面 布 房	双 面 布 房
医 .院	1 300	1 400	1 500
居住建筑	1 100	1 200	1 300
其 他	1 200	1 300	1 200

注：高层楼梯间的门，理应直接对外开门，但有时门在内墙上。这两种情况下的最小门宽度不一样。另外走道上的门 没有明文规定，建议参照外门最小净宽处理。

5.9.16.2 防烟前室

☞ 防烟前室面积（高规 6.3.3.2）：单独前室，居住建筑的为 4.50 m²，公建的以及地下工程的为 6.0 m²（下规 5.2.3）；合用前室，居住建筑的为 6.0 m²，江苏三合一前室的为 8.0 m²（苏标 8.4.1.1），公建的以及地下工程的为 10.0 m²（下规 5.2.3）。

☞ 要求。

① 高规 6.1.3：一般情况下，户门不能开向前室。困难时才允许，但应为 FM 乙。

② 上标 5.3.5：开向前室的户门不能超过 3 户。18 层以上，暗梯时户门不能开向前室。

③ 高规 6.1.2.3：剪刀梯的 2 个梯子应分别设置前室。只有塔式住宅困难时才允许合二为一，但剪刀梯 2 个梯子应分别设置加压送风。

④ 管井设置。上标 5.4.2：除煤气管井外的管井，均可设在楼梯间及前室内，但是要每层楼板分隔，检修门作丙级防火门。住法 9.4.3.4：住宅建筑内设置在防烟楼梯间前室内的电缆井和管道井的检修门应作丙级防火门。江苏只允许水管管井设在封闭楼梯间和防烟楼梯间内，而电缆井和管道井只能设在防烟楼梯间前室或合用前室内（苏规 8.5.4/8.5.5。注意上海和江苏住宅规定的差别）。

⑤ 高规 6.2.5.1/低规 ~~7.4.1~~ 7.4.2/7.4.3：封闭楼梯间和防烟楼梯间（及其前室）内墙上只能向公共走道开门。关于共用楼梯的平面做法，上海有特别的相关规定［沪消(2006)439 号 3.4］：2 个同 3 个或 3 个以上防火分区都可以共用一个疏散楼梯间，但是它们的平面做法要求不一样。3 个或 3 个以上防火分区共用一个楼梯间（设备间的第二安全出口除外）的时候，应专门分隔出疏散走道。这几个防火区只能对疏散走道开门，而不能直接对楼梯间开门，相当于楼梯间外面设一个前室，把这个前室作为过渡空间。此外，这个疏散走道应满足避难走道的要求（下规 5.2.5）。但是，要满足避难走道的要求，事情变得就复杂了。根据下规 5.2.5，首先要有不少于 2 个直通地面出口，这个要求就难以达到，所以，笔者对"应满足避难走道的要求"说法表示怀疑。此条恐怕是针对地下工程。另外，括号中的"除设备间的第二安全出口外"是否间接表示允许设备间的第二安全出口开向楼梯间？由此，开向前室更可以了。

⑥ 高层居住建筑通向前室的分户门为 FM 乙（高规 6.1.3/上标 5.1.1）。消防电梯间前室的门为 FM 乙（高规 6.3.3.4）。

⑦ 消防电梯前室防火门，向前室外开（消防局咨询结果）。

⑧ 高规 6.3.3.4：消防电梯间前室的门用 FM 乙，或具有停滞功能的卷帘门，但合用前室的门不可用卷帘门（高规 6.3.3.4 说明）。如达安、电影花苑的消防前室由于条件限制，只好用卷帘门。但这种做法是不符合规范要求的。

⑨ 自然通风：高规 8.2.2.1：单独前室 2.0 m²，合用前室 3.0 m²。

⑩ 加压送风：高规 8.2.1/烟规 3.1.5：＞100 m 的居住建筑和＞50 m 的公建一律加压送风。

☞ 低规 7.4.3.6：扩大防烟前室，可将首层的走道和门厅包括在防烟前室内，用 FM 乙将其他走道和房间隔开。楼梯间仍有门 FM 乙（低规 7.4.3.4）。

☞ 其他：① 低规 5.3.7：公建中的客货电梯宜有电梯厅，不宜直接设在营业厅、展览厅、多功能厅等场所内。

② 低规 5.3.11.2:住宅电梯进入(地下)车库应设电梯厅(防烟前室)+FM 乙。

☞【低规 7.4.2】封闭楼梯间除应符合本规范第 7.4.1 条的规定外,尚应符合下列规定:

1. 当不能天然采光和自然通风时,应按防烟楼梯间的要求设置。

2. 楼梯间的首层可将走道和门厅等包括在楼梯间内,形成扩大的封闭楼梯间,但应采用乙级防火门等措施与其他走道的房间隔开。

3. 除楼梯间的门之外,楼梯间的内墙上不应开设其他门窗洞口。

4. 高层厂房(仓库)、人员密集的公共建筑、人员密集的多层丙类厂房设置封闭楼梯间时,通向楼梯间的门应采用乙级防火门,并应向疏散方向开启。

5. 其他建筑封闭楼梯间的门可采用双向弹簧门。

☞【低规 7.4.3】防烟楼梯间除应符合本规范第 7.4.1 条的有关规定外,尚应符合下列规定:

1. 当不能天然采光和自然通风时,楼梯间应按本规范第 9 章的规定设置防烟或排烟设施,应按本规范第 11 章的规定设置消防应急照明设施。

2. 在楼梯间的入口处应设置防烟前室、开敞式阳台或凹廊等。防烟前室可与消防电梯间前室合用。

3. 前室的使用面积:公共建筑不应小于 6.0 m²,居住建筑不应小于 4.5 m²;合用前室的使用面积:公共建筑、高层厂房以及高层仓库不应小于 10.0 m²,居住建筑不应小于 6.0 m²。

4. 疏散走道通向前室以及前室通向楼梯间的门应采用乙级防火门。

5. 除楼梯间门和前室门外,防烟楼梯间及其前室的内墙上不应开设其他门窗洞口(住宅除外)。

6. 楼梯间的首层可将走道和门厅等包括在楼梯间前室内,形成扩大的防烟前室,但应采用乙级防火门等措施与其他走道和房间隔开。

5.9.17　管道井/厨房排烟井

☞ 关于管道井的位置,高规和低规都没有明文规定(因此对于公建的管井放在何处,小心为妙)。除住宅外,一般公建是不允许将管道井设在楼梯间内及其前室内的(住宅指南 5.4/高规 7.4.2 说明/高规 7.4.3 说明)。只有上标明确说住宅管道井可在前室或楼梯间内(上标 5.4.2)。住法 9.4.3/4:住宅管井可以设在前室或合用前室内(检修门 FM 丙),其他建筑物的防烟楼梯间及其前室内不允许开设疏散门以外的开口(低规 7.4.3)。具体工作中要分清不同地区、不同性质建筑选用不同规范。另外,通则说管道井宜在每层靠公共走道的一侧设检修门(通则 6.14.2)。住法也对住宅建筑中电缆井设在防烟楼梯前室和合用前室的做法认可(住法 9.4.3.4 说明)。江苏水管井可在楼梯间,电管井可在前室(苏标 8.5.4/8.5)。

☞ 浙江一般情况下,防烟楼梯间及封闭楼梯间内不得设置管道井或电缆井。但是 10、11 层住宅的楼梯间及其他建筑的消防前室内可设置管道井或电缆井,不过要层层封堵、检修门为 FM 乙[浙江省建设发(2007)36 号 65]。

☞ 扩大楼梯间时,特别要注意:垃圾道、管道井等的抢修门不能直接开向楼梯间内(低规 7.4.2 说明/低规 7.4.3 说明)。所以,底层扩大楼梯间有时未必能做成。

☞ 通则 6.14.1/低规 7.2.9:管道井应分类设立,排烟与通风不得使用同一管道。

☞ 133 文 2.10/上标 5.4.2:除煤气管井外的管井,均可设在楼梯间及前室内,但是每层楼板分隔,检修门作丙级防火门。

注意对于前提条件与允许部位,高规和低规的规定不完全一致。

高规有类似的要求,但高规把高层分成高度 100.0 m 上下两种。>100.0 m 者,同上标即层层分隔;≤100.0 m 者,每 2～3 层用和楼板相同耐火极限的不燃体料分隔(高规 5.3.2-3/低规 7.2.9)。低规要求层层分隔(低规 7.2.10)。

☞ 高规 6.2.5.2：楼梯间和防烟楼梯间前室内不应铺设煤气管道和甲、乙、丙类液体管道。

☞ 住法 9.4.3.4：住宅建筑内设置在防烟楼梯间前室或合用前室内的电缆井和管道井的检修门应作丙级防火门。是否意味着开敞和封闭楼梯内的管井检修门不一定作丙级防火门？其他建筑内的防烟楼梯间前室或合用前室内，不允许开设除疏散门以外的其他洞口（低规 7.4.3 说明）。

☞ 管道井的检修门不应设在防烟楼梯间前室或合用前室内。住宅的管道井（或电道井）设在防烟楼梯间前室或合用前室内应用 FM 丙（技措 11.4.4）。

☞ 高层建筑中 15～20 层设一管道层，层高≤2 200。这种管道层不宜安装空调设备（技措风 1.3.9）。

☞ 设备层层高常为标准层层高的 1.6 倍（技措风 1.3.10）。每个系统所辖 5～10 层（技施风 3.3.3）。

☞ 厨房排油烟井，上海及国家规定水平竖井均可（上标 4.4.3/7.3/住规 6.4.1）。江苏、山东只可竖井（苏标 4.3.4/鲁标 3.3.3）。

☞ 住规 4.5.2：住宅建筑内不宜布置餐饮店，烟囱及排气道应高出住宅屋面。由此，对于商住楼及非商住楼下的公用厨房的烟囱可以作不同处理。

☞ 饮标 4.2.4：设有饮食单位的建筑必须设专用烟囱。饮标 4.3.2：建筑高度＜24 m 时，烟囱不得低于建筑物最高位置。饮标 4.3.3：建筑高度＞24 m 时，烟囱不得低于离地 7 m，并不得朝向敏感目标。

☞ 饮食单位的建筑烟囱口离敏感目标 20 m/10 m（饮标 4.3.1，类似于车库环规 4.1.1）。

☞ 【上标 5.4.2】除煤气管道井外的管道井，当检修门为丙级防火门，且在每层楼板处采用相当于楼板耐火极限的不燃烧体作防火分隔时，检修门可设在合用前室或楼梯间内。

☞ 【高规 5.3.2】电缆井、管道井、排烟道、排气道、垃圾道等竖向管道井，应分别独立设置；其井壁应为耐火极限不低于 1.00 h 的不燃烧体；井壁上的检查门应采用丙级防火门。

☞ 【高规 5.3.3】建筑高度不超过 100 m 的高层建筑，其电缆井、管道井应每隔 2～3 层在楼板处用相当于楼板耐火极限的不燃烧体作防火分隔。

☞ 【低规 ~~7.2.9~~ 7.2.10】建筑内的电缆井、管道井应在每层楼板处采用不低于楼板耐火极限的不燃烧体或防火封堵材料封堵。

建筑内的电缆井、管道井，与房间、走道等相连通的孔洞应采用防火封堵材料封堵。

5.9.18　户内外高差

☞ 结合±0.00 的确定，一起考虑。

☞ 住规 4.1.4：0.10 m。

☞ 参考 87 通则 3.3.3：0.15 m。

☞ 地规 6.0.1：0.15 m。

☞ 变配电房在地下室时，地面抬高 100～300 mm（低压配电设计规范 GB 50045—95/3.3.1）。

5.9.19　出屋面

☞ 高规 6.2.7/高规 6.1.1.1/2012 住规 6.2.7：除 10～18 层的每单元设有一座防烟楼梯和消防电梯的单元住宅，或顶层为外通廊式住宅外，高层建筑通向屋顶方向的疏散楼梯不宜少于 2 座。高规 6.2.3：高层单元式住宅楼梯（住规 5.2.3）通至屋顶。

☞ 技措 8.3.11.2.1：每幢高层建筑通至屋顶楼梯不宜少于 2 座，且不应穿过其他房间。

☞ 低规 5.3.11.2：居住建筑的楼梯宜通至屋顶。

☞ 参考 01 低规 5.3.3：超过六层的单元住宅和宿舍疏散楼梯应通至屋顶，如户门采用乙级防火门时，可不通至屋顶。

☞ 上标 5.1.1.2：中高层住宅敞开楼梯间，户门为 FM 乙或出屋面，两者选一。

☞ 上标 5.1.1.3：10、11 层单元住宅，敞开楼梯时户门 FM 乙，既要出屋面又要连通。

☞ ≥7 层，单元式宿舍楼梯出屋面，但如<10 层且楼梯间门为 FM 乙，则可不出屋面（宿规 4.5.2/参考 01 低规 5.3.3）。

☞ 133 文 2.5 上标 5.1.4/苏标 8.4.12（为玻璃门）/技措 8.3.11（多层——此门不是防火门）高层住宅至少应有一部楼梯通向屋顶平台，宜用玻璃门；单元式住宅只有一个楼梯间宜在各屋顶相连通。如果是每单元有两个楼梯间，则不必考虑连通，但要考虑出屋面。对于出屋面，要考虑有一定的疏散面积，特别是坡屋面情况。

☞ 参考 133 文会议纪要三：坡屋顶情况，用部分平屋面连通，平屋面面积 4～5 人/m²。

☞ 上标 5.1.4 说明/上标 5.1.6：剪刀梯的两个梯子应在前室、走道或屋顶连通。

☞ 高规 6.2.7：除≤18 层单元住宅和顶层为外通廊式住宅外，高层建筑通向屋顶方向的疏散楼梯不宜少于 2 座。由此认为剪刀梯宜同时出屋面，且不应穿越其他房间。

☞ 低规 ~~5.3.1 四~~ 5.3.4：多层建筑有两个梯，局部高出不超过两层，且面积 200 m²/层、人数共 50 人，则此局部可设 1 个梯，但在高出部分的底层要另设通屋面的出口。

☞ 大型百货商店（>1 500 m²）、5 层以上商场，宜有不少于 2 个疏散楼梯间出屋面（商规 4.2.4）。

☞ 上海高层商场应设出屋面>2 个（大商 3.8）。

☞ 屋顶当作疏散避难时，5 人/m²（高规 6.1.13.3）。

☞ 楼梯间出屋面的相关规定（技措 8.3.11）。

5.10 电梯

5.10.1 电梯数量

☞ 电梯数量见二版资料集(1-10)第 95 页，技措 9.2.2 有更加简明的表可查（见下表）。

表 9.1.5 电梯数量、主要技术参数表

标准 建筑类别		数 量				额定载重量(kg) 和乘客人数(人)					额定速度 (m/s)
		经济级	常用级	舒适级	豪华级						
住 宅		90～100 户/台	60～90 户/台	30～60 户/台	<30 户/台	400		630		1 000	0.63,1.00, 1.60,2.50
						5		8		13	
旅 馆		120～140 客房/台	100～120 客房/台	70～100 客房/台	<70 客房/台	630	800	1 000	1 250	1 600	
办公	按建筑面积	6 000 m²/台	5 000 m²/台	4 000 m²/台	<2 000 m²/台	8	10	13	16	21	0.63,1.00, 1.60,2.50
	按办公有效 使用面积	3 000 m²/台	2 500 m²/台	2 000 m²/台	<1 000 m²/台						
	按人数	350 人/台	300 人/台	250 人/台	<250 人/台	1 600		2 000		2 500	
医院住院部		200 床/台	150 床/台	100 床/台	<100 床/台	21		26		33	0.63,1.00, 1.60,2.50

注：1. 本表的电梯台数不包括消防和服务电梯。

2. 旅馆的工作、服务电梯台数等于 0.3～0.5 倍客梯数。住宅的消防电梯可与客梯合用。

3. 12 层及 12 层以上的高层住宅，其电梯数不应少于 2 台。每层住 25 人，层数为 24 层以上时，应设 3 台电梯；每层 25 人，层数为 35 层以上时，应设 4 台电梯。

4. 超过 3 层的门诊楼设 1～2 台供医护人员专用的客梯。

5. 超过 3 层的门诊楼设 1～2 台乘客电梯。

6. 在各类建筑物中，至少应配置 1～2 台能使轮椅使用者进出的电梯。

7. 办公建筑的有效使用面积为总面积的 67%～73%，一般宜取 70%。有效使用面积为总建筑面积扣除不能供人居住或办公的面积，如楼梯间、电梯间、公共走道、卫生间、设备间的结构面积等。

8. 办公建筑中的使用人数可按 4～10 m²/人的使用面积估算。注意底层不用电梯。

☞ 以下资料是早年笔者笔记,资料有点过时,仅供参考。

① 交通计算。下面的图表适用于所有的住宅楼以及中、低档要求的商用大楼。

本图表以上、下端站运行最大90 s的时间间隔及每5 min 内输送大楼内7.5%的大楼内总人数为依据。

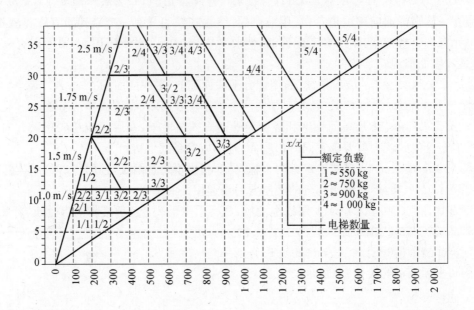

| 1 | 办公楼 | 早晨上班时上行高峰的交通量 | 2 | 旅馆 | 客房部分的交通量(未含宴会、会议场所等异常客流量) |

乘客电梯选用图表 (本图表由中国迅达电梯有限公司提供,原系瑞士资料,仅供参考)

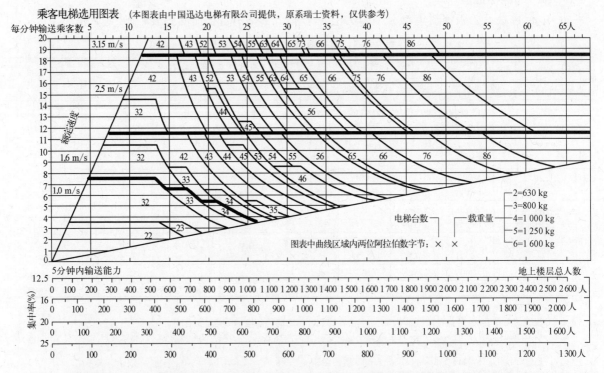

注:1. 使用方法:由[5]表4选定集中率,再在本表中其相应点向上作垂直线到相对应的楼层数处,其所在区域即为最佳选用方案。

2. 本表适用于只有一个主楼层的旅馆、办公楼,平均层高3.0~3.6 m;未含楼内大型公共场所的异常交通量。

3. 本表为一般标准要求(电梯理论运行时间25 s,发梯最大间隔时间31.5 s),高标准要求的图表未编入。

② 各层楼的总人数。资料见二版资料集(1～10)第 95 页。

☞ 实际工作中电梯台数宜适当放宽,特别是公建,不要太少,否则十分被动。

☞ 上标 5.2.1/住法 5.2.5/住规 4.1.6:离地高度≥16.0 m,或≥7 层的住宅设电梯。

☞ 上标 5.2.2/03 住规 4.1.7/11 住规 6.4.2:≥12 层的高层住宅的每栋或每个单元至少设 2 台电梯。塔式住宅同样处理,至少设 2 台电梯。尤其要注意,虽然是单元式住宅,有好几个单元组合而成,但是其中个别单元的层数同其余单元的层数相差较多,成了类似塔式住宅的单元式住宅,致使它无法利用屋顶连廊作为逃生或交通的补充手段,此种情况下,也照塔式住宅处理,也至少设 2 台电梯。这 2 台电梯中,要求其中一台轿厢长 1 600,以容纳担架。

依上所述,通常要设 2 台电梯的情况,如有连廊可以互相借用电梯以解决维修电梯时引起的交通不便,那么,12～18 层的单元式住宅也可以每单元可只设 1 台电梯。

☞ 上标 5.2.3:≥12 层高层住宅应设消防电梯。

☞ 上标 5.2.5:每栋或每个单元住宅至少有一部电梯通向地下车库,但不一定是消防电梯。

☞ 通则 6.8.12:高层公共建筑和≥12 层的高层住宅每栋楼设不少于 2 台电梯。

☞ ≥5 层办公设电梯(办规 3.1.3)。设有电梯的办公楼至少有 1 部电梯通至地下车库(办规 4.4.3)。

☞ 商规 3.1.7:大型商场≥4 层时宜设电梯。

☞ 上残 8.1.6/8.1.16:有楼层的大型商场、超市(5 000 m²)应设无障电梯。笔者认为,无论哪种类型建筑的无障电梯都以到地下室为宜。

☞ 汽规 4.1.17:三层以上的高多层车库、地下二层以下的汽车库,应设载人用电梯。

☞ 电梯应在设有户门或公共走道的每层设站(上标 5.2.5/苏标 8.4.20 - 消防电梯/苏标 4.10.4)。由此可以判断跃层是否应停站[同时判断 20.0 m 逃生距离(上标 4.6.5/5.3.4/苏标 8.4.20)]和半平台停靠电梯之不合法(例如协合紫薇园 A 型住宅)。

☞ 住法 7.1.5/住规 3.5.3:电梯不应与卧室、起居室紧邻布置。凡受条件限制需要紧邻布置时,必须采取隔声、减振措施。

☞ 通则 6.8.1.5:电梯井与机房不宜与主要用房相邻,否则应采取隔声、减振措施。

☞ 上标 6.1.6:电梯井不应与卧室紧邻,与书房及起居室紧邻布置时,必须采取隔声、减振措施。

☞ 楼梯间及其前室内墙上不应开设其他洞口(01 低规 7.4.1/06 低规 7.4.2.3/7.4.3.5/05 高规 6.2.5.1)。这个说法显然不够严密。这个洞口包括非消防电梯的门洞吗?日常工作中常常把非消防电梯的门洞开在防烟楼梯的前室内,依据这一条规定,就是非法的。这个问题提得有点匪夷所思,但不是没有道理,而且为规范疏忽了。在现实中,大家都是这样做的,请看"高层民用建筑防火规范图示"6.1.1 图示 2 的例子,就是这样的。是不是熟视无睹?另外,这个门洞口指楼梯间或前室通向走廊的门而不是其他房间的门,明确得很。后来的规范反而变得糊涂了。顺便说一句,老版本的通则、03 技措 8.1.5、09 技措 8.1.5/9.2.8,都提到楼梯不宜围绕电梯展开。但是,01 低规 7.4.1 的这条规定中,明确说楼梯间及其前室内不能包含"非封闭的电梯井"(俗话说的赤膊电梯),就是说,围绕封闭式的电梯井展开楼梯还是可以的。当然,从人流交叉上说,不一定合理。

☞ 低规 5.3.7:公建电梯应设独立电梯间(门斗或前室),不宜直接设在营业厅、展览厅、多功能厅内。

☞ 低规 5.3.11/建规合稿 5.5.33:住宅中电梯、楼梯相邻,应设封闭楼梯间。当户门为 FM 乙 (FM 甲)时,可不设封闭楼梯间。

☞ 楼梯不宜围绕电梯布置(技措 8.1.5)。

☞ 无障碍电梯(上残 19.10/残规 7.7.2)。候梯厅深 1 800 mm,最小轿箱 1 400×1 100。此条已经被住法 5.3.1-1 取消。

☞ 低规 5.3.11:住宅电梯直入下部汽车库,应设电梯厅。设门 FM 乙(建规合稿 5.5.33)。

☞ 机房围护结构应保暖隔热,室内应有良好通风防潮防尘(通则 6.8.1.6)。

电梯厅进深:≥1.50 m(通则 6.8.1.4/住规 4.1.9/苏标 4.10.8),≥1.80 m(残规 7.7.1/7.7.2/苏标 4.10.8)。电梯楼梯共用≥2.10 m(苏标 4.10.8)。

电梯自动扶梯不应作为安全出口(通则 6.8.1/6.8.2/低规 5.3.6)。

☞ 电梯井底坑下不宜设置进人空间,如果设置则应有前提条件限制(技措 9.3.23)。

☞【通则 6.8.1】电梯设置应符合下列规定:

1. 电梯不得计作安全出口。

2. 以电梯为主要垂直交通的高层以公共建筑和 12 层及 12 层以上的高层住宅,每栋楼设置电梯的台数不应少于 2 台。

3. 建筑物每个服务区单侧排列的电梯不宜超过 4 台,双侧排列的电梯不宜超过 2×4 台;电梯不应在转角处贴邻布置。

4. 电梯候梯厅的深度应符合表 6.8.1 的规定,并不得小于 1.50 m。

5. 电梯井道和机房不宜与有安静要求的用房贴邻布置,否则应采取隔振、隔声措施。

6. 机房应为专用的房间,其围护结构应保温隔热,室内应有良好通风、防尘,宜有自然采光,不得将机房顶板作水箱底板及在机房内直接穿越水管或蒸汽管。

7. 消防电梯的布置应符合防火规范的有关规定。

☞ 消防电梯隔墙耐火时间 2.0 h(高规 6.3.3.6)。多台并列非消防电梯井之间为梁而不应为实体墙,100~200 mm 宽(技措 9.3.7)。

5.10.2 电梯厅/电梯机房

☞ 低规 5.3.7:公建中的客货电梯宜有电梯厅,不宜直接设在营业厅、展览厅、多功能厅等场所内。设在营业厅、展览厅、多功能厅等场所内的电梯宜有电梯厅,并加 FM 乙。低规 5.3.11.2/建规合稿 5.5.33:住宅电梯进入(地下)车库应设电梯厅(防烟前室)+FM 乙。

☞ 低规 5.3.11:住宅电梯与楼梯间相邻,应设置封闭楼梯间,当户门为防火门时,可不设封闭楼梯间。

☞ 技措 9.2.8:电梯井道不宜被楼梯环绕。此条在老通则和 01 低规有规定,新通则没有提。笔者认为应将疏散梯和交通梯、装饰性楼梯、环绕电梯井分别处理。

☞ 参考市消 133 文 2.8:屋顶层电梯机房的门不得开在楼梯间防烟前室内。即不可由楼梯经前室直接进入机房。

☞ 消防电梯机房与普通电梯机房之间的门用甲级防火门(高规 6.3.3.6)。

☞ 上标 5.1.5/苏标 8.4.13:设封闭楼梯间或防烟楼梯的住宅,其电梯机房的门不宜开在楼梯间或前室内。苏标 8.4.13/上标指南 5.1.5:有困难时,其门为甲级防火门。

☞ 技措 9.2.7:电梯机房门应用乙级防火门。笔者认为应是有条件的,不能一概而论。此条未见规范明确说明。

☞ 电梯机房的围护结构应保温隔热(技措 9.6.10.2.1)。

☞ 通向电梯机房的通道、楼梯和门的宽度≥1 200 mm(技措 9.3.12)。

☞ 苏标 4.4.6 4.10.5:电梯候梯厅进深≥1 500 mm,利用楼梯平台时≥2 100 mm。

☞ 鲁标 4.1.10:电梯候梯厅进深 1 500 mm(无障电梯 1 800 mm),候梯厅同为走廊时应走廊加宽 900 mm,1 200+900=2 100 mm 净宽。

5.10.3 电梯隔声

☞ 通则 6.8.1.5：电梯及机房与要求安静房间相邻时要作隔声处理。

☞ 住法 7.1.5/住规 6.4.7：电梯不应同卧室起居室相邻,相邻时要作隔声处理。

☞ 上标 6.1.5/宿规 5.2.2：电梯不应同卧室和起居室紧邻。井道(及机房)同其他居住空间相邻时要作隔声处理。01 版上标 6.1.6 只提卧室而允许和起居室紧邻,当心认真区别。

☞ 具体工作中不要忘记电梯机房对下面空间的影响。

☞ 吸音墙面(空调机房、生活泵房、电梯井道与户内相邻墙体)做法：① 自攻螺钉固定 5 厚水泥加压穿孔吸音板,板后衬布,空腔 100 内填 50 厚岩棉;② 配套轻钢龙骨(天津院)。不知此做法对电梯撞击传声的效果如何。留有空腔,龙骨下垫隔声垫(问题分析)。

☞ 保温、吸声材料：不应在室内采用脲醛树脂泡沫塑料作为保温、吸声材料(污规 4.3.16)。

5.11 消防电梯

☞ 高规 6.3.1/3.0.1/建规合稿 7.3.1/7.3.2：一类公建(高度 50 m 以上,或 24 m 以上部分任一层面积>1 000 m² 的公建/1 500 m² 的商住楼),高度>32.0 m 的二类公建(和居住建筑)设消防电梯。

☞ 一个裙房上设两座塔楼,这"任一层面积"面积应该算其中一座还是两座之和? 笔者认为,各个塔楼的消防自成体系,不能相互借用,所以,应该各算各的。根据各个塔楼分别所属类别,确定防火区面积,以及消防电梯是否应该设置等。

☞ 高规 6.3.1 说明/苏标 8.4.18.1：≥10 层塔式住宅、≥12 层单元及通廊住宅设消防电梯。

☞ 住法 9.8.3：≥12 层的高层住宅设消防电梯。

☞ 上标 5.2.3：≥12 层的高层住宅设消防电梯。

☞ 上标 5.8.2：54.0 m 以下的塔式单元式住宅,上为跃层下为架空层时,在满足结构和日照条件下,可以扣掉一层执行上标,如高层类别、楼梯类型、消防电梯。

☞ 下列商业建筑设消防电梯(苏商标 7.5.3 及说明)：① 高度>24.0 m,且每层面积>1 000 m² 的商业建筑。② 每层面积<1 000 m²,但高度>32.0 m 的商业建筑。③ 营业层在六层及以上的商业建筑。④ 商住楼综合楼内的大型商业建筑。

☞ 低规 ~~3.5.6~~ 3.7.7 说明/3.8.9：32.0 m 以上的高层厂房库房,每个防火区设 1 台消防电梯。人少(少于 2 人)或每层面积≤50 m² 者例外。

☞ 高规 6.3.1 说明：消防电梯约 1 500 m² 一个,要分别设在不同防火区里。

☞ (2004)沪公消建函字 192 号 10/8：首层消防电梯和防烟楼梯应设前室,但大堂如无可燃物时可以除外。

☞ 高规 6.3.3 说明：消防电梯可到地下室也可不到地下室(以利排水)。江苏高层住宅消防电梯应直达地下车库[指高层住宅的地下室为车库时。非直接地下车库或公建车库另当别论,有商量余地(苏标 8.4.20/苏标 4.10.6)]。

☞ 浙江省建设发(2007)36 号：消防电梯宜到达各个使用层,如住宅的跃层、地下车库都宜到达。

☞ 消防电梯(渝商规 6.5)：当 H>15.0 m 时,每个防火区应设一台消防电梯。消防电梯直达包括地下室在内的每一层。

☞ 埋深＞10 m 地下车库应设防烟楼梯和消防电梯(技措 3.4.21.8.5。与技措 9.5.4.8 相左)。

☞ 消防电梯不到地下层(技措 9.5.4.8)。

☞ 上标 5.2.5/苏标 4.10.6：凡有电梯住宅,至少有一部电梯通向地下车库,但不一定是消防电梯。

☞ 上标 5.2.3：地下自行车库或地下设备房,可不设消防电梯。

☞ 商住楼底部商场高度 24.0 m 以下,住宅部分的消防电梯在商场可以不停(上标 5.2.4)。

☞ 电梯多层不停靠时梯井做法见技措 9.3.5。每隔 11.0 m 高度设 1 800 mm×350 mm 检修门,门不得向里开,且无孔。

☞ 高规 6.3.3.3/低规 7.4.10.2/建规合稿 7.3.3：消防电梯在首层直通室外出口,或 30.0 m 独用通道。江苏住宅 15.0 m(苏标 8.4.18.4)。

☞ 消防电梯台数(高规 6.3.2)：1 台/每层建筑面积 1 500 m²,2 台/1 500～4 500 m²,＞4 500 m² 为 3 台。多台时分布在不同防火区(高规 6.3.3)。

☞ 消防电梯前室防火门,向前室外开(消防局咨询结果)。

☞ 高规 6.3.3.4：消防电梯间前室的门用 FM 乙,或具有停滞功能的卷帘门,但合用前室的门不可用卷帘门(高规 6.3.3.4 说明)。如达安、电影花苑两个工程的消防前室由于条件限制,只好用卷帘门,权宜之计,并不合乎规范要求。

☞ 低规 7.4.11：封闭楼梯、防烟楼梯间或消防电梯间的前室或合用前室,不应设置卷帘门。

☞ 消防电梯是否升到跃层的顶层? 视其是否兼用,上标 4.6.3.4/2：应视户内最远点到门口的距离是否＞20.0 m；≤18 层,既有上跃,又有下跃,则包括跃层在内,每层都要对公共走道开门。上标 5.2.5：电梯应在设有户门或公共走道的每层设站。

☞ 上标 4.6.3.4/上消 133 文 2.6.3：跃层式最远点离户门≥20.0 时向走道开户门。

☞ 汽规 4.1.17：三层以上多层车库或二层以下地下车库应设客梯。

☞ 对于设有消防电梯的高层建筑,把消防电梯和安全出口(楼梯)综合考虑有其好处。都要在扑救面一侧设直接出口。当然,消防电梯还可用 30 m 专用通道(高规 6.3.3.3/低规 7.4.10.2)或 15 m 专用通道(苏标 8.4.18.4)。消防电梯不一定要下地下室(高规 6.3.3 说明/上标 5.2.5/3),也有一定要下地下室的规定(苏标 8.4.20)。

☞ 高规 8.2.1：＜50 m 高的公建,＜100 m 高的居住建筑,其消防电梯前室宜自然排烟。

消防电梯井壁耐火极限 2 h(高规 6.3.3.6)。有些方案中消防电梯对侧墙上都开门,就不能满足要求。笔者认为,两边都为前室才行。

☞ 高规 6.3.3.11：消防电梯的井底应设排水设施,排水井容量不应小于 2.00 m³,排水泵的排水量不应小于 2.00 m³,排水泵的排水量不应小于 10 L/s。

☞ 上标指南 5.2.3：消防电梯的井底排水设施,具体有以下两种方法：

① 不让消防电梯下到地下室。

② 在井底的下部或旁边设容量不应小于 2.00 m³ 的排水井。

☞【高规 6.3】消防电梯

6.3.1 下列高层建筑应设消防电梯：

6.3.1.1 一类公共建筑。

6.3.1.2 塔式住宅。

6.3.1.3 12 层及 12 层以上的单元式住宅或通廊式住宅。

6.3.1.4 高度超过 32 m 的其他二类公共建筑。

6.3.2 高层建筑消防电梯的设置数量应符合下列规定:

6.3.2.1 当每层建筑面积不大于 1 500 m²时,应设 1 台。

6.3.2.2 当大于 1 500 m²但不大于 4 500 m²时,应设 2 台。

6.3.2.3 当大于 4 500 m²时,应设 3 台。

6.3.2.4 消防电梯可与客梯或工作电梯兼用,但应符合消防电梯的要求。

6.3.3 消防电梯的设置应符合下列规定:

6.3.3.1 消防电梯宜分别设在不同的防火分区内。

6.3.3.2 消防电梯间应设前室,其面积:居住建筑不应小于 4.50 m²;公共建筑不应小于 6.00 m²。当与防烟楼梯间合用前室时,其面积:居住建筑不应小于 6.00 m²;公共建筑不应小于 10 m²。

6.3.3.3 消防电梯间前室宜靠外墙设置,在首层应设置通室外的出口或经过长度不超过 30 m 的通道通向室外。

6.3.3.4 消防电梯间前室的门,应采用乙级防火门或具有停滞功能的防火卷帘。

6.3.3.5 消防电梯的载重量不应小于 800 kg。

6.3.3.6 消防电梯井、机房与相邻其他电梯井、机房之间,应采用耐火极限不低于 2.00 h 的隔墙隔开,当在隔墙上开门时,应设甲级防火门。

6.3.3.7 消防电梯的行驶速度,应按从首层到顶层的运行时间不超过 60 s 计算确定。

6.3.3.8 消防电梯轿厢的内装修应采用不燃烧材料。

6.3.3.9 动力与控制电缆、电线应采取防水措施。

6.3.3.10 消防电梯轿厢内应设专用电话,并应在首层设供消防队员专用的操作按钮。

6.3.3.11 消防电梯间前室门口宜设挡水设施。

消防电梯的井底应设排水设施,排水井容量不应小于 2.00 m³,排水泵的排水量不应小于2.00 m³,排水泵的排水量不应小于 10 L/s。

☞ 电梯参考尺寸:

① OTIS 电梯载重 1 t,速度 2.5 m/s。

井道净尺寸 2 200 mm×2 200 mm(W×D)。

上冲程 6 150 mm。

下冲程 1 000+X(为满足消防出水 2 m³ 而预留 300~500 mm,门洞 1 100 mm×2 250 mm)。

井壁设通风洞 300 mm×300 mm@1 500。

机房净高 2 500 mm。呼唤钮留洞,单侧留在门右 140×500(头层为 140×750),下口离地 1 200 mm。双侧留在两门中间 170×500(头层为 170×750),下口离地 1 200 mm。

机房空调 5~30℃。

② 三菱电梯(2000 年 7 月资料 GPS-CR):1 t,1.6(2.0)m/s。

井道净尺寸 2 200 mm×2 120 mm。

上冲程 4 410(4 700)mm。

下冲程 1 500(2 130)+X(为满足消防出水 2 m³ 而预留 300~500)。

门洞(900 mm+300 mm)×2 170 mm。

井壁设通风洞 300 mm×300 mm@1 500。

机房净高 2 200 mm(吊钩底)。

呼唤钮留洞,单侧留在门右 105 mm×500 mm(头层为 105×750),下口离地 1 085 mm。双侧留在两门中间 190 mm×500 mm(头层为 190×750),下口离地 1 085 mm。

机房温度 5~40℃。

5.12 走道宽度

5.12.1 走道宽度

☞ 下规 5.2.6：疏散走道内不宜设阶梯（《中国消防手册》第三卷 7.2.1.2 中注明的是"不应"）。在残疾人出入的场合当然不能设阶梯（残规 7.3.1/上残 19.8.3）。

☞ 公用走道宽度（上残 19.8.1/残规 7.3.1）：大型公共建筑≥1 800 mm、中小型公共建筑≥1 500 mm、居住建筑走廊≥1 200 mm。大中小型建筑分类（上残 9.1）。

☞ 高层建筑疏散最小宽度（建规合稿 5.5.17）。

☞ 住法 5.2.1/5.3.4/住规 4.2.2/苏标 4.11.9［三合一时 1 300 mm（苏标 8.4.4）］：住宅走廊净宽 1 200 mm。

☞ 住法 5.3.4：轮椅走道不应小于 1 200 mm。

☞ 单面布置房间的住宅，其走道出垛处≥900 mm（高规 6.1.10）。

☞ 居住建筑单面布房走道宽度 1 200 mm，双面布房走道宽度 1 300 mm（高规表 6.1.9）。

☞ 江苏三合一前室外的走道净宽 1 300 mm（苏标 8.4.6）。

☞ 山东外走廊净宽 1 300 mm（鲁标 4.2.5）。

☞ 住宅户内入口过道不宜小于净宽 1 200 mm（上标 4.6.2/住规 3.8.1）。

☞ 住宅通往卧室、起居室的走道不应小于净宽度 1 000 mm（上标 4.6.2/住规 3.8.1）。

☞ 住宅通往卫生间走道不应小于净宽度 900 mm（上标 4.6.2/住规 3.8.1）。

☞ 高层医院首层外门 1 300 mm，单走道 1 400 mm，中走道 1 500 mm（高规表 6.1.9）。疏散梯最小宽度 1 300 mm（高规 6.2.9）。

☞ 高层住宅首层外门 1 100 mm，单走道 1 200 mm，中走道 1 300 mm（高规表 6.1.9）。疏散梯最小宽度 1 100 mm（高规 6.2.9）。

☞ 其他高层首层外门 1 200 mm，单走道 1 300 mm，中走道 1 400 mm（高规表 6.1.9）。疏散梯最小宽度 1 200 mm（高规表 6.1.9）。

☞ 低规 5.3.13 5.3.14：多层民用建筑疏散楼梯和走道最小宽度 1 100 mm，不大于 6 层的单元住宅楼 1 000 mm。

☞ 下规 5.2.6：疏散走道、疏散楼梯和前室，不应有影响疏散的凸出物。

☞ 办公楼走道长度＞40.0 m 的单走道宽 1 500 mm，双走道宽 1 800 mm（办规 4.1.9）。

☞ 办公楼长度＜40.0 m 的单走道宽 1 300 mm，双走道宽 1 500 mm（办规 4.1.9）。

☞ 中小学校教室走道宽，单走道 2 100 mm、中走道 1 400 mm、办公用房外廊 1 500 mm（国舍标 22/上校标 6.0.9）。

☞ 上幼标 3.4.5：幼儿园单面走廊净宽 1 300 mm、中内廊净宽 1 800 mm。

☞ 幼儿园、学校的门厅及走道不应设台阶。有高差时设坡道（上幼标 6.0.7.5/上校规 6.0.9.3 为"不宜"/校规 6.2.2）。

☞ 高规表 6.1.9：走道净宽。

☞ 上海大中型店内疏散通道：超市通道 1.30～3.0 m（大商 4.1）。百货店、购物中心通道 1.50～2.20 m（大商 4.2）。铺位式通道 2.20～2.80 m（大商 4.3）。

☞ 江苏商场柜架式、摊位式商场内部疏散通道宽度、超市内部疏散通道宽度见苏商规 6.3.8/6.3.11。内部疏散通道与外走廊（道）的概念不应该一样，外走廊（道）的宽度应该更受最小宽度的约束，特别是残障规范的约束，＞1 500/18 00（残规 7.3.1）。

表 6.1.9　首层疏散外门和走道的净宽　　　　　　　　　　　　　(m)

高 层 建 筑	每个外门的净宽	走 道 净 宽	
		单 面 布 房	双 面 布 房
医　　院	1.30	1.40	1.50
居住建筑	1.10	1.20	1.30
其　　他	1.20	1.30	1.40

☞ 仔细想来,低规虽然明文规定,走道(廊)和楼梯的宽度用同一公式而得,但楼梯的宽度为总楼梯,走道(廊)的宽度情况复杂得多,难以一概而论。我想,除非电影院、剧场和体育设施等观演建筑或学校等疏散人流冲击强度特大的要特别注意外,一般建筑只要比最小宽度大,即可视为合乎要求。

5.12.2　走道长度

☞ 高规 8.1.3.1:长度>20.0 m 的内走道应设排烟设施。

☞ 高规 8.2.2.3:自然通风的长度<60.0 m 的内走道设可开启外窗,其面积≥走道面积的 2%。

☞ 烟规 4.1.9:室内或走道内任一点到最近排烟口,外窗或百叶窗距离≤30.0 m。

☞ 高规 6.3.3.3/低规 7.4.10.2:消防电梯在首层直通室外出口,或 30.0 m 专用通道。江苏住宅消防专用通道 15.0 m(苏标 8.4.18.4)。

5.13　门的个数/开向/人数定额

☞ 低规7.4.7 7.4.12/建规合稿 6.4.12:通常情况,民用建筑和厂房的疏散门应向疏散方向开启。除甲、乙类生产车间外房间人数>60 人,平均>30 人/门,其门外开。这是非高层的要求,低于高层要求。由此,约 120 ㎡的商店的门(且要有 2 个)才可内开。所以,一个房间的门,内开还是外开,都要以是否满足低规 7.4.12 要求来衡量。

☞ 会议室:有桌 1.80 ㎡/人、无桌 0.80 ㎡/人(办规 3.3.2),会议室 60 人面积:1.80 ㎡×60＝108.0 ㎡,0.80×60＝48.0 ㎡。

☞ 舞厅 2.0 ㎡/人(文规 3.2.4),2.0×60＝120.0 ㎡。

☞ 舞厅 1.5 ㎡/人(舞池 0.8 ㎡/人),音乐茶座酒吧 1.25 ㎡/人(文化娱乐场所卫生标准GB 9664—1996 之 2.3.5)。

☞ 放映 1.0 ㎡/人,其他 0.5 ㎡/人(低规 4.1.5A/下规 7.5.1.9/高规 4.1.5)。

☞ 办公室使用面积 4.0 ㎡/人(办规 4.2.3 四)。

☞ 商场 1.35 ㎡/人(商规 3.2.2),或三层 0.77 ㎡/人,二层 0.85 ㎡/人(商规 4.2.5)。

☞ 商店人数(商规 4.2.5/低规 5.3.17.2/1/5),由其建筑面积[扣除或不扣除非营业面积(低规图示 05SJ811－5.3.17 直观清楚说明问题)]乘以一个系数(50%～70%)得营业厅面积(在低规 5.3.17 说明有详细说明包括哪些内容、不包括哪些内容),再由营业厅面积乘以人数换算系数而得。换算系数因不同楼层而不同。商店额定人数＝营业厅面积×0.80 人/㎡(地下二层)、0.85(地下一层及地上一、二层)人/㎡、0.77(三层)、0.6(四层)。按此额定人数算出的楼梯宽度比按上海营业厅面积3.0 ㎡/人算出的楼梯宽度几乎大出一倍。

☞ 地下商场地下一层 0.85 人/㎡,地下二层 0.80 ㎡/人(下规 5.1.8)。

☞ 餐饮:1.30～1.10 ㎡/座(餐规 3.1.2)。

☞ 餐饮:1.85 ㎡/座(饭馆卫生标准 GB 16153—1996 之 3.2.4)。

☞ 避难用平台:5.0 人/㎡(高规 6.1.13.3)。

☞ 礼堂、舞厅：1.54 人/m²净面积。会议、餐厅、展览室、健身房、休息室 0.71 人/m²净面积(高规 4.1.5 说明为美国规范参考数字)。

☞ 关于人数定额,国内规范资料十分有限。《中国消防手册》第三卷第 701 页、表 4-5-6 有较多外国资料。但是,此人数定额以建筑面积还是以使用面积为基准,没有直截了当的说明。表之外有一段文字说明,从它推测,似以计算房间(区域)的地板面积为基准。外国资料还可见中国建筑工业出版社出版的日本建筑学会编《建筑设计资料集成》第 99~100 页,香港国际文化出版社出版《最新建筑标准图集》(美国)第 8 页。

☞ 人数定额见技措 2.5.1/2.5.2。

☞ 多层内的中间房间(01 低规 5.3.1/06 低规 5.3.8)：≤120.0 m²,可设一个净宽 900 mm 的门。

☞ 建规合稿 5.5.11：无论是多层还是高层的中间房间 ≤120.0 m²,可设一个净宽 900 mm 的门；尽端房间≤200.0 m²,安全距离 15 m,可设一个净宽 1 400 mm 的门(01 低规强调外开,而 06 低规及建规合稿都没有强调外开)。

☞ 高规 6.1.8：高层两个安全出口之间的房间,<60.0 m²,可设置一个 1 000 mm 门；尽端房间,<75.0 m²,可设置一个 1 500 mm 门。这是高层的要求,高于低层要求。

☞ 大办二[沪消字(2001)4 号]：60~100 m² 的办公室,人数≤10 人、门净宽>1 400 mm 时,可以设一个门。

☞ 建筑内娱乐场所一个厅室应<200 m²。房间面积<50 m² 时可以设一个门(高规 4.1.5A/低规 5.1.1A 5.3.8/下规 4.2.4)。无论是在高层内还是在多层内,抑或是在地下,这些场所均用 FM 乙与其他隔开(高规 4.1.5A/下规 4.2.4)。200 m² 是对厅室大小的限制,50 m² 是对一个房间开一个门还是两个门的限制。

☞ 高规 6.1.12：地下室房间,<50.0 m²,<15 人,可设置一个门。

☞ 01 低规 5.3.1：非老年人建筑、托幼建筑的多层建筑内的尽端房间的疏散距离<14.0 m,可开一个 1 400 净宽的门,外开。

☞ 商店、营业厅的疏散门净宽≥1 400 mm(商规 4.2.2)。

☞ 发电机房应有两个门,防火隔声门 FM 甲(技措 15.4.6)。

☞ 变电所开间高压 7.0 m/低压 8.0 m 以上开两个门(GB 50054/通则 8.3.1.5)。

☞ 高规 5.4.2/6.1.1.2：防火门应向疏散方向开启,遇阳台等情况见高规 8.1.2 说明图解。低规无相应条文,可参考执行。

☞ 通向屋顶的门(高规 6.2.7)向屋顶方向开启,宜为玻璃门(上标 5.1.4)。

☞ 高规 6.2.5.1/低规 7.4.17.4.2.3：封闭楼梯间或防烟楼梯间及其前室,除向公共走道开门外,不能向其他房间开门。

☞ 电梯机房的门(上标 5.1.5)不宜开在封闭楼梯间或防烟楼梯间及前室内。

☞ 高规 5.4.2：防火门应为向疏散方向开启的平开门。

☞ 高规 6.1.3/苏标 8.4.7/8.4.11.1：高层住宅的户门可以部分开向前室,应为 FM 乙。高规和苏标都没有说明是否可以内开,只有上标明确说明可以内开。高规图示 6.1.3 户门为外开。

☞ 上标 5.1.1.3/5.3.5：开向前室的户门,应为 FM 乙,可以内开。

☞ 卫生间的门(上标 4.5.4)：不应开向起居室、卧室或厨房。

☞ 卫生间的门(住规 5.1.4)：不应直接开向厨房。

☞ 老人院附设卫生间的门外开(老规 4.7.9)。

☞ 医院病人用卫生间的门外开(医规 3.4.14)。

☞ 低规 7.4.7 7.4.12/高规 6.1.16：民用建筑及厂房的公共疏散门(门厅的外门、展览厅、多功能厅、餐厅、舞厅、营业厅、观众厅的门等)均应向疏散方向开启。疏散门不应为侧拉门、卷帘门、吊门、转门。

☞ 通则 6.10.4：旋转门、电动门、卷帘门和大型门的邻近应另开平开疏散门，或门上设小门。

☞ 疏散楼梯间的门净宽≥900 mm（门洞 1 000 mm）（高规 6.1.10）。其宽度总和通过计算确定。

☞ 公用建筑门厅的外门，展览厅多功能厅、餐厅、舞厅、商场观众厅的门，其净宽由计算确定（高规 6.1.9）。其他面积较大的房间的门，常为双扇外开。最小宽度见高规表 6.1.9。

☞ 高规 5.4.3：变形缝处的防火门应设在层数较多的一侧，且向层数较多的一侧方向开启。

☞ 门及走道宽指标（低规 5.3.12 5.3.13/14/15→高规 6.1.10）：学校、商店、办公楼、候船室、娱乐场所楼梯门和走道净宽指标：一、二层 0.65 m/百人，三层 0.75 m/百人，≥四层 1.00 m/百人。

☞ 高规 6.2.10/01 低规 7.4.2/06 低规 7.4.5：室外楼梯，满足下列条件可作为疏散楼梯，净宽 900 mm、倾角≤45°、扶手高 1 100 mm、通向楼梯的疏散门为 FM 乙、梯子不能正对出口。梯子周围 2 000 mm 以内不得有其他洞口。注意平行于梯子，而距离又小于 2 000 mm 的情况。

☞ 低规 ~~7.4.2~~ 7.4.6：作非辅助防烟楼梯，净宽 800 mm，倾角≤60°。

☞ 低规 ~~7.4.8~~ 7.4.12.3：库房门外开，平开门（首层外墙门可为推拉门——设在外墙的外侧或卷帘门——甲、乙类除外）。

☞ 房间一个门条件

类 别		中间房间			尽端房间			门	索 引
		面 积（m²）	人 数（人）	疏散距离（m）	面 积（m²）	人 数（人）	疏散距离（m）		
高层		60		15.0	75		1 个房门	中间房间的门1 000 mm	高规 6.1.7/8
								尽端房间的门1 500 mm	
多层		120	—	1 个房门	约 200	—	15.0	尽端房间的门1 500 mm，外开	低规 ~~5.3.1~~ 5.3.8
		≥2 个房门	20.0~22.0						低规 ~~5.3.8~~ 5.3.13
地下		50		15.0					下规 5.1.2
娱乐设施	高层	50		应设在一、二、三层，不允许布置在袋形走道的两侧或尽端				FM 乙	高规 4.1.5A
	多层	50		不宜布置在袋形走道的两侧或尽端；当为尽端时，逃生距离<9.0 m				非地上一、二、三层时，FM 乙（低规 5.3.13）	低规 ~~5.1.1A/7.2.3~~ 5.3.8.3
	地下	50	15 人	15.0	不允许布置在袋形走道的两侧或尽端			FM 乙	下规 5.1.2/4.2.4/高规 6.1.12.2/低规 5.3.12.4
商场内店铺	多层及裙房	120				15		1 个门	苏商规 6.4.2
	高层	60		75				1 个门	苏商规 6.4.3
	地下	50		50				1 个门	下规 5.1.2
	高层主体结构内的商铺	≥2 个门，20 m							(1) 江苏铺位限 1 000 m²。(2) 建规合稿 5.5.15.4

注：1. 超出上述条件，即要 2 个门。两个安全出口之间如高层>60.0 m²、多层>120.0 m²，就要 2 个门。

2. 非地上一、二、三层时，无论是高层或多层，每个娱乐厅室应<200 m²，至少 2 个门。凡娱乐厅室均不宜布置在袋形走道的两侧或尽端。详见低规 5.1.15。

3. 配电房面宽>7.0 m 设 2 个门（"低压配电设计规范 GB 50045—95"3.3.2）。长度>60 m 时，增加一个出口（通则 8.3.1.6）。

4. 设备房<200 m²，3 个人，可设 1 个门（FM 甲）（下规 5.1.1.4）。

5. 高层内有固定座位的观众厅、会议厅，疏散出口的平均疏散人数不应超过 250 人（高规 6.1.11.5/低规 5.3.9）。

6. 有等场需要的入场门不应作为观众厅的疏散门（低规 5.3.16.4）。

笔者注：为了编制本表,仅仅防火门一项便三番四复才弄明白。原来,三本不同规范把它们归入三个不同概念,好难找,不便应用。由此,笔者认为三本规范应合而为一。

☞【低规5.1.15】当歌舞厅、录像厅、夜总会、放映厅、卡拉OK厅(含具有卡拉OK功能的餐厅)、游艺厅(含电子游艺厅)、桑拿浴室(不包括洗浴部分)、网吧等歌舞娱乐放映游艺场所必须布置在袋形走道的两侧或尽端时,最远房间的疏散门至最近安全出口的距离不应大于9m。当必须布置在建筑物内首层、二层或三层外的其他楼层时,尚应符合下列规定:

1. 不应布置在地下二层及二层以下。当布置在地下一层时,地下一层地面与室外出入口地坪的高差不应大于10.0m。

2. 一个厅、室的建筑面积不应大于200 m²,并应采用耐火极限不低于2.00 h的不燃烧体隔墙和1.00 h的不燃烧体楼板与其他部位隔开,厅、室的疏散门应设置乙级防火门。

3. 应按本规范第9章设置防烟与排烟设施。

☞ 关于住宅门洞最小尺寸,住规和上标不一样。卧室门:住规2 000 mm×900 mm、上标2 100 mm×950 mm,卫生间门:住规2 000 mm×700 mm、上标1 800 mm×750 mm(住规5.9.5/上标7.1.4)。分清本地、外地使用。常有意外,施工交底时一定要注意说明。

☞ 关于设备房的门及其开向:除了多层建筑中的设备房的门(除消防泵房外)为FM乙外,其余高层、地下设备房的门均为FM甲。防火门均向外开。

5.14 防火门/卷帘门/疏散门

☞ 民用建筑的疏散门应用平开门,不得使用推拉门、卷帘门、吊门、转门和折叠门(建规合稿6.4.12.2)。

☞ 仓库的疏散门应用平开门,但丙、丁、戊仓库首层外墙外侧可采用推拉门、卷帘门(建规合稿6.4.12.2)。

5.14.1 甲级防火门/1.20 h

☞ 防火门窗设置综合表见技措10.7.5。

☞ 高规5.4.3:设在变形缝外的防火门应在高层一侧,且向层数较多一侧开启。

☞ 高规5.4.2/低规 7.1.4 7.1.5/7.4.11/下规4.2.2:防火墙上开门应为防火门,防火门应为向疏散方向开启的平开门。唯一例外的是,上海开向前室的防火门户门可以向户内开(上标5.3.1)。

☞ 低规7.1.10:多层中庭和走道、房间之间的门为FM甲。

☞ 低规5.1.13/下规3.1.6.4:地下商场>20 000 m²时运用……防烟楼梯,门用FM甲。防火隔间与相邻区域之间的门用FM甲。通向避难走道的门用FM甲。

☞ 高规4.1.10.1/低规3.3.11:丙类液体燃料中间罐室(1 m²)的门用FM甲。

☞ 高规5.2.7:高层内的自动灭火系统设备室、通风空调机房。

☞ 高规6.3.3.6:消防电梯机房和普通电梯机房之间隔墙上的门用FM甲。

☞ 低规8.6.4/高规7.5.1:消防泵房的门用FM甲。

☞ 高层内的消防控制室内隔墙上的门用FM甲(由高规4.1.4←高规5.2.3/高规5.2.7推论)。

☞ 高规5.2.7:高层内通风机房、空调机房的门用FM甲。

☞ 上标5.6.4:住宅区地下汽车库通向住宅楼梯间的门应为FM甲。

☞ 高规4.1.2/低规5.4.2:燃油汽锅炉房、油浸式变压器室、充油式高压电容器、多油开关室的门用 FM 甲。

☞ 通则 8.3.12/8.3.2：布置在建筑主体内的油浸式变压器室，用 FM 甲隔开。

☞ 通则 8.3.2.2：油浸式变压器室的变压器室之间的门、变压器室通往配电室的门应为 FM 甲。

☞ 高规 5.2.8/技措 3.3.5.4：地下室可燃物储存间的门用 FM 甲。

☞ 下规 4.4.2：防火门有常开与常闭之分。

☞ 下规 3.1.5：地下室房间，可燃物>30 kg/m²，其门用 FM 甲。

☞ 下规 4.1.1.3/低规 5.4.3/技措 3.3.5、10.7.5：柴油发电机房、直燃机房、锅炉房以及各自配套的储油间、水泵间、风机房等应用 FM 甲独立划分防火分区。

☞ 98 版下规 3.1.5/5.1.5 说明：消防控制室、消防水泵房、排烟机房、灭火机储瓶室、变配电室、通信机房、通风空调机房、少量可燃物品房间隔墙上的门用 FM 甲。

☞ 下规 5.2.2：地下室封闭楼梯间的门应为 FM 乙或 FM 甲。下规 5.2.3：（特例，地下二层且埋深>10.0 m）一般情况下，地下工程防烟楼梯间前室的门，规范如没有明确说明，同理也应为 FM 乙或 FM 甲，建议用 FM 甲。下规 5.2.5：但在地下室总建筑面积>20 000 m² 时，防火区之间联系用的防烟楼梯间及其前室的门应为 FM 甲。防火区之间联系用的防火隔间的门应为 FM 甲。防火区通往避难走道的前室的门用 FM 甲。

☞ 低规 5.4.1 5.4.2：锅炉房、变电房可与一般民用建筑（非观众厅、教室等）贴邻建造，但必须用防火墙隔开，墙上开门用 FM 甲。

☞ 自动扶梯周围在底层、中庭周围在底层是否要设卷帘门？无明文规定。笔者认为，从本质上说自动扶梯周围在底层可以设，权宜之计设门比较合适（从 09 技措 9.5.10 分析，底层自动扶梯在其周围也以设卷帘门为宜）。中庭周围在底层似以不设卷帘门为宜，因为面积比较大，火灾时中庭有人的可能性很大。

☞ 高规 5.4.4：特级卷帘门＝防火墙耐火极限（高规 5.1.5），中庭卷帘 3 h（高规 5.1.4），地下车库卷帘 3 h（汽火规 5.2.6）。特级防火卷帘门（高规 5.4.4 说明/低规 7.5.3）。普通防火卷帘门要替代防火墙达到 3 h，则应在其两侧设置独立的自动喷水系统保护。特级卷帘门则不必自动喷水系统保护就可达到 3 h。所以，如果在没有条件的地方设防火卷帘门，则应为特级卷帘门。

☞ 高规 5.4.5/5.4.4：疏散走道上可以设卷帘门，不过有特殊要求。

☞ 通则 6.10.4.4/下规 4.4.2：卷帘门、大型门等应就近另设平开疏散门或大门上设小门。

☞【下规 3.1.5】消防控制室、消防水泵房、排烟机房、灭火剂储瓶室、变配电室、通信机房、通风和空调机房、可燃物存放量平均值超过 30 kg/m² 火灾荷载密度的房间等，应采用耐火极限不低于 2.00 h 的墙和楼板与其他部位隔开。隔墙上的门应采用常闭的甲级防火门。

☞ 沪消(2006)439 号三/下规 4.4.3/建规合稿 6.5.2——中庭除外：上海对作为防火墙的卷帘门有更严格的要求：① 数量上至多占全长的 1/3，总宽不过 20 m；② 在疏散通道上的卷帘门旁边应设通人的 FM 甲；③ 20 min 内闭合。

☞ 高规 6.1.1.2：特殊状态下，当单元式住宅每单元只有一座疏散楼梯时，18 层及 18 层以下部分，开向前室的户门用 FM 甲（但是高规图示 6.1.1.2 则规定所有只有一个安全出口的单元式住宅，无论 18 层以内、以外，除了 18 层及 18 层以上层层连通和其他要求外，开向前室的户门一律用 FM 甲）。单元式住宅 18 层及 18 层以下的都只要求一个安全出口，难道一律 FM 甲？而且不分开向前室还是走道，高规 6.1.1.2 正文都是没说清楚的，也是作为规范最不应该的。正常状态下，单元式住宅每单元有两座疏散楼梯的、塔式住宅、通廊式住宅，开向前室的户门仍为 FM 乙（高规 6.1.3）。此为笔者的理解，规范未明确说明。高规 6.1.1.2 第二段的前半段没有明确>18 层时户门应为 FM 甲还是

FM 乙,且其前提是只有一个疏散出口。既然如此,>18 层时,2 个疏散出口如剪刀楼梯时,就可引用高规 6.1.3,否则高规 6.1.3 就失去其存在的意义。

5.14.2 乙级防火门/0.90 h

☞ 高规 5.1.5.1/2:和中庭相通的房间、过厅、走道的门为 FM 乙。本条与低规 5.1.10 不相呼应。

☞ 低规 7.2.3:甲乙类厂房、明火厂房、剧场后台、门厅及除住宅外其他建筑内的厨房……不同危险性类别房间的门为 FM 乙。

☞ 高规 4.1.5A/下规 4.2.4/低规 5.1.15:高层内的及地下的歌舞场所厅室(≤200 m²)的门,用 FM 乙。多层内的非一、二、三层歌舞场所厅室(≤200 m²)的门,用 FM 乙。

☞ 低规 7.1.4/高规 5.2.1/[上消 133 2.3]:建筑内转角设防火墙,防火墙两侧门窗洞口的水平距离不满足 4.0 m 时,可以用固定 FM 乙代替普通门窗。用固定 FM 乙代替普通门窗时,则不受此距离限制。

☞ 低规 7.1.3/高规 5.2.2/[上消 133 2.3]:防火墙两侧门窗洞口的水平距离不满足 2.0 m 时,可以用固定 FM 乙代替普通门窗。用固定 FM 乙代替普通门窗时,则不受此距离限制。

☞ 高规 6.1.3[上消 133 3.5]:高层住宅通向前室的分户门。

☞ 高规 6.2.8/低规 ~~5.3.6~~ 7.4.4:地上地下共享楼梯间在地面层用 FM 乙隔开,或地下室楼梯间前室的门用 FM 乙(或 FM 甲)。下规 5.2.2:地下室的封闭楼梯间用。不低于 FM 乙,即 FM 乙、FM 甲都可以。防烟楼梯间的门用什么,规范没说,笔者认为也应该是 FM 乙、FM 甲都可以。建议用 FM 甲。

☞ 下规 5.2.1/低规 ~~5.3.6 注~~/高规 6.2.8:埋深 10.0 m 以内且为地下一、二层者设封闭楼梯,用 FM 乙(说法不够明白清楚)(下规 5.2.2)。

☞ 高规 6.3.3.4 说明/低规 7.4.10:消防电梯间前室的门用 FM 乙,或具有停滞功能的卷帘门,但合用前室的门不可用卷帘门。

☞ 高规 6.2.1.3/低规 7.4.3.4:高层或多层防烟楼梯间前室的门用 FM 乙。

☞ 高规 6.2.2.2:封闭楼梯间的门用 FM 乙。

☞ 汽火规 6.0.3/技措 3.4.21.8:汽车库的室内疏散楼梯应为封闭楼梯,1.10 m 宽。地下车库等,其楼梯间及前室的门均用 FM 乙。非自然通风的地下车库楼梯间应为防烟楼梯间,其楼梯间及前室的门均用 FM 乙(技措 3.4.21.8)。

☞ 高规 6.2.3.1:11 层以下单元式住宅不设封闭楼梯间时,住户开向楼梯间的门用 FM 乙。

☞ 上标 5.1.1:中高层,10、11 层单元住宅设敞开楼梯间时的户门(高规 6.2.8)、地下室楼梯间在首层的门用 FM 乙。

☞ 上标 5.3.5:上海开向防烟楼梯间前室的防火门户门(FM 乙)不能多于 3 套。作为唯一例外,可以向户内开。对于 18 层以上的暗楼梯间,户门不允许开向前室。高规 6.3.1 和江苏苏标 8.4.7 都有部分之说,只有上标 5.3.1 把"部分"之说数字化了。建规合稿上防火门户门为 FM 甲,没有"部分"之说了(建规合稿 5.5.29)。

☞ 高规 6.1.10:疏散楼梯间和前室的门净宽≥0.90 m。

☞ 下规 5.2.2:人民防空地下室的疏散楼梯间的门应不低于 FM 乙。

☞ 低规 ~~7.2.11~~ 7.2.5:附设在多层建筑内的消防控制室(低规 11.4.3)有自动喷淋时即设消防控制室、固定灭火装置的设备室(如钢瓶间、泡沫液间)、空调机房的门,用 FM 乙[消防水泵房另有规定用 FM 甲(低规 6.6.4)]。

☞ 01 低规 7.2.3/06 低规 7.2.2：医院中的手术室、附设在建筑中的游艺场所、附设在居住建筑中的幼儿园同其他场所用耐火极限 2 h 的墙和 FM 乙隔开。

☞ 高规 6.2.10/低规 7.4.5：开向室外疏散楼梯用的疏散门，用 FM 乙。

☞ 低规 5.3.11：开敞楼梯间时，>2 层的通廊式住宅的户门用 FM 乙。

☞ 低规 5.3.10.2：非单元式非通廊式居住建筑>6 层时，封闭楼梯间的门用 FM 乙。户门如为 FM 乙，则楼梯间的门不用 FM 乙。

☞ 低规 5.3.12：住宅楼梯与电梯相邻，设封闭楼梯间，如户门为 FM 乙，可不设。

☞ →低规 7.6.3：封闭天桥与建筑相接处设门 FM 乙。

☞ 低规 7.4.2.4 说明：高层厂房、公建及多层建筑丙类厂房封闭楼梯间的门用 FM 乙。

☞ 低规 3.3.8/3.3.15：丙类厂房、丙丁类仓库附设办公室或生活间，应设独立出入口，与厂房之间隔墙上的门用 FM 乙。

☞ 大商 2.2.1：>100 m² 仓库的门用 FM 乙。

☞ 地下室房间，可燃物>30 kg/m²，其门用 FM 甲（下规 3.1.5）。

☞ 低规 3.8.3：地下或半地下仓库通向走道或楼梯的门用 FM 乙。

☞ 低规 3.8.8：除戊类外仓库的室外提升设备通向仓库入口的门用 FM 乙。

☞ 低规 7.2.1：舞台上部和观众厅闷顶之间墙上开门用 FM 乙。

☞ 低规 7.4.2.2/7.4.3.6：底层采用扩大楼梯间或扩大防烟前室的措施之后，扩大楼梯间或扩大防烟前室与其他走道或房间之间的门用 FM 乙。

☞ 技措 9.5.7：电梯机房的门 FM 乙（笔者认为应视情况而定）。

☞【低规 7.2.3】下列建筑或部位的隔墙应采用耐火极限不低于 2.00 h 的不燃烧体，隔墙上的门窗应为乙级防火门窗：

1. 甲、乙类厂房和使用丙类液体的厂房。

2. 有明火和高温的厂房。

3. 剧院后台的辅助用房。

4. 一、二级耐火等级建筑的门厅。

5. 除住宅外，其他建筑内的厨房。

6. 甲、乙、丙类厂房，或甲、乙、丙类仓库内，布置有不同类别火灾危险性的房间。

5.14.3　丙级防火门/0.60 h

☞ 高规 5.3.2/低规 7.2.9/上标 5.4.2：电缆井、排烟井、排气道、垃圾道检修门井壁 1.0 h，管道井检修门为 FM 丙。

☞ 通则 8.3.2.3：配变电所内部相通用门宜为 FM 丙[FM 乙（技措 15.3.4.3）]。

☞ 通则 8.3.2.4：配变电所通向室外的门应为 FM 丙。

☞ 采用气体灭火的部位（低规 ~~8.7.5~~ 8.5.5/高规 7.6.8），其围护结构和门窗的耐火极限 0.5 h、吊顶 0.25 h[七氟丙烷（HFC-227e a）洁净气体灭火系统设计规范 3.0.1-6]。七氟丙烷气体灭火防护区面积：管网灭火者为 500 m²、装置灭火者为 200 m²。在室内净高 2/3 以上设泄压口。

☞ 有些设备房的内墙上要求有既防火又通风的窗，可采用 70℃ 防火百叶。

5.14.4　设备房的门

☞ 关于设备房的门及其开向：除了多层建筑中的设备房的门[除消防泵房门 FM 甲（低规 8.6.5）外]为 FM 乙外，其余高层、地下设备房的门均为 FM 甲。防火门均向外开。

☞ 地下柴油机房、直燃机房、锅炉房以及各自配套的储油间、水泵房、风机房应划分为独立的防火分区,设门用 FM 甲(下规 4.1.1 说明/4.2.2)。

☞ 地下消防水泵房、排烟机房、灭火剂室、变配电房。通信机房、通风空调机房、可燃物多的房间设门用 FM 甲(2001 下规 3.1.5/2009 下规 4.2.4)。

☞ 车库内的锅炉房、变压器室、高压电容器室、多油开关室、自动灭火系统设备室、消防水泵房设门用 FM 甲(汽火规 5.1.9.3/5.1.10/5.2.6)。

☞ 低规 ~~7.2.11~~ 7.2.5:多层建筑物内的消防控制室、固定灭火装置设备室(如钢瓶间、泡沫液间)、通风空调机房设门用 FM 乙。

☞ 低规 8.6.5:消防水泵房在首层的,门宜直通室外。地下或楼层上的水泵房宜近安全出口,门为 FM 甲。

☞ 低规 5.4.2:附建筑在民建的锅炉房变电所与主体建筑隔墙上的门用 FM 甲。

☞ 低规 5.4.3:附建筑在民建的柴油机房及其储油间的门用 FM 甲。

☞ 高层建筑物内的消防控制室、自动灭火系统设备室、通风空调机房设门用 FM 甲(高规 4.1.4/5.2.7/5.2.3)。

☞ 高层建筑物内的消防水泵房设门用 FM 甲(高规 7.5.1)。

☞ 高层建筑物内的锅炉房及其储油间、变压器室设门用 FM 甲(高规 4.1.2.3/4)。

☞ 高层建筑物内的柴油机房及其储油间设门用 FM 甲(高规 4.1.3.2/3)。

☞ 高层建筑物内的变配电所,与主体隔墙上的门应用 FM 甲、变压器室通往配电间的门用 FM 甲、变配电所内门宜用 FM 丙,变配电所外门应用 FM 丙(通则 8.3.2/技措 15.3)。

☞ 附建于多层建筑内的油浸式变压器室与主体隔墙上的门应用 FM 甲(通则 8.3.1/技措 15.3)。通则与技措说法相似,通则的说法似有改进之处。

☞ 配电房面宽>7.0 m 设 2 个门("低压配电设计规范 GB 50045—95"3.3.2)。长度>60 m 时,增加一个出口(通则 8.3.1.6/技措 15.3.5.12)。技措与通则说法不完全一致。

☞ 地下设备房<200 m²,3 个人,可设 1 个门(FM 甲)(下规 5.1.1.4 说明)。

5.14.5 储藏室的门

1) 门的类型

☞ 下规 3.1.5:地下室房间,可燃物>30 kg/m²,其门用 FM 甲。

☞ >100 m² 仓库的门用 FM 乙(大商 2.2.1)。

☞ 高规 5.2.8:地下室可燃物储存间的门用 FM 甲。

☞ 仓库通向疏散走道或楼梯的门用 FM 乙(低规 3.8.2)。

2) 安全出口个数/门的开向

☞ 低规 ~~4.2.7~~ 3.8.2:仓库和防火分区的安全出口个数不宜少于 2 个。

☞ 占地面积少于 300 m² 的多层仓库可设 1 个疏散出口(低规 3.8.2 说明)。

☞ 面积少于 100 m² 的仓库储藏防火分区(防火隔间)可设 1 个门(低规 3.8.2 说明)。

☞ 低规 ~~4.2.8~~ 3.8.3:地下室仓库面积≤100 m² 可设 1 个疏散出口。

☞ 低规 ~~7.4.8~~ 7.4.12.3:库房的门应向外开或推拉门(在墙的外侧)。

5.15 净高/层高

提示:净高的定义在住规 2.0.11/上标 2.0.20/通则 6.2.2 中都有说明,但通则最全面。前两者指地面地楼板底或吊顶底,后者还强调,有下垂构件且影响有效使用者,应按地面到结构下沿之间的直高度计算。通则只有概念,具体数字见技措 2.6.3。

☞ 卧室起居室净高见住法 5.1.6/住规 3.6.2 ~~上标 4.8.3~~/苏标 4.7.2。一般净高不低于 2.40 m(允许局部净高不低于 2.10,且其面积不大于三分之一室内使用面积),坡屋顶的卧室允许一半面积低于 2.10 m。上标 4.8.2:上海卧室起居室净高一般不低于 2.50 m(允许局部净高不低于 2.20 m,且其面积不大于三分之一室内使用面积)。

☞ 厨房、卫生间室内净高不低于 2.20 m(住规 3.6.4/上标 4.8.3)。存水弯处不低于 1.90 m(上标 4.8.4)。公用厨房净高 3.0 m(技措 13.3.3)。

☞ 地下室、储藏、局部夹层、走道、房间的最低处 2.00 m。

☞ 住规 3.6.1:普通住宅的层高宜为 2.80 m。

☞ 上规 51:多、高层住宅的层高宜为 2.80 m,不应高于 3.60 m。

没有提到独立低层住宅,是否意味着不包括即允许突破?

☞ 上标 4.8.1:住宅的层高宜为 2.80~3.20 m。

☞ 苏标 4.7.1:江苏住宅的层高 2.80~3.00 m。

☞ 苏标 4.7.3.3:江苏住宅架空层净高≥2.40 m。

☞ 宿舍、居室净高不应低于 2 600 mm(宿规 4.4.2)。

☞ 苏标 4.7.3.1:江苏住宅储藏、自行车库净高≥2.00 m。

储藏室门高 2.10 m(苏标 4.8.3,此条不太合理,和层高不相应,而且没有必要。上海 1.80 m)。

☞ 苏标 8.1.4:江苏住宅底层商业网点层高≤4.50 m,底部两层商业网点两层高≤7.80 m。

☞ 参考沪规法(2002)731 号:住宅层高 2.80~3.20 m,超过 3.20 m 者要特批。

☞ 沪规法(2004)1262 号 20041208:住宅的层高不得高于 3.60 m,层高大于 2.20 m 的部分必须计算建筑面积,并纳入容积率计算。层高≥5.60 m 的商业(影院、剧场、独立大卖场等另有规定)、办公建筑在计算容积率指标时,必须按时每 2.80 m 为一层折算建筑面积,纳入总建筑面积合计,禁止擅自内部插层建筑。由此产生一个经折算后生成的"名义建筑面积",以计算容积率指标。"名义建筑面积"≠实际建筑面积。坡角>45°时,小心这种情况。上海奉贤世贸即是一例。

☞ 上海市建筑面积计算规划管理暂行规定意见稿 2011:住宅建筑层高不超过 3.6 m,商业或办公建筑层高不超过 4.5 m,大型商场建筑层高不超过 5.6 m。层高超出上述规定者,按每 2.8 m 为一层,余数进一的方法以折算该层的建筑面积。独立式住宅、商业或办公建筑的门厅、大厅、回廊走廊、剧场等不受层高 5.6 m 的限制。

☞ 沪规区(2008)269 号 20080422:公寓式办公建筑层高不超过 4.50 m。

☞ 沪规土资建(2011)106 号:公寓式办公建筑每一单元建筑应不小于 150 m²,层高应按小于 4.40 m 控制。

☞ 党政机关办公建筑层高,多层不宜超过 3.30 m、高层不宜超过 3.60 m(党政机关办公用房建筑标准的通知 27)。

☞ 汽车库 2.20 m(上标 3.4.9/汽规 4.1.13/住法 5.4.3.2——车位净高不应低于 2.00 m)。江苏低层住宅单间车库 2.0 m(苏标 4.7.3.5)。

☞ 江苏住宅架空层净高 2.4 m(苏标 4.7.3.5)。

☞ 自行车库 2.00 m(上交标 3.4.9/汽规 4.1.13/住法 5.4.3)。

☞ 幼儿园活动室 3.00 m、音乐室 3.60 m(上幼标 4.3.4)。

☞ 中学教室层高 3.80 m,小学教室 3.60 m(国舍标 17/上校标 6.0.4。86 校规以净高论,反而不便)。

专用教室进深＞7 200 mm者,层高3.90 m。

阶梯教室,最后排净空2 200 mm。

行政办公室,层高3.00 m。

☞ 办公室2.60 m(有空调2.40 m)、走道2.10 m(办规3.1.11)。

☞ 客房通常情况室内净高不低于2.60 m(有空调者2.40 m)(旅规3.2.4),坡屋顶的客房,至少有8.0 m²的室内净高不低于2.40 m。

☞ 卫生间及客房内走道2.10 m。

☞ 客房层的公共走道2.10 m。

☞ 商规3.2.4:商店最小净高3 200～3 500 mm,有空调时3 000 mm,两者结合3 500 mm。

☞ 公共建筑的公用厨房净高3 000 mm(技措12.3.5)。

☞ 上规附录二.1:对于高度≤2 200 mm的设备层,可不计算建筑面积。对于设备层兼避难层的,其高度可适当放宽,但要征得有关部门同意[避难层相关条文——沪消发(2002)333]。建筑物内的设备层不计算建筑面积(未提到高度多少)(面规3.0.24)。

☞ 对于商店的层高,当高度＞4.0 m时,其室内疏散距离按指标减少3.0 m[沪消发(2003)54号3.2.3(小商)]。

☞ 地下室净高≥2 000 mm(通则6.2.3)。

☞ 工业厂房冷加工车间净高8.0 m以上者,屋面可以不考虑保温层。

☞ 技措2.6.3:常用建筑室内净高(部分)。

序号	建筑类别	房 间 部 位		净高(m)≥			有空调	备 注
				无 空 调				
1	托幼	活动室、寝室、乳儿室		2.8			2.6	
		音体活动室		3.6			3.1	
2	中小学	普通史地音乐美术教室		小学 3.0	初中 3.05	高中 3.1		田径9.0 m/篮球9.0 m/体操6.0 m/排球7.0 m/羽毛9.0 m/乒乓4.0 m/办公及服务用房2.8 m
		实验室合班教室		3.1				
		舞蹈教室		4.5				
		阶梯教室		最小 2.20				
		风雨操场						
3	办公室	办公室	一类办公室	2.8			2.7	
			二类办公室	2.7			2.6	
			三类办公室	2.6			2.5	
		走 道		2.2				
4	旅馆	客 房		2.6			2.4	
		坡顶内客房(≥8 m²满足高度)		2.4				
		卫生间及客房走道、客房层公共走道		2.1				
5	医院	诊查室		2.6			2.4	
		病房、医技科室		2.8			2.6	
6	商店	有货架的库房		2.1				系统空调
		有夹层的库房		4.6				
		无固定堆放形式的库房		3.0				

(续表)

序号	建筑类别	房 间 部 位		净高(m)≥		备 注
				无 空 调	有 空 调	
6	商店	营业厅	单面开窗 2∶1	3.2		自然通风
		最大进深与净高比	前面敞开 2.5∶1	3.2		自然通风
			前后开窗 4∶1		3.5	自然通风
			5∶1		3.5	机械/自然结合
			不限		3.0	系统通风、空调（小型厅或局部空间≥2.4 m）
7	住宅	起居室、卧室		2.4		坡顶内的 2.10 m
		厨房、卫生间		2.2		
8	公共建筑	公用厨房		3.0		

5.16 阳台/露台/平台

☞ 阳台算 1/2 面积,露台不算面积,不能随便写。

☞ 上标 4.7.1:主要阳台净深 1.30 m(阳光室 1.50 m,两面采光)。顶层阳台设深度(没有指宽度)不小于阳台的雨罩。并联阳台设隔板。

☞ 上标 4.7.2:临空阳台栏杆有效高度,多层 1.05 m,中高层、高层>1.10 m。

通则 6.6.3.2:临空阳台栏杆有效高度,多层 1.05,中高层<1.10 m。

☞ 江苏封闭阳台栏杆高度应遵守敞开阳台栏杆高度(苏标 4.6.4)。

☞ 室内玻璃栏板,不受水平荷载的,至少 5 mm 厚钢化玻璃或 6.38 mm 厚钢化夹层玻璃。受水平荷载的,分别按其所在高度而定,底高 3.0 m 以内的,至少 12 mm 厚钢化玻璃或 16.76 mm 厚钢化夹层玻璃。底高 3.0~5.0 m 的,至少 16.76 mm 厚钢化夹层玻璃。底高 5.0 m 以上的,不得使用受水平荷载的玻璃栏板(玻规 7.2.5)。

☞ 室外玻璃栏板,除同上室内玻璃栏板外还要进行抗风抗震设计(玻规 7.2.6)。所以可能还要比室内玻璃栏板有更高的要求,工作中严格按照图集要求,不要自作主张变小厚度,同时在图纸上用文字强调说明。

☞ 参考 2001 版上标 6.0.6:顶层阳台应设不小于阳台尺寸的雨篷(防雨、防盗见原说明)。

☞ 上标 4.7.4:顶层阳台应设不小于阳台深度的雨篷,分户毗连阳台设分户板。为露台时,雨篷深度不小于 1 300 mm(注意 2007 版上标与 2001 版上标说法不同)。

☞ 平台能否作为逃生之地,规范并未明确,参考高规 6.1.13/低规 5.3.4/商规 4.2.4 等出屋面的要求,应该认为可以。天津《民用建筑消防疏散系统设计标准》J10366—2004 之 3.2.10 规定:当裙房屋顶的有效面积>200 m² 时,裙房上人屋顶可以作为第二安全出口,可以参考。

☞ 文娱、商业、体育、园林建筑栏杆垂直杆件净距 110 mm(通则 6.6.3.5)。

☞ 通则 6.7.9:有儿童活动的场所楼梯栏杆应不易攀登,净间距 110 mm。

☞ 非不锈钢空心钢管作户外阳台栏杆存在隐患,须注意不少详图也是这样做的[上海某住宅小区生锈栏杆不受力,女子从 10 楼坠落(建后 10 年、13 年两度出事),《新闻晨报》2011 - 11 - 04 报道]。

5.17 雨篷/防火挑檐

☞ 住法 5.2.4/9.1.3/住规 4.2.3/苏标 4.11.4：位于阳台、外廊及开敞楼梯平台下的住宅公共出入口上设雨篷。即在阳台等之外再挑雨篷。注意南向入口时常见此种情况。私人住宅入口不必遵守此条。

☞ 高规 6.1.17：建筑物直通室外的安全口上方设 1 000 mm 宽防火挑檐（未提耐火时间是多少。参考汽火规 5.1.6/1.0 h）。即非住宅建筑可以用阳台等作为雨篷（低规未见此规定）。

☞ 汽火规 5.1.6：设在其他建筑内的汽车库，上下窗间墙＜1 200 mm 时，设 1 000 mm 宽防火挑檐 1.0 h（车库门窗洞口上方，包括汽车通道上方的雨篷），上下窗间墙＞1 200 mm 时可不设防火挑檐（汽火规 5.1.6 说明）。

☞ 高规 4.1.2.2：锅炉房、油浸式变压器室外墙开口部位的上方设 1 000 宽防火挑檐，或 1 200 上下窗间墙（01 低规 5.4.1/06 低规 5.4.2.2）。

☞ 餐规 3.3.11：餐饮热加工间的上层如有餐厅或其他房间时，其外墙开口部位的上方应设≥1 000 的防火挑檐。

☞ 苏标 8.1.5：多高层商住楼［底部为商业网点的不算（苏标 8.1.5 说明）］的住宅和商业部分用 2.0 h 墙、1.5 h 板及 1.0 m 防火挑檐隔开（或用 1.20 m 上下槛墙代替）。上海商住楼只要求墙和楼板，而不要求防火挑檐（上标 7.6.3）。

☞ 苏公消（2004）17 号 1/2：多高层商住楼及底部为商业网点的住宅和商业部分用 2.0 h 墙、1.5 h 板及 1.0 m 防火挑檐隔开（或用 1.20 m 上下槛墙代替）。底部为商业网点者全照住宅，商住楼者商业照公建、住宅照住宅进行防火设计。苏公消（2004）17 号把范围扩大了。

☞ 建筑物内公用厨房部位的隔墙用 2.0 h 非燃体墙（低规 7.2.47.2.3，注意门窗升级）。

☞ 上标 7.6.4/住法 9.4.1：住宅上下层间窗槛不足 0.90 m（住法 9.4.1 0.80 m）时可以采用深度≥0.50 m 的防火挑檐替代，且挑檐宽度＋窗槛墙高度≥1.00 m。

☞ 参考 2001 版上标 6.0.6：顶层阳台应设不小于阳台尺寸的雨篷（防雨、防盗见原说明）。

☞ 上标 4.7.4：顶层阳台应设不小于阳台深度的雨篷，分户毗连阳台设分户板。为露台时，雨篷深度不小于 1 300 mm。注意 2007 版上标与 2001 版上标说法不同。

☞ 雨篷的排水，原则上应有组织排水（上标 4.7.5/苏标 4.6.7），但不是不可灵活处理，小面积雨篷可采用泄水管排水（技措 7.2.12）。

☞ 建筑底层外墙在消防车道一侧允许有 4.0 m（深）×5.0 m（高）外凸（高规 4.1.7/上标 3.3.3）。雨篷的设置也应受制于此。

5.18 屋面

5.18.1 平屋面

提示 1：屋面防水首应当确定防水等级，然后确定几道设防，用什么材料。根据屋规 5.3.2 和 6.3.2 等确定每道设防的厚度。搭配使用时注意上下次序（屋规 4.1.1/4.2.7/4.2.10）。关于设防道数的确定，要注意哪些不能作为一道防水的构造。比如结构基层、隔气层、现喷聚氨酯保温层、厚度不足的防水层、不搭接瓦（屋规 4.2.10）。过去常把每道防水层的厚度当作防水层总的厚度，那是巧合。因为常用二级防水，而二级防水要求两道设防。两道设防去掉一道涂膜，剩下一道卷材。这道卷材的厚度，恰恰等于一道设防卷材的厚度，令人错误地以为这就是防水层总的厚度。由此可以认为，上人屋面完全可以把 40 mm 厚细石混凝土这一层保护当作一道防水来处理（屋规 7.1.1）。防水层的细石混凝土中，宜掺外加剂,如防水剂(屋规 7.1.5/03 技措 7.3.3)。当然,非上人屋面,还得设置一道防水设防。

为了提高屋面板的平整度,所以要找平层(屋规 4.2.5)。为了提高黏合能力,防水层施工前,要用基层处理剂(屋规 5.1.5)。

提示 2:三层或三层以下,或檐高不大于 10 m 的中小型建筑,或者少雨地区建筑的屋面可无组织排水。无组织排水时地面才用散水,否则就要用明沟(技措 7.3.1)。

☞ 各种防水卷材、各种防水涂料适用范围见技措附录 4.1/4.2。

☞ 各种防水卷材、各种防水涂料选用要点见技措附录 5.4。

☞ 防水等级(屋规 3.0.1):重要的工业与民用建筑、高层建筑、高层住宅屋面防水采用Ⅱ级,倒置式屋面应为Ⅱ级,一般的工业与民用建筑、多层住宅屋面防水采用Ⅲ级。技措 7.10.2:花园式种植屋面Ⅰ级,简单式种植屋面Ⅱ级。

☞ 屋规 4.2.2:单坡跨度>9.0 m,屋面宜采用结构起坡。结构起坡坡度不应<3%,材料找坡宜为 2%(通则 6.13.2)。

☞ 屋规 4.2.6:隔气层在纬度 40°以北(丹东、北京、大同、安西、喀什连线以北)且湿度>75%。其他地区常年湿度>80%的保温屋面应设隔气层(上海纬度 31°12′通常不做)。

☞ 参考 94 屋规 4.3.3:隔气层可为单层卷材(宜空铺,以提高抵抗基层变形的能力)或防水涂料。笔者认为如果使用挤塑板,无论正置、倒置,隔气层意义不大。尤其是倒置式,防水层本身就成了隔气层(屋规 4.2.6)。

☞ 参考 94 屋规 4.3.10:一根落水管(>φ75 mm,一般 φ100 mm)汇水面积宜<200 m²。技措 7.3.5:雨水口间距一般不宜大于 24 m(有外檐天沟)/15 m(无外檐天沟、内排水)。每一屋面或天沟,不宜少于 2 根落水管[技措 7.3.3(怕堵)]。严寒地区的高层建筑不应采用外排水(技措 7.3.2)。

☞ 虹吸式雨水排水系统(技措 7.3.11)。

☞ 屋面汇水面积不光指屋面本身投影面积,还应当包括其上的、高出屋面的侧墙最大受雨面积正投影面积的一半(建筑给水排水设计规范 GB 50015—2003 之 4.9.7)。据此,要特别注意裙房屋面汇水面积不光是裙房屋面本身的面积。

☞ 檐沟纵坡 1%沟底落差≤200 mm(屋规 4.2.4 及说明→落水管至檐沟分水线长度 20.0 m。如<1%,可适当延长)。天沟深度超过 500 mm 时,在侧面开设溢水孔[技措/结构 2.1.2.4.4(第 14 页)]。

☞ 上海市建委(99)0037 文:多层住宅提倡做坡屋面。如为平屋面,要求屋面坡度 $I>5\%$。多层住宅楼面和屋面采用现浇 R.C.结构。这条规定是和当时的现实情况紧密联系的。当时大多数多层住宅的楼面和屋面是非现浇 R.C.结构,存在一些问题,故政府发令要求多层住宅的楼面和屋面采用现浇 R.C.结构。采用现浇 R.C.结构后,屋面坡度 5%就成为不必提的问题,因为现浇 R.C.结构的屋面,屋面坡度 2%~3%就可以了。

☞《化学建材和建筑节能现状与发展趋势技术讲座》第 66 页:坡屋面瓦面防水层,不宜用合成高分子卷材和涂料,应选用 4 mm 厚的改性沥青卷材,以使防水层包裹固定用的铁丝或钉子,避免雨水渗入。

☞ 种植屋面(参见屋规 8.4.6/笔者笔记——重庆建院教材)。

种植土 300~600 mm,粗砂 30 mm,卵石层 50 mm,细石混凝土 40 mm 厚配筋 φ4@150,隔离层 20 mm 厚黏土砂浆(临时作用),三元乙丙防水层,1:3 水泥砂浆找平层、R.C.基层。

☞ 上屋规 4.2.1 说明:松散材料的保温层做法在上海市已明文淘汰。

☞ 珍珠岩保温层(包括憎水型)应设排汽管。如果不设,则做隔气层。

☞ 屋规 5.3.4:整体现浇保温层应做排汽管 36 m²一个(间距 6.0 m)。关于排汽屋面的运用,94

屋规 4.3.4/4.3.14 未提到找平层,而是将它纳入保温层。

☞ 关于找平找坡层要不要排汽管是个很有争议的问题,笔者看法是不能一刀切。应视基层干湿而定。在设计说明中要求基层不干者做,屋面施工期间天气多雨就做,参考相关节点。另外,找坡层使用成品基本上能解决基层干湿问题。

☞ 屋面找坡用料:加气混凝土砌块、1:8 水泥加气混凝土(2001J/T-206 第 4 页/技措 7.3.7,屋规 4.2.5 有不同说法)或憎水膨胀珍珠岩制品。陶粒混凝土或憎水膨胀珍珠岩制品(住宅建筑围护结构节能应用技术 4.8.1)找坡层宜使用预拌砂浆混凝土(上屋规 4.1.5/4.1.4)。使用加气混凝土砌块或憎水膨胀珍珠岩制品的平屋面应在找坡层上侧的找平层中设置排汽道(住宅建筑围护结构节能应用技术 4.8.2)。使用陶粒混凝土找平层不必设置排汽道(指南第 360 页)。

☞ 屋规 4.2.9:保护层为直接接触大气的细石混凝土时,应在保护层与卷材防水层之间设隔离层(可用土工布、石灰砂浆、黏土砂浆、塑料膜)。刚性防水层和结构之间,也应该有隔离层。

☞ 找坡层位置有上有下,只有上海提出采用挤塑板做保温层时,保温层应置于找坡层之下,以利压置(上屋规 4.2.1.2)。

☞ 2001 沪 J/T-206 第 5~10 页 I:挤塑板倒置屋面要分清 II 级还是 III 级(另一种说法),倒置屋面不低于 II 级(技措 7.6.9.3);现浇还是块材,选择不同节点。倒置式屋面不宜用于严寒地区(技措 7.6.9.4)。

☞ 倒置式屋面应为 I 级(倒屋规 3.0.1)。倒置式屋面坡度不宜小于 3‰(倒屋规 5.1.3)。倒置式屋面采用二道防水时,宜选用防水涂料为其中一层防水层(倒屋规 5.1.9)。材料找坡时,坡度宜为 3‰,最薄处不得小于 30 mm,找坡材料宜用轻质材料或保温材料(倒屋规 5.2.1.3)。保温材料厚度按计算结果增加 25%,最小 25 mm 厚(倒屋规 5.2.4)。

☞ 简单式种植屋面 II 级,花园式种植屋面 I 级(技措 7.10.2)。

☞ 屋规 5.3.3.2:保护层的另一种意义,当屋面上有设备时,且设备基础又落在防水层上时,设备基础下面应设≥50 mm 厚的细石混凝土。

☞ 各级卷材防水厚度(屋规 5.3.2)、涂膜厚度(屋规 6.3.2)。

I 级防水屋面。每道合成高分子卷材≥1.5 mm;或改性沥青卷材≥3 mm。

II 级防水屋面,每道合成高分子卷材≥1.2 mm;或改性沥青卷材≥3 mm。

III 级防水屋面,每道合成高分子卷材>1.2 mm,复合使用时≥1 mm;或改性沥青卷材>4 mm;复合使用时≥2 mm。

☞ 参考 94 屋规表 3.0.1 压型钢板屋面防水为 II 级:热工性能(01J935-1 第 6 页)、钢板厚度因防雷要求不同而不同,相差很大,钢板≥4 mm(建筑物防雷设计规范 GB 50057-94 的 4.1.4/9.1.1)并要求无绝缘体覆盖。

☞ 每道屋面防水材料厚度(屋规表 5.3.2/6.3.2)。

防水等级	防水道数	合成高分子防水卷材	高聚物改性沥青防水卷材	沥青防水卷材	自粘橡胶沥青防水卷材	涂膜防水材料	
						高聚物改性沥青涂膜	合成高分子涂料
I	三道或三道以上设防	不应小于1.5 mm	不应小于3.0 mm	—	不应小于2.0 mm	—	不应小于1.5 mm
II	二道设防	不应小于1.2 mm	不应小于3.0 mm	—	不应小于2.0 mm	不应小于3.0 mm	不应小于1.5 mm
III	单道设防	不应小于1.2 mm	不应小于4.0 mm	三毡四油	不应小于8 mm	不应小于3.0 mm	不应小于2 mm
IV	单道设防	—	—	二毡四油	不应小于4 mm	不应小于2.0 mm	—

☞ 屋面防水等级和设防要求见技措 7.4.1。

☞ 屋面坡度见通则 6.13.2/屋规 4.2.2。

平屋面结构找坡不应小于 3%，材料找坡宜为 2%。

架空屋面不宜大于 5%，种植屋面不宜大于 3%（通则 6.13.2），倒置屋面不宜大于 3%（屋规 9.3.7.1）。

☞ 通则 6.13.3.2：高层建筑、多跨及集水面积较大的屋面宜采用内排水。

☞ 通则 6.13.3.9：高差＜10.0 m 的屋面设外墙爬梯以利检修。检修梯详图见 02J401 钢梯（2003）第 78 页。

☞ 03 技措 8.4.7：高低屋面高差＞2 m 的，应做检修爬梯。

☞ 电梯机房围护结构应保暖隔热，室内应有良好的通风、防潮、防尘（通则 6.8.1.6）。

☞ 最常用屋面构造举例。

平屋面建筑构造（一）03J201-1 W12E/B7-25	倒置式屋面保温构造图 苏 J98012/8	节技规 4.8.8/挤塑板保温屋面构造图集 2001 沪 J/T-2006
铺块材 30~35 厚； 粗砂垫层； 干铺无纺聚酯纤布一层隔离层； 挤塑聚苯乙烯泡塑料板 25 厚； 防水层： 　一道合成高分子防水卷材≥1.2； 　一道合成高分子防水涂膜≥2.0， 基层处理剂； 1:3 水泥砂浆找平层 20； 找坡层，最薄处 30； R.C.屋面板	卵石一层 40； 干铺无纺布一层隔离层； 挤塑聚苯乙烯泡塑料板 25 厚； 防水层： 　一道合成高分子防水卷材≥1.2； 1:2.5 水泥砂浆找平层 20 厚； 　一道合成高分子防水涂膜≥2.0； 1:3 水泥砂浆找平层 20； 找坡层，最薄处 30； R.C.屋面板	40C20 细石混凝土粉平压平，内配 φ40 双向@150； 　无纺布一层隔离层； 　挤塑聚苯乙烯泡塑料板 25 厚； 防水层： 　一道合成高分子防水卷材≥1.2； 1:2.5 水泥砂浆找平层 20； 　一道合成高分子防水涂膜≥2.0； 1:3 水泥砂浆找平层 20； 找坡层，最薄处 30； R.C.屋面板
层次清晰，合乎规范，但Ⅱ级防水屋面一道合成高分子防水涂膜≥1.5 即可（屋规 6.3.2）。	合成高分子防水卷材和合成高分子防水涂膜之间再用一层 1:2.5 水泥砂浆找平层 20，不明白道理所在	Ⅱ级防水屋面，两道设防

注：由此可以看出，构造图集之间也不是完全一致的。所以对于构造问题不能绝对，要采取商量态度。

5.18.2 坡屋面

1）下列情况不得作为屋面的一道防水层（屋规 4.2.10）：

混凝土结构层（细石混凝土面层则另当别论）；

现喷聚氨酯保温层（这一规定是否定了它的优点？）；

装饰瓦以及不搭接瓦（搭接瓦另当别论）；

隔气层；

厚度不满足规范要求的卷材或涂膜。

2）坡（瓦）屋面防水层做法。

《化学建材和建筑节能现状与发展趋势技术讲座》第 66 页：坡屋面瓦面防水层，不宜用合成高分子卷材和涂料，应选用 4 mm 厚的改性沥青卷材，以使防水层包裹固定用的铁丝或钉子，避免雨水渗入。

3）相关图集运用方法

☞《住宅建筑构造》03J930-1：选定节点后，同时自己要选用防水层的做法和保温层的厚度。如住宅Ⅱ级（相当于 2012 屋规Ⅰ级）防水保温屋面，高聚物改性沥青防水卷材 3 厚（03J930-1 第 103 页），挤塑 25 厚（03J930-1 第 102 页）。

☞《坡屋面建筑构造》00J202：选定节点后，自己只要再选用保温层的厚度。如住宅Ⅱ级（相当于

2012 屋规Ⅰ级）防水保温上人屋面，挤塑板 35 厚（00J202 第 73 页），而高聚物改性沥青防水卷材 3 厚（00J202 第 8 页），在节点中已表明。确定保温层厚度的过程举例如下：根据住宅Ⅱ级（相当于 2012 屋规Ⅰ级）防水保温上人屋面的要求，从图集《坡屋面建筑构造（一）》00J202－1 第 8 页上选 W3 节点（卧瓦做法）。此节点为Ⅱ级防水（相当于 2012 屋规Ⅰ级）保温上人屋面的做法。保温层的种类和厚度要自己补充。根据上海属夏热冬冷地区，到第 73 页表中，选择上海南昌黄石一档对应的挤塑板，厚度为 35。防水层高聚改性沥青防水卷材 3 厚（00J202 第 8 页），在节点中已表明。

因此，这一工程中 W3 节点构造从上到下的具体做法如下：块瓦，1∶3 水泥砂浆卧瓦层≥20 厚、配 φ6@500×500 钢筋网，1∶3 水泥砂浆找平层 20 厚，保温层挤塑板 35 厚（00J202 第 73 页），防水层高聚物改性沥青防水卷材 3 厚（00J202 第 8 页），1∶3 水泥砂浆找平层 15 厚，R.C. 屋面板。

☞《住宅围护结构节能应用技术规程》J10186－2002，同样情况Ⅰ型坡屋面（无细石混凝土面层）挤塑板 45 厚（J10186－2002 第 20 页）。

同样情况，Ⅱ型坡屋面（有细石混凝土面层）挤塑板 35 厚（J10186—2002 第 21 页）。

☞ 各类屋面排水坡度（通则 6.13.2/屋规 10.3.3）。平瓦屋面＞50％时要采取固定加强措施（通则 6.13.2 注 3）。平瓦屋面＞50％，油毡瓦＞15％时要采取固定加强措施（屋规 10.3.5）。平瓦屋面＞30°或大风区或≥7 度的地震区（上海为 7 度），所有瓦片均需固定（技措 7.8.6）。

☞ 为安全计，平瓦屋面＞30°，设 R.C. 檐口（03 技措 7.3.6.4）。

☞ 坡（瓦）屋面要根据屋面坡度，卧瓦和铺瓦优缺点与适应情况、防水级别、有无保暖层选择相关节点（如上海地区Ⅱ级防水可选 03930－1 的第 112 页之 28，Ⅲ级防水可选 03930－1 的第 112 页之 30）。挂瓦固定法便于修理，适于雨水较多、风大的地方（《住宅工程防渗漏管理手册》三.7）。

☞ 宜优先采用挂瓦屋面（技措 7.8.2）。

☞ 对于挂瓦屋面，屋面防水层宜设在保暖层或细石混凝土整浇层的上侧（DG/TJ 08－206—2002 之 4.7.2 说明）。

5.18.3 种植屋面

☞ 耐水等级（植规 3.0.7）：一级或二级，设防道数至少两道。耐用 15 年。

☞ 简单式种植屋面Ⅱ级，花园式种植屋面Ⅰ级（技措 7.10.2）。

☞ 坡度 1％～2％（植规 5.1.9）。

☞ 典型构造（植规 5.2.2）：从上至下，依次为：种植土、过滤层、蓄排水层、耐根穿刺防水层、普通防水层、找坡层、保温层、结构层。

☞ 耐根穿刺材料（植规 4.4）：

① 铅锡锑合金防水卷材≥0.5 厚、复合铜胎基 SBS 改性沥青≥4 厚、铜箔胎 SBS 改性沥青防水卷材≥4 厚、SBS 改性沥青耐根穿刺防水卷材≥4 厚、APP 改性沥青耐根穿刺防水卷材≥4 厚、聚乙烯胎高聚物耐根穿刺防水卷材≥4 厚/胎体≥0.6 厚、聚乙烯防水卷材（内增强型）≥1.2 厚、高密度聚乙烯土工膜≥1.2 厚、铝胎聚乙烯复合防水卷材≥1.2 厚、聚乙烯丙纶防水卷材≥0.6 厚、聚合物水泥胶结料≥1.3 厚、复合耐根穿刺材料。

② 耐根穿刺防水层，除聚乙烯丙纶防水卷材宜用水泥砂浆保护外，其余宜用柔性材料保护（植规 5.2.7）。

☞ 地下建筑顶板种植（植规 5.4）：

① 地下建筑顶板应不小于 250 厚，可将其当成一道设防（植规 5.4.2）；

② 覆土层＞800 时，可以不设保温层（植规 5.4.4）。

☞ 过滤层及蓄排水层（技措第三部分 2.7.12）：

① 凹凸型蓄排水层,高7.5;

② 网状交织板;

③ 陶料,料径≤25,厚100~150。

5.19 中庭/内院

☞ 烟规2.1.7:中庭定义。高度≥3层。最小边宽净6.0 m,最小面积100 m²。**笔者注**:下规4.1.5与此有矛盾。笔者认为不够格的中庭仍然参考中庭进行处理。

☞ 商规4.1.6:中庭两边自成防火区时,且两边建筑高度<24.0 m时,中庭两边最狭小处不应小于6.0 m;两边建筑高度>24.0 m时,中庭两边最狭小处不应小于13.0 m。

☞ 低规 5.1.2 5.1.10:多层建筑耐火等级一、二级建筑每层最大面积2 500 m²,如果在中庭中的相邻部位做甲级防火门,回廊设火灾自动报警和自动灭火系统,可不受此限制。

笔者注:01低规5.1.2屋盖设自动排烟可不受此限制的说法不再成立。注意在防火门等级上,高规、低规相应规定不相呼应。

☞ 高规5.1.5/高规5.1.4:高层建筑的中庭应用3h卷帘或FM乙将中庭和走道过厅隔开,否则数层面积相加限制在1个防火区内。

笔者注:因高规为2005年的,而低规是2006年的,高规没有跟上低规修改,所以低规是甲级防火门,而高规是FM乙。建规合稿为甲级防火门(建规合稿5.3.5)。

☞ 下规4.1.5:地下建筑的中庭相似规定,且连通层数不宜超过2层。

☞ 沪消(2006)439号:公建中庭防火分隔为下列情况时可以不上不下重叠计算面积:

① 中庭四周为C类防火玻璃(1 h)或防火卷帘。

② 中庭设有回廊,回廊与房间之间为隔墙(1 h)或防火门窗。

③ 中庭设有回廊,回廊与房间之间的隔墙为C类防火玻璃(1 h)和防火门窗。同时,回廊宽度≥3.0 m。

④ 中庭水平跨越防火分区时,面向中庭的房间隔墙应为2 h(100厚加气混凝土2 h,轻钢龙骨双面防火石膏板1.35 h)。房门为FM乙。

☞ 净空高度<12.0 m的中庭,可开启天窗或高侧窗(高规8.2.2.5)。其面积≥中庭地面积的5%(低规9.2.2/高规8.2.2.5)。

☞ 高规8.4.1.3/高规8.2.0条文说明:中庭高度>12 m时,就不能用高侧窗自然排烟,应设排烟系统(由于烟气上升中有层化现象)。本条同烟规规定差别较大。

☞ 一般中庭应设排烟系统(烟规4.1.1),但可燃物较少的中庭可不设排烟系统(烟规4.1.2.3)。

☞ 经常会有内院/天井的方案,尤其是有内院/天井的高层建筑,行吗?没有一本规范正面面对这一问题。笔者认为,对待这个问题不能一刀切。≤3层者,无论大小多少,应该不成问题;>3层者,要结合天井的大小和高度,会否产生烟囱效应加以分析,决定取舍。

☞ 商业建筑内的内院或天井短边<相应的防火间距时,其防火区面积应按上下层叠加计算(苏商规5.5.3/渝商规5.1.3)。

☞ 所谓直接采光,对起居室、卧室和厨房有不同说法。多层住宅的起居室、卧室的窗,不能开向封闭外廊和小天井。开向封闭外廊和小天井的窗属于间接采光,不能视为直接通风(住宅指南第90页)。但高层住宅起居室、卧室,开向连廊(不是一般的走廊)的窗,可视为直接采光(上标4.4.2说明/住宅指南第89页)。而中高层、高层的厨房,则可以开向公共外走廊(上标4.4.2)。此时,外廊外窗应有百叶窗(住宅指南第158页),以保证能排除煤气。

☞【低规 5.1.10】建筑物内设置中庭时,其防火区面积应按上下层相连通的面积叠加计算;当超过一个防火区最大允许建筑面积时,应符合下列规定:

① 房间与中庭相通的开口部位应设置能自行关闭的甲级防火门窗。

② 与中庭相通的过厅、通道等处应设置甲级防火门或防火卷帘;防火门或防火卷帘应能在火灾中自动关闭或降落。防火卷帘的设置应符合规范第 7.5.3 条的规定。

③ 中庭应按本规范第 9 章的规定设置排烟设施。

☞【高规 5.1.4】高层建筑内上设有上下层相连的走廊、敞开楼梯、自动扶梯、传送带等开口部位时,应按上下连通层作为一个防火分区,其允许最大建筑面积之和不应超过本规范第 5.1.1 条的规定。当上下开口部位设有耐火极限大于 3.00 h 的防火卷帘或水幕等分隔设施时,其面积可不叠加计算。

5.20　卫生间/厕位数/洗衣机位置

☞ 通则 6.5.1.1:建筑内的厕所、盥洗间、浴室应符合下列规定:上列房间不应布置在餐厅、食品加工、食品储存、配电和变电房直接上层。住宅的卫生间不应布置在下层的卧室、起居室、餐厅和厨房的上层。

☞ 住法 5.1.3:卫生间不可在下层住户的厨房、餐厅、起居、卧室上面。地面和墙面应防水。

☞ 住规 3.4.3:卫生间不可在下层住户的厨房、起居、卧室上面。可布置在本套内厨房、起居、卧室上面,但应有防水隔声和便于检修的措施(对卫生间的直接采光通风未直接要求)。

☞ 上标 4.5.5:卫生间不应该在下层住户的厨房、起居、卧室和餐厅上面,但可在本套这些房间上面,而且有防水隔声和便于检修的措施。

☞ 生活水池和生活泵房的上方不应有厕所、浴室、厨房、污水处理间等(技措 15.5.1.5)。

☞ 卫生间平面位置差别:① 卫生间不应直接布置在下层住户的卧室、起居室、厨房、餐厅的上层(住法 5.1.3);② 不包括餐厅(住规 3.4.3);③ 上海同住法(上标 4.5.5);④ 江苏同套时,厨房除外(苏标 4.4.4)。**笔者注:**注意江苏的特殊规定。鉴于此种情况,建议用同层排水卫生洁具(苏标 4.4.4 说明)。

☞ 上标 4.1.8:卫生间与卧室不应错层。**笔者注:**苏标无此要求。错层无定义,容易发生歧义,但是《住宅设计标准应用指南》4.1.8 解释此条文的意思十分明白。

☞ 上标 4.5.2:上海有多个卫生间的,应至少有一间为明厕。→如果只有一个卫生间,可以为暗厕。江苏套内共用卫生间应有一个为明厕→如果只有一个卫生间,必须为明厕(苏标 4.4.1)。

☞ 通则 6.5.1.3:通廊式住宅的卫生间能否直接向走廊开窗?笔者认为不可以。

☞ 上标 4.5.1:住宅的卫生间,至少有一间≥3.5 m²(2001 版为 4.0 m²)。

☞ 住规 3.4.1:国家标准根据卫生间设备的多少而定不同的卫生间面积标准,分别为 3.0 m²、2.5 m²、2.0 m²、1.5 m²。

☞ 卫生间应设两(多)用地漏(上标 10.0.13)。当卫生间的排水横管设在下层时,其清扫口应设在本层内(上标 4.5.6)。同层排水设计可以采用落低楼板(≥350)或同层横排水(住宅指南第 192 页)。

☞ 上标 4.5.4:卫生间的门不应直接开向起居室、餐厅和厨房。

☞ 住规 6.4.4:厨房及卫生间的门之下部应有 0.02 m² 的固定百叶或距离地面留出 30 mm 的缝隙。

☞ 技措 13.2.4:厨房及卫生间的门之下部应有 0.02 m² 的固定百叶或距离地面留出 15～20 mm 的缝隙。卫生间自然通风面积为 1/20 的地板面积,无自然通风的卫生间应设竖向排气道或机械排风装置(技措 13.2.5/4)。

☞ 住法 5.1.3:卫生间的地面和局部墙面应设防水构造。**笔者注:**虽然苏标未提这个要求,但江苏住宅一样要执行。

☞ 通则 6.5.1.5/上标 7.4.4/技措 13.2.7/13.3.10：卫生间的地面、墙面、墙裙面应采用不吸水材料（**笔者注**：苏标未提此要求，但也应遵守）。通则 6.12.3/技措 4.1.6.7：卫生间四周墙面除门洞外应做混凝土翻边 120 mm 高。**笔者注**：事实上，若是轻质隔墙时，也是如此，作为导墙。

☞ 03 技措 4.1.4/4.2.5：加气混凝土砌块一般不得用在建筑物首层及其以下部位，散水上部和楼板或地面以上 0.6 m 高度范围，易受水浸及干湿交替部位（如卫厨水泵房），受酸碱等侵蚀部位。如果采用，应采用配套的砌筑砂浆和粉刷砂浆。关于加气混凝土砌块的使用和内外粉刷的相关要求，有多种说法。下面介绍几种，读者可把几种方法的要求综合考虑。① 03 技措 4.1.4：一般不得使用于浴室、厨房、水泵房。如在这些场合使用，要采用配套砂浆等措施以防止空鼓。② 建筑装饰工程施工及验收规范 JGJ73-91 之 2.1.2.四/2.3.8/7.4.1.四：使用混合砂浆或聚合物水泥砂浆。③ 江苏省标"施工说明"有关说明［苏 9501 之（3、4/36）/（11/38）/（23/42）］。④ 住宅装饰装修工程施工规范 7.3.1.3：湿润后边刷界面剂边抹＞M5 的混合砂浆。⑤ 图集《住宅建筑构造》有关说明［03J930-1 之（6/71）/（10/72）（24/78）］。⑥ 砌体工程施工及验收规范 GB 50203—3003 之 9.1.5：设导墙。⑦ 质监第 119 页：设导墙。

☞ 使用加气混凝土砌块的禁忌（技措 4.1.6.3）。

☞ 上标 7.4.4：厨房和卫生间的地面及卫生间的墙面应设防水层。

☞《化学建材和建筑节能现状与发展趋势技术讲座》第 71 页：卫生间防水层不应选用卷材，宜用涂料。涂料有三种：① 合成高分子涂料，宜用在 Ⅰ、Ⅱ 级建筑卫生间。住宅卫生间使用更好。② 高聚物改性沥青、丙烯酸复合涂料，适合用于 Ⅲ 级住宅中。③ 其他涂料可用于住宅，但要保证其厚度。

☞《化学建材和建筑节能现状与发展趋势技术讲座》第 63 页：卫生间防水等级和设防要求。

项　目	卫 生 间 防 水 等 级		
	Ⅰ　级	Ⅱ　级	Ⅲ　级
建筑物类型	特别重要建筑工程、大型公共建筑	公共建筑、办公楼、科研楼	住宅的独立卫生间
	公共建筑、纪念性建筑、宾馆等	教学楼、医院、工厂、集体宿舍的公共卫生间和地面等	
设防要求	二道或三道以上防水设防，其中应有合成高分子涂膜一道，聚合物防水砂浆一道	二道防水设防，其中应有聚合物改性沥青、聚合防水砂浆一道	一道防水设防，应有合成高分子或高聚物改性沥青防水涂膜
材料厚度限制	合成高分子涂膜≥1.50 mm 厚，聚合物防水砂浆≥2.0 mm 厚	改性沥青防水涂膜≥3.0 mm 厚，聚合物防水砂浆 1.5 mm 厚	合成高分子涂膜≥1.2 mm 厚，高聚物改性沥青防水涂膜 3.0 mm 厚

卫生间、厨房、阳台防水宜用涂膜防水。常用聚氨酯涂膜（住宅装饰装修工程施工规范 6.1.2）。

☞ 03J930-1"住宅建筑构造"总说明 5.11：卫生间地面防水宜采用涂膜防水涂料，一般可用 SBS 胶乳涂料，中等用氯丁胶乳涂膜，高档用聚氨酯涂膜，1.5 厚（03J930-1 第 28 页）。地面坡度不应小于 1%，找坡最薄处 20 mm，可用 C15 或 C20 细石混凝土。若厚度＜30 mm，可用 1∶3 水泥砂浆找坡（03J930-1 第 28 页）。

☞ 上标 7.4.3：无地下室的建筑底层，与燃气引入管相邻及贴邻的房间地基墙做 C20 混凝土实墙或设通风孔。

☞ 住规 6.4.4：卫生间和厨房的门下部设 0.02 m² 百叶或≥30 mm 的缝隙。

☞ 洗衣机位置，相关条文有上标 10.0.13/技措 13.2.9，但都没有明确说明，只有住规 3.4.4 的说明明确表示洗衣机可以放在卫生间以外的空间。

☞ 上幼标 6.0.15：托儿所、幼儿园的卫生间应临近活动室和卧室，并应有直接的自然通风。中、大班的男女厕应合理分隔。

☞ 卫生间设备相互关系尺寸（通则 6.5）。

☞ 厨卫外墙内保温不宜采用增强石膏聚苯板（《外墙内保温建筑构造》03J122 总说明 6.2）。厨卫外墙内保温采用增强石膏聚苯板时，用耐水型粉刷石膏作面层，粉刷石膏表面用瓷砖胶结剂粘贴瓷砖（03J122 A 型说明 5.3）。

☞ 蹲位数量，有国家标准和地方标准［城市公共厕所设计标准 CJJ 19—2005（厕标）/城市公共厕所规划和设计标准 DG/TJ 08—401—2007（上厕标）］。

☞ 公共场所卫生器具定额（技措 13.3）。

（1）附属式厕所分一类（大型商场、大型公建），二类（中小型商场、中小型公建）（厕标 3.1.6/5.0.5/5.0.6）。

（2）附属式厕所（厕标 5.0.4/5.0.5/5.0.6）：

① 一类，4～5 m² 使用面积/1 个大便位，用于大型商场、饭店、展览馆、机场、火车站、影剧院、大型体育场馆、综合性商业大楼和省市级医院。

② 二类，3～5 m² 使用面积/1 个大便位。用于一般商场（含超市）、专业性服务机关单位、体育场馆、餐饮店、招待所和区县级医院。

（3）附属式厕所应设单独室外出入口（？）（厕标 5.0.2）。这一条说法不够全面确切，大部分的楼上的附属式厕所是无法设置单独室外出入口的，只有一小部分底层附属式厕所有可能设单独室外出入口。所以不能这样规定。

（4）商场厕所男女比例，按面积 1∶2，按厕位 1∶1.5（厕标 3.1.8/5.0.8）。

（5）独立式厕所男女比例可按厕位 1∶1（厕标 3.1.8）。

（6）商店营业厅厕所配置（商规 3.4.3）：男顾客 50 人/1 个大便器/1 个小便，女顾客 50 人/1 个大便器。

营业面积/1.35 m²=顾客数（商规 3.2.2）。

顾客人数：国家定额（商规 4.2.5/低规 5.3.17）：一、二层：0.85 人/m²（营业面积），三层：0.77 人/m²≥四层 0.60/m²。下规 5.1.8：地下一层 0.85 人/m²，地下二层 0.80 人/m²。上海定额（大商 3.2）：3.0 m²/人。

（7）营业面积=建筑面积×0.34/0.45/0.55（大型商场/中型商场/小型商场）（商规 3.2.2）。低规 5.3.17：地上商店营业面积占建筑面积的 50%～70%，地下商店不少于 70% 的建筑面积。

（8）商店、超市的厕所配置（上厕标 4.2.5.2），以面积论，1 000～2 000 m²（营业面积）设男大便器 1 个/小便器 1 个和女大便器 2 个。2 001～4 000 m²（营业面积）设男大便器 1 个/小便器 2 个和女大便器 4 个。4 000 m² 以上，以营业面积成比例增加。

上厕标 3.2.2.3：大型商场总建筑面积＞2 000 m² 设 1 座厕所，总建筑面积＞3 000 m² 按比例增加座数和面积。

（9）餐饮业厕所配置（上厕标 4.2.5.5）：男人 400 人以下，每 100 人设男大便器 1 个；400 人以上，每 250 人增设男大便器 1 个。小便器每 50 人 1 个。女人 200 人以下，设大便器 1 个；200 人以上，每 250 人增设大便器 1 个。餐规 3.1.2：餐厅 1.00～1.30 m²/座。

（10）公共文体建筑厕所配置（上厕标 4.2.5.4）：男人 250 人以下设 1 个；250 人以上，每增加 1～500 人增设大便器 1 个。小便器 100 人以下设 2 个，每增加 1～80 人增设 1 个。女人大便器 40 人 1 个，41～70 人 3 个，71～100 人 4 个，每 40 人增设 1 个。

(11) 公共交通建筑厕所配置(上厕标 4.2.5.3)。

(12) 残障厕所配置(上厕标 4.2.5.6):男女各 5 个以上配置,宜共设或各设 1～2 个;男女各 3 个及以上,宜共设 1 个。

(13) 男女比例(上厕标 4.2.4):商业、餐饮男女比例 1:1.5,其他 1:1。

☞ 办公楼厕所配置(办规 4.3.6.5→厕标 5.0.4)。

参考旧办规 3.2.5:男人每 40 人/1 个大便器,每 30 人/1 个小便器;女人每 20 人/1 个大便器。洗手盆每 40 人 1 个。

办公室使用面积:3.0/4.0/5.0 m² /人。

☞ 餐饮(餐规 3.2.7):100 座/男 1 个大便器、1 个小便器,100 座/女 1 个大便器。

餐厅每座使用面积 1.30 m²(高档)、1.10 m²(中档)、1.00 m²(低档)(餐规 3.1.2)。

☞ 托幼:1 个卫生间,≥15.0 m²。每个卫生间有 1 个污水池、4 个大便器、4 个小便器、6～8 个水龙头、2 个淋浴(幼规 3.2.1/3.2.5)。

☞ 工厂(企业设计卫生标准 TJ36-79 第 73 条):男 25 人/1 个大便器,100 人以上每增加 50 增加 1 个。小便位=大便位。

女 20 人/1 个大便器,100 人以上每增加 35 人便增加 1 个。人数按最大班工人总数的 93% 计算(工卫第 64 条)。

☞ 学校(上校标 6.0.14):中学男 50 人 1.10 m 长大便槽、1.00 m 小便槽,小学男 40 人 1.00 m 长大便槽、1.00 m 小便槽,中学女 25 人 1.10 m 长大便槽,小学女 20 人 1.00 m 长大便槽。

☞ 单个卫生器具使用人数(建筑给排水及采暖工程施工技术交底记录详解表 7.2)。

	大 便 器		小 便 器
	男	女	
集体宿舍	10 人/只,>10 人时 每 20 人增加 1 只	8 人/只,>8 人时 每 15 人增加 1 只	20
旅 馆	18	12	18
教育楼	40～50	20～25	20～25
医 院	16	12	15
办公楼	50	25	50
商 店	200	100	100
公共食堂	500	500	500
公共浴室	50 个衣柜	50 个衣柜	50 个衣柜
幼儿园	5～8	5～8	20
工厂车间	25	20	20

5.21 建筑材料

5.21.1 材料禁忌

☞ 关于玻璃[上海市 35 号令(1996/10/30)发改运行(2003)2116 号]:

幕墙、室内隔断、楼梯和中庭拦板、公共建筑物入口、门厅、窗台低于 500 mm 的落地窗、面积>1.5 m² 的窗玻璃、≥7 层建筑的外开窗等部位必须使用安全玻璃。

上海对于玻璃幕墙的限制[沪建(98)0322 号]:视建筑工程所在位置不同而区别对待。内环线之内,除裙房之外禁用玻璃幕墙,也就是说只有裙房部位可使用玻璃幕墙。内环线之外,不限制部位,但限制面积。玻璃幕墙至多可以占全部外墙面积的 40%。另外,使用玻璃幕墙须经环保部门评价,规划管理部门审批同意,方可实施。

玻技规 JGJ 113—97:为防冲击,0.5 m² 以上玻璃使用安全玻璃。

☞ 关于门窗(上海市建委沪建材[98]0141 文 1998/3/12):

住宅、办公楼和公共建筑,禁止使用实腹钢门窗,推广使用塑料门窗。多层住宅和公共建筑内给水管禁止使用镀锌钢管,推广应用塑料给水管。

☞ 预制板(上海市建委[99]0037 文):多层住宅楼面板、屋面板必须使用现浇 R. C. 结构,平屋面坡度 5%。

☞ 关于沥青石棉材料(上海市建委[99]0587 文):

1999 年 10 月起禁止设计使用纸胎油毡、焦油型防水涂料、石棉类防水涂料,推广应用 SBS、APP 改性沥青防水卷材、高分子防水卷材和新型防水涂料。

☞ 关于防水卷材[建办科函(2004)569 号]:禁用二次加热复合成型的聚乙烯丙纶复合防水卷材、S 型聚氯乙烯防水卷材。

☞ 关于防水涂料[建办科函(2004)569 号]:禁用焦油型聚氨酯防水涂料、水性聚氯乙烯焦油防水涂料。

☞ 关于密封材料[建办科函(2004)569 号]:禁用焦油型聚氯乙烯建筑防水接缝材料。

☞ 关于防腐剂、防潮处理剂:禁用沥青、煤焦油类防腐剂、防潮处理剂(污规 4.3.10)。

☞ 关于内墙涂料[建办科函(2004)569 号/污规 4.3.16]:禁用聚乙烯醇水玻璃内墙涂料(106 内墙涂料)、聚乙烯醇缩甲醛内墙涂料(107、803 内墙涂料)、多彩内墙涂料(O/W 型)。

☞ 关于外墙涂料[建办科函(2004)569 号]:禁用聚乙烯醇缩甲醛类外墙涂料、聚醋酸乙烯乳液(含 EVA 乳液)类外墙涂料、氯乙烯-偏氯乙烯共聚乙烯类外墙涂料。

☞ 关于保温、吸声材料:不应在室内采用脲醛树脂泡沫塑料作为保温、吸声材料(污规 4.3.16)。

☞ 关于黏土砖(上海市建委沪建材[95]0237 文/2000 年第 90 号市长令):

① 在框架结构建筑中,凡承重墙(原件如此,是否为填充墙之误?)不得使用实心黏土砖。

② 在砖混结构建筑中,±0.00 以上不得使用实心黏土砖(即可以使用多孔黏土砖)。

③ 围墙不得使用任何黏土制品(包括实心黏土砖、多孔黏土和空心黏土砖)。

☞ 关于面砖{上海市建委沪建村[00]0059 文/沪建材办(2000)083}:本市新建、扩建、改建的各类住宅、工业建筑和农业建筑,2000 年 4 月 1 日起推广使用外墙涂料,涂料寿命≥5 年。限制使用外墙面砖、马赛克瓷质材料,但底层和裙房外墙贴面材料除外。

2002/12/09 沪建材(2002)903 号:同一内容再三重申,作为审图内容之一,违反者不备案、不验收。

高层住宅不宜整体采用外墙贴面砖(苏标 4.12.1)。

☞ 关于节能材料禁用(一)[建科综函(2004)062 号/上海市施工图设计文件节能审查要点(居住建筑)2005 - 10]:

① 外墙内保温浆体材料,不得用于大城市民用建筑外墙内保温工程。

② 厨卫外墙内保温不宜采用增强石膏聚苯板("外墙内保温建筑构造"03J122 总说明 6.2)。厨卫外墙内保温采用增强石膏聚苯板时,用耐水型粉刷石膏做面层,粉刷石膏表面用瓷砖胶结剂粘贴瓷砖(03J122 A 型说明 5.3)。

☞ 关于节能材料禁用(二):

① 非中空玻璃单框双玻门窗,不得用于城镇住宅和公共建筑。

② 框厚 50(含 50)mm 以下单腔结构型材的塑料平开窗,不得用于城镇住宅和公共建筑。

③ 非断热金属型材制作的单玻窗,不得用于有节能要求的房屋建筑。

④ 25 系列、35 系列空腹钢窗,不得用于住宅建筑。

⑤ 32 系列实腹钢窗,不得用于住宅建筑。

⑥ 中空玻璃断热型材钢外平开窗,仅适用于多层建筑。

⑦ 中空玻璃断热型材铝合金外平开窗,仅适用于多层建筑。

⑧ 中空玻璃塑料外平开窗,仅适用于多层建筑。

☞ 关于节能材料禁用(三)[沪建建管(2001)002 号/上海市施工图设计文件节能审查要点(居住建筑)200510]:

① 普通单玻璃窗外门窗,禁止在新建节能建筑中使用。

② 普通单排孔小型混凝土砌块,限制在新建住宅框架填充墙中,不提倡抗裂、保温材料单独使用。

☞ 有关内装修材料禁忌另见本文 5.26 节详细说明。

☞ 有关民用建筑外保温材料耐火等级曾经有过公通字(2009)46 号的规定,但是后来为公安部公消(2011)65 号所否定[公通字(2009)46 号/技措 4.3.4/4.3.6]。公安部公消(2011)65 号规定,从严执行公通字(2009)46 号第二条的规定,民用建筑外保温材料采用燃烧性能为 A 级的材料。

☞ 公通字(2009)46 号[公通字(2009)46 号/技措 4.3.4/4.3.6]。

	类别	高度(m)	外保温材料耐火等级	水平防火隔离带	外保温的保护层厚度	说　明
非幕墙式建筑	住宅	≥100	A		底层≥6,其他层≥3	
		60～100	≥B2	=B2 时层层设置		
		24～60	≥B2	=B2 时每两层设置		
		<24	≥B2	=B2 时每三层设置		
	公建	≥50	A			
		24～50	A 或 B1	=B1 时每两层设置		
		<24	≥B2	=B2 时层层设置		
幕墙式建筑		≥24	A		≥3	
		<24	A 或 B1	=B1 时层层设置		
水平防火隔离带	≥300 mm 宽的 A 级保温材料					

注:公通字(2009)46 号第九条原文是这样写的:"屋顶与外墙交界处、屋顶开口部位四周的保温层,应用宽度不小于 500 mm 的 A 级保温材料设置水平防隔离带。"笔者把它理解为:"大屋面上有小房子升起,小房子外墙上有门窗者,沿小房子外墙设 500 宽 A 级保温材料水平防火隔离带。"

5.21.2　常用材料/外墙/玻璃幕墙

5.21.2.1　甲、乙类物品

☞ 如汽油、煤油、60°以上白酒、硫黄、樟脑、漆布、油布、油纸及其制品(建筑设计防火禁忌手册第 24 页)。

☞ 私人住宅常用地下室作为储藏,应标明禁止甲乙类物品(低规 4.2.4 3.3.7)。上标 5.6.2/住规 4.5.1/低规 5.4.5:上面为住宅的底层商店或裙房商店,严禁作为甲、乙类物品的商店、车间或仓库。住法没有提及此条,似乎不妥。

☞ 中型及中型以上商场和地下商场不得经营使用储存甲、乙类商品(苏商规 4.4.5)。民用建筑内不得储存甲、乙类物品(低规 5.4.5)。

5.21.2.2　常用材料(上海市新型建筑材料应用手册,1991)

☞ 黏土砖 240 mm×120 mm×60 mm,地上砌体 MU7.5,地下砌体 MU10。

☞ 非承重黏土砖(三孔砖)300 mm×200 mm×120 mm。

☞ 承重黏土空心砖(多孔砖)240 mm×120 mm×90 mm/200 mm×200 mm×100 mm。

☞ 混凝土空心砌块400 mm×200 mm×60 mm/200 mm×200 mm×200 mm。

蒸养灰砂砖240 mm×120 mm×60 mm/240 mm×200 mm×60 mm。

☞ 粉煤灰加气混凝土砌块600 mm×100 mm、600 mm×125 mm、600 mm×150 mm、600 mm×200 mm、600 mm×240 mm、250 mm×200 mm、250 mm×250 mm、250 mm×300 mm。

☞ 粉煤灰硅酸盐砌块900 mm×400 mm×240 mm。

☞ 蒸压加气混凝土块600 mm×D(75～250 mm)×H(60 mm,120 mm,180 mm,240 mm)。

☞ 憎水珍珠岩:

平板型500 mm×300 mm×(50～120 mm)。

找坡型的坡度1‰,2‰,3‰,5‰。

☞ 广场砖12.3 mm×12.3 mm×5 mm(6 mm)、(4.8～6.3 mm)×12.3 mm×5 mm(6 mm)(大小头)。

☞ 铺地砖100 mm×100 mm×15 mm。

☞ 天然石材如花岗石、大理石等均含有放射性物质,在空气中衰变成为放射性气体——氡,引发肺癌、白血病。石材的放射性在正常情况下可用颜色来判断,从高到低,红、绿、肉红、灰白、白、黑。花岗石一般所含有放射性物质大于大理石。开窗通风一小时,室内氡浓度可降低1/3。石材分A、B、C三级(A级放射性最低)(上海新闻,2001-11-13)。

☞ 干挂式饰面板的连接用不锈钢配件,宽度不应小于25 mm,厚度不应小于4 mm。不锈钢螺栓不小于M5,每板不少于4点(建质监要第149页)。

☞ 围墙中空塑合隔间墙100 mm厚(盛远工贸公司资料)。

5.21.2.3 砌体材料

☞ 建质监要第122页:承重墙:地上6层及6层以下用MU7.5砌块、M10水泥砂浆;6层以上用MU10砌块、M10水泥砂浆;地下用MU7.5砌块、M10水泥浆。

外填充墙用MU7.5砌块、M7.5混合砂浆。

内隔墙用MU5.0砌块、M5.0混合砂浆。

☞ 住法6.2.5/技措4.1.4:承重混凝土砌块≥MU7.5,承重非混凝土砌块≥MU10.0。

抗震砖砌体砂浆强度≥M5。非抗震时,<5层住宅≥M2.5,≥5层住宅≥M5.0。抗震砌块砌体砂浆强度≥Mb7.5,非抗震时≥Mb5.0。

☞ 03技措4.1.4.2/09技措4.1.6.3:加气混凝土砌块一般不得用在建筑物首层勒脚及其以下部位;散水上部和楼板或地面以上0.6 m高度范围;易受水浸及干湿交替部位(如卫、厨、水泵房);受酸、碱等侵蚀的部位。因其吸湿性强(03技措4.2.5),不宜使用。宜用耐水性能好的材料如混凝土砌块(技措4.2.3)。

☞ 关于加气混凝土砌块的使用和内外粉刷的相关要求,有多种说法:① 09技措4.1.6.3/03技措4.1.4:一般不得使用于浴室、厨房、水泵房(?),采取措施防止空鼓,采用配套砂浆。② 建筑装饰工程施工及验收规范(JGJ 73—91之2.1.2.四/2.3.8/7.4.1.四):使用混合砂浆或聚合物水泥砂浆。③ 江苏"施工说明"苏9501之(3、4/36)/(11/38)/(23/42)。④ 住宅装饰装修工程施工规范7.3.1.3:湿润后边刷界面剂边抹≥M5的混合砂浆。⑤ 图集"住宅建筑构造"03J930-1之(6/71)/(10/72)(27/78)。⑥ 砌体工程施工及验收规范GB 50203—3003之9.1.5:设导墙。⑦ 质监第119页:设导墙。

☞ 混凝土空心砌块(承重)墙建筑的墙体交叉处,中心线外300范围内,用Cb20填充。混凝土空心砌块墙上打孔,>200×200者,设预制块(技措4.1.4.9/12)。

5.21.2.4　商品砂浆

商品砂浆于 2003 年 1 月 1 日起在上海市外环线以内实施,于 2004 年 1 月 1 日起全市实施[沪建建(2002)656 号]。必须以文字在设计图上说明,此为审图要求之一。

☞ 商品砂浆与传统浆分类对应表(商品砂浆生产与应用技术规程 3.1.3)。

种　类	商 品 砂 浆	传 统 砂 浆
砌筑砂浆	RM5.0、DM5.0	M5.0 混合砂浆、M5.0 水泥砂浆
	RM7.5、DM7.5	M7.5 混合砂浆、M7.5 水泥砂浆
	RM10、DM10	M10 混合砂浆、M10 水泥砂浆
	RM15、DM15	M15 混合砂浆、M15 水泥砂浆
抹灰砂浆	RP5.0、DP5.0	116 混合砂浆
	RP10、DP10	114 混合砂浆
	RP15、DP15	1∶3 水泥砂浆
	RP20、DP20	1∶2、1∶2.5 水泥砂浆、112 混合砂浆
地面砂浆	RS20、DS20	1∶2 水泥砂浆

注:RM—预拌砌筑砂浆,RP—预拌抹灰砂浆,DM—干粉砌筑砂浆,DP—干粉抹灰砂浆,RS—预拌地面砂浆,DS—干粉地面砂浆。

5.21.2.5　玻璃

1) 相关政府行政法令

☞ 安全玻璃应用范围(上海市府 35 号令 96.10.30):幕墙、天棚、吊顶、观光电梯、隔断、斜窗、拦板、游泳池观察窗、公共建筑入口、门厅等受冲击部位,用安全玻璃。2011 - 5 - 20《解放日报》报道上海 5 月 18 日一天三起玻璃幕墙玻璃脱落。如此下去,总有一天上街得戴钢盔。所以,使用玻璃幕墙要好好想想安全问题。

☞ 建设部等发改运行(2003)2116 号新增两项必须使用安全玻璃的场合:≥7 层建筑物的外开窗、面积>1.5 m² 的窗玻璃或窗台高<500 mm 的落地窗。

☞ 安全玻璃指夹层玻璃、钢化玻璃及其制品。单片半钢化玻璃,单片夹丝玻璃不属于安全玻璃(技措 10.6.3.1)。中空玻璃的两侧可以是夹层玻璃、钢化玻璃、半钢化玻璃,所以由这些单片玻璃制成的中空玻璃叫中空安全玻璃[住宅指南第 415 页,这是为加强强度的措施。为加强节能,单片玻璃可以是涂膜玻璃。建筑外墙玻璃窗,区分外开内开,窗台高低(以 500 mm 为界),玻璃块的面积大小(以 1.5 m² 为界)、抗风压性能等才能确定整个窗或整个窗的某一部分是否应是安全中空玻璃或非安全中空玻璃]。

2) 建筑玻璃

玻璃贴膜-龙膜 120~150 元/m²,其性能见上节规 4.7.8,节能见上节规附录 G。节能膜性能见节技规附录 G。

《解放日报》曾报道某公司玻璃贴膜 100 元/m²。

LOW - E 玻璃(低辐射玻璃),即低辐射涂膜玻璃,其涂膜具有极低的表面辐射率,它具有良好的阻隔热辐射透过的作用。

有关安全玻璃的规定:

① 安全玻璃的厚度与大小的关系见玻规 7.1.1。

其他玻璃的厚度与大小的关系见玻规 7.1.1。

② 门用和落地窗用玻璃,有框见上表。无框不小于 12 mm 厚钢化玻璃(玻规 7.2.1)。

③ 公共场所玻璃隔断,有框至少 5 mm 厚钢化玻璃或 6.38 mm 厚钢化夹层玻璃。无框不小于

10 mm厚钢化玻璃（玻规7.2.3）。

④ 浴室玻璃隔断，有框见表（玻规7.2.3→7.1.1.1）。无框不小于5 mm厚钢化玻璃（玻规7.2.4）。

⑤ 室内玻璃栏板，不受水平荷载的，至少5 mm厚钢化玻璃或6.38 mm厚钢化夹层玻璃。受水平荷载的，分别按其所在高度而定，底高3.0 m以内，至少12 mm厚钢化玻璃或16.76 mm厚钢化夹层玻璃。底高3.0~5.0 m的，至少16.76 mm厚钢化夹层玻璃。底高5.0 m以上的，不得使用受水平荷载的玻璃栏板（玻规7.2.5）。

⑥ 室外玻璃栏板，同上外还要进行抗风抗震设计（玻规7.2.6）。所以可能还要比室内玻璃栏板有更高要求，工作中严格按照图集要求，不要自作主张变小厚度，同时在图纸上用文字强调说明。

⑦ 屋面玻璃，离地3.0 m以上，必须用夹层玻璃。其中所夹胶片不应小于0.76（玻规8.2.2）。玻璃雨篷参照执行。

⑧ 地板玻璃，必须用夹层玻璃。点支承地板玻璃，必须用钢化夹层玻璃（玻规9.1.2）。地板夹层玻璃两片玻璃厚度相差不宜大于3 mm，其中所夹胶片厚度不应小于0.76 mm（玻规9.1.5）。框支承地板玻璃，其中单片玻璃至少8 mm厚，点支承地板玻璃，其中单片玻璃至少10 mm厚（玻规9.1.6）。

⑨ 墙玻璃的夹层或中空两片相差不宜大于3 mm（幕规6.1.1）。

⑩ 各种安全玻璃的选用表见玻规10.6.3.2。

3) 低窗或落地窗

低窗、落地窗下挡安全措施之一，即做安全玻璃（技措10.5.2/3）。

户内阳台门玻璃，可为可不为，见玻规6.2.1。曾有报道保姆因不慎撞到阳台玻璃门失血过多而死，小心为妙。

5.21.2.6　玻璃幕墙［玻璃幕墙工程技术规范JGJ 102—2003（幕规）］

玻璃幕墙［沪建材(98)0322号］：环线之内，除裙房外禁用玻璃幕墙；环线之外，可以做到40%。使用玻璃幕墙须经环保部门评价、规划管理部门审批同意，方可实施。2007年审图人员培训资料：烂尾楼复建后采用玻璃幕墙，应依据建筑业管理办公室同意批复，经环境评价和专家可行性论证意见及相关规范进行审查。

幕墙用中空玻璃采用单面安全玻璃时，安全玻璃装在外面［质监第172页-6(1)。这样做的中空玻璃的强度估计会差一些。］夹层玻璃不宜小于5 mm［夹层玻璃或中空玻璃的两片玻璃厚度相差不宜大于3 mm（幕规6.1.1）］。

玻璃贴膜-龙膜120~150元/m²，其性能见上节规4.7.8，节能见上节规附录G，节能膜性能见节技规附录G。

玻璃幕墙当楼面向外缘无实体窗下墙时，应设防撞设施（技措5.10.1.6）。

有关玻璃幕墙的规定如下：

① 粘接材料（幕规7.4.1/3.1.4/8.1.3）同金属和涂膜玻璃接触的，用结构胶。

② 有效期内使用（幕规3.1.5）。

③ 玻璃安全要求见幕规4.4.4。

④ 框支承幕墙宜用安全玻璃（幕规4.4.1）。

点支承幕墙宜用钢化玻璃（幕规4.4.2）。

玻璃肋用钢化夹层玻璃（幕规4.4.3）。

⑤ 面板玻璃厚度：

框支承幕墙：单片玻璃＞6 mm（幕规6.1.1）。夹层玻璃不宜小于5 mm［夹层或中空两片相差不宜大于3 mm（幕规6.1.1）］。

肋支承幕墙：面板单片玻璃不宜小于 10 mm（幕规 7.2.1）。夹层玻璃不应小于 8 mm（幕规 7.2.1）。

肋厚不宜小于 12 mm（幕规 7.3.1），截面高度不应小于 100 mm（幕规 7.3.1）。

点支承（钢化玻璃）：浮头式＞6 mm（幕规 8.1.2）。沉头式＞8 mm（幕规 8.1.2）。

框支承时横梁主柱断面要求见幕规 6.2.1/幕规 6.3.1。

⑥ 构造：

全玻璃幕墙留缝 8 mm（幕规 7.1.2/幕规 7.1.6）。

点支承式留缝 10 mm（幕规 8.1.3）。

窗槛墙（幕规 4.4.10/高规 3.0.8.2）：使用玻璃幕墙时，无论高层或低层均应有 0.80 m 高的窗槛墙［可计入楼板或边梁的高度（幕规 4.4.10 说明）］。

水平防烟带（幕规 4.4.11/高规 3.0.8.3）：使用 1.5 mm 厚镀锌钢板承托 100 厚以上的岩棉或矿棉封堵材料，承托板侧缝隙应用防火密封胶填充。

气密性不应低于 3 级（幕规 4.2.4）。

预埋件见幕规 C.0.3。

⑦ 其他。

透明玻璃墙 K＜3.0（上公节标 3.0.13→3.0.7）。

东西向玻璃幕墙遮阳系数≤6.0（上公节标 3.0.13.3）。

窗槛墙或防火墙隔断可为防火玻璃 1 h（幕规 4.4.11/低规 3.0.8.2）。

中空玻璃的结构表达：如 3＋6A＋3 中的"A"为中空层的意思，6A 即厚度为 6 mm 的中空层。

公建外窗的可开启部分不应小于窗面积的 30%（公节 4.2.8）。

玻璃幕墙宜≤15% 开启（技措 4.9.2.9）。

玻璃幕墙跨越防火区应注意防火构造。

5.21.2.7 防水材料

☞ 屋面防水卷材和保温材料选用见图集（"平屋面建筑构造之一"99J201 第 13,14 页/技措附录 5.4）。

☞ 地下室防水材料见技措附录 5.4/附录 4.1-3。

☞ 合成高分子卷材：聚氯乙烯类、氯化聚氯乙烯、三元乙丙、聚氨酯类。三元乙丙橡胶防水卷材（EPDM）、改性三元乙丙橡胶防水卷材（TPV）、聚氯乙烯防水卷材（PVC）。

☞ 高聚物沥青改性卷材：APP 塑性体改性沥青类、SBS 弹性体改性沥青类、橡胶沥青类［技措附录 4.2/99J201 平屋面（一）第 13 页］。

☞ 有关各种卷材下水规 2008 版 4.3.8/9 有更详细的说明。

☞ 耐根穿刺防水材料（植规 4.4）：

铅锡锑合金防水卷材≥0.5 mm 厚、复合铜胎基 SBS 改性沥青≥4 mm 厚、铜箔胎 SBS 改性沥青防水卷材≥4 mm 厚、SBS 改性沥青耐根穿刺防水卷材≥4 mm 厚、APP 改性沥青耐根穿刺防水卷材≥4 mm 厚、聚乙烯胎高聚物耐根穿刺防水卷材≥4 mm 厚/胎体≥0.6 mm 厚、聚乙烯防水卷材（内增强型）≥1.2 mm 厚、高密度聚乙烯土工膜≥1.2 mm 厚、铝胎聚乙烯复合防水卷材≥1.2 mm 厚、聚乙烯丙纶防水卷材≥0.6 mm 厚、聚合物水泥胶结料≥1.3 mm 厚、复合耐根穿刺材料。

☞ PUDF 聚氨酯硬泡体（上节规第 22 页）：保温且防水，适用于曲面。寿命 15 年，节能屋面用 20 mm 厚。在找平层上直接做，其保护层可为水泥砂浆、细石混凝土或硅丙涂料。可是在屋规 4.2.10 中，却又说不能把现喷聚氨酯保温层当成一道防水层，似乎矛盾。PUDF 聚氨酯硬泡体指现场发泡的，硬质聚氨酯泡沫塑料板指成品。相关图集：193 聚氨酯防水保温系统构造 2004 沪 J/T-210。

☞ 外墙防水做法（技措 4.2.2.2.2）：

墙体为空心砌块或轻质砖的住宅、当地基本风压值＞0.6 kPa 的建筑,其外墙宜用 20 mm 厚防水砂浆或 7 mm 厚聚合物水泥砂浆抹面再加防水涂料。(上海基本风压值 0.55 kPa。)

03 技措 4.2.8：一般公共建筑、9 层以下的住宅、墙体为实心砖或 R.C. 当地基本风压值＜0.6 kPa 的建筑,其外墙宜用 20 mm 厚水泥砂浆、5 mm 厚聚合物水泥砂浆或 1∶2.5 厚水泥砂浆贴面砖。

加气混凝土外墙采用配套砂浆或加钢丝网抹灰。

5.21.2.8　保温材料

☞ 有关民用建筑外保温材料耐火等级曾经有过公通字(2009)46 号的规定,但是后来为公安部公消(2011)65 号所否定[公通字(2009)46 号/技措 4.3.4/4.3.6]。公安部公消(2011)65 号规定,从严执行公通字(2009)46 号第二条的规定,民用建筑外保温材料采用燃烧性能为 A 级的材料。

☞ 民用建筑外保温材料耐火等级[公通字(2009)46 号 20090928]。

	类别		高　度 (m)	外保温材料 耐火等级	水平防火隔离带	外保温的保护层厚度
非幕墙式建筑	住宅		≥100	A		底层≥6 mm, 其他层≥3 mm
			60～100	≥B2	=B2 时层层设置	
			24～60	≥B2	=B2 时每两层设置	
			<24	≥B2	=B2 时每三层设置	
	公建		≥50	A		
			24～50	A 或 B1	=B1 时每两层设置	
			<24	≥B2	=B2 时层层设置	
幕墙式建筑			≥24	A		≥3 mm
			<24	A 或 B1	=B1 时层层设置	
水平防火隔离带			≥300 mm 宽的 A 级保温材料			

注：公通字(2009)46 号第九条原文是这样写的："屋顶与外墙交界处、屋顶开口部位四周的保温层,应用宽度不小于 500 mm 的 A 级保温材料设置水平防隔离带。"笔者把它理解为："大屋面上有小房子升起,小房子外墙上有门窗者(?),沿小房子外墙设 500 宽 A 级保温材料水平防火隔离带。"这个问号,表示笔者不够自信,对原文要表达的东西不太明白。

☞ 技措 4.3.6：保温材料燃烧性能 A 级：岩棉玻璃、棉泡沫玻璃、泡沫陶瓷、发泡水泥。

B1 级：特殊处理后的挤塑聚苯板(XPS)、特殊处理后的聚氨酯(PU)、酚醛、胶粉聚苯颗粒等。

B2 级：模塑聚苯板(EPS)、挤塑聚苯板(XPS)、聚氨酯(PU)、聚乙烯(PE)等。

☞ 江苏苏公消(2004)17 号在公通字(2009)46 号之前提出了在厂房仓库方面的要求[苏公消(2004)17 号 6]。

5.21.2.9　门窗材料及其他

☞ 玻璃砖隔断高≤4.0 m,缝隙 10～30 mm,高、宽两个方向每 1 500 mm 应设 2φ6,底部设 150 mm 高混凝土垫墙。

☞ 磨砂玻璃毛面宜向内,压花玻璃毛面宜向外。

☞ 单片铯钾玻璃 8～12 mm 厚,强度为钢化玻璃的 1.5～3.0 倍。上海大剧院楼梯间即用此材料。

门用 5 厚普通玻璃最大面积 0.5 m²　玻规 6.2.1。

无框玻璃门至少 10 厚钢化玻璃　玻规 6.2.1。

各种窗用玻璃的最大面积因厚度、风荷而变化　玻规附录 4。

☞ 铝合金门窗应符合 GB 8478—2008《铝合金门窗》的要求(09 技措附录 B)。窗材壁厚 1.2 mm,门材壁厚 2.0 mm(质监第 159 页)。

☞ 塑料门窗符合"门窗框用硬聚氯乙烯型材"GB 8814 和"塑料门窗用密封条"GB 12002 的要求

（质监第 159 页）。

☞ 玻璃贴膜 100 元/m²。

☞ LOW－E 玻璃（低辐射玻璃），即低辐射涂膜玻璃，其涂膜具有极低的表面辐射率，它具有良好的阻隔热辐射透过的作用。

☞ 氟碳漆，水性氟涂料，高性能环保型。

☞ 钢结构用防火涂料（《中国消防手册》第三卷第 225 页）。厚涂型 8～50 mm 厚，3.0 h。薄涂型 3～8 mm 厚，0.5～2.0 h。超薄涂型≥3 mm 厚，0.5～1.5 h。凡钢结构用防火涂料时，应在涂防腐涂料的前提下，再涂防火涂料，两者不能替代（技措 6.2.13.4）。

☞ 木结构用防火涂料（《中国消防手册》第三卷第 227 页）：水基型阻燃剂。涂两遍，涂布量应不小于 500 kg/m²（住宅工程装饰装修施工规范 4.2.2）。

☞ 窗玻璃与玻璃幕墙性能对照表（此表为笔者制作，无权威性，仅仅说明幕墙和窗应用的规范不一样而不同而已）。

	地点	建筑类别	基本风压	风荷载标准值（技措 10.9.3/玻规 4.1.1）	抗风压（技措 10.9.1.1）	水密性（技措 10.9.1.2）	气密性（技措 10.9.6）	保暖性（技措 10.9.1.4）	隔声（技措 10.9.1.5）
窗	上海闵行	多层	0.55	2.562 上海市区 B 类 30 m	4 上海市区 B 类 30 m 2.562	≥3 大风多雨地区≥3（技措 10.9.7）	≥3 上海冬季风速 3.1（技措 10.9.6.1/国公节 4.2.10）	6 断热铝合金中空玻璃（上住节规 4.10.3）	2 环境白天 65、白天办公允许 50（参照办规 6.4.1 至少 65－50=15）
玻璃幕墙	上海闵行	多层	0.55	2.562 上海市区 B 类 30 m	IV 上海市区 B 类 30 m 2.562	≥III 上海 $W_0=0.55$ $\mu_z=1.42$ $P=937.2$（幕规 4.2.5.1）	≥III （幕规 4.2.4/国公节 4.2.11）	IV 断热铝合金 LOW－E 玻璃（上住节规 4.10.3/幕规 4.2.7）	IV 环境白天 65、白天办公 50（参照办规 6.4.1 至少 65－50=15）

注：表中各项物理性能指标的单位参见 09 技措 5.3.1/10.8。

5.21.3　住宅常用设备尺寸/留孔

大屋面的落水管的位置、阳台或空调机平台上管道的位置、厨房浴室里各种管道的位置，在住宅设计中不算是关键问题，但对于新手来说还不太容易弄明白。特搜集有关资料以供参考。资料来源：① 住宅设计标准应用指南（下称"指南"）。② 住宅设计中的常见问题（下称"问题"）。③ 万科住宅统一设计要求（下称"要求"）。

（1）空调机/空调机板问题，江苏可参考苏标 7.2.2 说明。

类别	功率	外机尺寸	适用房间	空调板净尺寸	备　注
挂机	1P	780 mm×300 mm×550 mm	书房、卧室	1 050 mm×500 mm×700 mm	用落水管时边加宽 150 mm。 外有百叶，另加 50～100 mm
	1.5P	820 mm×300 mm×550 mm	卧室	1 100 mm×500 mm×700 mm	
	2P	850 mm×350 mm×600 mm	卧室、客厅	1 100 mm×550 mm×800 mm	
柜机	2P	900 mm×350 mm×750 mm	客厅	1 200 mm×600 mm×1 000 mm	
	3P	950 mm×350 mm×850 mm	客厅＋餐厅	1 200 mm×600 mm×1 100 mm	

(2) 附建在阳台一侧的空调机板宜 700 mm×1 200 mm(指南 7.5)。空调机板栏杆高宜 650～900 mm。空调机板/阳台标高,比室内标高落低 50 mm。

(3) 图集:"空调机室外机座板建筑构造"2000 沪 J801。

(4) 指南 7.5:空调机外墙留孔 ϕ100,中心离地 2 100 mm(挂机)、350 mm(柜机)。中心离侧墙边 100 mm。

(5) 空调机室外机座板外口翻边 100 mm。板面做泛水。设地漏接入冷水立管 ϕ50(或留三通)(问题)。

(6) 上置式机座板,离室内地面 1 800 mm(指南第 461 页)。

(7) 空调机内机冷凝水和外机融霜水应有组织排水,可直接排入明沟,采取间接排放,可排入明沟,也可排入 13# 加利或屋面。若排入雨水管中,应有水封隔断以防臭水外溢(指南第 460 页)。

(8) 阳台门侧留垛头 100～150 mm(问题)。

(9) 参考 94 屋规 4.3.10:屋面一根落水管(>ϕ75,一般 ϕ100)汇水面积宜<200 m²。技措 7.2.5:雨水口间距一般不宜大于 24 m(有外檐天沟)/15 m(无外檐天沟、内排水)。每一屋面或天沟,不宜少于 2 根落水管[技措 7.2.3(怕堵)]。

(10) 屋面水管不应布置在套内(包括阳台),应设在公共部位,离窗口 600 mm 以上(苏标 7.1.4/10.5.3)。江苏特殊规定,上海无此规定。有其合理之处,有时又难以办到,空调机板属公属私?不一定。双层平台呢?

(11) 阳台雨水管 ϕ75,留套管 ϕ125～ϕ150。阳台地漏管 ϕ50,留孔 100 mm×100 mm。雨水管与地漏管两者中心间距 300 mm(带存水弯时雨水管与地漏管中心间距实际尺寸为 240/实践经验/或见 03J930-1 之第 286 页,但此图无水封)。

(12) 阳台及雨罩应有组织排水,且应与屋面排水分开设置(上标 4.7.5/苏标 4.6.7)。阳台雨罩一般分层设地漏,与阳台雨罩排水立管相通(指南第 215 页)。低层阳台可采用泄水管排水,伸出阳台 50 mm(技措 11.1.4)。

(13) 阳台排水系统,可以排除洗衣机洗涤废水,但不应接入雨水检查井。阳台地漏应有水封(指南第 215 页)。

(14) 空调机机座板排水可结合阳台排水系统统一考虑,靠近阳台可接入阳台排水管系统(苏标 7.2.4),但应有水封(指南第 461 页)。

(15) 至此,阳台与空调机座板相邻设计时,首先,从大屋面雨水管、露台雨水管、阳台雨水管及地漏、空调机冷凝水管及融霜水地漏、洗衣机废水管及地漏有哪些是必需的,哪些可以利用或合并。根据阳台及雨罩应有组织排水,且应与屋面排水分开设置,空调机座板排水可结合阳台排水系统统一考虑,阳台排水系统,可以排除洗衣机洗涤废水,确定保留的管子及地漏,加上必要的墙上过水孔(100 mm×100 mm)即成。

(16) 可能时留安全吊钩(问题)。

(17) 连体空调机室外机座板设隔板,高度≥1 500(指南 7.5)。

(18) 厨房和卫生间的管井间净深 250～350,宽同灶台或浴缸。一般在其宽面做检修门(250/400)×(250/400)。检修门中心离地 1 000 mm。

(19) 热水器安装宽度 500 mm(～700 mm)。排气孔 ϕ120,孔中心距地 1 700 mm(要求 10.1/或洞口贴板底)。

(20) 热水器前是宽度宜>800 mm,热水器侧面离墙>100 mm(指南)。

热水器采用强排式,不应采用直排式(要求 10.1)。

(21) 相关规范:"城镇煤气设计规范"GB 50028—1993(2002 年版)。

"家用燃气燃烧器具安装验收规程"CJJ 12—1999。

"城市煤气天然气管道工程技术规程"DGJ 08—10—2004。

(22) 洗衣机留位 600 mm×600 mm。洗衣机地漏离橱柜 200 mm(要求 3.4)。

(23) 水箱位宽 650 mm/800 mm(要求 3.3)。

(24) 浴缸 750 mm×1 550 mm/浴房宽 900~1 000 mm(要求 4.5/4.6)。

(25) 卫生间管井深 250~350 mm,宽同浴缸。管井设检修门 400 mm×400 mm,检修门底离地 1 000 mm。

(26) 卫生间应设两(多)用地漏(上标 10.0.13)。当卫生间的排水横管设在下层时,其清扫口应设在本层内(上标 4.5.6)。同层排水设计,可以采用落低楼板≥350 mm 或同层横排水(住宅指南第 192 页)。

(27) 卫生间浴霸与排风机合一,外墙留孔 ϕ120,孔顶即板底。暗卫生间浴霸风管排入排风管井。

(28) 厨房排油烟井,地板留洞 400 mm×600 mm(≤24 层/03J930-1 第 406 页)。厨房管井深 250~350 mm,宽同灶台。油烟井设检修门 400 mm×400 mm,检修门底离地 1 000 mm。水平排油烟管中心离地 2 000 mm/多层建筑厨房水平排油烟管可接入服务阳台(指南第 161 页)。

(29) 厨房设备(要求 3.2)。

(mm)

设　备	长	宽	高
灶　台	800	500~550	650~700
洗涤台	900~1 200	500~550	800
操作台	400~1 200	500~550	800
吊柜(普通)	400~1 200	300~350	≥500
调料柜	400~1 200	300~350	350~400
抽油烟机	800	300~350	

5.22　防火分隔构造

防火构造的种类,不外乎有窗间距、窗槛高度、墙厚、前室(门斗)、墙的耐火极限、管道穿墙等方面。其实,它也分一般情况和特殊情况。弄清这个问题,就不会被一会儿 1 200、一会儿 900(800)所迷惑。

5.22.1　一般情况

(1) 高规 5.1-5.1.4 说明/6.1.1:垂直防火区域用具有 1.5 h 或 1.0 h 楼板和窗槛墙(两上下窗之间的距离不小于 1.20 m)将上下隔开。

(2) 低规 ~~7.1.5~~ 7.1.3/高规 5.2.1:非住宅建筑防火墙两侧门窗洞口水平距离 2.0 m,转弯处 4.0 m(或代之以固定 FM 乙)。

(3) 低规 7.1.5:防火墙上开门应为 FM 甲。

(4) 高规 5.4.3:设在变形缝外的防火门应设在高层一侧,且向层数较多一侧开启。

(5) 小商规 3.4.2.1/2:低层联排小型商业用房总体积≥5 000 m³ 时用防火墙分隔,防火墙两侧门窗洞间距不小于 2 m。通常情况下,防火分区是以面积来划定的,比如,多层建筑的防火分区面积是

2 500 m²,但是上海的"小商规"以体积为指标,在实际操作中不太方便。所以江苏商规就规定商业网点的防火分区面积是 2 500 m²,是有一定道理的。

(6) 餐规 3.3.11:餐饮热加工间的上层有餐厅或其他用房时,其外墙开口上方应设≥1 000 mm 的防火挑檐。

(7) 低规 ~~4.2.4~~ 7.2.3:建筑物内公用厨房部位、门厅等的隔墙用 2.0 h 非燃烧体墙,墙上有门用 FM 乙。有关门厅的规定,笔者认为应视建筑的复杂性、门厅有无较多的可燃物而定。另外,有关门厅的规定其实关键是为了保障楼梯间到大门口通路的安全,>4 层的多层和高层建筑因其楼梯间一定要直通户外(低规 5.3.13.3/高规 6.2.6),因此,这些建筑不存在这个问题。再者,这个问题常与扩大楼梯间(前室)联系在一起。这么一想,除非特殊原因,>4 层的多层和高层建筑就不必要做扩大楼梯间(前室)。

(8) 联排住宅住户之间门窗洞口水平距离是多少,无明文规定。笔者认为,对于联排住宅,一是防火墙的设置,或者说是防火区面积的划定,参照低规 5.1.1 规定,如一幢房子每层面积>2 500 m² 或长度>150 m,则要考虑设置防火墙(实际上根据上规 50 只能达到 80 m)。二是联排住宅住户之间门窗洞口水平距离,既然无明文规定,照理说就应当可以随便做,但把防火和防盗结合起来考虑,参照上标 7.6.1.1,以 1 000 为宜。当然,这仅仅是笔者的看法,仅供参考。

(9) 墙与幕墙间,在每层楼板面处,应有防火隔断措施,防火板宜用 1.2 mm 的金属板,其搭接缝隙应用防火密封胶密封(玻璃幕墙工程技术规范 102 - 96 4.4.6)。

(10) 沪消(2006)439 号:公建防火区之间的防火墙中使用防火卷帘限制在 1/3(20.0 m)以内。

(11) 低规 7.2.10/7.2.11/高规 5.2.5:管子穿墙必须用不燃体或非燃体加以封堵,这一点应在说明书中说明。

5.22.2　特殊情况

住宅因其火灾危险性比公建小一些,故属特殊情况。另外,玻璃幕墙因其使用需要也作特殊处理。

(1) 上标 7.6.4/住法 9.4.1:住宅上下窗槛墙 0.90 m 高,耐火极限 1 h。或 0.50 m 挑檐和上下窗间墙组合,且挑檐和上下窗间墙之和为 1.0 m。此条文在上标未指明套内与套间,一概如此。但住法则指明为上下相邻套房之间,且 0.90 m 窗槛墙为 0.8 m 高,注意与住法 9.4.1 的细小差别,不同场合应合理运用。

(2) 浙江省建设发(2007)号 57+72:高层民用建筑层与层之间(不同的防火分区)、窗槛墙(竖向的窗间墙)的高度应不小于 0.8 m,设防火挑檐者除外……

(3) 高规 6.1.1.2:只有一座疏散楼梯的单元住宅,18 层及 18 层以下部分,单元隔墙为防火墙、窗间墙和窗槛墙>1 200 mm。可是,高规图示 06SJ812 的图示要求户间墙>1 200 mm、单元墙两窗距>2 000 mm,恐怕有误。

(4) 住法 9.2.4/苏标 8.5.2.2:楼梯间窗口与套房窗口水平间距≥1 000 mm。

(5) 上标 7.6.1:单元住宅单元隔墙两边窗户水平限制 1.0 m(或防火隔墙外伸 0.50 m)。两边为卫生间不受限制。

(6) 上标 7.6.2:住宅楼梯间或其前室与房间窗户、楼梯间和前室窗户之间水平距离 1.0 m,转角两侧窗户水平距离 2.0 m。高规 5.2.1/低规 7.1.3:距离不够时可用固定 FC 乙弥补。在实际工作中,开敞楼梯间两侧也如此处理。如果洞口距离不够,可以做固定 FM 乙补足(住宅设计指南 7.6.1.二)。此条是对于不少住宅只有一个楼梯间,为加强楼梯间的保护,把防火隔墙比照防火墙处理。但公建不太见到类似只有一个楼梯间的情况,所以公建没有这种要求(←上标7.6.2说明)。

(7) 单元墙两侧低凸窗的距离,视其相对两侧的构造而定。凸窗的侧面,两侧均为开启外窗,2 000 mm。两侧均为墙,1 000 mm。一侧为墙一侧为窗,1 000 mm。

(8) 江苏没有明确要求多层单元住宅单元墙两侧窗户间距,只要求高层单元住宅单元墙两侧窗户间距 1 200 mm,前室与楼梯间的窗户距离 1 000 mm(苏标 8.5.2.1)。上海不管高层、多层,都是 1 000 mm(上标 7.6.1.1)。

(9) 住法 9.4.1:住宅上下相邻套房窗口槛墙不低于 800 mm,或以 500 mm 宽挑檐代替,长度不小于开口宽度(独立别墅即无此限制)。此条要求允许套内设上下统窗。

(10) 窗槛墙的不同要求:

① 上海住宅,窗槛墙 $h \geqslant 900$ mm,层层都如此,不分套内套外。变通办法:设挑檐宽 $b \geqslant 500$ mm,$h+b \geqslant 1 000$ mm(上标 7.6.4)。

② 全国住宅,相邻套间,$h \geqslant 800$ mm,或防火挑檐 $b \geqslant 500$ mm(住法 9.4.1,话只说了一半,说法不够完整)。

③ 江苏住宅,10 层及 10 层以上单元住宅,且每单元只有一座疏散楼梯的情况下,窗槛墙 $h \geqslant 1 200$ mm,层层都如此。变通办法为设防火挑檐:$b \geqslant 400$ mm,$h \geqslant 800$ mm(苏标 8.4.5.6)。对于非单元住宅、单元住宅的小高层和多层、有 2 座疏散楼梯的单元住宅,未明确要求,设计人不知该遵守什么规定。

④ 只有一个楼梯的高层单元住宅,窗槛墙 $h \geqslant 1 200$ mm,层层都如此,不分套内套外(高规 6.1.1.2)。而且没有说到防火挑檐的取代办法。高规 6.1.1.2 和住法 9.5.1.3 的说法不同,住法 9.5.1.3 说 19 层以上的单元住宅不少于 2 个出口。

⑤ 幕墙建筑要求窗槛墙(不燃体裙墙)$\geqslant 800$ mm(高规 3.0.8/低规 7.2.7)。而且,高规允许此 1.0 h 不燃体裙墙也可以是防火玻璃裙墙。

(11) 窗间墙的不同要求:

① 上海住宅,不分高层多层,楼梯间窗与前室窗、楼梯间窗或前室窗与套房间窗、单元分隔墙两侧窗户,窗间墙 $b \geqslant 1 000$ mm。单元分隔墙两侧为卫生间,两侧窗间距不限(只有上海这一说法,江苏无此说法)。变通办法:单元分隔墙外伸 $\geqslant 500$ mm(上标 7.6.1/2)。上标 7.6.1.2 的话只说了一半,不及苏标 8.5.2.4 明白。

② 全国住宅,楼梯间窗户和套房窗户之间的窗间墙宽度 $b \geqslant 1 200$ mm(住法 9.4.2),说法不够全面。另外一种说法,楼梯间窗户和两侧门窗洞口之间的窗间墙宽度 $b \geqslant 2 000$ mm(建规合稿 6.4.1),恐怕是对于一般建筑而言,对于住宅来说,这个宽度要求可能太大了,难以办到。

③ 江苏住宅,高层住宅,单元分隔墙两侧窗户窗墙 $h \geqslant 1 200$ mm,楼梯间窗和前室窗、楼梯间窗或前室窗同房间窗间墙 $b \geqslant 1 000$ mm(苏标 8.5.2)。变通办法:单元分隔墙外伸 $\geqslant 500$ mm(苏标 8.5.2.4)。对于小高层和多层,未明确要求。

④ 只有一个楼梯的高层住宅,窗间墙 $b \geqslant 1 200$ mm(高规 6.1.1.2)。

(12) 高层建筑幕墙内侧上下窗间墙 0.8 m 高,耐火极限 1 h[高规 3.0.8.2/低规 7.2.7/幕规 4.4.10/消防局(2004)沪公消(建函)192 附文]。

(13) 低规 5.3.7:公建电梯应设独立电梯间(门斗或前室),不宜直接设在营业厅展览厅多功能厅内。

(14) 低规 5.3.11/建规合稿 5.5.33:住宅中电梯楼梯相邻,应设封闭楼梯间。当户门为 FM 乙(FM 甲)时,可不设封闭楼梯间。

(15) 低规 5.3.11：住宅电梯直入下部汽车库，应设电梯厅。设门 FM 乙（建规合稿 5.5.33）。

5.22.3 列表总结

规 范		规 定		说 明
	单元间隔墙两侧窗间距(mm)	楼梯间窗与前室窗之间间距(mm)	楼梯间窗或前室窗与套房窗之间间距(mm)	
窗间距	高规 6.1.1.2	2 000			与每单元只有一个疏散楼梯联系在一起
	住法 9.4.2	—	—	1 200	
	上标 7.6.1/2	1 000	1 000	1 000	
	苏标 8.5.2	1 200	1 000	1 000	与每单元只有一个疏散楼梯联系在一起
	浙建设发(2007)36 号 57+72	1 000			与每单元只有一个疏散楼梯联系在一起
	建规合稿	2 000(建规合稿 5.5.25.3)	2 000(建规合稿 6.4.1)		
窗槛墙	高规 6.1.1.2	高层住宅，窗间墙 $b \geqslant 1\,200$			与每单元只有一个疏散楼梯联系在一起
	住法 9.4.2	全国住宅，楼梯间窗和套房窗房窗户之间的窗间墙 $b \geqslant 1\,200$			说法不够全面完整
	上标 7.6.4	窗槛墙 $h \geqslant 900$，层层都如此，不分套内套外。变通办法：设挑檐宽 $b \geqslant 500$，$h+b \geqslant 1\,000$			
	苏标 8.5.2	江苏住宅，高层住宅，单元分隔墙两侧窗户窗墙 $h \geqslant 1\,200$，楼梯间窗和前室窗、楼梯间窗或前室窗同房间窗间墙 $b \geqslant 1\,000$。变通办法：单元分隔墙外伸 $\geqslant 500$			对小高层和多层未明确要求
	浙建设发(2007)36 号 57+72				
	高规 3.0.8.2/低规 7.2.7/幕规 4.4.10	高层建筑幕墙内侧上下窗间墙 0.8 m 高，耐火极限 1 h			

5.22.4 问题

问题分析 4.5：不同防火区的低层天窗与屋顶上建筑的窗户之间的距离 4.0 m。笔者认为，这个说法欠妥当，把它视为两幢房子之间的防火间距比较合适。视情况为 6.0 m/9.0 m/13.0 m，如不能满足，可以参照高规 4.2.4 采取措施，最小 4.0 m。但屋顶上建筑为住宅时就很难采取什么措施，至多在 15.0 m 高度范围内做 FM 甲窗户，至于水平两侧做 FM 甲窗户的范围，只要满足 6.0 m/9.0 m/13.0 m 就行。

5.22.5 相关规范

☞【高规 5.2.1】防火墙不宜设在 U、L 形等高层建筑的内转角处。当设在转角附近时，内转角两侧墙上的门、窗、洞口之间最近边缘的水平距离不应小于 4.00 m；当相邻一侧装有固定乙级的火窗时，距离可不限。

☞【高规 5.2.2】紧靠防火墙两侧的门、窗、洞口之间最近边缘的水平距离不应小于 2.00 m；当水平间距小于 2.00 m 时，应设置固定乙级防火门、窗。

☞【上标 7.6.1】单元式住宅的相邻两单元之间的墙应为防火分隔墙。并应符合下列之一的规定：

① 防火分隔墙两侧的窗洞边缘之间的水平距离不应小于 1 m,转角两侧的窗口之间最近边缘的水平距离不应小于 2 m。

② 防火分隔墙凸出外墙面不应小于 0.50 m。

两侧的门窗洞口之间最近的水平距离不应小于 2 m,如装有耐火极限不低于 0.9 h 的非燃烧体固定窗扇的采光窗(包括转角墙上的窗洞),可不受距离的限制。

☞【高规 3.0.8.1】窗间墙、窗槛墙的填充材料应采用不燃烧材料。当其外墙面采用耐火极限不低于 1.00 h 的不燃烧体时,其墙内填充材料可采用难燃烧材料。

☞【高规 3.0.8.2】玻璃幕墙无窗间墙和窗槛的玻璃幕墙,应在每层楼板外沿设置耐火极限不低于 1.00 h、高度不低于 0.80 m 的不燃烧实体裙墙。

☞【高规 3.0.8.3】幕墙与每层楼板、隔墙处的缝隙,应采用不燃烧材料严密填实。

☞【上标 7.6.4】上下窗间墙应采用耐火极限不小于 1.00 h,且高度不小于 0.90 m 的不燃烧体。

☞【住规 9.2.2】住宅构件耐火极限(略)。

☞【低规 7.1.5.1.4】建筑物内的防火墙不应设在转角。如设在转角附近,内转角两侧上的门窗洞口之间最近的水平距离不应小于 4 m。

☞【低规 7.1.3】当建筑物的外墙为难燃烧体时,防火墙应凸出墙的外表面 0.4 m 以上,且在防火两侧的外墙应为宽度不小于 2.0 m 的不燃烧体,其耐火极限不应低于该外墙的耐火极限。

当建筑物的外墙为不燃烧体时,防火墙可不凸出墙的外表面。紧靠防火墙两侧的门、窗洞口之间最近边缘的水平距离不应小于 2.0 m;但装有固定窗扇或火灾时可自动关闭的乙级火窗时,该距离可不限。

☞【低规 7.1.5】防火墙上不应开设门窗洞口,当必须开设时,应设置固定的或火灾时能自动关闭的甲级防火门窗。

可燃气体和甲、乙、丙类液体的管道严禁穿过防火墙。其他管道不宜穿过防火墙,当必须穿过时,应采用防火封堵材料将墙与管道之间的空隙紧密填实;当管道为难燃及可燃料材质时,应在防火墙两侧的管道上采取防火措施。

防火墙内不应设置排气道。

☞【低规 7.2.3】下列建筑或部位的隔墙应采用耐火极限不低于 2.00 h 的不燃烧体,隔墙上的门窗应设为乙级防火门窗:

① 甲、乙类厂房和使用丙类液体的厂房。

② 有明火和高温的厂房。

③ 剧院后台的辅助用房。

④ 一、二级耐火等级建筑的门厅。

⑤ 除住宅外,其他建筑内的厨房。

甲、乙、丙类厂房或甲、乙、丙类仓库内布置有不同别火灾危险性的房间。

5.23　节能

建筑节能对我们来说,是一项陌生技术,所以这几年的节能规范一改再改。节能规范的寿命都不太长。尽管如此,却对指导当时的节能设计具有意义。因此,过去的东西还是需要原封不动地保留下来,当作另一种意义上的参考。

5.23.1　历史演变情况(一)

节能软件名称:建筑节能分析软件 PVECA2008,中国建筑科学研究院。

☞ 2007 年 1 月实行全国统一的节能规范——《居住建筑节能设计标准》(征求意见稿)。

☞ 2010 年 8 月 1 日实行新的《夏热冬冷地区建筑节能设计标准》JGJ 134—2010。

为适应这一情况,将草稿的要点摘录于后,一旦正式公布,它就是正式文件,而以往其他有关节能的资料就只能作为历史题材,留作参考了。

屋顶天窗面积限定:夏热冬暖地区住宅,≤4%(节能专篇 2.3.3.3.1.2)。公建≤20%(节能专篇 2.3.3.2.3)。

上海住宅,≤4%[沪建交(2006)765 号]。上海公建没有规定。

☞ 从节能出发,严寒地区除南向外不应、寒冷地区北向不得设置凸窗(技措 10.5.4)。

☞ 节能专项说明中应明确说明建筑外墙保温材料为 A 级[上海市消防局沪消发(2011)74 号 20110316/公安部公消(2011)65 号 20110314]。

☞ 居住建筑节能设计标准(居节)(征求意见稿)

① 居节 1.0.2 说明:居住建筑包括住宅、集体宿舍、托儿所、幼儿园。

② 居节 4.1.1:上海为 IIIB 区。

③ 居节 4.1.4:IIIB 区体形系数。

	≤3层	4~6层	7~9层	≥10层
体形系数值限值	≤0.55	≤0.40	≤0.35	≤0.30

原来要求:条状≤0.35,点状≤0.40。

④ 居节 4.2.7:IIIB 区围护结构传热系数。

		屋　面		墙　面		外　窗			分户墙楼板	架空楼板	户门
		轻	重	轻	重	窗地比	K	遮阳系数			
K	≥10层	≤0.4	≤0.8	≤0.5	≤1.0	≤20%	≤4.7	—	≤2.0	≤1.5	≤3.0
	7~9层	≤0.4	≤0.8	≤0.5	≤1.0	20%~30%	≤3.2	≤0.7/0.8			
	4~6层	≤0.4	≤0.8	≤0.5	≤1.0	30%~40%	≤2.3	≤0.6/0.7			
	≤3层	≤0.4	≤0.6	≤0.4	≤0.8	40%~50%	≤2.5	≤0.5/0.6			
						天窗≤4%	≤3.2	≤0.5			
	不再考虑 D 值。低多层 K 值为原来一半					不再分朝向			同原来	同原来	同原来

⑤ 居节 4.2.5:居住建筑不宜设置凸窗。凸出不宜>600 mm。IIIB 区的卧室起居室不应设置北向凸窗。

⑥ 居节 4.3.4/4.3.5.1:III 区以采暖耗电量和空调耗电量之和为判断依据。

⑦ 居节 4.3.4.1:参照建筑物的体形系数要处理,合乎本标准 4.1.4 的要求。参照建筑物的窗墙比取 0.4(居节 4.3.2.2)。这两个因素按比例缩小的方法,详见 4.3.4.1 节说明。

⑧ 居节 4.2.6:外窗气密性,IIIB 区 4 级。

本规范与上一版本比,由于 K 值改变,估计会牵涉到小高层的保暖层厚度等,产生一系列变化。

后来,这个文件胎死腹中,没有实行,代之以"节能专篇"2007。这样的情况不在少数。

5.23.2　历史演变情况(二)

☞ 上海市沪建建(2003)658 号于 2004 年 4 月 1 日起执行,执行范围:外环以内新建住宅,新建办公楼旅馆商场。

关于节能,文件既多又不统一。此地且以 2005 年 12 月的"实施'上海市建筑节能管理办法'有关问题说明"为准。居住建筑指住宅、集体宿舍、招待所、托幼、敬老院。关于公建节能,分步推广。公建节能推广的时间节点,2005 年 7 月 1 日开始政府投资的公建,2006 年 7 月 1 日开始办公楼(包括厂房配套的办公楼)、商场、旅馆(娱乐),2007 年 7 月 1 日开始科教、通信、交通建筑。

上海的情况比较特殊,在相当长的时间里,以沪建交(2006)765 号为实施标准。可是 2006 年 11 月 28 日又有沪建交(2006)765 号对居住建筑和公建施工图节提出新的要求。估计沪建交(2006)765 号就是上海为实施居住建筑节能设计标准的地方版,因此将这两项摘要分别列于后面,以供参考。

到 2007 年 7 月上旬的全市审图员培训为止,还是以沪建交(2006)765 号为标准,但是外地呢?2007 年 3 月出版的《全国民用建筑设计技术措施—节能专篇》还是以《夏热冬冷地区居住建筑节能设计标准》为准,根本没提到《居住建筑节能设计标准(征求意见稿)》,真让人不知所措。[最后,《居住建筑节能设计标准(征求意见稿)》不了了之,胎死腹中(2002 年 8 月 11 日)]

☞ 上海市建筑节能管理办法第 8 条:对既有建筑在改扩建时涉及围护结构的,要采取建筑节能措施。

☞ 节能计算中的几个具体问题:① 小高层或高层住宅的外墙平均传热系数按最不利情况,即以全部为混凝土算。② 保温材料的修正系数,上海见"住节规"附录 D,全国见"节能专篇"3.3.1。③ 屋面墙面的 D 值和外墙屋顶内表面温度由电脑软件自动生成。④ 高层公建的主楼和裙房,若功能相同,应该合并进行权衡判断。功能不相同合并或不合并很难说,在这方面,软件设计不够完善。⑤ 公建窗墙比<0.4,玻璃可见光透射比不应<0.4(国公节 4.2.4)。⑥ 无地下室房间地面和地下室墙面的热阻一般不能满足要求。不满足要求时进行动态平衡。

☞ 沪建交(2006)765 号 20061128:上海市建筑和交通委员会关于进一步加强本市民用建筑节能设计管理的通知。笔者估计沪建交(2006)765 号就是上海为实施居住建筑节能设计标准的地方版。

① 总的精神,将民用建筑分成多高层居住建筑、低层居住建筑、公共建筑三类,分别要求必须满足的指标,然后才能进行综合节能计算。

② 必须满足的指标:

		K 值			动态计算的判断依据
	外墙	屋顶	窗墙比/外窗 K 值	天　窗	
高层、多层居住建筑	1.5	1.0	窗墙比>0.35 时,窗 K≤3.2。无遮阳东西向墙,窗墙比≤0.3	面积≤4%,K≤3.2,遮阳系数≤0.50	高层建筑同时采用对比法和限值法,且不得超过限值
					多层住宅用限值法。上海地区建筑物年耗电量之和小于限值指标 55.1 kWh/m²
低层居住建筑	0.8	0.6	各朝向窗 K≤3.2。同时满足,无遮阳东西向墙,窗墙比≤0.3	面积≤4%,K≤3.2,遮阳系数≤0.50	低层住宅(3 层及其以下)用对比法,使之小于参照建筑空调和采暖年耗电量之和。参照建筑的体型系数、传热系数及遮阳系数等应符合规定性指标,其中窗墙比>0.4 时,按 0.4 算
公共建筑	1.0	0.7	窗墙比>0.4 时,窗 K≤3.0,遮阳系数≤0.50	K≤3.0,遮阳系数≤0.40	小于参照建筑空调和采暖年耗电量之和(公节 GB 50189—2005 之 4.3.4)

当窗墙比>0.35 时,必须采用高性能的节能外窗。断热铝合金普通中空玻璃 K=3.6~4.2。PVC 塑料或玻璃钢、普通中空玻璃 K=2.7~3.0。断热铝合金低辐射中空玻璃 K=2.3~3.0。空气层 9 mm 厚以上(节技规表 4.10.3/附录 F)

其中"必须满足的指标"的提法显然和过去的提法不一样。节规 5.0.1/节技规 4.12.1 都是说在不能满足要求的情况下再进行综合能耗计算。也就是说,直到 20061128 沪建交(2006)765 号发表为止,允许不满足,然后再节能计算,只要节能计算通过即行。这个期限明确而且重要。沪建交(2006)765 号发表之后则不行,前提条件变了。2007 年审图人员培训资料认为:"节能设计标准中的采暖空调能耗的限值是依据多层住宅的模式得出的,不适合低层住宅和高层住宅。低层住宅由于体型系数的原因很难满足 55.1 kWh/m² 限值要求,而高层住宅也同样由于体型系数的原因,不采取任何措施也能满足限值要求,为了有效达到节能要求,要区别对待低、多、高层住宅。"所以,上海 765 号文要求一定要满足要求后,才能进行权衡判断。

2007 年 6 月 1 日实行 2007 版上海"住宅设计标准",要求住宅建筑的围护结构 K 值应符合上标 6.2.1 的要求。注意,上海"住宅设计标准"版本在沪建交(2006)765 号之后,应以沪建交(2006)765 号为准。

住宅建筑的围护结构的传热系数 K 限值(上标 6.2.1)。

部　位	传热系数 K 限值$[W/(m^2 \cdot K)]$
外墙(平均 km)	$\leqslant 1.5(D \geqslant 3.0)$,$\leqslant 1.0(D \geqslant 2.5)$
屋　面	$\leqslant 1.0(D \geqslant 3.0)$,$\leqslant 0.8(D \geqslant 2.5)$
外　窗	$\leqslant 4.0$
户　门	$\leqslant 3.0$
分户墙	$\leqslant 2.0$
楼　板	$\leqslant 2.0$
底　层	$\leqslant 1.5$

☞ 上海公共建筑节能执行国家"公共建筑节能设计标准"要求。注意其中对地下室墙面和地面的热阻要求。

☞ 细节规定:

① 不宜设置凸窗。如设,凸窗 K 值比常规减小 10%。

② 凸窗的顶侧底板都要保温,保温层厚度≥墙面保温层厚度。

③ 无论开敞阳台或封闭阳台,其室内与阳台间的墙和墙上门窗被当作一般外墙门窗处理。

④ 保温层厚度不得小于节能规程 GD/TJ08(节能规程表 4.2.4/表 4.8.5)规定的最小应用厚度。

⑤ 独立汽车库、自行车库、机电房、能源站及为其服务的 200 m² 的附属设施用房不要求节能设计。

⑥ 附建的上述用房,与主体建筑间的隔墙 K 值按 2.0 算。

⑦ 之后的施工图设计说明应当包括节能专篇。"门窗表"应当明确门窗型材、玻璃的厚度(包括中空)、传热系数、遮阳系数、气密性、水密性和抗风压等。

☞ 门窗传热系数见节技规表 4.10.3。

5.23.3　上海当今节能规定(从 2011 年起)

上海从 2011 年 11 月 1 日起执行"居住建筑节能设计标准"GDJ 08—205—2011。它与沪建交(2006)765 号有很大不同。

深度规定(2000 年版)似有松动。11 上节标和 08 上节标相比较,没有太大原则性变化,只是某些指标数字修改,以及判断条件有所变化,增加了对凸窗的起码要求。

"居住建筑节能设计标准"GDJ 08—205—2011(11 上节标)摘要如下:

☞ 居住建筑范围(11 上节标 2.0.1)。……宿舍、招待所、托幼及疗养院和养老院的客房也包括在内。

☞ 体形系数(11 上节标 4.0.4)。

体形系数限值:

建筑层数	≤3 层	4～11 层	≥12 层
建筑体形系数	≤0.55	≤0.40	≤0.35

☞ 朝向、窗墙比、外窗传热系数、外窗综合遮阳系数(11 上节标 4.0.8)。

☞ 外窗综合遮阳系数(11 上节标 4.0.6)=外窗遮阳系数(11 上节标 4.0.7)×外遮阳系数(11 上节标 4.0.7→附录 E→"公共建筑节能设计标准"附录 A.0.1)。

外窗遮阳系数(11 上节标 4.0.7)=玻璃遮阳系数(上标指南第 375 页)×窗框系数(11 上节标 4.0.7)。

玻璃遮阳系数(上标指南第 375 页)。

玻璃种类	普通玻璃 6.0	双白中空玻璃 6+12A+6	双白中空玻璃(充氩) 6+12A+6	热反射中空玻璃(浅蓝) 6+12A+6	LOW-E 中空玻璃 6+12A+6	LOW-E 中空玻璃(充氩) 6+12A+6
玻璃遮阳系数	0.95	0.83	0.83	0.33	0.69	0.69

窗框系数:

窗框型材	PVC 塑料	木 窗	断热铝合金	铝合金
窗框系数	0.70	0.70	0.75	0.80

注意几个系数不同概念的差别,太容易混淆。外窗综合遮阳系数、外窗遮阳系数、外遮阳系数容易混淆。

☞ 遮阳类型(11 上节标 4.0.8):垂直式适合东西向,水平式适合南向。

☞ 不同材料遮阳修正系数(11 上节标 4.0.9)。

☞ 天窗(11 上节标 4.0.11):K≤3.2,遮阳系数≤0.50,面积≤4%的屋顶面积。

☞ 居室通风面积(11 上节标 4.0.10):1/15(≤6 层),1/20(≥7 层)。

☞ 气密性(08 上节标 4.0.12,GB/T7106 标准):1～6 层,≥3 级。≥7 层,≥4 级。

☞ 围护结构 K 值全面提高(11 上节标 4.0.13)。表中 K_m 为外墙平均传热系数,计算方法见附录 A。

围护结构部位		K 值		权衡判断的前提条件 (11 上节标 5.0.2)
		轻钢、木及轻质结构	普通结构,指各种 RC 框架、剪力墙、砌体结构(包括加气混凝土)	
3层以上	屋 面	≤0.7	≤0.8	≤0.8
	外 墙	K_m≤1.0	K_m≤1.2	≤1.2/1.5(→11 上节标 5.0.2.1)
	架空或外挑楼板	≤1.2		
	分户墙	≤2.0		
	户 门	≤2.5/≤2.0		
	外 窗	按表 4.0.5 规定		窗墙比>0.35 时,外窗 K≤3.2

（续表）

围护结构部位		K 值		权衡判断的前提条件 （11 上节标 5.0.2）
		轻钢、木及轻质结构	普通结构，指各种 RC 框架、剪力墙、砌体结构（包括加气混凝土）	
3 层及以下	屋 面	≤0.5	≤0.6	≤0.6
	外 墙	$K_m≤0.8$	$K_m≤1.0$	≤0.8
	架空或外挑楼板	≤1.1		
	分户墙	≤2.0		
	户 门	≤2.5		
	外 窗	按表 4.0.5 规定		当体型系数＞0.55 时，外窗 $K≤$ 3.2。 凸窗的不透明板传热系数≤2.0，凸窗的传热系数≤2.8

☞ 凸窗（11 上节标 4.0.14）。凸窗 K 比 08 上节标 4.0.5-2 表减 10％且不大于 2.8，凸窗的不透明板传热系数≤2.0，凸窗的传热系数≤2.8。

☞ 阳台（11 上节标 4.0.15）。无论封闭或开敞，其室内与阳台之间的墙和门窗，视同一般外墙和外门窗。

☞ 热反射涂料（11 上节标 4.0.16→附录 A.0.1）。

☞ 绿化屋面（11 上节标 4.0.17）。

☞ 权衡判断的前提条件（11 上节标 5.0.2）。

① 外墙传热系数 ≤1.2，当此条件不能满足时，则应提高外窗热工性能，即外窗的传热系数在现定指标上减小 10％，但外墙平均传热系数也不得＞1.5。

② 屋面传热系数≤0.8。

③ 窗墙比＞0.35 时，外窗传热系数≤3.2。

④ 低层建筑时，体形系数不能满足标准时，应满足下列要求：外墙传热系数≤0.8，屋顶传热系数≤0.6，外窗传热系数≤3.2。

⑤ 凸窗的不透明板传热系数≤2.0，凸窗的传热系数≤2.8。

☞ 权衡判断方法——比较法（11 上节标 5.0.1/上标指南第 377 页）。即设计建筑物的全年空调用电量≤参照建筑物的全年空调用电量。

☞ 关于建筑物的综合建筑节能指标（11 上节标 5.0.4）应该强调三点。一是方法——运用"动态法"。所谓"动态法"，就是依据过去的历史情况对建筑物的外部气象条件和内部设备使用情况进行全面的、每天的计算，得出总的用电量。这个作业由电脑来完成。二是这个总的用电量就是建筑物的综合建筑节能指标。不过，要对设计建筑物和参照建筑物分别计算。第三，把这两者进行比较，这个过程就叫权衡判断。要使设计建筑物的综合建筑节能指标小于参照建筑物的综合建筑节能指标，才算成立。除上述三点外，当然还要注意权衡判断也是有先决条件的（11 上节标 5.0.2），并不是无条件的。

☞ 08 上节标与 765 号文相比较：

① 节能目标由 50％上至 65％，因此各样指标全面提高。

② 765 号文不允许指标突破，新的上节标允许指标有条件地突破 08 上节标 5.0.1.4。

③ 对遮阳及其相关计算方法有较多的阐述。

④ 前上节标其实是胎死腹中，新的上节标代替 765 号文，但又不能完全代替，因为 765 号文中有

些内容它没有写进去,比如一些面积<200 m²的小房子要不要进行节能计算,这是一个很现实的问题。

⑤ 765 号文哪些该保留?765 号文规定上海公建实行国家"公共建筑节能设计标准"要求。而当时国家"公共建筑节能设计标准"要求节能 50%,现在上海公建是否也要水涨船高?其实还要看这些原则是否落实到电子软件。

☞ 关于参照建筑的构建规则。当设计建筑的体形系数、窗墙比、围护结构 K 值等超标时,应当分别对参照建筑进行修正(11 上节标 5.0.1/2/3)。但 11 上节标 5.0.1.1 和 08 上节标 5.0.1/2/3 的表达一样欠通俗明白。至少笔者没有看懂。倒是《夏热冬冷地区建筑节能设计标准》JGJ 134—2010 的 5.0.4 及其说明说得比较明白。比如,根据设计建筑物而来的原始的参照建筑物,它的体形系数超标的话,就要修改,即乘以一个系数。这个系数,就是合乎规定的体形系数的最大允许值,也就是说在理论上把原始的参照建筑物的表面分成两个部分,一部分是传热面积,另一部分是绝热面积。其中传热面积的大小等于建筑物的表面积乘以体形系数,总的表面积减去传热面积之后的就是绝热面积。当然了,这些过程都由电脑自动运算,甚至体形系数也不必人工填写,一般人上机将表做完了也不知道是怎么回事。其实真要弄懂是非常不容易的。因此,笔者认为这种节能计算在进行了好几年之后,大可不必再继续下去了,太浪费人力与纸张了。

☞ 11 上节标和 08 上节标相比较,没有太大原则性变化,只是某些指标数字修改,以及判断条件有所变化,增加了对凸窗的起码要求。

5.23.4A 江苏当今节能规定(从 2009 年起)

江苏居住建筑节能设计:

☞ 依据:DGJ 32/J71—2008(08 苏节标),2009 - 03 - 01 实施。

☞ 本版标准特点:将节能分为 50% 和 65% 两种情况,供选择。性能设计,无论低层高层还是多层,都用限值法[限制耗电量(08 苏节标 3.0.2/3.0.1)](08 苏节标 6.0.6)。

☞ 徐州和连云港属寒冷区,其余地方属冬冷夏热区(08 苏节标 2.1.1.7)。

☞ 规定性指标:

① 体型系数(08 苏节标 5.1.1/附录 C.0.2)。

② 屋面 R(08 苏节标 5.2.1)。

③ 墙体 R(08 苏节标 5.3.1)。

④ 外窗 K 值。分≥6 层和≤5 层两种情况(08 苏节标 5.4.1.1/5.4.1.2)。

A. 东西外墙遮阳系数,当无外遮阳时,取消玻璃遮阳系数。有外墙遮时,取玻璃的遮阳系数×外遮阳系数。南向外遮阳系数,不应计算玻璃的遮阳系数,仅仅计算外遮阳系数(08 苏节标 5.4.1 注 2)。

B. 南向窗不提倡使用 LOW - E 玻璃,以避免对冬日阳光的遮挡。其他方向的窗可以选用 LOW - E 玻璃(08 苏节标 5.4.1 说明)。

C. LOW - E 玻璃的 K 值可以小到 1.7～1.8(住宅指南第 378 页),但也可能片面利用它的 K 值,把它放在南向窗,并不合适。

D. 凸窗面积按洞口面积计算(08 苏节标 5.4.1 注 3)。

⑤ 外门窗气密性(08 苏节标 5.4.4):

气 候 区	1～6 层	≥7 层
冬冷夏热区	不低于 3 级(GB 7107—2002)	不低于 4 级
寒 冷 区	不低于 4 级	

☞ 性能性指标设计：

① 优先使用规定性指标法进行设计(08 苏节标 6.0.1)。

② 前提条件——屋面 R 值，绝对不可突破(08 苏节标 6.0.2.3)。

③ 体型系数、墙体 R、外窗 K 值、窗墙比、遮阳系数都可个别但不可同时地超标(08 苏节标 6.0.2)。

④ 只用限值法[限制耗电量(08 苏节标 6.0.6→3.0.2)]，而且不分低层、高层还是多层(08 苏节标 3.0.2)。不同于上海低层、高层的用对比法，多层用限值法。

☞ D 值(住宅指南第 372,373 页)：江苏规范中提到 D 值，但无详细资料，因此摘录上海住宅指南第 372,373 页以作补充。

① $D=RS$。

② D 值大，结构的热稳定性好，其夏天的隔热性能也好。

③ 在满足 R 的前提下，选择密度较大的材料对隔热是有利的。

④ D 值较小的外墙和屋面，要求更小的 K 值，也就是增加 R 值。复合墙体，无论各层的 K 值和 D 值都相同，内外按不同层次组合，其夏天墙体内表面温度有很大不同。以外保温的安排为佳。

5.23.4B　江苏历史情况

☞ 江苏有类似上海 765 号文的"江苏省民用建筑工程施工图设计文件(节能专篇)编制深度"(2008 年版)，要求选用省建筑行政主管部门论证的计算软件。其中第 7 条为重点：当① 屋面传热系数不达标；或② 窗和外墙的传热系数同时不达标；或③ 窗遮阳和传热系数不达标即不得进行性能性指标设计。

5.23.5　全国当今最新规定(2010 年起)

2010 年 8 月 1 日实行新的《夏热冬冷地区建筑节能设计标准》JGJ 134—2010(10 夏冬标)。其要点如下：

☞ 本版标准特点：只是提高具体的参数，不提如 65% 这类百分比。

☞ 体型系数(10 夏冬标 4.0.3)。体型系数由条点状，改为层数来确定。

☞ 围护结构 K/D 允许值(10 夏冬标 4.0.4)。K/D 变化不大。

☞ 综合判断(10 夏冬标 5.0.3)：使用对比法，把设计建筑与参照建筑作对比，设计建筑的年采暖和空调耗电量之和小于或等于参照建筑的年采暖和空调耗电量之和，就算通过。如果大了，进行调整，直至符合要求为止。

☞ 外门窗是薄弱环节，新标准明确规定了窗墙比限值(10 夏冬标 4.0.5)，还引入了外窗综合遮阳系数这一概念，同时与 $K_{外窗}$ 三个因素一起考虑。

☞ 综合判断的细节问题

① 体型系数超标的处理(10 夏冬标 5.0.4.2)。

② 某一部分开窗面积大于规定(10 夏冬标 5.0.4.3)。

☞ 综合判断的通过条件(10 夏冬标 5.0.3)，设计建筑的采暖空调用电量＜参照建筑的采暖空调用电量。没有前提条件，同上海不一样。上海有前提条件(08 上海节标 5.0.1.4)。

5.23.6　节能牵涉的相关概念

☞ 遮阳系数(公节附录 A)。

☞ 门窗气密性(上节规 4.10.5/技措 10.9.6/10.9.1.3 外窗气密性能分级及检测方法 GB/

T 7107—2002）：冬季风速≥3.0 m/s 地区［上海为 3.1 m/s，另一说法为 3.3 m/s（住宅指南）］，多层 3 级，高层 4 级。冬季风速＜3.0 m/s 的地区，多层 2 级，高层 3 级［GB/T 7107—2002 与 GB 7107 分级概念不一样。按节能要求，按 GB 7107 分级方法 1～6 层Ⅲ级，7 层及 7 层以上Ⅱ级（上节规 4.10.5）］。

☞ 门窗水密性（技措 10.9.7/10.9.1.2 外窗水密性能分级检测方法 GB/T 7108—2002）：大风多雨地区不应低于 3 级。

☞ 玻璃厚度：由各地风荷载标准值（kN/m²）查玻规附录 A 表 0.1-5。下列表可供日常工作参考。

☞ 抗风压（玻规 4.1.1/技措 10.2.1←建筑结构荷载规范 GB 50009—2001 之 7.1.1）。

地面粗糙度	高度(m)	上海 0.55	昆山 0.4	南京 0.4	沈阳 0.55	开封 0.45
市区 B 类	10	1.958				
	30	2.562				
	50	2.902				
	100	3.471				
郊区 A 类	10	2.474				
	30	3.049				
	50	3.372				
	100	3.854				
市区 C 类	10	1.709	1.243	1.243	1.709	1.398
	30	2.013	1.464	1.464	2.013	1.647
	50	2.379	1.730	1.730	2.379	1.946
	100	2.992	2.176	2.176	2.992	2.448
郊区 B 类	10	1.958	1.424	1.424	1.958	1.602
	30	2.562	1.863	1.863	2.562	2.096
	50	2.902	2.111	2.111	2.902	2.374
	100	3.471	2.524	2.524	3.471	2.840

注：1. 参照建筑结构荷载规范 GB 50009—2001 中 7.1.1 和 7.1.2 条及其他参数选取规定制作此表。地面粗糙度按此时规范 7.2.1 确定。A 类，海岛及近海岸；B 类，房屋比较稀疏的乡村和市郊；C 类，建筑物高而密的市区。

2. 体形系数按 2 考虑。

3. 高层建筑、高耸结构及对风荷载敏感的其他结构，风荷载标准适当提高（10%）。

4. 本表所示风荷载指一定高度建筑最高处维护结构受到的风荷载。

5. 本表仅仅提供一个概念，比如选择某地多少层高楼的楼房窗户玻璃厚度。到了写施工说明的时候，具体的结构风荷载标准值完全有可能向结构专业设计者了解之后填写。然后把它纳入技措建筑篇 10.2.1 的抗风压性分级。

5.23.7 住宅外墙保温

5.23.7.1 历史演变情况

提示：非节能住宅所有外墙传热系数≤2.0 W/(m²·K)，屋面≤1.0（上住标 6.2.1 说明）。这一要求在 2001 年现行"住宅设计标准"实行之前只限于卧室、起居室的东、西、北外墙。

2001 年之后，对所有外墙多都有此要求。2004 年 4 月则对外环以内的新建住宅、新建设置空调系统的办公楼旅馆商场实行节能要求。节能住宅外墙 K≤1.5，屋面 K≤1.0，节能办公楼旅馆商场外墙 K≤1.0，屋面 K≤0.8（上公节标 3.0.4）。

至 2005 年 4 月 15 日又见沪建建（2005）212 号文要求。2005 年 5 月 15 日起全市新建住宅，新建政府办公楼用房、旅馆商场办公楼和由它们所组成的综合楼，按照国家和本市现行节能标准设计和建造,从2005年7月1日起执行建设部"公共建筑节能设计标准",要求一再重复而且不一致。2006年6月1日又以沪建按质监(2006)第068号发布"上海市施工图设计文件建筑节能审查点"(试行)。不到半年,2006年11月28日又再发出沪建交(2006)765号"上海市建筑和交通委员会关于进一步加强本市民用建筑节能设计管理的通知"。

☞ 参考:保温措施:30 mm厚膨胀珍珠岩保温砂浆粉刷(中建社—建筑节能第241页)1:1:6=水泥:石灰膏:膨胀珍珠岩灰浆。

☞ 参考:HT-800粉刷15~20 mm厚于外围结构内侧。

☞ 上标6.2.1:节能住宅外墙传热系数≤1.5 W/(m²·K),屋面≤1.0。

☞ 图集:外墙外保温建筑结构(一)02J121-1(本图集的保温厚度比上海节技规要求的厚得多)。聚苯乙烯泡沫塑料薄抹灰外墙外保温02J121-1/A3,干挂花岗石外墙外保温02J121-1/H7,面砖外墙外保温02J121-1/B、D、E。

5.23.7.2 具体做法

(1) HJHA建筑围护结构保温构造参见2003沪J/T-117。

☞ 外墙外保温构造举例:由外至内,面层涂料(+罩面涂料)、抹面胶浆+耐碱玻璃网布、膨胀挤塑板(EPS)、黏结胶浆、墙面基层(上节规表4.2.3/02J121-1/A3)。

☞ 聚苯板外墙外保温系统的防火性能最差,胶粉聚苯颗粒及岩棉外墙外保温系统的防火性能大大优于聚苯板外墙外保温系统(外墙外保温系统火反应性试验及防火设计)。建议做胶粉聚苯颗粒隔离带。

☞ 外墙外保温系统的防火隔离带:泡沫玻璃保温板隔离带,900 mm高,外墙外保温设置防火隔离带的间距要求,比如每三层设一条[民用建筑围护结构节能工程施工工法(一)第90页]/[公通字(2009)46号20090928/建规合稿附录D]。

(2) 具体做法

☞ 外保温面砖做法可选用单面钢丝网聚苯板整浇系统(住宅设计标准应用指南第344,349,350页)。

☞ 采用钢丝网聚苯板做保温层者……表面抹水泥砂浆,低层建筑可用面砖饰面(技措4.6.4.2)。就是说,光耐碱玻璃网布是不足以支持面砖饰面的,更不要说耐碱玻璃网布规格怎样。要贴面砖,就要采用钢丝网聚苯板作保温。

☞ 外保温不宜采用面砖。饰面砖要采用轻质功能性面砖,不大于20.0 kg/m²,单块面积不大于0.01 m²,吸水率不大于6%。立面设分格缝12.0(H)m×6.0(W)m[沪建安质监(2007)020号-上海民用建筑外墙保温工程应用导则3.8]。

☞ 胶粉聚苯颗粒,在保温层不厚的情况下,施工较为方便,对于立面外形多变的墙面适宜。饰面层可为涂料、面砖或干挂石材(住宅设计标准应用指南第342页)。

☞ 胶粉聚苯颗粒保温层当厚度>40 mm,同时高度>30 m时,保温层做法应为加强型,即保温层中压入一层钢丝网片。

☞ 蒸压轻质砂加气混凝土块和板材建筑构造06CJ05:加气混凝土砌块(AAC)外墙面可为① 面砖墙面;② 小型石材墙面(石材尺寸≤300 mm×300 mm×20 mm,且仅适用于8.0 m以下);③ 干挂石板或金属板墙面。

☞ 外墙外保温建筑构造(一)02J121-1/总说明4.2:面砖墙面,可选用胶粉聚苯颗粒(B型)腹丝穿透型钢丝网架聚苯板保温层(D型)、腹丝非穿透型钢丝网架聚苯板保温层(E型)。高层建筑贴面砖,面砖重量≤20 kg/m²,且面积≤10 000 mm²/块。

☞ 外墙外保温聚苯乙烯泡沫塑料的线脚节点,外伸至多400 mm。当>200/250 mm时,应用锚栓或内置角钢支架。例见：① 外墙外保温建筑结构(一)02J121-1 之 A15；② 外墙外保温建筑结构(二)99J121-2 之第 31 页。

花岗石湿挂例见住宅建筑构造 03J930-1 之第 329—341 页，但均为 1：2.5 水泥砂浆灌浆。笔者认为可用胶粉聚苯颗粒(加强型)代替，见外墙外保温建筑结构(一)02J121-1 之 B1，参考贴面砖的做法，以适应保温要求。

☞ 沪规发(2005)1180 号(2005-12-12)：外墙外保温系统的建筑面积应计入建筑工程面积，但该部分建筑面积不纳入计算容积率和建筑间距、建筑退界时应符合"上规"规定。

☞ 保温、吸声材料：不应在室内采用脲醛树脂泡沫塑料作为保温、吸声材料(污规 4.3.16)。

5.24 地下室防水

地下室防水参见《地下工程防水技术规范》(GB 50108—2008)(下水规)。

☞ 地下建筑防水等级，依重要程度由高到低分四级。下水规 3.2.1/地下建筑防水涂膜工程技术规程 DB/TJ 08-204—1996 的 3.0.2：一般地下建筑，如地下汽车库、自行车库、一般生产车间，二级；重要建筑，如公建商场、比较重要的车间，特别重要建筑，如地下变电所、地下档案室和防水要求特别高的地下建筑物，一级(下水规 3.2.2 说明)。地下防空室不应低于二级(人民防空地下室设计规范 3.8.2)。

☞ 地下建筑防水等级见技措 3.2.4.2。

☞ 各种防水卷材、涂料适用范围见技措附录 4。

5.24.1 不同防水等级应采取不同措施

明挖法地下防水工程设防(下水规 3.3.1-1)：

防水措施		主 体 结 构								施 工 缝						后 浇 带				变形缝、诱导缝					
防水等级		防水混凝土	防水卷材	防水涂料	塑料防水板	膨润土防水材料	防水砂浆	金属板	遇水膨胀止水条	外贴式止水带	中埋式止水带	外抹防水砂浆	外涂防水涂料	水泥基渗透结晶型防水涂料	预埋注浆管	补偿收缩混凝土	外贴式止水带	预埋注浆管	遇水膨胀止水条	防水密封材料	中埋式止水带	外贴式止水带	可卸式止水带	防水嵌缝材料	外贴防水卷材	外涂防水涂料
	一级	应选 1~2 种							应选 2 种							应选 2 种					应选 2 种					
	二级	应选 1 种							应选 1~2 种							应选 1~2 种					应选 1~2 种					
	三级	宜选 1 种							宜选 1~2 种							宜选 1~2 种					宜选 1~2 种					
	四级								宜选 1 种							宜选 1 种					宜选 1 种					

5.24.2 防水混凝土

防水混凝土的设计抗渗等级(下水规 4.1.4)：

工程埋置深度(m)	设计抗渗等级
<10	P6
10~20	P8
20~30	P10
≥30	P12

5.24.3 卷材防水

☞ 清华构造课本 1999：高分子卷材(属高档卷材)，三元乙丙、氯磺化聚乙烯-橡胶共混等，可单层冷施工。

☞ 清华构造课本 1999：改性沥青卷材(属中档卷材)，SBS 弹性沥青卷材宜用于北方，APP 塑性沥青卷材宜用于南方，常为多层热施工。

☞ 协 97J101 第 29 页：地下室用防水水泥砂浆，由于手工操作，砂浆干缩性大，不宜用在＞300 m² 的地下室。

☞ 施工方法(科顺防水系统建筑构造[2007]沪 J/T-215)：

① 外防外贴：外防外贴法是先在垫层上铺贴底层卷材，四周留出接头，待底板混凝土和立面混凝土做完，将卷材防水层直接贴在防水结构的外表面。

② 外防内贴：外防内贴法是先在垫层上铺贴底层卷材，而立面部位先做永久性围护墙，找平，再将卷材防水层贴在永久性围护墙内侧，再浇筑防水结构墙。这就是所谓逆筑法。

5.24.4 卷材品种和不同品种卷材厚度(下水规 4.3.5/6)

卷材品种	高聚物改性沥青防水卷材			合成高分子卷材			
	弹性体改性沥青卷材/改性沥青聚乙烯胎防水卷材	自粘聚合物改性沥青防水卷材		三元乙丙橡胶防水卷材	聚氯乙烯防水卷材	聚乙烯丙纶复合防水卷材	高分子自粘胶膜防水卷材
		聚酯毡胎体	无胎体				
单层厚度(mm)	≥4	≥3	≥1.5	≥1.5	≥1.5	卷材≥0.9 黏结料≥1.3 芯材厚度≥0.6	≥1.2
双层厚度(mm)	≥(4+3)	≥(3+3)	≥(1.5+1.5)	≥(1.2+1.2)	≥(1.2+1.2)	卷材≥(0.7+0.7) 黏结料≥(1.3+1.3) 芯材厚度≥0.5	

5.24.5 潮湿基层

☞ 下水规 4.4.3.1：潮湿基层上宜选用与潮湿基层面黏结力大的无机涂料或有机涂料，或先无机涂料后有机涂料。

☞ 上海建筑防水公司浦东材料厂 YN-地下防水涂料能在潮湿基层上使用。

☞ 涂膜防水对立墙面在最后一层涂膜未干之前撒一层碎石屑，固结后抹 1：2 水泥砂浆 20 mm 厚(96SJ301)。

☞ 地下建筑防水涂膜工程技术规程 3.0.1：地下建筑一般用防水 S6(=B6=0.6 mPA)或 S8(=B8=0.8 mPA)抗渗混凝土加防水涂膜，最为可行的是内防水，即顶面板、内墙面作涂膜防水。

☞ 内防水做法(地下建筑防水涂膜工程技术规程 3.0.2):Ⅰ级防水,埋深 8.0～12.0 m,多于 4 度,≥2.5 mm 厚;Ⅱ级防水,埋深 4.0～8.0 m,4 度,≥2.0 mm 厚;Ⅲ级防水,埋深≤4.0 m,3 度,1.5 mm 厚。

☞ Ⅲ级地下防水,可用 JCTA-690Ⅱ型聚合物水泥防水涂料 1.5 mm 厚。底板内防水上另加细石混凝土保护层(上海曹杨建筑黏合剂厂 JCTA-690《聚合物水泥涂料应用技术规程》3.3.7)。

☞ 构造层次(地下建筑防水涂膜工程技术规程 3.0.1.2):水平面为保护层、涂膜、找平层、结构层;垂直面为保护层、涂膜、结构层。

☞ 找平层做法(地下建筑防水涂膜工程技术规程 3.0.3):20 mm 厚 1:2.5 水泥砂浆。

☞ 保护层做法(地下建筑防水涂膜工程技术规程 3.0.4):在涂膜上面铺一粗网格(2×2)麻布,而后在上面做 10 mm 厚 1:2.5 水泥砂浆,即成保护层。[笔者认为:这保护层的做法应视上层植被情况而定,如种树,做 40 mm 厚细石混凝土为宜。还有更为高档的带铜离子的卷材(德国产品),可以抗拒植物根系的破坏。]

5.24.6 涂料防水

☞ 下水规 4.2.2:无机涂料防水宜用结构主体的背水面,有机涂料防水宜用结构主体的迎水面。

☞ 下水规 4.4.6:水泥基防水涂料的厚度宜为 1.5～2.0 mm;水泥基渗透结晶型防水涂料的厚度不应小于 0.8 mm;有机涂料防水根据材料的性能,厚度宜为 1.2～2.0 mm。

☞ 无机涂料包括水泥基防水涂料、水泥基渗透结晶型防水涂料。有机涂料包括水泥反应型、水乳型、聚合物水泥防水涂料(02J301 第 8 页)。无机涂料可直接在处理好的基层上施工。(话虽那么说,至今为止,并没有无机涂料直接在基层上施工的现成详图节点。)

5.24.7 地下室顶板种植/排水(2008 下水规 4.8)

☞ 地下室种植顶板排水,结构起坡,坡度 1‰～2‰(2008 下水规 4.8.3.1/2009 技措 3.2.11)。(对于大面积的地下车库顶板,可能过大,所以“施工图说明”样本已改为 0.3%～0.5%。但是,并没有权威的说法,到时同结构、施工专业商量。)

☞ 地下室顶板种植,若低于周边土体,宜设置蓄排水层。在少雨地区,地下室顶板的种植土宜与>1/2 周边的自然土体相连。在多雨地区,顶板种植应避免低于周边土体(2008 下水规 4.8.7)。

☞ 种植土中的积水宜通过盲沟排至周边土体或建筑排水系统(2008 下水规 4.8.8)。

☞ 不得跨伸缩缝种植(2008 下水规 4.8.15)。

☞ 种植顶板的泛水部位应为 R.C.,高出种植土 250 mm 以上(2008 下水规 4.8.16)。

☞ 泛水部位、水落口或穿顶板管道四周设置 200～300 mm 宽的卵石隔离带(2008 下水规 4.8.17)。

☞ 地下室顶板局部为车道或硬铺地时应设置隔热层,以避免温度变化影响,也防止产生冷凝水(2008 下水规 4.8.6)。硬铺地与隔热层之间应设隔离层。硬铺地应是路面和保温上人屋面的结合,可用 120 mm、180 mm 或 220 mm(5 t 小卧车、8 t 卡车或 13 t 大客车)的 C25 混凝土面层,20 mm 厚粗砂垫层,20 mm 厚 1:2.5 水泥砂浆找平层,保温层,防水层,20 mm 厚 1:3 水泥砂浆找平层,R.C.基层(施工说明苏 J9501 第 93 页的 1)。硬铺地混凝土面层也许可以减小。

☞ 地下室顶板找坡材料:陶粒混凝土,质量好但价格高(2008 下水规)。

5.24.8 图集及节点

国家标准《地下建筑防水构造》(02J301),地方标准《地下工程防水》(协 97J101)变形缝 1/10,2/10,涂膜内防水(协 97J101 第 41 页的 1),《建筑夹层塑料板防排水构造》(2002 沪 J/T-301)。相比较而言,02J301 比较全面,从防水等级到做法和节点,都有涉及。另外,住宅建筑构造上 03J930-1 是综合性图集,也有地下室防水构造。

☞ 设计过程:① 根据使用性质确定防水等级;② 由埋深选择基层混凝土的抗渗等级;③ 由防水等级选择合适类别的防水材料及相应的厚度(技措附录5.5);④ 结合前三项的要求到相关图集选择合适的节点。比如02J301,它的节点往往是顶板、侧墙、底板三个成一组,选择时要注意。

☞ 涂料+防水混凝土即可达到Ⅱ,Ⅲ级。无机涂料宜用于背水面,有机涂料宜用于迎水面。为施工方便,宜选择无机涂料。无机涂料有水泥基防水涂料(Ⅱ级2.0 mm厚、Ⅲ级1.5 mm或>1.0 mm厚)、水泥渗透结晶型涂料(>0.8 kg/m²)。无机涂料可直接在处理好的基础上施工,且不要保护层(技措附录4.3)。

☞ 使用水泥渗透结晶型涂料防水,Ⅰ级防水可选02J301第8,9页的16,17,18节点;Ⅱ级防水可选02J301第11,12页的40,41,42节点;Ⅲ级防水可选02J301第13页的49,50,51节点。但是,这些节点对无机涂料仍设保护层,仍把它设在迎水面。照图集说明,可以不设保护层,可以设在背水面,以简化施工。所以,这些节点仍有商榷之处。因此,使用无机涂料设不设保护层,把它设在迎水面或背水面,可由施工单位根据工地条件、他们的施工经验和习惯加以确定。

5.25 人防

5.25.1 国家指标

☞ 人防委字[1984]9号/国规附表a.0.3-50:人防面积指标,在一、二类人防重点城市中,凡高层建筑下设满堂人防(即100%),其他建筑的地面建筑面积2%,最后指标由甲方拿方案或扩初至区人防办确定。上海人防办沪建施[85]1000号:两者之和可以按住宅总面积的3%计算。

5.25.2 上海指标

☞ 上海市人民防空办公室沪建施[85]第1000号:民防地下室面积为居住区总建筑面积的2%,加上10层(含10层)以上高层建筑满堂地下室面积,两者之和可平均按住宅总面积3%计算。

5.25.3 其他

☞ 高层(≥10层)和基础埋深>3.0 m的多层建筑,按照首层面积配建;基础埋深<3.0 m的多层建筑按地上总建筑的2%配(沪民防[2005]166号)。设计人防建筑面积不得小于初步设计阶段审批意见单中的批准面积。

5.25.4 人防分级分类

☞ 甲类——抗核爆(防规1.0.4),如核5级、核6级(防规1.0.2),应满足剂量限值要求(防规3.1.10)。

☞ 乙类——抗常规武器(防规1.0.4),如常5级、常6级。

☞ 接纳人员分类(防规2.1.8),分一等、二等。一等——接纳政府机关及保障单位;二等——接纳一般百姓。

5.25.4.1 防护区面积控制(防规3.2.6.1)

☞ 人员掩体防护单元≤2 000 m²(防规3.2.6.1),抗爆单元≤500 m²(防规3.2.6.1)。配套工程(物资库、汽车库)防护单元≤4 000 m²(防规3.2.6.1),配套工程(物资库、汽车库)抗爆单元≤2 000 m²(防规3.2.6.1)。10层以上(含10层)高层建筑的地下人防或多层建筑的地下复式人防的下层可不划分防护单元和抗爆单元(防规3.2.6)。人防工程中有伸缩缝,要作处理(防规3.2.11)。

☞ 地下室埋深<10 m,2层时用封闭楼梯,其门则为FM乙或FM甲(下规5.2.1/5.2.2)。

☞ 地下室埋深＞10 m 时为防烟楼梯间，楼梯间及其前室的门为 FM 甲（下规 5.2.1/5.2.3）。

5.25.4.2 掩蔽面积

☞ 防规 3.2.1.2/2.1.46：掩蔽面积 1 m²/人。

5.25.5 人防间距

☞ 防规 3.1.3：离易燃易爆厂房、库房≥50 m，离有害液体、重毒气体≥100 m。

5.25.6 人防出入口

5.25.6.1 人防出入口数目

☞ 防规 3.3.1：每防护单元至少 2 个（竖井和连通口不计），其中至少 1 个为室外出入口。可以有条件地不设室外出入口（防规 3.3.2），物资库可以利用汽车坡道旁的密闭门作为室外出入口。

☞ 对于竖井是否作为备用出入口（防规 3.3.19），还仅仅是通风井，由设计人员设定。由于没有明确规定，不便操作。作为备用出入口，则要满足外通道长度≥5.0 m。竖井式出入口防密门门扇的外表面不得凸出竖井内表面（07FJ02 的第 7 页）。

☞ 各类室外人防出入口的定义和图介（防规图示 2.1.30－34）。

5.25.6.2 允许共用室外出入口的三种情况

☞ 防规 3.3.1：① 两侧都为人员掩体；② 一侧为人员掩体，另一侧为物资库；③ 两侧都为物资库，且面积之和≤6 000 m²。

5.25.6.3 可以不设室外出入口的几种情况（防规 3.3.2）

1）乙类

（1）隔壁有合格的室外出入口可以借用（防规 3.3.2.1.1）。被借用者的抗力级别应与本身的抗力级别相等或更高。

（2）本身有室内出入口可以代用（前提条件是上部建筑是 R.C.结构或钢结构）。通常碰到的 R.C.框架结构和框剪结构，都有填充墙。填充墙是倒塌的根本因素。所以，碰到框架结构和框剪结构要明白它们不是完完全全的 R.C.结构，仍要考虑倒塌的问题。

☞ 楼梯间靠外墙，且梯端离室外≤5.0 m（防规 3.3.2.1.2.1）。

☞ 主次出入口相距≥15.0 m（防规 3.3.2.1.2.2）。

2）甲类（核 6 级、核 6B 级）

（1）隔壁有合格的室外出入口可以借用（防规 3.3.2.2.1）。借用的条件，笔者认为只可以一次邻居关系，邻居的邻居的合格室外出入口不在借用范围内。

（2）本身有室内出入口可以代用（条件是上部建筑是 R.C.结构或钢结构）。

☞ 楼梯间靠外墙，且梯端离室外≤2.0 m（防规 3.3.2.2.1）。

☞ 楼梯间靠外墙，梯段外有与主体结构脱开的防倒塌棚架（防规 3.3.2.2.2）。

☞ 首层楼梯间外墙出入口上有防倒塌 1 000 mm 宽雨篷（外墙为 R.C.剪力墙可不设）（防规 3.3.2.2.3）。

☞ 主次出入口相距≥15.0 m（防规 3.3.2.2.4）。

注意：凡代用情况必须几项条件同时满足（防规 3.3.2.1.2/3.3.2.2.2）。

5.25.6.4 甲类室外出入口的特殊要求

☞ 在倒塌范围之外。因级别不同、上部建筑类型不同，要求防倒塌距离不一样（防规表 3.3.3）。对于乙类，或即使甲类都要考虑。而非主要室外出入口，仅仅是次要出入口，则不要考虑倒塌范围（防规图示 3.3.3）。

☞ 不能满足时的处理办法(防规3.3.4),做防倒塌棚架。

☞ 平面布置要求拐弯(乙类不宜直通式,甲类不应直通式)(防规3.3.10)。

☞ 所有甲、乙类所有类型室外出入口,即只要在上部建筑投影范围之外的,无论什么类型,无论室内有无人员停留(防规图示第71页),防护密闭门外通道长度≥5.0 m。即只要在上部建筑范围以内,无论什么类型的出入口,都要满足。室内出入口,在特殊情况下,也应满足≥5.0 m这一要求,见图集07FJ01表4.1。

☞ 甲类(核6级除外)防护密闭门外通道宽度≥2.0 m者要修正(防规3.3.10.1/2)。要修正者只指核4级、核4B级、核5级,而通常的核6级不必修正。防规3.3.10/12/14叙说欠通达明确。

☞ 甲类内通道长度因海拔、剂量限值、防护门类别不同而不同(防规3.3.12/14)。

5.25.7 出入口宽度和通道长度

5.25.7.1 室外出入口的宽度、内通道长度和拐弯

☞ 宽度:0.3 m/100人(防规3.3.8)。每樘门的通过人数不应超过700人(防规3.3.8),这对复式人防的下层出入口就是一个限制,可能因此而要增加出入口的个数,出入口一套的配套房间增加,有效使用面积随之减少。内通道长度和拐弯:对于乙类和甲类核5级、核6级、核6B级的独立式室外出入口不宜采用直通式(防规3.3.10)。独立式室外出入口的外通道长度(防规3.3.10)不得小于5.0 m(防规3.3.10)。

☞ 战时出入口总宽度(不包括竖井及连通口):0.30 m/100人(防规3.3.8)。最小净宽:门洞0.8 m,通道1.5 m,梯宽1.0 m。踏步0.18 m×0.25 m(防规3.3.9)。

5.25.7.2 外、内通道长度与通道型式关系表

☞ 提示:附壁式外、内通道长度见防规3.3.12。独立式外、内通道长度见防规3.3.10/14。图集07FJ01有综合表4.1可查。

			甲 类					乙 类	
			4	4B	5	6	6B	5	6
外通道	独立式	直通式	不应	不应	不宜 ≥5.0(防规表3.3.10.1),宽度>2 m者修正	不宜 ≥5.0	不宜 ≥5.0	不宜 ≥5.0	不宜 ≥5.0
		有90°拐弯的	≥5.0(防规表3.3.10.2)			≥5.0	≥5.0	≥5.0	≥5.0
	附壁式(表3.3.12)		≥5.0	≥5.0	≥5.0	≥5.0	≥5.0	≥5.0	≥5.0
内通道	独立式	直通式	不宜	不宜	不宜	不宜	可	可	可
		有90°拐弯的	6(防规表3.3.14),防规图示第77页有图示 7,包括核6级带钢结构人防门者				8,按需要而定(防规3.3.14←3.3.21/22) 9,包括核6级带R.C.人防门者		
	附壁式		防规表3.3.12				按需要而定(防规3.3.12←3.3.21/22)		

注:1. 有90°拐弯的室外出入口包括单向式、穿廊式、楼梯式和竖井式(防规图示第72页)。

2. 外通道长度不得小于5.0 m适用于室外出入口,无论甲类、乙类,无论有无人员停留,无论主次还是备用出入口(防规图示第71页)。室内出入口,在特殊情况下,也应满足≥5.0 m这一要求,见图集07FJ01表4.1。

3. 室外通道长度(包括竖井式)见防规图示第71页。室内通道长度见防规图示第75,76页。

4. 防规3.3.10/12/14条文表达欠通俗明白,建议改进。

5. 附壁式出入口因在倒塌范围内,不能作为甲类的主要出入口(除非做独立结构的坚固棚架),只作为甲类的次要出入口或乙类的主要或次要出入口。

5.25.8 倒塌范围

☞ 甲类人防核5级、核6级、核6B级战时主要出入口离开砖混结构建筑距离为其高度的0.5倍,离R.C.结构5.0 m(防规3.3.3)。注意:附壁式通风竖井作为备用出入口,在倒塌范围以内时,应与主体结构脱开(防规3.3.19)。对于乙类,或即使甲类,而非主要室外出入口,仅仅是次要出入口,也不考虑倒塌范围(防规图示3.3.3)。关键因素为视其是否为室内入口。室内入口则不必考虑倒塌范围。次要出入口不等于备用出入口,次要出入口反而可以不考虑倒塌范围(防规图示2.1.28)。

5.25.9 甲类人防剂量限值要求

☞ 防规3.1.10:一等0.1 Gy,二等0.2 Gy。

5.25.10 人防染毒区功能平面内容

☞ 防规3.1.7:密闭通道(防规3.3.21)、防毒通道(防规3.3.22)、扩散室(防规3.4.7)、洗消间(防规3.3.24)、滤毒室(防规3.4.9)、除尘室。

5.25.11 各功能空间

(1) 密闭通道(防规3.3.21):内部空间应满足门的安装和启闭。

(2) 防毒通道(防规3.3.22):防毒通道宜设在排风口附近,防毒通道的大小要考虑门的安装开启和担架停留的需要。

防毒通道与密闭通道的区别在于,防毒通道有超压排风,能阻挡毒剂侵入室内,因此常与排风机房相邻(图示2.1.40解释)。

把防毒通道与密闭通道看成是由人防外进入人防内的人用过渡空间,而扩散室和集气室则是人防外与人防内的气用过渡空间,这样就容易理解它们的位置。

(3) 扩散室(防规3.4.7):要求不间断通风的战时人员掩体宜采用"防爆波活门+扩散室"。

消波设施(防规3.4.3→图3.4.7/图A.0.2)。

内设地漏或集水坑,内部最小尺寸因人防等级和战时通风量不同而不同(防规附录A.0.1)。

竖井(防规3.3.19):大小1.0 m×1.0 m以上,上设吊钩,防倒塌结构。

(4) 洗消间(防规3.3.24):单独设置,面积≥5 m²。或与防毒通道合并设置,人行道通宽度≥1 300 mm。简易洗消间的面积≥2 m²,宽度≥600 mm。

(5) 滤毒室(防规3.4.9):滤毒室+进风机室平面布置(防规3.4.9),滤毒室在染毒区,进风机室在清洁区。染毒区和清洁区之间设密闭门。战时进风机房墙面顶棚作吸声处理,安装FM甲隔声门,要有门槛(07FJ01的第43页)。

(6) 除尘室。

(7) 集气室(防规3.4.4)。物资库进出风口的做法:

允许战时暂停通风的战时装备汽车库可采用"防护密闭门+集气室+防火门"的做法(防规3.4.4→图3.4.4.b)。

(8) 通风口的做法分两种情况:① 主体防毒(人员掩体)→战时持续通风→扩散室(防规图3.4.4.a);② 主体允许染毒(仓库、汽车库)→战时暂停通风→集气室(防规图3.4.4.b)。注意附壁式通风竖井作为备用出入口,在倒塌范围以内时,应与主体结构脱开(防规3.3.19/防规图示3.4.1图/防空地下室建筑设计2007年合订本07FJ01的第71~79页的D型),人员掩体不间断通风。

(9) 只有装备库、汽车库等战时可暂停通风的战时或平战结合的通风口可用"防护密闭门+集气室＋防火门"的防护做法(防规3.4.4)。

(10)战时和平时进出风刚好相反。战时出入口经常开启,呈自然排风态势,因此战时主要出入口成为排风口。人防空间密闭,只有靠机械通风才行,战时次要出入口成为进风口。到了平时,设计中的"战时主要出入口"也是平时使用中的主要出入口,自然而然地成了自然进风口。这样,战时进风机房便成了平时的排风机房。如果依此进风量还不够,加补风机房,这是应由通风专业确定的。相互转换的情况,应用文字在设计图上说明。

(11)集气室分A,B,C,D四种类型(07FJ01的第71~75页)。A型适用于物资库;B型适用于装备库、汽车库;C型适用于卫生间;D型适用于人员掩体和平时排风口。D型集气室的门,竖井一侧为"一洞两门",另一侧为FM甲(07FJ01的第75页),开向竖井方向。D型集气室的说法,似与防规3.3.4不一致。人防工艺复杂,非专业设计人员往往处于依样画葫芦状态,要是规范和示例不一致,往往只会跟着示例跑。

5.25.12 人防地下室净高

☞ 防规3.2.1：地面到顶板底面2 400 mm。

5.25.13 人防用门
5.25.13.1 人防用门的要求

名　称	符　号	设 计 压 力 值	说　明	选 用 图 集
固定门槛R. C. 防护密闭门	BFM	乙类用的见防规3.3.18.1 甲类用的见防规3.3.18.2	如BFM1520-30表示固定门槛防护密闭门,1520指门大小,30指设计压力值为0.30 MPa 连通口的防密门见防规3.2.11.2	07FJ03 防护密闭门墙厚度最小300 mm,防护密闭门门槛高度常为150 mm(07FJ03的第11页)。无论从平时还是战时的使用,活门槛方便合理,建议选活门槛,节点见07FJ03的第10页
活门槛R. C. 防护密闭门	BHFM			
钢结构防护密闭门	BGFM	连通口(两边抗力相同时)见防规3.2.10.1 连通口(两边抗力不同时)见防规3.2.10.2		
固定门槛R. C. 密闭门	BM			
活门槛R. C. 密闭门	BHM		密闭门不必选压力值	
钢结构密闭门	BGM			
抗爆波活门	BMH	乙类用的见防规3.4.3→3.3.18.1 甲类用的见防规3.3.18.2 不可用高抗力防爆活门代替低抗力防爆活门	门框构造见防规3.4.6	07FJ03的第31页
门侧上下留余地		防规3.3.7。防规图示3.3.7有具体尺寸		

注：1. 相邻防护单元连通道口,两边各设一道密闭门(一框两门),其门框墙厚500 mm(防规3.2.10)。两边密闭门的抗力等级因隔墙两侧设计压力值不同而不同(防规3.2.10.2.1及表3.2.10-1/3.2.10-2)。原则上,压力值高侧取低值门,压力值低侧取高值门。不相邻防护单元连通口防密门抗力值见07FJ03的第3页的表3.3(甲类)、表3.4(乙类)。

2. 防护密闭门设置要求：① 平面位置在拐弯之后(防规3.3.17);② 构造上要求嵌入墙内120 mm(6级)或150 mm(5级)(防规3.3.17.2/3/07FJ01的第76页);③ 压力值有乙类(防规3.3.18.1)、甲类(防规3.3.18.2)。

3. 人防门合上之后,以合页为轴心,开启时顺时针为正,逆时针为反。人防门选用例子见07FJ03第4~6页。

5.25.13.2 各类战时出入口对人防门的数量、开向、类型要求(防规 3.3.6←3.3.20)

☞ 人员掩体通常情况:1(防护密闭门)+1(密闭门)(防规 3.3.6)。

☞ 汽车库:1(防护密闭门)+0(密闭门)(防规 3.3.6)。

☞ 人防门开向:向外开(防规 3.3.6)。防护密闭门应向外开,密闭门宜向外开(防规 3.3.6)。一框两门只适合战时封闭的出入口(防规 3.3.21 说明)。

5.25.13.3 防护密闭门保护措施

☞ 防规 3.3.17/防规图示 3.3.17 第 80 页防空地下室建筑设计示例 07FJ01 的第 76 页防护密闭门构造图:① 防护密闭门不能直对直通式通道,必须时,要让通道打弯;② 如果防护密闭门在通道侧墙上,应嵌入墙内深 120 mm(6 级人防)或 150 mm(5 级人防);③ 竖井内的防护密闭门应退进。

5.25.14 人防用墙

☞ 各类人防墙厚、板厚、通道长度等见 07FJ01 第 8,9 页。

名 称	厚度要求			相关条文	说 明
室外出入口临空墙	独立式	乙类	≥250 mm	防规 3.3.11	各类临空墙见防规图示 2.1.22。室外室内出入口与地下防空室室内相交的墙
		甲类		防规表 3.3.11	
	附壁式	乙类	≥250 mm	防规 3.3.13	
		甲类		防规表 3.3.13	
室内出入口临空墙	乙 类		≥250 mm	防规 3.3.15	
	甲 类			防规表 3.3.15	
防爆隔墙	120 mm R.C. 或 250 mm 混凝土墙			防规 3.2.7	或临时构作
防护密闭墙(防护单元隔墙)	乙类:常 5 级≥250 mm R.C. 墙;常 6 级≥200 mm R.C. 墙 甲类结构定			防规 3.2.9/3.2.13←3.1.7/8	
相邻单元连通口门框	一框两门≥500 mm			防规 3.2.10	
防爆活门框	300 mm+X(X 指防爆活门的厚度)			防规 3.4.6	

注:甲类人防临空墙厚度不能满足要求时,可用别的材料补足(防规 3.3.16)。用实心砖,厚度差×1.4;用空心砖,厚度差×2.5。临空墙厚度不能满足要求时,内侧不能作为人员停留房间。

5.25.15 顶板最小防护厚度

☞ 防规 3.1.10/3.2.2:乙类≥250 mm,甲类见防规 3.2.2.1/2 表。不足时覆土以补偿,厚度为 1.4×(最小厚度-实际板厚)(防规 3.2.3)。地下室顶板上有管道时,应满足防规 3.2.3 的要求。外墙顶部最小防护距离见防规 3.2.4。

5.25.16 顶板的底面高出地面的限制(防规 3.2.4、防规 3.2.2 表 1 表 2/防规 3.2.15 图示更为明了)

☞ 上部为 R.C. 结构的甲类人防顶板的底面不得高出地面,上部为砖混结构的甲类人防顶板的底面高出地面≤0.5 m(核 5 级,并临时覆土)或 1.0 m(核 6 级、核 6B 级,墙厚满足要求)(防规 3.2.15.1)。

☞ 乙类人防顶板的底面高出地面的高度不得大于地下室净高的一半,且其外露的墙有另外要求(防规 3.2.15.2)。规范对此要求未作更进一步的说明,估计应在结构专业详细说明。

5.25.17 防火

☞ 多层建筑附属地下室,不低于二级。高层建筑附属地下室,不低于一级(技措 3.3.2)。

☞ 半地下室的耐火等级应为一级(低规 5.1.8)。

5.25.18 防水

☞ 防水不应低于二级防水(防规 3.8.2)。

5.25.19 其他一些须注意的事项

☞ 人防单元内不得设沉降缝(防规 3.1.3)。顶板不应抹灰(防规 3.9.3)。人防顶棚严禁抹灰,应在清水底板上喷涂 A 级涂料(技措 6.4.1.19/防规 3.9.3/装规 3.4.2)。

☞ 人防车库每单元 2 000 m²,分两个抗爆单元,可以以防密门取代密闭通道,以防密门取代防毒通道(技措[人防篇]2.3.2.1/2)。此说法与防规的说法不大一致。

☞ 建筑面积≥1 000 m²,应考虑机械排风(07FJ01 第 36 页)。建筑面积≥5 000 m²,应考虑柴油发电站(深圳院规 23.4.5)。贮油间门 FM 甲设门槛高 150～200 mm。

☞ 洗消污水集水坑设置:① 战时主要出入口的防密门外(防规 3.4.10);② 战时进风竖井内或进风口的通道内(防规 3.4.10),注意没有说排风竖井,非战时进风竖井内可不设污水集水坑(07FJ02 的第 76 页);③ 扩散室内(或为地漏)(防规 3.4.7);④ 防护单元内沿墙、地面粉明沟的适当位置;⑤ 非人防集水坑,沿墙地面粉明沟的适当位置。污水集水坑离边 160 mm。

☞ 防化通信值班室:有滤毒通风者应设防化通信值班室,二等人员掩体的防化通信值班室为 8～10 m²(防规 3.5.6),位于清洁区内进风口附近。

☞ 与滤毒间连接的竖井上方顶板宜设吊钩(防规 3.3.19)。

☞ 防爆波电缆井临近配电间。

☞ 楼梯间口、机房、值班室、配电间及 D 型集气室的大门用防火门。配电间地面抬高 100～150 mm(低压配电设计规范 GB 50045 的 3.3.1)。

☞ 在总平面中应用粗虚线显示人防工程和非人防工程范围。标注人防主要出入口、次要出入口、通风口和通风竖井位置。

☞ 人防图纸校对步骤:在各室外、室内出入口放大图的基础上,首先用粗重色笔标出临空墙;沿临空墙,查其厚度、防密门后退、防密门两侧宽度、防爆活门入墙深度;统计入口门宽总和,防密门外和战时进风井内有无污水坑(扩散室可为污水坑或地漏);然后从剖面校对室外主要出入口的防倒塌范围及外通道长度、顶板厚度及吊钩位置等。由人防分级分类→设计压力值→防密门防爆活门类型后缀等。图集 07FJ01 有综合表 4.1 可查。笔者还设计了一张人防图纸校对表格,其中将校对的主要项目都落实了。

5.25.20 补充几张实用参考图纸

序　号	内　容　提　要	图　集　索　引
1	口部要求	07FJ01 的第 8 页
2	各种最小墙厚	07FJ01 的第 9 页
3	防焊爆活门压力值	07FJ03 的第 2 页
4	各种人防门的选用	07FJ03 的第 3～7 页

5.25.21 人防工程校对表

☞ 请在表上用文字标出防护区的战时主要出入口、次要出入口、备用出入口。

序号	定性/抗力等级			剂量限值（防规 3.1.10）		防火等级（低规 5.1.8）		防水等级（防规 3.8.2）			说　明
1	防护分区			A	B	C	D	E	F		
2	防护分区建筑面积										
3	各防护分区掩蔽面积										
4	掩蔽人数（防规 3.2.1.2）										
5	战时出入口要求总宽度（防规 3.3.8）										不包括竖井及连通口（防规 3.3.8）
	战时出入口设计总宽度										一个门不能 ≥2 100 mm（即 100 人）（防规 3.3.8）
6	出入口个数	室外出口									
		室内出口									
7	倒塌范围（防规 3.3.3）（只对甲类的室外出口而言）										
8	室外出入口	外通道长度	独立式（防规 3.3.10）								
			附壁式（防规 3.3.12）								
		内通道长度	独立式（防规 3.3.14）								
			附壁式（防规 3.3.12）								
		临空墙厚度（防规 3.3.11/13）									
9	室内出入口内通道长度	1	独立式（防规 3.3.14）								
			附壁式（防规 3.3.12）								
			临空墙厚度（防规 3.3.11/13）								
		2	独立式（防规 3.3.14）								
			附壁式（防规 3.3.12）								
			临空墙厚度（防规 3.3.11/13）								
		3	独立式（防规 3.3.14）								
			附壁式（防规 3.3.12）								
			临空墙厚度（防规 3.3.11/13）								
10	备用出入口	进风竖井	外通道长度（防规 3.3.10）								
			内通道长度（防规 3.3.14）								
		排风竖井	外通道长度（防规 3.3.10）								
			内通道长度（防规 3.3.14）								
11	顶板厚度	乙类（防规 3.2.2.1）									
		甲类	有上部建筑（防规表 3.2.2.1）								
			无上部建筑（防规表 3.2.2.2）								

(续表)

序号	定性/抗力等级				剂量限值 (防规 3.1.10)	防火等级 (低规 5.1.8)	防水等级 (防规 3.8.2)	说　明
12	外墙顶部 最小防护 距离		乙类(防规3.2.4)					
			甲类(防规3.2.4→3.2.2.1)					
13	防密门防爆活门压力值	室外出口	直通式	甲类(防规3.3.18.2)				
				乙类(防规3.3.18.1)				
			单向式、穿廊式、楼梯式、竖井式	甲类(防规3.3.18.2)				
				乙类(防规3.3.18.1)				
		室内出入口	甲类(防规3.3.18.2)					
			乙类(防规3.3.18.1)					
		设于连通口	乙类(防规3.2.10.2.1)					
			甲类	两侧抗力相同 (防规3.2.10.2.1)				
				两侧抗力不同 (防规3.2.11)				
		防护密闭门保护构造(防规3.3.17)						
14	净空高度(防规3.2.1)							
15	集水坑	战时主要出入口防密门外(防规3.4.10)						
		战时进风井内(防规3.4.10)						
		防扩散室内(防规3.4.7)						
		其他						

注：为校对人防，同时可结合图集07FJ01的第8,9页(关于口部和墙厚要求)、07FJ03的第2~7页(各种门的选用)，更为方便。

5.25.22　规范、法令和图集

☞ 规范：人民防空地下室设计规范 GB 50038—2005。

☞ 法令：沪建施[85]第1000号/沪人防委员字[84]第8号/上海城市居住地区居住区公共服务设施设置标准3.2.13。

☞ 图集：防空地下室建筑设计(2007年合订本)FJ01-03/人民防空地下室设计规范图示建筑专业05SFJ10(对理解条文有很大帮助)/防空地下室移动柴油电站07FJ05。

5.26　防污染/内装修

5.26.1　概念

☞ 土壤、非金属建材都有放射性物质(污规4.1.1)。

☞ 上海地区土壤一般不测氡。

☞ 污染物很多，主要控制氡、甲醛、氨、苯、TVOC(污规1.0.3)。

☞ 在控制污染方面，把建筑分成两类(污规1.0.4)：Ⅰ类——住宅、医院、学校等；Ⅱ类——住宅、医院、学校等之外。

5.26.2 材料选择

☞ 对于基本的无机非金属建材,包括砂、石、砖、水泥、混凝土及其构件、新型墙体材料的内、外照射指数都要≤1.0(污规3.1.1)。

☞ 石材、卫生陶瓷、石膏板等无机非金属建材分成A,B两类,A类用于Ⅰ类(住宅、医院、学校)和Ⅱ类(其他)建筑,但Ⅱ类建筑中B类材料应按公式计算掌握用量(污规4.3.1/2)。

☞ 人造木板及饰面人造木板分E1,E2两类,Ⅰ类建筑应用E1类,Ⅱ类建筑可用E1或E2类,但E2类的露面处必须密封处理(污规4.3.3/4)。

☞ 涂料禁用聚乙烯醇水玻璃内墙涂料、聚乙烯醇缩甲醛内墙涂料和水包油多彩内墙涂料(污规4.3.6)。

☞ 胶黏剂禁用107胶黏剂等聚乙烯醇缩甲醛胶黏剂(污规4.3.7)。

☞ 防腐剂、防潮处理剂禁用沥青、煤焦油类防腐剂、防潮处理剂(污规4.3.10)。

☞ 阻燃剂、混凝土外加剂,氨的释放量≤0.10%(污规4.3.11)。

☞ 塑料地板黏合剂禁用溶剂型胶黏剂(污规4.3.13)。

5.26.3 材料进场

☞ 不合格材料不进场。

☞ 污规5.2.2/5.2.4:对500 m² 以上的人造木板、200 m² 以上的花岗岩或瓷砖要复验。

5.26.4 施工

☞ 污规5.3.1:地下室按防水要求施工,防止产生裂缝,也同时防止氡进入。

☞ 污规5.3.3/5.3.5:禁用苯、工业苯、石油苯、重质苯及混苯作溶剂和稀释剂,禁用苯、甲苯、二甲苯和汽油进行除油和清除旧油漆作业。

5.26.5 验收

☞ 工程完工后7 d,未交付使用之前,进行验收(污规6.0.1)。

5.26.6 图纸表达

☞ 在说明中写明"为控制由建筑材料和装修产生的室内污染,在工程勘察、设计施工和验收过程中,对建筑材料的选择、设计、施工和验收等,应符合《民用建筑工程室内环境污染控制规范》的各项要求"。

《解放日报》2003年12月19日曾报道某公司生产的"有害气体检测试剂盒"15分钟可测甲醛、氨含量是否超标,成本10.8元,2004年3月上市。

5.26.7 其他注意事项

☞ 氟碳漆,水性氟涂料,高性能环保型(《解放日报》2002年11月7日报道的大连某公司产品)。

☞ 钢结构用防火涂料(《中国消防手册》第三卷第225页):厚涂型8~50 mm厚,3.0 h;薄涂型3~8 mm厚,0.5~2.0 h;超薄涂型≤3 mm厚,0.5~1.5 h。凡钢结构用防火涂料时,应在涂防腐涂料的前提下,再涂防火涂料,两者不能替代(技措6.2.13.4)。

☞ 木结构用防火涂料(《中国消防手册》第三卷第227页):水基型阻燃剂。涂2遍,涂布量应不小于500 kg/m²(住宅工程装饰装修施工规范4.2.2)。

☞ 木材及水泥或钢材表面装修做法(03J930-1第436页/江苏标准图集"施工说明"苏J9505第

86～92 页)。木构件防腐剂氟化钠(苏 J9505 第 9～12 页)。

5.27 采光/通风/排烟/窗

5.27.1 采光

(1) 提示:所谓直接采光,对起居室、卧室和厨房有不同说法。对多层的起居室、卧室,不能开向外廊和封闭小天井。但高层住宅起居室、卧室,开向连廊(不是一般的走廊)的窗,可视为直接采光(上标 4.4.2 说明/住宅指南第 89 页)。而中高层、高层的厨房,则可以开向公共外走廊(上标 4.4.2)。此时,外廊外窗应有百叶(住宅指南第 158,89 页)。

(2) 住规 3.3.2:厨房应有直接采光自然通风,此为强制条文。

(3) 使用燃气厨房应自然通风(办规 4.2.3.3)。

(4) 关于厨房,只有"上标"强调为独立式(上标 4.4.1),其他如"住规""住法""苏标""办规"只强调自然通风,都未强调为独立式。但是,煤气规范规定煤气灶安装在卧室的套间或走廊等处,要有门与卧室隔开(城镇燃气设计规范 GB 50028—2006 的 10.4.4)。也就是说卧室一定要有门。

(5) 节能专篇 6.1.5:严寒地区不应设凸窗,寒冷地区北向卧室起居室不宜设凸窗。

(6) 离地 0.80 m 以下的采光口不计入有效采光面积。有阳台和外廊打折扣 0.7。水平天窗×2.5(通则 7.1.2)。

(7) 2005 通则采光均以采光系数而言,操作性差(通则 7.1.1)。笔者认为,实际工作中可以参考 87 通则的采光比概念。

☞ 参考 87 通则 5.1.1:W.C. 窗地比 1/10。

☞ 参考 87 通则 5.1.1:楼梯间、走道窗地比 1/14。

☞ 参考 87 通则 5.1.1:内走道<20.0 m 一端采光,20.0～40.0 m 增加中间采光。

(8) 住法 7.2.2/11 住规 7.1.5:起居室、卧室、厨房窗地比 1/7,尤其注意凹口里的卧室,其采光比常常达不到要求。如果在第 4 光气候区(见国家标准《建筑采光设计标准》GB/T 50033),还要乘以 1.1,更大。上海虽属第 4 光气候区,但上海根本没有提起它,更不用说如江苏一样强调它,因此在上海引用住法 7.2.2/11 住规 7.1.5,就是 1/7 也没错。

(9) 住规 5.1.4 说明:单朝向住宅户门上方应设通风窗,下方通风百叶或机械通风。

(10) 滑撑窗窗扇不能太大。铝合金平开滑撑窗,窗扇重量不大于 30 kg,窗扇大小(600～700 mm)×(800～1 000 mm)。塑料平开滑撑窗窗扇重量不大于 340 N,窗扇大小 600 mm×1 200 mm(门窗幕墙窗用五金附件 04J631)。

(11) 技措 10.4.7:常规平开窗窗扇大小 600 mm×1 400 mm,推拉窗窗扇大小 700 mm×1 500 mm。

(12) 门窗气密性(上节规 4.10.5/技措 10.2.3/外窗气密性能分级及检测方法 GB/T 7107—2002)。

☞ 冬季风速≥3.0 m/s 地区,多层 3 级,高层 4 级;冬季风速≤3.0 m/s 地区,多层 2 级,高层 3 级(与 GB 7107 分级不一样。根据节能要求,按 GB/T 7107 分级,1～6 层Ⅲ级,7 层及 7 层以上Ⅱ级)(上节规 4.10.5)。

(13) 窗玻璃的厚度,应根据当地的风荷载标准值、窗扇面积等查玻规表 A.0.1 而得。上海基本风压 55 kg/m² = 0.055 t/m² = 0.55 kN/m² = 0.55 kPa。风荷载标准值不等于基本风压。风荷载标准值由基本风压转换而来(建筑结构荷载规范 GB 50009—2001 的 7.1.1)。

(14) 门窗水密性(技措 10.2.2/外窗水密性能分级及检测方法 GB/T 7108—2002):大风多雨地区不应低于 3 级。

(15) 节能门窗(建科综函[2004]062 号/上海市施工图设计文件节能审查要点[居住建筑]200510)。

☞ 非中空玻璃单框双玻门窗,不得用于城镇住宅和公共建筑。

☞ 框厚 50 mm 以下(含 50 mm)的单腔结构型材的塑料平开窗,不得用于城镇住宅和公共建筑。

☞ 非断热金属型材制作的单玻窗,不得用于有节能要求的房屋建筑。

☞ 25 系列、35 系列的空腹钢窗,不得用于住宅建筑。

☞ 32 系列的实腹钢窗,不得用于住宅建筑。

☞ 中空玻璃断热型材钢外平开窗,仅适用于多层建筑。

☞ 中空玻璃断热型材铝合金外平开窗,仅适用于多层建筑。

☞ 中空玻璃塑料外平开窗,仅适用于多层建筑。

(16) 非节能门窗(沪建建管[2001]002 号/上海市施工图设计文件节能审查要点[居住建筑]200510)。

☞ 普通单玻窗外门窗,禁止在新建节能建筑中使用。

(17) 建设部工程质量安全监督与行业发展司 200301 的施工图设计文件审查要点的 3.7.1.7:在抗震设防地区(≥6 度),多层砌体房屋墙上不应设置转角窗。上海市区 7 度,金山区崇明县 6 度。

(18) ≥7 层建筑物的外开窗、窗台低于 500 mm 的落地窗、面积>1.5 m² 的窗玻璃,或公共建筑物的入口门厅用安全玻璃(发改运[2003]2116 号)。

(19) U - PVC 塑料门窗,因其抗风压性能还不够完善,较高高层建筑慎用(住宅设计指南第 410 页)。塑料门窗保温性能好,耐腐蚀,但线膨胀系数大,在大窗口时,应分樘组合,与墙洞口之间的缝隙用弹性材料填塞(技措 10.1.1.3)。

(20) 玻璃窗与玻璃幕墙性能表。

☞ 请注意:下表是笔者平时工作内容积累的一部分。其中抗风压这项是计算而得。在发现"北京高层住宅门窗要求"之后,认为这一项不一定对。因为,虽然大家用的公式一样,可是其中有两项参数的值并没有人来统一,这就导致计算结果的差异。在上海无统一的情况下,笔者认为上海建筑外门外窗的性能可以参考"北京高层住宅门窗要求"而得。

部位	地点	建筑类别	基本风压	风荷载标准值(技措10.2.1/玻规4.1.1)	抗风压(技措10.2.1)	水密性(技措10.2.2)	气密性(技措10.2.3/风规附录二的冬季风速)	保暖性(技措10.2.4)	隔声(技措10.2.6←上标6.1.3/苏标5.4.2)
窗	上海闵行	多层	0.55	2.562	4	≥3	≥3	6	23
				市区 B类 30 m	上海市区 B类 30 m 2.562	大风多雨地区≥3(技措10.9.7)	上海冬季风速3.1,多层不应低于3级(技措10.9.6.1)	断热铝合金中空玻璃(上海节规4.10.3)	环境白天65,白天办公允许50(参照办规6.4.1),至少60—50=15
	上海市区	高层办公		2.379	3	≥3	≥4	7	2
				市区 C类 50 m	上海市区 C类 50 m 2.379	大风多雨地区≥3(技措10.9.7)	上海冬季风速3.1,高层不应低于4级(技措建筑10.9.6.1/技措节能6.1.1/国公节4.2.10)	沪建交[2006]765号窗 K<3.0	环境白天65,白天办公允许50(参照办规6.4.1),至少60—50=15
	南京市区	多层住宅	0.45	5×1.2×1×0.45=2.7	4	≥3	≥3	6	3
				南京市区 C类 30 m	南京市区 C类 30 m 2.7	大风多雨地区≥3(技措10.9.7)	风速3.0,多层(技措10.9.6.1)	断热铝合金中空玻璃	苏标5.4.2→技措10.9.1.5:住宅外窗隔声量30 dB

（续表）

部位	地点	建筑类别	基本风压	风荷载标准值(技措10.2.1/玻规4.1.1)	抗风压(技措10.2.1)	水密性(技措10.2.2)	气密性(技措10.2.3/风规附录二的冬季风速)	保暖性(技措10.2.4)	隔声(技措10.2.6←上标6.1.3/苏标5.4.2)
窗	南京市区	多层办公	0.45	$5×1.2×1×0.45=2.7$	4	≥3	≥3	不分东西南北，某个朝向的外窗，在不同窗墙比时，要求不同的外窗传热系数K（公建节表4.2.2.2）	3
				南京市区C类30m 2.7	南京市区C类30m 2.7	大风多雨地区≥3（技措10.9.7）	风速3.0，多层（技措10.9.6.1）	国公节4.2.2.4→技措建筑10.9.1.4	办规6.4.2说明→略低于住宅标准
玻璃幕墙	上海闵行	多层	0.55	2.562	IV	≥III	≥III	IV	IV
				市区B类30m 2.562	上海市区B类30m 2.562	上海$W_0=0.55$，$\mu_z=1.42$，$P=937.2$（幕规4.2.5.1）	幕规4.2.4/国公节4.2.11	断热铝合金LOW-E玻璃（上住节规4.10.3/幕规4.2.7）	环境白天65，白天办公50（参照办规6.4.1），至少60-50=15
	上海	高层办公	0.55	2.379	IV	IV	≥III	IV	IV
				市区C类50m 2.379	上海市区C类50m 2.379	幕规4.2.5计算公式→技措4.9.3.2分级标准	幕规4.2.4/节能专篇6.1.1.4/国公节4.2.11	透明玻璃墙$K<3.0$（上公节标3.0.13→3.0.7→技措4.9.3.4）	环境白天65，白天办公50（参照办规6.4.1），至少60-50=15（幕规4.2.8说明）
		高层旅馆		2.379	IV	IV	≥III	IV	III
				市区C类50m 2.379	上海市区C类50m 2.379	幕规4.2.5→技措建筑4.9.3/10.9.1	幕规4.2.4/节能专篇6.1.1.4/国公节4.2.11	透明玻璃墙$K<3.0$（上公节标3.0.13→3.0.7→技措4.9.3.4）	相当于住宅（通则7.5.1）

注：1. 外窗抗风压分级指标值P_3与工程风荷载标准值ω_K相比，应$P_3≥\omega_K$（建筑外窗抗风压性能分级及检测方法GB/T 7106—2002的4.2）。所以实际上，计算抗风压分级指标值P_3也就是计算ω_K。公式见玻规4.1.1。

2. 窗的水密性不必计算。大风多雨地区不应低于3级（技措10.2.2）。大风多雨地区指《建筑气候区划标准》（GB 50178）中的ⅢAⅣA地区（幕规4.2.5说明）。ⅢAⅣA地区见通则附录A，指盐城至北海沿海纵深约50km东南沿海一带区域。

3. 幕墙水密性要计算。幕墙水密性的计算中用到"风压高度变化系数"。幕墙水密性公式见幕规4.2.5→03技措4.9.3/10.9.1（同技措中节能6.2.1/6.2.2的说法不完全一样）。幕墙水密性分级指标P值的公式如下：

$$P=1\,000\mu_z\mu_s\omega_0（幕规4.2.5）。$$

式中：ω_0——基本风压，各城市不同数值；

μ_s——体型系数，取1.2；

μ_z——风压高度变化系数，由所处位置特征和高度决定，说明如下：

如上海市区办公楼50m高，市区属C类，其$P=1\,000×1.25×1.2×0.55=825$。查技措4.9.3.2表，水密性为Ⅳ级。

4. 窗的气密性，决定于冬季室外平均风速。≥3.0m/s的地区，多层不应低于3级（GB/T 7107-4级/节能专篇6.1.1.2。节能专篇说法可能有误，下同），高层不应低于4级（GB/T 7107-3级/节能专篇6.1.1.2）。风速<3.0m/s的地区，多层不应低于2级，高层不应低于3级（技措10.9.6）。

冬季室外平均风速查《采暖通风空气调节设计规范》附录二。上海3.1（另一说法3.3）（住宅设计标准应用指南第10页）、南通3.3、南京2.6。

有关夏热冬冷地区居住建筑外窗气密性不同说法对比表：

参 考 资 料	引 用 标 准	1~6 层或多层	≥7 层或高层
03 技措 10.9.6	GB/T 7107—2002	不应低于 3 级	不应低于 4 级
06 节能专篇 6.1.1.2	GB/T 7107	不应低于 4 级	不应低于 3 级
09 技措 10.8.2.5	GB/T 7106—2008	大于 7 级	大于 4 级

　　看了这表,简直无所适从。碰到此种情况,最保险的办法,是用文字说明依据哪本资料,引用什么标准,得出什么结论。
　　5. 幕墙气密性,不应低于 3 级(幕规 4.2.4)。
　　6. 窗的保暖性。上海住宅外窗 $k<4.0$(上标 6.2.1),属 5 级;上海公建外窗 $k<3.0$(沪建交[2006]765 号),属 6 级。
　　7. 窗的隔声性。住宅外窗隔声 30 dB(上标 6.1.3/住法 7.1.3),属 3 级;公建、病房、客房类同住宅,3 级;其余公建≤3 级(通则 7.5.1)。
　　8. 性能选取规定(铝合金节能门窗 03J603-2)。
　　9. 北京高层住宅门窗要求(建筑节能门窗 06J607-1 总说明)。

序　　号	北京高层住宅门窗要求	查表确定具体要求
1	抗风压不应低于 5 级	$3.0≤p≤3.5$
2	气密性小于 4 级	$1.5≥q_1>0.5$ $4.5≥q_2>1.5$
3	水密性不低于 3 级	$250≤\Delta p<350$
4	保暖性不大于 7 级	$3.0>K>2.5$
5	隔声性不应低于 3 级(主干道 50 m 以内)	$30≤R_w<35$
6	窗墙比: 南向不宜大于 0.5; 东向不宜大于 0.35; 其他不宜大于 0.3	确定采光性能分级,确定窗户面积

　　10. 幕墙系列确定(铝合金玻璃幕墙 97J103-1),举例北京市中心 100 m 高层,可能有误。该文中 $\omega_K=\beta_{gz}\mu_s\mu_z\omega_0=2.25×1.5×1.79×0.35=2.114$,但是本人以为是 $\omega_K=\beta_{gz}\mu_s\mu_z\omega_0=5.0$[阵风系数(技措 10.9.3)]×1.2[体型系数(幕规 4.2.5)]×1.79×0.35=3.759,两者相去甚远。公式虽然同为一个,但阵风系数和体型系数取值不同,结果就完全不一样。在幕规 4.2.5 中,体型系数明确可用 1.2。在幕规 4.2.5 说明中明确说明阵风系数不能为 2.25(2.25 是老规范的说法),而阵风系数 5.0 的说法来自 2003 技措 10.9.3。笔者是否犯了张冠李戴的毛病? 不能肯定。也有结构同事认为阵风系数取 5.0 不合适。更见到山东将 μ_s 取 1.0(见山东建筑标准设计图集"铝合金门窗"L03J602)。各说各的,没有权威机构来统一,以至于局面混乱,叫人无所适从。
　　11. 估计 9,10 两项都源于北京市标《住宅建筑应用技术规范》(GBJ 01-79—2004)的 4.2.1。

(21) 由北京建筑外门外窗的性能得到上海建筑外门外窗的性能。

项　目	标准编号	物理性能指标(北京基本风压 0.45)	上海要求(基本风压 0.55)
抗风压不应低于 5 级	GB/T 7106	低层、多层住宅建筑应不小于 2 500 Pa;中高层、高层住宅建筑应不小于 3 000 Pa;住宅建筑>100 m 高时应符合设计要求	低层、多层住宅建筑至少应不小于 2 750Pa(5~6 级);中高层、高层住宅建筑至少应不小于 3 300Pa(6~7 级);金山宝山更高
气密性小于 4 级	GB/T 7107	在±10 Pa 推测压力差下: q_1 不大于 1.5 m²/(m·h); q_2 不大于 4.5 m²/(m·h)	上海冬季室外平均风速 3.1,多层不应低于 3 级,高层不应低于 4 级(节能专篇 6.1.1.2/技措 10.2.3)
水密性不低于 3 级	GB/T 7108	未渗漏压力不小于 250 Pa	大风多雨地区不应低于 3 级(技措 10.2.2)
保暖性不大于 7 级	GB/T 8484	外窗 K 不宜大于 2.8; 阳台门芯板 K 不宜大于 1.7; 阳台门玻璃 K 同外窗	上海住宅外窗 $K<4.0$(上标 6.2.1),属 5 级。住宅外窗 $K<3.0~3.2$(沪建交[2006]765 号),属 6~7 级。上海公建外窗 $K<3.0$(沪建交[2006]765 号),属 7 级

（续表）

项 目	标准编号	物理性能指标(北京基本风压 0.45)	上海要求(基本风压 0.55)
隔声性不应低于 3 级(主干道50 m以内)	GB/T 8485	计权隔声量 R_w 不宜小于 30 dB(快速路和主干道两侧 50 m 范围内临街一侧); 计权隔声量 R_w 不宜小于 25 dB(次干路和支路道路两侧 50 m 范围内临街一侧)	住宅外窗隔声 30 dB(上标 6.1.3/住法 7.1.3),属 3 级。 公建病房、客房类同住宅,3 级。其余公建,次于住宅,≤3 级(通则 7.5.1)
采光性能	GB/T 11976	透光折减系数 T_r 应符合设计要求	

注：此表可以作为日常工作中的依据。虽然如此,仍有商榷之处。北京标准中的阵风系数 β_{gz} 取 2.25,风荷载体型系数 μ_s 取 1.5,可疑。

（22）深圳市院相关说法。$\omega_K = \beta_{gz} \mu_s \mu_z \omega_0$。阵风系数 β_{gz} 查表。风荷载体型系数 μ_s 查表或取 1.5。风压高度变化系数 μ_z 查表。ω_0 50 年一遇的阵风风压深圳为 0.75。深圳市规定外门窗的抗风压性能不得小于 4 级(≥2.5 kPa)(深圳市院技措 9.3.1)。

（23）风荷载标准值的计算中用到"风压高度变化系数"。

风压高度变化系数表 μ_z(荷规 7.2.1/技措 10.9.3)

高度(m)	地面粗糙度类别			
	A	B	C	D
	近海海面沙漠	田野丘陵乡村市郊	市区	高楼密集的市区
10	1.38	1.00	0.74	0.62
30	1.80	1.42	1.00	0.62
50	2.03	1.67	1.25	0.84
100	2.40	2.09	1.70	1.27

例：风荷载标准值 $\omega_K = \beta_{gz} \mu_s \mu_z \omega_0$,其中阵风系数 β_{gz} 取 5(技措 10.9.3),风荷载体型系数 μ_s 可取 1.2(幕规 4.2.5),风压高度变化系数表 μ_z 见上表(荷规 7.2.1)。

如宝山沿江 100 m 高楼窗户,风荷载标准值 $\omega_K = \beta_{gz} \mu_s \mu_z \omega_0 = 5 \times 1.2 \times 2.40 \times 0.55 = 7.92$。7.92＞5.0,所以抗风压级别为 7.92(技措 10.2.1)。

又上海市区 100 m 高楼窗户,风荷载标准值 $\omega_K = \beta_{gz} \mu_s \mu_z \omega_0 = 5 \times 1.2 \times 1.27 \times 0.55 = 4.191$,所以抗风压级别为 7 级(技措 10.2.1)。

（24）大连市外门窗技术性能指标参照(大连市基本风压 0.65)(大连市建筑节能施工图设计文件编制深度规定 20100420)。

门窗框材	玻璃品种及规格	传热系数 [W/(m²·K)]	抗风压性能			水密性能	气密性能	
塑钢门窗	中空层:厚度,空气,氩气。 玻璃:透明,LOW-E吸热,热反射透光率,颜色	1.6~2.8	≤25 m	25~50 m	50~100 m	3 级	6 级	
			5 级	6 级	7 级			
断热铝合金门窗		2.1~3.4	≤25 m	25~50 m	50~100 m			
			5 级	6 级	7 级			
透明幕墙		2.0~4.0	4 级			2 级	<7 层	2 级
							≥7 层	3 级

注：1. 传热系数取值应根据节能计算及产品性能共同确定。
　　2. 气密性能选自《建筑外门窗气密、水密、抗风压性能分级及检测方法》(GB/T 7106—2008)。

(25) 江苏设计应明确外门窗抗风压、气密性和水密性三项性能指标。1～6 层的抗风压和气密性不低于 3 级，水密性不低于 2 级；7 层以上的抗风压和气密性不低于 4 级，水密性不低于 3 级（江苏住宅工程质量通病控制标准 DGJ32/J 16—2005 的 9.3.1）。

(26) 幕墙和外窗的物理性能遵守的标准不一样，所以上表可疑。笔者试作下表比较，但仍然有不少疑问。注意，两者诸多性能中，只有抗风压性能的标准是一样的，其余各项性能的标准都是不一样的。

序号	物理性能	幕墙 (适用规范 GB/T 21086—2009)	外窗 (适用规范 GB/T 7106—2008)
1	抗风压	节能专篇 5.3.1.1 中计算公式是统一的，但有两项参数没人统一，所以结果就混乱了	节能专篇 10.2.1 中计算公式是统一的，但有两项参数没人统一，所以结果就混乱了
2	水密性	节能专篇 5.3.1.2 中北方地区 2 级以上，南北方地区 2 级以上	节能专篇 10.2.3 中大风多雨地区不能低于 2 级
3	气密性	节能专篇 5.3.1.3 中非开放式幕墙按高度和地区不同，分一般情况和开启部由表 5.3.1.3/4 选择	节能专篇 10.2.4 中冬季风速≥3.0 m/s 的地区，多层不应低于 3 级，高层不应低于 4 级。冬季风速<3.0 m/s 的地区，多层不应低于 2 级，高层不应低于 3 级
4	保暖性	节能专篇 5.3.1.4 中根据节能计算定	节能专篇 10.2.4 中根据节能计算定
5	隔 声	节能专篇 5.3.1.5	节能专篇 10.2.6.1

5.27.2 通风面积（通则 7.2.2）

☞ 通则 7.2.2：生活工作用房间通风口窗地比 1/20。

☞ 住法 7.2.4：每套住宅的通风开口面积不应小于地面面积的 5%。

☞ 通则 7.2.2：厨房通风口窗地比 1/10（≥0.60 m²）。

☞ 住规 5.1.5：居住用房、W.C. 窗地比 1/20；厨房窗地比 1/10（≥0.80 m²）。

☞ 上标 4.1.5：低层、多层起居室、卧室通风开口面积 1/15，高层起居室、卧室通风开口面积 1/20，厨房 1/10（≥0.60 m²），明卫生间 1/20。

☞ 低规 9.2.2.1（强条）/高规 8.2.2.1（强条）/烟规 3.2.2/技措 8.3.3.8/苏规 8.4.18.3/《中国消防手册》第三卷第 402 页：合用前室之窗的通风面积 3.0 m²，因此≥10 层塔式、≥19 层单元住宅合用前室开间要适当增大，比如 2 700 mm 或更大。

☞ 高规 8.2.2.1：前室自然通风面积 2.0 m²。合用前室通风面积 3.0 m²。如果防烟楼梯间人工加压送风，则只要考虑前室（烟规 3.1.3.3），那就还是 2.0 m²。

☞ 高规 8.2.2.2：靠外墙防烟楼梯间自然通风面积 2.0 m²/5 层。

☞ 参考 1987 通则 5.1.3：居住用房、W.C. 窗地比 1/20；厨房窗地比 1/10（≥0.80 m²）。

☞ 外窗的可开启部分不应小于窗面积的 30%（公节 4.2.8）。

☞ 楼梯间每 5 层开窗面积≥2.0 m²。楼梯顶部开 0.8 m² 的百叶窗（上标 5.1.3→烟规 3.2.1/苏标 8.4.10.3）或 1/2 层高以上的可开启窗（烟规 4.3.1）。百叶窗再除以 0.8。高规只指靠外墙的防烟楼梯间可开启外窗，每 5 层开窗面积≥2.0 m²（高规 8.2.2.2）。

☞ 18 层以上塔式住宅（或类塔式的单元住宅）为暗楼梯时，则楼梯间顶设 1.50 m² 的百叶（上标 5.1.3），前室一定要有窗，户门不应直接开向前室（上标 5.3.5）。

☞ 地下室封闭楼梯间可利用地面出口自然通风。当不能自然通风时，应采用防烟楼梯间（下规 5.2.2 及其说明）。

5.27.3 建筑排烟(高规 8.2.2/烟规 3.2.2/低规 9.1~9.2/9)

(1) 概念：建筑排烟的目的在于在火灾刚发生时，提供良好的视线条件，以利逃生(烟规 4.1.1 说明)。

(2) 应设排烟系统部位和可以不设排烟系统部位对比表。

序 号	应设排烟系统部位(烟规 4.1.1/低规 9.1.3)	可以不设排烟系统部位(烟规 4.1.2/低规 9.2.1)
1	公建的中庭、大堂(低规 9.1.3.4)	有较少可燃物的中庭(烟规 4.1.2.3)，而高规 8.2.2.5 有高度<12.0 m 的限制。参考 2000 烟规 4.1.2.3 更有高度>30.0 m 的说法，与高度<12.0 m 这一条更有出入，幸好这条已经取消
2	商场、餐厅、娱乐场所、大空间办公(低规 9.1.3.5)，有差别	<100 m² 的房间(烟规 4.1.2.2)
3	集中空调旅馆的走道	
4	高层建筑的办公室、走道，而高规 8.1.3.1 则为长度>20.0 m 的走道，两者有出入。低规为 40.0 m(低规 9.1.3.3)，相互有差别	到安全出口的距离<20 m 的走道(烟规 4.1.2.1)
5	地下建筑的办公室、可燃品储藏间(低规 9.1.3.6)	
6	汽车库	机械立体车库或<2 000 m² 的单层汽车库(烟规 4.1.2.5)
7	舞台、演播室	
8	甲、乙、丙厂房和仓库(低规 9.1.3.1/2)，9.2.1.4 有差别	<500 m² 的厂房和<300 m² 的仓库(烟规 4.1.2.6)
9		机电用房(烟规 4.1.2.4)

(3) 排烟方式(烟规 4.1.3)为自然通风或机械排烟。机械加压送风的部位，不宜设置可开启外窗或百叶窗(上标指南第 230 页)。但苏标说剪刀梯无论对外直接采光还是人工采光，均应分别设加压送风系统(苏标 8.4.3 说明)，这个规定的说法有点不合适，排烟与通风有关，与采光无关。它与上标 5.1.3 说法不一。

(4) 自然排烟口位置(烟规 4.3.1.1)为 1/2 室内净高以上。

(5) 排烟口(净)面积(烟规 4.2.3.4/低规 9.2.2)为大空间办公室汽车库 2% 地板面积。

☞ 烟规 4.2.3.3：<500 m² 的房间，窗地比 2%。

☞ 高规 8.2.3：<60 m 长内直道，窗地比 2%。

☞ 高规 8.2.2.5：<12 m 高中庭，窗地比 5%。

☞ 下规 6.1.4：自然排烟口为该排烟区区域地面面积的 2%。

(6) 各种型式窗有效通风面积(烟规 4.3.2 说明)。

☞ 高层建筑超过 20.0 m 的内走道、超过 60.0 m 的虽有直接通风的内走道也应机械排烟(高规 8.1.3.1/8.4.1.1)。本条与烟规 4.1.2.1 有出入。

☞ 室内或走道上任何一点至最近排烟管道的排烟口或可开启外窗、百叶窗的水平距离不应>30 m(烟规 4.1.9/低规 9.2.4)。同上条平行控制。

☞ 烟规 4.3.3：中庭及>500 m² 且两层以上的商场应设置与火灾报警系统联动的自动排烟窗。

☞ 跃层式住宅等有通长走廊的情况要注意走道排烟的限制(高规 8.1.3.1/8.4.1.1/烟规 4.1.2.1)。室内或走道的任一点至防烟区内最近排烟口的水平距离≤30.0 m，室内高度>6.0 m 时可增加 25%(烟规 4.1.9)。

☞ 厂房、仓库排烟口面积(烟规 4.3.6)：自动排烟窗 2% 地板面积；手动排烟窗 5% 地板面积；固定采光带见烟规 4.3.8。

☞ 烟规 4.3.7：室内净高＞6.0 m 时，高度每增加 1.0 m，排烟口面积可减少 5％，但至少是 1‰地板面积。低规 9.2.4：需机械排烟，层高＞6.0 m 则应设防烟分区(每区 500 m²)。

☞ 应设喷淋的民用建筑和工业建筑见低规 8.5.1。

☞ 平均建筑面积＞150 m²/户的住宅的公共部位设喷淋(上海市民用建筑水灭火系统设计规程 DGJ 08−94—2007 的 4.2.2.21)。

☞ 通风效应，早上低风速条件下，起居室有穿堂风，2～8 min 达卫生标准，无空气对流要 40 min 才达标(上海工程建设 200303)。

☞ 从中医观点说，通风是去湿的最有效措施，有利于预防 SARS 等疾病(新民晚报 20050527)。

☞ 日照效应，见中小学校建筑设计规范 GBJ 99—86 的 2.3.6 说明。

☞ 汽火规 8.2.2/烟规 4.1.6：防烟区面积 2 000.0 m²，挡烟垂壁高 500 耐火 1 h。烟规规定边长 0～75 m。

☞ 低规 9.4.2/高规 5.1.6/下规 4.1.6：防烟区面积 500.0 m²，挡烟垂壁高 500 耐火 1 h。净高 6.0 m 以上，可以不受限制。

☞ 烟规 4.1.6：防烟区面积 2 000.0 m²，长边不大于 60.0 m。室内高度＞6.0 m，长边不大于 75.0 m。上海地区选用本规定。

☞ 地下车库防烟区 2 000 m²，挡烟垂壁高 500 耐火时间 1 h(汽火规 8.2.2)。

5.27.4 朝向/日照

☞ 提示1：每套住宅至少应有 1 个居住空间获得冬季日照(住法 7.2.1/4.1.1/2011 住规7.1.1)，老年人住宅不应低于 2 h 冬至日照(国规 5.0.2/通则 5.1.3)。住宅有 4 个或以上居住空间时宜有 2 个获得日照(住规 5.1.1)。

☞ 提示2：高层住宅小、中套有 1 个，大套有 2 个居住空间的，冬至满窗日照至少 1 h(上标 3.2.1)；无论高层还是多层，小、中套有 1 个，大套有 2 个居住空间向南，或南偏东或西 35°[特殊 45°(上标指南第 23 页有解释)(上标 4.1.4)]。

☞ 提示3：(居住)建筑的朝向宜朝南或南偏东或西 35°(上住节标 5.1.1)。

☞ 提示4：各个朝向的有效日照时间见上规附录一的 16(2003 年版)。

☞ 提示5：日照杀菌效果见国校规 2.3.6 说明。

☞ 提示6：离地 0.80 m 以下的采光口不计入有效采光面积，上部有 1.0 m 遮挡物的打 7 折，天窗×2.5(通则 7.1.2)。

☞ 提示7：关于日照的具体计算规定见市规划局沪规法[2003]482 号附文。

☞ 提示8：在松江、海港、安亭、朱家角等一城九镇允许建 15％的东西方向住宅作试点(沪建建[2002]714 号)。

☞ 提示9：关于"窗子越小越容易满足满窗日照"的问题，本人以为应结合以下几个方面综合考虑：① 房子的精确朝向；② 满足允许朝向条件下的窗地比的最小窗户；③ 窗台不小于 800；④ 考虑遮挡；⑤ 有效日照时间；⑥ 经过计算。这个问题在品字形住宅两侧单元常会遇到，只有上述几条都满足了才行。

☞ 通则 5.1.3→国规 5.0.2：住宅有 1 个居室，宿舍有 1/2 以上居室，冬至满窗日照至少 1～3 h(不同地区)。

☞ 通则 5.1.3.2：宿舍半数以上的居室同住宅日照要求。

☞ 通则 5.1.3.3：托儿所、幼儿园主要生活用房 3 h。

☞ 通则 5.1.3.4：老年人住宅、残疾人住宅的卧室、起居室，医院、疗养院至少有 1/2 以上病房和疗养室，中、小学 1/2 以上教室 2 h。注意老年人住宅、残疾人住宅的卧室、起居室是全部。

☞ 上规 27：住宅及其他居住建筑 1 h，独立低层住宅的居室要有 2 h。对低层住宅，国规无此要求，只是净密度不同（住规 5.1.2/5.1.3/城市居住区规划设计规范 GB 50180—1993 的 5.0.6.1/5.0.6.2）。

☞ 上规 30：医院、疗养院住宿楼，托儿所、幼儿园、大中小学教育楼，浦西内环内 2 h，其余 3 h。

☞ 住规 7.2.1：每套住宅至少有 1 个居室获得冬季日照，但没有具体时数要求（因地域广大，不便规定）。

☞ 住规 5.1.1：住宅有 4 个或以上居住空间时宜有 2 个获得日照。

☞ 上标 3.2.1：高层住宅的 1～2 个居室获得日照 1 h。

☞ 上标 3.2.2：多层住宅以间距 1.0～1.2H_s 控制日照。

☞ 沪建标定［2002］23 号：上海 >30 m² 的起居室两边有窗者认作 2 个基本空间，一边有窗者认作 1 个空间。

☞ 幼规 3.1.7：托儿所、幼儿园的生活用房 3 h。

☞ 上幼标 4.2.5：幼儿园内环内 2 h，内环外 3 h，室外场地 1/2 面积在标准建筑日照阴影线以外。

☞ 校规 4.3.3：南向教室日照 2 h。两排教室长边和教室长边同运动场之间的间距 25.0 m。

☞ 上校标 3.4.2：学校教育楼内环内 2 h，内环外 3 h，运动场地日照 1/2 面积以上 2 h。

☞ 【上规附录一的 16（2003 年版）】日照有效时间表。

建筑物朝向	日照有效时间	建筑物朝向	日照有效时间
正南向	9:00～15:00		
南偏东 1°～15°	9:00～15:00	南偏西 1°～15°	9:00～15:00
南偏东 16°～30°	9:00～14:30	南偏西 13°～30°	9:30～15:00
南偏东 31°～45°	9:00～13:30	南偏西 31°～45°	10:30～15:00
南偏东 46°～60°	9:00～12:30	南偏西 46°～60°	11:30～15:00
南偏东 61°～75°	9:00～11:30	南偏西 61°～75°	12:30～15:00
南偏东 76°～90°	9:00～10:30	南偏西 76°～90°	13:30～15:00

注：朝向角度取整数，小数点四舍五入。

☞ 【幼规 3.1.7】托儿所、幼儿园的生活用房应布置在当地最好日照方位，并满足冬至日底层满窗日照不少于 3 h（小时）的要求，温暖地区、炎热地区的生活用房应避免朝西，否则应设遮阳设施。

☞ 【校规 2.3.6】建筑物的间距应符合下列规定：

一、教学用房应有良好的自然通风。

二、南向的普通教室冬至日底层满窗日照不应小于 2 h。

5.28　隔声

☞ 隔声量（指南第 318 页）指墙或其他构件一侧的入射声能与另一侧透射声能相差的分贝数。

☞ 计权隔声量（隔声指数）（指南第 318 页）从 100～3 150 Hz 频率段的隔声量通过特定的评价方法求得的单一隔声量。

☞ 环境噪声（指南第 301 页表 6-2）。

☞ 室内允许噪声级见通则 7.5.1/住法 7.1.1/7.1.2/7.1.3/技措 10.9.1/上海住宅设计标准应

用指南 6.1。技措 10.9.1 与通则 7.5.1 的分级不同(通则 7.5.1 的分级→上海住宅设计标准应用指南 6.1)。

城市环境噪声标准

类　别	昼　间	夜　间	适　用　区　域
0	50	40	疗养区、高级别墅、高级宾馆区
1	55	45	居住文教区
2	60	50	住商工混杂区
3	65	55	工业区
4	70	55	干道河道铁路两侧

☞ 关于室内允许噪声级(通则 7.5.1),住宅要求较高,旅馆客房、医院病房相当于住宅;办公楼、商业建筑、学校的室内允许噪声都次于住宅(通则 7.5.1);工业建筑(除特殊要求者外)更无噪声具体要求。笔者认为,对于旅馆客房、医院病房、办公楼、商业建筑、学校、社区中心、体育建筑等有节能要求的公建,只要满足节能要求,它们的外窗应当同时也能满足隔声要求。比如:① 单框双层玻璃的窗隔声量 30 dB(指南第 311 页);② 铝合金双玻璃的窗隔声量 29~33 dB(指南第 312 页表 6-12);③ 双层窗的窗隔声量(6+100+6)40 dB(指南第 311 页表 6-12);④ 夹胶玻璃的窗(10+10)隔声量>40 dB(指南第 312 页)。

☞ 空气声计权隔声见指南第 304 页住法 7.1.3。

☞ 住宅外窗空气声计权隔声量(上标指南第 318 页)不应大于 30 dB(上标 6.1.3/苏标 5.4.2)。

☞ 隔声薄弱环节——窗(指南第 307、312 页和第 311 页的表 6-12)。以目前情况说,外墙的空气声计权隔声量大都≥45 dB(指南第 308 页表 6-10),满足隔声要求(住法 7.1.3)。外围护结构隔声薄弱环节是窗(指南第 307 页)。住宅外窗空气声计权隔声量不应小于 30 dB(住法 7.1.3)。其他类型建筑均未提及外窗空气声计权隔声量。因此,大体上只能将设计建筑的性质和住宅作比较,推测其外窗空气声计权隔声量比住宅外窗空气声计权隔声量大还是小。同时结合节能对外窗的要求,而后推测行还是不行。

☞ 上标指南第 312 表 6-12 和第 413 页表 7-9/10/11/12 大体上表明双玻璃、中空玻璃或双层窗都能满足隔声要求,介于 2~3 级。

5.29　无障碍设计

住宅无障碍设计更应关注下列一些内容(住法 5.3.1-4):

☞ 无障碍电梯(上残 19.10/残规 7.7.2):电梯厅深 1 800 mm,最小轿箱 1 400 mm×1 100 mm(此条已经被住法 5.3.1-1 取消)。

☞ 大型商场设无障碍电梯(残规 5.1.2/7.7.2/上残 8.1.6/8.1.16)。

☞ 建筑入口不等于无障碍入口。

☞ 残规 7.1:无障碍入口内容包括坡道(坡度 1/50)、无台阶、有雨罩。

☞ 上残 19.5/19.4:建筑入口内容包括坡道和扶手、平台或门斗[平台深 1 500~2 000 mm(住法 5.3.2),门斗深 1 200~1 500 mm]、雨罩。

☞ 上残 19.3.1/残规 7.2.4~7.2.8:坡道坡度 $I=1/12$,困难时可 1/10~1/8(通则 6.6.2.3)。坡道宽度户外 $W=1 200$ mm(就近有台阶可供走人的情况)或 1 500 mm(只有坡道,就近没有台阶可供走人的情况),户内 1 000 mm,一步至多高 0.75 m,长 9 000 mm,平台宽 $W≥1 500$ mm[两个方向都要 1 500 mm(残规 7.4.2 图示)]。

☞ 01 残规 7.3.3/7.12.7.5/12 残规 3.5.3.7/3.12.2/上残 19.8.3：人行通路上的高差≤15 mm，并以斜面过渡。到了非通路的室内，也是如此限制。

☞ 残规 7.6.1：栏杆高度 850 mm，650 mm 且底端 50 mm 不留空，外伸 300 mm。

☞ 上残 19.11.2.1：栏杆高度 900 mm，650 mm 且底端 100 mm 不留空，外伸 300 mm。

☞ 公用门净宽(残规 7.4.1)800 mm(平开门)或 1 000 mm(自动门)(住法 5.3.2)。

☞ 公用门净宽(上残 19.7)850 mm(平开门)或 1 000 mm(自动门)在过道的情况，门边有 500 mm 余地。

☞ 无障碍厕所门净宽 800 mm(上残 19.16.6)。

☞ 走道宽度：大、中、小建筑分类见上残 9.1。

☞ 残规 7.3.1：小型公建 1 200 mm(净)、中型公建 1 400 mm、大型公建 1 800 mm。

☞ 上残 19.8.1：中、小型公建(净)1 500 mm、大型公建 1 800 mm、居住 1 200 mm。

☞ 住法 5.3.4：住宅供轮椅通行走道≥1 200 mm。

☞ 无障碍楼梯宽度(上残 19.9/残规 7.5.1)：居住 $W=1$ 200 mm，公建 1 500 mm。

☞ 楼梯踏步：居住建筑 $B \times H=260$ mm×161 mm，公共建筑 280 mm×150 mm。一定要有平台，平台不能为圆弧形。踏步不能透空，口上不能突出，边帮 100 mm(上残 19.9.2)。

☞ 无障碍住房(上残 14.5/残规 7.12/苏规 7.4.1.5)面积：卧室、起居室、浴室、厨房面积超常，浴室面积≥4.5 m^2。走道宽度≥1 200 mm。阳台进深≥1 500 mm。

☞ 无障碍住房数量(沪建标定[2004]0027 号/上标 5.5.2)：

上残 14.3.2/14.2.1/14.2.2：中高层住宅、高层住宅及公寓宜设占总套数的 4% 的无障碍住房。低多层(上标 5.5.2)为无电梯的住宅，宜占总套数的 10% 设入口无障碍设计，低多层总套数的 4% 无障碍住房。上标 4.0.6/上残 14.1.2：设有电梯的住宅入口设残疾人坡道。苏标 7.4.1：江苏低多层≤6 层，即使有电梯的住宅也不强制执行无障碍设计。上海与江苏不一样。

☞ 上残 14.2 说明：独立别墅或连体别墅的无障碍设计可按业主要求单独改造，不列入上残 14.2 的要求。

☞ 残规 7.8.1.3：新建无障碍厕位 1 400 mm×1 800 mm。

☞ 残规 5.1.1～5.1.6：政府机关、大型商业与服务设施、大型文体建筑、交通医疗建筑、大型园林设无障碍厕位。

☞ 上残 19.16/15：无障碍厕所大小 2 000 mm×2 000 mm，无障碍厕位大小 2 000 mm×1 500 mm。

☞ 住宅及各类公建无障碍设计内容(残规 5.2/5.1/上残)分门别类详细叙述。

☞ 上残 17.0.2/3：停车场无障碍车位 2～8 个，特大停车场 2%。尽可能设在地面。

5.30 建筑面积计算

建筑面积计算规则见《建筑工程建筑面积计算规范》(GB/T 50353—2005)。

☞ 提示 1：建筑面积计算，实际操作中零碎问题多多，没有明确的答案。遇到这种情况，建议将何部位、多少面积、如何处理作简单文字说明，这样如有修改或别人接手都非常方便。

☞ 提示 2：2005 年 7 月 1 日起执行《建筑工程建筑面积计算规范》("国面规")(GB/T 50353—2005)。

☞ 面积计算规则表：

序号	项目		条 目	相 关 规 定	说 明
1	高度		3.0.1.1	层高≥2 200 mm,全算;层高<2 200 mm,算一半	
2	保暖层	面积计算	3.0.22/住规3.5.2.4/上标8.0.3.4	从外保暖层外边线计算建筑面积	
		容积率	沪规发[2005]1180号	外保暖层面积不计入容积率和建筑密度	
		间距	沪规发[2005]1180号	外保暖层计入墙体厚度,然后计算建筑间距及退界(操作上有困难)	
3	幕墙	围护性	3.0.21/2.0.13	直接作为外墙起围护作用的幕墙,从幕墙外边线计算面积	
		装饰性	3.0.21/2.0.14	设在外墙外只起装饰作用的幕墙,不计	
4	架空层		参照3.0.6	有围护结构的,加以利用者(私用),层高≥2 200 mm的,全算。有围护结构的,加以利用者(私用),层高<2 200 mm者,算一半。无围护结构的,加以利用(私用),算一半。不加以利用(私用)的,不计	建议将架空层面积单独列项,写明全算还是算一半,以便将来修正
			上规附录二的2.5	加以利用(公用),无围护结构的,算一半。计入总建筑面积,但不计入容积率	规范未对典型的公益性架空层的面积算法加以明确
	设备层		上规附录二的1	在容积率计算时,层高≤2 200 mm的设备层不计入总建筑面积。设备层兼作避难层的,层高可适当放宽	上海2010年出台面积计算修订稿,高度≥2 200 mm的设备层不计入总建筑面积。其中高度=2 200 mm时与原规定有矛盾。设备层兼作避难层的,层高可适当放宽。兼作避难层的但处于非专门避难层的,计入总建筑面积
			3.0.24	设备层不应计算建筑面积	
	层高≤2 200 mm的储藏室层		可参考3.0.3	没有明确针对储藏室层的规定。但参考3.0.3,计一半,较为合理	
5	露台(天台)		3.0.24	露台是利用上人屋面的一种形式,不计面积	
	阳台		3.0.18	无论凹凸,均算一半	上海2010年出台面积计算修订稿,阳台进深限1 800 mm,宽度限同相应的一间。超出此范围者,面积全算
6	外走廊、挑廊、檐廊、门廊、门斗		3.0.11/2.0.5/2.0.6	有围护结构的,全算。有顶盖而无围护结构者,算一半。此地的外走廊、挑廊、檐廊,指平面上有水平交通意义的,而非装饰性的。无顶盖也无围护结构,只有地板的天桥的面积如何算?此种情况不算面积(参考3.0.17)	有顶盖无围护结构的(只有栏杆而无门窗),如中、小学校外走廊,似算一半为宜
7	门厅、大厅、中庭	地面层	3.0.7	只按一层计算面积	独立式住宅,商业或办公建筑的门厅、大厅回廊、走廊、剧场等不受层高5.6 m的限制(上海市建筑面积规划暂行规定意见稿2011)
		回廊	3.0.7	回廊按结构底板水平面积计算	
8	入口雨篷		3.0.16	无论有无柱子,均以顶盖出挑尺寸而论。出挑≤2 100 mm者,不计;出挑>2 100 mm者,按整个顶盖水平投影的一半计算	

(续表)

序号	项目		条　目	相　关　规　定	说　明
9	独立棚架、车棚、货棚、站台、加油站、收费站		3.0.19	以顶盖水平投影一半算	
10	室内变形缝		3.0.23	按自然层计算面积	
	高低跨内变形缝		3.0.20	计入低跨计算面积	
11	倾斜剖面外墙		3.0.14→3.0.1.2	向内倾斜者：层高≥2 200 mm，全算；层高<2 200 mm，算一半。 向外倾斜者，从底板边缘算起	
12	天	屋顶、楼梯间、水箱间、电梯机房	3.0.13	层高≥2 200 mm，全算；层高<2 200 mm，算一半	上海屋顶层面积不超过标准层建筑面积的1/8时，可不计入容积率[上规附录二的2(1)]
		坡顶空间	3.0.1.2/3.0.4	利用者（有固定楼梯上去者）：层高>2 100 mm，全算；层高1 200～2 100 mm，算一半。 不利用者（无固定楼梯上去者），不算。层高<1 200 mm者，不算	
	地	半地下室、地下室	3.0.5	按外墙上口外边线计（不包括无永久性顶盖的出入口、采光井、外墙防潮层及其保护墙）	注意出入口有无永久性顶盖。有永久性顶盖者则计入
			上规附录二的2.1/2	地下室或出地不足1.0 m者，其面积不计入容积率。超过1.0 m者，打折计入。 计算小区容积率的总建筑面积时，不包含地下室面积[离地面≥1.00 m者打折，$S_{计入}=S_{地下}\times H_1$（高出地面距离）$/H$（地下室层高）][上规附录二的2(1)]	
13	楼梯	户内楼梯间、电梯井、管井、通风井、垃圾井、附墙烟囱	3.0.15	按自然层计算。 楼梯联系建筑物内有不同层数者，以自然层较多一侧的层数计算（国面规3.0.15说明）	不管梯井多大，户内楼梯间按自然层计算（笔者认为）。大的梯井不扣面积，对用户确实有点不公
		户外有顶盖楼梯	3.0.17	按自然层水平投影一半计算	室内敞开楼梯可参考户外有顶盖楼计算（笔者认为）
		户外无顶盖楼梯	3.0.17说明	无顶盖时不计（单层或楼梯顶层可能有此种情况）。但非顶层，即按照有顶盖自然层水平投影一半计算	
14	不计面积的项目		3.0.24	(1) 建筑物通道（骑楼、过街楼的底层）。 (2) 设备层。 (3) 屋顶水箱、花架、凉棚、露台、露天泳池。 (4) 操作平台、安装平台。 (5) 勒脚、附墙柱（非结构柱的装饰性柱子）、垛、墙面抹灰、装饰面、空调机平台、飘窗、构件、配件、装饰性（与室内不连通）阳台、（装饰性的无平面交通意义的）挑廊。 (6) 无盖架空走廊、户外消防钢梯。 (7) 自动扶梯。 (8) 独立烟囱、烟道、地沟、水塔、贮池、贮仓、栈桥、地下人防通道、地铁隧道	上海2010年出台面积计算修订稿，规定飘窗底面离地≥500 mm，飘窗高度<2 200 mm，外挑≤500 mm。符合上述条件者不计面积。否则，计入建筑面积

（续表）

序号	项目		条 目	相 关 规 定	说 明
15	其他	局部楼层	3.0.2		
		书库	3.0.9		
		灯光控制室	3.0.10		
		场馆看台	3.0.11/12		
16	层高限制或折算	住宅	住宅→上规51/沪规法[2004]1262号	住宅的层高不得高于3.60 m,层高大于2.2 m的部分必须计算建筑面积,并纳入容积率计算	
		商店、办公	沪规法[2004]1262号	层高≥5.6 m的商业(影院、剧场、独立大卖场等另有规定)、办公建筑在计算容积率指标时,必须按每2.8 m为一层折算建筑面积,纳入总建筑面积合计,禁止擅自内部插层建筑	
		党政机关办公	党政机关办公用房建筑标准的通知27	党政机关办公建筑层高,多层不宜超过3.30 m,高层不宜超过3.60 m	
		公寓式办公	沪规区[2008]269号	公寓式办公建筑层高应不超过4.50 m	
17	相关概念	使用面积	住规3.5.2.1/3/上标8.0.2/苏标11.0.2/11.0.4的套内墙体面积算法/技措附录3	使用面积指各功能空间墙体内表面范围之内的面积。功能空间包括储藏、套内交通部分如过道、套内楼梯,不包括烟囱、风道及各种管井及公共走道和公共楼梯	
		标准层使用面积系数	住规3.5.2/上标8.0.2/苏标11.0.2/技措附录3	标准层使用面积系数等于标准层使用面积除以标准层建筑面积	上标套内建筑面积和使用面积包括阳台,苏标则单列
		相邻单元面积	住规3.5.2.4/上标8.0.2.3/苏标11.0.2.4/11.0.4.3	相邻单元的建筑面积算到轴线为止(不同类别的建筑面积可参考)	
		容积率	国规2.0.29/上规附录二的2.1/2/5	容积率(建筑面积毛密度)=地上建筑面积总和/建筑基地面积。 计算小区容积率,不算建筑面积的当然不包括在内(在上海,不包括设备层面积)。还要注意,有算入总建筑面积但不计入容积率的情况(在上海,地下室、架空层和屋顶层面积也都不包括在内)。 层高<2 200 mm的地下室、半地下室,半地下室出地面不足1.0 m者不计入容积率,但算在总建筑面积内(上面规二/8)。地下室出地面1.0 m以上者打折计入容积率(上规附录二的1/2)	建筑物室外地面标高不一致的,计算容积率时,以较低者为准(上海市建筑面积规划暂行规定意见稿2011)
		超额	沪规查[2004]34号附件2	单体面积超额应控制在1%以内	
		平行关系相关规范章节	住规5.3/上标8/江阴市建筑工程容积率计算规定20070831		

☞ 标准层使用面积系数等于标准层使用面积除以标准层建筑面积(住规3.5.2/上标8.0.2/苏标11.0.2/技措附录3)。

俗话中的得房率未见到文字说明,估计与标准层使用面积系数有关。

标准层使用面积系数所牵涉的面积只以标准层为范围,不包括标准层之外的公有面积因素。

标准层建筑面积除各套内面积还包括公共楼梯间、公共走道和公共管井等,总之沿标准层外边线(或共用墙的中线)画 PL 线所得的面积。

☞【住规 3.5.2】住宅设计技术经济指标计算,应符合下列规定:

1. 各功能空间面积等于各功能使用空间墙体内表面所围合的水平投影面积之和。

2. 套内使用面积等于套内各功能空间使用面积之和。

3. 住宅标准层总使用面积等于本层各套型内使用面积之和。

4. 住宅标准层建筑面积,按外墙结构外表面及柱外沿或相邻界墙轴线所围合的水平投影面积计算,当外墙设外保温层时,按保温层外表面计算。

5. 标准层使用面积系数等于标准层使用面积除以标准层建筑面积。

6. 套型建筑面积等于套内使用面积除以标准层的使用面积系数。

7. 套型阳台面积等于套内各阳台结构底板投影净面积之和。

☞【住规 3.5.3】套内使用面积计算,应符合下列规定:

1. 套内使用面积包括卧室、起居室(厅)、厨房、卫生间、餐厅、过道、前室、储藏室、壁柜等的使用面积的总和。

2. 跃层住宅中的套内楼梯按自然层数的使用面积总和计入使用面积。

3. 烟囱、通风道、管井等均不计入使用面积。

4. 室内使用面积按结构墙体表面尺寸计算,有复合保温层,按复合保温层表面尺寸计算。

5. 利用坡屋顶内空间时,顶板下表面与楼面的净高低于 1.20 m 的空间不计算使用面积;净高在 1.20~2.10 m 的空间按 1/2 计算使用面积;净高超过 2.10 m 的空间全部计入使用面积。

6. 坡层顶内的使用面积单独计算,不得列入标准层使用面积和标准层建筑面积中,需计算建筑总面积时,利用标准层使用面积系数反求。

☞【住规 3.5.4】阳台面积应按结构底板投影面积单独计算,不计入每套使用面积或建筑面积内。

☞ 下面规定仅供参考:最新商品房面积计算规则自 2003 年 5 月 1 日起执行。但据了解,暂时还不能作为设计文件计算面积的根据。

☞【上海市房屋建筑面积计算及共有建筑面积分摊规则】

一、一般规定

1. 房屋面积计算系指外围水平面积及水平投影面积计算,其中包括房屋建筑面积、共有建筑面积、使用面积等的测算。

2. 房屋建筑面积计算按房屋外墙(柱)勒脚以上各层的外围水平投影面积,包括阳台、挑廊、地下室、室外楼梯等,且层高 2.20 m(含 2.20 m,下同)以上的永久性建筑。

3. 房屋共有建筑面积系指各产权人共同占有或共同使用的建筑面积。

4. 房屋使用面积系指房屋户内全部可供使用的空间面积,按房屋的内墙面水平面积计算。箱间不计层数。

5. 房屋所在层次是指本权属单元的房屋在该幢楼房中的第几层。地下层次以负数表示。

二、计算全部建筑面积的范围

1. 永久性结构的单层房屋按一层计算建筑面积。单层房屋内如带有部分楼层者,符合规则一般规定的亦应计算建筑面积。

2. 多层和高层房屋按各层建筑面积的总和计算。

3. 房屋内的技术层(管道层、附层、夹层等)层高在 2.20 m 以上的按其墙外围水平面积计算。

4. 穿过房屋的通道,房屋内的门厅、大厅均按一层计算建筑面积。门厅、大厅内的回廊部分,层高在 2.20 m 以上的,按其水平投影面积计算建筑面积。

5. 楼梯、楼梯间、电梯(观光梯)井、提物井、垃圾道、管道井等均按房屋自然计算建筑面积。

6. 属永久性结构有上盖的室外楼梯,按各楼层外围水平投影面积计算。

7. 房屋天面上属永久性建筑,层高在 2.20 m 以上的楼梯间、水箱间、电梯机房按外围水平面积计算。

8. 原始设计斜面结构屋顶下加以利用的空间,高度在 2.20 m 以上的部位,按其外围水平投影面积计算。

9. 挑楼、全封闭的阳台按外围水平投影面积计算。

10. 与房屋相连的有柱走廊、两房屋间有上盖和柱的走廊,均按柱外围水平面积计算。

11. 房屋间永久性的、封闭的架空通廊,按外围水平投影面积计算。

12. 层高在 2.20 m 以上的地下层(地下室、半地下室、地下车库、地下商场等)及其相应出入口,按其外墙(不包括采光井、防潮层及保护墙)外围水平面积计算。

13. 有柱或围护结构的门廊、门斗,按其柱或围护结构外围水平面积计算。

14. 玻璃幕墙、金属幕墙以及其他材料幕墙等作为房屋外墙的,按其外围水平面积计算建筑面积。既有主墙体又有幕墙时,以主墙体为准计算建筑面积。其墙厚亦按主墙体厚度计算。

15. 属永久性建筑层高在 2.20 m 以上有柱的车棚、货棚等按柱外围水平面积计算。

16. 与房屋相通的有柱雨篷按柱外围水平面积计算。雨篷上盖面积小于柱外围水平面积时,按上盖水平投影面积计算。

17. 室内体育馆按实际层数计算建筑面积。体育馆(场)看台下空间加以利用的,高度在 2.20 m 以上的部位,按其外围水平投影面积计算建筑面积(多层按多层计)。

18. 机械车库不论其高度和停放层数,均按一层计算。

19. 依坡地建筑的房屋,利用吊脚做架空层有围护结构的,按其高度在 2.20 m 以上部位的外围水平投影面积计算。

20. 房屋的伸缩缝,若与室内相通的,伸缩缝计算建筑面积。

三、计算一半建筑面积的范围

1. 与房屋相连有上盖无柱的走廊、檐廊,按其围护结构外围水平面积的一半计算。

2. 独立柱、单排柱的门廊、雨篷、车棚、货棚等,按其上盖水平投影面积的一半计算。

3. 未封闭的阳台、挑檐,按其围护结构外围水平投影面积的一半计算建筑面积。当围护结构向内倾斜时,按围护结构上沿外围水平投影面积的一半计算建筑面积;当围护结构向外倾斜或外凸时,按底板外沿水平投影面积的一半计算。

4. 无顶盖的室外楼梯按各楼层外围水平投影面积的一半计算。

5. 有顶盖不封闭的架空通廊,按其外围水平投影面积的一半计算。

四、不计算建筑面积的范围

1. 层高小于 2.20 m 的房屋及房屋附属部位。

2. 突出房屋墙面的构件、配件、装饰柱、垛、勒脚、台阶、无柱雨篷等,以及有主墙体的玻璃幕、金属幕及其他材料幕墙。

3. 房屋之间无上盖的架空通廊。

4. 房屋的天面、挑台,房屋天面上的花园、泳池。

5. 顶层挑台的底板局部是下层房屋的上盖时,挑台整体不计算建筑面积。

6. 房屋的平台、花台、晒台及与室内不相通的类似于阳台、挑廊、檐廊等。

7. 建筑物内的操作平台、上料平台及利用建筑物的空间安置箱、罐的平台。

8. 骑楼、过街楼的底层用作道路街巷通行的部分;临街楼房挑廊下用作社会公共通道的,不论其是否有柱,是否有围护结构,都不计算建筑面积。

9. 屋面上有柱有盖但无围护结构的一些观景建筑设施。

10. 利用引桥、高架路、高架桥路面作为顶盖的建筑。

11. 广场式室外楼梯。

12. 独立烟囱以及亭、塔、罐、池、地下人防干、支线。

13. 与房屋室内不相通的房屋间伸缩缝。

5.31 ±0.00 的确定

☞ 工总 6.2.2/技措 3.1.4.7:场地地面至少高出设计洪水位 0.50～1.0 m。当然还有别的设计因素。设计洪水位 50 年一遇还是 100 年一遇未见规定,大概应该视建筑物的重要程度而定。

☞ 工总 6.2.4/技措 3.1.4.10/地规 6.0.1:±0.00 高出场地 0.15 m。

☞ 通则 4.1.3.3:基地地面宜高于相邻道路最低高程。设计场地地面标高时,建议建筑人员及时征求给排水人员意见。

☞ 参考 1:只有人员出入时,±0.00 高出门口路面 0.30～0.90 m(常用 0.45～0.60 m)。

☞ 参考 2:门口路面的纵坡 0.5%～6%(常用 1%～3%)。

☞ 城竖规 8.0.2/技措 3.1.4.9:场地地面比最低路面高出 0.20 m。

☞ 室外地面标高,一般以周边城市道路中心标高 +0.3 m 控制,如遇一条以上道路的,以最低者为准(上海市建筑面积规划暂行规定意见稿 2011)。

☞ 住法 4.5.1:场地地面排水坡度不应小于 0.2%。

☞ 技措 3.2.3:场地地面排水坡度不宜小于 0.2%。

☞ 通则 5.3.3:建筑底层入口处采取措施防止地面水回流。

☞ 参考 87 通则 3.3.3:建筑底层地面应高出室外地面 0.15 m。

☞ 通则 5.3.1:小区道路的纵坡 0.2%～0.8%,横坡 1.0%～2.0%。>5%时,建议做截流沟,如镇江龙山豪园。

☞ 占地面积不大,且地形平坦者,(场地设计)可只定出 ±0.00 标高,建筑物室外四角及场地内部道路交叉点标高。

☞ 上海用吴淞高程基准,上海以外用 56 黄海高程,两者相差 1.688 m。56 黄海高程 +1.688 m= 吴淞高程(城市用地竖向规划规范 JJ 83—1999 的 3.0.7)。还有其他基准。据说现在全国统一用黄海高程,但尚未找到根据。

☞ 运动场地排水坡度见技措 3.2.4。

☞【通则 5.3.1】建筑基地地面和道路坡度应符合下列规定:

1. 基地地面坡度不应小于 0.2%,地面坡度大于 8%时宜分成台地,台地连接处应设挡墙或护坡。

2. 基地机动车道的纵坡不应小于 0.2%,亦不应大于 8%,其坡长不应大于 200 m,在个别路段可不大于 11%,其坡长不应大于 80 m;在多雪严寒地区不应大于 5%,其坡长不应大于 600 m;横坡应为 1%～2%。

3. 基地非机动车道的纵坡不应小于 0.2%,亦不应大于 3%,其坡长不应大于 50 m;在多雪严寒地区不应大于 2%,其坡长不应大于 100 m;横坡应为 1%～2%。

4. 基地步行道的纵坡不应小于 0.2%,亦不应大于 8%,多雪严寒地区不应大于 4%,横坡应为 1%～2%。

5. 基地内人流活动的主要地段,应设置无障碍人行道。

注:山地和丘陵地区竖向设计尚应符合有关规范的规定。

5.32 超高层/避难层/设备层

(1) 高度>100 m 的超高层民用建筑,应设避难层(间)(通则 6.4.2)。

(2) 高度>100 m 的公共建筑,应设避难层(间)(高规 6.1.13)。

(3) 避难层高度间隔,不宜>15 层(高规 6.1.13)。

(4) 避难层(间)大小:5 人/m² (高规 6.1.13)。

(5) 要求:

☞ 楼梯间同层错位,或上下分开(高规 6.1.13)。

☞ 楼梯间可不同层错位,或上下分开(沪消发[2002]333 号)。有具体要求,开门设 FM 乙,门向避难层开。

☞ 净高≥2 000 mm(通则 6.4.3)。

☞ 避难层可以和设备层结合(高规 6.1.13.4)。

☞ 对高度≥2 200 mm 的设备层可不计建筑面积,对设备层兼作避难层的高度可适当放宽(上标附录二的 1)。

☞ 设备管道夹层不应计建筑面积(面规 3.0.24.2)。

☞ 应设消防电梯出口(高规 6.1.13)。

☞ 两个方向开窗(指南第 23 页)。

☞ 封闭避难层应设机械加压送风(高规 8.3.1)。

☞ 同层不得设置歌舞娱乐场所、商场及厨房(沪消发[2002]333 号)。

☞ 避难间同其余部分用防火墙隔开。利用裙房屋面作避难层或兼作设备层另有规定(沪消发[2002]333 号)。

5.33 地震

☞ 我国处于世界两大地震带(环太平洋地震带和欧亚地震带)之间,主要分布在五个地区 23 条地震带上。这五个地区是:① 台湾地区及其附近海域;② 西南地区,主要是西藏、四川和云南中西部;③ 西北、华北地区,主要在甘肃河西走廊、青海、宁夏、天山等地区;④ 华北地区,主要在太行山两侧、汾渭河谷、阴山-燕山、山东中部及渤海湾;⑤ 东南地区则集中在广东、福建等地。

☞ 上海并不处于任何一个地震带上,发生地震的概率比较小(解放日报 2008 年 6 月 2 日报道)。

☞ 建筑工程分甲、乙、丙、丁四个抗震设防类别(高结规 4.8.1/震标 3.0.2)。

甲类:特殊设防类,涉及国家安全或产生重大次生灾害者。

乙类:重点设防类。

丙类:标准设防类。

丁类:适度降低设防类。

☞ 乙类设防建筑包括特大、大型体育建筑(震标 6.0.3)、大型文娱建筑(震标 6.0.4)、大型多层商场(震标 6.0.5)、大型博物馆和特级甲级档案馆(震标 6.0.6)、大型展览馆(震标 6.0.7)、高层建筑≥8 000 人者(震标 6.0.11)。凡幼儿园、小学、中学的教学楼、食堂、宿舍不应低于乙类设防(震标 6.0.8),可以是甲类或乙类设防。

☞ 丙类设防建筑包括除甲、乙、丁类建筑以外的建筑,居住建筑不应低于丙类设防(震标6.0.12)。

☞ 建筑专业设计者只要根据建筑物使用性质指出建筑设防类别,具体的设防烈度由结构专业设计者去操作。

☞ 规范:《高层建筑混凝土结构技术规程》(JGJ 3—2002)、《建筑工程抗震设防分类标准》(GB 50223—2008)。

5.34 地面构造/住宅楼面装修层厚度

☞ 常用地面构造见指南7.4.1,解释比较清楚。注意底层实筑地面以及各层厨房、卫生间地面防潮。

☞ 楼地面面层厚度见技措表6.2.3。

☞ 住宅楼地面标高(结合面层厚度及地面标高落差)经验数据。

部　位	结构标高	装修完成面标高	毛坯房找平层面标高	构　造　简　述	说　明
客厅、卧室	H−70	H	H−50	浮筑木地板	全部降板70,毛坯房客厅、卧室、浴室、厨房、阳台找平层全为20
浴室、厨房	H−70	H−20	H−50		
阳　台	H−70	H−20/50	H−50		
门厅或走道	H−70	H−20			
楼梯间	H−70	H−40			

☞ 采暖楼地面构造(技措6.2.15.6.2):面层、找平层、填充层[当为卫生间等时,其上应设防水层(技措6.2.15.6.2/地面辐射供暖技术规程3.2.1.3)]、保暖层、防水层、R.C.基层或地面垫层[当为地面垫层时,其上应设防潮层(技措6.2.15.6.2/地面辐射供暖技术规程3.2.1.2)]。03J930-1图集中,分两种情况。一般情况保暖层下侧设防水层,遇卫生间等时,填充层上应再设防水层,上下同时设。为了保障下层住户利益,保暖层下侧的防水层不可省略。相应规范:《地面辐射供暖技术规程》(JGJ 142—2004)。

☞ 相关资料:技措6.2/建筑地面设计规范/江苏标准"施工说明"。

5.35 绿色建筑评判

依据规范:《绿色建筑评价标准》(GB/T 50378—2006)(绿标)。

● 概念:绿色建筑——在建筑的全寿命周期内,最大限度地节约资源(节能、节地、节水、节材)、保护环境和减少污染,为人们提供健康、适用和高效的使用空间,与自然和谐共生的建筑(绿标2.0.1)。

● 绿色建筑评价指标体系,分住宅建筑和公共建筑的两类。

每类指标包括控制项、一般项与优选项,并按其满足程度分三个等级(绿标3.2.1/3.2.2)。

(1) 时限(绿标3.1.2):投入使用一年之后才能评比/规划施工图阶段也可以。

(2) 分六大类(节地、节能、节水、节材、室内环境、运行管理),每类又分三个选项(控制项、一般项、优选项)。

(3) 评比的前提条件,控制项必须全部满足(细则1.2.1)。无论是使用一年之后还是规划施工图阶段评比其依据的标准是同样的。

（4）对一般项、优选项的评分（细则 1.3.3）：每类一般项、优选项各为 100 分，如其中有一项或几项不参与评分，应将其所占分数按比例分配到其他项目上，总分仍为 100 分。每条所占分数详见细则附表一。各类指标的重要程度不一，用其权值反映（细则 1.3.4）。

（5）对一般项不参与评分的分数转移的方法（细则 1.2.3）：以节地类为例子举例如下。

指标得分，因为一些项目不参与因而产生分数转移：

序号	设定分值	不参与评分项	分 数 转 移 1	调整最后指标得分	说　明
1	12	12	$92:100=12:X, X=1\,200/92=13$	13.1	
2	8				无利用旧建筑这一项，不参与评分
3	15	15	$92:100=15:X, X=1\,500/92=16.3$	16.3	
4	15	15	16.3	16.3	
5	8	8	$92:100=8:X, X=800/92=8.7$	8.7	
6	15	15	16.3	16.3	
7	12	12	13	13	
8	15	15	16.3	16.3	
总分	100	92	99.9	100	

（6）达标判定（绿标 1.2.3）：定性地分为三种情况——是、否和不参与。

（7）优选项不多，所有各类优选项满分加在一起共 100 分（细则 1.3.3）。

（8）如何计分：先看各项标准条文→评比内容→达标判定→指标分值设定→去掉不参与评比项目→指标分值重新设定，方法见第（5）条→小计指标分数的和→乘以权值→作为基本分的一部分，纳入基本分公式（细则 1.3.4）→把基本分再纳入总得分公式（细则 1.3.5）。

（9）各类指标的权值（细则 1.3.4）：

指 标 类 别	权　值	
	住　宅	公　建
节地	0.15	0.10
节能	0.25	0.25
节水	0.15	0.15
节材	0.15	0.15
环境	0.20	0.20
管理	0.10	0.15

（10）基本分（细则 1.3.4）＝各类一般项指标得分×权值（绿标 1.3.4 表）之后的和＋各类优选项指标得分×0.2 之后的和。所以，基本分的总和为 120 分（细则 1.3.5）。其中六项一般项指标，假使全部样样满分，乘以权值（细则 1.3.4）之后，仍为 100 分。六项指标的优选项，假使全部样样满分，加起来共计 100 分，乘以 0.2，得 20 分。100 分＋20 分＝120 分。

（11）总得分（细则 1.3.5）＝基本分＋创新分＋推广分＋效益分。

（12）为了提高效率，可以先查找六类控制项中各分项是否满足要求。如有，别的项目就可以不必再费心了。以各类控制项为例说明如下（以一个江阴项目为例）：

序号	条文	摘要	说明
1	绿标 4.1.3	用地指标	① 住宅占地面积 68 757 m²×(16.44/16.37)=68 757×89.55%=61 606 m²,且全部为高层。 ② 人均用地:61 606 m²/3 747 人=16.44 m²/人。 ③ 超标 16.44 m²/人>15.0 m²/人。 ④ 反过来,要满足 15.0 m²/人,增加入住人数才行。 ⑤ 少住了多少人:61 606 m²/15 m²/人=4 107 人。4 107 人-3 747 人=360 人。要满足 15.0 m²/人,则要增加入住人数 360 人才行,相当于 360 人/3.2(人/户)=113 户。 ⑥ 结论:要多住 113 户人家才能满足 15.00 m²/人这一用地标准
2	4.3.4	景观用水不用市政供水	
3	4.4.2	装饰物	
4	4.5.3	外窗隔声	
5	4.6.3	垃圾倾倒	
6	5.3.1	水质利用	
7	5.3.5	景观用雨水或再生水	
8	5.6.3	垃圾分类收集,不造成二次污染	

关于用地指标,此江阴项目超过指标较多,难以纠正,一锤定音。所以,别的项目就不必再多费心去看了。由此得出经验,绿色建筑概念应当从方案起就考虑。

(13) 节地类一般项/优选项得分表:

	序号	条文	内容摘要	标准分值	调整后分值	指标得分	权值	说明
一般项	1	4.1.9	公建共享	12	13.1	0		
	2	4.1.10	充分利用旧建筑	8				
	3	4.1.11	噪声控制	15	16.3	16.3		
	4	4.1.12	热岛强度	8	8.7	8.7		
	5	4.1.13	风环境	15	16.3	16.3	0.15	
	6	4.1.14	乔木数量	15	16.3	16.3		
	7	4.1.15	选址/出入口	12	13	13		
	8	4.1.16	透水地面	15	16.3	16.3		
	小计			100	100	78.2	0.15	
优选项	1	4.1.17	开发地下空间	3/9/15		9		43 170/163 705=26%
	2	4.1.18	利用废弃地	9		0	(0.2)	
	3							
	小计					9	0.2	
合计	● 该类基本指标得分=(该类基本指标各项得分之和×该类指标权值)+(该类优选项得分×0.2)。 ● 把共六类基本指标得分加起来,就是这个工程项目的基本分。 ● 这个工程项目的总得分(细则 1.3.5)=基本分+创新分(10 分)+推广分(10 分)+效益分(10 分) 该类基本指标得分=78.2×0.15+9×0.2=11.73+1.8=13.53							

（14）节能类一般项/优选项得分表：

	序号	条　文	内　容　摘　要	标准分值	调整后分值	指标得分	权值	说　　明
一般项	1	4.2.4	建筑热工	25				
	2	4.2.5	高效用能设备	15				
	3	4.2.6	集中空调设备	15				非集中空调不参评
	4	4.2.7	高效灯具	15				
	5	4.2.8	热能回收	10			0.25	非集中空调不参评？
	6	4.2.9	利用太阳能、地热能等	20				
	7							
	8							
	小计							
优选项	1	4.2.10	节约空调耗能为 80%/70%	9/15				
	2	4.2.11	再生能源占10%以上	15			(0.2)	
	3							
	小计							
合计	● 该类基本指标得分＝（该类基本指标各项得分之和）×（该类指标权值＋该类优选项得分×0.2）。 ● 把共六类基本指标得分加起来，就是这个工程项目的基本分。 ● 这个工程项目的总得分（细则1.3.5）＝基本分＋创新分（10分）＋推广分（10分）＋效益分（10分）							
	该类基本指标得分＝？							

（15）节水类一般项/优选项得分表：

	序号	条　文	内　容　摘　要	标准分值	调整后分值	指标得分	权值	说　　明
一般项	1	4.3.6	合理利用雨水	20				
	2	4.3.7	绿化洗车用非传统水	15				
	3	4.3.8	绿化利用喷灌微灌	15				
	4	4.3.9	再生水利用	15			0.15	
	5	4.3.10	缺水地区雨水利用	15				
	6	4.3.11	非传统水利用	20				
	7							
	8							
	小计							
优选项	1	4.3.12	利用非传统水30%	9/15				
	2						(0.2)	
	3							
	小计							
合计	● 该类基本指标得分＝（该类基本指标各项得分之和×该类指标权值）＋（该类优选项得分×0.2）。 ● 把共六类基本指标得分加起来，就是这个工程项目的基本分。 ● 这个工程项目的总得分（细则1.3.5）＝基本分＋创新分（10分）＋推广分（10分）＋效益分（10分）							
	该类基本指标得分＝？							

（16）节材类一般项/优选项得分表：

	序号	条文	内容摘要	标准分值	调整后分值	指标得分	权值	说明
一般项	1	4.4.3	就近取材	15			0.15	
	2	4.4.4	使用预拌R.C.	10				
	3	4.4.5	高性能R.C.	15				
	4	4.4.6	充分利用建筑废旧料	15				
	5	4.4.7	再循环利用建筑材料	15				
	6	4.4.8	土建装修一体化	15				
	7	4.4.9	废旧材料利用	15				
	8							
	小计							
优选项	1	4.4.10	良好的结构体系	8			(0.2)	
	2	4.4.11	再利用建材＞5％	10				
	3							
	小计							
合计	● 该类基本指标得分＝(该类基本指标各项得分之和×该类指标权值)＋(该类优选项得分×0.2)。 ● 把共六类基本指标得分加起来，就是这个工程项目的基本分。 ● 这个工程项目的总得分(细则1.3.5)＝基本分＋创新分(10分)＋推广分(10分)＋效益分(10分)							
	该类基本指标得分＝？							

（17）室内环境类一般项/优选项得分表：

	序号	条文	内容摘要	标准分值	调整后分值	指标得分	权值	说明
一般项	1	4.5.6	无视线干扰	10			0.20	
	2	4.5.7	外围护结构内表面不结露	10				
	3	4.5.8	东西墙表面温度	15				
	4	4.5.9	采暖设备可温控	15/25				
	5	4.5.10	外遮阳	25/15				
	6	4.5.11	通风换气/空气质量监测	20				
	7							
	8							
	小计							
优选项	1	4.5.12	卧室起居室利用改善空气质量的材料	5			(0.2)	
	2							
	3							
	小计							
合计	● 该类基本指标得分＝(该类基本指标各项得分之和×该类指标权值)＋(该类优选项得分×0.2)。 ● 把共六类基本指标得分加起来，就是这个工程项目的基本分。 ● 这个工程项目的总得分(细则1.3.5)＝基本分＋创新分(10分)＋推广分(10分)＋效益分(10分)							
	该类基本指标得分＝？							

（18）运行管理类一般项/优选项得分表：

	序号	条　文	内　容　摘　要	标准分值	调整后分值	指标得分	权值	说　　明
一般项	1	4.6.5	垃圾站清洗	14				
	2	4.6.6	智能化系统	16				
	3	4.6.7	绿化无公害治理	14				
	4	4.6.8	种树成活率90%	14			0.10	
	5	4.6.9	物业管理部门认证	14				
	6	4.6.10	垃圾分类回收	14				
	7	4.6.11	设备便于维修改造	14				
	8							
	小计							
优选项	1	4.6.12	垃圾处理	8				
	2						(0.2)	
	3							
	小计							
合计	● 该类基本指标得分＝（该类基本指标各项得分之和×该类指标权值）＋（该类优选项得分×0.2）。 ● 把共六类基本指标得分加起来，就是这个工程项目的基本分。 ● 这个工程项目的总得分（细则1.3.5）＝基本分＋创新分（10分）＋推广分（10分）＋效益分（10分）							
	该类基本指标得分＝？							

（19）各类一般项/优选项得分表通用表格：

_____类

	序号	条　文	内　容　摘　要	标准分值	调整后分值	指标得分	权值	说　　明
一般项	1							
	2							
	3							
	4							
	5							
	6							
	7							
	8							
	小计							
优选项	1							
	2						(0.2)	
	3							
	小计							
合计	● 该类基本指标得分＝（该类基本指标各项得分之和×该类指标权值）＋（该类优选项得分×0.2）。 ● 把共六类基本指标得分加起来，就是这个工程项目的基本分。 ● 这个工程项目的总得分（细则1.3.5）＝基本分＋创新分（10分）＋推广分（10分）＋效益分（10分）							
	该类基本指标得分＝？							

（20）绿色建筑总得分表：

序号	六 大 类 别		一般项得分	控制项得分	横向小计或说明
1	A	节地类	78.2	1.8	
2	B	节能类			
3	C	节水类			
4	D	节材类			
5	E	室内环境类			
6	F	运行管理类			
7	小计		每项满分100分,再×各项的权值,1～6 共六项满分仍为100分	六个控制项一共得分100分,再×0.2,1～6共六项满分为20分	
8	创新分(满分10分)				
9	推广分(满分10分)				
10	效益分(满分10分)				
11	总得分	公式1	1+2+3+4+5+6=7		
		公式2	7+8+9+10=11		
		总得分			

6 校审提纲

☞ 提示：平面复杂时，校对的方法就成了解决问题的关键。此时，可以用不同的颜色标出防火区范围、楼梯间及前室和走道。在这个基础上分清房间门应当为FM乙还是FM甲，哪里是防火墙？防火墙上的门用FM甲。逃生路线是否合理通畅？逃生距离是否合乎要求？然后，才深入到楼梯间在底层的特殊要求，要否直通户外？能否直通户外？深入到房间检查面积、疏散出口的个数、门的开向、门的种类、逃生距离。设备间的面积和门的个数、类别，以及消防电梯的位置等。对于可左可右的问题，宁可保守处理，以防与审图人有不同意见，避免不得不进行的修改。

6.1 工业建筑校对

6.1.1 厂房防火

（1）厂房生产类别分甲、乙、丙、丁、戊五类（低规3.1.1）。

（2）厂房防火等级：使用丙类液体的丙类厂房，面积＞500 m²，应为一、二级耐火等级（低规 3.2.4 3.3.6）。

丁类厂房，面积＞1 000 m²时，应为一、二级耐火等级（低规 3.2.4 3.3.6）。

独立的单层甲、乙类厂房，面积＜300 m²才能三级耐火等级（低规 3.2.3 3.3.5）。

（3）通用厂房凡丁、戊类，一律按丙类考虑（沪消发［2002］174号附件1.2/上海市公安局［2004］沪公消［建函］字192号施审七9）。常有改变建筑单体使用性质的情况，应有批文才能通过。

（4）应设喷淋的厂房与仓库（低规8.5.1.1/2）。

（5）防火区面积（低规 3.2.1 3.3.1）：甲类多层厂房3 000 m²；乙类多层厂房4 000 m²；丙类二级多层厂房4 000 m²；丙类二级单层厂房8 000 m²；丁、戊类多层厂房不限。

（6）楼梯个数：不少于2个（低规 3.5.1 3.7.2）。丙类多层厂房，只有当每层面积250 m²人数20人，或丁、戊类多层厂房每层面积400 m²人数30人以下时，可以1个楼梯或1个出口。

（7）楼梯类别：

☞ 开敞楼梯间：只有丁、戊类厂房才可以（低规 3.5.5 3.7.6）。

☞ 封闭楼梯间：用于甲、乙、丙类厂房和高层厂房（高度＞24.0 m，层数≥2）（低规 3.5.5 3.7.6）。

多层丙类厂房封闭楼梯间门用FM乙，高层厂房封闭楼梯间用FM乙（低规名词解释7.4.2.4）。

下规5.2.1：地下二层且埋深（从室外出入口地面算起）＜10.0 m的地下室楼梯封闭楼梯同样适用于丙、丁、戊类的车间或仓库（下规1.0.2）。

☞ 防烟楼梯间：高度＞32.0 m且人数＞10人，宜为防烟楼梯间或室外楼梯（低规 3.5.5 3.7.6）。

（8）最小梯宽：不宜小于1.10 m（低规3.7.5）。对于厂房，必要时由此限定最大班使用人数，并在图纸上用文字说明。

(9) 逃生距离：丙类多层一、二级耐火等级厂房的逃生距离为 60.0 m，丙类单层一、二级耐火等级厂房的逃生距离为 80.0 m（低规 ~~3.5.1~~ 3.7.4）。

库房的逃生距离只有出口数目限制而无距离限制（低规 ~~4.2.7~~ 3.8.1）。

(10) 消防电梯：>32.0 m 有电梯厂房（库房），每防火区设 1 台消防电梯（低规 ~~3.5.6~~ 3.7.7）。

(11) 厂房防火间距：一、二级耐火等级的乙、丙、丁、戊类厂房防火间距为 10.0 m。因不同情况而增减相当复杂，见条文（低规 ~~3.3.1~~ 3.4.1）或本书附图。

☞【低规 ~~3.3.1~~ 3.4.1】

厂房之间及其与乙、丙、丁、戊类仓库、民用建筑等之间的防火间距 (m)

名　　称		甲类厂房	单层、多层乙类厂房（仓库）	单层、多层丙、丁、戊类厂房（仓库）			高层厂房（仓库）	民用建筑		
				耐火等级				耐火等级		
				一、二级	三级	四级		一、二级	三级	四级
甲类厂房		12.0	12.0	12.0	14.0	16.0	13.0	25.0		
单层、多层乙类厂房		12.0	10.0	10.0	12.0	14.0	13.0	25.0		
单层、多层丙、丁类厂房	一、二级	12.0	10.0	10.0	12.0	14.0	13.0	10.0	12.0	14.0
	三级	14.0	12.0	12.0	14.0	16.0	15.0	12.0	14.0	16.0
	四级	16.0	14.0	14.0	16.0	18.0	17.0	14.0	16.0	18.0
单层、多层戊类厂房	一、二级	12.0	10.0	10.0	12.0	14.0	13.0	6.0	7.0	9.0
	三级	14.0	12.0	12.0	14.0	16.0	15.0	7.0	8.0	10.0
	四级	16.0	14.0	14.0	16.0	18.0	17.0	9.0	10.0	12.0
高层厂房		13.0	13.0	13.0	15.0	17.0	13.0	13.0	15.0	17.0
室外变、配电站变压器总油量(t)	≥5,≤10	25.0	25.0	12.0	15.0	20.0	15.0	15.0	20.0	25.0
	>10,≤50			15.0	20.0	25.0	15.0	20.0	25.0	30.0
	>50			20.0	25.0	30.0	20.0	25.0	30.0	35.0

注：1. 建筑之间的防火间距应按相邻建筑外墙的最近距离计算，如外墙有凸出的燃烧构件，应从其凸出部分外缘算起。

2. 乙类厂房与重要公共建筑之间的防火间距不宜小于 50.0 m。单层、多层戊类厂房之间及其与戊类仓库之间的防火间距，可按本表的规定减少 2.0 m。为丙、丁、戊类厂房服务而单独设立的生活用房应按民用建筑确定，与所属厂房之间的防火间距不应小于 6.0 m。必须相邻建造时，应符合本表注 3,4 的规定。

3. 两座厂房相邻较高一面的外墙为防火墙时，其防火间距不限，但甲类厂房之间不应小于 4.0 m。两座丙、丁、戊类厂房相邻两面的外墙均为不燃烧体，当无外露的燃烧体屋檐，每面外墙上的门窗洞口面积之和各小于等于该外墙面积的 5%，且门窗洞口不正对开设时，其防火间距可按本表的规定减少 25%。

4. 两座一、二级耐火等级的厂房，当相邻较低一面外墙为防火墙且较低一座厂房的屋顶耐火极限不低于 1.00 h，或相邻较高一面外墙的门窗等开口部位设置甲级防火门窗或防火分隔水幕或按本规范第 7.5.3 条的规定设置防火卷帘时，甲、乙类厂房之间的防火间距不应小于 6.0 m，丙、丁、戊类厂房之间的防火间距不应小于 4.0 m。

5. 变压器与建筑之间的防火间距应从距建筑最近的变压器外壁算起。发电厂内的主变压器，其油量可按单台确定。

6. 耐火等级低于四级的原有厂房，其耐火等级应按四级确定。

☞【低规 ~~3.3.4~~ 3.4.8】除高层厂房和甲类厂房外，其他类别的数座厂房占地面积之和小于本规范第 3.3.1 条规定的防火分区最大允许建筑面积（按其中较小者确定，但防火分区的最大允许建筑面积不限者，不应超过 10 000 m²）时，可成组布置。当厂房建筑高度小于等于 7.0 m 时，组内厂房之间的防火间距不应小于 4.0 m；当厂房建筑高度大于 7.0 m 时，组内厂房之间的防火间距不应小于 6.0 m。

组与组或组与相邻建筑之间的防火间距,应根据相邻两座耐火等级较低的建筑,按本规范第3.4.1条的规定确定。

(12) 非甲类厂房成组布置时的厂房间距 4.0~6.0 m(低规 ~~3.3.4~~ 3.4.8)。

(13) Ⅱ,Ⅲ形厂房的两翼距离不小于 10.0 m(低规 ~~3.3.2~~ 3.4.7),但占地<低规 ~~3.2.1~~ 3.3.1 规定者可为 6.0 m。

不满足时可至低规 ~~3.3.1~~ 3.4.1 的注解中寻找补救办法。

(14) 围墙与厂内建筑,不宜小于 5.0 m,可适当减小(低规 ~~3.3.12~~ 3.4.12/工总 4.7.5)。有消防道的不应小于 6.0 m(工总 4.7.5)。

(15) 围墙、基础、台阶、阳台不得突入道路红线(通则 4.2.1)。

(16) 围墙与道路距离为 1.0 m(工总 4.7.5)。

(17) 厂内道路(工总 5.3.1~5.3.7):厂区出入口不宜少于 2 个,人货分开(工总 4.7.4)。

(18) 消防道:根据占地情况确定,甲、乙、丙类厂房占地>3 000 m² 和占地 1 500 m² 的乙、丙类仓库,宜设环形道或沿两长边设消防道,其宽度 $W \geqslant 4.0$ m(低规 ~~6.0.4/6.0.5/6.0.9~~ 6.0.9)。

(19) 封闭内院其短边≥24.0 m 时,消防车宜进入(低规 ~~6.0.7~~ 6.0.2)。

(20) 企事业办公楼无障碍设计(上残 7.4):企业内部办公,只对入口、楼梯、道路和地面有无障碍要求。楼梯宽≥1 500 mm,踏步 150 mm×280 mm(上残 19.9),中型建筑走道 1 500 mm,大型建筑走道 1 800 mm(上残 7.4.6→19.8/技措 16.4.1)。

(21) 安全玻璃使用(市府 35 令/发改运[2003]2116 号)。

☞ 关于多层厂房门窗玻璃的选用:门窗玻璃的选用受机械强度和节约能源两方面因素制约。作为厂房,通常没用节约能源要求,相应的规范法令有《建筑玻璃应用技术规程》"发改运[2003]2116 号"。所以厂房门窗玻璃的选用,应当不同于住宅或公建。

☞ 上海多层厂房的窗玻璃:① ≥1.5 m² 者,用 6 厚钢化玻璃(发改运[2003]2116 号 6.2);② 窗台离楼地面 500 mm 以下的落地窗用 6 厚钢化玻璃(发改运[2003]2116 号 6.2);③ 其余窗用 6 厚普通玻璃(玻规附录 A.0.1),风荷载标准值取 2.0,6 厚普通玻璃可大至 1.80 m²。上海多层厂房的门玻璃:6 厚钢化玻璃(玻规 6.2.1 的表 6.1.2.1)。

(22) 安全保护。

☞ 栏杆见技措 11.1.1.2/通则 6.6.3。

☞ 低窗台见技措 10.5.2/通则 6.10.3。

☞ 凸窗台见技措 10.5.3。

☞ 公共入口安全玻璃见市府 35 号令/发改运[2003]2116 号。

☞ 阳台栏板玻璃见玻规 7.2.5/6。

(23) 楼梯间顶层 1/2 层高以上设≥0.8 m²(再除以 0.8)的百叶窗(烟规 3.1.1/3.2.1)。

(24) 使用年限见建设部建设[2000]146 号/通则 3.2.1。

(25) 外墙涂料使用年限≥5 年(沪建材[2000]0059 号)。

使用商品砂浆见沪建建[2002]656 号。

(26) 建筑物离界见上规 33/34/低规/3.4.12/工总 4.7.5。

河道蓝线 6.0 m(上规 40)。

(27) 厂房地面混凝土垫层厚度见《建筑地面设计规范》(GB 50037—1996)附录表 B.0.1 选 $E_0 = 8$ 项(上海地区)。

☞ 【工总 4.7.5】厂区围墙的结构形式和高度,应根据企业性质、规模确定围墙至建筑物、道路、铁路和排水明沟的最小间距,应符合表 4.7.5 的规定。

表 4.7.5　围墙至建筑物、道路、铁路和排水明沟的最小间距　　　　　　　　　　　(m)

名　　称	至围墙最小间距
建筑物	5.0
道　路	1.0
准轨铁路(中心线)	5.0
窄轨铁路(中心线)	3.5
排水明沟边缘	1.5

注：1. 表中间距除注明者外，围墙自中心线算起；建筑物自最外边轴线算起；道路为城市型时，自路面边缘算起；为公路型时，自路肩边缘算起。
2. 围墙至建筑物的间距，当条件困难时，可适当减少；当设有消防通道时，其间距不应小于 6 m。
3. 传达室、警卫室与围墙间距不限。
4. 当条件困难时，准轨铁路至围墙的间距，当有调车作业时，可为 3.5 m；当无调车作业时，可为 3.0 m。

☞【上规 33】

建筑物离界距离

离界距离 建筑朝向	建筑类别	居住建筑 (含第三十条规定的建筑)				非居住建筑	
		建筑物高度的倍数		最小距离(m)		建筑物高度的倍数	最小距离(m)
		浦西内环线以内	其他地区	浦西内环线以内	其他地区		
主要朝向 (见附录三)	低层	0.5	0.6	6			3
	多层			9			5
	高层	0.25		12	15	0.2	12
次要朝向 (见附录三)	低层	0.25		2		按消防间距控制	
	多层			4		按消防间距控制	
	高层	0.2		12		6.5	

注：1. 建筑山墙宽度大于 16 m 的，其离界距离按主要朝向离界距离控制。
2. 低层独立式住宅主要朝向离界距离按照 0.7 倍控制。

☞【上规 34】沿城市道路两侧新建、改建建筑，除经批准的详细规划另有规定外，其后退道路规划红线的距离不得小于下表所列值。

建筑高度(m)	道路宽度(m) 后退距离(m)	$D \leqslant 24$	$D > 24$
$h \leqslant 24$		3	5
$24 < h \leqslant 60$		8	10
$60 < h \leqslant 100$		10	15
$h > 100$		15	20

注：h——建筑高度；D——道路规划红线宽度。

☞【低规 ~~3.3.12~~ 3.4.12】厂区围墙与厂内建筑之间的间距不宜小于 5.0 m，且围墙两侧的建筑之间还应满足相应的防火间距要求。

(28) 厂房与民用建筑防火距离。

☞ 甲、乙类厂房与一般民用建筑 25.0 m(低规 ~~3.3.8~~ 3.4.1)。

☞ 甲、乙类厂房与重要民用建筑 50.0 m(低规 ~~3.3.8~~ 3.4.1)。

☞ 丙、丁类厂房与民用建筑 10.0 m（低规 ~~3.3.8/3.3.1~~ 3.4.1）。

☞ 戊类厂房与民用建筑 6.0 m（低规 ~~3.3.8/5.2.1~~ 3.4.1）。

☞ 丙、丁、戊类厂房与附属独立生活用房 6.0 m（低规 ~~3.3.8~~ 3.4.1）。

☞ 丙、丁、戊类厂房的附属独立生活用房，设独立出口，与车间的隔墙上开门用 FM 乙（低规 3.4.1/3.3.8）。建规合稿只指丙类厂房有独立出口和防火门要求（建规合稿 3.3.8）。

☞ 甲、乙类厂房与附属生活用房毗连做法，其间隔墙做耐火 3.0 h 防护墙，并且要求生活用房安全出口直通户外（低规 ~~3.4.8~~ 3.3.8）。防护墙做法见低规 ~~3.4.8~~ 3.3.8 说明。

（29）甲、乙类厂房泄压面积。

☞ 低规 ~~3.4.3~~ 3.6.3：满足面积 $A = 10CV^{2/3}$。C 值 0.03 以上或 0.25 以上不等。

参考：2001 低规 3.4.3 满足面积体积比 0.05～0.22（≥0.03）。

☞ 低规 3.6.4：防爆门窗不应采用普通玻璃。避开人员密集场所和主要交通道路。

（30）建规合稿 3.3.8：有爆炸危险区域内的楼梯间、室外楼梯或与相邻区域连通处，应设门斗等。门斗的墙 2 h，门 FM 甲并错位设置。

（31）关于钢结构的防火。

☞ 低规 ~~7.2.8~~ 3.2.4：二级单层丙类（有喷淋）、丁、戊类厂房的梁、柱可采用无保护的金属结构。但在使用甲、乙、丙类液体或可燃性气体的部位要采取防火措施。

☞ 二级耐火等级厂房的屋架要求耐火极限为 1.0 h（低规 2.1），虽允许使用钢屋架，但在甲、乙、丙类液体火焰烧到的部位应采取防火措施（低规 ~~2.0.5~~ 3.2.8）。防火措施尽量使用外包覆不燃材料（有困难时方可考虑使用防火涂料）（低规 3.2.8 说明）。

☞ 钢结构防火涂料有多种划分方法（《中国消防手册》第三卷第 225 页）。按厚度而言，分厚型、薄型、超薄型。

类 型	厚 度	耐火时间（h）	优 缺 点	适用范围
厚型（钢结构防火隔热涂料）	8～50	3	耐火时间长，但表面粗糙	隐蔽
薄型（钢结构膨胀防火涂料）	3～8	0.5～2.0	耐老化差	一般
超薄型	<3	0.5～2	方便，装饰性好	

☞ 室外钢梯要求平台耐火极限 1 h，梯段 0.25 h（低规 7.4.5）。只要使用涂料即行。

☞ 低规 7.4.6：丁、戊类厂房可用钢梯作为第二安全出口。

（32）关于夹心板（01J925-1 压型钢板夹心板屋面及墙体建筑构造）。

☞ 编号方式见第 9 页。

☞ 连接方式分 a,b,c 三种。

☞ 常用规格见第 52,89,90 页。

☞ 厚度 s 常选 50 厚。

（33）夹心板屋面为二级防水屋面（参考 1994 屋规表 3.0.1）。

（34）厂房排烟侧窗面积，与开窗方式及是否喷淋有关。自动开窗为排烟区域建筑面积的 2‰（1/2 层高以上侧窗才可计入），手动时 3‰。易熔采光带时，为排烟区域建筑面积的 2‰×2.5＝5‰（原为 10‰～20‰）（烟规 4.4.1/4.3.6～4.3.8）。仓库排烟，加倍。有喷淋，减半。

需排烟场所见低规 9.1.3。

（35）防烟分区面积不宜＞2 000 m²，长度＜60.0 m，挡烟垂壁高 500（烟规 4.1.6/低规 9.4.2）。

（36）混楼（低规 3.3.15）：在实际工作中常常碰到混楼的用法，如下层为丙类车间，上层为一整层办公或宿舍,这样的混楼,即使有专用楼梯也不行(消防局咨询)。但有另一种说法,下面为办公楼(人多),上面为车间(人少)则可以。总之,碰到混楼向消防局咨询。此问题在 2001 低规 4.2.12 和 2006 低规 3.3.8/15 都有阐述,按 2006 低规 3.3.8/15 的说法,只要满足隔墙 2.0 h,楼板 1.0 h,FM 乙,独立安全出口,是可以的。

居住建筑和人员密集公建不应与丙、丁、戊类厂房(仓库)上下组合建造(《中国消防手册》第三卷第326页)。

(37) 车间地面设计。

☞ 要求可见《建筑地面设计规范》(GB 50037—1996)的附录 A 各种面层及结合厚度、附录 B 垫层计算(本地常为湿填土,选 $E_0=8$ 这一栏)。

相关图集:《楼地面建筑构造》(01J304)。

☞ 车间地面构造举例。

① 素土夯实——作为地面的地基。

② ≥60 的碎石/碎砖/砂——作为地基表层的加强处理。在户外非有不可,在户内则可有可无。

③ C20 垫层。有吊车 10～15 t,理论上 C20 垫层应取 120～140 厚(地规附录B),面层为细石混凝土,则可减去细石混凝土面层的厚度,140−40=100,取 C20 垫层 100 厚(地规附表 B.0.1)。

④ 细石混凝土面层的厚度,通行电瓶车取 40 厚(地规 3.0.19.1)。

(38) 一般工业厂房地面(施工说明苏 J 9501 第 2 页):① 20 厚 1:2 水泥砂浆,压实抹光;② 80 或 100 厚 C15 混凝土;③ 120 或 150 厚碎石或碎砖夯实;④ 素土夯实。

(39) 其他。

☞ 商品砂浆见沪建建[2002]656 号/商品砂浆生产与应用技术规程 DBT/J 08-502—2002。

☞ 关于工业建筑厂房屋面不设保暖层:夏热冬冷或夏热冬暖地区,散热量<23 W/m³ 的冷车间,夏季经围护结构传入的热量占车间总热量的 85% 以上。为了减少热辐射,当屋顶离地平均高度≤8.0 m 时,宜采用屋顶隔热措施(采暖通风与空气调节 GB 50019—2003 的 5.1.6)。也就是说,冷加工车间,屋顶离地平均高度>8.0 m 时,可不采取屋顶隔热措施。

(40) 工业项目建设用地指标(关于发布和实施"工业项目建设用地指标"的通知/国土资发[2008]24 号):① 容积率:层高>8.0 m 者建筑面积加倍计算,工业建筑底层架空层面积应计入容积率(20090423 徐汇规划局关于田林路 142 号科技研发楼的审核意见);② 建筑系数不应低于 30%;③ 行政办公及服务设施用地面积不得超过总用地面积的 7%,或可由建筑面积占总建筑面积的比例间接计算出用地面积占总用地面积的比例;④ 绿地不得超过 20%;⑤ 投资强度。

问题:科技研发楼属民用建筑还是工业厂房? 实验室属民用建筑还是工业厂房? 如果属工业厂房,什么类别? 这个问题看起来似乎很简单,但没有人正面回答。只要一做工业厂房,就碰到它,但是没法下结论。是工业建筑还是民用建筑,防火间距等就不一样。答案可参考浙建设发(2007)36 号之"9":工业建筑内有部分楼层设置为办公用房时,整个楼定性为工业建筑,其中办公楼部分按民用建筑设计。当然,这个参考答案参考意义不是很大。对于厂区围墙范围内的科技研发楼或实验室,笔者的看法偏向于认作工业建筑,纯粹办公楼认作民用建筑。

☞【低规 9.1.3】下列场所应设置排烟设施:

1. 丙类厂房中建筑面积大于 300 m² 的地上房间;人员、可燃物较多的丙类厂房或高度大于 32.0 m 的高层厂房中长度大于 20.0 m 的内走道;任一层建筑面积大于 5 000 m² 的丁类厂房。

2. 占地面积大于 1 000 m² 的丙类仓库。

3. 公共建筑中经常有人停留或可燃物较多,且建筑面积大于 300 m² 的地上房间,长度大于 20.0 m 的内走道。

4. 中庭。

5. 设置在一、二、三层且房间建筑面积大于 200 m² 或设置在四层及四层以上或地下、半地下的歌舞娱乐、放映、游艺场所。

6. 总建筑面积大于 200 m² 或一个房间建筑面积大于 50 m² 且经常有人停留或可燃物较多的地下、半地下建筑或地下室、半地下室。

7. 其他建筑中长度大于 40.0 m 的疏散走道。

6.1.2 洁净厂房防火

洁净厂房防火可参照《洁净厂房设计规范》(洁规)(GB 50073—2001)。

(1) 安全出口。

☞ 洁规 5.2.7：每一层、每一个防火区或每一个洁净区的安全出口不少于 2 个。

☞ 洁规 5.2.7：甲、乙类厂房每层的总建筑面积≤50 m²，5 人可只设 1 个出口。

☞ 低规 ~~3.5.1~~ 3.7.2：丙类厂房建筑面积≤250 m²，20 人可只设 1 个出口。

☞ 低规 ~~3.5.1~~ 3.7.2：丁、戊类厂房建筑面积≤400 m²，30 人可只设 1 个出口。

(2) 疏散距离。

出入口分散布置，从生产地点到安全出口不应经过曲折的人员净化路线。

☞ 低规 ~~3.5.3~~ 3.7.4：疏散距离，一、二级丙类厂房单层 80.0 m，多层 60.0 m。

☞ 低规 3.3.8：丙类厂房附建办公生活，至少设 1 个独立出入口。

(3) 门。

☞ 洁规 5.2.8/低规 7.4.12：作为安全出口的门，不应采用吊门、转门、侧拉门、卷帘门、电动门。

(4) 墙。

☞ 洁规 5.2.10：洁净区及整个厂房的外墙上，设专用消防口(门)，尺寸≥750 mm×1 800 mm，@80 m。在楼层上的，设阳台。

(5) 顶棚。

☞ 洁规 5.2.4：洁净室顶棚耐火 0.4 h，疏散走道顶棚耐火 1.0 h。

(6) 隔断墙。

☞ 洁规 5.2.5：洁净区与一般生产区域之间的隔断耐火 1.0 h，隔断墙上的门为 FM 丙。

6.1.3 乙类厂房(如白酒厂)防火

(1) 变配电所见低规 ~~3.2.7~~ 3.3.14/3.4.1。

(2) 泄压面积见低规 ~~3.4.3~~ 3.6.3。

(3) 办公室贴邻见低规 ~~3.4.8~~ 3.3.8/3.4.1。

(4) 控制室见低规 ~~3.4.9~~ 3.6.8/3.6.9。

(5) 白酒，丙二类(01 低规附录 4)。12 低规则说，60 度以上白酒属甲类，50～60 度白酒属丙类(12 低规 3.1.3 表 3)。

(6) 楼梯个数见低规 ~~3.5.1.2~~ 3.7.1/2。

(7) 最小梯宽见低规 ~~3.5.4~~ 3.7.5。

(8) 疏散距离见低规 ~~3.5.3~~ 3.7.4。

(9) 楼梯类型封闭见低规 ~~3.5.5~~ 3.7.6。

(10) 隔墙 2.0 h，不燃体，开门 FM 乙(低规 ~~7.2.4~~ 7.2.3/3.2.2)。

(11) 防烟分区见烟规 4.1.6/低规 9.4.2。

(12) 楼梯防烟见烟规 3.1.1/3.2.1。

（13）车间排烟侧窗见烟规 4.4.1/4.3.6～4.3.8/低规 9.1.2。

（14）商品砂浆见沪建建［2002］656 号。

（15）不发火地面使用范围，使用于比空气的比重大的甲、乙类气体情况见低规 3.6.6。不发火地面包括橡胶、塑料、稜苦土、木地板、橡胶掺石墨或沥青混凝土（《中国消防手册》第三卷第 370 页）。

6.1.4 仓库防火

（1）仓库的防火等级、面积限制见低规 3.3.2/4.2.1。

如纺织品仓库，为丙二类。多层库房防火分区面积 400 m²，有喷淋要乘以 2 倍，为 800 m²。

凡住宅、商店、学校、宾馆及办公楼等建筑内的贮藏和库房为丙类（2007 年全市勘察设计质量检查问题汇总一的 3）。

（2）安全出口个数/门的开向/门的类别见低规 3.3.2。

☞ 低规 ~~4.2.7~~ 3.8.2：仓库和防火分区的安全出口个数不宜少于 2 个。

☞ 多层仓库占地面积少于 300 m² 可设 1 个疏散出口。

☞ 面积少于 100 m² 的防火分区可设 1 个门。

☞ 低规 ~~4.2.8~~ 3.8.3：地下室仓库面积少于 100 m² 可设 1 个疏散出口。

☞ 低规 ~~7.4.8~~ 7.4.12.3：库房的门应向外开或设推拉门（在墙的外侧）。

☞ 下规 3.1.5：地下室房间，可燃物＞30 kg/m²，其门为 FM 甲。

☞ 大商 2.2.1：＞100 m² 仓库的门为 FM 乙。

☞ 低规 3.8.3：地下或半地下仓库通向走道或楼梯的门为 FM 乙。

（3）防火分区见低规 3.3.2。

☞ 地下仓库防火区面积：丙一类 150 m²，丙二类 300 m²，丁类 500 m²，戊类 1 000 m²。

☞ 地下商场的仓储问题，相应规定有低规 3.8.3、下规 5.1.1.4（说明）、上海大商 2.2 和苏商规 5.6。除下规 5.1.1.4（说明）外，都涉及直通地面安全出口问题。如果直通地面安全出口问题可以解决，当然不成问题。如果直通地面安全出口问题无法解决，那只有运用下规 5.1.1.4（说明）。下规 5.1.1.4 的说明，明确包括面积 ≤200 m²/3 人的仓库在内的独立防火分区可以以开向相邻防火分区的 FM 甲作为安全出口。

☞ 建规合稿 3.3.16：物流建筑的丙二类，丁、戊类仓储防火分区面积，有淋，可以按表 3.3.2 乘以 4 倍来算。

☞ 植物油、柴油、50～60 度白酒、油属丙一类。人造及天然织物、竹木制品、日用影视产品，属丙二类（低规 3.1.3 说明）。

☞ 下规 4.1.4 说明：地下自行车库，戊类，1 000 m²。地下摩托车库，丁类，500 m²。与地下汽车库比较，有点不合理。

☞ 甲、乙类物品，如汽油、煤油、60 度以上白酒、硫黄、樟脑、漆布、油布、油纸及其制品（建筑设计防火禁忌手册第 24 页）。

☞ 防火墙耐火时间 3 h 加减（如 200 厚粉煤灰砌体）（低规 3.2.2/1）。凡甲、乙类厂房或甲、乙、丙类仓库（住宅贮藏属丙类仓库）的防火墙 3.0＋1.0＝4.0 h。防火墙构造所应达到的耐火时间理应是防火设计的重要内容之一，但上海设计常常忽略。笔者见到过天津设计就强调这一点。笔者认为应向天津学习。

☞ 低规 ~~5.3.6~~ 3.8.3：地下室有两个以上防火区相邻时，则可以一个借用防火墙上 FM 甲，另一个必须为直通室外的安全出口。这是指专门的仓库。对于上海的商品仓库，另有相对宽泛的要求。2.0 h 隔墙、FM 乙和商店出入口分开，合用出入口时，营业厅出口不得穿越仓库（大商 2.2）。

（4）仓库的疏散距离，规范未明文规定。

☞ 高层仓库[24 m 以上,两层及多于两层(低规 4.2.1 说明 2.0.11)]应采用封闭楼梯间(低规 ~~4.2.7~~ 3.8.7)。

(5) 防火间距。

☞ 乙、丙、丁类仓库之间及其与其他建筑防火间距见低规 ~~4.3.2→4.3.1~~ 3.5.2。

防 火 间 距		耐 火 等 级		
		一、二级	三级	四级
耐火等级	一、二级	10	12	14
	三级	12	14	16
	四级	14	16	18

☞ 甲类仓库之间防火间距见低规 ~~4.3.2→4.3.4~~ 3.5.1。

☞ 甲类仓库与甲类厂房防火间距见低规 ~~4.3.1 表+2.0 m~~ 3.5.1。

☞ 仓库与库区围墙间距不宜小于 5.0 m(低规 ~~4.3.5~~ 3.5.5)。

☞ 低规 ~~7.2.8~~ 3.2.4:二级单层丙类厂房、丁戊类厂(库)房的梁柱可以采用无保护的金属结构,但使用甲、乙、丙类液体或可燃性气体的部位应采取防火措施。

参考:2001 低规 4.3.3 说明型钢梁柱,同时外墙挂金属板,达不到二级,作三级处理。注意与低规 7.2.8 的区别是否同时外挂金属板。

☞ 地下油罐(甲、乙类)与高层(35.0~40.0 m)×0.5(高规 4.2.5)。与一、二级耐火多层建筑(12.0~25.0 m)×0.5(低规 4.2.1)。

(6) 防烟。

☞ 300 m² 以上的仓库应设排烟系统(烟规 4.1.1.8/4.1.2.6)。

☞ 占地 1 000 m² 以上的仓库应设排烟系统(低规 9.1.3.2)。

(7) 甲、乙、丙类仓库,甲、乙类厂房的防火墙耐火时间 4.0 h(低规 3.3.2/建规合稿 3.3.2)。

(8) 建规合稿 3.3.15:甲、乙、丙类仓库内不允许设立办公室休息室,也不允许贴邻设立办公室休息室。丙、丁类仓库内允许设立办公室、休息室,另外要设立独立的安全出口。仓库与办公室隔墙上开门用 FM 甲。

(9) 混楼。

☞ 低规 3.3.15:在实际工作中常常碰到混楼的用法,如下层为丙类车间,上层为一整层办公或宿舍,这样的混楼,即使有专用楼梯也不行(消防局咨询)。但有另一种说法,下面为办公楼(人多),上面为车间(人少)则可以。总之,碰到混楼向消防局咨询。此问题在 2001 低规 4.2.12 和 2006 低规 3.3.8/15 都有阐述,按 2006 低规 3.3.8/15 的说法,只要满足隔墙 2.0 h,楼板 1.0 h,FM 乙,独立安全出口,是可以的。

☞ 居住建筑和人员密集公建不应与丙、丁、戊类厂房(仓库)上下组合建造(《中国消防手册》第三卷第 326 页)。

6.1.5 上海大型仓库防火

(1) 适用范围(沪消[2006]303 号)(大仓):本市单层 12 000 m² 或多层 9 600 m² 以上的仓库。

(2) 防火等级(大仓 2.1):单层一、二级,多层一级。钢结构仓库的承重构件至少 1.5 h。若使用防火涂料应用非膨胀型防火涂料。与低规 3.2.8 说明的说法不同,低规 3.2.8 说明说应尽量使用外包覆不燃材料。

(3) 仓储部分防火区面积(大仓 2.3):单层 6 000 m²,多层 4 800 m²。全自动立体仓储 $H>$ 10.50 m 者,面积×2。拆包、分拣、包装等功能区的防火面积、出入口数量及疏散距离参考丙类厂房执行(大仓 2.5→低规 3.3.1)。

☞ 低规 3.3.1：防火区面积，丙类二级多层厂房 4 000 m²。丙类二级单层厂房 8 000 m²。

☞ 低规 3.8.2：一个仓库出入口数至少 2 个，占地面积≤300 m² 可以 1 个。总仓库内各个仓库间面积≤100 m²，出入口数可以 1 个。

☞ 低规 3.7.4：疏散距离，一、二级丙类厂房单层 80.0 m，多层 60.0 m。

☞ 低规 3.3.8：丙类厂房附建办公生活，至少设一个独立出入口。

（4）防火要求。

☞ 防火分隔通道（大仓 2.2/低规 6.0.1）：当仓库边长＞220 m 时，仓库首层应设防火通道。宽度≥6.0 m，其两侧隔墙为防火墙且宜高出层面 0.5 m，开门用 FM 甲。防火通道间距不宜大于 150 m。

☞ 室内防火分隔带（大仓 2.4）：防火区进深＞120 m 时，或货架连续长度＞90 m 时（全自动立体仓储除外），设防火分隔带。宽度≥8.0 m，其顶部设可开启外窗，面积为 5% 的防火分隔带面积。

☞ 设置救援窗（大仓 3.3）。① 大小：面积 1.2 m²，宽度 1.0 m。② 位置：与内部通道对应。③ 数量：每个防火区不少于 2 个。④ 间距：20 m。⑤ 多层仓库设救援平台，大小 1.50 m×3.0 m。平台对应救援窗设置，间距 40 m。

☞ 排烟窗（大仓 4.7）：$H＞12.0$ m 时设自动排烟窗，自动排烟窗面积为 4% 的防火分隔带地板面积。$H≤12.0$ m 时，可设手动排烟窗，手动排烟窗面积为 6% 的防火分隔带地板面积。

☞ 排水口（大仓 4.5）：在踢脚线部位设排水口。

☞ 附属用房（大仓 2.6）：靠外墙设置，用防火墙同主体隔开。房间门不宜直接开向仓库。

☞ 不得贮存甲、乙类物品（大仓 2.6）。

☞ 设环形消防车道（大仓 3.1/低规 6.0.6），宽 6.0 m，道路距离仓库 5.0 m 以上（低规 6.0.7.3），且不应大于 15.0 m。

☞ 救援场地（大仓 3.2）：沿仓库两个长边设救援场地，宽 10.0 m。

6.2 住宅类校对

关于住宅类校对，笔者有两套内容，一长一短，各有其特点。长的，比较详细。短的，简单一点，只是个提纲，是专为自己写的。长的比较详细，适合年轻设计者。

笔者认为，各地住宅规范标准大有统一的必要，至少对于安全疏散部分。比如，2005 高规、2007 上标、2006 苏标在高规 6.1.1.2 的执行上，相去甚远。

本章将住宅类校对纳入普遍规律来研究，注重住宅的特点，并将沪、苏住宅标准加以比较。

6.2.1 住宅类别

☞ 住宅类的平面形式包括单元式、塔式、别墅、联排别墅、叠加式（上标 5.1.7）、通廊式（上标 2.0.17）、租赁式公寓等。在其内容上还包括商住楼（高规 2.0.8/上标 2.0.15/苏标 2.0.33/8.1.5）（下面为商业网点的不算）。

☞ 单元式和塔式住宅的关系：塔式住宅是每单元设有两个楼梯间的单元式住宅，每单元也可视作一幢塔式住宅（上标指南 5.3.1）。这个概念有助于解决奇数单元式住宅作不同层数处理时的依据。在江阴消防局曾听说塔式住宅不可和单元式住宅相邻布置的说法，这一说法既不符合苏标 8.3.2，也未弄清单元式住宅和塔式住宅之间的辩证关系。

☞ 剪刀梯是防烟楼梯，用于 18 层以上塔式或不设连廊的单元住宅（上标 5.1.1.5/6）。两个梯子现时要出屋面（上标 5.1.6）。上标原条文说"剪刀梯楼梯的两个楼梯应在前室、走道或屋顶连通"。特别要注意,如果一单元只有两户,而且梯子南北向,则很有可能做不到在前室、走道连通,就是说不能满足上标5.1.6的要求。出屋面而后在屋顶连通,从而保证即使一个楼梯进烟另外一个楼梯还是安全的。但烟气是从下往上跑的,剪刀楼梯间两个楼梯在底层门厅是连通的,门厅有2个门或3个门都无所谓,关键是两个楼梯分别出口互相不影响才能解决问题。如果严格要求剪刀梯楼的两个楼梯在底层分别出口,出屋面而后在屋顶连通,那从方案开始就要注意有些楼梯安排方案是行不通的。

☞ 江苏"三合一"前室(苏标8.4.4):指剪刀楼梯间的两个楼梯间合用一个前室的前提下,再与消防前室合用,谓之"三合一"前室。如果剪刀楼梯间的两个楼梯间分别设前室,就不能称"三合一"前室,也就没有"三合一"前室的特殊要求。

☞ 浙公消[2008]180号:浙江高层住宅剪刀楼梯不应和消防电梯合用前室。也就是说浙江不允许"三合一"。

6.2.2 防火分区面积

☞ 单元式住宅以单元划分防火分区(上标7.6.1,不分高层或多层/苏标8.5.1,仅指高层住宅。两者有差别)。

住宅以安全出口个数而论,1个限650 m²,>650 m²为2个。但这是对安全出口个数而论,并非划分防火分区。如果有2个梯,不是650 m²×2=1 300 m²了吗?

☞ 别墅、联排别墅、别墅连体、叠加式,低层、多层应以2 500 m²为限[依据不足。如果以住法9.5.1为准,无论何种建筑形式的住宅,每个住宅单元(不是单元住宅),1个楼梯间(安全出口)限650 m²。那么,650 m²就是1个楼梯间情况下的(类)防火分区面积吗?实在不好定义。如果面积不定,就会产生一系列问题。所以,还是以低规5.1.7/1.0.2为依据,定2 500 m²。笔者曾就联排别墅的防火区面积咨询于消防局人士,无人明确回答。说明消防规范对此问题是个缺门。客观上早已存在的问题不去涉及,不知该如何处理]。

☞ 通廊式。防火区面积:≥19层属一类高层,1 000 m²(高规5.1.1)。10~18层属二类高层,1 500 m²(高规5.1.1)。多层,2 500 m²(低规5.1.1)。似与住法9.5.1矛盾,但结合安全距离20 m,作1 000 m²、1 500 m²或2 500 m²的推测又是合理的。

☞ 租赁式公寓可套用住宅标准(小办二的6→上标1.0.2)。

☞ 本想从防火设计的基本概念出发对各类住宅进行一番讨论,不料一深入即陷入困境。其特殊性无法用一般规律来解释。建筑防火规范无法以普遍规律来解释最大量的问题,也许说明它在某些方面还有待深化。尽管在住法9.2.2说明中提到,不再对(住宅的)防火分区作出规定。笔者认为,防火规范理应对各类住宅的防火区面积作出规定,引入一个新的,分别适用于各类住宅的"次防火区"(暂且这样命名)的概念。否则,住宅设计不少方面的校对就有以其昏昏使人昭昭之嫌。比如,每天有多少人在作别墅设计,可规范没有相关内容。又比如,对通廊式住宅、联排式住宅又该怎么处理?

6.2.3 安全出口个数和类型

☞ 住宅以安全出口个数而论,1个限650 m²,>650 m²为2个。19层或19层以上为2个(住法9.5.1)。与高规6.1.1的说法有出入。

住法9.5.1运用实例:一个小天井住宅方案,相当于两层共八户处于一个防火区,但只有一个楼梯间。因其两层面积1 100 m²,八户,粗看要两个楼梯间。但仔细一想,因为是两层叠加才1 100 m²,实际上一层才550 m²<650 m²。因此,仍然是一个楼梯间。如果一层面积>650 m²,就要两个楼梯间。这个例子也可参考低规5.3.11来解决,但低规5.3.11指的每层只有500 m²。

☞ 住法5.2.4:住宅与附建筑公共用房的出入口应分开布置。

☞ 住宅使用剪刀梯在底层到底应有一个还是两个外门,常有歧义。笔者以为,根据高规6.1.2.3,剪刀梯的两个梯可以设一个前室。既然是一个前室,当然可以一个外门。另外,根据低规7.4.3.6扩大防烟前室的理论,剪刀梯的两个梯使用同一个扩大防烟前室,也应认为是合理的。一个前室,当然可以一个外门了。

☞ 住法4.3.1:每个住宅单元至少应有一个出入口可以通达机动车。因此,也许一些平台式住宅方案(如梧桐花园)不能成立。

☞ 楼梯类型适用表见技措8.3.4。

☞ 楼梯间及其前室人工加压送风图介见技措8.3.3.10。

☞ 楼梯类型表见下表。

规范	单元式住宅	塔式住宅	通廊式住宅	公 建	电梯/消防电梯
高规	☞ ≤11层的单元式住宅可以设敞开式楼梯,但户门应为FM乙(高规6.2.3.1)。 ☞ 12~18层的单元式住宅设封闭楼梯(高规6.2.3.2)。 H>32.0 m的居住建筑设防烟楼梯间(建筑规合稿5.5.29)。 ☞ ≥19层的单元式住宅设防烟楼梯(高规6.2.3.3)	☞ 高层塔式住宅设防烟楼梯(高规6.2.1)	☞ ≤11层的通廊式设封闭楼梯(高规6.2.4)。 ☞ >11层的通廊式住宅设防烟楼梯(高规6.2.4)	☞ 裙房和H≤32.0 m的二类公建设封闭楼梯,暗楼梯则照防烟楼梯(高规6.2.2)。 ☞ 一类公建和H>32.0 m的二类公建设防烟楼梯(高规6.2.1)	☞ 一类公建、高层塔式住宅,和H>32.0 m的二类公建、≥12层的单元式住宅和通廊式住宅设消防电梯(高规6.3.1)
	☞ 6.1.1:高层建筑每个防火分区的安全出口不应少于2个。但符合下列条件之一的,可设一个安全出口: 6.1.1.1 18层及18层以下,每层不超过8户、建筑面积不超过650 m²,且设有一座防烟楼梯间和消防电梯的塔式住宅。 6.1.1.2 18层及18层以下每个单元设有一座通向屋顶的疏散楼梯,单元之间的楼梯通过屋顶连通,单元与单元之间设有防火墙,户门为甲级防火门,窗间墙宽度、窗槛墙高度大于1.2 m且为不燃烧体墙的单元式住宅。 超过18层,每个单元设有一座通向屋顶的疏散楼梯,18层以上部分每层相邻单元楼梯通过阳台或凹廊连通(屋顶可以不连通),18层及18层以下部分单元与单元之间设有防火墙,且户门为甲级防火门,窗间墙宽度、窗槛墙高度大于1.2 m且为不燃烧体墙的单元式住宅(高规6.1.1)				☞ 首层消防电梯距离对外出口30.0 m(高规6.3.3.3)
	☞ 高层建筑楼梯间应设直通室外出口(高规6.2.6)				
低规	☞ ≥6层或任一层面积>500 m²时,当户门为非FM乙时,设楼梯间,当户门为FM乙时,可不设封闭楼梯间(低规5.3.11.2)		☞ >2层的通廊式住宅设封闭楼梯,当户门为FM时可不设封闭楼梯间(低规5.3.11.1)	☞ 病房楼、旅馆>2层的类似商店的人多公建、>2层的歌舞娱乐场所、>5层的其他公建设封闭楼梯间(低规5.3.5)	☞ H>32.0 m的有电梯的厂房、仓库设消防电梯(低规3.7.7/3.8.9)
	☞ 层数≤4时,首层楼梯间距离对外出口≤15.0 m(低规5.3.13)				
住法	☞ <10层的住宅,当每层面积>650.0 m²或安全距离>15.0 m,设安全出口2个(住法9.5.1.1)。 ☞ 10~18层的住宅,当每层面积>650.0 m²或安全距离>10.0 m,设安全出口2个(住法9.5.1.2)。 ☞ ≥19层的住宅,当每层面积>650.0 m²或安全距离>10.0 m,设安全出口2个(住法9.5.1.3)。 ☞ 首层楼梯间距离对外出口不大于15.0 m(住法9.5.3)				☞ ≥12层的高层住宅每栋不少于2台电梯(住规4.1.7) ☞ ≥12层的高层住宅设消防电梯(住法9.8.3)

（续表）

规范	单元式住宅	塔式住宅	通廊式住宅	公　建	电梯/消防电梯
上标	☞ 低层、多层、中高层住宅,安全距离<15.0 m,设敞开式楼梯间(上标5.1.2.1/5.1.1.2)				
	☞ 中高层住宅安全距离<15.0 m,设敞开式楼梯间,户门为FM乙或楼梯直通屋顶(上标5.1.1.2)。 ☞ 10,11层的单元式住宅可以设敞开式楼梯间,但户门应为FM乙且楼梯直通屋顶(上标5.1.1.3)。 ☞ 12~18层的单元住宅设防烟楼梯间(上标5.1.1.5/5.1.2.4)。 ☞ ≥18层的单元住宅设防烟楼梯间且连廊(上标5.1.1.6)	☞ 10,11层的塔式住宅设封闭楼梯间(上标5.1.1.4)。 ☞ 12~18层的塔式住宅设防烟楼梯间(上标5.1.1.5)。 ☞ >18层的塔式住宅防烟楼梯间(上标5.1.2.4)	☞ 10,11层的通廊式住宅设封闭楼梯间(上标5.1.2)。 ☞ ≥12层的通廊式住宅设防烟楼梯间(上标5.1.2)		☞ ≥12层的高层住宅设消防电梯(上标5.2.3)。 ☞ 至少一台电梯停靠地下汽车库(上标5.2.5)。 ☞ 12层以上的住宅,每幢设2台电梯。单元式如有连廊,每单元可设1台(上标5.2.2)
苏标	☞ ≤6层的单元式住宅设开敞楼梯间(苏标8.4.5.1)。 ☞ 7~9层的单元式住宅开敞楼梯间,直通屋顶,户门为FM乙时楼梯可不通屋顶(苏标8.4.5.2)。 ☞ 10~11层的单元式住宅单元设1个开敞楼梯间,直通屋面(苏标8.4.5.3)。 ☞ 12~18层的单元式住宅单元设1个封闭楼梯间,直通屋面(苏标8.4.5.4/8.4.5.6)。 ☞ ≥19层的单元式住宅防烟楼梯间,18层以上部分相邻单元连通,楼梯在屋顶可以不连通(苏标8.4.5.5/8.4.5.6)	☞ ≤6层的塔式住宅每层面积650.0 m²(安全距离15.0 m),设开敞楼梯间(苏标8.4.2.2)。 ☞ ≥10层的塔式住宅每层面积650.0 m²,每梯8户(安全距离10.0 m),设防烟楼梯间(苏标8.4.2.3)			☞ ≥10层的高层塔式住宅设消防电梯(苏标8.4.18.1)。 ☞ ≥12层的高层单元式住宅设消防电梯(苏标8.4.18.1)。 ☞ 消防电梯应停靠地下汽车库(苏标8.4.20)
	☞ 高层住宅首层楼梯间距离对外出口15.0 m(苏标8.4.9.3)				☞ 住宅首层电梯距离对外出口15.0 m(苏标8.4.18.4)
下规				☞ 地下二层埋深在10.0 m及以内的设封闭楼梯间(下规5.2.1)。 ☞ 埋深在10.0 m以下的设防烟楼梯间(下规5.2.1)。防烟前室6.0 m²或10.0 m²(合用),门为FM乙(下规5.2.3)	

注：上海对单元式楼梯间比江苏及全国要求高,不过建规合稿已经提高与上海一样(建规合稿5.5.29)。

6.2.4 连廊/出屋面

连廊和出屋面是住宅安全出口从经济和实用等方面考虑的权宜之计。

连廊作为住宅单元和单元之间的安全和交通补偿因素，同时考虑交通与防火因素。外地与本地要求不同。

☞ 高规 6.2.3.1/6.1.1.2：10，11 层单元住宅可不设封闭楼梯间，但户门应为 FM 乙，且楼梯出屋面，与上标略有不同。上标则为两者居一（上标 5.1.13）。只有一个疏散楼梯的≤18 层的单元式高层住宅要求屋面连通（户门为 FM 甲）。

☞ 参考 2001 高规 6.1.1.2：只有一个疏散楼梯的单元式高层住宅从第 10 层起，层层连廊。这是从消防意义上要求的。此条和上海标准要求的不一样，两者的解释也不一样。

☞ 高规 6.1.1.2：只有一个疏散楼梯的单元式高层住宅从第 18 层以上起，层层连廊，利用阳台或凹廊连通单元之间的楼梯。其 18 层及 18 层以下部分，户门为 FM 甲，单元之间设防火墙，防火墙两侧窗子间距 1 200 mm，窗槛墙 1 200 mm。这是从消防意义上要求的，此条和上海标准要求的不一样，两者的解释也不一样。另外，户门不等于前室门，当然有时户门也等于前室门，是 FM 甲还是 FM 乙，要仔细分辨。但凡有 2 座疏散楼梯的，开向前室的户门为 FM 乙（高规 6.1.3）。只有 1 座疏散楼梯的，开向前室的户门为 FM 甲（高规 6.1.1.2）。

☞ 住规 4.1.8：单元式高层住宅每单元只有 1 部电梯时应采用联系走廊[适当层数之间（住规 4.1.8 说明）]连通，这是从交通意义上要求的。

☞ 上标 5.3.2 说明：连廊应有顶棚。

☞ 上标 5.3.1.1/2：连廊因层数不同而有差异，只有≤18 层时才可半平台连廊。

☞ 上标 5.3.2/高规 6.1.1.2：单元住宅>18 层，且每层只有 1 座防烟楼梯和消防电梯的，从 19 层起层层设连廊（2001 高规与 2005 高规的 6.1.1.2 有很大差别）。

☞ 上标 5.3.2：单元住宅 12～18 层的，12 层、15 层设连廊。

☞ 上标 5.3.2：单元住宅 12～14 层的（底层无架空，顶层无跃层），一梯两户的单元住宅可以只设屋顶连廊，但一梯三户就不行。

☞ 上标 5.1.1.2：10，11 层单元住宅设敞开楼梯间时，出屋面且屋顶平台连通，两者同时满足。

☞ 上标 5.3.2.2：≥12 层的单元住宅，只有 1 台电梯时，应从 12 层起设连廊，每 3 层设连廊。

☞ 坡屋面连廊：建议 50 m 以下的塔式单元式坡屋面住宅，在屋面设敞开平台（住宅指南 5.1.4）。

☞ 楼梯间出屋面的相关规定（技措 8.3.11）：出屋面的处理往往联系到楼梯的型式和户门类型的相互联动。

☞ 高规 6.2.3：高层单元式住宅楼梯（住规 5.2.3）通至屋顶。

☞ 03 技措 8.2.7：每幢高层建筑通至屋顶楼梯不宜少于 2 座，且不应穿过其他房间。

☞ 低规 5.3.11.2：居住建筑的楼梯宜通至屋顶。

☞ 参考 01 低规 5.3.3：超过 6 层的单元住宅和宿舍疏散楼梯应通至屋顶，如户门采用乙级防火门时，可不通至屋顶。

☞ 上标 5.1.1.2：中高层住宅敞开楼梯，如户门不为 FM 乙，则要出屋面。

☞ 上标 5.1.1.3：10，11 层单元住宅，敞开楼梯间时户门为 FM 乙，既要出屋面又要连通。

☞ ≥7 层的单元式宿舍楼梯出屋面，但<10 层且楼梯间门为 FM 乙的，则可不出屋面（宿规 4.5.2/参考 01 低规 5.3.3）。

☞ 133 文 2.5/上标 5.1.4：高层住宅至少应有 1 部楼梯通向屋顶平台，宜用玻璃门；单元式住宅楼梯间宜在各屋顶相连通。

参考：133 文会议纪要三，坡屋顶情况，用部分平屋面连通，平屋面面积 4～5 人/m²。

☞ 上标 5.1.4 说明/上标 5.1.6：剪刀梯的两个梯子应在前室、走道或屋顶连通。

☞ 高规 6.2.7：除≤18 层的单元住宅外，高层建筑通向屋顶方向的疏散楼梯不宜少于 2 座。由此认为剪刀梯宜同时出屋面，且不应穿越其他房间。

☞ 坡屋面连通（上标指南 5.1.4）。＜50 m 高的塔式和单元式住宅，坡屋面连通可设敞开平台，4～5 人/m²，每户 4 人。

6.2.5 逃生距离

住宅的逃生距离首先分清一个梯还是两个梯，中间还是尽端，再分情况处理。住宅建筑的安全疏散距离按建规合稿 5.5.15 的其他类规定。凡一个楼梯间或剪刀梯者认为是尽端情况，即 20.0 m（建规合稿 5.5.26）。虽然有了明确的说法，但显然与住法 9.5.1 的说法 10.0 m 或 15.0 m 有不小的差别，也和上标 5.3.4 规定的 20.0 m 不同。

序 号	类 型	套 内	套 外	注 意 事 项
1	单元式		1 个梯，多层、中高层套外 15 m，高层 10 m（低规 5.3.11/住法 9.5.1/苏标 8.4.2.1/2/3）。两个楼梯间时是多少没有说明。至少可以利用这一条，在不能满足相应的 10 m 或 15 m 距离时，则做两个梯子就行	
2	跃层式	20.0 m（上标 4.6.5/苏标 8.4.17）		别的地区都有这个问题而无规定，此限制应可以参考
3	塔 式		高规 6.1.1 没有提到塔式住宅的逃生距离是 10.0 m 还是 15.0 m	塔式住宅在高规 6.1.1 中单独列了一条，只讲面积限制不超过 650 m²，并且层数≤18 层，才可以 1 个梯。这个规定和后来的住法和住规提到的无论什么类型的住宅，只要≥19 层一律要≥2 个梯倒是一致的。高规 6.1.1 没有提到塔式住宅的逃生距离
4	别 墅		其地下室到首层门口 20 m，可设 1 个出口（沪公消［建函］字 192 号）	
5	联立式			
6	叠加式	20.0 m（上标 4.6.5）		
7	通廊式		20.0 m（上标 5.3.4）	
8	租赁式公寓	20.0 m（沪消［防］字［2003］257 号）		☞ 提示 1：租赁式公寓、公寓式办公楼的消防车道、消防登高面和登高场地的设置等可参照《住宅设计标准》执行小办二的 6→上标 1.0.2。 ☞ 提示 2：（规划上）酒店式公寓按居住建筑处理（上规附录一的 14）
9	老年人住宅		中间 20.0 m，尽端 20.0 m（市老标 6.0.3）	

注：1. ＞4 层的建筑疏散楼梯在底层应设直接出口，≤4 层的建筑疏散楼梯距对外出口 15 m（高规 6.2.6/低规 5.3.13.3/住法 9.5.3/苏标 8.4.9.3）。或设扩大楼梯间或扩大防烟前室以解决距离问题。江苏即使扩大楼梯间也有 15.0 m 的限制（苏标 8.4.9.3）。
    2. 高规 6.1.3.A/低规 5.4.25.4.6/住法 5.2.4/9.1.3/住规 4.2.3/上标 5.6.4/商规 4.1.4：商住楼、综合楼的商店部分出入口与住宅或其余部分分开。

6.2.6 地上地下共享楼梯

☞ 高规 6.2.8/低规 5.3.6 5.3.12.6→7.4.4：地下室同地上层不宜共用楼梯，必须共享时，在适当部位分开。多层 1.5 h 墙，乙级防火门，高层 2.0 h 墙，乙级防火门。

☞ 沪公消［建涵］192 号文：总面积＜500 m² 的别墅，地上地下共享一个楼梯，在底层可不作分隔。

☞ 苏标 8.4.12：高层住宅地上地下共享楼梯间用 2.0 h 墙，乙级防火门分隔（多层不在此例）。

☞ 烟规 3.1.8：地下室同地上层共享楼梯，当地下封闭楼梯间首层有直接开向室外的门或有不小于 1.2 m² 的可开启外窗时，该楼梯间可不采用机械加压送风方式。

6.2.7 电梯/消防电梯

☞ 上标 5.2.3/住法 9.8.3：≥12 层的高层住宅设消防电梯。

☞ 上标 5.2.2：≥12 层的高层住宅的每单元［每栋楼（住规 4.1.7）］设不少于 2 台电梯（塔式当然同样处理，其中一台轿厢长 1 600 mm）。如有连廊，12～18 层的每单元可设 1 台电梯。

☞ 上标 5.8.2：54.0 m 以下的塔式单元式住宅，上为跃层，下为架空层时，在满足结构和日照条件下，可以扣掉一层执行上标，如高层类别、楼梯类型、消防电梯。

☞ 高规 6.3.1 说明/苏标 8.4.18.1：≥10 层的塔式住宅，≥12 层的单元及通廊住宅设消防电梯。高规 6.3.3 说明：消防电梯可到地下室也可不到地下室（以利排水）。江苏高层住宅消防电梯应直达地下车库［指高层住宅的地下室为车库时，非直接地下车库或公建车库另当别论，有商量余地（苏标 8.4.20/苏标 4.10.6）］。

☞ 上标 5.2.5/苏标 4.10.6：凡有电梯住宅，至少有一部电梯通向地下车库，但不一定是消防电梯。

☞ 办规 4.4.4.3：设有电梯的办公建筑，至少有一部电梯通向地下车库。

☞ 无障碍电梯（上残 19.10/残规 7.7.2）：电梯厅深 1 800 mm，最小轿箱 1 400 mm×1 100 mm（此条已经被住法 5.3.1-1 取消）。

☞ 地下车库埋深＞10.0 m 时，应设防烟楼梯间和消防电梯（技措 3.3.21.8.5）（与技措 9.5.4.9 矛盾）。

☞ 消防电梯不下到地下室（技措 9.5.4.9）。

6.2.8 层高/走廊净宽

☞ 住规 3.6.1：普通住宅的层高宜为 2.80 m。

☞ 技措 2.3.3：住宅起居室、卧室净高 2 400 mm。

☞ 技措 2.3.3：住宅厨房、卫生间净高 2 200 mm。

☞ 上标 4.8.1：住宅的层高宜为 2.80～3.20 m。

☞ 苏标 4.7.1：江苏住宅的层高宜为 2.80～3.00 m。

☞ 苏标 4.7.3.3：江苏住宅架空层净高≥2.40 m。

☞ 苏标 4.7.3.1：江苏住宅贮藏、自行车车库净高≥2.00 m。江苏低层住宅单间车库 2.0 m（苏标 4.7.3.5）。贮藏室门高 2.10 m（苏标 4.8.3）（此条不太合理，和层高不相应，而且没有必要。上海 1.80 m）。

☞ 苏标 8.1.4：江苏住宅底层商业网点层高≤4.50 m，底部两层商业网点两层高≤7.80 m。

参考沪规法［2002］731 号：住宅层高 2.80～3.20 m，超过 3.20 m 者要特批。

☞ 沪规法［2004］1262 号：住宅的层高不得高于 3.60 m，层高大于 2.20 m 的部分必须计算建筑面积,并纳入容积率计算。层高≥5.60 m的商业(影院、剧场、独立大卖场等另有规定)、办公建筑在计算容积率指标时,必须按每 2.80 m 为一层折算建筑面积,纳入总建筑面积合计,禁止擅自内部插层建筑。

☞ 住法 5.2.1/5.3.4/住规 4.2.2/苏标 4.11.9:住宅走廊净宽 1 200 mm["三合一"时 1 300 mm(苏标 8.4.4)]。

6.2.9 其他

6.2.9.1 回填土

☞ 上标 7.4.3:与燃气引入管贴邻或相邻房间地面以下应采取防止煤气积累(填土、混凝土墙隔离或外墙上开百叶窗)(苏标无此说法)。

☞ 上标 7.4.2:底层厨房、卫生间、楼梯间必须采用回填土分层夯实后浇灌混凝土地坪。本条规定因有新的做法,如煤气进户管由一楼近天花处进户而变成不确定因素。

关于回填土的说法只是上海对于多层住宅安全的要求,外地无此说法。

(煤气)进户管不得设置在地下室、半地下室、浴室、厕所、卧室、易燃品房间、变电所非燃气锅炉房、通风机房、仓库、防烟楼梯间或封闭楼梯间(上海城市煤气、天然气管道工程技术规程 4.3.3/4.4.8/4.4.9)。不得穿越放射性过量场所、电话总机房、电梯井、电缆井、通风道和公共娱乐场所(4.4.6)。

☞ 上标 7.4.1:卧室、起居室地坪应防潮。

6.2.9.2 防火构造

住宅建筑的防火构造属防火构造中的特殊情况,本来不想重复,但考虑到大多数新手的工作内容就是住宅,比较集中,所以把它单列,对于提高效率有好处。

(1) 窗槛墙的不同要求。

☞ 上海住宅,窗槛墙 $h \geqslant 900$ mm,层层都如此,不分套内套外。变通办法:设挑檐宽 $b \geqslant 500$ mm,$h + b \geqslant 1\,000$ mm(上标 7.4.6)。

☞ 全国住宅,相邻套间,$h \geqslant 800$ mm,或设挑檐 $b \geqslant 500$ mm(住法 9.4.1)(说法不够完整)。对于本套内房间,就没有这个限制。

☞ 江苏住宅,12 层以上的单元住宅,18 层及 18 层以下部分,窗槛墙 $h \geqslant 1\,200$ mm,层层都如此。变通办法:设挑檐 $b \geqslant 400$ mm,$h \geqslant 800$ mm(苏标 8.4.5.6)。对于小高层和多层,未明确要求。

☞ 高规,只有一个楼梯的高层住宅,窗槛墙 $h \geqslant 1\,200$ mm,层层都如此,不分套内套外(高规 6.1.1.2)。高规 6.1.1.2 和住法 9.5.1.3 的说法不同,住法 9.5.1.3 说 19 层以上的单元住宅不少于 2 个出口。有 2 个楼梯的高层住宅窗间墙宽度、窗槛墙高度又如何要求,高规对住宅类建筑没特别说明。

(2) 窗间墙的不同要求。

☞ 上海住宅,不分高层多层,楼梯间窗与前室窗、楼梯间窗或前室窗与套房间窗,单元分隔墙为防火分隔墙而不是防火墙。两侧窗户,窗间墙 $b \geqslant 1\,000$ mm,转角 2 000 mm(凸出楼梯间常遇此种情况)。变通办法:单元分隔墙外伸 $\geqslant 500$ mm(上标 7.6.1/2)。

☞ 全国住宅,楼梯间窗和套房窗之间的窗间墙 $b \geqslant 1\,000$ mm(住法 9.4.2)(说法不够全面,没有提到关键的单元隔墙两侧窗间墙间距)。

☞ 江苏住宅,高层住宅,单元分隔墙两侧窗户窗墙 $h \geqslant 1\,200$ mm,楼梯间窗和前室窗、楼梯间窗或前室窗与房间窗间距 $b \geqslant 1\,000$ mm(苏标 8.5.2)。变通办法:单元分隔墙外伸 $\geqslant 500$ mm(苏标 8.5.2)。对于小高层和多层,未明确要求。

对于立面校对,其实这是主要内容之一。比如江阴某住宅,18+1 层跃层单元住宅。18 层以下部分,窗槛墙高 600 mm+500 mm=1 100 mm。按苏标 8.4.5.4→8.4.5.6 的要求,1 100 mm<1 200 mm,不合要求。但因为它在凸窗外均有 400 mm 宽挑檐,又符合苏标 8.4.5.6 的要求。其跃层部分,窗槛墙高 600 mm+500 mm=1 100 mm,且未设挑檐,但根据住法 9.4.1 的要求,套内窗槛墙不要求 ≥1 200 mm,所以总的来说,认为合乎防火要求。当然,挑檐对于采光不利(通则 7.1.2.2),以 70% 计,且去掉离地 800 mm 的部分。

☞ 高规,只有一个楼梯的高层住宅,窗间墙 b≥1 200 mm(高规 6.1.1.2)。有 2 个楼梯的高层住宅窗间墙宽度,窗槛墙高度又如何要求,高规对住宅类建筑没有特别说明。但在"高规图示"08SJ812 的 6.1.1.2 中把套间窗间墙间距要求 ≥1 200 mm,因把单元隔墙定义为防火墙,因此要求单元隔墙两侧窗间墙间距要为 ≥2 000 mm。

(3) 住法 5.2.4/9.1.3/住规 4.2.3:位于阳台、外廊及开敞楼梯平台下的住宅公共出入口上设雨篷,即在阳台等之外再挑雨篷。

(4) 苏规 8.1.5:多、高层商住楼(底部为商业网点的不算)(苏规 8.1.5 说明)的住宅和商业部分用 1.00 m 防火墙挑檐隔开或用 1.20 m 上下槛墙代替。上海商住楼只要求墙和楼板,而不要求防火挑檐(上标 7.6.3)。

浙江也有类似条文(浙建设发[2007]36 号的 57),不过,也许原文有错误,此条没有表达清楚关于以防火挑檐取代窗槛墙的做法。

6.2.9.3 安全防护

☞ 梯井:住宅楼梯梯井宽度要<110 mm,如>110 mm,要采取安全措施(住法 5.2.3/住规 4.1.5)。

☞ 阳台栏杆:临空阳台栏杆高度(住法 5.2.2/住规 3.7.3),多层 1 050 mm、中高层、高层>1 100 mm。

☞ 女儿墙:上人屋面女儿墙(通则 6.6.3),1.05 m/1.10 m+X(认真考虑保暖层厚度及找坡因素)且底端 0.10 m 不可透空。

☞ 关于厨房,只有"上标"强调为独立式,其他如"住规""住法""苏标""办规(办规 4.2.3)"都只强调自然通风,都未强调为独立式。但是,煤气规范规定煤气灶安装在卧室的套间或走廊等处,要有门与卧室隔开(城镇燃气设计规范 GB 50028—2006 的 8.4.4)。也就是说卧室一定要有门。

6.2.9.4 联立阳台、空调机座板/管井

☞ 上标 4.7.4:顶层阳台应设不小于阳台宽度的雨篷,分户毗连阳台设分户板。上标 7.6.3:邻套空调机座板相连时类似处理。

☞ 管井:关于管道井的位置,高规和低规都没有明文规定(因此对于公建的管井,放在何处,小心为妙)。除住宅外,一般公建是不允许将管道井设在楼梯间内及其前室内的(住宅指南 5.4/高规 7.4.2 说明/高规 7.4.3 说明)。只有上标明确说住宅管道井可在前室或楼梯间内(上标 5.4.2)。住法 9.4.3/4:住宅管井可以设在前室或合用前室内(检修门 FM 丙),其他建筑物的防烟楼梯间及其前室内不允许开设疏散门以外的开口(低规 7.4.3)。具体工作中要分清不同地区、不同性质建筑选用不同规范。另外,通则说管道井宜在每层靠公共走道的一侧设检修门(通则 6.14.2)。住法也对住宅建筑中电缆井设在防烟楼梯前室和合用前室的做法认可(住法 9.4.3.4 说明)。江苏水管井可在楼梯间,电管井可在前室(苏标 8.5.4/8.5)。

☞ 浙江一般情况下,防烟楼梯间及封闭楼梯间内不得设置管道井或电缆井。但是 10,11 层住宅的楼梯间及其他建筑的消防前室内可设置管道井或电缆井,不过要层层封堵,检修门为 FM 乙(浙江省建设发[2007]36 号 65)。

☞ 扩大楼梯间时,特别要注意,垃圾道、管道井等的抢修门不能直接开向楼梯间内(低规 7.4.2 说明/低规 7.4.3 说明)。这个要求在某些情况下,有时就使在底层扩大楼梯成为不可能。

6.2.9.5 前室/分户门/外门窗五性

作者认为,各地住宅规范标准大有统一的必要,至少对于安全疏散部分。比如,2005 高规、2007 上标、2007 苏标在高规 6.1.1.2 的执行上,相去甚远。

高规 6.1.1.2 要求如果每单元只有 1 个安全出口,几个单元相连时,18 层及 18 层以下部分户门必须为 FM 甲+18 层以上层层连廊,而上标 5.1.1.6/5.3.2.1 户门不必为 FM 甲+18 层以上层层连廊。但江苏规定分两种情况,苏标 8.4.5.5 规定,1 个安全出口时,18 层及 18 层以下部分户门也必须为 FM 甲+18 层以上层层连廊;苏标 8.4.6 规定,2 个安全出口时,18 层以上部分户门也必须为 FM 甲+屋顶连廊。住宅的标准应有高低,但安全疏散的要求应当没有高低的区别,不必搞差别。

关于 2005 高规 6.1.1.2,可以追溯到 2001 高规 6.1.1.2,连廊由 10 层提高到>18 层,因此要求户门为 FM 甲以加强防火能力,以抵消连廊由 10 层提高到>18 层的负面影响。可是苏标把有 2 个安全出口的情况提高又提高,是否有必要?

其实,户门为 FM 甲是对存在 18 层以上部分才对其以下部分采取的加强措施,如果楼层不超过 18 层,那又有什么必要要求 FM 甲,不知规范制定者当初的意图是什么?

另外住法 9.5.1.3 和高规 6.1.1.2 的说法不相呼应,同是 2005 年,一个说一定要 2 个梯,另一个说也可以 1 个梯。

还有,照 2005 高规 6.1.1.2 的说法,10 层及 10 层以上的单元式住宅拼接,只要是每单元一个楼梯,其户门不管位置一律为 FM 甲,苏标 8.4.5 说明的列表与它又有矛盾。不知是否以其昏昏使人昭昭,叫人两难。

(1) 江苏单元式住宅户门类型汇总(本表格根据苏标 8.4 制作,注意本表和苏标 8.4.5 说明附表的差别)。

分类	层 数	梯间类型	户门位置	门 的 类 型	
				每单元 1 个安全出口	每单元 2 个安全出口
多层	≤6 层	敞开式	楼梯间	户门为普通安全分户门	
中高层	7~9 层	敞开式 出屋面 不出屋面	楼梯间	户门为普通安全分户门(苏标 8.4.5.2)	
				户门为 FM 乙(苏标 8.4.5.2)	
高层	10~11 层	敞开式出屋面	楼梯间	苏标 8.4.5 说明表为 FM 乙	
				户门为 FM 甲(苏标 8.4.5.3→8.4.5.6)	
	12~18 层	封闭式出屋面	走道 前室	普通安全分户门(苏标 8.4.5 说明表)	
				户门为 FM 甲(苏标 8.4.5.3→8.4.5.6)	
	≥19 层	防烟式出屋面	走道或前室	全部≤18 层 户门为 FM 甲(苏标 8.4.5.5→8.4.5.6)	无论 18 层以上或以下均为 FM 甲(苏标 8.4.6→8.4.5.6)。这是苏标扩大了高规 6.1.1 的应用范围
				>18 层部分: 走道 户门为普通安全分户门(苏标 8.4.7)	
				>18 层部分: 前室 户门为 FM 乙(苏标 8.4.5.5→8.4.5.6)	

注:1. "三合一"前室的门应为净宽 1 200 mm 以上的双扇 FM 甲,分户门不应直接开向前室,走廊净宽≥1 300 mm(苏标 8.4.4)。

　2. 苏标引用高规 6.1.1,有些地方有自相矛盾、扩大应用范围之嫌。如 10~11 层的户门,表与正文不一致。每单元有 2 个安全出口也要求同一个安全出口一样处理。

　3. 高规图示解释高规 6.1.1 条有生搬硬套之嫌。而且高规 6.1.1 条本身说法欠严密。

(2) 上海单元式住宅楼梯间/户门类型汇总(本表格根据上标 5.3 制作,以便与苏标 8.4.5 比较)。

分类	层数	楼梯间类型		户门位置	门的类型		
					每单元1个安全出口(每层面积≤650 m²)		每单元2个安全出口(每层面积>650 m²)
多层	≤6层	敞开式		走道	户门为普通安全分户门	敞开式	普通安全分户门
中高层	7~9层	敞开式	出屋面	走道	户门为普通安全分户门(上标5.1.1.2)	敞开式	出屋面,普通安全分户门(上标5.1.2)
			不出屋面		户门为FM乙(上标5.1.1.2)		不出屋面,FM乙(上标5.1.2)
高层	10~11层	敞开式	出屋面	走道	户门为普通安全分户门(上标5.1.1.3)	通廊式住宅为封闭式楼梯	出屋面,普通安全分户门(上标5.1.2)
			不出屋面		户门为FM乙(上标5.1.1.3)		不出屋面,FM乙(上标5.1.2)
	12~18层	防烟式出屋面(塔式同)		走道	户门为普通安全分户门	通廊式住宅为防烟式楼梯	开向前室的户门为FM乙,且限3个(上标5.3.5)
				前室	户门为FM乙(上标5.3.5/高规6.1.3)		
	≥19层	防烟式出屋面(上标5.1.1.6)		走道	户门为普通安全分户门	塔式住宅为防烟式楼梯	开向前室的户门为FM乙,且限3个。暗梯时,户门不应开向前室(上标5.3.5)。这是对高规6.1.3的具体限定
				前室	户门为FM乙,户门可内开(上标5.3.5/高规6.1.3)		

(3) 全国非沪苏地区单元式住宅楼梯间/户门类型汇总(本表格根据低规5.3.11/高规6.1.1/6.2.3制作,以便与上标5.1/苏标8.4.5比较)。

分类	层数	楼梯间类型		户门位置	门的类型		
					每单元1个安全出口(每层面积≤650 m²)		每单元2个安全出口(每层面积>650 m²)
多层	≤6层	敞开式		走道	户门为普通安全分户门	敞开式	普通安全分户门(低规5.3.11说明)
中高层	7~9层	敞开式	出屋面	走道	户门为FM乙	敞开式	出屋面,FM乙(由低规5.3.11推论)
		封闭式	不出屋面		户门为普通安全分户门	封闭式	不出屋面,普通安全分户门(低规5.3.11)
高层	10~11层	敞开式	出屋面	走道	户门为FM甲(高规6.1.1.2)	敞开式出屋面	普通安全分户门(高规6.2.3.1)
	12~18层	封闭式(高规6.2.3.2) 出屋面		走道	户门为FM甲(高规6.1.1.2)	封闭式楼梯	开向走廊的户门为普通安全分户门(高规6.1.3)
							部分开向前室的户门为FM乙(高规6.1.3)
	≥19层	防烟式(高规6.2.3.2) 出屋面		走道或前室	其≤18层部分的户门为FM甲(高规6.1.1.2)。>18层部分的户门为何,高规没有规定。笔者认为,照通常情况处理,开向走道者为普通安全分户门,开向前室者为FM乙	防烟式楼梯	开向走廊的户门为普通安全分户门(高规6.1.3)
							部分开向前室的户门为FM乙(高规6.1.3)

"三合一"概念只有江苏有,上海不存在"三合一"概念,而浙江不允许"三合一"。

高规6.1.1的规定既不全面也不合理,它与高规6.1.3怎么分工?按高规6.1.1.2的说法,非但>18层单元式时,对其中18层及以下部分采取加强措施,即使≤18层的,也要采取同样的加强措施。那么加强措施起什么作用呢?类似规定,建筑合稿5.5.25.3就合理,当 $H > 60$ m 的住宅时,对其中 60 m 以下部分采取加强措施,没有专门对 $H<60$ m 的采取加强措施的要求,这就相对合理了。

☞ 塔式住宅,1~6 层为敞开式,7~9 层为封闭式,户门为 FM 乙则可为敞开式。≥10 层为防烟式(低规 5.3.11.2/高规 6.2.1)。

☞ 通廊式住宅,2 层为敞开式,3~9 层为封闭式,户门为 FM 乙则可为敞开式。10,11 层为封闭式。>11 层为防烟式(低规 5.3.11.1/高规 6.2.4)。

☞ 敞开式楼梯间与电梯相邻楼梯间应为封闭式楼梯间,但户门为 FM 乙则仍可为敞开式楼梯间(低规 5.3.11.2)。

☞ 凡下列情况可以 1 个楼梯:在"1~9 层每层≤650 m²,疏散距离≤15.0 m;10 层及 10 层以上每层≤650 m²,疏散距离≤10.0 m"的前提下,≤18 层塔式、≤18 层单元式、18 层单元式时,对其中 18 层及以下部分采取加强措施(高规 6.1.1)。住宅建筑规范则规定只要>18 层,都要 2 个梯(住法 9.5.1)。

(4) 门窗五性往往有争议。下面提供北京建筑外门外窗的性能作为参考(上海建筑外门外窗的性能、其他地方外门外窗的性能可按基本风压的大小或增或减)。

项　目	标准编号	物理性能指标(北京基本风压 0.45)	由此参考得出上海要求(基本风压 0.55)
抗风压不应低于 5 级	GB/T 7106	低层、多层住宅建筑应不小于 2 500 Pa;中高层、高层住宅建筑应不小于 3 000 Pa;住宅建筑>100 m 高时,应符合设计要求	低层、多层住宅建筑至少应不小于 2 750 Pa(5~6 级);中高层、高层住宅建筑至少应不小于 3 300 Pa(6~7 级);金山、宝山更高
气密性小于 4 级	GB/T 7107	在±10 Pa 推测压力差下:q_1 不大于 1.5 m²/(m·h);q_2 不大于 4.5 m²/(m·h)	上海冬季室外平均风速 3.1,多层不应低于 3 级,高层不应低于 4 级(节能专篇 6.1.1.2/技措 10.2.3)
水密性不低于 3 级	GB/T 7108	未渗漏压力不小于 250 Pa	大风多雨地区不应低于 3 级(技措 10.2.2)
保暖性不大于 7 级	GB/T 8484	外窗 K 不宜大于 2.8;阳台门芯板 K 不宜大于 1.7;阳台门玻璃 K 同外窗	上海住宅外窗 $K<4.0$(上标 6.2.1),属 5 级。住宅外窗 $K<3.0~3.2$(沪建交[2006]765 号),属 6~7 级。上海公建外窗 $K<3.0$(沪建交[2006]765 号),属 7 级
隔声性不应低于 3 级(主干道 50 m 以内)	GB/T 8485	计权隔声量 R_w 不宜小于 30 dB(快速路和主干道两侧 50 m 范围内临街一侧);计权隔声量 R_w 不宜小于 25 dB(次干路和支路道路两侧 50 m 范围内临街一侧)	住宅外窗隔声 30 dB(上标 6.1.3/住法 7.1.3),属 3 级。公建病房、客房类同住宅,3 级。其余公建,次于住宅,≤3 级(通规 7.5.1)
采光性能	GB/T 11976	透光折减系数 T_r 应符合设计要求	

注:此表可以作为日常工作中的依据。虽然如此,仍有商榷之处。北京标准中的阵风系数 β_{gz} 取 2.25,风荷载体型系数 μ_s 取 1.5,可疑。

6.2.9.6 厨房/卫生间/贮藏室

☞ 关于厨房,只有"上标"强调为独立式,其他如"住规""住法""苏标""办规(办规 4.2.3)"都只强调自然通风,都未强调为独立式。但是,煤气规范规定煤气灶安装在卧室的套间或走廊等处,要有门与卧室隔开(城镇燃气设计规范 GB 50028—2006 的 8.4.4)。也就是说卧室一定要有门。

☞ 卫生间平面位置差别:① 卫生间不应直接布置在下层住户的卧室、起居室、厨房、餐厅的上层(住法 5.1.3);② 不包括餐厅(住规 3.4.3);③ 上海规定同住法的要求(上标 4.5.5);④ 跃层同套时,江苏规定卫生间不可在自己的厨房上面(苏标 4.4.4),上海则可以,但要有措施(上标 4.5.5)。

☞ 上标 4.1.8:卫生间与卧室不应错层。

苏标无此要求。错层无定义,容易发生歧义,但是《住宅设计标准应用指南》4.1.8 解释此条文的意思十分明白,上下几个台阶也不行。

☞ 上海和江苏对明厕的要求不同。上标 4.5.2:上海当有多个卫生间的,应至少有 1 间为明厕;

如果只有 1 个卫生间,可以为暗厕。苏标 4.4.1 说明:江苏则要求每户至少有 1 个明厕(户内公用)。因此,如果某户内只有 1 个卫生间,上海可为暗厕,江苏则必须为明厕。

☞ 通则 6.5.1.5:卫生间的地面、墙面、墙裙面应采用不吸水材料。通则 6.12.3:卫生间四周墙面除门洞外应做混凝土翻边 120 mm 高。事实上,若是轻质隔墙时,都是如此,作为导墙。

☞ 住法 9.1.3/住规 4.5.1/上标 5.6.2/苏标 8.1.2/4.14.1:住宅禁止附设经营甲、乙类物品的商店、仓库。甲、乙类物品,如汽油、煤油、60 度以上白酒、硫黄、樟脑、漆布、油布、油纸及其制品(建筑设计防火禁忌手册第 24 页)。

☞ 贮藏室大小取决于居住空间多少,基本空间不能少(上标 4.1.2)。上海 >30 m² 的起居室两边有窗者认作 2 个空间,一边有窗者认作 1 个空间(沪建标定[2002]23 号)。贮藏室大小:4 个空间即为大套,大套要有 $\geqslant 1.5$ m² 的贮藏室,不能零碎拼凑(上标 4.6.1 说明)。

6.2.9.7 专用汽车库/自行车库

☞ 汽火规 5.1.6:设在其他建筑内的汽车库,上下窗间墙 $<1 200$ mm 时设 1 000 mm 宽的防火挑檐 1.0 h(包括汽车通道上方的雨篷)。

☞ 江苏低层住宅附建单间汽车库净高 2 000 mm(苏标 4.7.3.5)。上海同国家相关规定为 2 200 mm(上交标 4.4.9/4.1.13)。

☞ 江苏自行车库宜每单元设自行车库的出入口(苏标 4.15.5),上海则要求自行车库 300 辆以上设 2 个出入口,出入口净宽不宜小于 2.0 m(技规 4.5.2/办规 4.4.5/上交标 4.5.1)。

6.2.9.8 附建公建

☞ 上海饮食行业环境保护设计规程 J 10473—2004 的 3.1.2:中心城、新城和中心镇的新建住宅楼内严禁设置饮食单位;既有住宅楼内严禁新设置产生油烟污染的饮食单位。苏标 4.14.2:江苏住宅不宜烟囱高出住宅屋面。

☞ 住宅底部一、二层的商业网点,上海《小型商业用房设计技术规定》(小商)中,防火区面积不明确(小商 3.4.2)。而江苏要求每个单元为一防火区(苏标 8.1.4 说明),苏商标则为 2 500 m²,差别较大。

6.2.9.9 容积率/架空层/屋顶层

☞ 计算小区容积率时的建筑面积要减去的面积:① 地下室面积不计;② 屋顶层面积不超过标准层建筑面积的 1/8 时,可以不计[上规附录二的 2(1)];③ 用作开放空间的建筑面积不计(如架空层等);④ 市政设施的建筑面积不计,无论附建式或独立式;⑤ 半地下室出地面不足 1.0 m 者不计(但算在总建筑面积内)(上面规二的 8);⑥ 地下室出地面 1.0 m 以上者面积打折计入(上规附录二的 1/2)。

☞ 层高 $\leqslant 2 200$ mm 的设备层,可不计入建筑面积(上规附录二的 1)(底层贮藏可参考)。设备层兼作避难层的层高可适当放宽。

☞ 计算小区容积率时的建筑面积要增加的面积:因开放空间而补偿的面积(上规 20/苏规附录四/表 2.3.6)(上海、江苏各不一样)。

☞ 建筑基地面积以城规部门划定的用地范围的面积为准[上规附录二的 3(2)],应扣除:① $>3 000$ m² 的公共绿地;② 独立的公益或服务设施用地,如中小学;③ 独立的市政设施用地,如变电站;④ 规划划定的控制线范围内用地(代征城市绿化用地);⑤ 城市道路用地(代征城市道路用地)。

☞ 沪规法[2004]1262 号:住宅的层高不得高于 3.60 m,层高大于 2.2 m 的部分必须计算建筑面积,并纳入容积率计算。层高 $\geqslant 5.6$ m 的商业(影院、剧场、独立大卖场等另有规定)、办公建筑在计算容积率指标时,必须按每 2.8 m 为一层折算建筑面积,纳入总建筑面积合计,禁止擅自内部插层建筑。

☞ 容积率计算,高层住宅中商业不足 10% 的照住宅规定执行,多层住宅中仅设底层商店的照住宅规定执行[上规附录二的 2(4)]。

　　☞ 市政设施分两种情况[上规附录二的 2(3)]：① 附建式，其建筑面积不计入拟建建筑面积；② 独立式，其建筑面积不计入拟建建筑面积，而且其占地面积亦可不扣除，一并计入总基地面积(但计算建筑密度时，必须计入其占地面积)。

　　☞ 高、多层民用建筑架空层不计入容积率，但应计入总建筑面积，其高度也应计入总高度[上规附录二的 2(5)]。

　　☞ 半地下室面积(离地面≥1.00 m 者)打折计算。$S_{计入} = S_{地} \times H_1$(高出地面距离)$/H$(地下室层高)[上规附录二的 2(1)]。

　　☞ 建筑基地面积>30 000 m²，根据详细规划批准实施(上规 13)。≤30 000 m² 时，按不同程度折减容积率(上规 14/表 3)。对混合型建筑基地，以换算后的综合控制指标控制(上规 16)。

　　☞ 容积率计算例子(参考住宅设计标准应用指南第 22 页)：

$$核定容积率 = 容积率控制值(FAR) \times (1 - J\%)$$

　　例如：上海某内环外住宅基地面积 27 000 m²，其中高层占 30%，多层占 70%，试估算其容积率和总建筑面积。

　　解：查上规表二知多层容积率为 1.4，高层为 1.8。

$$综合控制容积率 = (1.4 \times 0.7) + (1.8 \times 0.3) = 0.98 + 0.54 = 1.52$$
$$核定容积率 = 1.52 \times (100\% - 15\%) = 1.52 \times 0.85 = 1.292$$
$$可建筑总建筑面积 = 27 000 \times 1.292 = 34 884 \ m^2$$

　　☞ 江苏容积率计算范围与面积算法同国家规范，无特殊情况(苏规附录五的 1/附录一的 1)。计入容积不包括地下室(苏规附录五的 1)，面积不包括屋顶水箱(国面规 3.0.24.4)。

　　☞ 有关江苏容积率计算：① 开放空间的限制(苏规附录四/2.3.6)；② 容积率计算时不包括地下建筑面积(苏规 2.3.6)；③ 建筑面积按国家规定(苏规附录一的 1)；④ 基地面积计算不包括道路红线和河道蓝线内面积(苏规附录一的 2)。江苏对容积率的计算，没有如上海明确规定架空层面积计入建筑总面积，但不计入容积率(上规附录二的 5)。而架空层面积的计算，国家规定也没有明确说法。江苏对容积率的计算，也没有如上海一样规定顶板面离地≤1.0 m 的半地下室或>1.0 m 的半地下室怎样分别计算建筑面积而后计入容积率。总之，苏规对半地下室是个空白点。

6.2.9.10　面积计算

常见的架空层面积国面规未见明确说明。

6.2.9.11　面宽限制

　　☞ 上规 50：建筑高度≤24.0 m，面宽<80.0 m。高度 24.0～60.0 m 者，面宽 70.0 m。建筑高度>60.0 m 者，面宽 60.0 m。高层和裙房各自分开算。由此，同一裙房上有几幢高层的可能性不大。

　　☞ 涉及对象居住、办公和商业等建筑(上规解释 50)。

6.2.9.12　防污染

这是一个实在而又难于解决的问题。在说明中写明"为控制由建筑材料和装修产生的室内污染，在工程勘察、设计施工和验收过程中，对建筑材料的选择、设计、施工和验收等，应符合《民用建筑工程室内环境污染控制规范》的各项要求"。

6.2.9.13　上标与苏标的对比

《江苏省住宅设计标准》(DBJ32/J 26—2006)(苏标)2006 年 9 月 1 日实行。

　　☞ 提示：2006 苏标同 2001 上标大体相同，只有小差别。下面列表说明。

序号	苏 标	苏 标 内 容 提 要	上 标 不 同 说 法
1	4.1.4/7.1.3	次卧室面宽 2.40 m,工人房 3.5 m²,卫生间≥1.20 m²	
2	4.2.5/6	暗厅<10 m²,单侧采光起居室不宜>8 m²	
3	4.3.4	厨房只允许垂直烟井	上海垂直式或水平式烟井都允许
4	4.4.1	必须有一间明厕	上标5.2.5:有多个卫生间时至少有一间明厕
5	4.6.3/4	沿街和高层宜高设封闭阳台。封闭阳台栏杆也应满足 1 050 mm 或 1 100 mm	
6	4.7.1	2.8 m≤层高≤3.0 m	上标4.8.1:层高宜为 2.8 m。上规51:层高 2.8~3.6 m
7	4.7.3.3	架空层净高≥2.40 m	
8	4.7.3.5	低层住宅单间车库净高≥2.00 m	
9	4.8.3	户门洞宽 1.0 m,起居室门洞宽 1.20 m,卧室门洞宽 0.9 m	上标7.1.4:户门、卧室门 0.95 m
10	4.9.7/8	套内楼梯踏步 0.22 m×0.18 m,层间净高 2.0 m	
11	4.10.5	电梯厅进深 1.50 m 或 1.80 m(无障碍)或 2.10 m(共用)	
12	4.14.5	自行车库每单元宜设单独入口	
13	6.2.5	东、西、南向应设外遮阳	
14	8.4.4/4.11.9	"三合一"前室要求 8.0 m²,FM甲,户门不能直接开向前室,走廊净进深 1.30 m	
15	8.4.5.5/6	≥18 层单元住宅窗槛墙 1.20 m 时可用 0.8 m 窗槛墙+0.4 m 挑檐代替	上标7.6.4:不分高、多层,每层 900 mm+500 mm。住法9.4.1:上下不同户间 800 mm+500 mm
16	8.4.13	电梯机房对封闭楼梯和防烟前室开门用FM甲	
17	8.4.18.1	塔式住宅≥10 层即设消防电梯	上标5.2.3:≥12 层的高层住宅设消防电梯
18	8.4.18.4	消防电梯用通道 15.0 m 长	高规6.3.3.3/低规7.4.10.2
19	8.4.20	消防电梯应停靠地下车库	上标5.2.5:至少应有一台电梯通向地下车库
20	8.5.2.1	≥12 层的单元住宅分隔墙两侧窗间距 1.20 m。未对 12 层以下的情况提出具体要求	上标7.6.2.1:高层、多层 1.0 m
21	8.5.4	水道管井可在封闭楼梯间或防烟前室内	上标5.4.2:管井检修门可设在合用前室或楼梯间内
22	8.5.5	电缆管井可在防烟楼梯间前室或合用前室内	
23	8.1.4-5/说明	住宅底部一、二层商业网点,每个小店≤300 m²,作为一个防火单元。一、二层总高 7.80 m,或底层一层高 4.50 m	见本表注
24	8.1.5	多、高层商住楼[底部为商业网点的不算(苏标8.1.5说明)]的住宅和商业部分用 2.0 h 墙、1.5 h 板和 1.0 m 防火挑檐隔开或用 1.20 m 上下槛墙代替	上海商住楼只要求墙和楼板,而不要求防火挑檐(上标7.6.3)
25	8.5.1	只有高层单元住宅分户墙认作防火隔墙	上标7.6.1:单元住宅分户墙认作防火隔墙,不分高层、多层
26	8.4.9.3	高层住宅扩大楼梯间时同时要求 15.0 m 距离	
27	8.4.15	高层住宅共享楼梯间时才要求底层分隔	
28	8.5.6	住宅电梯、楼梯直通地下车库时采取分隔措施,此条同低规 5.3.11 相衔接。间接允许住宅区地下车库可以利用住宅楼梯作为地下车库的人员出入口	FM甲(上标5.6.4),专用通道(上标7.6.3)

（续表）

序号	苏 标	苏 标 内 容 提 要	上 标 不 同 说 法
29	4.14.5	自行车坡道宽度 1 400 mm（技措无此参数）	2 000 mm（上交标 4.5.1）。 2 500 mm（办规 4.4.5）
30	7.1.4/10.5.3	雨水立管等公共管线不应设在套内（包括阳台）	

注：沪规法［2004］1262 号：住宅的层高不得高于 3.60 m，层高大于 2.2 m 的部分必须计算建筑面积，并纳入容积率计算。层高≥5.6 m 的商业（影院、剧场、独立大卖场等另有规定）、办公建筑在计算容积率指标时，必须按每 2.8 m 为一层折算建筑面积，纳入总建筑面积合计，禁止擅自内部插层建筑。

6.2.9.14 独立别墅/通廊式住宅/租赁式公寓

1) 别墅

☞ 别墅定义（上规解释 26）：低层独立式住宅是指三面（两单元并联）或四面临空，带有独立使用庭院的住宅。其南侧建筑间距 $1.4H_S$（上规 26）。注意上海别墅东西向间距 $0.9\sim1.0H$，往往容易忽略。

☞ 低层定义：$1\sim3$ 层（上标 2.0.11/苏标 1.0.3/2.0.25）、高度≤10 m（上规附录一的 3）。

☞ 层数折算（上标 5.8.1 说明）：不涉及实际层数和容积率等（低规 1.0.2/苏标 8.1.3）。

☞ 一般情况下别墅内地上地下可共享楼梯，不必在±0.00 分隔。［2004］沪公消［建函］字 192 号：别墅地上地下合用楼梯，总面积<500 m² 或地下面积<200 m² 的，可不在首层做防火分隔。沪公消［建函］字 192 号：独立别墅的地下室，如房内最远点至首层门口的距离<20 m，可设一个出口。

☞ 地下室不能作为甲、乙类物品库。住法 9.1.3/住规 4.5.1/上标 5.6.2/苏标 8.1.2/4.14.1：住宅禁止附设经营甲、乙类物品商店、仓库。甲、乙类物品，如汽油、煤油、60 度以上白酒、硫黄、樟脑、漆布、油布、油纸及其制品（建筑设计防火禁忌手册第 24 页）。

☞ 地下室不允许作工人房（半地下室有通风、采光、防潮可以考虑住法 5.4.1、住规 4.4.1、通风 1/20、采光 1/7、住法 7.2.1/4）。最小面积未见明文规定。参考江苏为 3.5 m²。

☞ 汽车库防火挑檐、FM 甲或上下窗槛 1.20 m 见汽火规 5.1.6/5.2.6。关于家庭用车库，仅仅只见《木结构设计规范》（GB 2005—2003）的 10.6.1，有具体要求，可视作木结构建筑居住单元的一部分，车库不应与卧室相通，隔墙 1.0 h，门 0.6 h（装自动闭门器），不大于 60 mm²。另见技措 4.5.2 则规定"住宅底层商业服务业，油浸变压器及高压油开关室、汽车库、消防控制室的墙耐火极限 3 h"。

☞ 车库开间净宽≥3 000 mm（汽规 4.1.4）。

☞ 汽车外形尺寸 1.70 m×4.80 m×1.60 m～2.05 m×5.60 m×1.65 m（汽规 5.1.2 表）。

☞ 苏标 4.7.3.5：低层住宅的单间车库地面至梁底净高不应小于 2 000 mm，由此车库的门高至少 2 000 mm。

☞ 有无阳台或晒台，应不通过卧室到达晒台。

☞ 卫生间的门不应直开在厨房内（住法 5.1.4/住规 3.4.2，说法略有不同）。

☞ 上标 4.5.4：卫生间的门不应直接开向起居室、餐厅和厨房。

☞ 楼梯井>110 mm 的（如圆形楼梯、方形楼梯等）应采取防滑措施。

层高限制只对高层住宅。上规 51：多、高层住宅的层高宜为 2.80 m，不应高于 3.60 m。没有提到独立低层住宅，是否意味着不包括即允许突破？独立式住宅、商业或办公建筑的门厅、大厅、回廊、走廊，剧场等不受层高 5.6 m 的限制（上海市建筑面积规划暂行规定意见稿 2011）。

☞ 联排别墅以 2 500 m² 为防火区（没有见到明文规定，是笔者根据低规 5.1.7 和低规 1.0.2 加以合理推测而成，注意联排别墅户内往往是开敞楼梯，所以，计算防火区面积要上下层面积一起算）。成组布置山墙间距 4.0 m（低规 5.2.4）（≤6 层的多层同上规 26 的低层）。南侧间距 $1.4H_S$（上规 27）。离界主要朝向 $0.7H$，山墙≥16.0 m 同主要朝向。

☞ 联排别墅户与户之间也牵涉防盗安全问题,参照上标单元式住宅处理,户之间窗间距 1 000 mm,并联阳台之间的墙外伸 500 mm,既防火又有利安全(上标 7.6.1)(没有规范明确规定,明智之举是在分户墙两侧做部分固定 FM 乙,以满足窗间墙间距 1 000 mm)。户与户之间相邻空调机座板采取安全措施(上标 7.5.3)。

☞ 上残 14.2 说明:独立别墅或连体别墅的无障碍设计可按业主要求单独改造,不列入上残 14.2 的要求。

☞ 宜设杂物贮藏间。

☞ 非工人房卫生间最小面积两件套 2.0 m²。

☞ 关于一栋别墅的地上部分应该有几个楼梯、楼梯类型、逃生距离多少,没有一个规范明确过。可供参考的条文有住法 9.5.1/低规 5.3.11/5.3.2。要求别墅的逃生距离 20 m 的正式根据不足,只能说供参考。

☞ 别墅楼梯个数通常≥1 个(住法 9.5.1/低规 5.3.11)。

☞ 低层、多层、中高层住宅应设敞开楼梯间(上标 5.1.2.1)。低层住宅可以为暗梯(上标 5.1.3)。这里的低层住宅,应为集合住宅,而非独立住宅。别墅楼梯类型,习惯上通常做开敞楼梯。

☞ 别墅地下室楼梯类型,未见明文规定。习惯上,地下室楼梯间用封闭楼梯间。

☞ 别墅楼梯与套内楼梯的差别:别墅楼梯无公共楼梯。别墅层数不多,大型家具从窗户或天台吊装。因此笔者认为应当可以参考套内楼梯,净宽度 750~900 mm,踏步 220 mm×200 mm(H),栏杆间距 110 mm,材质不限(上标 4.6.4)。

☞ 江苏套内楼梯 220 mm(W)×180 mm(H),净高 2 000 mm(苏标 4.9.7/4.9.8)。

☞ [2004]沪公消[建函]字 192 号:独立别墅的地下室,如房内最远点至首层门口的距离<20 m,可设 1 个出口。

2) 通廊式住宅

☞ 防火区面积:≥19 层的属一类高层,1 000 m²(高规 5.1.1);10~18 层属二类高层,1 500 m²(高规 5.1.1);多层,2 500 m²(低规 5.1.1)。

☞ 楼梯类型见上标 5.1.2.3/高规 6.2.4。

☞ ≥2 层的多层通廊式住宅应设封闭楼梯间,如为敞开楼梯间,户门应为 FM 乙(低规 5.3.11.1)。

☞ 建规合稿 5.5.30:高度 21~32 m 的居住建筑设封闭楼梯间,当户门应为 FM 甲时,可不采用封闭楼梯间。

☞ 建规合稿 5.5.29:高度>32 m 的居住建筑设防烟楼梯间,当户门应为 FM 甲时,户门可开向前室。

☞ 10 层、11 层通廊式住宅应设封闭式楼梯(上标 5.1.2.2)。

☞ ≥12 层的通廊式住宅应设防烟式楼梯(上标 5.1.2.3)。

☞ 楼梯数量:通常不少于 2 个(上标 5.1.2),除非满足 1 个梯的条件(上标 5.1.1.1-6)。

☞ 消防电梯(高规 6.3.1/上标 5.2.3):≥12 层的通廊式住宅设消防电梯。

☞ 低规 5.3.11:通廊式非住宅居住建筑一个安全出口的条件为,一、二耐火等级,3 层,每层最大面积 500 m²,二、三层人数总和≤100 人。

☞ ≥12 层的高层住宅设消防电梯。

☞ 户外逃生距离 20.0 m(上标 5.3.4/高规 6.1.5 无特别说明)。

☞ 户内逃生距离 20.0 m(参考上标 4.6.3.4)。

☞ 通廊式住宅的卫生间能否向走廊开窗?各个规范无明确答案。参考通则 6.5.1.3,说"卫生用房……不能向邻室对流自然通风",应该认为不可以。

3) 租赁式公寓/公寓式办公建筑

☞ 提示 1：公寓式办公建筑或租赁式公寓底部商场的安全出口,应与上部的公寓式办公建筑或租赁式公寓的安全出口分开(小办二的 2)。

☞ 提示 2：租赁式公寓,公寓套内疏散距离 20 m(小办三的 4)。

☞ 提示 3：公寓式办公,办公室套内疏散距离 15 m(有淋 18 m)(小办三的 5)。

☞ 提示 4：老定义见上规附录一,指单元式小空间划分,每个单元平均建筑面积≥150 m²,有独立卫生设备的办公建筑。公寓式办公建筑见上规附录一的 6。公寓式酒店见上规附录一的 13。酒店式公寓见上规附录一的 14。

新定义见沪消发[2003]257 号,指单元式小空间划分,每个单元平均建筑面积≤300 m²,有独立卫生设备的办公建筑。

☞ 提示 5：公寓式办公建筑和租赁公寓由同一文件沪消发[2003]257 号附文《租赁式公寓、公寓式办公楼防火设计技术规定》(小办)约束消防要求。楼梯间的数量和类型,如为每层面积≤650 m² 或学生公寓,则可套用住宅标准,否则套用公建标准。单元门,也如住宅标准,开向消防前室的单元门限 3 个,18 层以上,如是暗梯则单元门不可开向前室。

☞ 提示 6：租赁式公寓、公寓式办公楼的消防车道、消防登高面和登高场地的设置等可参照《住宅设计标准》执行(小办二的 6→上标 1.0.2)。

☞ 提示 7：(规划上)酒店式公寓按居住建筑处理(上规附录一/14)。

☞ 租赁式住宅,包括酒店式公寓和公寓式办公楼公共部位的平面设计可参照上标 5.1 关于楼梯的要求,但其消防设施的设置应按照公共建筑的要求进行(住宅指南第 221 页)。

☞ 沪规区[2008]269 号：公寓式办公建筑层高不超过 4.50 m。

☞ 沪规土资建[2011]106 号：办公建筑每一单元建筑面积应不小于 150 m²,层高应按小于 4.4 m 控制。

☞ 每层面积≤650 m² 的公寓式办公楼或学生公寓的楼梯间形式和数量,按住宅要求(沪消发[2003]257 号 3.1→上标 5.1.1/5.2.2),否则套用公建标准。≥12 层的设防烟楼梯和消防电梯。

☞ 住法 9.5.1/低规 5.3.11：单元住宅疏散距离,高层 10.0 m,非高层 15.0 m,每层面积＜650 m²,可以设 1 个出口。

☞ 设防烟楼梯的,或≤650 m² 的办公楼,可合用前室(沪消发[2003]257 号 3.2)。

☞ ≤18 层的,开向前室的单元门≤3 个,且为 FM 乙(可内开)(沪消发[2003]257 号 3.3/对比上标 5.3.5)。

☞ ＞18 层的,暗梯且无加压送风,单元门不能直接开向前室(沪消发[2003]257 号 3.3/对比上标 5.3.5)。

☞ 沪消发[2003]257 号 3.4：公寓套内疏散距离 20.0 m。

☞ 沪消发[2003]257 号 3.5：办公室套内疏散距离 15.0 m。

☞ 公寓式办公：＜60 m² 的房间可为 1 个净宽 $W=900$ mm 的门(沪消发[2003]257 号 3.5.1)；≤150 m² 的房间可为 1 个净宽 $W=1100$ mm 的门(沪消发[2003]257 号 3.5.2)；＞150 m² 的房间可为 2 个净宽 $W=900$ mm 的门(沪消发[2003]257 号 3.5.3)。

☞ 底层有商场时出入口要分开(沪公消[建函]257 号的二的 2/上标 5.6.3/住法 5.2.4/住规 4.5.4/高规 6.1.3A/低规 5.4.6.1)。

☞ 节能：2004 年 4 月 1 日起办公楼、商场、旅馆,及其综合楼执行节能标准,外墙 $K≤1.0$,屋面 $K≤0.8$(比住宅要求高)(上公节标 3.0.4)。2006 年 11 月 28 日执行沪建交[2006]765 号,将民用建筑分成多、高层居住建筑,低层居住建筑,公共建筑三类,分别要求必须满足的指标,然后才能进行综合节能计算。上海公共建筑节能执行国家《公共建筑节能设计标准》要求。注意其中对地下室墙面和地面的热阻要求。

☞ 节能标准:外墙 $K \leqslant 1.0$,屋面 $K \leqslant 0.7$(比住宅要求高)(国公节 4.2.2-4)。

☞ 浙江省建设发[2007]36 号:公寓式办公楼的消防依据办公楼设计。酒店式公寓的消防依据旅馆设计。学生公寓、宿舍的消防依据非住宅类居住建筑设计(宿舍建筑设计规范 JGJ 36—2005 的5.4)。

4) 公寓式办公建筑/租赁式公寓对照表

参照《住宅建筑法规》(住法)、《住宅建筑标准》(上标)、《上海市城市规划管理规定》(上规)、沪消发[2003]257 号(小办)、《办公建筑设计规范》(办规),制成下表。

序号	项 目	定 义	规划要求	防火要求	功能房间内容	节能
1	住宅		间距、日照	套内疏散距离 20 m(上标 4.6.3.4)。一个疏散楼梯时套外非高层疏散距离 15 m,套外高层疏散距离 10 m(住法 9.5.1)。底层楼梯距对外出口 15 m(住法 9.5.3)		
2	租赁式公寓(亦称酒店式公寓)附学生公寓(小办一的 1)	上标 2.0.21:用于出租的成套住宅(小办一的 1)	上规附录一的 14:酒店式管理的公寓,按居住建筑处理(间距、日照)	公寓套内疏散距离 20 m(小办二的 2)总体上消防车道、登高面、登高场地参照上标执行(小办二的 6→上标 3.3)		
3	公寓式办公	办规 2.0.2:统一物业管理。单元内设有办公、会客房间、卧室、厨房和厕所等房间的办公楼 小办一的 2:每个单元的最大建筑面积不超过 300 m²,且设有独立卫生间的办公建筑		套内疏散距离 15 m(小办二)。每层<650 m² 的公寓式办公、学生公寓的楼梯型式按住宅要求(小办 3.1→上标 5.1.1/5.2.2)。12 层以上的设防烟楼梯和消防电梯。每层<650 m² 的公寓式办公可以设 1 个安全出口(小办 3.2)	小空间办公。内有独立卫生间(上规附录一的 6)。燃气厨房自然通风(办规 4.2.3.3)。卫生间宜直接采光,也可人工通风(办规 4.2.3.5)	
4	酒店式办公	办规 2.0.3:提供酒店式服务和管理的办公楼	间距按非居住处理,无日照要求		应符合《旅馆建筑设计规范》(JGJ 62)的相应规定(办规 4.2.3.3)	
5	公寓式酒店	上规附录一的 13:按公寓式分隔出租的酒店,按旅馆建筑处理	间距按非居住处理,无日照要求			

5) 上海农村/一般住宅对比表

序号	项 目	农村中心村住宅 DGJ 08-2015—2007		一般住宅 DGJ 08-20—2007		说 明
1	间 距	低层	$1.4H_S \geqslant 7.0$(3.2.2)	低层	$1.4H_S \geqslant 6.0$(上规 26)	
		多层	$1.2H_S \geqslant 12.0$(3.2.2)	多层	$1.2H_S \geqslant 8.0$(上规 23.1.1)	
2	道 路	6.0 m/4.0 m/2.5 m(3.2.5)		7.0 m/4.0 m/1.5 m 人行道(通则 5.2.2)		
3	车 位	表 3.2.6		上交标 5.2.10/上服标附录 A 表 7/8		
4	绿地率	35%(3.2.7)		35%(上服标 3.2.8)		原为 30%
5	垃圾处理	3.2.8→上海城镇公共厕所规划和设计标准				

（续表）

序号	项 目			农村中心村住宅 DGJ 08 - 2015—2007		一般住宅 DGJ 08 - 20—2007		说 明
6	公共服务设施			表 3.3.3		上服标 1.0.8		
7	套型套 内面积	单元式	小套	≤70.0 m² (4.1.2)				
			中套	70~120 m² (4.1.2)				
			大套	120~160 m² (4.1.2)				
		双户式 联排式	中套	120~160 m² (4.1.2)				
			大套	160~220 m² (4.1.2)				
8	卧 室	双		≥14.0 m² (4.2.1)	双	≥12.0~14.0 m²		
		单		≥8.0 m²	单	≥6.0 m² (上标 4.2)		
9	起居室			≥14.0 m² (4.2.1)	≥12.0~14.0 m² (上标 4.3)			
	独立餐厅			≥10.0 m² (4.3.5)				
10	厨 房			≥5.0 m² (4.4.1)	≥4.0~5.5 m² (上标 4.4)			
11	贮藏室	中、小套		≥0.5 m²	0.6 m×0.8 m/1.50 m² (上标 4.6)			
		大套		2.0 m² (4.6.1)				
	杂物间			每户宜有 ≥4.0 m² (4.6.2)				
12	阳台雨篷			有组织排水，与屋面系统分开 (4.7.5)	有组织排水，与屋面系统分开 (上标 4.7.5)			
13	层 高	多层		2.80~3.00 m	2.80~3.20 m (上标 4.8.1)			
		低层		3.00~3.20 m (4.8.1)				

6）商住楼

☞ 定义见高规 2.0.8/上标 2.0.15/苏标 2.0.33/8.1.5，下面为商业网点的不算。

☞ 规划上减层及层数折算，上海不减层（上规 24/上标 5.8.2）。江苏不减层（苏标 8.1.3/8.1.4）。

☞ 北方地区底层为商店或非居住建筑的，计算建筑间距时扣除底层高度（技措 2.4.6）。

☞ 层数折算：商住楼底部非居住建筑部分的高度除以 3.0 m 得商，余数＞1.50 m 者进一，即为折算层数（住法 9.1.6/上标 5.8.1/苏标 8.1.3.3）。

消防减层方法见低规 1.0.2。

☞ 商住楼分类：商住楼（底部为商业网点者不算）≤50.0 m 者，二类高层；＞50.0 m 者，一类高层（高规 3.0.1/苏标 8.1.5 说明）。高规 3.0.1.4：还有 24 m 以上，部分面积＞1 500 m² 者也是一类高层。

☞ 层高限制：苏标指的是商业网点的层高。江苏商业网点要检查层高 4.50 m/7.80 m（苏标 8.1.4）。上海层高＞5.60 m 的商业办公等在计算容积率时按 2.8 m 为一层折算（沪规法〔2004〕1262 号）。

☞ 防火挑檐。苏规标 8.1.5：多、高层商住楼（底部为商业网点的不算）（苏标 8.1.5 说明）的住宅和商业部分用 2.0 h 墙、1.5 h 板及 1.0 m 防火挑檐隔开（或用 1.20 m 上下槛墙代替）。上海商住楼或商业网点只要求墙和楼板，而不要求防火挑檐（上标 7.6.3）。

☞ 高位消防水箱水量一类公建 18 m³，二类公建和一类居住建筑 12 m³，二类居住建筑 6 m³（高规 7.1.4.1）。由此涉及水池、泵或消火栓。

☞ 在高规 3.0.1 中，把高度＞50 m 或 24 m 以上任一层面积＞1 500 m² 的商住楼列入一类公建，这就带来一系列问题，防火的分类，水箱的容量，喷淋的设置位置等等，说不清道不明，建筑专业和设备专业打架,应该听谁的? 所以说高规3.0.1留下了一个无头公案。在江苏、上海、浙江,商住楼的住宅部分应执行苏标,可以参考苏标8.1.5/1.0.2/浙江建设发(2007)36号55条,其潜在意思说商住楼的住宅部分执行江苏省住宅标准,即认为商住楼的住宅部分是住宅。当商住楼的商业营业场所与住宅部分的防火分区和疏散系统均分开设置时,其住宅部分的楼梯设置可参考住宅楼梯设计(住宅指南第221页)。商住楼高度≤50 m,作为二类高层。高度>50 m,作为一类高层(苏标8.1.5说明)。苏标不适用于租赁式公寓及大层、高隐层、跃层公寓。高规适用于十层及十层以上的居住建筑(包括底层为商业网点者)(高规1.0.3.1)。

☞ 底商住宅公共部位参照相同层数的住宅设计(住宅指南第221页)。

带商业网点的住宅,整个当作住宅。商住楼的局部——住宅部分是住宅,概念不一样,这是江苏的概念(苏标8.1.4/苏标8.1.4),仔细对比。注意不同防火处理。带商业设施的住宅分别按住宅和公建或商业网点的防火规定执行(建规合稿5.4.7)。

但是,商住楼在总图上,设两条消防道还是一条消防道? 吃不准。这也反映了商住楼在定性上的不确定性所带来的困惑。如果是公建,要两条消防道。如果是住宅,一条消防道就够了。

☞ 商住楼住宅入口应独立(高规6.1.3A)。仅仅是功能上分开还是用防火墙隔开? 有关防火区的划分以及防火墙(或隔墙)两侧门窗的距离,上海明确用防火墙划分(上标7.6.3),但未要求防火挑檐,同时注意防火墙两侧窗户间距。江苏用2.0 h防火隔墙划分(苏标8.1.4),但要求防火挑檐。

☞ 高规6.1.3A/低规5.4.6/住法5.2.4/9.1.3/住规4.5.4/上标5.6.3/商规4.1.4:商住楼、综合楼的商店部分出入口与住宅或其余部分分开,注意此时的楼梯间墙是防火墙,其两侧的窗子洞口间距有一定要求(上标7.6.3)。

☞ 综合建筑中商店部分的安全出口必须同其他部分分开(商规4.1.4)。

☞ 综合楼内的办公部分的安全出口必须与同一楼内的对外的商场、营业厅、娱乐、餐馆等部分分开(办规5.0.3)。

☞ 一类高层商住楼的公共部位设自动报警系统(苏标8.7.5)。

6.2.10 非沪苏地区住宅防火设计

☞ 消防道见住法9.8.1。

☞ 交通道到单元门口(住法4.3.1)。

☞ 电梯与楼梯间相邻(低规5.3.1/7.4.2.3)。

☞ 楼梯间与套间窗间距1 000 mm(住法9.4.2)。

☞ 单元式住宅单元隔墙两侧窗间距2 000 mm(高规图示6.1.1.2)。

☞ 单元式住宅住户间窗间距1 200 mm(高规图示6.1.1.2)。

☞ 电梯机房对楼梯间或前室开门为FM乙(技措9.2.7)或FM甲(上标指南5.1.5/苏标8.4.13)。

6.3 宿舍

宿舍见宿规2005。

☞ 宿舍的疏散出口和安全出口设置按公建规定(建规合稿5.5.27)。

☞ 参考1987宿规3.5.1:≤9层,每层<300 m²,每层总人数≤30人,可以1个梯。

☞ 通廊式非住宅居住建筑一个安全出口的条件:一、二耐火等级,3层,每层最大面积500 m²,二、三层人数总和≤100人(低规5.3.11)。由此,>3层,每层面积>500 m²的即要2个梯,相应等于规定了逃生距离。

☞ 上标 5.3.4：通廊式住宅逃生距离 20.0 m。

☞ 通廊式宿舍，7～11 层设封闭式楼梯，≥12 层设防烟楼梯（宿规 4.5.2）。注意应满足低规 5.3.11 的要求。以时间来说，2005 宿规在先 2006 低规在后。

☞ 低规 5.3.11：通廊式居住建筑，>2 层时应设封闭楼梯间，户门为 FM 乙则可不为封闭楼梯间。

此说法显然同其非正式文本（网络下载）"通廊式居住建筑>2 层时，户门应为 FM 乙"不一样，不要上当。另外，笔者认为，参考此条应视有无厨房而定。

☞ 单元式宿舍，≥12 层设封闭楼梯间，≥19 层设防烟楼梯间。≥7 层各单元的楼梯间均应出大屋面，但 10 层以下各单元通向楼梯间的门为 FM 乙则可不出屋面（宿规 4.5.2）。笔者认为，"出屋面"这一措施，无非是给老百姓在火灾时多留一条生路而已，从这一意义上说，不要多设例外，一般建筑，凡是多层以上的，楼梯间都出屋面就是了。如果是商业建筑、公共娱乐建筑，更应严格要求。君不见，那些娱乐建筑常常失火吗？下面的门常常堵牢吗？建筑设计人员如果能给老百姓在火灾时多留一条生路，岂不是功德无量？

☞ 通廊式宿舍，7～11 层设封闭楼梯间，≥12 层设防烟楼梯间（宿规 4.5.2）。

☞ 低规 5.3.11：居住建筑的楼梯间宜通至屋顶。

☞ 地面至楼面高度>21.0 m 或 7 层，应设电梯（宿规 4.5.6）。

☞ 居室内的卫生间不小于 2.0 m²，使用人数>4 人的厕所与盥洗分开（宿规 3.3.3）。

☞ 公共浴室、公共厕所应自然通风采光（宿规 5.1.1）。

☞ 卫生间宜有天然采光和不向邻室对流的直接自然通风（通则 6.5.1.3），注意走廊两侧设卫生间的情况。

☞ 公共卫生间内有天然采光和直接自然通风，无通风口的卫生间应有通风换气装置（技措 14.3.6）。

☞ 底层有商店或其他的多、低层居住建筑，其间距不得扣除底层高度（上规 24）。

☞ 宿舍应有 1/2 以上居室冬至满窗日照至少 1 h（通则 5.1.3）。

☞ 宿舍半数以上居室应有良好朝向（宿规 4.1.3）。

☞ 宜有 2% 的寝室为无障碍寝室（上残 14.4.1）。

☞ 每栋宿舍应在底层至少设置 1 间无障碍寝室（宿规 4.1.5）。

☞ 有无障碍寝室时同层设无障碍厕所（上残 14.4.3/14.6.3）。

☞ 无障碍寝室尺度不同一般（上残 14.6）。

☞ 有无障碍寝室时相应设无障碍入口（坡道、门斗、平台、雨罩）（上残 14.1.3）。

☞ 居住建筑走廊净宽 1 200 mm（残规 7.3.1/上残 19.8.1）。

☞ 宿舍楼梯最小梯宽 1 200 mm，踏步 270 mm×165 mm（宿规 4.5.4）。宿舍安全出口门净宽不应小于 1 400 mm（宿规 4.5.7）。安全出口门净宽不应小于 1 400 mm，岂不是梯宽也要≥1 400 mm，两者一致才合乎要求，与宿舍楼梯最小梯宽 1 200 mm 相矛盾。

☞ 小学宿舍楼梯踏步 260 mm×150 mm，栏杆 110 mm，梯井≤200 mm（宿规 4.5.5）。

☞ 门窗、阳台要求大体上同住宅（宿规 4.6）。

6.4 办公建筑

6.4.1 一般办公建筑

☞ 分类：

传统意义上的办公建筑见办规（JGJ 67—2006）。

大空间办公建筑见沪消字[2001]4 号。

公寓式办公建筑见沪消发[2003]257 号。

☞ 上交标 4.0.3：停车数＞50 辆的饭店、娱乐、办公、交通等公建在基地入口处应设置出租车候车处。80 辆以上的，按 $L=0.2n$ m（n＝总停车数）。候车道宽≥3.0 m，长≥13.0 m。

☞ 防火区面积：

高层及裙房，一类 1 000.0 m²，二类 1 500 m²，有淋要乘以 2 倍；

多层 2 500 m²，有淋要乘以 2 倍；

地下 500 m²，有淋要乘以 2 倍。

☞ 对超过一个防火区的，要注意防火墙位置及两侧门窗距离。

☞ 逃生距离见手册后附表。

☞ ≤4 层的公建楼梯可以离开出入口≤15.0 m（低规 5.3.8）。

☞ ＞4 层的公建楼梯和高层的楼梯应直接对外设出入口（低规 5.3.8/高规 6.2.6）。

☞ 综合建筑中商店部分的安全出口必须与其他部分分开（商规 4.1.4）。

☞ 综合楼内的办公部分的安全出口必须与同一楼内的对外的商场、营业厅、娱乐、餐饮等部分分开（办规 5.0.3）。

☞ 沪消字[2001]65 号三的 2：非住宅高层至少沿两长边设消防道。

☞ 楼梯类型见手册后附表。

☞ 增压送风的暗楼梯及其前室或消防电梯前室不宜设可开启外窗或百叶窗（烟规 3.1.9）。

☞ 最小梯宽见手册后附表。

☞ 一个梯的条件见手册后附表（高规 6.1.1/低规 5.3.2）。

☞ ≥5 层应设电梯（办规 3.1.3）。

电梯数量见技措 9.2.2/二版资料集第一集的 6（第 94 页）。

☞ 至少 1 台/5 000 m²（办规 4.1.4）。设有电梯的办公建筑至少应有 1 台电梯通至地下车库（办规 4.4.4.3）。

☞ 消防电梯：H≥32.0 m 的二类高层及一类高层设消防电梯，1 500 m² 一个，并分设在不同防火区里（高规 3.0.1/6.3.1）。

☞ 门洞≥1 000 mm（办规 4.1.7.1）。

☞ 走道宽：大型办公楼 1 800 mm，中小型办公楼 1 500 mm（上残 19.8.1/办规 4.1.9）。

☞ 档案资料防火（办规 4.4.3.3）：办公楼的机要、档案和重要库房的门用 FM 甲（办规 5.0.5）。

☞ 面积定额：大空间普通办公使用面积 4 m²/人，绘图办公 5 m²/人，研究室办公 6 m²/人。小空间单间≥10 m²，小会议室宜为 30 m²，中会议室宜为 60 m²。人数以有桌 1.8 m²/人，无桌 0.8 m²/人计（办规 4.2.3/4.2.4/4.3.2）（美国 0.11 人/m²，澳大利亚 0.10 人/m²）。

☞ 办公用房建筑总使用面积：多层不应低于 60%，高层不应低于 57%（办规 4.1.2）。

☞ 低规 5.3.17/高规 6.2.9：一、二级耐火极限建筑的学校、办公、候车室、游艺场所的楼梯宽度＝1.00 m/100 人×楼层折减系数（一、二层 0.65，三层 0.75，四层 1.00）。低规 5.3.17 说明：特别强调楼梯间门、前室门和走道的宽度同时符合此要求。显然，一般住宅楼梯间的门不必如此强调，比如单元式住宅每层的人数很少。

☞ 办规 5.0.3/沪公销[建函]257 号二的 2：商场、餐饮、娱乐出入口要分开。

☞ 低规 5.1.7/7.4.2/3：门厅用 FM 乙隔开（底层扩大楼梯间或扩大防烟前室）。

☞ 机要室、档案室、重要库房的隔墙 2 h，楼板 1.5 h，FM 甲（办规 5.0.3）。

☞ 无障碍要求：智能化办公楼的入口道路设无障碍电梯或楼梯，底层设无障碍厕位、停车位（上残 7.2)。

☞ 上交标 5.2.3：办公楼停车位：内环内 0.6 车位/100 m²，内环外 1.0 车位/100 m²。

☞ 上残 7.2.7/17.0.2/3：停车场、办公楼停车位无障碍车位 2～8 个，特大停车场 2%。尽可能设在地面入口处。

☞ 非对外企业内部办公楼，入口道路设无障碍楼梯(上残 7.4)。

☞ 防火墙两侧窗户间距 2.0 m。

☞ 节能已有规范及相应的软件(国公节 4.3.1/4.2.2→4.3)。

☞ 沪规法[2004]1262 号：住宅的层高不得高于 3.60 m，层高大于 2.2 m 的部分必须计算建筑面积，并纳入容积率计算。

层高≥5.6 m 的商业(影院、剧场、独立大卖场等另有规定)、办公建筑在计算容积率指标时，必须按每 2.8 m 为一层折算建筑面积，纳入总建筑面积合计，禁止擅自内部插层建筑。

☞ 沪消[2006]439 号：公建中庭防火分隔为下列情况时可以不上下重叠计算面积：

① 中庭四周为 C 类防火玻璃(1 h)或防火卷帘。

② 中庭设有回廊与房间之间为隔墙(1 h)或防火门窗。

③ 中庭设有回廊，回廊与房间之间的隔墙为 C 类防火玻璃(1 h)和防火门窗。同时，回廊宽度≥3.0 m。

④ 中庭水平跨越防火区时，面向中庭的房间隔墙应 2 h。

☞ 党政机关办公用房建筑标准的通知见计投资[1999]2250 号。

① 办公用房分三级：一级，中央部级，人均建筑面积 26～30 m²，人均使用面积 16～19 m²，定员＞40 人；二级，市级，人均建筑面积 20～24 m²，人均使用面积 12～15 m²，定员＞20 人；三级，县级，人均建筑面积 16～18 m²，人均使用面积 10～12 m²，定员＞10 人(党政机关办公用房建筑标准的通知 10/12)。

② 上述建筑面积不包括独立变电房、锅炉房、食堂、汽车库等(党政机关办公用房建筑标准的通知 14)。

③ 使用面积系数：一般 60%，高层 57%(党政机关办公用房建筑标准的通知 23)。06 办规 4.1.2 说明，直接引用了计投资(1999)2250 号文件的规定，就是说非但党政机关办公，一般的办公也如此。

④ 层高：多层不宜超过 3.30 m，高层不宜超过 3.60 m(党政机关办公用房建筑标准的通知 27)。

⑤ 内部装修费：砖混结构不应超过建安工程造价的 35%，框架结构不应超过建安工程造价的 25%(党政机关办公用房建筑标准的通知 34)。

⑥ 综合造价(不含土地费、配套建设费)：省级 4 000 元/m²，市级 3 000 元/m²，县级 2 500 元/m²(2007 年)(关于进一步严格控制党政机关办公楼等楼堂馆所建设问题的通知中办发[2007]11 号)。

⑦ 执行对象：各级党政机关。国有及国控企业参照执行(中办发[2007]11 号)。

⑧ 缺人员编制人数。

6.4.2 大空间办公

☞ 有 2 个以上大空间办公室的，一定要有公共走道连接两个安全出口(大办一的 1.1)。

☞ 办规 5.0.2 及其说明/低规 5.3.13/高规 6.1.7：开放式、半开放式办公逃生距离不应＞30 m(从小房间内最远点到大空间办公室开向疏散走道的出口的距离)。

办规为不应，低规 5.3.13/高规 6.1.7 为不宜。另外高规 6.1.7 与高规 6.1.4 两者的说法有矛盾,实际设计中,能否打擦边球,要高度警惕。这一条可以作为房间套房间时逃生距离的参考,但是还是要掌握人多人少的关键因素,经理室套接待室和一般办公室大小相套就不一样。

☞ 大办一的 3.2:大空间办公逃生距离(指有中央空调自动喷淋的大空间):中间直线 30 m,自然状态 45 m;尽端直线 12 m,自然状态 18 m。

☞ 办公楼一层楼面划成一块一块的供出租,这种情况下的逃生距离,笔者认为应照半开放办公处理,从最远点到安全出口(楼梯)30 m(办规 5.0.2)。

☞ 高规 6.1.5:笔者认为传统意义上的由一条疏散走廊串起一个一个小办公室这样平面安排的办公楼的逃生距离应为 40 m 或 20 m。此时逃生距离指最不利房间门口到疏散楼梯间门口的距离。

☞ 封闭楼梯和防烟楼梯间前室不能直接对非走道开门(低规 7.4.17.4.2.3/高规 6.2.5.1),碰到大空间办公、商场就有问题,应作特殊处理,要求楼梯间的门外设 $R=2\ 000$ mm 的控制区(沪消字[2001]4 号/大办一的 1.2,有图示)。

☞ 自然人行通道≥1 400 mm,且连接两个安全出口(大办一的 3.1)。

☞ 装修见大办一的 4。

☞ 排烟面积为 2‰的地板面积(大办一的 5)。

☞ 室内逃生距离:60~100 m²,逃生距离≤15 m,可以 1 个出口,同时≤10 人,门宽净 1 400 mm(大办二)。

☞ 走道隔墙(大办三):有喷淋时,天棚以下可为钢化玻璃,天棚以上 1 h 不燃体;无喷淋时,天棚上下全为 1 h 不燃体(大办三)。

☞ 防火间距≤6 m 的条件:一侧外墙比对方建筑高出 15 m 范围内为防火墙[允许有<2.0 m²的卫生间(大办四)]。

☞ 相关规范法令:《办公建筑设计规范》(JGJ 67—2006);《关于建筑工程消防设计审核若干问题的处理意见》(沪消字[2001]4 号)(大办);《关于进一步严格控制党政机关办公楼等楼堂馆所建设问题的通知》(中办发[2007]11 号);《党政机关办公用房建筑标准的通知》(计投资[1999]2250 号)。

6.4.3　公寓式办公建筑/租赁式公寓

公寓式办公建筑或租赁式公寓见沪消发[2003]257 号(小办)。

☞ 提示 1:公寓式办公建筑或租赁式公寓底部商场的安全出口,应与上部的公寓式办公建筑或租赁式公寓的安全出口分开(小办二的 2)。上海公寓式办公建筑与商业场所合用一个安全出口的条件:全喷淋并自动报警,自动报警与商业场所的电子门锁联动(小办二的 2.1/2)。

☞ 提示 2:租赁式公寓,公寓套内疏散距离 20 m(小办三的 4)。

☞ 提示 3:公寓式办公,办公室套内疏散距离 15 m(有淋 18 m)(小办三的 5)。

☞ 提示 4:老定义见上规附录一,指单元式小空间划分,每个单元平均建筑面积≥150 m²,有独立卫生设备的办公建筑。公寓式办公建筑见上规附录一的 6。公寓式酒店见上规附录一的 13。酒店式公寓见上规附录一的 14。

新定义见沪消发[2003]257 号,指单元式小空间划分,每个单元平均建筑面积≤300 m²,有独立卫生设备的办公建筑。沪规土资建[2011]106 号:办公建筑每个单元建筑面积不应小于 150 m²,层高应按小于 4.4 m 控制。

☞ 提示 5:公寓式办公建筑和租赁公寓由同一文件沪消发[2003]257 号附文《租赁式公寓、公寓式办公楼防火设计技术规定》(小办)约束消防要求。楼梯间的数量和类型,如为每层面积≤650 m²或学生公寓,则可套用住宅标准,否则套用公建标准。单元门,也如住宅标准,开向消防前室的单元门限

3 个,18 层以上,如是暗梯则单元门不可开向前室。

☞ 提示 6：租赁式公寓、公寓式办公楼的消防车道、消防登高面和登高场地的设置等可参照《住宅设计标准》执行(小办二的 6→上标 1.0.2)。

☞ 提示 7：(规划上)酒店式公寓按居住建筑处理(上规附录一/14)。

☞ 提示 8：高层建筑中公寓为公共建筑,而宿舍(学生或员工)则要结合建筑形式和使用功能进行定性。无论公寓或宿舍的楼梯个数及类型按高层住宅执行(江苏建筑工程消防设计技术问题研讨纪要 20100518)。

☞ 提示 9：公寓式办公楼的消防依据办公楼设计。酒店式公寓的消防依据旅馆设计(浙江省建设发[2007]36 号)。学生公寓、宿舍的消防依据非住宅类居住建筑设计(宿舍建筑设计规范 JGJ 36—2005 的 5.4)。

☞ 沪规区[2008]269 号：公寓式办公建筑层高不超过 4.50 m。

☞ 每层面积≤650 m² 的公寓式办公楼或学生公寓的楼梯间形式和数量,按住宅要求(沪消发[2003]257 号 3.1→上标 5.1.1/5.2.2),否则套用公建标准。≥12 层的设防烟楼梯和消防电梯。

☞ 住法 9.5.1/低规 5.3.11：单元住宅疏散距离,高层 10.0 m,非高层 15.0 m,每层面积<650 m²,可以设 1 个出口。

☞ 设防烟楼梯的,或≤650 m² 的办公楼,可合用前室(沪消发[2003]257 号 3.2)。

☞ ≤18 层的,开向前室的单元门≤3 个,且为 FM 乙(可内开)(沪消发[2003]257 号 3.3/对比上标 5.3.5)。

☞ >18 层的,暗梯且无加压送风,单元门不能直接开向前室(沪消发[2003]257 号 3.3/对比上标 5.3.5)。

☞ 沪消发[2003]257 号 3.4：公寓套内疏散距离 20.0 m。

☞ 沪消发[2003]257 号 3.5：办公室套内疏散距离 15.0 m。

☞ 公寓式办公：<60 m² 的房间可为 1 个净宽 $W=900$ mm 的门(沪消发[2003]257 号 3.5.1);≤150 m² 的房间可为 1 个净宽 $W=1\,100$ mm 的门(沪消发[2003]257 号 3.5.2);>150 m² 的房间可为 2 个净宽 $W=900$ mm 的门(沪消发[2003]257 号 3.5.3)。

☞ 使用燃气厨房应自然通风(办规 4.2.3.3)。

关于厨房,只有"上标"强调为独立式,其他如"住规""住法""苏标""办规(办规 4.2.3)"都只强调自然通风,都未强调为独立式。但是,煤气规范规定煤气灶安装在卧室的套间或走廊等处,要有门与卧室隔开(城镇燃气设计规范 GB 50028—2006 的 8.4.4)。也就是说卧室一定要有门。

☞ 节能：2004 年 4 月 1 日起办公楼、商场、旅馆,及其综合楼执行节能标准,外墙 $K\leqslant1.0$,屋面 $K\leqslant0.8$(比住宅要求高)(上公节标 3.0.4)。2006 年 11 月 28 日执行沪建交[2006]765 号,将民用建筑分成多、高层居住建筑,低层居住建筑,公共建筑三类,分别要求必须满足的指标,然后才能进行综合节能计算。上海公共建筑节能执行国家《公共建筑节能设计标准》要求。注意其中对地下室墙面和地面的热阻要求。

☞ 节能标准：外墙 $K\leqslant1.0$,屋面 $K\leqslant0.7$(比住宅要求高)(国公节 4.2.2-4)。

☞ 沪公消[建函]257 号二的 2/上标 5.6.3/住法 5.2.4/住规 4.5.4/高规 6.1.3A/低规 5.4.6.1：底层有商场时出入口要分开。

☞ 相关法令：《租赁式公寓、公寓式办公楼防火设计技术规定》(沪消发[2003]257 号)(小办)。

☞ 公寓式办公建筑/租赁式公寓对照表。

参照《住宅建筑法规》(住法)、《住宅建筑标准》(上标)、《上海市城市规划管理规定》(上规)、沪公消[建函]257 号(小办)、《办公建筑设计规范》(办规),制成下表。

序号	项 目	定 义	规划要求	防火要求	功能房间内容	节能
1	住宅		间距、日照	套内疏散距离 20 m（上标 4.6.3.4）。套外非高层疏散距离 20 m，套外高层疏散距离 15 m（住法 9.5.1）。底层楼梯距对外出口 15 m（住法 9.5.3）		
2	租赁式公寓（亦称酒店式公寓）附学生公寓（小办一的 1）	上标 2.0.21：用于出租的成套住宅（小办一的 1）	上规附录一的 14：酒店式管理的公寓，按居住建筑处理（间距、日照）	公寓套内疏散距离 20 m（小办二的 2）总体上消防车道、登高面、登高场地参照上标执行（小办二的 6→上标 3.3）		
3	公寓式办公	办规 2.0.2：统一物业管理。单元内设有办公、会客房间、卧室、厨房和厕所等房间的办公楼。小办一的 2：每个单元的最大建筑面积不超过 300 m²，且设有独立卫生间的办公建筑		套内疏散距离 15 m（小办二）。每层＜650 m² 的公寓式办公、学生公寓的楼梯型式按住宅要求（小办 3.1→上标 5.1.1/5.2.2）。12 层以上的设防烟楼梯和消防电梯。每层＜650 m² 的公寓式办公可以设 1 个安全出口（小办 3.2）	小空间办公。内有独立卫生间（上规附录一的 6）。燃气厨房自然通风（办规 4.2.3.3）。卫生间宜直接采光，也可人工通风（办规 4.2.3.5）	
4	酒店式办公	办规 2.0.3：提供酒店式服务和管理的办公楼	间距按非居住处理，无日照要求		应符合《旅馆建筑设计规范》（JGJ 62）的相应规定（办规 4.2.3.3）	
5	公寓式酒店	上规附录一的 13：按公寓式分隔出租的酒店，按旅馆建筑处理	间距按非居住处理，无日照要求			

6.4.4 双胞胎方案 1 对比表

☞ 一个平面安排，两种不同功能，十分有趣又难得的方案（在海南），特作对比如下：

序号	概 念	住 宅	公寓式办公	说 明
		规范规定（条目）	规范规定（条目）	
1	定 性	18 层，二类高层住宅（高规 3.0.1）	9 层（H＞24.0 m），其底层为商业或办公，一类高层公建——综合楼（高规 3.0.1）	H＞24.0 m 以上的任一层建筑面积＞1 000 m² 的综合楼属一类高层公建
2	防火区	1 500 m²，相当于通廊式住宅（高规 5.1.1）	1 000 m²，一类高层公建（高规 5.1.1）	据此进行防火区划分
3	楼梯间类型	建筑高度＞32 m 的居住建筑应设防烟楼梯间，当户门是 FM 甲时，户门可直接开向前室（建规合稿 5.5.29）。＞11 层的通廊式住宅设防烟楼梯间（高规 6.2.4）	一类高层建筑设防烟楼梯间（高规 6.2.1）	
4	逃生距离	40 m 或 20 m（住宅套内）（建规合稿 5.5.26/5.5.15 其他建筑类）	45 m 或 15 m（参考上海沪消发[2003] 257 号三的 5，公寓式办公套内 15.0 m）	
5	出屋面	除≤18 层的单元住宅和顶层为外通廊式住宅外，高层建筑通向屋顶方向的疏散楼梯不宜少于 2 座（高规 6.2.7）	除≤18 层单元住宅和顶层为外通廊式住宅外，高层建筑通向屋顶方向的疏散楼梯不宜少于 2 座（高规 6.2.7）	
6	中 庭	住宅设计要创造宁静的气氛，中庭不适合	可以设。设卷帘 3 h，门窗为 FM 乙（高规 5.1.5/5.1.4）	

（续表）

序号	概 念	住 宅	公寓式办公	说 明
		规范规定（条目）	规范规定（条目）	
7	内 院	内院相当于一个拔风筒，对防火极为不利，对高层住宅不适合	如果内院的尺寸＜6 m 或 9 m 或 13 m，则上下层统算防火区面积（参考苏商规5.5.3）	
8	厨 房	在非上海地区，不强调独立式厨房，但应自然通风采光（通则 3.3.2）。在上海，外廊式高层住宅，允许厨房对外走廊开窗，即认为是自然通风采光	可以是开敞式厨房，但与之相邻的卧室必须有门（城镇煤气规范8.4.4）使用燃气的厨房应自然通风（办规4.2.3.3）	
9	卫生间	视各地住宅标准而定	卫生间宜直接采光，也可人工通风（办规4.2.3.5）	
10	卧 室	视各地住宅标准而定	作为办公建筑内的卧室无特殊要求	
11	电 梯	90户/台，不包括消防电梯	5 000 m²/台	
12	消防电梯	≥12层的高层住宅设消防电梯（住法9.8.3)	高度＞32.0 m的二类公建设消防电梯（高规6.3.1/3.0.1）。消防电梯约1 500 m²1个，要分别设在不同防火区里（高规6.3.1说明）	
13	右侧楼梯如何改成敞开式楼梯	可参考高规8.1.2说明进行修改，也可按高规6.2.10进行修改	可参考高规8.1.2说明进行修改，也可按高规6.2.10进行修改	

6.4.5 双胞胎方案2对比表

☞ 参考上规附录一的13：公寓式分隔出租的酒店，按旅馆建筑处理。间距按非居住处理，无日照要求。

序号	概 念	住 宅	公寓式酒店/公寓式办公	说 明
		规范规定（条目）	规范规定（条目）	
1	定 性	4+1层或5+1层，多层单元式住宅	4+1层或5+1层，多层公建	
2	防火区面积		2 500 m²	
3	楼梯间类型	开敞式楼梯间（低规5.3.11.2）。住宅楼梯间与电梯相邻，应做封闭式楼梯间，或户门为FM乙，也可为开敞式楼梯间（低规5.3.11）	公寓式酒店设封闭式楼梯间或室外疏散楼梯间（低规5.3.5.2）公寓式办公≤5层可为开敞式楼梯间（低规5.3.5.5）	
4	楼梯个数		如果不能满足每个防火区设≥2个楼梯则其层数和面积受到低规5.3.2的限制	本案的3,4楼能满足低规5.3.2的要求
5	逃生距离	住宅套内20 m（参考上标4.5.6）	套外40 m或22 m（低规5.3.13）。客房套内：1个房门的15 m（低规5.3.8.2），或120 m²一门（低规5.3.8.2）。≥2个房门的22 m（低规5.3.13.4）。公寓式办公，办公室套内疏散距离15 m（有淋18 m）（小办三的5）	
6	卫生间	视各地住宅标准而定	无自然通风的卫生间要人工通风（通则7.2.4/5）	

（续表）

序号	概念	住 宅		公寓式酒店/公寓式办公	说明
		规范规定（条目）		规范规定（条目）	
7	厨房	在非上海地区，不强调独立式厨房，但应自然通风采光（住规 3.3.2）		可以是开敞式厨房，但与之相邻的卧室必须有门（城镇煤气规范 8.4.4）。使用燃气的厨房应自然通风（参考办规 4.2.3.3）	
8	卧室/客房	至少有一间卧室有日照要求（住法 7.2.1）		作为客房无特殊要求	

6.5 商场

6.5.1 非上海地区商场/步行街

非上海地区商场引用《商店建筑设计规范》(JGJ 48—1988)（商规）。

☞ 低规 6.0.6 6.0.5：占地 3 000 m² 以上的公建宜设环形消防车道。

☞ 城市道路交通设计规范 5.3.1：步行商业区的紧急安全出口距离不得＞160 m。

☞ 城市道路交通设计规范 5.3.2：步行商业区的道路，长度＞24.0 m 的（建规合稿 5.3.8.7），应满足送货车、清扫车和消防车通行的要求。长度＞150.0 m 的，中间部位设进入步行街的消防车道（建规合稿 5.3.8.7）。

☞ 有顶棚的商业步行街的宽度不应小于防火间距，长度不宜大于 300 m（建规合稿 5.3.8.2）。步行街两侧商店的安全出口可以通至步行街，商店到步行街的室外安全出口不大于 60.0 m（建规合稿 5.3.8.5）。

☞ ＞4 层的多层和高层楼梯间的首层应设直接出入口（低规 5.3.13.3/高规 6.2.6）。

这个要求往往成为大型商场高层商场方案的关键制约条件，在方案前就要引起足够重视。但是江苏商规 6.5.3 另有规定，比较具体，适合参考。≤4 层的商业建筑的疏散楼梯间门允许离商店大门 15.0 m，≥4 层的商业建筑疏散楼梯间的门必须直接对外，或扩大楼梯间，或经过进深≤15.0 m 的公用门厅出商店大门。

☞ 高规 5.1.2：高层商业（即＞24 m）的防火分区面积，有喷淋的，4 000 m²（同高层有防火墙分开的裙房有喷淋的，2 500 m²×2=5 000 m²）。

☞ 低规 5.1.12：单层或多层建筑的底层商店，有淋，10 000 m²。

☞ 低规 5.1.12：多层建筑商店的非底层店，有淋，2 500 m²×2=5 000 m²。

☞ 大型商业建筑的内院或天井短边＜13.0 m 或 9.0 m 或 6.0 m（渝商规 4.3.2）时，其防火分区面积上下层叠加计算（渝商规 5.1.3）。当通过天桥将两栋及以上的大型商业建筑连为一体，各部分之间的间距大于 13.0 m 或 9.0 m 或 6.0 m 时，其各部分可按独立的商业建筑进行防火设计（渝商规 4.3.2/5.1.4）。

☞ 商业建筑内的内院或天井短边＜相应的防火间距时，其防火区面积应按上下层叠加计算（苏商规 5.5.3/渝商规 5.1.3）。

通过连廊相通的数座商业建筑，当其两两相互间距＜相应的防火间距时，应视为一体而后划分防火区（苏商规 5.5.4）。

☞ 渝商规 5.1.5：坡地商店，相当于底层的商店（即有直通地面路面出口者），有淋，10 000 m²。其他层有淋，5 000 m²。

☞ 渝商规 5.1.5：地下商店，有淋，2 000 m²。如果地下一层商店，有直通地面出口，且其宽度占疏散宽度 1/2 以上者,有淋,4 000 m²。

☞ 是否设喷淋见低规 8.5.1/高规 7.6.2。

商业(及其他)建筑疏散楼梯宽度牵涉一个重要概念,疏散楼梯宽度以防火区计还是以整个一层的面积计算,这也牵涉不同防火区能否共用一个楼梯间的问题(或者说共用楼梯间算"一个梯"的宽度还是"两个梯"的宽度)。但是,不同规范有不同说法。低规 5.3.17.1/高规 6.2.9 以一层计,上海大商 1.4/下规 5.1.6 以防火区计。同是全国规范,低规、高规和下规不一样,建议统一。

☞ 浙江省建设发[2007]36 号:大空间多个防火区场合,每个防火区的安全出口楼梯宽度占 70%,与相邻防火区的防火墙上的 FM 甲,可作为辅助安全出口,宽度可占 30%。但这个 FM 甲在数量上不纳入安全出口的个数,这个 FM 甲距离相邻防火区的安全出口≤30 m。

楼梯疏散宽度以层计,共用楼梯不能重复计算。

☞ 建筑面积>15 000 m² 者属大型商场(商规 3.1.2),离道路 10.0 m(上规 35)。上海以 5 000 m² 为界,分大型、中小型(上残 8.1.6/8.1.16)。

☞ 每层面积>1 000 m²,只要高度>24 m,都属一类高层(高规 3.0.1)。

☞ 下规 4.1.3/低规 5.1.13.3:地下商场,有喷淋时防火区面积 2 000 m²。

☞ 低规 5.1.13.5:地下商场面积 20 000 m² 以上,采取特殊措施。

低规 5.1.13.5 比较概念,沪消[2006]439 号是上海对此条文的更详细严格的要求,可供参考。方案阶段对 20 000 m² 的限制就要高度重视,否则被动。

☞ 办公管理不可作为营业面积,应按高规 5.1.1 作防火区处理。

☞ 商规 4.1.6:商场中庭两侧为不同防火区时,因高层、多层有不同面宽要求(13.0 m 或 6.0 m)。

☞ 低规 5.1.10:中庭周侧用 FM 甲和房间或走道隔开。

☞ 商规 3.1.7:大型商场≥4 层时宜设电梯。

☞ 大型商场设无障碍电梯(残规 5.1.2/7.7.2/上残 8.1.6/8.1.16)。

☞ 上残 8.1.6:有楼层的大型商场(5 000 m²)应设无障碍电梯。

☞ 低规 5.3.7:营业厅、展览厅、多功能厅内的电梯(客、货)设独立候梯厅。

☞ 低规 5.3.7:公建中的客货电梯宜有电梯厅,不宜直接设在营业厅、展览厅、多功能厅等场所内。设在营业厅、展览厅、多功能厅等场所内的电梯宜有电梯厅,并加 FM 乙(低规图示 5.3.7)。

☞ 商规 3.1.11/苏商规 7.3.1.5/7.2.5:中央空调时,营业厅与空气处理间之间的隔墙应为防火兼隔声构造,并不得直接开门相通(即设前室,门 FM 甲)(苏商标 7.3.1.5)。

☞ 商规 3.1.8/技措 9.3.4:商场自动扶梯夹角应≤30°,上下端有 3.0 m 的缓冲。

☞ 综合商场应按上残 8.1/残规 5.1.2 进行无障碍设计。

☞ 高规 6.1.3A/低规 5.4.6:商住楼中住宅的疏散楼梯应独立设置。

☞ 商规 4.1.4/办规 5.0.3:综合性建筑中的商店部分的安全出口必须与其他部分分开(办规指对外开放的商场,言下之意,只对内部开放的商场不包括在内)。

☞ 一类高层公建设防烟楼梯(高规 6.2.1),设消防电梯(高规 6.3.1.1)。

☞ 商业建筑消防电梯的设置可参考江苏商规,更为具体。下列商业建筑设消防电梯(苏商标 7.5.3 及说明):① 高度>24.0 m,且每层面积>1 000 m² 的商业建筑;② 每层面积<1 000 m²,但高度>32.0 m 的商业建筑;③ 营业层在 6 层及以上的商业建筑;④ 商住楼、综合楼内的大型商业建筑。

☞ 低规 5.3.5:>2 层的商店、娱乐场所用封闭楼梯间。低规 7.4.2.4:人员密集的公建封闭楼梯间门用 FM 乙。

☞ 高规 6.2.2:裙房做封闭楼梯间,楼梯间的门用乙级防火门。高规 6.2.9/低规 5.1.13:间接规定疏散楼梯最小宽度为 1 200 mm(高层)或 1 100 mm(多层),踏步 160 mm×280 mm(通则 4.2.1)。

☞ 大型百货商店（＞1 500 m²）、5 层以上商场,宜有不少于 2 个的疏散楼梯间出屋面（商规 4.2.4）。

☞ 低规 5.3.13：商场最远安全距离 30.0 m（2001 低规 5.3.8 未对此明确说明）。

☞ 高规 6.1.7：商场最远安全距离 30.0 m［高规 6.1.7 与高规 6.1.4 两者的说法有矛盾。实际设计中,能否打擦边球,要高度警惕。笔者的理解,高规 6.1.4 说的是大空间隔成小空间,才要实行双向疏散和袋形走道的规定（高规 6.1.4 说明）。真正的大空间,就是 30 m,没有袋形走道的意思在里面］。

☞ 商规 3.1.6：直接规定营业部分的公用楼梯（不一定是疏散楼梯）最小宽度 1 400 mm,踏步 160 mm×280 mm。下规 5.1.5：地下楼梯最小宽度为地下商场 1 400 mm。

☞ 上海质监站建筑工程施工图审查常见问题及其处理 7.22：商店疏散楼梯最小宽度,高层≥1 200 mm（高规 6.2.9）,多层≥1 100 mm（低规 5.1.13）。

☞ 商店、营业厅的疏散门净宽≥1 400 mm（商规 4.2.2）。

☞ 商场、超市内的疏散通道不应小于 1 400 mm。

☞ 商规 4.2.1：营业厅安全距离 20.0 m（此规定显然过时）。

☞ 商场、地下餐厅楼梯宽度由计算确定。对于中型、大型商场方案、施工图,往往不够,一开始就要验算楼梯宽度,免得被动。但与上海定额（大商 3.2）3.0 m²/人相比较,几乎多出 1 倍。

☞ 商规 4.2.5/低规 5.3.17.2/1/5：商店人数,由其建筑面积乘以一个系数（50%～70%）得营业厅面积（在低规 5.3.17 说明中,有详细说明包括哪些内容,不包括哪些内容。对于有防火分隔分开的仓储、设备房间,办公室等人员疏散时不进入营业厅的其建筑面积可不计入该建筑面积。如果进入,则应计入。从日常工作来说,一般不会那么详细分割,即使分割分量也不会占得很多。粗算时,完全可以忽略不计）,再由营业厅面积乘以人数换算系数而得。换算系数因不同楼层而不同。商店额定人数＝营业厅面积×0.80 人/m²（地下 2 层）、0.85 人/m²（地下 1 层,地上 1,2 层）、0.77 人/m²（3 层）、0.6 人/m²（4 层）。商店疏散楼梯宽度公式见技措 8.3.7.1.4,图示见低规图示 5.3.17。按此额定人数算出的楼梯宽度比按上海营业厅面积 3.0 m²/人算出的楼梯宽度几乎大出 1 倍。

☞ 问题分析 4.11：营业厅面积＝建筑面积的 50%（大型或高档专业商店）或 70%（小型）。

☞ 商规 3.1.2：营业厅面积＝建筑面积的 34%（大型）、45%（中型）、55%（小型）。商规 1.0.4：大型商场指建筑面积＞15 000 m²,中型 3 000～15 000 m²,小型＜3 000 m²。

☞ 低规 5.3.17：地上商店营业面积占建筑面积的 50%～70%,地下商店不少于 70%的建筑面积［低规 5.3.17 与商规 3.1.2 规定有较大差别,商规资料陈旧,建议使用低规 5.3.17 规定。不妨以 50%（大型）、60%（中型）、70%（小型）、70%（地下）为准］。

☞ 商店营业面积不计入仓贮、设备房、工具间、办公室等（低规 5.3.17.3 说明）。

☞ 餐规 3.1.2：餐厅 1.00～1.30 m²/座。

☞ 低规 5.3.12～5.3.17：梯宽每 100 人 0.65 m（1,2 层）、0.75 m（3 层）、1.0 m（4～9 层）。地下埋深 10.0 m 以内的,0.75 m;埋深 10.0 m 以外的,1.0 m。梯宽以整个楼面计,不是以一个防火区计（低规 5.3.17.1/高规 6.2.9）。上海商场以每个防火区计（大商 1.4）,但要保证每个防火区有 2 个或 2 个以上楼梯。特别要注意楼梯间的门要同梯子一样宽。

☞ 下规 5.1.5：梯宽每 100 人 0.75 m（埋深 $H < -10.0$ m）、每 100 人 1.00 m（埋深 $H > -10.0$ m）。

☞ 高规 6.2.9：高层每 100 人梯宽 1.0 m,可分层计算,下层应以上层最多人数计算。

☞ 商店疏散楼梯、疏散门、疏散走道最小净梯宽 1.40 m,商业网点疏散楼梯 1 100 mm（技措 8.3.7）,同上海、江苏不大一样。

☞ 每层楼梯总宽度按该层或该层以上人数最多的一层计算(低规 5.3.17.2 说明)。

☞ 文娱、商业、体育、园林建筑栏杆垂直杆件净距 1 100(通则 6.6.3.5)。

☞ 商规 4.2.2：安全门净宽≥1 400 mm。

☞ 商规 3.2.13：顾客用卫生间，男 100 人 1 个大便池、2 个小便池，女 50 人 1 个大便池。

☞ 商规 4.2.1：小面积营业室可设 1 个门的条件应符合防火规范的规定。

☞ 商规 4.2.1/参考低规 5.3.1(三)/5.3.2.1：单层约 200 m² 的小商店，50 人，可设 1 个 1 500 mm 的外开门。

☞ 商规 4.2.1/参考低规 5.3.1(二)/5.3.2.2：二、三层商店，面积＜500 m²，100 人(约＜200 m²)，可设 1 个楼梯(安全出入口)。

☞ 商规 4.2.1/参考高规 6.1.8/6.1.7：高层内 60～75 m² 可设 1 个门。房间内疏散距离≤15.0 m。

因此，高层裙房内做小商店，还要考虑楼梯的型式和宽度，有很大限制。其实，笔者认为，这条规定不尽合理，营业厅可以大到三四千 m²，对小营业室要求如此苛刻，没有道理。

☞ 上标 5.6.2 /住规 4.5.1/低规 5.4.5：上面为住宅的底层商店或裙房商店，严禁作为甲、乙类物品的商店、车间或仓库(住法没有提及此条，似乎不妥当)。

☞ 低窗台＜800 mm 设保护(通则 6.10.3)。

☞ 住规 4.5.2：住宅内不宜布置饮食店，公用厨房的烟囱及排烟道高出住宅屋面。

☞ 营业厅净高(商规 3.2.4)：自然通风 3 200～3 500 mm，空调 3 000 mm，两者结合 3 500 mm。

☞ 上海质监站建筑工程施工图审查常见问题及其处理 7.22：商店疏散楼梯最小宽度，高层≥1 200 mm(高规 6.2.9)，多层≥1 100 mm(低规 5.1.13)。

☞ 地上商店仓库问题相关规定：① 对于面积较小(如占地面积＜300 m² 的多层仓库)和面积＜100 m² 的防火隔间可设 1 个楼梯或 1 个门(低规 3.8.2 说明)。② 仓库和营业厅的安全出口宜分开设置。当必须合用时，营业厅通向安全出口的通道不得穿越仓库(大商 2.2.2)。③ ＞100 m² 的仓库用 2 h 的墙和 1 h 的楼板与其他部分分隔，墙上开门用 FM 乙(大商 2.2.1)。

地下商场的仓储问题，相应规定有低规 3.8.3、下规 5.1.1.4(说明)、上海大商 2.2 和苏商规 5.6。除下规 5.1.1.4(说明)外，都涉及直通地面安全出口问题。如果直通地面安全出口问题可以解决，当然不成问题。如果直通地面安全出口问题无法解决，那只有运用下规 5.1.1.4(说明)。下规 5.1.1.4 的说明，明确包括面积 ≤200 m²/3 人的仓库在内的独立防火分区可以以开向相邻防火分区的 FM 甲作为安全出口。

类似情况，地下商场的通风空调机房、排风排烟室、变配电房，和仓储一样处理(下规 5.1.1.4 的说明/下规 1.0.2.1)。

天津市对商店设计的要求可供参考(天津市民用建筑消防疏散系统设计标准 J 10366—2004)(津标)。

☞ 营业面积折算及疏散人数的确定(津标 3.2.5)见下表。

项 目	地下、半地下建筑		地 上 建 筑		
	1 层	2 层	1,2 层	3 层	≥4 层
换算系数(人/m²)	0.85	0.80	0.85	0.77	0.6
百人指标(m/100 人)	0.75	0.1	0.65	0.75	0.10

注：1. 地下、半地下建筑埋深＜10.0 m 时，百人指标为 0.75 m/100 人；＞10.0 m 时，百人指标为 1.0 m/100 人。

2. 设喷淋的家具、建材商场换算系数作 0.30 算。

☞ 津标 3.2.5：商店营业面积折算，地上部分取 0.5～0.7，地下部分不小于 0.7。

☞ 津标 3.2.5.5：超过 2 层的商店，楼梯类型应为封闭楼梯。

☞ 津标 3.2.7：高层裙房 1,2 层的小商店，设喷淋，面积≤300 m² 的可以设开敞楼梯间和 1 个安全出口。

☞ 津标 3.2.6：高层裙房的营业厅，高<24.0 m，且用 1.5 h 的楼板和墙与主体分开，可以设封闭楼梯间，但不能互相借用。

☞ 津标 3.2.10：裙房屋面，其面积>200 m²，且有直通地面楼梯时，可作为第二安全出口。

☞ 津标 3.2.8：银行等金融服务机构柜台内建筑面积<150 m²/10 人，可以设 1 个疏散出口。

☞ 津标 3.2.11：商店营业厅厅内最远点到门口 30 m，设喷淋时 35.0 m。

关于娱乐场所，津标比当时的高规、低规有所放松。

☞ 津标 3.2.1：对设在袋形走道两侧或尽端的娱乐场所，要求其疏散出口离安全出口≤6.0 m [9.0 m(低规 5.1.15)]，室内最远点至门口距离≤20.0 m。

☞ 津标 3.2.2：对设在 3 层或以上的娱乐场所的外墙要求开窗，>1.5 m² 的宽 600 mm 以上。<50 m² 的房间 1 个窗，>50 m² 的房间 2 个窗。如为外走廊外墙，窗子间距 20 m。

☞ 商业楼梯宽度计算表(适用于非上海地区)(民用建筑工程设计常见问题分析及图示)。

楼 层	建筑面积 $S_建$(m²)	营业面积 $S_营$(m²)				人数定额(人/m²)	设计人数(人)	梯宽定额(m/100 人)	总梯宽(m)	备 注
		属于小型<3 000 m²	属于中型3 000～15 000 m²	属于大型>15 000 m²	地下商场					
		×70%	×50%	×50%	×75%					
≥4						0.60		1.0		☞ 楼梯总宽度以层而非防火区计(低规表 5.3.17.1/高规 6.2.9)。 ☞ 商店规模分类见商规 1.0.4。 ☞ 营业厅面积占建筑面积的比例见低规 5.3.17.5/民用建筑工程设计常见问题分析及图示 4.11。 ☞ 人数定额见低规表 5.3.17.2。 ☞ 梯宽定额见低规表 5.3.17.1
3						0.77		0.75		
2						0.85		0.65		
1						0.85		0.65		
-1						0.85		0.75		
-2						0.80		0.75		
结 论	本层所有疏散楼梯间各个梯宽之总和大于或等于计算值 12.45 m									
以-1层地下营业厅为例	$S_建$=2 800		$S_营$=2 800×0.75=2 100			0.85	2 100×0.85=1 785	0.75	1 785/100×0.75=13.38	

☞ 商业楼梯宽度计算表(适用于上海地区)。

楼 层	建筑面积 $S_建$(m²)	营业面积 $S_营$(m²) ☞ 营业面积=建筑面积-卫生间、办公、厨房、仓库面积等 ☞ 营业面积=建筑面积×百分比 ☞ 表中百分比仅供参考				人数定额(m²/人)	设计人数(人)	梯宽定额(m/100 人)	总梯宽(m)	备 注
		属于小型<3 000 m²	属于中型3 000～15 000 m²	属于大型>15 000 m²	地下商场					
		×70%	×50%	×50%	×75%					
≥6						大空间3 m²/人。		1.0		☞ 上海商场疏散人数和楼梯宽度以防火区计(大商 1.4)而非以层计。请注意与低规表 5.3.17.1/高规 6.2.9 比较。
5 或 6						铺位式走道		0.85		

(续表)

楼 层	建筑面积 $S_建$(m²)	营业面积 $S_营$(m²) ☞ 营业面积=建筑面积－卫生间、办公、厨房、仓库面积等 ☞ 营业面积=建筑面积×百分比 ☞ 表中百分比仅供参考				人数定额(m²/人)	设计人数(人)	梯宽定额(m/100人)	总梯宽(m)	备 注
		属于小型 <3 000 m² ×70%	属于中型 3 000～15 000 m² ×50%	属于大型 >15 000 m² ×50%	地下商场 ×75%					
3 或 4								0.75		☞ 商店规模分类见商规1.0.4。 ☞ 营业厅面积占建筑面积的比例见低规5.3.17.5/民用建筑工程设计常见问题分析及图示4.11。 ☞ 人数定额见大商表3.2。 ☞ 梯宽定额见大商表3.3。 ☞ 地方法规：沪消发〔2004〕352号《大中型商场防火技术规定》(大商)
1 或 2						2.5 m²/人,铺位3～8人(大商3.2)		0.65		
－1 或－2								0.75		
－2以下								1.00		
结论	本防火区所有疏散楼梯间各个梯宽之总和大于或等于计算值7.01 m									
以－1层地下营业厅为例	$S_建$=2 800			$S_营$=2 800×0.75=2 100		2 100/3=700	700/100×0.75=5.25	0.75		☞ 如有共用楼梯应重复计算

额定人数：大空间 3.0 m²/人(不包括卫生间、办公、厨房、仓库,虽然同为营业厅面积,但与低规 5.3.17 说明所详细说明的包括哪些内容不包括哪些内容不完全相同,实际工作中很容易忽略)(大商 3.1/3.2)。上海消防处的人说"上海的大空间 3.0 m²/人,基本上是建筑面积,不是营业面积,所以不要再打折扣"。但是从文字"不包括卫生间、办公、厨房、仓库"表明的不是营业面积又是什么？说的和做的相矛盾,叫人无所适从。

☞ 商业规范比较表。

规范	规模分类	消防车道	防火区面积	楼梯间类别	疏散楼梯宽度	疏散距离	防火措施	其 他
高规		高层周围设环形消防道(高规4.3.1)	4 000 m²,隔开裙房5 000 m²(高规5.1.2/5.1.3)	☞ 一类高层防烟楼梯间(高规6.2.1)。 ☞ H>32.0 m的二类高层楼梯间设防烟楼梯间(高规6.2.1)		☞ 不宜>30m,有喷淋也不加长(高规6.1.7)		☞ 底层楼梯间直通户外(或门厅)(高规6.2.6)。 ☞ 消防电梯见高规6.3.1/6.3.3
低规		☞ 占地3 000 m²以上的公建设环形道(低规6.0.5)。 ☞ 多层设消防道间距160 m(低规6.0.1)	☞ 单层或多层的底层 10 000 m²(低规5.1.12)。 ☞ 多层2 500 m²,有淋×2(低规5.1.12)。 ☞ 地下商场,有淋 2 000 m²(低规7.4.2.4)	☞ ≥3层设封闭楼梯间(低规5.3.5)。 ☞ 人员密集设封闭楼梯间,门FM乙(低规5.3.13.3)	疏散楼梯宽度以整层楼面计(低规5.3.17.1)	30 m(低规5.3.13)	客货梯不宜直接开在营业厅,要有电梯厅+FM乙(低规5.3.7)	>4层时底层楼梯间直通户外(低规5.3.13.3)

(续表)

规范	规模分类	消防车道	防火区面积	楼梯间类别	疏散楼梯宽度	疏散距离	防火措施	其 他
下规			地下商场,有淋2 000 m²(下规4.1.3)		地下商场疏散楼梯宽度以防火区计(下规5.1.6)	柜架式 30 m。铺位式:铺内15 m,铺外 40 m(下规5.1.4)		
建规整合稿		☞ 多层设消防道间距 160 m(建规合稿7.1.1)。☞ 高层和占地 3 000 m² 以上的公建设环形道(建规合稿7.1.5)	☞ 单层或多层的底层 10 000 m²(建规合稿5.3.5)。☞ 高层和裙房内营业厅,有淋4 000 m²(建规合稿5.3.6)。☞ 地下商场,有淋 2 000 m²(建规合稿5.3.7)。☞ 地下商场,>20 000 m² 特殊(建规合稿5.3.7 处理/建规合稿5.3.7.4)	≥3 层的商场设封闭楼梯间(建规合稿5.5.8)	疏散楼梯宽度以整层楼面计(建规合稿5.5.20)	30 m(建规合稿5.5.15注1)	客货梯不宜直接开在营业厅,要有电梯厅(建规合稿5.5.6)	>4 层时底层楼梯间直通户外(建规合稿5.5.15.3)
商规	>15 000 m²为大型商场(商规3.1.2)					20 m/商规4.2.1	☞ 中庭两侧不同防火区应满足 6.0 或13.0 m(商规4.1.6)。☞ 空调间不得与营业厅直接相通(商规3.1.11)	营业厅疏散门≥1 400 mm(商规4.2.2)
上海	>3 000 m²为中大型商场(沪消发[2004]352 号1.1)			☞ 防火区面积<1 000 m² 的地下商场可以借用防火墙上 FM 甲作为第二安全出口(沪公消[2000]192 号)	☞地下商场疏散楼梯以防火区计(大商 1.4/沪消发[2004]352 号)。☞ 沪消[2007]23 号三(五):第二安全出口的宽度可占 30%,可计入疏散个数和疏散距离	☞考虑双向疏散。☞ 间距<20 m的出入口认作 1个(大商3.5)		☞ 层高以5.60 m 为限制(沪消发[2004]1262 号)。☞ 地下商场20 000 m² 以上的特殊要求(沪消[2006]439号)。☞救援窗间距15 m(大商 1.3)

(续表)

规范	规模分类	消防车道	防火区面积	楼梯间类别	疏散楼梯宽度	疏散距离	防火措施	其 他
江苏	总面积＞15 000 m² 或单层面积＞5 000 m² 属大型（苏商规3.1.1）	☞ 特大型（建面＞30 000 ㎡）设环形道（苏商规3.1.1）。 ☞ 大中型（建面3 000～30 000 m²）设环形道或两条长边（苏商规4.3.1.2/4.3.2）。 ☞ 施救场地宽15 m（苏商规4.3.3/4.3.4）	☞ 单层或多层的底层10 000 m²（苏商规5.2.1）。 ☞ 多层2 500 m²，有淋×2（苏商规5.2.1）。 ☞ 纯高层商业1 000 m² 或1 500 m²×2（苏商规5.2.1）。 ☞ 裙房2 500 m²×2（苏商规5.2.1）。地下商场，有淋2 000 m²（苏商规5.4.4）。 ☞ 天井、内院见苏商规5.5.3。 ☞ 天桥或连廊见苏商规5.5.4	☞ ≥3层设封闭楼梯间（苏商规7.4.1.1）。 ☞ 高层内24.0 m 以下的商业空间设封闭楼梯间（苏商规7.4.1.2）。 ☞ 一类高层设防烟楼梯间（高规6.2.1）。 ☞ H＞32.0 m 的二类高层楼梯间为防烟楼梯间（高规6.2.1）。 ☞ 无自然通风的封闭楼梯间以防烟楼梯间处理（高规6.2.2.1）	☞ 建筑面积→规模（苏商规6.1.2）与业态（苏商规6.1.4）→营业面积→按不同层取系数（苏商规6.2.2）→额定人数（苏商规6.2.1）→楼梯疏散宽度（苏商规6.5.1/6.5.3）。 江苏商建疏散梯宽度以层计（苏商规6.3.5） ☞ 交通梯宽≥1 400 mm（苏商规7.4.1.4）。 ☞ 商业网点梯宽≥1 100 mm（苏商规8.2.7.1）。 ☞ 并联店梯宽≥1 200 mm（苏商规8.2.7.2）	☞ 柜架式30 m，有淋×1.25（苏商规6.5.1/6.5.3）。 ☞ 铺位式40 m，有淋×1.25（苏商规6.5）。高层情况不可以×1.25	商业网点隔墙两侧窗距离1 200 mm 或以突出外墙500 mm 替代（苏商规8.2.3）	☞ ≤4层，底层楼梯间离外门15＋15原则（苏商规6.5.3）。 ☞ ＞4层，底层楼梯间离外门15原则（苏商规7.4.3）。 ☞ 消防电梯每1 500 m² 设1台。H＞24 m，每层面积＞1 000 m²；H＞32 m，每层面积＜1 000 m²；＞6层（苏商规7.1.1/7.5.3）。 ☞ 3层及3层以上设救援窗（苏商规7.1.1）
重庆	总面积＞15 000 m² 或单层面积＞5 000 m² 属大型（渝商规2.0.1）	☞ 设环形道或两条长边或1/2周长，离外墙边缘5.0 m（渝商规4.2.1）。 ☞ 施救场地同面宽H≤24 m 时，为15 m。＞24 m 时，为18 m（渝商规4.2.3）	☞ 单层或多层的底层10 000 m²，二层以上5 000 m²（渝商规5.1.2）。 ☞ 坡地商场平顶层和底层5 000 m²，如直通户外10 000 m²。上层和吊层5 000 m²（渝商规5.1.5/5.1.6）。 ☞ 地下一层2 000 m²。有直通地面出口且占1/2以上者，4 000 m²。地下二层2 000 m²（渝商规5.1.1）。 ☞ 地下商场＞20 000 m² 时，特殊处理（渝商规5.1.1）。 ☞ 天井、内院见渝商规5.1.3。 ☞ 天桥或连廊见渝商规4.3.2/5.1	☞ 防烟楼梯间（渝商规6.4.2）	☞ 疏散楼梯宽度以防火区计（渝商规6.3.3）。 ☞ 但共用楼梯只算1/2宽度（渝商规6.3.9）。 ☞ 防火墙上FM甲作为第二安全出口计个数和宽度，但至多算3.0 m（渝商规6.3.8）	☞ 柜架式37.5 m（双向）或20.0 m（单向）（渝商规6.2.1）。 ☞ 铺位内15.0 m，铺位外走道37.5 m（渝商规6.2.2）	☞ 商场和非商场之间设1 200 mm 窗槛墙或1 000 mm 防火挑檐（渝商规4.1.2.3）。 ☞ 防火卷帘见渝商规5.1.6。 ☞ 安全出口间距见渝商规6.3.1	☞ 首层直通房外允许做15 m 专用通道（渝商规6.4.3）。 ☞ 消防电梯H＞15 m 时每1 500 m² 设1台（渝商规6.5.1）。 ☞ 出屋面见渝商规6.4.4.2。 ☞ 3层及以上设救援窗（渝商规4.2.2.5）

6.5.2 上海大中型商场

上海大中型商场,面积 3 000 m² 以上(大中型商场防火技术规定沪消发[2004]352 号 1.1/上海市公共建筑分隔消防设计基本规定[暂行]沪消[2006]439 号/商规)。

在对张江某商场校对时发现在某些场合下商场与地下街的概念并不容易分清,为此以下表说明其间差别。商场或超市与地下商业街在内部通道宽度方面差别很大,商场或超市 2 200～2 800 mm 以上,地下商业街 6 000～12 000 mm 以上。地下商业街的出入口之一,必须为地下广场。

名　称	规模(m²)	空间性质		交通/疏散特点	适 用 法 令
		开放	封闭		
小型商业网点	<300		封闭	交通或疏散直接由面临的街道负担	《小型商业用房防火技术规定》(沪消发[2003]54 号)(小商)
营业厅	300～3 000				
地下商业街(相当于地下避难走道,但又 不同于避难走道)		开放		交通或疏散直接由相当于一条由地面道路延伸到地下的地下街道负担	沪消[2006]439 号
商场或超市	>3 000		封闭	交通或疏散由建筑物出入口流向面临的街道,或许会造成短时间的冲击,建筑物出入口成了瓶颈	《大中型商场防火技术规定》(沪消发[2004]352 号)(大商)

☞ 高规 5.1.2:防火分区面积有喷淋为 4 000 m²(同高层有防火墙分开的裙房有喷淋为 2 500 m²×2＝5 000 m²)。地上、地下疏散出口宽度因防火分区面积不同而有很大差别。

☞ 低规 5.1.12:单层或底层商店,有淋,10 000 m²。

☞ 下规 4.1.3/低规 5.1.13.3:地下商场有喷淋时防火区面积>2 000 m²。低规 5.1.13:地下商场总面积 20 000 m² 以上,采取特殊措施。上海不光另有具体要求,而且对 20 000 m² 的算法,非但一般中庭,即使封闭楼梯也要上下合算,见沪消[2006]439 号,中庭也有更具体的要求。

☞ 渝商规 5.1.1:底层商店,有淋,10 000 m²。二层及以上商店,有淋,5 000 m²。

☞ 渝商规 5.1.5:坡地商店,相当于底层的商店(即有直通地面路面出口者),有淋,10 000 m²。其他层有淋,5 000 m²。

☞ 渝商规 5.1.5:地下商店,有淋,2 000 m²。如果地下一层商店,有直通地面出口,且其宽度占疏散宽度 1/2 以上者,有淋,4 000 m²。

☞ [2004]沪公消[建函]字 192 号:地下商场、车库等防火区面积>1 000 m² 的,每个防火区不少于 2 个安全出口,不得借用防火墙上的门作为第二安全出口。就是说≤500 m² 的可按低规 5.3.7 执行。

☞ 辅助安全出口:符合开向的防火门,这个概念只见本地相应规定,见大商 3.6。低规未见类似规定。辅助安全出口不计入安全出口数量,但可计入疏散距离和疏散宽度(不超过 30%)。适用场合:本地商场(高层、多层或地下未予明确,作者推测都可应用)。

☞ >4 层的多层和高层楼梯间的首层应设直接出入口(低规 5.3.13.3/高规 6.2.6),住宅(不分高层、多层)或≤4 层的多层建筑的楼梯间可以离直接出入口≤15.0 m(低规 5.3.13/住法 9.5.3/苏标 8.4.9.3)。

☞ 低规 ~~5.3.6~~ 3.7.3/3.8.3:地下室仓库有 2 个以上防火区相邻时,则可以 1 个借用防火墙上 FM 甲,另一个必须为直通室外的安全出口。这是指专门的仓库。对于上海的商店仓库,另有相对宽泛的要求,2.0 h 隔墙,FM 乙,和商店出入口分开。合用出入口时,营业厅出口不得穿越仓库(大商 2.2)。

☞ 商场内使用油气的厨房用 1.50 h 隔墙和其他部分隔开。敞开式食品加工宜采用电热法(大商 2.3)。

☞ 沪消〔2006〕439 号三：上海对作为防火墙的卷帘门有更严格的要求：① 数量上至多占全长的 1/3,总宽不过 20 m;② 在疏散通道上的卷帘门旁边应设通人的 FM 甲;③ 20 min 内闭合。

☞ 灭火救援窗,间距 15 m,大小 1.0 m×0.8 m,离地宜 1.20 m(大商 1.3)。

☞ 额定人数：大空间 3.0 m²/人(0.33 人/m²)(不包括卫生间、办公、厨房、仓库。虽然同为营业厅面积,但与低规 5.3.17 说明所详细说明的包括哪些内容不包括哪些内容不完全相同,实际工作中很容易忽略)(大商 3.1/3.2)。

上海消防处的人说上海的大空间 3.0 m²/人,基本上是建筑面积,不是营业面积,所以不要再打折扣。但是从文字"不包括卫生间、办公、厨房、仓库"表明的,不是营业面积又是什么。说的和做的相矛盾,叫人无所适从。

与商规 4.2.5/下规 5.1.8 的额定人数相差甚远。确定楼梯宽度时要注意工程地点。

☞ 铺位式商场：走道 2.5 m²/人,铺位 3~8 人(大商 3.1/3.2)。

☞ **问题分析 4.11**：营业厅面积＝建筑面积的 50%(大型或高档专业商店)、70%(小型)。

☞ 大商 3.3：疏散宽度指标：地上 1~2 层 0.65 m/100 人,地上 3~4 层 0.75 m/100 人,地上 5~6 层 0.85 m/100 人,地上 6 层以上 1.0 m/100 人。地下 1~2 层 0.75 m/100 人,地下 2 层以下 1.00 m/100 人。

☞ 走道门及底层门：当层人数×(0.65~1.00 m/100 人)(大商 3.3)。商店营业厅的疏散门净宽≥1 400 mm(商规 4.2.2)。

☞ 上海商场疏散楼梯以每个防火区计(大商 1.4)。外地梯宽以整个楼面计,不是以一个防火区计(低规 5.3.17.1/高规 6.2.9)。地下商场也以每个防火区计算疏散楼梯宽度(下规 5.1.6)。江苏商场计算疏散楼梯宽度以层计(苏商规 6.3.5)。重庆商场计算疏散楼梯宽度名义上以防火区层计(渝商规 6.3.3),但对共用楼梯间只能算一半梯宽,实际上还是以层计。

☞ 每层疏散楼梯宽度,由上一层的人数确定,高层商店见高规 6.2.9,多层商店见低规 5.3.17。最小梯宽,高层商店 1.20 m(高规 6.2.9),多层商店 1.10 m(低规 5.3.14)。1.40 m(商规 3.1.6)是对商店供顾客日常上下的楼梯而言。顾客日常上下的楼梯也许是疏散楼梯,也许不是疏散楼梯,视具体情况确定。

☞ 疏散距离(笔者认为,大空间餐饮可参照本条执行)：

多层大空间：中间直线 30~35 m(自然 45 m),尽端直线 15 m(自然 18 m)(大商 3.4.1)。

高层大空间：中间直线 30 m(自然 45 m),尽端直线 15 m(自然 18 m)(大商 3.4.2)。

多层及高层铺位式：中间直线 30 m(自然 35 m),尽端直线 15 m(自然 18 m)(大商 3.4.3)。

铺位房间：15 m(大商 3.4.3)。

大商场中往往夹有几个中小餐饮店而非整体大厅式的,这样的情况下它们的疏散距离多少,30 m,15 m,还是 22 m? 笔者以为 15 m 或 22 m(视门的多少而定)比较切合实际。而整体大厅式的,当然取 30.0 m。

☞ 防火区安全出口≥2 个,安全出口之间相距≥20 m,小于 20 m 视作 1 个(大商 3.5)。还要考虑双向问题。安全出口个数、疏散出口宽度按防火区校核(大商 1.4),否则,辅助出口等就无意义了。

☞ 作为安全出口,楼梯间门、前室的门、梯段宽度、疏散门的净宽度≥1 400 mm(大商 3.7)。

☞ 高层商场出屋面≥2 个(大商 3.8)。

☞ 超市收银区疏散出口总宽≥3 m(大商 3.10)。

☞ 店内疏散通道：超市 1.30~3.0 m(大商 4.1);百货店购物中心通道 1.50~2.20 m(大商 4.2);铺位式通道 2.20~2.80 m(大商 4.3)。

☞ 商场<2 000 m² 可不设装卸车位。每 5 000 m² 设 1 个装卸车位,满 3 个车位之后,每增加

10 000 m² 加 1 个装卸车位(上交标 4.1.7)。装卸车位 3.5 m×7.0 m。装卸部位净空高度,可参考上海道路规定 4.6 m 或 5.5 m(上规 21/苏规 2.3.7.2)。

☞ 高规 6.1.3A/低规 5.4.6:商住楼中住宅的疏散楼梯应独立设置。

☞ 商规 4.1.4:综合性建筑中的商店部分的安全出口必须与其他部分分开。

☞ 低规 5.3.5:≥2 层的商店、娱乐场所用封闭楼梯间。低规 7.4.2.4:人员密集公建封闭楼梯间门用 FM 乙。

☞ 商规 3.1.7:大型商场≥4 层时宜设电梯。

☞ 上残 8.1.6/8.1.16:有楼层的大型商场、超市(5 000 m²)应设无障碍电梯。

☞ 低规 5.3.7:公建中的客货电梯宜有电梯厅,不宜直接设在营业厅、展览厅、多功能厅等场所内。设在营业厅、展览厅、多功能厅等场所内的电梯宜有电梯厅,并加 FM 乙(低规图示 5.3.7)。

☞ 防排烟见大商 1.8/烟规 3.2./4.3。商场、餐厅、娱乐场所应排烟(烟规 4.1.1),多层建筑宜采用自然通风方式(烟规 4.1.3)。笔者认为防排烟、通风、空调宜综合考虑。

☞ 沪规法[2004]1262 号:住宅的层高不得高于 3.60 m,层高大于 2.2 m 的部分必须计算建筑面积,并纳入容积率计算。层高≥5.6 m 的商业(影院、剧场、独立大卖场等另有规定)、办公建筑在计算容积率指标时,必须按每 2.8 m 为一层折算建筑面积,纳入总建筑面积合计,禁止擅自内部插层建筑。

由此产生一个经折算后生成的"名义建筑面积",以计算容积率指标。"名义建筑面积"不等于实际建筑面积。坡角>45°时,当心这种情况。奉贤世贸即是一例。

☞ 低规 5.4.5:甲、乙类物品商店严禁设在民用建筑内。

☞ 烟规 4.2.2.4:中庭、500 m² 两层以上的商场、娱乐场所宜设置与火灾报警系统联动的自动排烟窗。

☞ 玻璃幕墙见玻规 4.4.10/11。

☞ 沪消[2006]439 号:公建中庭防火分隔为下列情况时可以不重叠计算面积:

① 中庭四周为 C 类防火玻璃(1 h)或防火卷帘。

② 中庭设有回廊,回廊与房间之间为隔墙(1 h)或防火门窗。

③ 中庭设有回廊,回廊与房间之间的隔墙为 C 类防火玻璃(1 h)和防火门窗。同时,回廊宽度≥3.0 m。

④ 中庭水平跨越防火分区时,面向中庭的房间隔墙应 2 h。

☞ 大型商场(5 000 m² 以上)应在各层公厕设无障碍厕位(上残 8.1.5),中小商场商店宜在公厕设无障碍厕位(上残 8.1.9)。

☞ 上规 35:大型影剧院、商场、体育馆后退道路红线≥10.0 m。

☞ 上标 3.3.3/3.3.5:上海的高层住宅(沪消字[2001]65 号)或其他高层民用建筑[江苏高层住宅大体一样(苏标 8.3.7/8)]都有消防登高面与消防登高场地之说法,而高规没有。但高规有 1/4 或不小于一个长边落地的要求,以便消防车开展工作(高规 4.1.7/4.3.7)。楼梯出入口、消防电梯出入口上不宜为大面积玻璃幕墙(上标 3.3.3)。玻璃幕墙下的楼梯出入口、消防电梯出入口上方应设雨篷(苏商规 4.3.3.3)。

☞ 沪消字[2001]65 号:上海的非住宅和其他高层民用建筑的消防登高场地可结合消防道布置,应在其登高面一侧整边布置 8 m 宽的登高场地,离外墙不宜小于 5.0 m。

6.5.3 上海小型商业用房

上海小型商业用房引用《小型商业用房防火技术规定》(沪消发[2003]54 号)(小商)。

☞ 规模:网点 200.0～300.0 m²,营业厅 300.0～3 000.0 m²(小商 1.2/1.3)。

☞ 防火区面积(缺项)参考苏商规商业网点防火区面积 2 500 m²(苏商规 8.2.1)。

☞ 安全出口,只论面积不论层数。≤200 m² 设 1 个出口,200~300 m² 设 2 个出口(小商 3.2.5/3.2.2)。只设 1 个安全出口的小商店,至多 3 层,因受低规 5.3.1 限制。

☞ 商场划成一块一块的小商店出租,楼上楼下面积一共 200~300 m²,2 个安全出口。而内部楼梯的个数可按下列方法来确定:

① 商规 4.2.1/低规 5.3.2.2:楼上人数 100 人,即面积 0.85 m²×100 人=85 m²。85 m² 以内 1 个梯,以外 2 个梯。

② 参照下规 5.1.1.3:地下 30 人,即面积 0.80 m²×30 人=24 m²。24 m² 以内 1 个梯,以外 2 个梯。

③ 小商 4.1.1/低规 5.3.1:楼上楼下面积一共>300 m²,按营业厅处理,2 个安全出口。而内部楼梯的个数可按下列方法确定,楼上 100 人即面积 0.85 m²×100 人=85 m²,以内 1 个楼梯,以外 2 个楼梯。

④ 小商 4.1.2.2:地下室营业厅,楼梯应直通室外。如只通室内,则从楼梯口到室外不应>5.0 m。

灵活应用高规 6.1.1.3,可将数个只有 1 座疏散楼梯的防火区并列,在防火区的分隔墙上开防火门 FM 甲,作为第二安全出口。只要相邻两个防火区面积之和<1 000 m²×1.4 或 1 500 m²×1.4 就行。这个方法可应用于高层建筑底部二、三层的相邻商业网点间的处理,从理论上可以省去 1 部楼梯。

☞ 商规 4.1.4/低规 5.4.6:综合性建筑中的商店部分的安全出口必须与其他部分分开。

☞ 低规 5.4.5:甲、乙类物品商店严禁设在民用建筑内。

☞ 防火构造:防火墙两侧窗间墙距离 2.0 m(小商 3.4.2.2)。

☞ 设敞开楼梯的小商店进深<15.0 m(小商 3.4.2.3)。

☞ 小商店层高不宜>4.0 m。层高>4.0 m 时,按本规定的疏散距离指标减 3.0 m(小商 2.3)。

☞ 有喷淋时逃生距离加 3.0 m(小商 3.3.1.1),不适用于敞开楼梯。

☞ 营业厅净高(商规 3.2.4):自然通风 3 200~3 500 mm,空调 3 000 mm,两者结合 3 500 mm。

☞ 小商店(商业网点)逃生距离:底层、单层小商店(未强调几个门)22.0 m,有喷淋加 3.0 m(小商 3.2.3)。

二、三层的小商店:

① 1 个外门,1 个敞开楼梯 15.0 m(小商 3.3.1.1)。没有有喷淋时加 3.0 m 的说法。

② 1 个外门,1 个敞开楼梯间(而非敞开楼梯,两者含义不一样)22.0 m,有喷淋加 3.0 m(小商 3.3.1.2)。

③ 当底层有 2 个外门时也可 22.0 m,有喷淋加 3.0 m(小商 3.3.3)。(上下面积之和>200 m²,即要 2 个门,这两者是联系在一起的。规定未就敞开楼梯或敞开楼梯间加以说明。)

④ 超标时,设置墙和门把营业区域和楼梯分开,且房间内逃生距离为 15.0 m。底层楼梯口到外门距离≤15.0 m(小商 3.3.1.3)。

☞ 上标 4.6.5/5.3.3:计算跃层式、跃廊式住宅逃生距离时,楼梯以其层高的 2 倍计。

☞ 营业厅安全出口≥2 个(小商 4.1.1)。

☞ 营业厅楼梯型式:>2 层的商店设封闭楼梯间(低规 5.3.5)。

☞ 每层面积 500 m²,2,3 层共 100 人可设 1 个梯(小商 4.1.1/低规 5.3.1)。

☞ 每层疏散楼梯宽度,由上一层的人数确定,高层商店见高规 6.2.9,多层商店见低规 5.3.17。最小梯宽,高层商店 1.20 m(高规 6.2.9),多层商店 1.10 m(低规 5.3.14)。

☞ 额定人数:大空间 3.0 m²/人(不包括卫生间、办公、厨房、仓库)(大商 3.1/3.2)。

与商规 4.2.5/下规 5.1.8 的额定人数相差甚远。确定楼梯宽度时要注意工程地点。

☞ 铺位式商场:走道 2.5 m²/人,铺位 3~8 人(大商 3.1/3.2)。

☞ 营业厅疏散距离:

① 小商 4.1.1.1→3.3.1:只有 1 个楼梯的,同二、三层小商店处理。

② 小商 4.1.2.3：有 2 个楼梯的，到外部出口或封闭楼梯间的距离为，有房间分隔时中间 40.0 m，尽端 22.0 m；无房间分隔时中间 40.0 m×0.75 m，尽端 22.0 m×0.75 m。

商场疏散距离：30.0 m（高规 6.1.7/低规 5.3.13）。

③ 小商 4.1.2.2：地下室营业厅，楼梯直通室外。如通室内，楼梯口到室外不应＞5.0 m。

常有将自己有楼梯的二、三层商业网点在二、三层再用外廊连起来的方案，以增加商业机会。此时，商业网点内的楼梯相当于住宅的套内楼梯，不能认为是公共疏散楼梯，应当另外设立公共疏散楼梯。每个防火区≥2 个公共疏散楼梯，疏散距离 40 m 或 20 m。外廊宽度至少＞1 800 mm 或 1 500 mm（残规 7.3.1）。

☞ 地下室营业厅（高规 4.1.5B/下规 4.1.3）：地下室营业厅不宜设在地下三层及三层以下，不应经营和贮存甲、乙类物品。防火区面积，有淋 2 000.0 m²。

☞ 防排烟见小商 2.4/烟规 3.2/4.3。

☞ 面积≤500 m² 的小型超市和便利店，无障碍设施无强制要求（上残 8.1.18）。

☞ 大型商场（5 000 m² 以上）应在各层公厕设无障碍厕位（上残 8.1.5），中小商场商店宜在公厕设无障碍厕位（上残 8.1.9）。

6.5.4　地下营业厅/地下商业街

☞ 下规 3.1.4A（不宜）/高规 4.1.5B（不宜）/低规 5.1.13（不应）：地下营业厅不宜（应）设在地下 3 层及 3 层以下，不应经营和贮存甲、乙类物品。防火区面积，有淋 2 000 m²。最大范围 20 000 m²。沪消〔2006〕439 号：地下商店当有上下层相连通的敞开楼梯、自动扶梯、中庭等开口部位以及封闭楼梯间时〔经查沪消（2006）439 号文确实是这么写的，笔者对此怀疑，因为一般情况下，采用封闭楼梯间时，是不叠加计算的〕，其总面积应叠加计算。＞20 000 m² 且需要连通时，可用下沉式广场、地下商业街和防火间隔等措施分隔。

☞ 下规 4.1.3.1：地下营业厅防火区面积有淋 2 000 m²。

☞ 地下商业街（沪消〔2006〕439 号）：

① 两端出入口，宽度≥3.0 m，至少其中之一为下沉式广场。

② 地下商业街宽度要求。

通道宽度（m）	最大长度（m）	小商店最大允许面积（m²）	小商店出口至安全出口的逃生距离（m）
6	60	50	40
9	90	150	40
12	120	300	40

③ 小商店进深 15.0 m，店间隔墙 1 h。

④ 地下商店的疏散体系与地铁不得互相借用。

⑤ 地下商店与地铁站厅间用防火隔墙、防火卷帘、FM 隔开。每档防火卷帘不宜超过 8.0 m，每侧防火墙上防火卷帘之间应设置不小于 24.0 m 的防火墙。

☞ 人数计算（下规 5.1.9）：地下 1 层 0.85 人/m²，地下 2 层 0.80 人/m²。上海大商 3.2：3.0 m²/人。地下商场以每个防火区计算疏散楼梯宽度（下规 5.1.6）。

☞ 下规 5.1.5：疏散楼梯最小净梯宽 1.40 m。

☞ 下规 5.2.1/5.2.2/低规 5.1.12.5：疏散楼梯类型：地下为 2 层，且埋深不大于 10.0 m 者，封闭楼梯间。埋深大于 10.0 m 者，防烟楼梯间。下规 5.2.5.1/低规 5.3.17.1：疏散宽度，埋深≤10 m 时，0.75 m/100 人，埋深＞10 m 时，1.0 m/100 人。上海单层建筑面积超过防火区面积时应以一个防火区来计算疏散宽度,并且可以包括辅助出口宽度。照此粗算,地下商场每防火区的疏散出口总宽度见下表(全国标准/低规5.3.17):

埋　深(m)		人数定额(人/m²)	梯宽定额(m/100人)	疏散出口总宽度(m)
≤10	地下1层	0.85	0.75	(2 000×0.7×0.85)/100×0.75＝9
	地下2层	0.80	0.75	(2 000×0.7×0.80)/100×0.75＝8.4
＞10	地下1层	0.85	1.0	(2 000×0.7×0.85)/100×1.0＝11.9
	地下2层	0.80	1.0	(2 000×0.7×0.80)/100×1.0＝11.2

注:表中2 000为有喷淋防火区面积,0.7为大型地下商店营业面积占建筑面积的比例(低规5.3.17)。

地下商场每防火区的疏散出口总宽度见下表(上海标准):

埋　深(m)		人数定额	梯宽定额(m/100人)	疏散出口总宽度(m)
≤10	地下1层		0.75	(2 000×0.7/3)/100×0.75＝3.5
	地下2层	3 m²/人	0.75	(2 000×0.7/3)/100×0.75＝3.5
＞10	地下1层		1.0	(2 000×0.7/3)/100×1.0＝4.67
	地下2层		1.0	(2 000×0.7/3)/100×1.0＝4.67

注:上海商场辅助安全出口不计入安全出口数量,但可计入疏散距离和疏散宽度(不超过30%)(大商3.6)。

　　把上面两个表比较,可以看出由于人数定额不同,同样面积的商建,疏散楼梯宽度上海标准比全国标准小很多。因此,实际工作中,千万要注意,如果不是甲方同意,不能把上海标准运用到其他地方去,否则会引起也许难以挽救的严重后果。

　　☞ 下规5.1.1.2.3:地下工程每个防火区直通地面室外疏散宽度不宜小于总疏散宽度的70%。

　　☞ 小商4.1.1:地下营业厅安全出入口个数≥2个。

　　☞ 技措3.3.2.3.1/下规5.1.1及说明:地下商场等人员密集场所,当防火区面积＞1 000 m² 时,每个防火区不少于2个直通室外安全出口。即＜1 000 m² 时,可以只设一个直通室外安全出口。无论是1个直接安全出口,还是2个直接安全出口,或是更多,都可借用防火墙上的门作为第二安全出口(宽度占额定总宽度的30%)。

　　☞ [2004]沪公消[建函]字192号7:地下商场及车库,当防火区面积＞1 000 m² 时,每个防火区不少于2个直接安全出口,不得借用防火墙上的门作为第二安全出口。09技措把它移植过来,只指地下商场可以这样,对地下车库未置可否(09技措3.3.2.3.1)。

　　☞ 仅仅作为防火区分隔用的防火卷帘(下规4.4.3),不应过长。分两种情况:① 隔墙长30 m以内,防火卷帘不应大于10 m;② 隔墙长30 m以外,防火卷帘不应大于1/3,且＜20 m。

　　☞ 辅助安全出口:符合开启方向的防火门,这个概念只见本地相应规定,见大商3.5/沪消[2007]23号三(五)。低规未见类似规定。辅助安全出口不计入安全出口数量,但可计入疏散距离和疏散宽度(不超过30%)。适用场合:商场(高层、多层、地下未予明确,笔者推测都可应用)。

　　☞ 外地辅助安全出口(地下商场展览厅)(技措3.3.2.3.1/下规5.1.1):当防火区面积＞1 000 m² 时,每个防火区不少于2个直接安全出口,不得借用防火墙上的门作为第二安全出口。即＜1 000 m² 时,可以只设1个直接安全出口(宽度占70%),借用防火墙上的门作为第二安全出口(宽度占30%)。但仅此而已,并未明确在满足2个安全出口情况下,如上海一样规定辅助安全出口可计入疏散距离。

　　☞ 地下商店开门的个数,虽然上海有自己的法令,但下规明白表示包括商店在内,因此应是50 m² 1个门(下规1.0.2.1/5.1.2)。

☞ 下规 5.1.5.2 说明：地下的商场、餐厅、展览厅、生产车间疏散距离为 40.0 m 或 20.0 m，房间内 15.0 m。不可再有喷淋×1.25。

☞ 下规 5.1.5.3：地下的商场、餐厅、展览厅、多功能厅、观众厅、阅览室疏散距离 30 m，有喷淋×1.25。

不明白下规 5.1.5.2 和下规 5.1.5.3 所指有什么差别，下规 5.1.5.3 指的是大空间商场、餐厅、展览厅、多功能厅？

☞ 小商 4.1.2.3：大空间做法的疏散距离为 40.0 m 或 20.0 m 打 75 折（原文说按正常值 40 m 减去 25%，也就是打 75 折。40 m，打 75 折就是 30 m）。

☞ →低规 5.3.13：疏散（直线）距离 30.0 m。

☞ 下规 5.2.3/5.2.4/低规 5.1.13.5：避难走廊：入口处设前室，设门 FM 甲。不少于 2 个并设在不同方向上的直通地面出口。

☞ 低规 5.3.7：营业厅、展览厅、多功能厅内电梯（客、货）宜设独立候梯厅。

☞ 沪消［2006］439 号三：下沉式广场大小至少 13 m×13 m，设直通地面的楼梯（包括自动扶梯）与商业街的连接通道 3.0 m 宽，上设风雨篷必须通风［1/4 地板面积，高 1.0 m 或 1.60 m（为百叶时）］。

☞ 沪消［2006］439 号：防火隔间，面积＞(4.0×9.0)m²，隔墙上的防火门间距 4.0 m 以上。防火隔间两侧应有疏散楼梯间，其袋形距离不应＞10.0 m。

地下商场的仓储问题，相应规定有低规 3.8.3、下规 5.1.1.4（说明）、上海大商 2.2 和苏商规 5.6。除下规 5.1.1.4（说明）外，都涉及直通地面安全出口问题。如果直通地面安全出口问题可以解决，当然不成问题。如果直通地面安全出口问题无法解决，那只有运用下规 5.1.1.4（说明）。下规 5.1.1.4 的说明，明确包括面积 ≤200 m²/3 人的仓库在内的独立防火分区可以以开向相邻防火分区的 FM 甲作为安全出口。

☞ 关于下沉广场的不同说法见下表：

规 范	下沉广场的大小	面 积	下沉广场通往地面楼梯的宽度 $W_1+W_2+\cdots+W_自$	通往下沉广场的各个防火区大门总宽度 $W_a+W_b+W_c+\cdots$	其 他	特 点
下 规 3.1.7	短边 ≤13.0 m	疏散区域净面积≥169 m²	☞ $W_{梯宽}$≥相邻防火区中最大防火区通向下沉广场门的疏散宽度（不一定是最大的门）。 ☞ $W_{梯宽}$=固定梯宽度+0.9（自动梯宽度）（下规 3.1.7.2 注）		各防火区通往下沉广场的门相互净距离≥13.0 m（下规 3.1.7.1）	☞ 简化考虑因素，只考虑最大防火区的门（不一定是最大的门）。 ☞ 计入 90% 的自动扶梯宽度
上海沪消［2006］439 号三	短边 ≤13.0 m	面积 ≥169 m²		每个通往下沉广场商场大门宽度≥3.0 m（上海沪消［2006］439 号三的 3）		可以以自动梯代替固定梯（上海沪消［2006］439 号三的 2）
苏商规 5.4.6	短边 ≤13.0 m	净面积≥180 m²	☞ 最小梯宽≥2.0 m。 ☞ 梯宽≥0.3（$W_a+W_b+W_c+\cdots$）	☞ 通往下沉广场的各个商场大门总宽度 $W_a+W_b+W_c+\cdots$≤1/2（$W_A+W_B+W_C+\cdots$），即所有各个防火区总疏散宽度（苏商规 5.4.6.4），这是一条限制室外楼梯负担疏散人流的措施。 ☞ $W_1+W_2+\cdots+W_自$≥30%（$W_a+W_b+W_c+\cdots$）		☞ 用限制的办法作通盘考虑。 ☞ 不计自动扶梯因素

（续表）

规 范	下沉广场的大小	面 积	下沉广场通往地面楼梯的宽度 $W_1+W_2+\cdots+W_{\text{自}}$	通往下沉广场的各个防火区大门总宽度 $W_a+W_b+W_c+\cdots$	其 他	特 点
渝商规 4.5.4	短边 $\leqslant 9.0\,\text{m}$	净面积根据相邻最大防火区疏散人数的 $1/2$ 计算，5 人/m^2	下沉广场通往地面楼梯的宽度>相邻最大防火区大门的宽度（渝商规 4.5.4）			
建规整合稿 6.4.13		净面积 $\geqslant$ 169 m^2	下沉广场通往地面楼梯的宽度>相邻最大防火区大门的宽度		各防火区通往下沉广场的门相互净距离 $\geqslant 13.0\,\text{m}$	

6.5.5 江苏大中型商场

面积 3 000 m^2 以上的大中型商场，引用《江苏商业建筑设计防火规范》（DGJ32/J 67—2008）。

（1）规模分类和耐火等级（苏商规 3.1.1/3.2.1）。

规模（苏商规 3.1.1）	建筑面积（m^2）		耐火等级（苏商规 3.2.1）
	总建筑面积	任一层建筑面积	
特大型	>30 000	>10 000	一级
大 型	>15 000	>5 000	一级（单层大型可为二级）
中 型	>3 000	>1 000	二级或三级
小 型	$\leqslant$3 000	$\leqslant$1 000	二级或三级
地下商场			一级

（2）特大型商场离路距离：江苏 8.0 m（苏规 3.2.3.4），上海 10.0 m（上规 35）。

（3）消防道设置，对中小型未提要求。

☞ 特大型商场设置环形消防道（苏商规 4.3.1.1）。

☞ 大型或高层商场设置环形消防道或沿两条长边设置消防道（苏商规 4.3.1.2）。

☞ 非环形消防道时，沿街长度 150 m 或总长 220 m 以上时设穿越消防道（苏商规 4.3.1.3）。

☞ 有封闭内院时，每 80 m 设置人行通道（苏商规 4.3.1.4）。内院短边>24 m 时，宜设置进入内院的消防道（苏商规 4.3.1.5）。

（4）有顶棚步行街的要求（苏商规 4.4.8）：

☞ 苏商规 4.4.8.1：步行街长度不宜>300 m。>300 m 时，应当在 300 m 处设置宽度不小于 8.0 m 的露天通道。

☞ 苏商规 4.4.8.5：步行街建筑的周围应设环形消防道或在其一个长边设 $\geqslant$6 m 宽的消防道，此时每隔 160 m 设横穿消防道（苏商规 4.3.1.6）。

☞ 苏商规 4.4.8.1：步行街宽度 $\geqslant$防火间距，至少 8.0 m。

☞ 苏商规 4.4.8.1：顶棚高至少 6.0 m。自然排烟口 $\geqslant$20% 的步行街面积（苏商规 4.4.8.4）。

☞ 苏商规 4.4.8.3：从步行街两侧任一店铺的大门通过步行街到达室外安全地点的步行距离不应大于 60 m。

☞ 步行街两侧店铺内的疏散距离，笔者认为可以根据其规模大小来定。如果店铺面积在 800 m^2 内，可以照苏商规 8.3.2/8.3.3 确定。

(5) 步行街的紧急安全出口距离不得>160 m(城市道路交通设计规范5.3.1)。

(6) 步行街商业区道路应能满足送货车、清扫车、消防车通行要求(城市道路交通设计规范5.3.2)。

(7) 消防道/扑救面/扑救场地。

☞ 消防道宽度4.0 m,转弯半径8 500 mm(外径),离建筑外墙5.0~10.0 m。坡度<3%(苏商规4.3.2)。

☞ 尽端式消防道设回车场12.0 m×12.0 m或18.0 m×18.0 m(苏商规4.3.2.2/高规4.3.5)。

☞ 特大型、大型商场,高层商场或高层建筑内的商场,沿一条长边或1/3周长设扑救面。扑救面一侧与出入口、消防梯出入口、消防道/扑救场地相结合。扑救场地与建筑面同长,从外墙边起宽15.0 m(苏商规4.3.3/4.3.4)。

☞ 扑救面外侧允许有4.0 m(深)×5.0 m(高)的裙房凸出(苏商规4.3.3)。

☞ 扑救面不宜设置大片玻璃幕墙。如有玻璃幕墙,出入口上设雨篷(苏商规4.3.3)。

☞ 扑救面或扑救场地范围内无架空线、乔木、停车场等障碍(苏商规4.3.4)。

☞ 特大型多层商场与其他建筑的防火间距在高规4.2.2或低规3.4.7的基础上提高一档,它与高层建筑的防火间距≥13.0 m,它与高层建筑裙房或多层建筑的防火间距≥9.0 m(苏商规4.2.2)。

(8) 防火区面积(苏商规5.2.1)。

分　类	商业网点(苏商规8.2.1/低规5.1.7)	多层商业建筑		高层裙房/高层建筑中的商业部分			纯粹高层商业建筑(苏商规5.3.2/高规5.1.2)	地下商场(苏商规5.4.4/高规5.1.2/下规4.1.3.1)	附属仓库部分(苏商规5.6.2/5.6.1/5.6.3)	
		单层或底层(苏商规5.2.2/低规5.1.12)	多层(苏商规5.2.1/低规5.1.7)	裙房(苏商规5.3.3)	一类(苏商规5.3.1/高规5.1.3)	二类(苏商规5.3.1)			地上	地下
无喷淋的防火区面积(m²)	2 500		2 500	2 500	1 000	1 500		500	100~500,可以附设2 h墙、FM甲 / >500时独立设置防火区、设立单独安全出口	50~200,可以附设2 h墙、FM甲
有喷淋的防火区面积	10 000		5 000	5 000	2 000	3 000	4 000	2 000	设喷淋的部位(苏商规9.4.1)	

作者认为,专门划出高层商业建筑防火区面积1 000 m²或1 500 m²×2的说法无此必要,只要高层建筑里的商业营业厅防火区面积有淋4 000 m²就够了。如果这两条并列,如何区分?

☞ 江苏建筑工程消防设计技术问题研讨纪要十二:大中型商场的商铺式建筑以商铺为独立的防火单元,其间用2 h的防火隔墙隔开,每个独立的防火单元面积<1 000 m²。(意思是否是商铺式商场的每个独立商铺的面积控制在1 000 m²以内?)

☞ 通过连廊相通的数座商业建筑,当其两两相互间距<相应的防火间距时,应视为一体而后划分防火区(苏商规4.3.2/5.1.4)。

(9) 安全疏散:

☞ 安全疏散出口个数≥2个(苏商规6.4.4)。

☞ 楼梯类型:层数>2层、高层H<24.0 m的高层商业建筑或高层建筑中的商业部分用封闭楼梯间。封闭楼梯间的门用FM乙(低规7.4.4说明)。不能天然采光、自然通风者照防烟楼梯间处理(苏商规7.4.1)。(注意楼梯类型同一般公建不一样,一般公建H>32.0 m才用防烟楼梯间)。地下商场楼梯类型:埋深10.0 m以内用封闭楼梯间,埋深10.0 m以外用防烟楼梯间(下规5.2.1/低规5.1.12.5)。

☞ 最小疏散梯宽:1 100 mm(网点)或1 200 mm(并联店)(苏商规8.2.7明确疏散楼梯)或

1 400 mm(大中型商场指商业建筑中顾客使用的楼梯而不是疏散楼梯、地下商场)(苏商规 7.4.1.4/下规 5.1.5)。踏步 160 mm×280 mm(苏商规 7.4.1.4)[网点 170 mm×270 mm(苏商规 8.2.8)]。商店疏散楼梯、疏散门、疏散走道最小净梯宽 1.40 m,商业网点疏散楼梯 1 100 mm(2010 年 2 月出版的技措 8.3.7,同上海江苏不大一样)。

☞ 梯段宽度确定。

① 营业面积 $S_1 = K_1 K_2 S$(苏商规 6.1.1),考虑规模大小及行业特征两项因素。(注意,营业面积由于两次修正显然比国规小了不少)。

商业建筑规模修正系数值 K_1

楼层商业总建筑面积(m²)	K_1
<1 000(小型)	70%
1 000~5 000(中型)	60%
>5 000(大型、特大型)	50%
地下室部分	70%

商业建筑业态修正系数值 K_2

营 业 厅 经 营 内 容	K_2
大中型百货商店、商场、专卖店、菜场,和设计时无法确认经营内容的其他类商业建筑	0.85(0.9)
家居超市、超级市场、仓储式超市	0.80(0.9)
大件家具、建材、陶瓷市场、非机动车卖场	0.40(0.6)

注:括号里面的修正系数 K_2 为地下商业建筑的业态修正系数值。

② 额定人数以整个楼层计。$P = \alpha S_1$(苏商规 6.2.1)。

商业营业厅内疏散人数换算系数　　　　　　　　　　　　　(人/m²)

楼层位置	地下 2 层	地下 1 层 地上第 1,2 层	地上第 3 层	地上第 4 层 及 4 层以上各层
换算系数 α	0.80	0.85	0.77	0.60

关于人数计算,本规范沿用高规、低规的说法,同上海不一样,估计偏大(苏商规 6.3.2 说明)。

③ 每层总梯段宽度(苏商规 6.3.1)[一般情况下,不能运用苏商规 6.4.4 中说的 20%,只有地下商场才允许 20%的做法(苏商规 6.4.4)。地上营业厅、展览厅防火墙上的 FM 甲可作为第二安全出口,但其宽度不计入疏散总宽度(江苏建筑工程消防设计技术问题研讨纪要,20100518)]:

$$W = \beta P / 100$$

疏散走道、安全出口、疏散楼梯和房间疏散门每 100 人的净宽度 β　　　　(m)

楼 层 位 置	耐 火 等 级		
	一、二级	三 级	四 级
地上 1,2 层	0.65	0.75	1.00
地上 3 层	0.75	1.00	
地上 4 层及 4 层以上各层	1.00	1.25	
与地面出入口地面的高差不超过 10 m 的地下建筑	0.75		
与地面出入口地面的高差超过 10 m 的地下建筑	1.00		

☞ 楼梯出屋面(苏商规 7.1.3):≥5 层特大型、大型商业建筑不少于 2 个楼梯出屋面,设≥200 m² 平台。

☞ 地下商场每个防火区至少应有 1 个直通地面出口。第二安全出口只能(防火墙上的 FM 甲)占20%的总宽度(苏商规 6.4.4)[上海 30%(大商 3.6)]。(这一条似与苏商规 6.3.1 以层计算出入口总宽度有点矛盾。这一条,显然是针对每个防火区说的。)

☞ 当地下商场总面积>20 000 m² 时采取下列措施:下沉式广场、防火隔间或避难走廊(苏商规5.4.5/7.1.2)。

☞ 安全出口之间距离≥5.0 m(苏商规 6.4.1)。

☞ 安全距离(苏商规 6.5.1/6.5.3)。

类　　别		安全距离(m)(苏商规 6.5.1/6.5.2)		铺位内(房间内)疏散距离(苏商规 6.4.2/6.4.3)	
		无喷淋	有喷淋	位于安全出口中间	尽　　端
柜架式/大厅式	多层或高层裙房	30	×1.25		
	高层商业建筑	30			
铺位式/小空间组合式	多层或高层裙房	40	×1.25	<120 m² 的房间可 1 个门	约<200 m² 的房间可 1 个门,疏散距离 15.0 m。门净宽 1 400 mm
	高层商业建筑	40		<60 m² 的房间可 1 个门	<75 m² 的房间可 1 个门,门净宽 1 400 mm
地下商场(下规 5.1.5)	柜架式/大厅式	30	30×1.25	15	1/2
	铺位式/小空间组合式	40	有喷淋也不增加		
底层处理(苏商规6.5.3→7.4.3)	≤4 层	"15+15"原则。楼梯间外设安全疏散通道,≤15.0 m。安全疏散通道门口到外门口≤15.0 m(苏商规 6.5.3 说明)			
	>4 层	扩大楼梯间或扩大防烟前室,深≤15.0 m(苏商规 6.5.3 说明),有≤15.0 m 的限制。虽然图示这么标示,作者认为这一限制从本质意义上讲同上面是一样的,不解决实际问题。低规扩大防烟前室也没有提≤15.0 m 的限制			

注:1. 高层商业建筑大厅式安全距离即使有喷淋,也是 30 m,不可×1.25。
　　2. 因疏散距离过长,可以借用除住宅以外的楼梯间作为安全出口,但其宽度不计入商店出口总宽度(苏商规 4.4.1)。
　　3. 无论高层、多层,商业建筑大厅式安全距离都是 30 m 或 45 m,有喷淋都可×1.25(建规合稿 5.5.15.1)。
　　4. 地上营业厅、展览厅防火墙上的 FM 甲可作为安全出口,但其宽度不计入疏散总宽度(江苏建筑工程消防设计技术问题研讨纪要,2010-05-18)。

注意:同一平面不同安排,铺位式的安全距离能满足(40 m×1.25),不一定能满足柜架式或大厅式的安全距离(30 m×1.25)。池州商场就是一个例子。柜架式或大厅式的安全距离(30 m×1.25 或30 m)不满足时,看能否利用 FM 甲作为第二安全出口或划出一个小间,房间内 15.0 m,房间外30.0 m×1.25 或 30.0 m。通过这些办法,以满足安全距离的要求。

☞ 消防电梯(苏商规 7.5.3/高规 6.3.1/6.0.1)。

① 设置条件:H>24.0 m,且每层>1 000 m²;每层<1 000 m²,但 H>32.0 m;≥6 层。

② 底层通道≤30 m 长。

③ 设置位置靠近高层的消防中心、防烟楼梯间、消防道一侧。

④ 台数(高规 6.3.2):每 1 500 m² 设 1 台,1 500~4 000 m² 设 2 台,>4 500 m² 设 3 台。

☞ 其他。

① 防火墙 3 h,楼梯 1.5 h(苏商规 7.2)。

② 防火墙两侧窗间墙距离 2 000 mm(苏商规 7.2.4)。综合建筑中,商业部分与其余部分上下窗

槛墙 1 200 mm,不足时做 1.5 h,1 000 mm 宽防火挑檐(苏商规 7.2.1)。这一条与苏标 8.1.5 说法相呼应。

③ 商业建筑内厨房用隔墙 2 h 和 FM 乙与其他部分隔开(苏商规 7.2.2)。

④ 商业建筑内附设仓储(苏商规 5.6),只能占每层建筑面积的 10%。允许地上 100～500 m²,地下 50～200 m² 的仓储作为附设仓储,用 2 h 墙、FM 甲与主体分开。当然,地上＜100 m²,地下＜50 m² 的仓储就不必用 2 h 墙、FM 甲了。(地上)＞500 m² 的仓储应单独成立防火区,设置独自的安全出入口。

⑤ 防火卷帘(苏商规 7.3.2)占 1/3,≤20 m。

⑥ 救援窗(苏商规 7.1):大中型商业建筑 3 层及 3 层以上外墙设救援窗,900 mm(宽)×1 000 mm 以上,离地 1 200 mm,间距 40.0 m。

⑦ 避难走廊(苏商规 7.1.2/5.4.5/下规 5.2.3):由防火区进入避难走廊应设前室,＞12 m²。设计避难走廊有更详细的要求。

⑧ 空调机房或电梯设门斗或 FM 甲(苏商规 7.3.1.5/7.5.1.1)。

⑨ 玻璃幕墙下出入口上设雨篷(苏商规 4.3.3)。

⑩ 商住楼的商业部分与住宅部分之间要求在窗槛墙＜1 200 mm 高时设雨篷(苏商规 7.2.2)。

⑪ 柜架式、摊位式商场内部疏散通道宽度,超市内部疏散通道宽度见苏商规 6.3.8/6.3.11。内部疏散通道与外走廊(道)的概念不应该一样,外走廊(道)的宽度应该更受最小宽度的约束,特别是残障规范的约束,＞1 500 mm 或 1 800 mm(残规 7.3.1)。

⑫ 下沉式广场见苏商规 5.4.6。

⑬ 防火隔间见苏商规 5.4.7。

⑭ 商业建筑内附设的消防控制中心、灭火设备室、消防水泵房(FM 甲)、通风机房用 2 h 隔墙、FM 乙门与主体隔开(苏商规 7.2.5)。

⑮ 中型及中型以上商场和地下商场不得经营使用贮存甲、乙类商品(苏商规 4.4.5)。

⑯ 民用建筑内不得贮存甲、乙类物品(低规 5.4.5)。

⑰ 低规 5.3.7:公建中的客货电梯宜有电梯厅,不宜直接设在营业厅、展览厅、多功能厅等场所内。设在营业厅、展览厅、多功能厅等场所内的电梯宜有电梯厅,并加 FM 乙。

⑱ 商住楼指住宅建筑底部设置商业营业场所与上部住宅组成的建筑,但商业服务网点除外(苏标 2.0.33/8.1.5 说明)。商住楼高度＞50.0 m 为一类高层,高度≤50.0 m 为二类高层(苏标 8.1.5)。

☞ 商场＜2 000 m² 可不设装卸车位。每 5 000 m² 设 1 个装卸车位,满 3 个车位之后,每增加 10 000 m² 加 1 个装卸车位(上交标 4.1.7)。装卸车位 3.5 m×7.0 m。装卸部位净空高度,可参考上海道路规定 4.6 m 或 5.5 m(上规 21/苏规 2.3.7.2)。

☞ 高层内的展厅、商业营业厅有淋 4 000 m²,地下 2 000 m²,逃生距离 30 m(高规 5.1.2/6.1.7/低规 5.3.13/下规 5.1.5.3/苏商标 5.4.4)。逃生距离在有喷淋时,可以×1.25,这是低规和下规的说法,高规没有这个说法。笔者认为下规移植低规的这一说法欠妥当。苏商标没有提到地下商场疏散距离。

☞ 下规 5.1.5.2 说明:地下的商场、餐厅、展览厅、生产车间的疏散距离为 40.0 m 或 20.0 m,房间内 15.0 m。(不可再有喷淋×1.25)。

☞ 下规 5.1.1.2.3:地下工程每个防火区直通地面室外疏散宽度不宜小于总疏散宽度的 70%。

☞ 大型商场设无障碍电梯(残规 5.1.2/7.7.2/上残 8.1.6/8.1.16)。

(10)浙江商业建筑零星要求。

☞ 高层建筑(未明确公建与住宅分别对待)应在消防登高面一侧,将消防道路拓宽至 6 m,作为扑救场地,宽度同登高面宽。距离建筑物分两种情况:$H<50$ m 者,离开 5~10 m;$H\geqslant50$ m 者,离开 10~15 m(浙江省建设发[2007]36 号的 1)。

☞ 商业网点总高度不应大于 7.8 m,内部可设 1 座型式不限的疏散楼梯。逃生距离:室内任意一点到达户外出口或到封闭楼梯间为 22.0 m。楼梯疏散距离按其 1.5 倍水平投影计算(浙江省建设发[2007]36 号的 2)。

☞ 商住楼的住宅与商业之间的窗槛墙高度不小于 1.2 m 或设置不小于 1.00 m 的防火挑檐时,其中住宅部分按住宅概念防火。住宅部分不超过 100 m 时可不设置喷淋(浙江省建设发[2007]36 号的 55)。

☞ 大空间(原文为大开间,估计应为大空间)多个防火区场合(浙江省建设发[2007]36 号的 25):

① 每个防火区的安全出口楼梯宽度占 70%,与相邻防火区的防火墙上的 FM 甲,可作为辅助安全出口,宽度可占 30%。但这个 FM 甲在数量上不纳入安全出口的个数,这个 FM 甲距离相邻防火区的安全出口≤30 m。

② 楼梯疏散宽度以层计,共用楼梯不能重复计算。

6.5.6 江苏小型商业用房

引用江苏《商业建筑设计防火规范》(DGJ32/J 67—2008)(苏商规)。

☞ 规模(苏商规 8.1.2/8.1.3):商业网点<300.0 m²,商业并联店[限定只能 1 个梯(苏商规 8.1.3.3)]500 m²(底层)+300 m²(二、三层)=800 m²。(缺少<3 000 m² 部分,是本规范的不足。此条宜与低规 5.3.2/建规合稿 5.5.8 比较。)

☞ 防火区面积(苏商规 8.2.1)为 2 500 m²。

☞ 安全出口,既论面积又论层数。底层≤200 m² 的 1 个出口,200~300 m² 的 2 个出口(苏商规 8.3.2)。只设 1 个安全出口的小商店,至多 3 层,因受低规 5.3.1 限制。

☞ 商规 4.1.4/苏商规 8.2.2:综合性建筑中的商店部分的安全出口必须与其他部分分开。

☞ 低规 5.4.5/苏商规 4.4.5:甲、乙类物品商店严禁设在民用建筑内。苏商规 4.4.5:中型及中型以上商场和地下商场不得经营使用贮存甲、乙类商品。

☞ 防火构造:防火墙两侧窗间墙距离 2 000 mm。商业单元隔墙两侧窗间墙距离 1 200 mm,隔墙两侧为固定门窗扇的 FM 乙或火灾时可自动关闭的 FM 乙可不受限制(苏商规 8.2.3)。尤其要注意住宅楼梯间与商业网点的商店之间为防火墙,防火墙两侧门窗洞口间距离 2 000 mm 或 4 000 mm。

☞ 小商店进深<22.0 m(苏商规 8.3.2.3)。

☞ 网点并联店层高不宜>4.5 m(上海为 4.0 m)。层高>4.5 m 时,疏散距离为 3.0 m(苏商规 8.2.5)。

☞ 营业厅净高(商规 3.2.4):自然通风 3 200~3 500 mm,空调 3 000 mm,两者结合 3 500 mm。

☞ 有喷淋时逃生距离×1.25(苏商规 8.3.5)。

☞ 小商店(商业网点)逃生距离(苏商规 8.3.2/8.3.3/8.3.4)。

层 数	底层外门个数	面积(m²)	楼梯型式	逃生距离(m)			备 注
				梯前距离	梯后距离		
					梯后距离	楼梯口到房门口距离+房间内距离	
单层网点店	1	<200		22.0			
	2	200~300		22.0			2 个房门之间距离 5.0 m

（续表）

层　数		底层外门个数	面积(m²)	楼梯型式	逃生距离(m)			备　注
					梯前距离	梯后距离		
						梯后距离	楼梯口到房门口距离＋房间内距离	
2层网点店		同上		敞开楼梯	22.0			
				敞开楼梯间	明梯 15.0	20.0	13.0＋15.0	
					暗梯 10.0			
				封闭楼梯间	明梯 15.0	22.0	15.0＋15.0	
					暗梯 10.0			
并联店	只有2层	1个或2个	500(底层)＋300(2层)	可以敞开楼梯、敞开楼梯间、封闭楼梯间，明梯或暗梯。逃生距离与底层外门个数同2层商业网点处理 (苏商规 8.3.4.1→8.3.2/8.3.3)				限制楼上比楼下面积，这只是一个楼梯的条件，并不能成为并联店面积限制。这一规定太死，不能适应现实情况。而且，使300～3 000 m²的商店成了缺门
	共3层	可以1个，建议2个	500(底层)＋300(2层＋3层)	封闭楼梯间	明梯 15.0	22.0	15.0＋15.0	
					暗梯 10.0			

注：1. 上述逃生距离有喷淋×1.25(苏商规 8.3.5)。层高＞3.0～4.50 m。

　　2. 屋顶有 2 m² 天窗的楼梯间也属明梯(苏商规 8.3.1 说明)。

☞ 底层单层小商店(未强调几个门)逃生距离 22.0 m，有喷淋×1.25(苏商规 8.3.3)。浙江商业网点内楼梯型式不限，室内任何一点到封闭楼梯间或直通户外出口的距离不应＞22.0 m。楼梯疏散距离按其水平投影的 1.5 倍算(浙江建设发[2007]36 号 2)。笔者认为浙江的这条规定说法欠妥当。① 前半段说商业网点内楼梯形式不限，既然不限，封闭楼梯间或开敞楼梯间都有可能，那么规定"室内任何一点到封闭楼梯间或直通户外出口的距离不应＞22.0 m"就有疑问，碰到开敞楼梯间如何算？② 它沿用了 2001 年版低规的说法，01 低规 5.3.8 说的安全距离指"房门至外部出口或封闭楼梯间的最大距离"。到了 06 低规 5.3.13，安全距离指直接通向疏散走道的房间疏散门至最近安全出口的最大距离。浙江的这一说法与 06 低规的说法不一致。

☞ 二、三层的小商店：

① 外门个数与底层大小和楼层多少有关，见上表。楼梯类型随便，用调整梯前梯后距离的方法以控制总的逃生距离(苏商规 8.3.3/8.3.4)。不过，作者认为，共 3 层并联店(底层 500 m²)1 个外门的说法欠妥当，似与低规 5.3.8、高规 6.1.8 有矛盾，建议 2 个。

② 超标时，设置墙和门把营业区域和楼梯分开，楼上房间内逃生距离为 15.0 m，房间门口至楼梯间门口距离 13.0 m(敞开楼梯间)或 15.0 m(封闭楼梯间)。底层楼梯口到外门距离 10.0 m(暗梯)或 15.0 m(明梯)(苏商规 8.3.3/8.3.4)。

☞ 楼梯型式：＞2 层的商店为封闭楼梯间(低规 5.3.5)。≤2 层的楼梯型式不限。封闭楼梯间门用 FM 乙(低规 7.4.4 说明)。

☞ 每层面积 500 m²，2 层、3 层共 100 人可 1 个梯(低规 5.3.1)。本规范在这里借用上海人数算法，3 m²/人，所以 2 楼，3 楼共 300 m²。

☞ 最小梯宽：并联店 1.20 m；网点 1.10 m(苏商规 8.2.7)。踏步 160 mm×280 mm(苏商规 7.4.1.4)[网点 170 mm×270 mm(苏商规 8.2.8)]。

☞ 小型商业用房不得作为人员住宿场所(苏商规 8.2.4)。(这一规定太简单绝对，不能适应现实情况。应当允许，但要加以限制，采取必要措施。)

☞ 江苏住宅底部商业网点用房层数不应超过2层(苏标8.1.4)。江苏住宅底层商业网点层高≤4.50 m,底部2层商业网点2层高≤7.80 m(苏标8.1.4)。

☞ 有关小型商业用房的规定不适用于地下商场(苏商规8.2.8)。

参考:防排烟见小商2.4/烟规3.2./4.3。

参考:面积≤500 m² 的小型超市和便利店,无障碍设施无强制要求(上残8.1.18)。

6.5.7 重庆大型商场

引用《重庆市大型商业建筑设计防火规范》(DGJ 50-054—2006)(渝商规)。

(1) 规模(渝商规2.0.1):任一层≥5 000.0 m² 或总面积≥15 000.0 m²。

(2) 分类(渝商规3.0.1):分A,B两类。A类指百货、服装、粮油等,B类指机电、建材、蔬果等。有A也有B,作A类计。

(3) 耐火等级(渝商规3.0.2):单层二级,其余一级。

(4) 消防车道(渝商规4.2.1):

☞ 设环形消防车道,或沿两个长边,或1/2周长设消防车道(渝商规4.2.1)。

☞ 消防车道离外墙≥5.0 m(渝商规4.2.1)。

☞ 消防扑救面,占1/3周长或一个长边(渝商规4.2.2)。

☞ 在消防扑救面一侧,当$H>24.0$ m时,不应布置4.0 m(W)×5.0 m(H)的裙房(渝商规4.2.2)。

☞ 楼梯、消防电梯布置在消防扑救面一侧(渝商规4.2.2.3/4)。

☞ 扑救场地,宽同扑救面。扑救场地内侧离外墙5.0 m。外侧离外墙当$H<24.0$ m 时,为15.0 m;当$H>24.0$ m 时,为18.0 m(渝商规4.2.3)。

☞ 扑救窗:3层及以上,每层至少设2个扑救窗。大小800 mm×100 mm,离楼面1 200 mm之内(渝商规4.2.5)。

(5) 消防间距(渝商规4.3.1/2):

☞ 与其他建筑,按高规、低规处理(渝商规4.3.1)。

☞ 大型商业建筑之间见渝商规4.3.2。

☞ 当几座商业建筑用天桥连接,其间距>消防间距时,各部分可按独立的商业建筑进行防火设计(渝商规4.3.2注)。

(6) 地下商业建筑(渝商规4.5):

☞ 部位:只能在地下1层或2层,且埋深<12.0 m(渝商规4.5.1)。

☞ 不得经营使用贮存甲、乙类商品(渝商规4.5.3)。

☞ 当地下商场总面积>20 000 m² 时,采取敞开式隔离区(下沉式广场)或封闭式隔离区(防火隔间)相分隔(渝商规5.4.5)。

☞ 下沉式广场:面积大小依相邻最大防火区的1/2疏散人数,按5人/m² 计算,最短边≥9.0 m。广场内设疏散楼梯,宽度不小于相邻最大防火区通向下沉式广场防火门的宽度。此疏散楼梯宽度可计入总疏散宽度(渝商规4.5.4/下规3.1.7)。

☞ 防火隔间:面积大小依相邻防火区的1/2疏散人数,按5人/m² 计算,最短边≥9.0 m。防火隔间至少设2个安全出口,其宽度=相邻防火区总疏散宽度,且可计入总宽度(渝商规4.5.4/下规3.1.8)。关于防火隔间,渝商规与下规两者的概念完全不一样。渝商规把它看作是防火疏散途径之一,所以它要求至少2个安全出口,其宽度≥相邻防火区总疏散宽度,且可计入总宽度。而且其中之一个可为防火墙上的FM甲(另一个可能是疏散楼梯),否则就无法理解。但是下规说,防火隔间墙上的防火门主要用于平时的连通用,不用于火灾时疏散用,故这样的防火门不计入安全出口的个数和总疏散宽度之内(下规 3.1.8 说明)。笔者认为下规的说法合理。

☞ 防火隔间 2 个安全出口中的 1 个可为防火墙上的 FM 甲,但进入之前,应设前室(渝商规)。

☞ 相邻防火区进入防火隔间,设前室。面积≥12.0 m²。门用 FM 甲(渝商规 4.5.4)。

(7) 防火区面积(渝商规 5.1.1/5.1.5):

部 位		防火区面积(m²)	说 明
地下	1 层	2 000 或 4 000(渝商规 5.1.1)	设有直通户外出口,且满足≥1/2 疏散宽度时,可为 4 000 m²(渝商规 5.1.1)
	2 层	2 000(渝商规 5.1.1)	
地上	首层	10 000(渝商规 5.1.2)	
	2 层及以上	5 000(渝商规 5.1.2)	设有直通户外出口,且满足本层疏散宽度要求,可为 10 000 m²
坡地(渝商规 5.1.5)	上层	5 000	
	平顶层	5 000 或 10 000	设有直通户外出口,且满足本层疏散宽度要求,可为 10 000 m²
	吊层	5 000 或 10 000	设有直通户外出口,且满足本层疏散宽度要求,可为 10 000 m²
	底层	5 000 或 10 000	设有直通户外出口,且满足本层疏散宽度要求,可为 10 000 m²

注:1. 商业建筑内的内院或天井短边<相应的防火间距时,其防火区面积应按上下层叠加计算(渝商规 5.1.3/苏商规 5.5.3)。
    2. 通过连廊相通的数座商业建筑,当其两两相互间距<相应的防火间距时,应视为一体而后划分防火区(渝商规 4.3.2/5.1.4/苏商规 4.3.2/5.1.4)。
    3. 坡地建筑:分上层(上半部)和吊层(下半部)两部分,上半部的底层为"平顶层",下半部的底层为"底层"。
    4. 相邻防火区之间用防火卷帘,当其中之一防火区面积>5 000 m² 时,防火卷帘不应>1/3 相应宽度(渝商规 5.1.6)。

(8) 安全疏散(渝商规 6.2.1):

类 别		疏散距离(m)		房间内
		双 向	单 向	
柜架式	直线距离	37.5	20.0	
	行走距离	45.0	25.0	
铺位式	直线距离	37.5	15.0	15.0
	行走距离		20.0	

注:疏散走道为敞开式外廊,则疏散距离双向可加 5.0 m,单向可加 3.0 m。

(9) 安全出口:

☞ 通常每防火区≥2 个,相互间距≥5.0 m(渝商规 6.3.1)。

☞ 安全出口疏散宽度以防火区为基本计算单元(渝商规 6.3.3)。

☞ 中庭安全出口(笔者认为叫作疏散出口更合适)≥2 个(渝商规 6.3.2)。估计因中庭周围设防火卷帘,相当自成一个防火区,所以要求它有≥2 个安全出口。这个规定虽然未见于高规和低规,但笔者认为有其合理之处,值得参考。

☞ 相邻防火区之间防火墙上的 FM 甲可计入各自防火区的安全出口个数和宽度,但宽度至多计入 3.0 m(渝商规 6.3.8)。

☞ 共用楼梯间时,只能以其 1/2 宽度计入各自防火区疏散宽度(渝商规 6.3.9)。

☞ 楼梯类型:防烟楼梯间(渝商规 6.4.2)。

☞ 楼梯间底层(坡地建筑的平顶层和底层)应直通室外,或以长度<15.0 m 的专用通道直通户外(渝商规 6.4.3)。

☞ 楼梯间疏散宽度计算见渝商规 6.3.8。

☞ 允许把屋顶平台当作应急避难场所，面积以 5.0 人/m² 计，容纳最大防火区疏散人数（渝商规 6.4.4）。

☞ 至少 2 座楼梯间出屋面（渝商规 6.4.4）。

(10) 人员定额因业态和楼层不同而异（渝商规 6.3.5/6）。但是：

☞ 与轻轨相连层 0.5 人/m²。

☞ 坡地商场的平顶层和底层 0.6 人/m²。

☞ 吊层设有直通户外安全出口者 0.5 人/m²。

(11) 营业面积比例见渝商规 6.3.4。

(12) 消防电梯（渝商规 6.5）：当 $H>15.0$ 时，每个防火区应设 1 台消防电梯。消防电梯直达包括地下室在内的每一层。

(13) 关于下沉广场的不同说法：

规　范	下沉广场的大小	面　积	下沉广场通往地面楼梯的宽度 W_1	通往下沉广场的各个防火区大门总宽度 W_2	其　他
下规 3.1.7	短边 ≤13.0 m	净面积 ≥169 m²	☞ W_1≥相邻最大防火区所需疏散宽度。 ☞ W_1=固定梯宽度+0.9（自动梯宽度）（下规 3.1.7.2 注）		各防火区通往下沉广场的门相互净距离 ≥13.0 m（下规 3.1.7.1）
上海沪消 [2006] 439 号三	短边 ≤13.0 m	净面积 ≥169 m²	可以以自动梯代替固定梯（上海沪消[2006]439 号三的 2）	每个通往下沉广场商场大门宽度≥3.0 m（上海沪消[2006]439 号三的 3）	
苏商规 5.4.6	短边 ≤13.0 m	净面积 ≥180 m²	☞ 最小梯宽≥2.0 m。 ☞ 梯宽≥0.3W_2	通往下沉广场的各个商场大门总宽度 W_2≤所有各个防火区总疏散宽度的 1/2（苏商规 5.4.6.4）	
渝商规 4.5.4	短边 ≤9.0 m	净面积根据相邻最大防火区疏散人数的 1/2 计算，为 5 人/ m²	下沉广场通往地面楼梯的宽度>相邻最大防火区大门的宽度（渝商规 4.5.4）		
建规整合稿 6.4.13		净面积 ≥169 m²	下沉广场通往地面楼梯的宽度>相邻最大防火区大门的宽度		各防火区通往下沉广场的门相互净距离 ≥13.0 m

6.6 社区中心/歌舞娱乐场所

☞ 提示 1：每个小区都有社区中心，社区中心每每碰到，可惜无适合规范可以依据。笔者认为，社区中心虽非严格意义上的娱乐建筑，但已经有这种性质的初步条件，所以要对其防火各方面引起足够注意（低规 5.1.1A/5.3.12）。社区中心，还有少量物业往往设在住宅楼的底部，这样的情况下，建议将它们形成独立的防火区，有自己的疏散楼梯。住宅楼主楼梯与社区中心之间用 FM 甲分开。分合自如，方便使用。

☞ 提示 2：关于无障碍设施，设入口坡道、无障碍厕所、楼梯（上残 7.3）。

☞ 提示 3：足浴、足疗、棋牌、美体中心，SPA，台球可不界定为歌舞娱乐场所。固定座位的放映厅不列入歌舞娱乐放映游艺场所（江苏建筑工程消防设计技术问题研讨纪要 20100518）。

歌舞娱乐场所是什么？属于商业营业吗？说它是，依据不足。说它不是商业营业又是什么？所以,笔者以为,建筑设计规范的首要任务就是对目前所知道的所有建筑类型及其功能内容加以定义及划定范围,这样才能给确定防火区面积和疏散距离提供明确的前提条件。

☞ 低规5.1.7:防火分区面积<2 500 m²,有喷淋增加1倍。

☞ 高规5.1.1:一类1 000 m²,二类1 500 m²,有喷淋增加1倍。

☞ 下规4.1.2:地下,有喷淋,500 m²×2=1 000 m²[扣除游泳池、卫生间、FM甲门内机房面积(下规4.1.1/4.1.3)]。

☞ 逃生距离:

高规6.1.5:高层,中间房间40.0 m,尽端房间20.0 m。

低规5.3.13:多层,中间房间40.0 m,尽端房间22.0 m。

多层建筑有喷淋逃生距离增加1/4,敞廊式加5.0 m,高层无此说法。

下规5.1.4:为地下室时,中间房间40.0 m,尽端房间20.0 m。

婴幼儿用房间、多层内娱乐设施不宜布置在袋形走道两侧或走道尽端(袋形走道安全距离9.0 m)(低规5.3.8.2说明/低规5.1.14)。高层内娱乐设施不应布置在袋形走道两侧或走道尽端(高规4.1.5A)。(低规、高规说法有差别,低规版本比高规新。)

☞ 房间内逃生距离:

多层中间房间(低规5.3.8):<120.0 m²,可设1个门。

多层尽端房间(低规5.3.8):设1个净宽1.40 m的门(外开)的,最远点15.0 m;(详见低规5.3.13.4)多个门的房间,最远点22.0 m(一、二级防火等级)。

高层中间房间(高规6.1.8):<60.0 m²,可设1个净宽0.90 m的门。高规6.1.7:房间内最远点至房门≤15.0 m。

高层尽端房间(高规6.1.8):<75.0 m²,可设1个净宽1.40 m的门。

地下室内房间(下规5.1.4):最远点15.0 m。

常常会遇到像桑拿房那样大房间套小房间,套间里面还有套间的情况。此种情况复杂,疏散距离从哪里算起,无法可依,由此也常常引起设计人同审图人之间的矛盾。笔者以为有水房间不计,可从更衣门口算起。图集05SJ807《民用建筑工程设计问题分析及图示》恰好有这方面的例子,同笔者说法不一样。这个例子的房间内逃生距离从浴室内最远点到更衣室门口≤15.0 m。

☞ 建筑内娱乐场所一个厅室应<200 m²。<50 m²时可以1个门(高规4.1.5A/低规 ~~5.1.1A~~ 5.3.8/下规4.2.4)。高层内的及地下的用FM乙(高规4.1.5A/下规4.2.4)。

☞ 高规6.1.12:地下室房间<50 m²的,可设置1个门。

☞ 歌舞娱乐场所,指歌舞厅、卡拉OK厅、夜总会、录像厅、放映厅、桑拿浴室、游艺厅、网吧等(高规4.1.5A),宜设在1,2,3层,或地下1层。非1,2,3层时,大小有限制,1个厅室的面积<200.0 m²(高规4.1.5A/下规4.2.4/低规5.1.15)。不应布置在地下2或3层(通则6.3.2.3/低规 ~~5.1.1A~~ 5.3.8/5.1.15/高规4.1.5A2/下规4.2.4)。无论高层、多层、地下室,<50 m²的可以1个门(高规4.1.5A/低规 ~~5.1.1A~~ 5.3.8.3)。高层内的用FM甲或FM乙(高规4.1.5A)[多层及地下的用FM乙(低规5.1.15/下规4.2.4)](地下也用FM乙,似乎有点不合理,但规范就是这么说的。)和其他部分隔开(高规4.1.5A/低规 ~~5.1.1A/5.3.6~~ 5.1.15/下规4.2.4)。(对于社区中心,有不同理解,要重视,但又不一味坚持。2006/2007年鲁班路俊庭项目允许会所设在地下2层。)

☞ 低规5.1.15:娱乐部分,在1,2,3层的中间40.0 m(低规5.1.14→5.3.13)袋形走道时为9.0 m。非1,2,3层时,另有限制;不应在地下2层或埋深10 m以下,房间面积<200 m²,门用FM乙。低规5.3.8.3/5.3.12.4:娱乐部分房间<50 m²,可设1个门(地上、地下都如此)。

☞ 高规4.1.5:设在高层内的观众厅、会议厅、多功能厅等宜设在1,2,3层内。当设在其他层内时,不宜>400 m²。

☞ 房间 1 个门的条件:

类别		中 间 房 间			尽 端 房 间			门	索 引
		面积 (m²)	人数 (人)	疏散距离 (m)	面积 (m²)	人数 (人)	疏散距离 (m)		
高层		60		15.0	75		1 个房门	中间房间的门 1 000 mm,尽端房间的门 1 500 mm	高规 6.1.8
多层		120		1 个房门	约 200		15.0	尽端房间的门 1 500 mm,外开	低规 ~~5.3.1~~ 5.3.8
				≥2 个房门	20.0~22.0					低规 ~~5.3.8~~ 5.3.13
地下		50		15.0					下规 5.1.2
娱乐设施	高层	50			应设在 1,2,3 层,不允许布置在袋形走道的两侧或尽端			FM乙	高规 4.1.5A
	多层	50			不宜布置在袋形走道的两侧或尽端,当为尽端时,逃生距离<9.0 m			FM乙(低规 5.3.13)	低规 ~~5.1.1A/7.2.3~~ 5.3.8.3
	地下	50	15	15.0	不允许布置在袋形走道的两侧或尽端			FM乙	下规 5.1.2/4.2.4/高规 6.1.12.2/低规 5.3.12.4

注:1. 超出上述条件,即要 2 个门。无论多层、高层,中间状态>60.0 m² 就要 2 个门。

2. 每个娱乐厅(室)应<200 m²,至少 2 个门。凡娱乐厅(室)均不宜布置在袋形走道的两侧或尽端,详见低规 5.1.15。

3. 配电房面宽>7.0 m,设 2 个门(低压配电设计规范 3.3.2 GB 50045—1995)。长度>60 m 时,增加 1 个出口(通则 8.3.1.6)。

4. 设备房<200 m²,3 个人,可 1 个门(FM甲)(下规 5.1.1.4)。

5. 高层内有固定座位的观众厅、会议厅疏散出口平均疏散人数不应超过 250 人(高规 6.1.11.5)。

6. 有等场需要的入场门不应作为观众厅的疏散门(低规 5.3.16.4)。

为了编制本表,仅仅防火门一项,三番五次才弄明白。原来三本不同规范把它们归入三个不同概念,很难找,不便应用。由此,笔者认为三本规范应合而为一。

☞ 【低规 5.1.15】当歌舞厅、录像厅、夜总会、放映厅、卡拉 OK 厅(含具有卡拉 OK 功能的餐厅)、游艺厅(含电子游艺厅)、桑拿浴室(不包括洗浴部分)、网吧等歌舞娱乐放映游艺场所必须布置在袋形走道的两侧或尽端时,最远房间的疏散门至最近安全出口的距离不应大于 9 m。当必须布置在建筑物内首层、二层或三层外的其他楼层时,尚应符合下列规定:

1. 不应布置在地下二层及三层以下。当布置在地下一层时,地下一层地面与室外出入口地坪的高差不应大于 10.0 m。

2. 一个厅、室的建筑面积不应大于 200 m²,并应采用耐火极限不低于 2.00 h 的不燃烧体隔墙和 1.00 h 的不燃烧体楼板与其他部位隔开,厅、室的疏散门应设置乙级防火门。

3. 应按本规范第 9 章设置防烟与排烟设施。

☞ 托幼及儿童游乐场所应单独设置。当设置在其他建筑内时,宜单独设立出入口(低规 ~~5.1.1~~ 5.3.3)。

☞ 托幼及儿童游乐场所不应设置在 4 层及 4 层以上(一、二级耐火等级)、地下或半地下(低规 ~~5.1.1~~ 5.1.7)。

☞ 附设在居住建筑内的托幼用 2 h 隔墙和 FM乙 隔开(低规 ~~7.2.3~~ 7.2.2)。

☞ 锅炉房(低规 ~~5.4.1~~ 5.4.2)靠外墙,设外门(无论高低压),不应设在人员密集场所上下及四周贴邻,泄压面积为 1/10 设备外围 1.0 m 范围的面积(民锅规 2.1.7)。常(负)压锅炉房可设在地下 2 层,也可设在屋顶。在屋顶时,其门距离安全出口≥6.0 m。

☞ 低规 ~~5.3.6~~ 7.4.4:地上地下共享楼梯在±0.00 处分开,设 FM乙。

☞ 低规 ~~7.4.5~~ 7.4.8：公共建筑楼梯井≥150 mm。

☞ 低规 ~~5.3.8~~ 5.3.13.3/高规 6.2.2.3：多层建筑楼梯间首层应设直接对外出口，≤4 层时楼梯间可离出口 15.0 m。高层无此规定，但有扩大楼梯间的做法。

☞ 低规 ~~5.3.1~~ 5.3.2：二、三层公建，每层<500 m²，且二、三层人数之和不大于 100 人，可以设 1 个出口。

☞ 楼梯间(低规 ~~5.3.7~~ 5.3.5)：公建宜设楼梯间。5 层以上设封闭楼梯。有歌舞娱乐场所者，3 层以上即设封闭楼梯间(低规 5.3.5.4)。在高层裙房的，设封闭楼梯间。为暗梯时，作防烟楼梯处理(高规 6.2.2)。暗梯而做天窗，可作为封闭楼梯间。

☞ 使用圆形梯作为疏散楼梯，注意限制条件(低规 7.4.4/7.4.7/高规 6.2.6)。钢梯平台 1 h(低规 ~~2.0.1/7.4.2~~ 7.4.5.3)。

☞ 烟规 3.2.1：楼梯间顶层设 0.80 m² 百叶。

☞ 门的开向：

低规 ~~5.3.1~~ 5.3.8：中间房间，>120.0 m²，2 个门；尽端房间，距离 14.0 m，可设 1 个 1 500 mm 的外开门。

低规 ~~7.4.7~~ 7.4.12：除≤60 人、平均每扇门 30 人之外，疏散门均应向外开启。故商场、多功能厅、大会议室的门均应外开。

☞ 通则 6.6.1.2：平台高≥700 mm 设栏杆，户内外台阶 300 mm×150 mm。

☞ 残疾人坡道(残规 7.2.5/上残 19.3)：坡度 1/12 时一步升高 750 mm，净宽 1 200 mm，门净宽 800 mm(门侧留有 500 mm)。设无障碍厕所、楼梯(上残 7.1)、踏步 280 mm×150 mm(上残 19.9.2)。

☞ 运动场地尺寸(资料集 1 第 428 页)：

体规 7.2.1/7.2.2：标准游泳池 25.0 m×21.0 m。深 1.80 m，一般 0.50～1.50 m。设梯子台阶(资料集 7 第 161 页东方金马春天花园游泳池 1 150～1 650 mm)。成人初学游泳池水深宜为 0.90～1.35 m，儿童初学游泳池水深宜为 0.0～1.10 m(体规 7.4.2.2)。训练设施使用人数按每人 4 m² 水面面积计算(体规 7.4.4)。淋浴个数：男 20～30 人/个，女 15～25 人/个(体规 7.3.1)。消毒洗脚池长>2.0 m，深>0.20 m，宽同走道(体规 7.3.2)。

篮球：场地 26.0 m×14.0 m，外围 28.0 m×18.0 m。

排球：场地 18.0 m×9.0 m，外围 24.0 m×15.0 m。

羽毛球：场地双打 13.4 m×6.1 m，单打 13.40 m×5.18 m，外围 19.40 m×12.10 m。

篮球、排球、羽毛球场地外侧加 1.0～1.5 m 的走道。

壁球：场地宽 6 400 mm，进深 5 650 mm，净高 2 130～4 570 mm，三面墙壁用树脂基体合成灰涂料，一面玻璃，一级枫木地板(新民晚报 2001 年 10 月 9 日)。

网球：场地双打 23.37 m×10.97 m，两边与两端外加 6.4 m，外围 36.57 m×17.99 m。单打 23.37 m×8.23 m，两边与两端外加 4.0 m。

中小学校主要体育项目的用地指标参见校规 4.2.5 说明。

☞ 各种室内运动场地构造见 05J909"工程做法"的 LD82-84。

☞ 人数：放映厅 1.0 人/m²，其他 0.5 人/m²(低规 5.3.12/下规 5.1.9)。

☞ 游泳池底板构造(由上至下)(原资料集 2 第 490 页)：① 防滑地砖(宜小块)；② 1：3 水泥砂浆 10 mm 厚；③ 合成高分子卷材 1.2～1.5 mm 厚；④ 1：3 水泥砂浆 20 mm 厚找平层；⑤ R.C. 底板。

☞ 游泳池侧壁构造(内外防水)由外至内：① 回填土；② 10 mm 厚 1：2.5 水泥砂浆保护层；③ 粗网格麻布 1 层；④ 合成高分子涂膜≥2.5 mm 厚；⑤ 10 mm 厚 1：3 水泥砂浆找平层；⑥ 合成高

分子卷材 1.2～1.5 mm 厚;⑦ 粗网格麻布 1 层;⑧ 10 mm 厚 1:3 水泥砂浆;⑨ 面砖。

6.7 垃圾站

垃圾站见上海《小型生活垃圾站设置标准》。

☞ 街坊设垃圾收集站 1 个,60 m²(上服标表 4)。

☞ 垃圾站:日产 4 000 kg 以上设 1 个,体积 10.0 m×13.0 m×5.0 m(净高),服务半径 0.5 km;日产垃圾 4 000 kg 以下设 80.0 m² 站 1 个(净高 5.0 m),服务半径 0.5 km(上垃 3.2.4/5.0.6/5.0.5)。

☞ 国规附表 A.0.3:用地规模为 0.7～1.0 km² 设 1 处,每处面积不应小于 100 m²,与周围建筑物的间距不应小于 5 m。

☞ 国规附表 A.0.3:垃圾收集点服务半径不应大于 70 m。

☞ 建筑间距(上垃 3.1.3):5.0 m。

☞ 门(上垃 5.0.4):宽 3 300 mm,高 4 000 mm。

☞ 地面坡度(上垃 5.0.7):0.01%～0.015%,设地沟。

☞ 采光面积(上垃 5.0.8)1/6。

☞ 上标 5.4.1/通则 6.14.5/技措 11.3.3:住宅不应设置垃圾管道。

☞ 住规 4.3.1/通则 6.14.5/技措 11.3.3:住宅不宜设置垃圾管道,高层住宅每层应设置封闭的垃圾收集间。(2011 住规已取消此条规定。)

6.8 中小学校

☞ 提示 1:学校教育楼平面因受日照和相互之间最小距离的影响,往往平面展开较大。校对时,建议逐条校对下列各点:① 基本入口、综合指标、绿化率、停车位;② 退界;③ 间距(≥25.0 m),24.0 m 封闭内院消防道进入;④ 日照结论;⑤ 层数;⑥ 防火区面积(连廊为空廊单幢算,连廊为实廊总算);⑦ 安全出入口个数、类型、15.0 m 限制、0.80 m² 百叶;⑧ 逃生距离;⑨ 各类房间平面尺寸;⑩ 走道宽度;⑪ 各类房间的层高或净高;⑫ 楼梯、踏步(中小学不一样)、梯井、栏杆高;⑬ 外廊栏杆高;⑭ 房间门个数及宽度(教室 1 000 mm,合班 1 500 mm);⑮ 厕位;⑯ 安全防护栏杆;⑰ 出入口门厅安全玻璃;⑱ 残规;⑲ 运动场地及间距;⑳ 道路宽度、转弯半径及标高;㉑ 其他。

☞ 提示 2:《中小学校设计规范》(GB 50099—2011)从 2011 年 11 月 1 日起执行。

☞ 位置(校规 4.1.6):离铁路 300 m(教育楼),城市干道或高速公路 80 m。技措 2.1.9.2.8:入口后退 10 m。

☞ 设置规模(上校标 3.2.2/上服标附录 A 表 6):2.5 万人设 30 班小学和 24 班初中各 1 所,5 万人设 24 班高中 1 所。

☞ 每班人数:小学 40 人,初中 45 人,高中 50 人(上校标 3.1.2)。

☞ 用地指标:全国(校规表 2.2.1)以班论。上海千人用地指标(上校标 3.2.2):高中 626 m² 或 536 m²,初中 981 m² 或 839 m²,小学 1 102 m² 或 929 m²,分郊区和市区。上海按班数算占地面积,分郊区和市区(上校标 4.2.4)。

☞ 用地面积计量范围见校规 4.2.7。

☞ 建筑面积(上校标 3.2.2):千人建筑指标,高中 266 m²,初中 442 m²,小学 461 m²,不分郊区和市区。按班数算建筑面积见上校标 5.5.2。

☞ 以班级论，全国建筑面积指标分基本指标和规划（校舍标 11）。基本指标为分期建设时首期建设必须达到的指标。

城市中小学建筑面积基本指标

分 类		规模（班）						
		12	18	24	27	30	36	45
小学	建筑面积(m^2)	3 670	4 773	5 903		7 002		
	生均指标(m^2)	6.8	5.9	5.5		5.2		
九年	建筑面积(m^2)		5 485		7 310		9 403	11 582
	生均指标(m^2)		6.5		5.8		5.6	5.5
初中	建筑面积(m^2)	4 772	6 379	7 972		9 572		
	生均指标(m^2)	7.9	7.1	6.7		6.4		
完中	建筑面积(m^2)		6 495	8 120		9 734	11 387	
	生均指标(m^2)		7.3	6.8		6.5	6.3	
高中	建筑面积(m^2)		6 604	8 249		9 892	11 539	
	生均指标(m^2)		7.4	6.9		6.6	6.4	

城市中小学建筑面积规划指标

分 类		规模（班）						
		12	18	24	27	30	36	45
小学	建筑面积(m^2)	5 394	6 714	8 465		9 689		
	生均指标(m^2)	10.0	8.3	7.9		7.2		
九年	建筑面积(m^2)		7 774		9 848		13 312	16 910
	生均指标(m^2)		9.3		7.9		8.0	7.8
初中	建筑面积(m^2)	6 802	9 084	11 734		13 508		
	生均指标(m^2)	11.4	10.1	9.8		9.0		
完中	建筑面积(m^2)		9 207	11 865		13 654	15 764	
	生均指标(m^2)		10.3	9.9		9.1	8.8	
高中	建筑面积(m^2)		9 292	11 970		13 789	15 915	
	生均指标(m^2)		10.4	10.0		9.2	8.9	

☞ 以班级论，建筑面积指标见上校标 5.5.2。

分 类		规模（班）								
		20	24	25	27	28	30	32	36	45	48
小学	建筑面积(m^2)	8 185		10 035			11 525				
	生均指标(m^2)	10.23		10.04			9.6				
九年	建筑面积(m^2)				11 773				14 543	17 810	
	生均指标(m^2)				10.33				9.57	9.37	
初中	建筑面积(m^2)		12 433			13 573		14 777			
	生均指标(m^2)		11.51			10.77		10.26			
高中	建筑面积(m^2)		13 308				15 273				21 518
	生均指标(m^2)		11.09				10.18				8.82

☞ 容积率(参考1986校规2.2.2)：小学0.8，中学0.9，中专0.7。

☞ 可比容积率见校规4.2.3说明。

☞ 建筑密度(旧上校标2.1.2)：城区33%～38%，农村28%(仅供参考)。

☞ 间距(校规4.3.7)：25.0 m(教学楼及教学楼和运动场地之间)；18.0 m(教学楼长边之间及教学楼长边和运动场地之间，且教室顶棚以吸声材料装修)；其余15.0 m(中小学校建筑间距卫生标准)。

☞ 日照(校规4.3.3)：教学楼2 h。上校标3.4.2：教学楼在内环线内2 h，内环线外3 h，1/2运动场地2 h。校规2.3.6：南向教室2 h。

上规30：医院、疗养院、幼儿园、托儿所、大中小学校教学楼，浦西内环内2 h，其余3 h。

通则5.1.3.4：中小学校半数以上的教室2 h。

☞ 校规4.3.4：至少应有1间科学教室(生物教室)能获得冬季直射阳光。

☞ 绿化面积(上校标4.2.3)：中学3 m²/人，小学4 m²/人。绿化率浦西环线内不低于30%，其余35%。参考1986校规2.2.4：中专2.0 m²，中学1.0 m²，小学0.5 m²。(2011校规无此指标。)

☞ 运动场地(上校标4.2.2)：小学200 m环形跑道，中学250～400 m环形跑道。中小学宜设200～400 m²的操场。运动场地长轴宜南北方向布置(校规4.3.6)。

☞ 运动场地面积(校规2.2.3)：小学2.3 m²/学生，中学3.3 m²/学生。

☞ 男女生比例1:1。师生比：小学1/30，中学1/15，老师平均人数：小学每班1～1.25人，中学每班1～1.5人(旧资料集1第142页)。(2006年8月江苏昆山一小学教职员工占学生数的7.5%。)

☞ 教师办公使用面积：不宜<3.5 m²/人(国校规5.1.5)，不宜<4.0 m²/人(校舍标13)，不宜<5.0 m²/人(上校标5.3.1)。

☞ 体育场地(上校标4.2.2)：各种室外运动场地构造见05J909的SW2。各种室外运动场地排水及排水坡度见技措3.2.4。

环 形 跑 道			项 目	用 地(m)	面积(m²/片)
周长(m)	用地(m)	面积(m²)			
200	124×43.5	5 394	篮球	19×32	608
250	129×54.5	7 031	排球	13×22	286
300	139×65.5	9 105	足球	45×90	4 050
400	180×95.0	17 100			

☞ 自行车：初二以上学生数×80%，1 m²/辆(上校标4.2.1说明)。

☞ 封闭院子：短边>24.0 m宜有消防道(低规6.0.7)。

☞ 校舍(国舍标附录5)：高中教室9 900 mm×7 200 mm(>67.0 m²)，初中教室9 900 mm×7 200 mm，小学教室9 900 mm×7 200 mm(>61.0 m²)。

语言教室：中学12 000 mm×8 100 mm，

小学10 800 mm×6 900 mm。

微机教室：中学12 000 mm×8 100 mm，

小学9 900 mm×6 900 mm。

音乐教室：中小学10 800 mm×6 900 mm。

实验室：中学12 800 mm×8 400 mm。

上海小学一般教室9 000 mm×7 500 mm，>64.0 m²，加若干间选修教室(上校标附件三/5.2.1)。

上海中学一般教室9 600 mm×7 500 mm，>68.0 m²，加若干间选修教室(上校标附件三/5.2.1)。

选修教室同一般教室大小，间数由学校规模而定(上校标5.2.1.2说明)。

上海小学自然教室 12 000 mm×7 500 mm，>85.0 m²，加辅助室 42.0 m²（上校标附件三/5.2.1）。（自然教室：音乐、形体、美术、书法、语言、计算机、劳技。）

上海中学专业教室 12 000 mm×8 400 mm，>96.0 m²，加辅助室 47.0 m²（上校标附件三/5.2.1）。（专业教室：实验室、音乐、形体、美术、书法、史地、语言、计算机、劳技。）

公共教育用房（多功能室、图书室、体育室、合班教室及其他房间）见上校标 5.2.4。

☞ 各类教室的特殊要求：

化学实验室设在底层，不宜朝西或西南（校规 5.3.7）。

美术教室北向天然采光（校规 5.7.3）。

音乐教室门窗隔声，墙面顶棚作吸声处理（校规 5.8.6）。

形体教室要使用木地板（校规 5.9.6）。

风雨操场窗台 2 100 mm 高（校规 5.10.3）。

合班教室：小学宜设 2 班合班教室（校规 5.12.1）；中学宜设 1 个年级或半个年级的合班教室（校规 5.12.2）。容纳 3 个班的合班教室应为阶梯教室（校规 5.12.3）。

☞ 上校标中常见使用面积，换成建筑面积时要÷0.6（上校标 5.5.1）。

☞ 中走廊净 3 000 mm 宽，边走廊 2 100 mm 宽（国舍标 22/上校标 6.0.9）。中走廊净宽≥2 400 mm，边走廊净宽≥1 800 mm（校规 8.2.3）。

☞ 层高（国舍标 17/上校标 6.0.4）：中学教室 3.80 m；小学教室 3.60 m。（86 校规以净高论，反而不便。）

专用教室进深>7 200 mm 者，3.90 m。阶梯教室最后排净空 2 200 mm。行政办公室 3.00 m。

☞ 教室采光：窗地比 1/6（上校标 6.0.15）。

☞ 教育用房的门：除音乐教室外，各类教室的门均宜设置上亮窗；除心理教室外，教育用房的门均宜设观察窗（校规 5.1.11）。

☞ 教育用房的窗台高度（校规 5.1.14/6.2.17）：小学 1 200 mm；中学 1 400 mm。形体教室、风雨操场、浴室 2 100 mm。

☞ 教育用房的 2 层及 2 层以上临空外窗，不得外开（校规 8.1.8.4）。临空外窗的窗台高度不得小于 900 mm（校规 8.1.5）。

☞ 教室窗户前端侧窗窗端墙不小于 1 000 mm，窗间墙不大于 1 200 mm（校规 5.1.8）。

☞ 卫生（保健）室：小学 1 间，中学 2 间（校规 6.1.6）。

☞ 教育楼每层设饮水处，每处按 40~45 人设 1 个水嘴（校规 6.2.3）。

☞ 卫生设备（校规 6.2.8）：中学女卫生间 13 人 1 个大便器；男卫生间 40 人 1 个大便器，20 人/0.6 m 小便槽。

教学楼每层少于 3 个班时，男女卫生间可分层设置（校规 6.2.5）。

户外厕所：当体育场地中心与最近的卫生间距离>90 m 时，可设户外厕所，人数可按总人数的 15%计（校规 6.2.7）。

☞ 防火区面积：高层 1 000 m² 或 1 500 m²（高规 5.1.1）；多层 2 500 m²（低规 ~~5.1.1~~ 5.1.7）。

☞ 逃生距离（至封闭楼梯间）：高层中间 30.0 m，尽端 15.0 m（高规 6.1.5）。

多层、高层中间 35.0 m，尽端 22.0 m，敞廊加 5.0 m，敞开楼梯减 5.0 m，喷淋增加 25%（低规 ~~5.3.8~~ 5.3.13）。

☞ 不燃体天桥可以作为安全出口（低规 7.4.6）。

☞ 男女生比例 1:1。师生比：小学 1/30，中学 1/15。老师平均人数：小学每班 1~1.25 人，中学每班 1~1.5 人（旧资料集 1 第 142 页）。

☞ 防火等级(上校标 6.0.5)：≥2 级。

☞ 抗震设防(震标 6.0.8)：中小学教学楼及其食堂、宿舍不应低于乙类设防。

☞ 教育用房层数(校规 4.3.2/上校标 6.0.2)：小学 4 层,中学 5 层。

☞ 楼梯类型：

高规 6.2.2：高层封闭式。

低规 3.75.3.5/3：多层>5 层封闭式。

建筑高度<24.0 m 的教学楼可设敞开楼梯间(天津市民用建筑消防疏散系统设计标准 J 10366—2004/津标 3.2.9)。

楼梯踏步：小学 150 mm×260 mm,中学 160 mm×280 mm(校规 8.7.3)。

梯井 110 mm(校规 8.7.5),或<200 mm(上校标 6.0.10)。楼梯扶手加装防止学生滑溜的措施(校规 8.7.6)。

☞ 走廊净宽(校规 8.2.3)：内廊 2 400 mm,外廊 1 800 mm。

国含标 2/上校标 6.0.9：中廊 3 000 mm,单廊 2 100 mm。

栏杆高度 1 100 mm,间距 110 mm(校规 6.2.3/上校规 6.0.11)。

☞ 残规(上残 3.1)：>36 班的中学要求设无障碍入口和无障碍楼梯,走廊最小 1 500 mm 宽。

☞ 上残 3.2.4：18~35 班的中学和>18 班的小学设 1 个无障碍厕所。

☞ 上残 3.2.5：教学楼和报告厅各设 1 个或合设 1 个无障碍入口。

☞ 运动场地见社区中心篇。

☞ 教室门外开(低规 ~~7.4.7~~ 7.4.12)：民用建筑和厂房的疏散门应向疏散方向开启。除甲、乙类生产车间外房间人数>60 人,平均>30 人/门,其门外开。这是对于多层建筑内房间开门的要求,低于高层要求。

☞ 教室疏散门洞宽度不应小于 1 000 mm,合班教室疏散门洞宽度不应小于 1 500 mm(参考 86 校规 6.4.1)。

☞ 教育建筑物出入口通行宽度不得小于 1 400 mm(校规 8.5.3)。

学生宿舍见校规 6.2。

6.9 幼儿园

幼儿园 2005 年 8 月 1 日施行上海市标《普通幼儿园建筑标准》(DG/TJ 08-45—2005)。

☞ 提示：幼儿园规模一般较小,平面展开通常不大。校对时,建议逐条校对下列各点：① 综合指标、绿化率；② 退界；③ 日照结论；④ 层数；⑤ 防火区面积；⑥ 安全出入口个数、类型、0.80 m² 百叶、15.0 m 限制；⑦ 逃生距离；⑧ 各类房间平面尺寸；⑨ 走道宽度；⑩ 各类房间的层高或净高；⑪ 楼梯踏步、梯井、栏杆高；⑫ 外廊或阳台栏杆高；⑬ 厕所；⑭ 开窗特点；⑮ 安全防护栏杆；⑯ 出入口门厅安全玻璃；⑰ 节能；⑱ 其他。

☞ 位置(03 技措 2.1.7)：入口后退城市道路 10 m。

☞ 设置规模(上幼标 3.2.2)：1 万人设 1 个 15 班的幼儿园。

参考 95 上幼标 4.1：2 万人(即小区级)设 2 个 9 班的幼儿园。

上服标(DGJ 08-55—2006)3.2.4 说明/附录 A 表 6：1 万人设 390 生的幼儿园,用地面积 6 490 m² 或 7 200 m²,建筑面积 5 500 m²(中心城或中心城外)。

上幼标 3.3.2：15 班幼儿园用地面积 6 490 m² 或 7 198 m²,建筑面积 5 500 m²。

☞ 占地面积(上服设表 4.0.2)：千人用地指标 660 m²。

上幼标 3.3.2：千人用地指标 649 m² 或 720 m²。

参考 95 上幼标 4.1.1：内环内 459 m²/千人,内环外 540 m²/千人(千人指小区人口)。

☞ 国规附表 A.0.3：8 班和 8 班以上的托幼用地分别按≥7.0 m² 或 9.0 m² 计,和上海的标准相差很大(估计原文有错误)。上幼标 4.2.1：上海生均用地指标 16.64 m²(中心城),中心城外也是 16.64 m²。

☞ 建筑面积(参考 95 上幼标 3.5.1)：12.43～12.52 m²/人。

05 上幼标 5.5.2：建筑面积 15 班生均指标 14.13 m²/人。

上幼标 4.1.1：千人建面指标 346 m²。

☞ 容积率。

☞ 建筑密度(上幼标 2.2.2)：内环内 35%,内环外 30%。

☞ 日照时间(上幼标 3.4.2)：中心城内 2 h,中心城外 3 h,1/2 运动场地在标准日照阴影外。

上规 30：医院、疗养院、幼儿园、托儿所、中小学校教学楼,浦西内环内 2 h,其余 3 h。

幼规 3.1.7：幼儿园、托儿所的生活用房 3 h。

通则 5.1.3.3：幼儿园、托儿所的主要生活用房 3 h。

☞ 绿地率(上幼标 4.2.4)：浦西内环内 30%,浦西内环外 35%。

集中绿地(上幼标 4.2.4)：中心城 15%,中心城外 20%。

☞ 游戏场地(国幼规 4.2.3)：每班户外游戏场地 60 m²,全园公用场地不小于 540 m²。

☞ 校舍(国幼规 3.2.1)：活动室 50.0 m²；寝室 50.0 m²；卫生间 15.0 m²；衣帽间 9.0 m²；音体室(全园共享)90.0～150.0 m²。

国幼规 3.4.1：医务室 12.0 m²；隔离室 8.0 m²；晨检室 12.0 m²；厨房 80.0 m²；消毒间 10.0 m²；洗衣房 12.0 m²。

上幼标 5.2.4/5.2.5：活动室 60.0 m²；寝室 40.0 m²；卫生间 15.0 m²；小餐厅 25.0 m²；衣帽间 9.0 m²；消毒间 5.0 m²；多功能活动室(全园共享)180.0 m²(10 班)或 220.0 m²(15 班)；专用活动室 60.0 m²/间(4～6 间)。

☞ 乳儿班房间另见国幼规 3.3.1 表。

☞ 净高(国幼规 3.1.5)：活动室、寝室、乳儿室 2.80 m,音体室 3.60 m。

上幼标 6.0.5：活动室 3.10 m,音体室 3.60 m。

☞ 卫生设备(国幼规 3.2.5)：污水池 1 个,大便器(沟)4 个,大便器 4 个,洗手水龙头 6～8 个,淋浴龙头 2 个。

上幼标 8.0.15：大便器 3.0 m,小便槽 2.5 m,水龙头 6～8 个,淋浴龙头 2 个,污水池 1 个。

☞ 上幼标 6.0.15：托儿所、幼儿园、卫生间应临近活动室和卧室,并应有直接的自然通风。中、大班的男女厕应合理分隔。

☞ 防火区面积：高层 1 000 m² 或 1 500 m²(高规 5.1.1)；多层 2 500 m²(低规 5.1.15.1.7)。

☞ 防火等级及层数：

上幼标 6.0.2/低规 5.1.7：不宜超过 3 层。

国幼规 3.6.2/低规 5.1.7：一、二级耐火等级建筑的幼儿园不应超过 3 层,托儿所 2 层。

☞ 低规 5.3.3：附建幼儿园设独立出入口。用 FM 乙同其他部分分开(低规 7.2.2)。

☞ 楼梯类型：

高规 6.2.2：高层为封闭式。

低规 5.3.5/低规 5.3.15 说明：多层>2 层为封闭式。

低规 5.3.1/说明：医院、疗养院、老人建筑、托幼不允许只设置 1 个梯。

☞ 国幼规 3.6.5/上幼标 6.0.8：踏步 0.15 m×0.26 m。

☞ 国幼规 3.6.6：活动室、寝室、音体室用 1 200 mm 的门，双扇平开。走道上不得使用弹簧门和推拉门。

☞ 走廊和栏杆（国幼规 3.6.3）：内廊 2 100 mm，外廊 1 800 mm。

国幼规 3.7.4：屋顶栏杆 1 200 mm。

上幼标 6.0.7：中廊 2 400 mm，单廊 1 800 mm。

上幼标 4.3.5：北走廊加窗封闭。

国幼规 3.6.5：楼梯设幼儿扶手，高 0.60 m，立杆间距 110 mm。

☞ 国幼规 3.7.4：屋顶平台栏杆 1 200 mm，内侧不设扶手。

☞ 幼儿园学校门厅及走道不应设台阶。有高差时设坡道（上幼标 6.0.7.5/上校规 6.0.9.3 为不宜/校规 6.2.2）。

☞ 上残 13.2.6：幼儿园应有 1 个残障入口。

☞ 其他：

上幼标 3.1.1 说明：15 班幼儿园，30 人/班，幼儿 390 人，老师 25 人，保育员 17 人。

参考旧资料集 1 第 142 页：男女生比例 1∶1。师生比：小学 1/30，中学 1/15。老师平均人数：小学每班 1～1.25 人，中学每班 1～1.5 人。

☞ 国幼规 3.7.3/上幼标 6.0.12：活动室、音体室窗台不宜＞0.60 m，距地面 1.30 m 以内的外窗设固定窗。

☞ 建设部工程质量安全监督与行业发展司施工图设计文件审查要点 3.7.1.7：在抗震设防地区（≥6 度），多层砌体房屋墙上不应设置转角窗。上海 7 度（金山、崇明 6 度）。

☞ 国幼规 3.6.4：走道上不应有台阶。

☞ 国幼规 3.7.5：墙面及附属设施的阳角要做成倒圆角。

☞ 托幼建筑属居住建筑（实施《上海市建筑节能管理办法》有关问题说明），要采取节能措施。幼儿园节能关键在于幼儿园在节能方面的定性。表面上看来幼儿园属于公建，因此会把它纳入公建节能，可是幼儿园在节能概念上属于居住建筑。节能上，居住建筑包括住宅、集体宿舍、托儿所、幼儿园（居节 1.0.2 说明）。

☞ 技措 2.1.7：学校、幼儿园入口与城市道路应有 10.0 m 以上的距离。

☞ 相关规范：《托儿所幼儿园建筑设计标准》（JGJ 39—1987）；上海市《城市居住公共服务设置标准》（J 10189—2002）；上海市《幼儿园建设标准》（DBJ 08 - 45—1995）。

6.10 医院建筑

☞ 防火等级（医规 4.0.1）：一般不应低于一、二级。防火面积：多层建筑 2 500 m²（低规 5.1.15.1.7），高层 1 000 m² 或 1 500 m²（高规 5.1.1）。

☞ 同层有 2 个护理单元以上，走道上单元入口处设 FM 乙[医规 4.0.3（二）]。

☞ 病房楼的楼梯间，不论层数多少，都为封闭楼梯间[医规 4.0.4（二）/低规 5.3.75.3.5]。低规 5.3.1/说明：医院、疗养院、老人建筑、托幼不允许只设置 1 个梯。高层病房楼的楼梯间应为防烟楼梯间（医规 4.0.4）。病人使用的疏散楼梯至少应有一部是自然采光和自然通风的（医规 4.0.4）。

☞ 低规 7.2.3：门厅用 FM 乙和其他部分隔开（与底层扩大楼梯间或扩大前室同一意义）（低规 7.4.2.2/7.4.3.6）。

☞ 手术间通往清洁走道的门为弹簧门或自动门，W＞1 100 mm（医规 3.6.4）。

☞ 手术间的门为 FM 乙(低规 7.2.2)(与强制性条文有出入)。

☞ 主楼梯宽 $W \geqslant 1.65$ m。

☞ 踏步 280 mm×160 mm。

☞ 平台深 $\geqslant 2\,000$ mm(医规 3.1.13)。

☞ 配方室、药库应防潮防鼠(医规 3.1.1.3)。

☞ 浴室、厕所不能在有严格要求的房间的直接上层(通则 6.5.1)。

☞ 病人厕所门外开,厕所大小为 1 100 mm×1 400 mm(医规 3.1.14)。

☞ 室内净高:诊查室 2.60 m,病房 2.80 m(医规 3.1.11)。

☞ 医院病房楼日照:

上规 30:浦西内环内 2 h,其余 3 h。

通则 5.1.3:病房楼半数以上病房应有 2 h。

医规 3.1.8:半数以上病房应有良好日照。

☞ 多层病房楼间距:防火 6.0 m(低规 5.2.1);规划多非平行 10.0 m;垂直 6.0 m(上规 31)。

☞ 医院每层电梯间应有前室。前室和走道之间的门应为 FM 乙,向疏散方向开启(医规 4.0.4)。

☞ 通则 6.8.1.5:电梯及其机房与病房相邻,应隔声。

☞ 低规 5.3.7:公建电梯(客、货)设独立电梯间。

☞ 医规 2.2.2:医院出入口不少于 2 处,尸体弃物有专用出口。

6.11 食堂/饮食单位

☞ 饮标 3.2.3:独立饮食单位建筑距住宅主朝向面不小于 9 m,次朝向面不小于 6 m;裙房内饮食单位的厨房与本楼内的住宅间水平距离不小于 9 m;饮食单位的厨房与门诊楼、病房楼或教学楼不小于 9 m。

☞ 饮标 4.1.3:饮食单位人流物流应分开,物流入口与人流主要入口距离 15.0 m 以上。

☞ 高规 6.1.3A/低规 5.4.25.4.6/住法 5.2.4/9.1.3/住规 4.2.3/上标 5.6.4/商规 4.1.4:商住楼、综合楼的商店部分出入口与住宅或其余部分分开。注意此时的楼梯间墙是防火墙,其两侧的窗子洞口间距有一定要求(上标 7.6.3)。

☞ 综合建筑中商店部分的安全出口必须同其他部分分开(商规 4.1.4)。

☞ 综合楼内的办公部分的安全出口必须与同一楼内的对外的商场、营业厅、娱乐、餐饮等部分分开(办规 5.0.3)。

☞ 使用面积 0.85～1.10 m²/座(餐馆 1.00～1.30 m²/座)(餐规 3.1.2)。

☞ 餐厅占地面积＞1.85 m²/座(餐厅卫生标准 GB 16153—1996)。

☞ 餐厅面积:厨房面积=1.1(餐馆 1:1.1)(餐规 3.1.3)。

☞ 大餐厅净高 3 000 mm(餐规 3.2.1)。

☞ 公共建筑公用厨房净高 3 000 mm(技措 12.3.5)。

☞ 低规 4.2.47.2.3:建筑物内公用厨房部位、门厅等的隔墙用 2.0 h 非燃烧体墙,FM 乙。

☞ 饮标 4.2.4:设有饮食单位的建筑必须设专用烟囱。饮标 4.3.2:建筑高度＜24 m 时,烟囱不得低于建筑物最高位置。饮标 4.3.3:建筑高度＞24 m 时,烟囱不得低于离地 7 m,并不得朝向敏感目标。

☞ 烟囱口离敏感目标 20 m 或 10 m(饮标 4.3.1,类似于车库环规 4.1.1)。(参见地下车库汽车出入口。)

☞ 烟囱伸出屋面（通则 6.14.4）。平屋顶时，高出女儿墙，并＞0.60 m。坡屋面时，距屋脊 1.5 m 内，高出屋脊 0.60 m；距屋脊 1.5～3.0 m 内，高出屋脊＞0.60 m；距屋脊 3.0 m 以外，夹角≤10°，并高出屋脊＞0.60 m。

☞ 住规 4.5.2：住宅建筑内不宜布置餐饮店。烟囱及排气道应高出住宅屋面。由此认为，对于商住楼及非商住楼下的公用厨房的烟囱可以不同处理。

上标 5.6.1：上标为"不应布置餐饮店"，两者说法不同。

☞ 应该单独设置餐具消毒间（餐规 3.3.1）。

☞ 工艺合理布置，原料成品分开，生熟分开（餐规 3.3.3）。

☞ 食梯应生熟分开（餐规 3.3.3）。

☞ 热加工间的上层有餐厅或其他用房时，设 1.0 m 宽的防火挑檐（餐规 3.3.11）。

☞ W.C. 前室的门不应朝向各加工车间和餐厅（餐规 3.4.7）。

☞ 食堂的残障设计没有专门提法，笔者个人建议设残坡。

☞ 防火区面积：多层 2 500 m²（低规 5.1.1 5.1.7）。

☞ 低规 7.2.3：除住宅外，其他建筑内的厨房应用 2 h 的隔墙和 FM 乙与其他部分隔开。

☞ 楼梯间类型：公建宜设楼梯间，＞5 层做封闭楼梯间（低规 5.3.7 5.3.5）。

☞ 低规 5.3.13/高规 6.1.7：餐厅（食堂）的逃生距离 30.0 m（有淋 37.5 m）。

笔者认为，对于多层建筑，对于无疏散走廊的大空间设计，可以引用 30.0 m 的逃生距离。但是对于有走廊的小空间设计，再引用 30.0 m 的逃生距离就不一定合适。同时还要考虑每个房间有几个门，尤其是 1 个门的情况。而这时，考虑中间房间还是尽端房间，120 m² 还是 200 m² 以上的面积，15 m 还是 22 m 的逃生距离更合乎情理。比如，2007 年的俊庭项目 A5/A6 楼就碰到这样的情况。

☞ 饮标 8.2.2：建筑面积＞3 000 m² 的餐饮单位应有 30 m² 以上的固体废物放置场所；＜3 000 m² 的餐饮单位每 100 m² 至少应有 1 m² 以上的固体废物放置场所。

6.12 图书馆

☞ ≥4 层设电梯（书规 4.1.4）。

☞ 无节能要求时的书库传热阻：墙 0.66，屋顶 0.90（书规 4.1.5）。

☞ 天然采光标准见书规 4.1.6。

☞ 灯光、安全防火防紫外线见书规 5.5.3。

☞ 300 座以下的报告厅使用面积 0.80 m²/座（书规 4.5.5）。

☞ 卫生设备见书规 4.5.7。

☞ 基本书库、非书资料库、阅藏合一，多层防火区面积 1 000 m²，有自动灭火系统时加倍，防火墙上的门为 FM 甲（书规 6.2.2/6.2.5）。

☞ 珍善库、特藏库应单独设置防火区（书规 6.2.4）。

☞ 书库的疏散楼梯应为封闭楼梯间或防烟楼梯间（书规 6.4.3）。

☞ 上下连通且合计面积大于规定时，应设封闭楼梯，楼梯间门为 FM 乙（书规 6.2.8）。

☞ 300 座以上的报告厅应设独立安全出口，并不得少于 2 个（书规 6.4.4）。应与阅览区隔离，其间墙上不得设置普通门。

☞ 低规 5.3.13/高规 6.1.7：阅览室逃生距离 30.0 m。

☞ 不要遗漏业务用房和典藏用房（书规 4.6.3/4.6.4）。

☞ 文化建筑以面积大小分成大、中、小型（上残 9.1.1）。

☞ 图书馆建筑面积≥3 000 m² 的属中型，<3 000 m² 的属小型。

☞ 中型图书馆应考虑停车位(上残 9.3.1)、入口(上残 9.3.2)、无障碍楼梯或电梯(上残 9.3.4)、轮椅席位(上残 9.3.5)、无障碍厕位卫生间(上残 9.4.5)。

6.13 博物馆

博物馆见《博物馆建筑规范》(JGJ 66—1991)。

☞ 博物馆以面积大小分成大、中、小型(博规 1.0.3)。大型面积 10 000 m²，中型面积 4 000～10 000 m²，小型面积<4 000 m²。

☞ 耐火等级见博规 1.0.4，博物馆的藏品区、陈列区耐火等级≥2 级。

☞ 使用年限(博规 1.0.4)：大中型 100 年，小型 50 年。

☞ 总图限制(博规 2.0.2)：

① 大中型单独建造。小型可与其他合建，但应有单独入口。

② 馆区内不应建职工生活用房。

③ 新建博物馆，覆盖率不小于 40%。

☞ 博规 3.1.3：陈列室不宜≥4 层。≥2 层设电梯(书规 4.1.4)。

☞ 博规 3.1.5：陈列室贮藏室可在地下室，但应防潮、防水、通风。

☞ 博规 1.0.7：藏品库房新建筑为宜。

☞ 博规 3.1.6：藏品库房上方不应有饮水点、卫生间。

☞ 博规 3.1.6：大中型藏品库房每间不宜<50 m²，窗地比 1：20。博规 3.2.6：珍品库不宜开窗。

☞ 博规 3.2.8：藏品库房净高 2 400～3 000 mm，梁底 2 200 mm。

☞ 博规 3.3.3：陈列展线长≤30 m。

☞ 博规 3.3.4：陈列室跨度，单跨≥8.0 m，多跨≥7.0 m。

☞ 博规 3.3.5：陈列室净高 3.50～5.0 m。

☞ 博规 3.3.7：陈列室应防止阳光直射展品。

☞ 卫生设备(博规 3.1.10)：大中型陈列室每层设厕所，至少 2 男 2 女。每层大于 1 000 m² 时，适当增加个数。

☞ 报告厅(博规 3.3.12)：大中型报告厅 1～2 m²/座。

☞ 教室＋接待室(博规 3.3.13)：大中型者设置，每间宜为 50 m²。

☞ 博规 5.1.1：藏品库区防火区面积，单层 1 500 m²，多层 1 000 m²。

☞ 博规 5.1.1：陈列区防火区面积 2 500 m²。

☞ 博规 5.2.2：陈列室门外开。

☞ 博规 5.1.2：防火区内隔墙 3 h，门为 FM 乙。

☞ 博规 5.2.1：楼梯间类型为封闭式。楼梯间设在每层藏品区的总门外。

☞ 博规 4.1.2：藏品库房和陈列室的门窗应密闭，外墙 $D≥4$，屋顶 $D≥3$。

对屋面和外墙的 D 值作出规定，是为了防止采用轻型结构 D 值减小后，室内温度波过大(夏热冬冷标准 JGJ 134—2010 条文解释 4.0.4)。

6.14 老人院

(1) 定义及差别(国老标 2.0.3/2.0.4/市老标 2.0.2/2.0.3/2.0.4)：老年人住宅同一般住宅，以

"套"为完整单位,只不过居住对象以老人为核心。老年人公寓以栋为单位,为老人提供独立或半独立家居(视有无独立厨房)的居住建筑。养老院,以老人为对象的集体宿舍,提供日常生活服务。而护理院,也是以老人为对象的集体宿舍,只不过以提供康复服务为主。护理院不应设在4层及4层以上(市老标6.0.1)。

(2) 规模与分级(国老标3.1.1):国家以人数多少分为小(50人及以下)、中(51～150人)、大(151～200人)、特大(200人以上)四级。上海规模分为甲(100床以内)、乙(50～99床)两类,标准由高到低分为一、二、三级(市老标3.0.2/3.0.3)。

(3) 用地指标(国老标3.1.1):

规　　模	人　　数	人均用地指标(m²)
小　型	50人及以下	80～100
中　型	51～150人	90～100
大　型	151～200人	95～105
特大型	200人以上	100～110

(4) 养老设施总床数:小区人口的2‰(市老标3.0.1)。

建筑密度:市区不宜>30%,郊区不宜>20%(国老标3.2.3)。

(5) 容积率:新区不应>0.3,中心城旧区不应>0.6(市老标4.0.8)。大型、特大型老人居住建筑容积率宜在0.5以下(国老标3.2.4)。

(6) 绿化率:新区不宜≤45%,中心城旧区不宜≤30%(市老标4.0.7)。

(7) 日照:老年人住宅日照2 h(住法4.1.1.1/通则5.1.3.4/国老标3.2.6)。

新区3 h,间距不得小于1.5 h(≥12.0 m),中心城旧区2 h(市老标4.0.6)。

(8) 面积标准:

☞ 老人居住建筑最低面积标准(国老标3.1.3):

类　　型	建筑面积(m²/人)	类　　型	建筑面积(m²/人)
老人住宅	30	托老所	20
老人公寓	40	护理院	25
养老院	25		

注:只指居住部分,不包括公共配套。

☞ 老人公寓不应小于40 m²/床(市老标3.0.6),养老院≥40(一级)或30(二级)或25(三级)(市老标3.0.5)。

☞ 老年人居住建筑最低使用面积标准表:

分　类		国老标GB/T 50340—2003/国老标4.1.3/4.1.4					老规J 122—1999	市老标DGJ 08-82—2000
		老年人住宅(m²)	老年人公寓(m²)	养老院(m²)				
				单人	双人	多人		
每套面积	一室户	25.0	22.0					
	一室一厅	35.0	33.0					
	二室一厅	45.0	43.0					

(续表)

分 类		国老标 GB/T 50340—2003/国老标 4.1.3/4.1.4					老规 J 122—1999	市老标 DGJ 08-82—2000
		老年人住宅(m²)	老年人公寓(m²)	养老院(m²)				
				单人	双人	多人		
套中面积	起居室	12.0					≥14.0 m²(老规 5.5.2)	≥10.0 m²(市老标 5.0.6)
	卧 室	12.0(双人)10.0(单人)		10.0	16.0	6.0 m²/人	≥10.0 m²(老规 5.5.2)	5.0～7.0 m²/床(市老标 5.0.5)
	厨 房	4.50					≥6.0 m²(老规 4.6.2)	≥5.0 m(市老标 5.0.6)
	卫生间	4.0		4.0	5.0	5.0	≥5.0 m²(老规 4.7.1)	≥4.0 m²(市老标 5.0.6)
	贮存室	1.0		0.5	0.6	0.3	每人 1 m³(老规 4.10.1)	0.4～0.6 m²/人(市老标 5.0.8)

注:由于上海规模分甲(100 床以内)、乙(50～99 床)两类,标准由高到低分一、二、三级,情况复杂,更多的资料见市老标第 5 节。

(9) 公厕(卫生间)

☞ 国老标 3.4.2:老人活动场地半径 100 m 内应用公厕。

☞ 卫生间(老规 4.7/国老标 4.8.4):附设卫生间门外开(老规 4.7.9)。

国老标 4.8.6:浴盆一端宜设坐台[宽 400 mm(市老标 7.6.3)]。

(10) 停车部位:与轮椅结合,宽 3 500 mm(国老标 3.5.2)。

(11) 室外坡道 1/12(国老标 3.6.1/市老标 7.1.3):每上升 0.75 m 或水平长 9.0 m 设平台。平台深 1 500 mm(国老标 3.6.1)。

(12) 台阶(国老标 3.6.2):踏步 300 mm×150 mm,宽 900 mm。市老标 7.1.3:踏步(380～400) mm×(100～120) mm。

(13) 出入口:

☞ 低规 6.3.3/5.1.7:附建老幼设独立出入口。用 FM 乙同其他部分分开(低规 7.2.2)。

☞ 入口宜朝南,门斗大小 1 500 mm×1 500 mm 以上(老规 4.2.1)。

☞ 出入口净宽度 1 100 mm(国老标 4.2.1/老规 4.9.1)或 1 200 mm(市老标 7.8.1)。

☞ 入口设雨篷,雨篷伸过首级踏步+0.50 m(国老标 4.2.3/市老标 7.1.4)。

☞ 出入口不少于 2 处。人员出入口和弃物遗体出入口不能兼用(市老标 7.1.1)。

(14) 公共走廊:

☞ 走道≥1 800 mm(上残 16.0.3/老规 4.3.2)。

☞ 公共走廊 1 500 mm(国老规 4.3.1)或 1 800 mm(市老标 7.2.1)。走廊设扶手(国老标 4.3.2)。

☞ 面对走道的门侧留 500 mm 空档。走道≥1 200 mm(上残 19.9.1.3)。

☞ 走廊转弯处阳角为圆角或折角(国老标 4.3.5/老规 4.10.1)。

(15) 房间入口凹廊宽 1 300 mm 以上,深>900 mm,门扇开启侧墙垛 400 mm 以上(国老标 4.3.4)。

(16) 楼梯形式:

☞ 通廊式居建,>2 层时应为封闭楼梯间。当户门为 FM 乙时可不设封闭楼梯间(低规 5.3.11.1)。

☞ 楼梯设楼梯间。一个楼面上有 2 个或 2 个以上单元时,单元门为 FM 乙(市老标 6.0.2)。

☞ 楼梯梯宽应≥1 200 mm(老规 4.1.4)或 1 500 mm(市老标 7.3.2)。

☞ 踏步应 300 mm×150 mm(居住)或 320 mm×130 mm(公建)(老规 4.4)。(320～340)mm×(130～140)mm,14 步(市老标 7.3.2)。300 mm×(130～150)mm,每梯段高 1.50 m(国老标 4.4.6/

4.4.5)。

☞ 踏步外侧设 30 mm 宽异色防滑条(老规 4.4)。

☞ 低规 5.3.1/说明:医院、疗养院、老人建筑、托幼不允许只设置 1 个梯。

(17) 电梯:≥3 层设电梯,候梯厅深 1 600 mm(国老标 4.5.1/4.5.2/市老标 7.3.6)。≥4 层设电梯(老规 4.1.4)。电梯大小应容纳担架。电梯设前室,前室门为 FM 乙(市老标 6.0.2)。

☞ 无障碍电梯(上残 19.10/残规 7.7.2):候梯厅深 1 800 mm,最小轿箱 1 400 mm×1 100 mm。

(18) 户门内外不应有高差(国老标 4.6.3/4.11.2)。

☞ 入口室内外高差宜≤400 mm,设台阶或缓坡(老规 4.2.3)。缓坡台阶 120 mm×380 mm,缓坡 1/12(老规 4.2.4)。

(19) 户内过道≥1 200 mm(国老标 4.7.1/老规 4.9.1)。

(20) 户门净宽≥1 000 mm(国老标 4.6.1)。卫生间门为外开或推拉门,净宽 800 mm(国老标 4.8.3)或 1 000 mm(包括卧室、走道、卫生间的门)(市老标 7.8.1)。公共外门净宽 1 200 mm(市老标 7.8.1)。户门、户内门净宽均大于 800 mm(老规 4.9.2)。

(21) 卧室为推拉门时,应设内外可开启的锁具(国老标 4.12.3)。

(22) 厨房:分层分组设厨房(老规 4.6)。

(23) 阳台深 1 500 mm,栏杆高≥1 100 mm(老规 4.8.1/4.8.2/市老标 7.7.1)。

(24) 耐火等级不低于二级(市老标 6.0.1)。护理院不应设在 4 层及 4 层以上(市老标 6.0.1)。

(25) 安全距离中间 20.0 m,尽端 15.0 m(市老标 6.0.3)。

(26) 无障碍:2‰无障碍卧室(上残 16.0.4/5),内设卫生间(上残 19.15/16/17)。

(27) 节能见市老标 6.0.5。(此标准显然低于现行标准。另外护理院作为住宅还是公建对待,无明文规定。)

(28) 参考规范:《老年人居住建筑设计标准》(GB 50340—2003)(国老标);《老年人建筑设计规范》(JGJ 122—1999)(老规);《养老设施建筑设计标准》(DGJ 08 - 82—2000)(市老标);《城市道路和建筑物无障碍设计规范》(JGJ 50—2001);《无障碍设施设计标准》(DGJ 08 - 103—2003)(上残,对养老建筑有专门章节 16)。

6.15 旅馆

☞ 提示 1:停车数>50 辆的饭店、娱乐、办公、交通等公建在基地入口处应设置出租车候车处。80 辆以上,按 $L = 0.2n$ m(n=总停车数)计算。候车道宽≥3.0 m,长度 L≥13.0 m(上交标 4.0.3)。

☞ 提示 2:规模与等级,一、二级耐火等级建筑由高到低分成六个等级(旅规 1.0.3)。

☞ 提示 3:旅馆内的服务、娱乐、小型体育活动定什么性质,关系到防火区面积,尤其在地下室时,防火区面积怎样没有人讲。作者认为,以 2 000 m² 为宜。

(1) 国内招待所总面积指标(建筑设计资料集 4 第 153 页表 4):

规模(间)	总面积指标(m²/床)	低层容积率	高层容积率
大型(<200)	15~20	>1.5	>2.2
中型(200~500)	14~18	>1.5	>2.2
小型(500~1 000)	13~16	>1.5	>2.2

注:各类招待所基地面积以 m²/床计算。多层容积率为 2~3,高层(15 层以上)容积率为 4~10。

(2) 防火。

☞ 分类(旅规 4.0.2)：$H<50$ m 的一、二级旅馆属二类高层；$H>50$ m 的一至六级旅馆属一类高层。

☞ 沪消字[2001]65 号三的 2：非住宅高层至少沿两长边设消防道。

☞ 防火区面积：

高规 5.1.1/低规 5.1.15.1.7：多层 2 500 m²，高层 1 000 m² 或 1 500 m²。有喷淋增加 1 倍。

旅规 4.0.5：旅馆内的商店餐饮宴会厅应单独划分防火区。

高规 5.1.2/下规 4.1.3.1/低规 5.1.13：多层、高层内地下营业厅、展览厅有喷淋最大均为 2 000 m²[地上为 4 000 m²(高规 5.1.2)；单层或多层的底层 10 000 m²(低规 5.1.12)]。

☞ 疏散楼梯类型：

低规 ~~3.5.7~~ 5.3.5：多层≥5 层设封闭楼梯(设歌舞厅时，>3 层设封闭楼梯)。

高规 6.2.1：一类高层及 $H>32$ m 的二类高层设防烟楼梯。

☞ 逃生距离：

高规 6.1.5：高层 30.0 m 或 15.0 m(有无喷淋一样)。高规 6.1.7/低规 5.3.13：建筑的多功能厅、会议厅、餐厅等逃生距离 30 m。

低规 5.3.13：多层 40.0 m 或 22.0 m(有喷淋增加 25%)。

☞ 消防控制室在高层建筑，其内门为 FM 甲(高规 4.1.4/5.2.3/5.2.7)(这是笔者的推论，高规没有说明)。

高规 5.2.7：高层建筑内的灭火设备室、通风机房，其门为 FM 甲。

多层建筑内的消防控制室、灭火设备室、通风机房，其门为 FM 乙(低规 ~~7.2.11~~ 7.2.5)。消防水泵房(隔墙上的)门为 FM 甲(低规 8.6.4)。

☞ 消防电梯(高规 6.3.1/6.3.2)：1 台/1 500 m²，高度>32.0 m 的二类公建和所有一类公建设消防电梯。

☞ 防火构造：

低规 7.1.57.1.3/高规 5.2.2：防火墙两侧窗户水平距离 2 000 mm。

高规 3.0.8.2/幕规 4.4.10：玻璃幕墙内侧 800 mm 高墙裙。

高规 6.2.8/低规 5.3.67.4.4/下规 5.2.2：地上地下共享楼梯应在头层用墙和 FM 乙分开。

(3) 客房。

☞ 典型客房大小 4 000 mm×6 900 mm(包括卫生间 2 100 mm×2 400 mm)。

☞ 客房及卫生间面积(m²)参考指标(建筑设计资料集 4 第 149 页)：

项 目	旅 馆 等 级					
	一级	二级	三级	四级	五级	六级
双床间	20	16	14	12	12	10
单床间	12	10	9	8		
卫生间	≥5.0	≥3.5	≥3	≥3	≥2.5	
卫生洁具	>3 件	>3 件	>3 件	>2 件	>2 件	>2 件

☞ 客房面积分配(建筑设计资料集 4 第 149 页)：

项 目	一级(m²/间)	二级(m²/间)	三级(m²/间)	四级(m²/间)	五级(m²/间)	六级(m²/间)
总 面 积	86	78	70	54		
客房部分	46	41	39	34		

（续表）

项　目	一级(m²/间)	二级(m²/间)	三级(m²/间)	四级(m²/间)	五级(m²/间)	六级(m²/间)
公共部分	4	4	3	2		
餐饮部分	11	10	9	7		
行政部分	9	9	8	6		
辅　助	6	14	11	5		

☞ 旅规 3.2.3：卫生间不应直接向走道和客房开窗。

☞ 通则 6.5.1：卫生间不应在餐厅、厨房和食品贮存的直接上层。

☞ 旅规 3.2.4：净高，客房 2.60 m，卫生间 2.10 m，走道 2.10 m。

☞ 旅规 3.2.6：门洞宽，客房 900 mm，卫生间 750 mm。

☞ 旅规 3.2.1：客房窗地比 1/8。

（4）餐饮。

☞ 旅规 3.3.2：餐厅座位数≥80％的客房人数（1～3 级），≥60％的客房人数（4 级），≥40％的客房人数（5～6 级）。

☞ 建筑设计资料集 4 第 173 页表 2：餐厨比平均为 1∶0.72。

☞ 餐规 3.3.11：厨房上部设防火挑檐。

☞ 低规 7.2.3：公建内的公用厨房用 2.0 h 隔墙和 FM 乙与其他部分隔开。

（5）娱乐休闲。

☞ 定义内容（高规 4.1.5）：

☞ 【高规 4.1.5A】高层建筑内的歌舞厅、卡拉 OK 厅（含具有卡拉 OK 功能的餐厅）、夜总会、录像厅、放映厅、桑拿浴室（除洗浴部分外）、游艺厅（含电子游艺厅）、网吧等歌舞娱乐放映游艺场所（以下简称歌舞娱乐放映游艺场所），应设在首层或二、三层；宜靠外墙设置，不应布置在袋形走道的两侧和尽端，其最大容纳人数按录像厅、放映厅为 1.0 人/m²，其他场所为 0.5 人/m² 计算，面积按厅室建筑面积计算；并应采用耐火极限不低于 2.00 h 的隔墙和 1.00 h 的楼板与其他场所隔开，当墙上必须开门时应设置不低于乙级的防火门。

当必须设置在其他楼层时，尚应符合下列规定：

4.1.5A.1　不应设置在地下二层及二层以下，设置在地下一层时，地下一层地面与室外出入口地坪的高差不应大于 10 m；

4.1.5A.2　一个厅、室的建筑面积不应超过 200 m²；

4.1.5A.3　一个厅、室的出口不应少于两个，当一个厅、室的建筑面积小于 50 m²，可设置一个出口。

☞ 部位禁忌及房间开门：

类别	中间房间			尽端房间			门	索引
	面积(m²)	人数(人)	疏散距离(m)	面积(m²)	人数(人)	疏散距离(m)		
高层	60		15.0	75	1 个房门		中间房间的门 1 000 mm	高规 6.1.8
							尽端房间的门 1 500 mm	
多层	120	1 个房门		约 200		15.0	尽端房间的门 1 500 mm，外开	低规 ~~5.3.1~~ 5.3.8
	≥120 m² 时 2 个房门		20.0～22.0					低规 ~~5.3.8~~ 5.3.13
地下	50		15.0					下规 5.1.2

(续表)

类别		中间房间			尽端房间			门	索 引
		面积 (m²)	人数 (人)	疏散距 离(m)	面积 (m²)	人数 (人)	疏散距 离(m)		
娱乐设施	高层				应设在 1,2,3 层,不允许布置 在袋形走道的两侧或尽端			FM乙	高规 4.1.5A
	多层				不宜布置在袋形走道的两侧或尽 端,当为尽端时,逃生距离<9.0 m			FM乙(低规 5.3.13)	低规 5.1.1A/7.2.3 5.3.8.3
	地下	50	15	15.0	不允许布置在袋形走道的两侧 或尽端			FM乙	下规 5.1.2/4.2.4/高规 6.1.12.2/低规 5.3.12.4

注:1. 超出上述条件,即要 2 个门。无论多层、高层,中间状态>60.0 m² 就要 2 个门。

2. 每个娱乐厅(室)应<200 m²,至少 2 个门。凡娱乐厅(室)均不宜布置在袋形走道的两侧或尽端。详见低规 5.1.15。

3. 配电房面宽>7.0 m 的设 2 个门(低压配电设计规范 GB 50045—1995 的 3.3.2)。长度>60 m 时,增加 1 个出口(通则 8.3.1.6)。

4. 设备房<200 m²,3 个人,可 1 个门(FM甲)(下规 5.1.1.4)。

☞ 建筑设计资料集 4 第 170 页表 4:桑拿浴室:水池:休息区=1:1:(3~4)。

(6) 电梯和交通。

☞ 上残 19.10.1:电梯厅进深≥1 800 mm。

☞ 上残 19.8.1:走道宽≥1 800 mm。走道宽≥1 800 mm(大型公建)或 1 500 mm(中型公建)(残规 7.3.1)。

☞ 电梯个数见本书附表。

(7) 地下车库及设备房。

☞ 存车数(上交标 4.2.1):每间客房 0.25 车位。

☞ 地下车库:

柱网:8.0 m×8.0 m~8.5 m×8.5 m。

坡道宽度(汽火规 6.0.9):外地 4.0 m(单车道)或 7.0 m(双车道)。上交标 3.4.1:本地 3.5 m(单车道)或 5.5 m(双车道)。上交标 3.3.3:车道数为 100~200 辆 1 个双车道或 2 个单车道,其余见本手册专章。

☞ 设备房见本手册专章。

锅规 2.3.4/高规 7.5.2:锅炉房、消防水泵房设直通地面出口。

(8) 其他。

☞ 通则 6.6.3:中庭栏杆有效高度 1 050 mm。

☞ 通则 6.6.3:女儿墙有效高度 1 200 mm(实际 1 400~1 600 mm)。

☞ 残规 5.1.2/上残 8.2.2:无障碍要求。

☞ 发改运[2003]2116 号:安全玻璃。

☞ 低规 7.2.3:中庭 FM甲。

☞ 低规 5.3.7/5.3.11.2:电梯厅。

☞ 低规 7.4.2.2/7.4.3.6:扩大楼梯间或前室。

☞ 低规 7.2.3:门厅 FM乙。

☞ E 形民用建筑的两翼距离,无明文规定。虽然低规 3.4.7 的概念可取,值得注意,但可惜无成文,不能硬性要求 13.0 m,9.0 m 或 6.0 m。如硬性要求不能满足,可在其高的一面用防火窗(FM甲)解决。如高层的两翼距离可小至 4.0 m(高规 4.2.3),低层的两翼距离可小至 3.5 m(低规 5.2.1)。

6.16 小型体育建筑

☞ 体规 4.2.7：户外运动场地长轴应为南北向，在上海可以北偏西 0°～15°。

☞ 体规 4.3.6：观众席室内每排不宜超过 26 个，室外每排不宜超过 40 个，尽端减半。

☞ 体规 4.3.8：独立看台至少 2 个安全出口。体育馆 400～800 人/1 个出口[400～700 人/1 个出口(低规 5.3.5)]，体育场 1 000～2 000 人/1 个出口。

☞ 疏散宽度见体规 4.3.8/低规.3.115.3.10/16。

☞ 体规 4.3.9：栏杆高度 900～1 100 mm，楼座栏杆下部实心部分≥400 mm。文娱、商业、体育、园林、建筑栏杆垂直杆件净距 1 100 mm(通则 6.6.3.5)。

☞ 看台视线设计见体规 3.10/4.3.11。

☞ 体规 4.4.2.3：观众厕位，男大便池 8 个/千人，小便池 20 个/千人，女 30 个/千人。

☞ 体规 6.2.1：小型体育馆，可进行篮球赛，最小尺寸 38 m×20 m。篮球场 28 m×15 m，线外 2 m 缓冲。

☞ 体规 6.4.2：训练场地净高≥10 m。

☞ 体规 7.4.2：成人初学游泳池深 900～1 350 mm，儿童 600～800 mm。成人初学水池深宜为 0.90～1.35 m，儿童初学水池水深宜为 0.0～1.10 m(2003 体规 7.4.2.2)。训练设施使用人数按每人 4 m² 水面面积计算(体规 7.4.4)。大中浴池、游泳池做拱顶(技措 6.1.12)。

☞ 体规 7.4.4：游泳训练面积 4 m²/人。

☞ 体规 8.1.3：体育建筑防火分区应结合比赛厅、训练厅、观众休息厅等多功能布局划分，报当地消防部门认可。

☞ 体规 8.2.5：疏散楼梯踏步 0.28 m×0.16 m，最小梯宽 1.2 m，转折平台≥梯宽，直跑平台≥1.2 m。

☞ 体规 8.2.3：疏散门净宽>1 400 mm，向疏散方向开启。

☞ 体规 8.2.4.1：室内坡道 1∶8，室外坡道 1∶10(通则 6.6.2)。

☞ 体育馆楼梯类型为开敞楼梯间(参考 2001 低规 5.3.7 说明)。低规 5.3.5.1 说明：未规定剧院、电影院、礼堂、体育馆的室内疏散楼梯应为封闭式楼梯间。

☞ 体育建筑残障要求(上残 11)：

☞【低规 5.3.9/5.3.10】体育馆的观众厅，其疏散门的数量应经计算确定，且不应少于 2 个，每个疏散门的平均疏散人数不宜超过 400～700 人。

☞【低规 ~~5.3.11~~ 5.3.16.2】剧院、电影院、礼堂、体育馆等人员密集场所的疏散走道、疏散楼梯、疏散门、安全出口的各自总宽度，应根据其通过人数和疏散净宽度指标计算确定，并应符合下列规定：

1. 观众厅内疏散走道的净宽度应按每 100 人不小于 0.6 m 的净宽度计算，且不应小于 1.0 m；边走道的净宽度不宜小于 0.8 m。

在布置疏散走道时，横走道之间的座位排数不宜 20 排。纵走道之间的座位数：剧院、电影院、礼堂等，每排不宜超过 22 个；体育馆，每排不宜超过 26 个；前后排座椅的排距不小于 0.9 m 时，可增加 1.0 倍，但不得超过 50 个；仅一侧有纵走道时，座位数应减少一半。

2. 剧院、电影院、礼堂等场所供观众疏散的所有内门、外门、楼梯和走道的各自总宽度，应按表 5.3.16-1 的规定计算确定。

3. 体育馆供观众疏散的所有内门、外门、楼梯和走道的各自总宽度，应按表 5.3.16-2 的规定计算确定。

4. 有等场需要的入场门不应作为观众厅的疏散门。

表 5.3.16‑1 剧院、电影院、礼堂等场所每 100 人所需最小疏散净宽度　　　　　(m)

观众厅座位数(座)			≤2 500	≤1 200
耐火等级			一、二级	三级
疏散部位	门和走道	平坡地面	0.65	0.85
		阶梯地面	0.75	1.00
	楼　梯		0.75	1.00

表 5.3.16‑2 体育馆每 100 人所需最小疏散净宽度　　　　　(m)

观众厅座位数档次(座)			3 000~5 000	5 001~10 000	10 001~20 000
疏散部位	门和走道	平坡地面	0.43	0.37	0.32
		阶梯地面	0.50	0.43	0.37
	楼　梯		0.50	0.43	0.37

注：表 5.3.16‑2 中较大座位数档次按规定计算的疏散总宽度，不应小于相邻较小座位档次按其最多座位数计算的疏散总宽度。

☞ 【低规 6.0.6/6.0.5】超过 3 000 个座位的体育馆、超过 2 000 个座位的会堂和占地面积大于 3 000 m² 的展览馆等公共建筑，宜设置环形消防车道。

6.17　剧场

剧场设计见《剧场建筑设计规范》(JGJ 57—2000)。

(1) 概念。

☞ 规模分特大型(>1 600 座)、大型(1 201~1 600 座)、中型(801~1 200 座)、小型(300~800 座) (剧规 1.0.4)。

☞ 等级分特、甲、乙、丙等(剧规 1.0.5)。

(2) 防火与疏散。

☞ 防火区分区面积 2 500 m²，其观众厅的大小可根据需要确定(低规 5.1.1)。

☞ 台口防火幕(剧规 8.1.1)：

① 甲、乙等或特大型、大型应设。

② >800 座的特等、甲等和高层中>800 座剧场宜设。

☞ 主舞台通往各处的洞口，均应设 FM 甲(剧规 8.1.2)。

☞ 变电所的高低压配电与后台相连时，必须设>6.0 m² 的前室，设 FM 甲(剧规 8.1.5)。

☞ 舞台与其他建筑相连，就划独立防火区，设 FM 甲(剧规 8.1.12)。

☞ 排烟窗：

后台 H 不大于 12.0 m 时，可人工手动排烟，窗地比 5%(剧规 8.1.10/烟规 4.1.1.7)。

☞ 楼梯：

① >5 层设封闭楼梯间，剧场、影院、体育馆可为非封闭楼梯间(低规 5.3.7 及其说明)。

② 踏步 160 mm×280 mm(剧规 8.2.4.1)。

③ 最小梯宽 1 100 mm(剧规 8.2.4.1)。

☞ 低规 5.3.5.1 说明：未规定剧院、电影院、礼堂、体育馆的室内疏散楼梯应为封闭式楼梯间。

☞ 出口数：

① 后台至少 2 个(剧规 8.2.5)。

② 乐池不少于 2 个(剧规 8.2.6)。

③ 观众厅楼座池分别设出口。楼座至少 2 个,少于 50 座可以 1 个(剧规 8.2.1)。

④ 观众厅池座至少 2 个,且>250 人/1 个出口(低规 5.3.4)。

☞ 疏散走道宽度 0.6 m/百人。最小宽度 1.0 m,边走道宽度 0.8 m(低规 5.3.4)。

☞ 观众席横走道不宜超过 20 座,纵走道不宜超过 22 排(低规 5.3.9)。

☞ 观众厅疏散内门、疏散外门指标(低规 5.3.10):

项　　目		≤2 500 座	≤1 200 座
		一、二级	三级
门和走道	平坡地面	0.65 m/100 人	0.85
	阶梯地面	0.75	1.00
楼　梯		0.75	1.00

注:1. 高层内有固定座位的观众厅、会议厅疏散出口平均疏散人数不应超过 250 人(高规 6.1.11.5/低规 5.3.9)。
　　2. 有等场需要的入场门不应作为观众厅的疏散门(低规 5.3.16.4)。

(3) 座位及视线设计。

☞ 观众厅面积 0.6~0.8 m²/座,座位宽 0.5~0.55 m,排距 0.80~0.9 m(剧规 5.2.1/3/4)。

☞ 视点选择见剧规 5.1.2。

☞ 视线升高差 0.12 m(剧规 5.1.3)。

(4) 卫生设施(剧规 4.0.1):

男:大便器 1 个/100 座,小便器 1 个/40 座。

女:大便器 1 个/25 座。洗手盆 1 个/150 座。

男女比例 1∶1。

(5) 面积指标:

部　位	前厅/休息厅	休息厅	观众厅	后　台	乐　池
面积指标(m²/座)	0.25~0.5	0.18~0.3	0.6~0.8		<48~80 m²
规范章节	剧规 4.0.1	4.0.2	5.2.1	6.1.1 表	6.2

(6) 总图及车位。

☞ 面临城市道路的出入口,后退道路规划红线≥10.0 m,并应留出停车回车场(上规 35)。8.0~15 m(剧规 3.0.2)。

☞ 停车位 2.5 个/100 座(上交标 5.2)。

☞ 无障碍设施见上残 10.0/残规 5.1.4。

6.18 电影院

☞ 基地位置:小型电影院连接道路不宜小于 8 m 宽,中型电影院连接道路不宜小于 12 m 宽,大型电影院连接道路不宜小于 20 m 宽,特大型电影院连接道路不宜小于 25 m 宽(影规 3.1.2.2)。

☞ 临道路基地面宽,不小于基地周长的 1/6(影规 3.1.2)。

☞ 内部道路兼作消防道,宽高 4.0 m×4.0 m 以上(影规 3.2.2)。

☞ 当电影院建在综合建筑内时,应形成独立的防火区(影规 6.1.2)。

☞ 综合建筑内电影院群应有单独出入口(只归电影院群自己使用的疏散楼梯间直达地面)通向室

外(影视 3.2.7)。要特别提醒设计人员注意此条,从使用功能和防火两方面都非常必要。

☞ 规模分类分四类(影规 4.1.1):小型,总座位≤700 个,观众厅不宜少于 4 个;中型,总座位 701～1 200 个,观众厅 5～7 个;大型,总座位 1 201～1 800 个,观众厅 8～10 个;特大型,总座位＞1 800 个,观众厅不宜少于 11 个。

☞ 观众厅:长度 L:宽度 W=(1.5±0.2):1(影规 4.2.1)。

☞ 观众厅净高≥视点高+银幕高+银幕边框高(影规 4.2.1.4)。

☞ 观众厅面积定额(影规 4.2.1.6):乙级 1.0 m²/座,丙级 0.6 m²/座。

即一个小厅观众约 150～200 人(影规 4.1.1),建筑面积约 150～200 m² 或更小(影规 4.2.1.6)。也就是说,集合电影院一个小厅约 200 m²,是结合影规 4.1.1 和影规 4.2.1.6 两者推导出来的,并非直接规定,也许是或不是。低规 5.1.15 所指歌舞娱乐放映游艺场所,非地上 1,2,3 层时,受到面积≤200 m² 的限制。按江苏《建筑工程消防设计技术问题研讨纪要》认为固定座位的放映厅不列入歌舞娱乐放映游艺场所的说法,则不必受 200 m² 限制。但这种说法仅仅只是一面之词,高规低规并没有对这种集合电影院是不是歌舞娱乐放映游艺场所作明确说明。

☞ 观众厅视距、视点高度、视角、放映角扩视线超高值见影规 4.2.2。

☞ 观众厅地面升高见影规 4.2.3。

☞ 银幕设置见影规 4.2.4。

☞ 座位排列(影规 4.2.7/4.2.6):两条横走道之间的座位不宜超过 20 排,靠后墙设座位时,横走道与后墙之间不宜超过 10 排。

☞ 座位排距见影规 4.2.5。

☞ 防火区面积(低规 5.1.7/高规 5.1.1):地下电影院防火区面积无论有无喷淋均为 1 000 ㎡(下规 4.1.3)。

电影厅或歌舞娱乐放映游艺场所防火区面积

项 目		防火区面积(m²)	规 范 依 据	安 全 距 离	厅室面积限制
多层	大型观众厅	2 500,有淋×2	通常规定	体育馆、观众厅、展览厅可适当放大(低规 5.1.7)	30(有淋×1.25)(低规 5.1.13)	☞ 低规未对观众厅厅室面积限制。 ☞ 非1,2,3层卡拉 OK 厅≤200 m²(低规 5.1.15)
	小型厅集合					
高层	大型观众厅	4 000(有淋)	特殊规定(高规 5.1.2)	30(高规 6.1.7)	☞ 非1,2,3层观众厅室面积≤400 m²(高规 4.1.5) ☞ 非1,2,3层卡拉 OK 厅≤200 m²(高规 4.1.5A)
	小型厅集合	1 000×2 或 1 500×2	通常规定(高规 5.1.1)		
	裙房	2 500×2	通常规定(高规 5.1.3)		
地下	地下一、二层	有淋 1 000	明确规定(下规 4.1.3.2)	30(下规 5.1.5.3 规定有喷淋时可以×1.25,笔者认为作为地下室,有淋×1.25,非常不妥。高层都不可以×1.25,地下室救生条件更差,30×1.25 的说法不合理)	☞ 非1,2,3层卡拉 OK 厅≤200 m²(下规 4.2.4.4)。 ☞ 卡拉 OK 厅只能在地下 1 层(下规 3.1.5)。 ☞ 2001 版下规 3.1.4 说地下电影院可以放在地下 2 层,但在 2008 版下规这一条已取消,是否依据低规 5.1.15/下规 3.1.5 来处理,没人明确

注:笔者认为,一般观众厅,侧重于观赏,卡拉 OK 放映厅则侧重于社交应酬。两者比较,卡拉 OK 放映厅的火灾危险性高,所以高规 4.1.5 和高规 4.1.5A 有不同规定。但多层和地下室无一般观众厅的相关条文规定。这也许是规范缺失,或有意不说,如地下电影院可否放在地下二层,不置可否,是否就是默认?另据江苏《建筑工程消防设计技术问题研讨纪要》(20100518),认为固定座位的放映厅不列入歌舞娱乐放映游艺场所。当电影院与其他建筑组合建造时,其底层出入口应能直通室外,可供参考。

☞ 高规 4.1.5：设在高层内的观众厅、会议厅、多功能厅等宜设在 1,2,3 层内。当设在其他层内时，不宜＞400 m²。

☞ 楼层位置(低规 5.1.15)：歌舞娱乐放映游艺场所宜设在 1,2,3 层或地下 1 层，非 1,2,3 层时一个厅室不应大于 200 m²，门为 FM 乙(高规 4.1.5A)。01 版下规 3.1.4 说地下电影院可以放在地下 2 层，但在 08 版下规这一条已取消，只能依据低规 5.1.15/下规 3.1.5 来处理。通则 6.2.3.3 也明确放映等不可在地下 2 层。

☞ 观众厅疏散门为 FM 甲(影规 6.2.3)。

☞ 江苏建筑工程消防设计技术问题研讨纪要 20100518：固定座位的放映厅不列入歌舞娱乐放映游艺场所。当电影院与其他建筑组合建造时，其底层出入口应能直通室外。

☞ 楼梯间型式：封闭楼梯间(低规 5.3.5)。门厅内主楼梯不应算作疏散楼梯(影规 6.2.5.1)。低规 5.3.5.1 说明：未规定剧院、电影院、礼堂、体育馆的室内疏散楼梯应为封闭式楼梯间。

☞ 观众厅疏散门个数(低规 5.3.9/影规 6.2.3)：不少于 2 个，250 人/1 个门。2 000 人以上部分 400 人/1 个门。即使有低规 5.3.8 的房间≤120 m² 可以 1 个门的说法，也不宜打破。

☞ 观众厅疏散门、楼梯及走道疏散门宽度，以每 100 人计(低规 5.3.16.1)。

观众厅座位数			≤2 500	≤1 200
耐火等级			一、二级	一、二级
疏散部位	门和走道	平坡地面	0.65	0.85
		阶梯地面	0.75	1.00
	楼梯		0.75	1.00

注：1. 高层内有固定座位的观众厅、会议厅疏散出口平均疏散人数不应超过 250 人(高规 6.1.11.5/低规 5.3.9)。
2. 有等场需要的入场门不应作为观众厅的疏散门(低规 5.3.16.4)。

☞ 观众厅外走道最小宽度 1 800 mm(残规 7.3.1)。

☞ 疏散走道内不宜设阶梯(中国消防手册 7.2.1.2 中为"不应")(下规 5.2.6)。在残疾人出入的场合当然不能设阶梯(残规 7.3.1/上残 19.8.3)。

☞ 观众厅疏散门类型限制，应为平开门。不应为推拉门、卷门、吊门、转门(低规 7.4.12.2)。

☞ 观众厅内走道宽度(低规 5.3.16.1)：每 100 人 0.6 m，且≥1.0 m。边走道≥0.8 m。

☞ 放映室隔墙耐火时间 1.5 h(低规 7.2.1/影规 6.2.2)。

☞ 楼梯梯井大小，宜大于 150 mm(低规 7.4.8)。

☞ 地下电影院防火区面积无论有无喷淋均为 1 000 m²(下规 4.1.3)。

☞ 地下电影院、地下商场的安全出口，防火区面积＞1 000 m² 时，≥2 个通向室外的安全出口。防火区面积＜1 000 m² 时，1 个通向室外的安全出口，防火墙上的 FM 甲可作为第二安全出口(占 30%宽度)(下规 5.1.1/技措 3.3.2.3.1)。

☞ 地下电影院疏散距离 15.0 m(厅内、≥2 个门)＋30.0 m(厅外、双向、单向则为一半)(下规 4.1.3.2)。

☞ 电影院(厅)厅外疏散走道最小宽度：设该走道包括的几个厅同时散场，则其疏散最小走道见低规表 5.3.16.1。不分地上、地下，但分高层、多层，高层 100 人/1.0 m(高规 6.1.9)。

公用走道宽度：能满足无障要求大体上就行了(上残 19.8.1/01 残规 7.3.1/12 残规 3.5.1)，大型公共建筑≥1 800 mm、中小型公共建筑≥1 500 mm、居住建筑走廊≥1 200 mm。

☞ 地下电影院运用疏散走道或避难走道的概念时(《中国消防手册》第三卷第 346 页)，房间不能对避难走道直接开门，只有房间对疏散走道可以直接开门。避难走道的入口处设置前室，＞6.0 m²，前室的门为 FM 甲(下规 5.2.5.4)。地上建筑电影院设计不受上述限制。

6.19　装修防火

☞　根据建筑层数和类别分别查表,得出民用多层高层地下建筑和厂房各部位装修材料的燃烧性能等级等(装规表 3.2.1/表 3.3.1/表 3.4.1/表 4.0.1),再根据附录 B 查看选用材料是否符合相应的燃烧性能等级。

☞　特殊部位有特殊要求(装规 3.1.13):走道及门厅,顶棚 A 级,其他 B1 级。装规 3.1.6:非开敞楼梯全部 A 级。装规 3.1.7:中庭及开敞楼梯间连通部位,墙面 A 级其他 B1 级。装标 3.2.2:FM 甲封闭的房间降一级。

☞　表中隔断指不到顶的,到顶的隔断作为墙处理(装规 1.0.4)。

☞　仅有喷淋的部位,除顶棚外降一级(装规 3.2.3/3.3.2)。喷淋+烟感的部位全部降一级。

☞　轻钢龙骨+纸面石膏为 A 级(装规 2.0.4)。

☞　胶合板+防火涂料为 B1 级(装规 2.0.5)。

☞　A 级(不燃性)基层+墙布(纸)为 B1 级(装规 2.0.6)。

☞　无机涂料+A 级基层为 A 级(装规 2.0.7)。

☞　有机涂料+A 级基层为 B1 级(装规 2.0.7,因此要求写明基层材料,涂料有机还是无机)。

☞　架空地板时,除 A 级外在规定的基础上提高一级(装规 4.0.2)。

☞　装修同时涉及防火及防污染等方面。人造木板及饰面人造木板分 E1,E2 两类,Ⅰ类建筑(住宅医院学校)应用 E1 类,Ⅱ类建筑(其他)可用 E1,E2 类(按甲醛含量分类),但 E2 类的露面处必须密封处理(污规 4.3.4)。

☞　装修图纸涉及的其他问题:

① 房间大小同门的个数见社区中心相关表。

② 走廊的最小宽度。

③ 隔墙防火限制(低规 5.1.1):通常房间隔墙 0.75 h,走廊隔墙到顶者 1 h。有喷淋时,走廊隔墙下部可为钢化玻璃,上部为不燃体。无喷淋时,走廊隔墙上下全为不燃体(大办三)。

④ 门厅及公用厨房隔墙 2 h,门为 FM 乙(低规 7.2.3)。

消防局咨询:装修图纸涉及楼梯间类型及个数等重大防火问题时,如果是保护性建筑(有证明),可以保留原样。如果是非保护性建筑,除能提供批准文件者外,均按现行规范执行。

对照装修图与施工图,注意旧问题外产生新问题。

无论装修图还是施工图,都应当满足相应规范的防火要求。

6.20　木结构建筑防火

☞　层数:不应超过 3 层(木规 10.3.1/低规 5.5.5):

层　　数	最大允许长度(m)	每层最大允许面积(m²)
单层	100	1 200
2 层	80	900
3 层	60	600

注:1. 有喷淋时×2;局部有喷淋时,按局部面积计算。

　　2. 同时要符合上规 50 的面宽要求。

☞ 防火间距(木规 10.4.1/低规 5.5.3):

建 筑 种 类	一、二级建筑	三级建筑	木结构建筑	四级建筑
木结构建筑	8.0 m	9.0 m	10.0 m	11.0 m

注:防火间距应按相邻建筑外墙的最近距离计算,当外墙有突出的可燃构件时应从突出构件的外缘算起。

☞ 无窗木结构建筑之间或无窗木结构建筑与其他结构建筑之间的防火间距不应小于 4.0 m(木规 10.4.2/低规 5.5.4)。

☞ 上述建筑外墙开口率小于 10%时的防火间距(木规 10.4.3/低规 5.5.5):

建 筑 种 类	一、二、三级建筑	木结构建筑	四级建筑
四级建筑	5.0 m	6.0 m	7.0 m

☞ 木结构建筑机动车库具体要求见木规 10.6。

6.21 施工说明相关信息

为工期所迫,施工说明常常放在最后,草草了事。其实,施工说明的部分内容,即是以前"开工报告"的内容,建议把施工说明放在施工图开始之前,绝对有好处。比如,作中小学、大型商场的设计,把施工说明放在施工图画完之后,而结构专业也不问一下,开始就照通常的丙类设防计算,那就会产生很多问题,易陷于临交图前功尽弃重新来的境地。

为配合"施工图设计说明"的编写,将其相关信息罗列于后,供参考。同样为了配合"施工图设计说明"的编写,将相关常用构造的详细做法列于下一节,这样将给予刚刚走上工作岗位的新同行们带来方便。

☞ 提示 1:其中建筑面积计算,实际操作中零碎问题很多,没有明确的答案。遇到这种情况,建议将何部位、多少面积、如何处理作简单的文字说明,这样如有修改或别人接手都非常方便。

☞ 提示 2:建筑面积计算见《建筑工程建筑面积计算规范》(GB/T 50353—2005)。

☞ 提示 3:施工说明的样本见《民用建筑工程建筑施工图设计深度图样》(04J801)。

序号	项目	相关方面	相关信息条文	内 容 摘 要
1	容积率	地下室	上规附录二 2.1/上规附录二 2.2/苏标 8.1.3 注 1	半地下室出地面不足 1.0 m 者不计入容积率,但算在总建筑面积内;地下室出地面 1.0 m 以上者打折计入容积率。
		半地下室		江苏地下室顶板高出地面≤1.5 m 者,不计入地上建筑层数
		架空层	上规附录二 2.5	加以利用(公用)、无围护结构的(算一半),计入总建筑面积,但不计入容积率
		屋顶层	上规附录二 2.1	屋顶层面积不超过标准层建筑面积的 1/8 时,可不计入容积率
		保暖层	沪规发[2005]1180 号	外保暖层面积不计入容积率和建筑密度
		层高折算	沪规法[2004]1262 号	住宅的层高不得高于 3.60 m,层高大于 2.2 m 的部分必须计算建筑面积,并纳入容积率计算。层高≥5.6 m 的商业(影院、剧场、独立大卖场等另有规定)、办公建筑在计算容积率指标时,必须按每 2.8 m 为一层折算建筑面积,纳入总建筑面积合计,禁止擅自内部插层建筑
		住宅层高折算	住法 9.1.6/上标 5.8.1/苏标 8.1.3.3/低规 1.0.2	防火间距和楼梯类型等防火概念以及日照与层数有关。层数折算:除以 3.0 满半进一。层数折算不牵涉总平面层数标注和容积率以及单体平立剖面的划分(上标 5.8.1 说明)。此说法与沪规法[2004]1262 号反映了不同规范规定,从不同立场为了不同目的,采取相同的手法,以解决各自的问题。其实,层数折算在某种意义上来说,就是一种控制容积率的方法,是一种防止某些人作假的手段。所以,笔者认为应分名义上的容积率和实际上的容积率。用名义容积率控制实际容积率
		面积计算		

(续表)

序号	项目	相关方面	相关信息条文	内　容　摘　要
2	建筑高度	防火概念高度	高规 2.0.2(低规 1.0.2 注 1)	建筑高度为建筑物室外地面到其檐口或屋面面层的高度,屋顶上的水箱间、电梯机房、排烟机房和楼梯出口小间等不计入建筑高度
		规划概念高度	上规附录二 5	平屋面从地面到女儿墙顶面,有檐口时从地面到檐口高度加檐口宽度,坡屋面<450 mm 者也是从地面到檐口加檐口宽度,>450 mm 者从地面到屋脊
			上规解释附录二 5	凡直径>500 mm 的建筑物、构筑物,高度>6.0 m 者均计入建筑高度。水箱、楼梯间、电梯间、机械房等突出屋面的附属设施,虽其高度在 6.0 m 之内,但面积之和(装饰性构筑物按构架围合面积计算)超过屋面面积之和 1/8 的,计入建筑高度。灯箱广告等计入建筑高度
3	抗震设防烈度	乙类设防建筑	重点设防类	包括特大、大型体育建筑(震标 6.0.3)、大型文娱建筑(震标 6.0.4)、大型多层商场(震标 6.0.5)、大型博物馆和特级甲级档案馆(震标 6.0.6)、大型展览馆(震标 6.0.7)、高层建筑≥8 000 人者(震标 6.0.11)。幼儿园、小学、中学的教育楼、食堂、宿舍不应低于乙类设防(震标 6.0.8)
		丙类设防建筑	标准设防类	包括居住建筑,不应低于丙类设防(震标 6.0.12)
		上海地震烈度		7 度
4	结构型式	砖　混		
		框　架		
		框　剪		
		筒体/筒中筒		
5	设计使用年限	5 年	通则 3.2.1	临时建筑
		25 年		易于更换构件的建筑
		50 年		普通建筑
		100 年		纪念建筑或特殊建筑
6	耐火等级	一级	高规 3.0.4/3.0.1	一类高层、≥19 层高层住宅、10 层以上空调住宅、地下室(包括车库)
		二级	高规 3.0.4/住法 9.2.2	裙房、10~18 层住宅≥二级。二类高层、重要公共建筑≥二级(低规 5.1.8)
		构件耐火极限	高规表 3.0.4/低规表 5.1.8	低规 5.1.8 表 8→高规附录 A
7	防空工程抗力等级	指标	人防委字[1984]9 号/国规附表 a.0.3-50	在一、二类人防重点城市中,凡高层建筑下设满堂人防(即 100%),其他建筑的地面建筑面积 2%
		甲类	防规 1.0.4	抗核爆
		乙类	防规 1.0.4	抗常规武器
		一等	防规 2.1.8	接纳政府机关及保障单位
		二等	防规 2.1.8	接纳一般百姓
8	存车指标	国家标准	国规 6.0.5	
		上海标准	上交标 5.2.10.1/2/3/上服标附录 A 表 7/8	

(续表)

序号	项目	相关方面	相关信息条文	内 容 摘 要
9	住宅套型指标	居住空间		
		上海居住空间	上标 4.1.2/上标 4.6.1 说明	4 个空间即为大套,要有≥1.5 m² 的贮藏室,不能零碎拼凑。 上海>30 m² 的起居室两边有窗者认作 2 个空间,一边有窗者认作 1 个空间(沪建标定[2002]23 号)
10	标高	黄海标高		
		吴淞标高	城市用地竖向规划规范 JJ 83—1999 的 3.0.7	本地用吴淞高程基准,外地用 56 黄海高程,两者相差 1.688 m。56 黄海高程+1.688 m=吴淞高程
11	±0.00 确定		工总 6.2.2/技措 3.1.3	场地地面至少高出设计洪水位 0.50～1.0 m。当然还有别的设计因素。设计洪水位,与当地城镇设置标准一致(12 工总 7.2.1 说明)
			工总 6.2.4/技措 3.1.3.9/地规 6.0.1	±0.00 高出场地 0.15 m
12	非承重墙体材料	承重墙	住法 6.2.5/技措 4.1.4	承重混凝土砌块≥MU7.5,承重非混凝土砌块≥MU10.0。 抗震砖砌体砂浆强度≥M5。非抗震时,<5 层住宅≥M2.5,≥5 层住宅≥M5.0。抗震砌块砌体砂浆强度≥Mb7.5,非抗震时≥Mb5.0。 ☞ 混凝土空心砌块(承重)墙建筑的墙体交叉处,中心线外 300 mm 范围内,用 Cb20 填充。混凝土空心砌块墙上打孔,>200 mm×200 mm 者,设预制块(技措 4.1.4.9/12)
		非承重墙	建质监要第 122 页	外填充墙用 MU7.5 砌块、M7.5 混合砂浆。 内隔墙用 MU5.0 砌块、M5.0 混合砂浆
13	各种验收规范			《砌体工程施工质量验收规范》(GB 20503—2002)
				《混凝土小型空心砌块建筑技术规程》(JGJ/T 14—2004)
				《多孔砖砌体结构技术规范(2002 年版)》(JGJ/T 137—2001)
				《建筑装饰装修工程质量验收规范》(GB 50210—2001)
				《住宅装饰装修工程施工规范》(GB 50327—2001)
14	留洞封堵	变形缝	高规 7.2.11/低规 5.3.3	采用细石混凝土等不燃材料封堵
			高规 5.5.3	变形缝双墙套,套管与穿墙之间用不燃材料封堵。 变形缝内侧阻火带的耐火性能(时间)不应低于相邻防火分隔构件的耐火性能(时间)(中国消防手册第三卷第 259 页)
		防火墙上留洞	低规 7.1.5	防火墙上留洞用防火封堵材料封堵
		商品砂浆	商品砂浆生产与应用技术规程 3.1.3	商品砂浆与传统砂浆分类对应表:

商品砂浆与传统砂浆分类对应表:

种类	商品砂浆	传统砂浆
砌筑砂浆	RM5.0,DM5.0	M5.0 混合砂浆、M5.0 水泥砂浆
	RM7.5,DM7.5	M7.5 混合砂浆、M7.5 水泥砂浆
	RM10,DM10	M10 混合砂浆、M10 水泥砂浆
	RM15,DM15	M15 混合砂浆、M15 水泥砂浆
抹灰砂浆	RP5.0,DP5.0	116 混合砂浆
	RP10,DP10	114 混合砂浆
	RP15,DP15	1:3 水泥砂浆
	RP20,DP20	1:2,1:2.5 水泥砂浆,112 混合砂浆
地面砂浆	RS20,DS20	1:2 水泥砂浆

注:RM——预拌砌筑砂浆;RP——预拌抹灰砂浆;DM——干粉砌筑砂浆;DP——干粉抹灰砂浆;RS——预拌地面砂浆;DS——干粉地面砂浆

（续表）

序号	项目	相关方面	相关信息条文	内 容 摘 要
15	防潮层	柔性防潮层		
		刚性防潮层	技措 4.2.4	一般为 1∶2.5 水泥砂浆，内掺水泥重量的 3‰～5‰ 的防水剂，21 mm 厚 60 mm 厚 C20 细石混凝土，内配 3φ6，箍筋为 φ4@300
		底层地面	上标 7.4.1	底层卧室、起居室等居住空间地面应防潮
		地坪高差	通则 6.9.3.1/技措 4.2.3/4	地坪高差处，墙内侧也做防潮层。或做上下两层防潮层，同时地坪高差处墙内侧也做防潮层
16	特种墙	防护墙	低规 3.3.8 说明	甲、乙类厂房与办公生活部分之间设防护墙，做法见低规 3.3.8 说明
		防爆隔墙	防规 3.2.7	120 mm R.C. 或 250 mm 混凝土墙
		隔声墙		
		泄爆墙	低规 3.6.2/3.6.4 说明	采用轻质墙体和屋面＜60 kg/m²，不应采用普通玻璃
17	地下防水工程	常年地下最高水位		
		防水等级	下水规 3.2.2	分一、二、三、四四级
		一级	下水规 3.2.2 说明	办公用房、档案库、文物库、配电间、地铁车站顶板、安全部门、指挥机构
		二级	下水规 3.2.2 说明	一般生产车间、地下车库、隧道、人员掩体
		三级	下水规 3.2.2 说明	城市地下沟管、战备交通隧道、地下疏散干道
		设防做法	下水规表 3.3.1.1	明挖法
			下水规表 3.3.1.2	暗挖法
		设计过程		设计过程：① 根据使用性质确定防水等级；② 由埋深选择基层混凝土的抗渗等级；③ 由防水等级选择合适类别的防水材料及相应的厚度（技措附录 5.5）；④ 结合前三项的要求到相关图集选择合适的节点。比如 02J301，它的节点往往是顶板、侧墙、底板三个成一组，选择时要注意
		顶板覆土层	植规 5.4	① 地下建筑顶板应≥250 mm 厚，可当作一道设防（植规 5.4.2）； ② 覆土层＞800 mm 时，可以不设保温层（植规 5.4.4）
		覆土层/顶板典型构造	植规 5.2.2	从上至下：种植土、过滤层、耐根穿刺防水层、普通防水层、找坡层、保温层、结构层
		防水材料及其厚度	技措附录 5.5/4.1-3	
18	屋面	防水等级/使用年限	屋规 3.0.1	重要的工业与民用建筑、高层建筑、高层住宅屋面防水采用Ⅱ级。一般的工业与民用建筑、多层住宅屋面防水采用Ⅲ级。 使用年限：Ⅰ级 25 年，Ⅱ级 15 年，Ⅲ级 10 年
		防水设防	屋规 5.3.2/6.3.2	每道屋面防水材料厚度（屋规表 5.3.2/6.3.2）：

每道屋面防水材料厚度（屋规表 5.3.2/6.3.2）：

防水等级	防水道数	合成高分子防水卷材	高聚物改性沥青防水卷材	沥青防水卷材	自粘橡胶沥青防水卷材	涂膜防水材料	
						高聚物改性沥青涂膜	合成高分子涂料
Ⅰ	3 道或 3 道以上设防	不应小于 1.5 mm	不应小于 3.0 mm		不应小于 2.0 mm		不应小于 1.5 mm

(续表)

序号	项目	相关方面	相关信息条文	内 容 摘 要
18	屋面	防水设防	屋规 5.3.2/6.3.2	见下表
		平屋面构造	苏 J98012/8	卵石 1 层 40 mm;干铺无纺布 1 层隔离层;挤塑聚苯乙烯泡塑料板 25 mm 防水层;1 道合成高分子防水卷材≥1.2 mm;1:2.5 水泥砂浆找平层 20 mm;1 道合成高分子防水涂膜≥2.0 mm;1:3 水泥砂浆找平层 20 mm;找坡层最薄处 30 mm;R.C. 屋面板
		保暖层		
		隔汽层	屋规 4.3.3	在纬度 40°以北且湿度>75%。其他地区常年湿>80%的保温屋面应设隔汽层(上海纬度 31°12′通常不设)。设隔汽层的目的是为了防止室内水蒸气通过屋面板渗透到保温层内(屋规 4.3.3 说明)。倒置法一是防水层已在隔汽层位置,二是挤塑板不吸水,因此作者认为倒置法无需隔汽层
		排水	屋规 4.3.10	一根落水管(>φ75,一般 φ100)汇水面积宜<200 m²。技措 7.2.5:雨水口间距一般不宜大于 24 m(有外檐天沟)或 15 m(无外檐天沟、内排水)。每一屋面或天沟,不宜少于 2 根落水管(技措 7.2.3)(怕堵)
		坡屋面	03930-1/住宅工程防渗漏管理手册三 7	坡(瓦)屋面要根据屋面坡度、卧瓦铺瓦优缺点与适应情况、防水级别、有无保暖层选择相关节点。如上海地区 II 级防水可选 03930-1 第 112 页的 28,III 级防水可选 03930-1 第 112 页的 30。瓦材钉挂法质量较轻,便于修理,适于雨水较多风大地方(住宅工程防渗漏管理手册三 7/住宅建筑围护结构节能应用技术规程 4.7.9)
		金属屋面	参考 1994 屋规表 3.0.1	夹心板屋面为二级防水屋面
			01J925-1	关于夹心板构造或压型钢板、夹心板屋面及墙体建筑构造见 01J925-1
		种植屋面	植规 5.4	
		设备基础防水	屋规 5.3.3.2	设备基础在防水层上面,则应在设备基础之下,防水层上面做 50 mm 厚细石混凝土垫层
19	门窗	安全防护	技措 10.5.3/4	低窗台防护高度>0.8 m(一般)或 0.9 m(住宅)。分两种情况:窗台低于 0.5 m,高度从窗台面算起;窗台高于 0.5 m,高度从地面算起,但护栏下部 0.5 m 范围内不能有任何可踏部位。固定窗作为防护措施,用厚度不小于 16.78 mm 的夹层玻璃(技措 10.5.3)
			通则 6.10.3/上标 7.1.3	
		玻璃应用	发改运[2003]2116 号	≥7 层建筑物的外开窗,窗台低于 500 mm 的落地窗,面积>1.5 m² 的窗玻璃,或公共建筑物的入口门厅用安全玻璃
			玻规 8.2.4	离地高度>5.0 m 的天棚玻璃要用夹层玻璃

防水设防 内容摘要表:

防水等级	防水道数	合成高分子防水卷材	高聚物改性沥青水卷材	沥青防水卷材	自粘橡胶沥青防水卷材	涂膜防水材料	
						高聚物改性沥青涂膜	合成高分子涂料
II	2 道设防	不应小于 1.2 mm	不应小于 3.0 mm		不应小于 2.0 mm	不应小于 3.0 mm	不应小于 1.5 mm
III	单道设防	不应小于 1.2 mm	不应小于 4.0 mm	三毡四油	不应小于 8 mm	不应小于 3.0 mm	不应小于 2 mm
IV	单道设防			二毡四油		不应小于 4 mm	不应小于 2.0 mm

(续表)

序号	项目	相关方面	相关信息条文	内 容 摘 要
19	门窗	五性	→北京市标住宅建筑应用技术规范 GBJ 01 - 79—2004 的 4.2.1	北京建筑外门外窗的性能→上海建筑外门外窗的性能： （见下表）

北京建筑外门外窗的性能→上海建筑外门外窗的性能：

项 目	标准编号	物理性能指标（北京基本风压 0.45）	参考得出上海要求（基本风压 0.55）
抗风压不应低于 5 级	GB/T 7106	低层、多层住宅建筑应不小于 2 500 Pa；中高层、高层住宅建筑不小于 3 000 Pa；住宅建筑＞100 m 高时，应符合设计要求	低层、多层住宅建筑至少应不小于 2 750 Pa(5～6 级)；中高层、高层住宅建筑至少应不小于 3 300 Pa(6～7 级)；金山、宝山更高
气密性小于 4 级	GB/T 7107	在±10 Pa 推测压力差下：q_1 不大于 1.5 m²/(m·h)；q_2 不大于 4.5 m²/(m·h)	上海冬季室外平均风速 3.1，多层不应低于 3 级，高层不应低于 4 级(节能专篇 6.1.1.2)
水密性不低于 3 级	GB/T 7108	未渗漏压力不小于 250 Pa	大风多雨地区不应低于 3 级(技措 10.9.7)
保暖性不大于 7 级	GB/T 8484	外窗 K 不宜大于 2.8；阳台门芯板 K 不宜大于 1.7；阳台门玻璃 K 同外窗	上海住宅外窗 K＜4.0(上标 6.2.1)，属 5 级。住宅外窗 K＜3.0～3.2(沪建交[2006]765 号)，属 6～7 级。 上海公建外窗 K＜3.0(沪建交[2006]765 号)，属 7 级
隔声性不应低于 3 级（主干道 50 m 以内）	GB/T 8485	计权隔声量 R_W 不宜小于 30 dB(快速路和主干道两侧 50 m 范围内临街一侧)；计权隔声量 R_W 不宜小于 25 dB(次干路和支路道路两侧 50 m 范围内临街一侧)	住宅外窗隔声 30 dB(上标 6.1.3/住法 7.1.3)，属 3 级。 公建病房、客房类同住宅，3 级。其余公建，次于住宅，≤3 级(通则 7.5.1)
采光性能	GB/T 11976	透光折减系数 T_r 应符合设计要求	

序号	项目	相关方面	相关信息条文	内 容 摘 要
		筒子板装饰		盖缝条、贴脸或筒子板见内装要求
		立樘位置		应视门的开启方式和开启方向而定，或居中，或外平，或内平
		户门	上标 7.1.1	安全防卫门，上面不得开气窗
		卫生间门	住规 6.4.4/技措 2.4.3	厨房及卫生间的门之下部位应有 0.02 m² 的固定百叶或距离地面留出 30 mm 的缝隙
		防火门	低规 7.5.1/7.5.2	
		防火卷帘	低规 7.5.3/高规 5.4.4 说明	普通防火卷帘(3 h，须有喷淋特殊保护)；特级防火卷帘(3 h，无须喷淋特殊保护)
		禁忌	技措 10.4.2	高层不应采用外开窗，应采用内开或推拉窗
		门窗五金件		参考北京《住宅建筑门窗应用技术规范》(DBJ 01 - 79—2004)3.4/京建科教[2003]594 号

（续表）

序号	项目	相关方面	相关信息条文	内 容 摘 要
20	卫生间	位置	住规 3.4.3/住规 3.4.3	卫生间不可在下层住户的厨房、起居、卧室上面。可布置在本套内厨房、起居、卧室上面，但应有防水隔声和便于检修的措施
			上标 4.5.5	卫生间不应该在下层住户的厨房、起居、卧室和餐厅上面，但可在本套这些房间上面，而且有防水隔声和便于检修的措施
			苏标 4.4.4	江苏同套时，厨房除外
		磨砂玻璃	装饰验规 JGJ 73—1991 的 4.3.9	磨砂玻璃毛面宜向内，压花玻璃毛面宜向外
		错层	上标 4.1.8	卫生间与卧室不应错层
		沉板做法	住宅指南第 192 页	当卫生间的排水横管设在下层时，其清扫口应设在本层内上标 4.5.6。同层排水设计可以采用落低楼板≥350 mm 或同层横排水（住宅指南第 192 页）
		防水做法	03J930-1 住宅建筑构造总说明 5.11	卫生间地面防水宜采用涂膜防水涂料，一般可用 SBS 胶乳涂料，中等用氯丁胶乳涂膜，高档用聚氨酯涂膜，1.5 mm 厚（03J930-1 第 28 页）。地面坡度不应小于 1%，找坡最薄处 20 mm，可用 C15 或 C20 细石混凝土。若厚度＜30 mm，可用 1∶3 水泥砂浆找坡（03J930-1 第 28 页）
		落低	通则 6.5.1.6	
		地面构造	上标 7.4.2	多层住宅底层厨房、卫生间、楼梯间必须采用回填土分层夯实后浇灌混凝土地坪
		门的开向	上标 4.5.4	卫生间的门不应直接开向起居室、餐厅和厨房
		残障厕所		
		公共卫生定额	上厕标 4.2.5.2	商店、超市厕所配置：以面积论，1 000～2 000 m²（营业面积）设男大便器 1 个、小便器 1 个和女大便器 2 个；2 001～4 000 m²（营业面积）设男大便器 1 个、小便器 2 个和女大便器 4 个；4 000 m² 以上，以营业面积成比例增加
		轻质隔墙	技措 4.1.4/4.2.5	加气混凝土砌块一般不得用在易受水浸及干湿交替部位（如卫厨水泵房）。如果采用，应采用配套的砌筑砂浆和粉刷砂浆
		导墙	通则 6.12.3/技措 4.2.5	卫生间四周墙面除门洞外应做混凝土翻边 120 mm 高
21	厨房	封闭空间	上标 4.4.1	
		地面防潮	上标 7.4.4	厨房和卫生间的地面以及卫生间的墙面应设防水层
22	外墙	外保温	民用建筑围护结构节能工程施工工法（一）	
		贴面砖	技措 4.6.4.2	采用钢丝网聚苯板做保温层者，表面抹水泥砂浆，低层建筑可用面砖饰面
			沪建安质监〔2007〕020 号上海民用建筑外墙保温工程应用导则 3.8	外保温不宜采用面砖。饰面砖要采用轻质功能性面砖，不大于 20.0 kg/m²，单块面积不大于 0.01 m²，吸水率不大于 6%。立面设分格缝 12.0 m (H)×6.0 m(W)
			住宅设计标准应用指南第 342 页	胶粉聚苯颗粒，在保温层不厚的情况下，施工较为方便，对于立面外形多变的墙面适宜。饰面层可为涂料、面砖或干挂石材。胶粉聚苯颗粒保温层当厚度＞40 mm，同时高度＞30 m 时，保温层做法应为加强型，即保温层中压入一层钢丝网片
			蒸压轻质砂加气混凝土块材和板材建筑构造 06CJ05	加气混凝土砌块（AAC）外墙面可为：① 面砖墙面；② 小型石材墙面，石材尺寸≤300 mm×300 mm×20 mm，且仅适用于 8.0 m 以下；③ 干挂石板或金属板墙面
			外墙外保温建筑构造（一）02J121-1 总说明 4.2	面砖墙面，可选用胶粉聚苯颗粒（B 型）、腹丝穿透型钢丝网架聚苯板保温层（D 型）、腹丝非穿透型钢丝网架聚苯板保温层（E 型）。高层建筑贴面砖，面砖重量≤20 kg/m²，且面积≤10 000 mm²/块

（续表）

序号	项目	相关方面	相关信息条文	内 容 摘 要
22	外墙	外墙防水	技措 4.2.8	重要建筑、墙体为空心砌块或轻质砖的住宅、当地基本风压值＞0.6 kPa 的建筑，其外墙宜用 20 mm 厚防水砂浆或 7 mm 厚聚合物水泥砂浆抹面再加防水涂料（上海基本风压值 0.55 kPa）。 一般公共建筑、9 层以下的住宅、墙体为实心砖或 R.C.、当地基本风压值 ＜0.6 kPa 的建筑，其外墙宜用 20 mm 厚水泥砂浆、5 mm 厚聚合物水泥砂浆或 1：2.5 厚水泥砂浆贴面砖。 加气混凝土外墙采用配套砂浆或加钢丝网抹灰
		构件保温	沪建交[2006]765 号	① 凸窗 K 值比常规减小 10%； ② 凸窗的顶侧底板都要保温，保温层厚度≥墙面保温层厚度； ③ 无论开敞阳台或封闭阳台，其室内与阳台间的墙和墙上门窗当作一般外墙门窗一样处理
23	内装修	防火	装规表 3.2.1/表 3.3.1/表 3.4.1/表 4.0.1	根据建筑层数和类别分别查表，得出民用多层、高层、地下建筑和厂房各部位装修材料的燃烧性能等级等（装规表 3.2.1/表 3.3.1/表 3.4.1/表 4.0.1），再根据附录 B 查看选用材料是否符合相应的燃烧性能等级
		不同基材交接	住装规 7.1.3	表面应先铺设防裂加强材料，两边各出 100 mm
		层次	装规 2.3.12	水泥砂浆不得涂在石灰砂浆上
		涂料油漆	住装规 13.3	
		防污染	民用建筑工程室内环境污染控制规范	在说明中写明"为控制由建筑材料和装修产生的室内污染，在工程勘察、设计施工和验收过程中，对建筑材料的选择、设计、施工和验收等，应符合《民用建筑工程室内环境污染控制规范》的各项要求"
		内墙面石膏砂浆粉刷	03J930-1 第 71 页的 5	代替混合砂浆及水泥砂浆。典型做法：① 树脂涂液涂料 2 遍饰面；② 封底漆 1 道（干燥后做面涂）；③ 5 mm 厚 1：0.5：2.5 水泥石灰膏砂浆找平；④ 8 mm 厚 1：0.5：3 水泥石灰膏砂浆扫毛或划纹；⑤ 3 mm 厚加剂专用砂浆抹基面刮糙或界面剂（抹前墙面用水润湿）；⑥ 聚合物水泥砂浆修补墙面。 延伸：贴瓷砖防水（第 71 页的 37）；墙砖贴面（第 81 页的 35）；涂料粉刷（第 71 页的 5）；护角 15 mm 厚 1：2 水泥砂浆 50 mm 宽
		油漆	03J930-1 第 436 页	木材及水泥表面、钢材表面油漆做法
		涂料	住宅指南 5.7.2	涂料的特性与用途
		多雨地区底层地面防止结露	节能专篇 4.1.2	① 设法提高地表面的温度，要求地面构造层的 R 不少于外墙 R 的一半； ② 面层材料的 K 要小； ③ 面层材料的吸湿性强； ④ 运用空气层的防潮技术； ⑤ 做木地板时，其垫层上应设防潮层

6.22 构造详细做法索引

部位	编号	提要	住 宅		公 共 建 筑		
			节点索引号《住宅建筑构造》(03J930-1)	部 位	编号	节点索引号《工程做法》(05J909)	适用范围参考
地面	地1	水泥地面1	(2/29) ① 20 mm 厚 1：2.5 水泥砂浆； ② 水泥浆 1 道（内掺建筑胶）； ③ 60 mm 厚 CL7.5 轻集料混凝土； ④ R.C. 楼板	一般简易民用建筑	地1	地1：A（无垫层）或 B（有垫层）/LD4	楼梯间或设备用房地面

(续表)

部位	编号	提要	住　宅		部　位	编号	公　共　建　筑	适用范围参考
			节点索引号《住宅建筑构造》(03J930-1)	部　位		编号	节点索引号《工程做法》(05J909)	适用范围参考
地面	地2	水泥地面2	(5/30) ① 40 mm厚C20细石混凝土表面撒1:1水泥砂子,随打随光;② 水泥浆1道(内掺建胶);③ 60 mm厚CL7.5轻集料混凝土;④ R.C.楼板	车间地面	地2	地1:A(无垫层)或B(有垫层)/LD4	楼梯间或设备用房地面
	地3	地砖地面1	(7/31) ① 8～10 mm厚地面砖干水泥擦缝;② 20 mm厚1:3干硬水泥砂浆结合层表面撒水泥粉;③ 水泥浆1道(内掺建胶);④ R.C.楼板	走廊	地3	地12:A(无垫层)或B(有垫层)/LD4	办公室或商场
	地4	地砖地面2(防水)	(20/35) ① 8～10 mm厚地面砖干水泥擦缝;② 30 mm厚1:3干硬水泥砂浆结合层表面撒水泥粉;③ 1.5 mm厚聚氨酯防水层(2道);④ 最薄处20 mm厚1:3水泥砂浆或C20细石混凝土找坡层抹平;⑤ 60 mm厚CL7.5轻集料混凝土;⑥ R.C.楼板	浴室、厨房	地4	地13:A(无垫层)或B(有垫层)/LD4	办公室或商场
	地5	复合板地面	(65/50) ① 8 mm厚企口强化复合木地板;② 3～5 mm层泡沫塑料衬垫;③ 20 mm厚1:2.5水泥砂浆找平;④ 水泥浆1道(内掺建胶);⑤ 60 mm厚CL7.5轻集料混凝土;⑥ R.C.楼板	卧室、办公室	地5	地33:A(无垫层)或B(有垫层)/LD4	办公室或商场
	地6	单层长条松木地面	(38/41) ① 地板漆2道;② 100 mm×25 mm长条松木地板(背面满刷氟化钠防腐剂);③ 50 mm×50 mm木龙骨@400架空20 mm,表面刷防腐剂;④ 60 mm厚1:6水泥焦渣填充层;⑤ R.C.楼板	卧室	地6		
	地7	橡胶合成材料地面				地16:A(无垫层)或B(有垫层)/LD4	办公室或商场
	地8	涂层地面				地21:A(无垫层)或B(有垫层)/LD4	办公室或商场
		地毯地面				地42:A(无垫层)或B(有垫层)/LD4	办公室
		石材地面				地17:A(无垫层)或B(有垫层)/LD4	门厅或走廊
		采暖地板	73→76/54	一般房间(有轻混凝土垫层,防水层在下侧)			
			74→79/56	卫生间、厨房(有轻混凝土垫层,上下两侧都有防水层)			

（续表）

| 部位 | 编号 | 提 要 | 住 宅 | | 公 共 建 筑 | | |
			节点索引号《住宅建筑构造》(03J930-1)	部 位	编号	节点索引号《工程做法》(05J909)	适用范围参考
内墙面		混合砂浆粉刷墙面	苏标《施工说明》(J9051)(5/36)	一般简易民用建筑			
		水泥砂浆粉刷墙面	苏标《施工说明》(J9051)(4/36)	水泵房			
		涂料石灰膏墙面	(5/71)空心砌块	一般民用建筑			
			(6/71)加气混凝土				
		纸筋灰粉刷＋加气块	苏标《施工说明》(J9051)(11/38)	一般民用建筑			
		瓷砖墙面（防水）	(24/77)① 白水泥擦缝（或1：1彩色水泥细砂砂浆勾缝）；② 5 mm厚釉面砖（粘贴前先将釉面砖浸水2 h以上）；③ 4 mm厚强力胶粉泥黏结层，揉挤压实；④ 1.5 mm聚合物水泥基复合防水涂料防水层（或按工程设计）；⑤ 9 mm厚1：3水泥砂浆打底压实抹平；⑥ 素水泥砂浆1道甩毛（内掺建筑胶）	浴室、厨房	内墙16：C（空心砌块墙）或D（加气块墙）		卫生间
		面砖墙面	(23/76)① 白水泥擦缝（或1：1彩色水泥细砂砂浆勾缝）；② 5 mm厚釉面砖（粘贴前先将釉面砖浸水2 h以上）；③ 5 mm厚1：2建筑水泥砂浆（或专用胶）粘贴层；④ 素水泥砂浆1道（用专用胶粘贴时无此道工序）；⑤ 9 mm厚1：3水泥砂浆打底压实抹平（用专用胶粘贴时需要平整）；⑥ 素水泥浆1道（内掺建筑胶）	门厅			
		花岗石大理石（灌浆）墙面	(40/83)① 稀水泥浆擦（勾）缝；② 20～30 mm厚花岗岩板面层，正、背面及四周边满涂防污剂，石板背面预留穿孔（或沟槽），用18号铜丝（或φ4不锈钢挂钩）与钢筋网绑扎（或卡勾）牢固灌50 mm厚1：2.5水泥砂浆分层灌注插捣密实，每层150～200 mm且不大于板高1/3（灌注砂浆前先将花岗石板背面和墙体基面浇水润湿）；③ φ6钢筋网（双向间距按饰面尺寸定）与墙体基面预留的钢筋头焊接牢固；④ 墙体基面预埋φ8钢筋头长150 mm或M8×80 mm膨胀螺钉（双向间距由饰面板尺寸定）	门厅			
		装饰板			内墙24：C（空心砌块墙）或D（加气块墙）		办公室或商场

(续表)

部位	编号	提要	住宅 节点索引号《住宅建筑构造》(03J930-1)	部位	编号	节点索引号《工程做法》(05J909)	适用范围参考
天棚		板底涂料	(6/85)① 树脂乳液涂料面层 2 道(每道间隔 2 h);② 封底漆 1 道(干燥后再做面涂);③ 3 mm 厚 1:0.5:2.5 水泥石灰膏砂浆找平;④ 5 mm 厚 1:0.5:3 水泥石灰砂浆打底扫毛或划出纹道;⑤ 素水泥浆 1 道(内掺建筑胶)	一般简易民用建筑			楼梯间
		纸面石膏板吊顶	(13/87)① 饰面由设计人定;② 满刮 2 mm 厚耐水腻子找平;③ 满刷氯偏乳液(或乳化光油)防潮涂料 2 道,横纵向各刷 1 道(防水石膏板无此道工序);④ 9.5 mm 厚纸面石膏板,用自攻螺钉与龙骨固定,中距≤200 mm;⑤ U 型轻钢龙骨横撑 CB60 mm×27 mm(或 CB50 mm×20 mm),中距 1 200 mm;⑥ U 型轻钢次龙骨 CB60 mm×27 mm(或 CB50 mm×20 mm),中距 429 mm;⑦ 10 号镀锌低碳钢丝(或 φ10 钢筋吊环,中距横向≤800 mm,纵向 429 mm,吊杆上部与预留钢筋吊环固定);⑧ 钢筋混凝土板预留 φ10 钢筋吊环(勾),中距横向≤800 mm,纵向 429 mm(预制混凝土可在板缝内预留吊环板)	浴室、厨房		棚 14/DP10	办公室或商场
		防火纸面石膏板吊顶				棚 16/DP11	办公室或商场
		TK 板吊顶	参考(13/87)	浴室、厨房			卫生间
		水泥砂浆+防霉涂料	(4/84)① 涂料面层;② 3 mm 厚 1:2.5 水泥砂浆找平;③ 5 mm 厚 1:3 水泥砂浆打底扫毛或划出纹道;④ 素水泥砂浆 1 道(内掺建筑胶)	水泵房、厨房			水泵房
		矿棉板吊顶				棚 25/DP12~14	办公室或商场
		铝合金方形板吊顶				棚 36/DP20	办公室或商场
外墙面		面砖外墙面、外保温		限高		外墙 C 或 D/14	
		面砖外墙面、不保温	(14/94)① 1:1 水泥(或白水泥掺色)砂浆(细砂)勾缝;② 6~10 mm 厚彩釉面砖(仿石砖、瓷质外墙砖、金属釉面砖)在砖粘贴面涂抹 5 mm 厚黏结剂;③ 6 mm 厚 1:0.2:2.5 水泥石灰膏砂浆刮平扫毛或划出纹道;④ 10 mm 厚 1:3 水泥砂浆打底扫毛或划出纹道;⑤ 刷混凝土界剂 1 道(随刷随抹底灰)或拉毛处理 1 道				

(续表)

部位	编号	提要	住　　宅		部　位	编号	公　共　建　筑	适用范围参考
			节点索引号《住宅建筑构造》(03J930-1)				节点索引号《工程做法》(05J909)	
外墙面		挂贴花岗石、外保温	(17/95) ① 稀水泥浆擦缝; ② 20～30 mm 厚花岗石石板,由板背面预留穿孔(或沟槽)穿 18 号铜丝(或 φ4 不锈钢挂钩)与双向钢筋网固定,花岗石板与砖墙之间的 20 mm 厚空隙层内用 1:2.5 水泥砂浆灌实; ③ φ6 厚双向钢筋网(中距按板材尺寸)与墙内预埋钢筋(伸出墙面50mm)电焊(或 18 号低碳镀锌钢丝绑扎); ④ 抹 60 mm 厚复合硅酸盐聚苯颗粒,或喷 60 mm 厚(发泡后厚度)发泡聚氨酯; ⑤ 墙内预埋 φ8 钢筋,伸出墙面 60 mm,或预埋 50 mm×50 mm×4 mm 钢板,双向中距 700 mm(采用预埋钢板时,由钢板上焊 φ8 钢筋与双向钢筋网固定)					
		干挂花岗石、外保温	(21/99) ① 25 mm 厚磨光花岗石板,上下边钻销孔,长方形板横排时钻 2 个孔,竖排时钻 1 个孔,孔径 φ5,安装时孔内先填云石胶,再插入 φ4 不锈钢销钉,固定于 4 mm 厚钢板托件上,石板两侧开 4 mm 宽 80 mm 高凹槽,填胶后,用 3 mm 厚 50 mm 宽燕尾钢板勾住石板(燕尾钢板左右各勾住 1 块石板),石板四周接缝宽 6～8 mm,用弹性密封膏(如 793 耐候胶)封严,铁板托和燕尾钢板均用 φ5 螺栓固定于竖向角钢龙骨上; ② ∟60 mm×6 mm 竖向角钢龙骨根据石板大小调整角钢尺寸,中距为石板宽度+缝宽; ③ 角钢龙骨距墙 10 mm,焊于墙内预埋伸出的角钢头上(或在墙内预埋钢板然后用角钢焊连竖向角钢龙骨)角钢龙骨与墙面之间 50 mm 厚空隙内,用聚合物砂浆满贴 50 mm 厚聚苯板,与连接件交接处用软质泡沫塑料塞严(或现抹 50 mm 厚硅酸盐聚苯颗粒保温层)					
		水泥砂浆涂料、外保温	(1,3/185)配合洞口节点(—/190)					
		混合砂浆涂料	(7/91)① 双组分聚氨酯罩面涂料 1 遍; ② 丙烯酸弹性高级中层主涂料1遍; ③ 封底涂料 1 遍; ④ 6 mm 厚 1:2.5 水泥砂浆找平; ⑤ 9 mm 厚 1:1:6 水泥石灰膏砂浆中层,刮平扫毛或划出纹道; ⑥ 3 mm 厚外加剂专用砂浆底面刮糙,或专用界面剂甩毛; ⑦ 喷湿墙面					
		金属幕墙					外墙 15/WQ11-13	
		LED广告	参考 06J505-1 的 SH4					

(续表)

部位	编号	提要	住宅		公共建筑		适用范围参考
			节点索引号《住宅建筑构造》(03J930-1)	部位	编号	节点索引号《工程做法》(05J909)	
平屋面		上人保温	(9E 或 J/107)B6-40 合成高分子防水卷材≥1.2 mm,合成高分子防水涂膜厚≥1.5 mm。挤塑板40 mm(还应看节能计算)	E-Ⅱ级防水,J-Ⅲ级防水。上海为非采暖地区,不在第101页表列范围内		屋 7/WM 13 防水:Ⅱ14~18 保温:WM38 查表	块材保护层。Ⅱ级防水,倒置式。B6指挤塑板。建议将找平层改为陶粒混凝土,这样不必设隔汽层
		不上人保温	(11E 或 J/107)B6-40 卵石保护	E-Ⅱ级防水,J-Ⅲ级防水。上海为非采暖地区,不在第101页表列范围内		屋 17/WM 16 防水:Ⅱ14~18 保温:WM38 查表	卵石保护层。Ⅱ级防水,倒置式。B6指挤塑板。建议将找平层改为陶粒混凝土,这样不必设隔汽层
		PUDF屋面	(13/108)① 涂膜保护层;② 硬质聚氨酯泡沫塑料防水保温隔热层(现场喷涂成型);③ 20 mm厚1:3水泥砂浆找平层;④ 最薄处 30 mm厚找坡层;⑤ 钢筋混凝土屋面板	Ⅱ级防水,不上人			
		种植屋面	(18/109)① 250~600 mm 厚种植土;② 聚酯无纺布滤水层(120 g/m²)四周上翻 100 mm 高,端部通常用黏结剂粘 50 mm 高;③ 80 mm 厚粒径 15~20 mm 陶粒(或卵石)排水层;④ 40 mm 厚 C20 钢筋混凝土保护层,内配 φ6 钢筋双向中距 150 mm 每 6 m 设分隔缝,缝内填高分子密封膏;⑤ 3 mm 厚纸筋灰隔离层;⑥ 防水层(柔性);⑦ 20 mm 厚1:3水泥砂浆找平层;⑧ 最薄 30 mm 厚1:0.2:3.5 水泥粉煤灰页岩陶粒找平2%坡;⑨ 40 mm 厚 C20 细石混凝土;⑩ 挤压法生产的聚苯板;⑪ 隔汽层1:5厚聚合物水泥基复合防水涂料(或按工程设计);⑫ 20 mm 厚1:3水泥砂浆找平;⑬ 现浇钢筋混凝土屋面板	此法不是最好。更好的见植规 5.2.2/4.4		(屋 35)① 种植土;② 土工布;③ 20 mm 高塑料排水层;④ 40 mm 厚细石混凝土;⑤ 10 mm 厚低标号砂浆隔离层;⑥ 防水层;⑦ 20 mm 厚1:3水泥砂浆找平层;⑧ 最薄 30 mm 厚 LC5.0轻集料混凝土2%找坡层;⑨ 保温层;⑩ 1.2 mm 厚聚氨酯防水涂料隔汽层;⑪ 20 mm 厚1:3水泥砂浆找平;⑫ 钢筋混凝土屋面板	

(续表)

部位	编号	提 要	住 宅			公 共 建 筑		
			节点索引号《住宅建筑构造》(03J930-1)	部 位	编号	节点索引号《工程做法》(05J909)	适用范围参考
平屋面		停车屋面				(屋38)① 150 mm 厚种植土,表面嵌入 70 mm 厚塑料箅子;② 土工布;③ 20 mm 高塑料排水层;④ 40 mm 厚细石混凝土;⑤ 10 mm 厚低标号砂浆隔离层;⑥ 防水层;⑦ 20 mm 厚1:3水泥砂浆找平层;⑧ 最薄 30 mm 厚LC5.0轻集料混凝土2%找坡层;⑨ 保温层;⑩ 1.2 mm 厚聚氨酯防水涂料隔汽层;⑪ 20 mm 厚1:3水泥砂浆找平;⑫ 钢筋混凝土屋面板	
		消防车道屋面				(屋41)① 120 mm 厚 C25 混凝土随打随抹,内配 $\phi10@200$ 双向(置于板的下部),分缝 12 mm 宽,双向中距 3 000 mm,粗砂填缝;② 20 mm 高塑料排水层;③ 挤塑聚苯板保温层;④ 防水层;⑤ 20 mm 厚1:3水泥砂浆找平层;⑥ 最薄 30 mm 厚LC5.0轻集料混凝土2%找坡层;⑦ 20 mm 厚1:3水泥砂浆找平层;⑧ 钢筋混凝土屋面板	
坡屋面		卧瓦保温	(20/110)① 块瓦;② 最薄处 20 mm 厚1:3水泥砂浆卧瓦层(配 $\phi6@500\ mm×500\ mm$ 钢筋网);③ 20 mm 厚 1:3 水泥砂浆找平层;④ 保温或隔热层;⑤ 防水层;⑥ 15 mm 厚 1:3 水泥砂浆找平层;⑦ 钢筋混凝土屋面板	Ⅱ级防水			

（续表）

部位	编号	提要	住　宅		公　共　建　筑		适用范围参考
			节点索引号《住宅建筑构造》(03J930-1)	部　位	编号	节点索引号《工程做法》(05J909)	
坡屋面		挂瓦保温	(24/111)① 块瓦；②挂瓦条∟30 mm×4 mm,中距按瓦材规格；③顺水条 25 mm×5 mm,中距600 mm；④35 mm厚C15细石混凝土找平层(配φ6@500 mm×500 mm钢筋网)；⑤保温或隔热层；⑥防水层；⑦15 mm厚1:3水泥砂浆找平层；⑧钢筋混凝土屋面板	Ⅱ级防水。挂瓦法便于修理,适于雨多风大地方			
		卧瓦不保温	(19/110)① 块瓦；②最薄处20 mm厚1:3水泥砂浆卧瓦层(配φ6@500 mm×500 mm钢筋网)；③防水层；④15 mm厚1:3水泥砂浆找平层；⑤钢筋混凝土屋面板	Ⅱ级防水			
		挂瓦不保温	(27/112)① 块瓦；②挂瓦条30 mm×25 mm(h),中距按瓦材规格；③顺水条 25 mm×5 mm,中距600 mm；④35 mm厚C15细石混凝土找平层(配φ6@500 mm×500 mm钢筋网)；⑤防水层；⑥防水层；⑦15 mm厚1:3水泥砂浆找平层；⑧钢筋混凝土屋面板	Ⅱ级防水			
		夹心板	《夹心板屋面构造》(01J925-1)	Ⅱ级防水5%坡度			
地下室防水		地下室防水Ⅱ级	《地下建筑防水构造》(02J301)/节点详图25,26,27侧板：①M5砂浆砌单砖墙或聚苯烯板作保护层；②合成高分子卷材(Ⅱ级防水≥1.5 mm厚)；③20 mm厚1:2.5水泥砂浆找平层；④防水混凝土侧墙。顶板(根据不同情况,选择种植屋面、停车屋面或消防车道屋面)：①保护层；②合成高分子卷材(Ⅱ级防水≥1.5 mm厚)；③20 mm厚1:2.5水泥砂浆找平层；④防水混凝土顶板。	Ⅱ级防水(Ⅰ级防水)			

（续表）

部位	编号	提 要	住　　宅		部 位	编号	公　共　建　筑	
			节点索引号《住宅建筑构造》(03J930-1)	部 位			节点索引号《工程做法》(05J909)	适用范围参考
地下室防水		地下室防水Ⅱ级	底板： ① 防水混凝土底板； ② 50 mm 厚细石混凝土保护层； ③ 合成高分子卷材（Ⅱ级防水≥1.5 mm 厚）； ④ 1：2.5 水泥砂浆找平层； ⑤ 100 mm 厚 C15 混凝土垫层； ⑥ 素土夯实。 说明：在Ⅱ级防水做法的基础上，在板的内侧另加1道水泥基渗透型防水涂料（≥0.8 mm 厚或每 m² 用量不少于 0.8 kg）便成一级防水。这种方法适合于地下商场、地下车库的地下变电所等		Ⅱ 级 防 水（Ⅰ级防水）			

注：《江苏标准图集施工说明》(苏 J95019)(第二版)有各种做法的适用范围。

6.23　建筑设计概念传达表

建筑设计周期很长，常常达数月乃至几年，数易其人，为避免前后不一致，为避免修改不留痕迹，带来工作上的麻烦，特制本表。请用手工填写本表。

序号	概　念　项　目		方案图（设计人＿＿＿／日期＿＿＿＿）	施工图（设计人签名＿＿＿／日期＿＿＿＿）
1	工程项目名称/地点			
2	基本情况简单描述/面积层数高度			
3	建筑内容定性			
4	防火区面积限制（附示意图）	底层面积限制/个数		维持原设计/位置与面积略有修改/位置与面积大修改/个数修改
		标准层面积限制/个数		
		地下室面积限制/个数		
		人防防护区面积限制		
5	安全出口（楼梯间）	楼层数		
		个　数		
		类　别		
6	疏散距离限制	中间情况		
		尽端情况		
		房间内（店铺内）		
7	楼梯总宽度	以层计		
		以防火区计		
8	楼梯间人工加压送风	上海/江苏/浙江（分别处理）		
		其他地区（统一处理）		

（续表）

序号	概　念　项　目			方案图（设计人_____／日期_____）	施工图（设计人签名_____／日期_____）
9	总图（附消防道布置图）	消防道	低、多层(@160 m)		
			单侧布置(住宅)		
			双侧布置或环形(公建)		
		规划间距	离　界		
			南北间距		
			山　墙		
			其　他		
10	地下车库（附防火分区示意图）	防火区	分区编号		
			面积限制		
			安全出口个数		
		疏散距离限制			
		设备间	另成防火区		
			独立防火区		
11	地下商场（附防火分区示意图）	防火分区面积限制			
		安全出口	直通地面出口个数		
			楼梯类型		
			人工加压送风		
		疏散距离	大空间		
			店铺式		
12	人防（附战时和平时防火分区示意图）	定　性			
		防护分区面积限制／个数			
		出入口	直通地面式主要出口／个数		
			楼梯式主要出口／个数		
			次要出口／个数		
13	遗留问题	1			
		2			
		3			
		4			
		5			
		6			
14	提　示	1	地震设防	大型多层商业建筑、托幼、中小学(教学楼、食堂、宿舍)乙类设防,从原有烈度上提高一级	
		2			
		3			
		4			
		5			
		6			

6.24　建筑专业施工图及上下游专业之间互提资料内容表

序号	时段	由上游专业提供资料			建筑专业施工图内容	向下游专业提供资料	说明/注意点
一		方 →	1		任务书、方案及各方审批文件	相关的审批文件	
			2		外部条件：地形图（道路、标高、周围建筑、市政设施）、气象条件	相关的外部条件：地形图（道路、标高、周围建筑、市政设施）、气象、条件	大柱网轴线，便于以后采用插入法加入低一级的分轴线
			3		内部条件：单层轴线尺寸的平、剖面图	标有二层轴线尺寸的平、剖面图	
			4		概念传达表		
			5		垂直交通位置		
			6		建筑材料	→ 风	
			7		总图：离界、间距（规划和消防）、配套用房		
			8		单体建筑内功能房间的安排		
			9		对照任务书和各方审批文件进行调整平面等		
			10				
二			1		确认总图：离界、间距（规划和消防）、配套用房		
			2		调整垂直交通位置及大小、标高及人工加压送风→	← 各专业 确认对垂直交通位置及大小、标高及人工加压送风的安排	上海人工加压送风见烟规3.1.8和上标3.1.5规定；外地人工加压送风见高规8.3.1规定
			3		概念表的校对、调整和确认（尤其是建筑定性）	→ 各设备专业 首先是对防火区安排的确认	
			4		施工说明初稿	→ 结、风、水、电、节	
			5 住宅	5.1	工程地点、消防道要求、适用规范		上海、江苏有专门规范
				5.2	阳台、厨房、卫生间、空调板、屋面排水图、墙上与楼板上的留洞位置大小标高→	← 各专业 对阳台、厨房、卫生间、空调板、屋面排水图进行调整、认可	
				5.3	防火构造的窗间距等	→ 结	
				5.4	各类门窗类型、大小	→ 风、节	
				5.5	各类建筑材料	→ 节	
				5.6	残疾人住宅、设施		
		结 变形缝位置、宽度→		5.7	变形缝位置、宽度、构造		
				5.8	所有雨篷位置大小、标高	→ 结	
				5.9	其他（商业网点防火区、疏散距离、防火构造）		一层或一、二层为商业网点。楼上为住宅，照住宅处理
				5.10			

(续表)

序号	时段	由上游专业提供资料			建筑专业施工图内容	向下游专业提供资料	说明/注意点
			6 地下室	6.1	车道个数、位置及对周围影响(对红线、市政道路、邻近建筑物的距离)、宽度、坡度	→结	
				6.2	柱网、内部通道、车位数→	→结	
				6.3	防火区安排、卷帘门位置及限制		
				6.4			
				6.5	电梯是否停站		
		风、水、电 各专业草提设备室大小、高度→		6.6	设备室位置及大小、标高及相应防火区的安排→	←各专业确认建筑专业对各专业提设备室的安排	
				6.7	自行车库		
				6.8	排水安排	→水、结	
				6.9			
			7 商场	7.1	工程地点、消防道要求、适用规范		上海、江苏、重庆有专门规范
				7.2	防火区安排、卷帘门位置及限制		
				7.3	非商场部位的独立出入口		
				7.4.1	商业建筑楼梯间个数、类别、高层建筑底层出口直接对外	→风 确定人工加压送风部位、风井大小	上海人工加压送风见烟规 3.1.8/3.1.3 规定;外地人工加压送风见高规 8.3.1 规定
				7.4.2	商住楼防烟楼梯间及其前室的人工加压送风		上海、江苏、浙江商住楼的住宅和商建分别处理,其他地区建筑高度>50 m 或 24 m 以上任一层面积>150 m² 的商住楼照一类公建处理
				7.4.3	地下室楼梯间个数、类型、疏散距离及人工加压送风		地下1~2层,埋深≤10 m 应设封闭楼梯间,当封闭楼梯间在首层有开向室外的大门或有≥1.2 m² 的可开启外窗时,其楼梯间可不采用人工加压送风(烟规 3.1.8),因此要注意在首层通往地下室楼梯的位置放在外侧
				7.5	疏散距离(大空间还是铺位式,或两者结合)		
		风、水、电各专业提设备室大小、高度草案→		7.6	设备室位置及大小、标高及相应防火区的安排→	←各专业确认建筑专业对各专业提设备室的安排	
		电梯型号→		7.7	电梯及前室、个数		
		电梯型号→		7.8	消防电梯及前室		

(续表)

序号	时段	由上游专业 提供资料			建筑专业施工图内容	向下游专业提供资料	说明/注意点
			7 商 场	7.9	货运及装卸出入口		
				7.10	厕所、残疾人厕所、设施	→水	
				7.11	(防火区分隔中庭自动扶梯)卷帘门位置及限制		
				7.12	地下商场＜20 000 m² 时的特别要求		
				7.13	地下商场的下沉式广场		
				7.14			
		结变形缝位置、宽度→		7.15	变形缝位置、宽度、构造		
			8 人 防	8.1	人防定性(人防面积最后与甲方确认)		
				8.2	防护区划分		
				8.3	室外出入口个数、室内出入口个数		
		风、水、电各专业提设备室大小、高度草案→		8.4	出入口及功能房间安排→	←结、风、水各专业确认建筑专业对各专业提设备室的安排	
				8.5	积水井→	←结、水确认积水井位置及大小、标高	
				8.6	各类人防墙位置、厚度		
				8.7	各类人防门表		
		电专业发电房位置及草案→		8.8	发电房		
				8.9	平战不同安排平、剖面图		
			9 其 他	9.1	施工说明定稿		注意消防、残障、节能内容
				9.2	平、立、剖面三道尺寸,放大图两道尺寸,施工图版本记号→	→各专业相互校对签名交图	除电脑稿外,每个工程都要留有纸质图(包括修改通知)
				9.3	节能计算书		
				9.4	外包设计(如幕墙)的基础资料、外包要求、对接界限	→外协作单位	

7 综合表格

　　本手册的正文部分,在常用设计范围内,对经常碰到的问题,提供各种不同规范对同一方面问题的答案。无论相同、相似,或相反的说法,多加列举,以便加深对同一问题的理解。设计者要根据不同条件,比如地点(本地或外地)、建筑层数、不同类型,选择相应的规范而遵守之。这些规范内容只能如实反映,不能无中生有。

　　如何运用规范条文,规范本身不会告诉你。本手册的特点也许正在这里,帮助你运用规范条文。在运用规范条文时,能直截了当当然最好,但往往会有不能直截了当的事情。这时,常会对同一条条文有不同理解,造成设计方与审批方的矛盾。这是笔者以及大家应当明白的、必须面对的现实。

　　另外,笔者还编制了一些表格,可以大大缩短查找时间,提高效率。比如各类建筑的防火面积,往往同逃生距离、楼梯类型、楼梯个数、梯段宽度及额定人数等联系在一起。笔者便把它们归纳成一个个表格,到时不必一一查找原始规范就可以用,非常方便。又如无障碍设计,可以先根据不同建筑类别,查找笔者提供的表格,确定是否要做。要做,再根据索引号深入下去。再如建筑间距,看上海规划的文字说明,非常费劲,尤其是混合情况,相互引用,很容易搞错。有了笔者的表格,设计者可根据南北平行还是东西平行、居住还是非居住、低层多层还是高层,轻松地在不同象限找到答案。如有怀疑,根据索引号校对。

7.1 各类建筑防火综合表

建筑类型	部位	防火区面积(m²)	安全疏散距离			楼梯		人数标定(m²/人)	梯宽计算	最小梯宽(m)	走廊宽度(m)		卫生设备			备注
			中间	尽端	房间内	类别	数量				中走廊	边走廊	男		女	
													大便	小便		
办公	高层	一类:1 000 二类:1 500 有淋:×2 (高规5.1.1)	40.0 (高规6.1.5)	20.0 (高规6.1.5)	15.0 (高规6.1.7)	封闭,一类高层及H>32的二类高层防烟(高规6.2.1/6.2.2)	相邻防火区面积之和<1.4积火区面积,可以只设一个防火端出口上的门作为第二安全出口(高规6.1.1.3)	3.0~4.0 (办规3.2.3/3.2.4)	1.0 m/100人(高规6.2.9)	1.20 (高规6.2.9)	1.80(长度>60.0) 1.40(长度<60.0)(办规3.1.7)	1.50(长度>60.0) 1.30(长度<60.0)(办规3.1.7)				大型建筑走廊1.80 m,中型1.50 m,小型1.20 m（残规7.3.1）。至内逃生距离15.0 m,60~100 m²,可以1个门,净宽1 400 mm(大办二)。高层离内的多功能厅等逃生距离不宜超过30.0 m（高规6.1.7）
	纯裙房	2 500/5 000 无淋/有淋(高规5.1.3)				封闭(高规6.2.2)										
	独立多层	2 500/5 000 无淋/有淋(低规5.1.7)	40.0 (低规5.3.13)	22.0 (低规5.3.13)	15.0/22.0 (低规5.3.8/2/1)	>5层或>2层封闭(低规5.3.5)	二、三层每层面积<500,人数总和100人,设一个二安全出口(低规5.3.8)		一、二层 0.65 m/100人; 三层 0.75 m/100人; >四层 1.00 m/100人(低规5.3.17)	1.10 (低规5.3.17)	1.80(长度>60.0) 1.40(长度<60.0)(办规3.1.7)	1.50(长度>60.0) 1.30(长度<60.0)(办规3.1.7)				
	地下	500 有淋:×2 (高规6.1.7/低规5.1.7)	40.0 (下规5.1.4)	20 (下规5.1.4)	15.0 (下规5.1.4)	封闭,-10.1(两层以内)防烟,-10.0以下(下规5.2.1)			0.75 m/100人(-10.0以内) 1.00 m/100人(-10.0以下)(下规5.1.5)	1.0 (下规5.1.5)						
	大空间办公	分别同上各项	30.0/45.0 直线/自然 (办规5.0.2)低规5.3.13/高规6.1.7/大办一的3.2)	12.0/18.0 直线/自然(大办一的3.2)	15.0(60~100 m²,<10人可1个出口(1 500门)(大办二)					分别同上各项	人行通道≥1.40(大办一的3.1)					上海曾有"沪消字(2001)4号关于审核若干建筑工程消防设计审核意见(大办)",专指有中央空调的超高层、高层、多层大空间办公

（续表）

建筑类型	部位	安全疏散距离				楼梯		人数标定（m²/人）	梯宽计算	最小梯宽（m）	走廊宽度（m）		卫生设备			备注
		防火区面积（m²）	中间	尽端	房间内	类别	数量				中走廊	边走廊	男 大便 小便		女	
教育楼	高层 H>24.0（高规4.1.6）	1 000/1 500（高规5.1.1）	30.0（高规6.1.5）	15.0（高规6.1.5）		封闭 H>32.0 防烟（高规6.2.2）			1.0 m/100 人（高规6.2.9）	→1.20（高规6.2.9）	3.00/2.10（合标22）	2.10/1.80（合标22）				小学不超过四层 中学不超过五层（面校规5.1.2）
	多层	2 500（低规5.1.7）	35.0（低规5.3.13）	22.0（低规5.3.13）		>2层封闭（低规5.3.13 说明，学校教学楼属人员密集之所）			一、二层：0.65 m/100 人；三层：0.75 m/100 人；≥四层：1.00 m/100 人（低规5.3.17）	1.10（低规5.3.14/15）	3.00/2.10（合标22）	2.10/1.80（合标22）				
	高层的一、二、三层（高规4.1.6）	1 000/1 500（高规5.1.1）	→25.0（参考低5.3.13）	→20.0（参考低5.3.13）	15.0（高规6.1.7）	封闭或 H>32.0 防烟，随所在大楼而定（高规6.2.2）			1.0 m/100 人（高规6.2.9）	→1.20（高规6.2.9）						应单独人口（高规4.1.6）
托幼	独立多层	2 500（低规5.1.7）	开敞楼梯—5.0（低规5.3.13）25.0	开敞楼梯—2.0（低规5.3.13）20.0	15.0（1个门或尽端房间）20.0（2个门）（低规5.3.13）	>2层设封闭楼梯间（低规5.3.5/15 说明）（低规5.3.15 说明）			一、二层：0.65，三层：0.75，>四层：1.00（低规5.3.17）	→1.10（低规5.3.14/15）	1.50 服务走廊 1.30（幼规3.6.6）					

（续表）

类别	部位	防火分区面积(m²)	安全疏散距离 中间	尽端	房间内	楼梯 类别	数量	人数标定(m²/人)	梯宽	最小梯宽(m)	走廊宽度(m) 中走廊	边走廊	卫生设备 男 大便	小便	女	备 注
商场或多层商店、有淋 10 000 m²(低规 5.1.12)	高层	有淋 4 000 (高规 5.1.2)	大空间双向疏散 30.0(45.0) (大商 3.4.2 高规 6.1.7 低规 5.3.13)													大型建筑走廊 1.80 m，中型 1.50 m，小型 1.20 m(夜规 7.3.1)。商场疏散梯最小宽度除地下商场明确为 1.40 m 外，地上高层 1.20 m、地上多层 1.10 m《建筑工程施工图审查处理》之见问题及其处理七的 22 (2005 年 3 月)
	隔开裙房（裙房与高层主体用防火墙隔开，下同）	2 500/5 000 无淋/有淋(高规 5.1.3)		大空间单向疏散 15.0(18.0) (大商 3.4.2)	15.0 (大商 3.4.2)	封闭 H>32.0 防烟 (高规 6.2.2)	相邻防火分区面积之和<1.4 防火分区面积，可以借用的门防火墙上作为第二安全出口(高规 6.1.1.3)	营业厅面积×0.85 人/m² (一、二层)，0.77(三层)，0.6(四层) (高规 4.2.5)	1.0 m/100 人 (高商 6.2.9)	1.20/1.40 (商规 6.2.9)	1.40 (商规 6.1.9)	1.30 (商规 6.1.9)				
	单层或多层的底层	无淋/有淋 2 500/5 000 (低规 5.1.7) 单层或多层有淋 10 000 (低规 5.3.13)	35.0(45.0) (大商 3.4.1) 30.0 (低规 5.3.13)	15.0(18.0) (大商 3.4.1)	15.0 (大商 3.4.3)	>2 层封闭 (低规 5.3.5/低规 5.3.15 说明)	二、三层面积各<500，人数总和 100 人(低规 5.3.2)	上海 3 m²/人 (大商 3.2)	一、二层：0.65；三层：0.75~四层：1.00 (低规 5.3.17)							
	独立多层										1.40 (商规 6.1.9)	1.30 (商规 6.1.9)				
	地下	有淋 2 000 (下规 4.1.3.1, 另见高规 5.1.2/低规 5.1.13)	40.0 (下规 5.1.4) 30.0 (低规 5.1.13)	20.0 (下规 5.1.4)	15.0	封闭，一 10.0 以内(两层)；防烟，一 10.0 以下 (下规 5.2.1/低规 5.1.12)		地下一层 0.85 人/m²，地下二层 0.80 人/m² (下规 5.1.8)	深 10.0 m 以内 0.75 m²，深 10.0 m 以外 1.0 m (下规 5.1.5)	商 1.40 餐 1.10 (下规 5.1.5)	1.60 (下规 5.1)	1.50 (下规 5.1.5)				只能在地下一、二层(低规 5.1.13)

（续表）

类别	部位	防火分区 面积(m²) 体积(m³)	安全疏散距离 中间	尽端	房间内	楼梯或安全出口 类型	数量	人数标定 (m²/人)	疏散梯宽	最小梯宽 (m)	走廊宽度(m) 中走廊	边走廊	卫生设备 男 大便	小便	女	备注
服务网点	单层	上海小商未有规定	22.0,有淋层高>4.0,~3.0,(小商3.2.3)		15.0(小商3.3.1.3)		<200 m²,1个;>200 m²,2个/(小商3.2.1 3.3.2)			1.10(低规5.3.14)						通风要求按沪消发(2003)54号《小型商业用房防火设计规定》2.4→烟规4.1.2执行,楼梯按烟规3.2.1要求
	多层 二、三层	2 500(苏商规8.2.1)	15.0(小商3.3.1.1)	15.0(小商3.3.1.1)	15.0(小商3.3.1.3)	敞开楼梯(小商3.3.1.1)	<300 m²一个			1.10(低规5.3.14)						底层楼梯口距直接对外出口15.0 m
			22.0(小商3.3.1.2)	22.0(+3.0)(小商3.3.1.2)	15.0(小商3.3.1.3)	敞开式楼梯间 底层有2个门(小商3.3.3)										
小型商业用房 营业厅	裙 多	高层商业4000(高规5.1.2) 高层隔开裙房有淋5000(高规5.1.3) 多层有淋2500×2(苏商规8.2.1)	40×0.75=30(小商4.1.2.3) 30.0(高规6.1.7/低规5.3.13)	40.0(小商4.1.2.3)	15.0(小商3.3.1.3)	封闭(高规6.2.2)	≤3层,每层<500 m²;2+3层<100人1个梯(小商4.1.1)	营业厅面积×0.85人/m²(一、二层),0.77人/m²(三层),0.6人/m²(四层)(参考高规4.2.5) 上海3 m²/人(参考大商3.2)	一、二层0.85人/m²,三层0.77人/m²,>三层0.60人/m²(低规5.3.17)	1.20(高规6.2.9) 1.10(低规5.3.14)						底层楼梯口距直接对外出口15.0 m,逃生距离超过4.0 m,营业厅设有规定,缺顶。笔者以上海设有规定,缺顶,低规,以高规,低规相关规定为宜
	高裙 高	单层或底层10000(低规5.1.12)	22×0.75=16.5(小商4.1.2.3)	22×0.75=16.5(小商4.1.2.3)	15.0(小商3.3.1.3)	封闭	>2层封闭(低规5.3.5)			1.20(高规6.2.9) 1.10(低规5.3.14)						
	大空间无分隔 多						>2层封闭(低规5.3.5)									

（续表）

类别	部位		安全疏散距离				楼梯或安全出口		人数标定 (m²/人)	疏散梯宽	最小梯宽 (m)	走廊宽度 (m)		卫生设备		备 注
			防火区面积(m²)/体积(m³)	中间	尽端	房间内	类 型	数 量				中走廊	边走廊	男(大便/小便)	女	
小型商业用房	小空间组合 大空间	地下	有淋<2 000 (下规4.1.3.1/高规5.1.2/低规5.3.13)	40.0/20.0 有淋×1.25 (下规5.1.5.2说明)		15.0 (下规5.1.5)	埋深<10.0一层,封闭 埋深>10.0二层,防烟 (下规5.2.1/5.2.2)	≥2个直通地面出口 [小商4.1.1/ 2004 沪消(建函)192号]	地下一层 0.85人/m², 地下二层 0.80人/m² (下规5.1.8)	深10.0 m以内,深0.75 m;深10.0 m以外, 1.0 m (下规5.1.5)	1.40 (下规5.1.5)					楼梯口距直接对外出口15.0 m。 地下营业厅不宜设在地下三层及以下(下规3.1.4A/低规5.1.13)
	大空间			30.0 有淋×1.25 (下规5.1.5.3)		15.0 (下规5.1.4)										

说明：有关商业建筑,全国的商规还是1988年的,显然很难适应现在的情况。本表根据上海的沪消发(2004)342号和沪消发(2003)54号文制作。江苏有《江苏省商业建筑防火规范》,更为具体细致。但其人数的确定,太不合理,太过苛究气,有待改进。所以09技措对消发《江苏省商业建筑防火规范》的有关说法,仍然沿用低规此说法,就是这个道理。因为一幢商业建筑在其一生中,儿易其主转变行当是常有的事。人数的确定,只要概念化,不宜太具体。
另外,建筑设计的平面布置的多样性是完全不是规范限制得了的,就以商业建筑来说为例,有大空间,有小空间,有廊道+小空间30 m,廊道+小空间40 m,两者结合的是各归各还是如何,没有一个规范范围明确规定过,叫设计人和校对者如何是好？

类别	部位	安全疏散距离 防火区面积(m²)		楼梯					人数标定 (m²/人)	最小梯宽 (m)	走廊宽度 (m)	卫生设备			备 注
				类别	数量	梯宽						男(大便/小便)	女		
汽车库	单层	3 000 有淋:×2 (汽火规5.1.1)	45.0/60.0(有淋 汽火规6.0.5)	封闭 (汽火规6.0.3)	<50辆可1个 (汽火规6.0.2)					1.10 (汽火规6.0.3)					地下商场及地下车库,其防火区面积>1 000 m²的每个分区,设不少于2个出入口,不得借用防火端上的门作为第二安全出口口[沪消(建函)字192号]。 居住区的地下车库可借用住宅楼梯间作为第二安全出口,其门应为FM甲(上柞5.6.4)。 H>32.0 m高层(含裙房)车库,地下车库楼梯间门用防烟楼梯间,FM乙(汽火规6.0.3)
	多层	2 500 有淋:×2 (汽火规5.1.1)	45.0/60.0(有淋 汽火规6.0.5)	封闭 (汽火规6.0.3)	≥2个 (汽火规6.0.2)					1.10 (汽火规6.0.3)					
	地下	2 000 有淋:×2 (汽火规5.1.1)	45.0/60.0(有淋 汽火规6.0.5)	封闭 FM乙 (汽火规6.0.3)	≥2个 (汽火规6.0.2)					1.10 (汽火规6.0.3)					

（续表）

类别	部位	防火区面积(m²)	安全疏散距离			楼梯 类别	楼梯 数量	人数标定(m²/人)	梯宽	最小梯宽(m)	走廊宽度(m)	卫生设备 男 大便	男 小便	女	备注
	高层	1类: 1 000 2类: 1 500 有淋: ×2 (高规5.1.1)	40.0 (高规6.1.5)	20.0 (高规6.1.5)	15.0 (高规6.1.7)	封闭 H>32.0, 防烟 (高规6.2.2)		放映: 1.0人/m² 其他: 0.5人/m² (高规4.1.5A)	1.0 m/100 人 (高规6.2.9)	1.20 (高规6.2.9)					房间只设一个门的条件: 中间一60.0 m²,尽端一75.0 m²。高层内观众厅、会议厅、多功能厅、阅览室等逃生距离30.0 m(高规6.1.7)。歌舞娱乐设在一、二、三层(高规4.1.5A)
	分隔耐房	无淋: 2 500 有淋: 2 500 (高规5.1.3)													
社区中心	独立多层	2 500 有淋: ×2 (低规5.1.7)	40.0 (低规5.3.13)	20.0 (低规5.3.13)	14.0/ ~22.0 (低规5.3.8/13)	5层以上封闭 设有歌舞时 >2层即封闭 (低规5.3.5)	二、三层,每层 500 m²,二、三层总100人可设1个(低规5.3.2)	放映: 1.0人/m² 其他: 0.5人/m² (低规5.3.17)	一、二层, 0.65 m/ 100人;三层, 0.75/;≥4层, 1.00 (低规5.3.17)	1.10 (低规5.3.14)	大型建筑走廊 1.80,中型 1.20(残规7.3.1)				房间只设一个门的条件: 中间120.0 m²,尽端约200.0 m²,离房门15.0 m。儿童游乐所不应设在≥4层(低规5.1.7)
	地下	500 有淋: ×2 (下规4.1.2)	40.0 →(下规5.1.4)	20.0 →(下规5.1.4)	15.0 (下规5.1.4.2)	<10.0封闭 >10.0防烟 (下规5.2.1)		放映: 1.0人/m² 其他: 0.5人/m² (下规5.1.9)	<10.0 m, 0.75 >10.0 m,1.00 (下规5.1.5)	1.00 (下规5.1.5)					≤50.0 m² 可设 1 个出口。儿童游乐场所不可设在地下(低规5.1.7)

（续表）

类别	部位	防火区面积(m²)	安全疏散距离			楼梯		人数标定(m²/人)	梯宽	最小梯宽(m)	走廊宽度(m)		卫生设备			备注
			中间	尽端	房间内	类别	数量				中走廊	边走廊	男 大便	男 小便	女	
	高层	一类:1 000 二类:1 500 有淋:×2 (高规5.1.1)	大空间双向流散: 30.0 大空间单向流散: 15.0 (参考大商3.4.2)	15.0 (高规6.1.7)	封闭,H> 32.0 防烟 (高规6.2.2)		1.1～ 1.3 m²/座 (餐规3.1.2)	1.0 m/100人 (高规6.2.9)	→1.20 (高规6.2.9)						大型建筑走廊1.80 m,中型1.50 m,小型1.20 m(残规7.3.1)。"大商"省沪消发(2004)352号文。餐厅防火区面积?没人说过。笔者以为参考商场处理有其合理之处。厨房另当别论。只有下规5.1.5.3明确地下餐厅疏散距离30 m(有淋×1.25,由此间接说明地下餐厅可以等同地下营业厅处理
餐饮	分隔耕房	2 500 有淋:×2 (高规5.1.3)														
	独立多层	2 500 有淋:×2 (低规5.1.7)	大空间双向流散: 30.0/35.0 大空间单向流散: 15.0/18.0,参考大商3.4.1	15.0/ 22.0 (两个门) (低规5.3.13)	5层或>2层 以上封闭 (低规5.3.5)	二、三层每层 <500 m²,共 100人可 一个梯 (低规5.3.8)	1.1～ 1.3 m²/座 (餐规3.1.2)	一、二层: 0.65;三层: 0.75;≥四层: 1.00 (低规5.3.17)	1.10 (低规5.3.14)						1	
	地下.当作地下商场处理。地下一、二层 (下规3.1.6)	有淋:2 000 (下规4.1.3.1)	30.0 有淋:×1.25 (下规5.1.5.3)	15.0 (下规5.1.5.2)	封闭,< -10.0地下一、二层;防烟 >-10.0 (下规5.2.1)	<1 000 m²的 可以只设1个 直通地上户 外出入口 (下规5.2.1.2)	1.1～ 1.3 m²/座 (餐规3.1.2)	0.75 m,10.0 以内 1.00 m,10.0 以外 (下规5.1.5)	1.00 (下规5.1.5)							

（续表）

类别	部位	防火区面积(m²)	安全疏散距离 中间	安全疏散距离 尽端	安全疏散距离 房间内	楼梯 类别	楼梯 数量	人数标定(m²/人)	梯宽	最小梯宽(m)	走廊宽度 中走廊(m)	走廊宽度 边走廊(m)	卫生设备 男 大便	卫生设备 男 小便	卫生设备 女	备注
	高层一、二、三层 (高规5.1.4A)	1 000/1 500 有淋：×2 (高规5.1.1)	40.0 (高规6.1.5)		20.0 (高规6.1.5)	15.0/30.0 (高规6.1.7)	封闭/防烟 (高规6.2.2)		放映：1.0人/m² 其他：0.5人/m² (高规4.1.5A)	1.0 m/100人 (高规6.2.9)	1.20 (高规6.2.9)					大型建筑走廊1.80 m,中型1.50 m,小型1.20 m(低规7.3.1)。高层内观众厅多功能厅逃生距离30.0 m(高规6.1.7)。非地上一、二、三层每个厅的面积<200 m²
	分隔耕房	2 500 有淋：×2 (高规5.1.3)														
歌舞娱乐	多层 宜一、二、三层	2 500 有淋：×2 (低规5.1.14/15)	40.0 (低规5.3.13)	20.0 (低规5.3.13)	15.0/20 (低规5.3.8)	≥3层封闭 (低规5.3.5说明)	二、三层<500 m² 1个梯 (低规5.3.8)	放映：1.0人/m² 其他：0.5人/m² (高规4.1.5A)	一、二层：0.65 三层：0.75 ≥四层：1.00 (低规5.3.17)	1.10 (低规5.3.14)						设在一、二、三层靠外墙部位,不宜布置在楼梯尽端或必须,侧或形走道的外距离<9.0 m(低规5.1.15)
	地下一层 埋深<10 m	500 有淋：×2 (下规4.1.2)	40.0 (下规5.1.4)	20.0 (下规5.1.4)	15.0 (下规5.1.4)	封闭/防烟, 以<10.0 为界 (下规5.2.1)		放映：1.0人/m² 其他：0.5人/m² (下规5.1.9)	0.75/1.00 以<10.0 为界 (下规5.1.5)	1.40 (下规5.1.5)	1.60 (下规5.1.5)	1.50 (下规5.1.5)				不应布置在地下三层及二层以下。地下一层埋深不应>10.0 m。厅室的门宜为FM甲或乙(低规5.1.15)

7.2 总图配套用房与相邻建筑相互间距表

类　别		防　火　间　距	规　划　间　距	说　　明
变电房	油浸式 35—500 kV	15,20,25 m(低规 3.4.1/3.3.14)		室外总降压变电站。民用独立终端变电站。上规 28 与上规 31(四)似有矛盾。上规 28 不分低层多层，遇高层均为 13.0 m，而上规 31(四)→高规 4.2.1，只有高层遇同层高层遇高层才为 13.0 m。附建民用变电站同视同居住建(低规 5.4.2)
	油浸式 10 kV→380 V	多层 6.0 m 或贴邻(低规 5.4.1/5.2.2→5.2.1)。高层 9.0 m(高规 4.2.1)。箱房 6.0 m		
	干式	干式或不燃液体变压器，火灾危险性小，故高规未作限制(高规 4.1.2 说明)	(1) 设备房(多数为一、二层)同居住建筑平行布置，在居住建筑的南侧或东西侧，则视同居住建筑一样处理[上规 28]。 ① 距离高层：13.0 m。 ② 距离多层：8.0 m。 ③ 距离低层：6.0 m。 (2) 设备房同居住建筑平行布置，在居住建筑的北侧，则视同非居住建筑一样处理[上规 29(一)→上规 28]。 ① 距离高层：≥6.0 m。 距离高层消防间距：≥9.0 m(上规 31→高规 4.2.1)。 ② 距离多低层：6.0 m。 (3) 山墙距离。 和高层建筑：13.0 m[上规 27(六)]。 和多低层建筑：6.0 m[上规 23(二)]。 (4) 附记：关于上一布置，同高层，按上规 27(四)则为 20.0 m，同低层多层，按上规 23(二)则为 6.0 m，因此，显然不合理。关于上一布置，笔者认为，照上述 1,2 两点处理即可。 (5) (以生活污水为原水的中水处理站与公建和住宅的距离不宜小于 15 m，与给水泵房和清水池距离不得小于 10 m(表措 15.6.1.2)	
	箱变(10 kV 以下)	3.0 m(低规 5.2.2)		
消防水泵房		6.0 m 或贴邻(高规 4.2.1/8.6.4)		
(以生活污水为原水的)中水处理站				
锅炉房	独立	单台<4 t/h 或 2.8 MW，6.0 m(低规 5.2.2→5.2.1)；>上述，12.0~20.0 m(低规 5.2.2→3.4.1)		非常(负)压锅炉房可在一层或地下一层，常(负)压锅炉房可在地下二层，也可在屋面上，但屋顶锅炉房与安全出口的距离应≥6.0 m。
	附建	2 t×2，可贴邻建造(技措 15.1.5/洋见低规 5.4.2)		
煤气站		独立中压与一般建筑：6.0 m。与高层建筑：20.0 m。与重要建筑 25.0 m (高规 4.2.7/技措 15.4.2) 室外落地式箱式调压站：区域性：一般建筑 6.0 m；重要公共建筑 15.0 m。专用：距一、二级防火级建筑 6.0 m。距其他建筑 10 m。悬挂式调压站：离门窗洞口 1.0 m；距其他公共级建筑 1.0 m；(上海市标《燃气箱式调压站安装设计标准》2.0.4/2.0.7)		

（续表）

类别	防火间距	规划间距	说明
垃圾站（城市道路边上的）		5.0 m（上规 5.1.3）	
门卫传达室（城市道路边上的）		后退道路红线 3.0～5.0 m（上规 34/33）	工厂企业的门卫与围墙间距不限制（厂规 4.7.5）
自行车棚		在道路红线后退距离内不得设置零星建筑物（上规 38）	
地下车库出入口/车库出入口/排风口	10.0 m（汽车规 4.2.1）。汽车库不应与甲乙类厂房库房及托幼老组合建造；病房楼与汽车库有完全防火分隔时，其地下可建地下汽车库（汽火大规 4.1.2）。从防火上说只要符合安全忌条件可以贴邻建造，但从环保上说，又有另外的限制。上海以外地区另当别论。	距离基地口或基地内道路 7.50 m（通则 5.2.4/汽规 3.2.8）。非社会停车库与住宅学校医院 8.0～10.0 m，不足时封闭坡道。停车库排风口距住宅学校医院 10.0 m（上车环规 4.1.1/4.2.1）	
甲类核 5,6,6B 人防室外出入口	(35.0～40.0)m×0.5（高规 4.2.5）。(12.0～25.0)m×0.5（低规 4.2.1）	距离砖混结构建筑 0.5 倍建筑高度，距 R.C.结构或钢结构 5.0 m（防规 3.3.3）	
地下油罐（甲乙类）			
地下贮水池		10.0 m 以内不能有化粪池、垃圾存放点。2.0 m 以内不得有污水管和污染物（通则 8.1.5/技措 15.5.1）	

7.3 国家住宅规范与上海住宅标准异同对照表

序号	住规条文	内容提示	住规条文内容	上标条文内容	内容提示	上标条文
1	▲3.1.1	套型	住宅应按套型设计，每套应设卧室、起居室（厅）、厨房和卫生间等基本空间	住宅应按套型设计，并应有卧室、起居室、厨房、卫生间。阳台或阳光室等基本空间。上海＞30 m² 的起居室两边有窗者认作 2 个空间，一边有窗者认作 1 个空间[沪建标〔2002〕23 号]	套型	▲4.1.1
2	▲5.3.2	厨房通风采光	厨房应有直接采光、自然通风，并宜有布置在套内近入口处	厨房应为独立封闭空间。低层、多层住宅的厨房应有直接采光、自然通风。中高层、高层住宅的厨房应有直接采光、自然通风或开向公共走廊间的窗户，但不得开向前室或楼梯间	厨房通风采光	▲4.4.2

(续表)

序号	住规条文	内容提示	住规条文内容	上标条文内容	内容提示	上标条文
3	▲3.3.3	厨房设施	厨房应设置洗涤池、案台、炉灶及排油烟机等设施或预留位置,按炊事操作流程排列,操作面净长不应小于2.10 m²	厨房内设备、设施、管线应按使用功能、操作流程整体设计。宜配置洗涤池、灶台、操作台、吊柜,并应预留排油烟机、热水器等设施的位置。操作面的净长不应小于2.10 m	厨房设施	4.4.4
4	▲3.4.3 3.4.1	卫生间	卫生间不应直接布置在下层住户的卧室、起居室(厅)和厨房的上层。可布置在本套内的卧室、起居室(厅)和厨房的上层;并均应有防水、隔声和便于检修的措施 4个居住空间的4类住宅宜设2个卫生间	卫生间不应布置在下层住户厨房、卧室、起居室和餐厅的上层。当布置在本套内其他房间的上层时,应采取防水、隔声和便于检修的措施	卫生间	4.5.5
5	▲3.6.2	卧室起居净高	卧室、起居室(厅)的室内净高不应低于2.40 m,局部净高不应低于2.10 m,且其面积不应大于室内使用面积的1/3	卧室、起居室的室内净高不应低于2.50 m,局部净高不应低于2.20 m,且其面积不应大于室内使用面积的1/3	卧室起居净高	4.8.2
6	▲3.6.3	坡屋顶	利用坡屋顶内空间作卧室、起居室(厅)时,其1/2面积的室内净高不应低于2.10		坡屋顶	
7	▲3.7.2	阳台栏杆	阳台栏杆设计应防止儿童攀登,栏杆的垂直杆件间净距不应大于0.11 m,放置花盆处必须采取防坠落措施	阳台栏杆设计应防止儿童攀登。垂直杆件间净距不应大于0.11 m;放置花盆处必须采取防坠落措施	阳台栏杆	▲4.7.3
8	▲3.7.3	栏杆净高	低层、多层住宅的阳台栏杆净高不应低于1.05 m;中高层、高层住宅的阳台栏杆净高不应低于1.10 m。封闭阳台栏杆也应满足阳台栏杆净高要求。中高层、高层及寒冷、严寒地区住宅的阳台宜采用实体栏板	低层、多层住宅的阳台栏杆或栏板的净高不应低于1.05 m,中高层、高层住宅阳台栏杆或栏板的净高不应低于1.10 m	栏杆净高	▲4.7.2
9	▲3.9.1	外窗台	外窗窗台距楼面、地面的高度低于0.90 m时,应有防护设施,窗外有阳台或平台时可不受此限制。窗台的高度均应从可踏部位起算,保证净高0.90 m	二层及二层以上,窗外无阳台或平台的外窗,其窗底距楼面的净高低于0.9 m时,应有防护设施。窗底距楼地面<450,应沿窗内侧设0.90 m的防护设施。窗底离楼地面≥450,应沿窗内侧设高不低于0.60 m的防护设施	外窗台	▲7.1.3
10	▲4.1.2	楼梯梯宽	楼梯梯段净宽不应小于1.10 m,六层及六层以下住宅,一边设有栏杆的梯段净宽不应小于1 m。 注:楼梯梯段净宽系指墙面至扶手中心之间的水平距离	住宅的楼梯段设置扶手。楼梯的梯段净宽,低层、多层住宅不应小于1.0 m,中高层、高层住宅不应小于1.10 m。由底部进入的楼梯段,或叠加式住宅的楼梯段净宽不应小于1.00 m。楼梯平台净宽不应小于楼梯段的梯段净宽,且其净深不应小于1.20 m。当住宅楼梯间开口为2.40 m时,其平台净深系指墙面至扶手中心之间的水平距离	楼梯梯宽	5.1.7

（续表）

序号	住规条文	内容提示	住 规 条 文 内 容	上 标 条 文 内 容	内 容 提 示	上标条文
11	▲4.1.3	楼梯踏步与栏杆	楼梯踏步宽度不应小于0.26 m,踏步高度不应大于0.175 m。扶手高度不宜小于0.90 m。楼梯水平段栏杆长度大于0.50 m时,其扶手高度不应小于1.05 m。楼梯栏杆垂直杆件间净空不应大于0.11 m		楼梯踏步与栏杆	
12	▲4.1.6	电梯设置	七层及以上的住宅或住户入口层楼面距室外设计地面的高度超过16 m以上的住宅必须设置电梯。底层作为商店或其他用房的多层住宅,其住户入口层楼面距该用房的室外设计地面高度超过16 m时必须设置电梯。注:①底层做架空层或贮存空间的多层住宅,其住户入口层楼面距该建筑物的室外地面高度超过16 m时必须设置电梯。②顶层为两层一套的跃层住宅时,跃层部分不计层数。其顶层住户入口层楼面距该层住宅地面的室外设计地面的高度不超过16 m时,可不设电梯。③顶层入口层楼面距室外设计地面的住宅可不设电梯	住户入口层楼面距室外设计地面的高度超过16 m的住宅必须设置电梯	电梯设置	▲5.2.1
13	▲4.2.1	临空栏杆	外廊、内天井及上人屋面等临空处栏杆净高,低层、多层住宅不应低于1.05 m,中高层、高层住宅不应低于1.10 m,栏杆设计应防止儿童攀登,垂直杆件间净空不应大于0.11 m	低层、多层住宅的阳台栏杆或栏板的净高不应低于1.05 m,中高层、高层住宅的阳台栏杆或栏板的净高不应低于1.10 m	临空栏杆	▲4.7.2
14	▲4.2.3	入口雨篷	住宅的公共出入口位于阳台、外廊及开敞楼梯平台的下部时,应采取防止物体坠落伤人的安全措施		入口雨篷	
15	▲4.2.5	无障碍要求	设置电梯的住宅公共出入口,当有高差时,应设轮椅坡道和扶手	有电梯住宅出入口应设轮椅坡道。无电梯住宅的10%应设出入口轮椅坡道。上标14.2.2:低层、多层住宅及公寓宜设占总套数2%~4%的无障碍住房。上标14.3.2:中高层住宅、高层住宅及公寓宜设总套数的4%的无障碍住房	原上标5.5.1无障要求2004年5月13日取消,见沪建标(2004)027号,代之以上残14.3.2/14.2.1/142.2	5.5.1/5.5.2
16	▲4.4.1	地下室	住宅不应布置在地下室内。当布置在半地下室时,必须对采光、通风、日照、防潮、排水及安全防护采取措施		地下室	
17	▲4.5.1	公建禁忌	住宅建筑内严禁设置存放和使用火灾危险性为甲、乙类物品的商店、车间和仓库,并不应布置产生噪声、振动和污染环境卫生的商店、车间和娱乐场所	住宅的公共用房(裙房)等严禁设置存放和使用易燃易爆化学物品的商店、车间和仓库	公建禁忌	▲5.6.2
18	▲4.5.4	入口分设	住宅与附建公共用房的出入口应分开布置	商住楼的营业场所、住宅的底层商业服务网点的出入口雨篷与住宅的出入口和楼梯必须分开设置	入口分设	▲5.6.3

（续表）

序号	住规条文	内容提示	住规条文内容	上标条文内容	内容提示	上标条文
19	▲6.4.1	排烟道	厨房排油烟机的排气管通过外墙直接排至室外时，应在室外排气口设置避风、防止污染环境的构件。当排气管道时，竖向通风道的断面应根据所担负的排气量计算确定，应采取无泄漏的措施，竖向支管无回流	高层住宅厨房垂直排油烟系统应有防火隔离措施。厨房水平排油烟道的设计，应隐蔽、美观并有防止交叉污染的措施	排烟道	7.3.3/4.4.3
20	▲6.4.3	暗卫生间排风	无外窗的卫生间，应设置有防止回流构造的排气通风道，并预留安装排气机械的位置和条件		暗卫生间排风	
21	5.1.1	日照	每套住宅至少应有一个居住空间能获得日照，当一套住宅中居住空间总数超过四个时，其中宜有两个获得日照	高层住宅的小套、中套应有一个居住空间，大套应有两个居住空间冬至日照连续满窗有效日照不少于1h	日照	▲3.2.1
22		间距		多层住宅间距在中心城浦西地区不得小于南侧建筑高度的1.0倍，在浦东新区、郊区、县城镇等地区不得小于1.2倍	间距	▲3.2.2
23		登高面		高层住宅应设置消防登高面，并应符合下列规定： ①塔式住宅的消防登高面不应小于住宅的1/4周边长度。 ②单元式、通廊式住宅的消防登高面不应小于住宅的一个长边长度。 ③消防登高面应靠近住宅的公共楼梯或阳台、窗。 ④消防登高面一侧的裙房，其建筑高度不应大于5 m，且进深不得大于4 m。 ⑤消防登高面不宜设计大面积的玻璃幕墙	登高面	▲3.3.3
24	3.2.1	卧室	卧室之间不应穿越，卧室应有直接采光、自然通风，其使用面积不宜小于下列规定： ①双人卧室为10 m²。 ②单人卧室为6 m²。 ③兼起居的卧室为12 m²	4.2.1 卧室的使用面积不应小于下列规定： ①主卧室 12 m²。 ②双人卧室 10 m²。 ③单人卧室 6 m²。 ▲4.2.2 卧室应有直接采光、自然通风。 对于"直接采光"，上标 4.2.2 说明：不包括开向外走廊和封闭小天井的窗。高层住宅的连廊，因平时较少使用，故对向连廊的窗可视为无直接采光	卧室	4.2.1/▲4.2.2
25	3.2.2	起居室	起居室(厅)应有直接采光、自然通风，其使用面积不应小于12 m²	4.3.1 起居室的使用面积不应小于12 m²，大套不应小于14 m²。 ▲4.3.2 起居室应有直接采光、自然通风	起居室	4.3.1/▲4.3.2

（续表）

序号	住规条文内容提示	住规条文内容	上标条文内容	内容提示	上标条文
26	楼梯类型	单元式住宅：见▲高规 6.2.3/低规 5.3.11。 塔式住宅：见▲高规 6.2.1/▲低规 5.3.11。 通廊式住宅：见▲高规 6.2.4/▲低规 5.3.11。 ▲高规 6.2.3 单元式住宅每个单元的疏散楼梯均应通至屋顶，其疏散楼梯间的设置应符合下列规定： 6.2.3.1 十一层及十一层以下的单元式住宅可不设封闭楼梯间，但开向楼梯间的户门应为乙级防火门，且楼梯间应靠外墙，并应直接天然采光和自然通风。 6.2.3.2 十一层及十八层的单元式住宅应设封闭楼梯间。 6.2.3.3 十二层及十九层以上的单元式住宅和通廊式住宅应设防烟楼梯间。 ▲高规 6.2.1 一类建筑和除单元式和通廊式住宅外的建筑，高度超过32 m 的二类建筑以及塔式住宅，均应设防烟楼梯间。 ▲高规 6.2.4 十一层及十一层以下的通廊式住宅应设封闭楼梯间，超过十一层的通廊式住宅应设防烟楼梯间。 ▲高规 6.1.3 高层居住建筑的户门不应直接开向前室，当确有困难时，部分开向前室的户门均应为乙级防火门。 ▲低规 5.3.11 居住建筑的户门至安全出口的距离大于 15 m 时，该建筑的楼梯间应超过每层安全出口不应少于 2 个。当安全出口不应少于 2 个。居住建筑的楼梯间设置形式应符合下列规定： ① 通廊式居住建筑当建筑层数超过 2 层时，应设置封闭楼梯间，当门为乙级防火门。 ② 其他形式居住建筑当建筑层数超过 6 层或任一层建筑面积大于 500 m²时，应设置封闭楼梯间，当门为乙级防火门、窗时，可不设置封闭楼梯间。 居住建筑的楼梯间宜通至屋顶，通向平台，通向楼窗应向室外开启。 当居住建筑的电梯井与疏散楼梯相邻布置时，应设置封闭楼梯间，当不设置封闭楼梯间，可采用电梯直接通住。 当户门采用乙级防火门时，可不设置封闭楼梯间。 当住宅中采用电梯井与住宅户直接通车库时，应设置电梯层下部的汽车库……并采用防火分隔措施 表 5.3.11 通廊式非住宅类居住建筑可设置一个安全出口的条件 | 耐火等级	最多层数	每层最大建筑面积(m²)	人数
---	---	---	---
一、二级	3层	500	第二层和第三层人数之和不超过100人
三级	3层	200	第二层和第三层人数之和不超过50人
四级	2层	200	第二层人数不超过30人		住宅设一个楼梯间时，应符合以下规定： ① 低层、多层住宅，当每套户门至楼梯口的距离不大于 15 m 时，应设一个敞开楼梯间。 ② 中高层住宅，当每套户门至楼梯间的距离不大于 15 m 时，应设一个敞开楼梯间，户门可朝户内开启或楼梯间通道至屋顶平台。 ③ 十层、十一层的单元式住宅每单元应设一个敞开楼梯间，但户门应为乙级防火门（户门可朝户内开启）且楼梯应通至屋顶，各单元应相连通。 ④ 十层至十八层的塔式住宅，各单元应设一封闭楼梯间。 ⑤ 十二层至十八层单元式住宅每单元应设一个防烟楼梯间，且前室面积不小于 4.5 m²。 ⑥ 当十八层以上的塔式住宅每套住宅单元应设一个防烟楼梯间时应设本标准 5.3 节设置连廊	楼梯类型（1 个楼梯时）	▲5.1.1
27	楼梯类型		本标准 5.1.1 条规定以外的住宅，其设置楼梯间的数量不应少于两个，并应符合下列规定： ① 低层、多层、中高层住宅应设敞开楼梯间。 ② 十层、十一层的通廊式住宅应设封闭楼梯间。 ③ 十二层及以上的通廊式住宅应设防烟楼梯间。 ④ 十八层及以上的塔式住宅应设防烟楼梯间	楼梯类型（2 个楼梯时）	▲5.1.2

（续表）

序号	住规条文	内容提示	住规条文内容	上标条文内容	内容提示	上标条文
27		户门开向前室的限制	高规6.1.3 高层居住建筑的户门不应直接开向前室,当确有困难时,部分开向前室的户门均应为乙级防火门。高规6.1.2.2 高层居住单元式建筑18层以上时户门应为甲级防火门。高规6.1.2.3 剪刀楼梯应分别设置前室。塔式住宅确有困难时可设置一个前室,但两座楼梯应分别设加压送风系统	上标5.3.5 应设防烟前室(合用前室)的户门(户门可朝户内开启)不应超过3套,该户门应为乙级防火门。十八层以上的住宅,当楼梯间无可开启外窗时,户门不应直接开向前室	户门开向前室的限制 / 高层明梯 / 18层以上暗梯	5.3.5
28	4.1.8	连廊	住规4.1.8 每个单元设有一座通向屋顶的疏散楼梯,当住宅电梯宜每层设站。塔式和通廊式高层住宅电梯宜成组集中布置。单元式高层住宅每单元只设一台电梯时应采用连廊系廊连通。▲高规6.1.1.2 每个单元设有一座通向屋顶的疏散楼梯,户门为FM甲,且从第十八层以上起每层相邻单元楼梯,窗间墙和窗槛墙1 200	下列住宅应设置单元与单元之间的连廊:①十八层以上的单元式住宅,当每单元设置一个防烟楼梯间时,应从第十层起,每层在相邻的两单元间的走道或前室设连廊。②十二层及以上的单元式住宅,当每单元只有一台电梯时,应在十二层设连廊,并在其以上层每三层相邻的两单元间设连廊或楼梯平台连通。每单元每层不超过两套的走道、前室或敞开十四层(不包括十四层跃十五层,且底部无敞开空间)的单元式住宅,可直接在屋顶设置连廊	连廊	▲5.3.2
29		信箱		住宅出入口处应设置信报箱间、信报柜	信箱	▲5.5.3/4
30	5.3.1	声环境	住宅的卧室、起居室(厅)内的允许噪声级(A声级)昼间应小于等于50 dB,夜间应小于等于40 dB,分户墙与楼板的计权隔声声的计权标准化撞击声压级宜小于等于75 dB	住宅建筑的外墙、分户墙及楼板的空气声计权隔声量应大于等于45 dB	声环境	▲6.1.2
31	5.2.3	热工	寒冷、夏热冬冷和夏热冬暖地区,住宅建筑的西向居住空间朝西外窗应采取遮阳措施;屋顶和西向外墙应采取隔热措施	▲6.2.1 住宅建筑围护结构的传热系数(K)限值[W/(m²·K)]。6.2.1围护结构的传热系数(K)应符合表6.2.1的要求。表6.2.2有节能要求的住宅围护结构传热系数(K)限值[W/(m²·K)]。K值:外墙1.5/1.0,屋面1.0/0.8,外窗≤4.0,户门≤3.0	热工	▲6.2.1 / 6.2.2
32	3.9.4	分户门	住宅户门应采用安全防卫门。向外开启的户门不应妨碍交通	住宅分户门应采用安全防卫门。分户门上端不得开气窗	分户门	▲7.1.1
33	3.9.2	底层窗栅栏	底层外窗和阳台门、下沿低于2 m且紧邻走廊或公用上人屋面的窗和门,应采取防卫措施	住宅底层的外窗和阳台门,开向公共部位或走廊的窗以及外窗口下缘距屋面(平台)小于2.0 m时,应采取防卫措施	底层窗栅栏	▲7.1.2

（续表）

序号	住规条文	内容提示	住 规 条 文 内 容	上 标 条 文 内 容	内 容 提 示	上标条文
34		回填土		底层厨房、卫生间、楼梯间必须采用回填土分层夯实后浇筑的混凝土地坪	回填土	▲7.4.2
35		防煤气积聚		与燃气引入管贴邻或相邻，以及下部有管道通过的房间，其地面以下空间应采取防止燃气积聚的措施	防煤气积聚	▲7.4.3
36		厨卫楼板墙面防水		厨房、卫生间楼板及卫生间墙身应设防水措施	厨卫楼板墙面防水	▲7.4.4
37	2.0.5	居住空间解释	居住空间指卧室、起居室（厅）的使用空间	居住空间指卧室、起居室、餐厅、书房及娱乐室的使用空间	居住空间解释	2.0.3
				尚应符合 GB50368《住宅建筑规范》和 GB50096《住宅设计规范》等强制性条文的要求		1.0.7

注：有▲者为强制条文。本表左边为住规条文，右边为上标条文，互相呼应，以便对照。有下划线者为相异之处。

7.4 住宅节能标准关系表

	夏热冬冷地区居住建筑节能设计标准（节规 2001）	住宅建筑节能设计标准（节标 2000）	住宅建筑围护结构节能应用技术规程（节技规 2002）
概念	照常情况，它应该是最早的、指导性的，但实际上是滞后了，它是在总结一些地方标准的基础上产生的。因此，出现了一些交叉情况，但也因为是总结性的，比较全面，更具指导意义	仅仅提出达标的概念（理论上）（节标 4.1.1 说明）	对应于理论标准，提出具体的构造措施（节技规 4.2.3/4.2.4）。对于原有的理论标准，更深入化
标准	体形系数：条状≤0.35，点状≤0.40（节规 4.0.3）各项 K 值，把 K 和 D 结合起来（节规 4.0.8）： 屋顶：$K \leq 1.0$ $D \geq 3.0$ / $K \leq 0.8$ $D \geq 2.5$；外墙：$K \leq 1.5$ $D \geq 3.0$ / $K \leq 1.0$ $D \geq 2.5$；外窗：见表 4.0.4；分户墙、楼板：$K \leq 2.0$；架空通风楼板：$K \leq 3.0$；户门：$K \leq 1.5$	体形系数：条状≤0.35，点状≤0.40（节标 5.1.2）各项 K 值（节标 5.2.1）： 外墙 K 值 ≤1.5；屋面 ≤1.0；外窗 ≤1.5；房门 ≤1.5	体形系数：条状≤0.35，点状≤0.40（节技规 3.2.1）各项 K 值，把 K 和 D 结合起来： 外墙（节技规 4.1.1）：$K \leq 1.5$ $D \geq 3.0$ / $K \leq 1.0$ $D \geq 3.0$；屋面（节技规 4.6.1）：$K \leq 1.0$ $D \geq 3.0$ / $K \leq 0.8$ $D \geq 2.5$ 外墙外保温材料最小厚度：见节技规 4.2.4。屋顶保温材料最小厚度：见节技规 4.7.3/4.7.4/4.8.5/4.8.10。楼板保温材料：见节技规 4.9.4。户门保温措施：见节技规 4.11.2

（续表）

标准	夏热冬冷地区居住建筑节能设计标准（节规 2001）	住宅建筑节能设计标准（节标 2000）	住宅建筑围护结构节能应用技术规程（节技 2002）

夏热冬冷地区居住建筑节能设计标准（节规 2001）

窗墙比：见节规 4.0.4。

不同朝向,不同窗墙比窗子 k 值（节规 4.0.4）：

	外窗 k 值				
	≤0.25	0.25~0.30	0.30~0.35	0.35~0.45	0.45~0.50
S	4.7	4.7	3.2	2.5	2.5
E,W 无遮阳	4.7	3.2	3.2		
有遮阳	4.7	3.2	3.2	2.5	2.5
N 月温>5℃	4.7	4.7	3.2	2.5	2.5
≤5℃	4.7	3.2	3.2	2.5	2.5

气密性(窗)（节规 4.0.7）：
☞ 6 层,Ⅲ级。
☞ 7 层及 7 层以上,Ⅱ级（GB7107《建筑外窗空气渗透性能分级及其检测方法》与 GB/T 7107—2002 分级不一样）

各项 K 值,把 K 和 D 结合起来：见节规 4.0.8

外表浅色(间接说明 ρ 影响)：见节规 4.0.9

不能满足上述理论标准的,则应运用动态法计算和判定综合指标（节规 4.0.3/4.0.4/4.0.8/节规 5.0.1→5.0.5）。引出 HDD18,CDD26 的概念：见节规 5.0.5

住宅建筑节能设计标准（节标 2000）

窗墙比（节标 5.2.7）：

朝 向	条 状	点 状
S	≤0.35	≤0.35
N	≤0.25	≤0.25
E	≤0.10	≤0.30
W	≤0.10	≤0.20

气密性(窗)（节标 5.2.8）：
☞ 6 层,Ⅲ级。
☞ 7 层及 7 层以上,Ⅱ级

仅仅提示提高 D 值,以增强热稳定性（节标 5.2.4）

外表浅色(间接说明 ρ 的影响)：（节标 5.2.5）

在限值范围内取值,即能达到节能 20%的目标（节标 4.1.1 说明）。窗墙比超限值,则调整围护结构（包括窗子）的 K 值（节标 5.2.7）

住宅建筑围护结构节能应用技术规程（节技 2002）

不同朝向,不同窗墙比窗子 k 值（节技 4.10.1）：

	窗子 k 值				
	≤0.25	0.25~0.30	0.30~0.35	0.35~0.45	0.45~0.50
S	4.7	4.7	3.2	2.5	2.5
E,W 无遮阳	4.7	3.2	3.2		
有遮阳	4.7	3.2	3.2	2.5	2.5
N ≤5℃	4.7	3.2	3.2	2.5	2.5

不同构造外窗的 k 值,见节技 4.10.3

气密性(窗)（节技 4.10.5）：
☞ 1~6 层,Ⅲ级。
☞ 7 层及 7 层以上,Ⅱ级

各项 K 值,把 K 和 D 结合起来：见节技 4.1.1/4.6.1

满足上述理论标准的具体构造：
外墙外保温：见节技 4.2.3。
坡屋面：见节技 4.7.1。
平屋面：见节技 4.8.1。
外窗：见节技 4.10.3。
户门：见节技 4.11.1/4.11.2。
不能满足上述理论标准的则应验算（节技 4.12.1）

（续表）

	夏热冬冷地区居住建筑节能设计标准（节规 2001）	住宅建筑节能设计标准（节标 2000）	住宅建筑围护结构节能应用技术规程（节技规 2002）
判定方法	每座城市气象环境同一情况下，不同建筑物因个体差别产生不同的 HDD18、CDD26，这两者年耗电量之和小于表 5.0.5 限值之和（已考虑非建筑因素），即达标（节规 5.0.5）	在限值范围内取值，即能达到节能 20% 的目标（节标 4.1.1 说明）	不能满足上述理论节能则应运用复热冬冷地区居住建筑节能设计标准《夏热冬冷地区居住建筑节能设计标准》5.0.5 的动态法去验算（节技规 4.12.1/2 → 节规 5.0.5）

注：1. 把上列三个规范标准横向比较，可以发现，由于时间关系，《住宅建筑围护结构节能应用技术规程》发表在《夏热冬冷地区居住建筑节能设计标准》之后，《住宅建筑围护结构节能设计标准》的内容，应用技术规程》对理论值的深入和具体化，完全受制于它，理应和它完全一致。但是事实上并非如此，而是更多地看上述三本书，不明白其间关系。把三者联系起来，如本表那样，就容易明白。如果单独地看上述三本书，不明白其间关系。把三者联系起来，与国家规范做法结合起来。这也反映地方标准的滞后。

2. 实际操作的过程，即是把节规的理论值和节技规的具体做法做法结合起来。设计人员要把标准值和节技规设计文件，审图人则核对计算书和设计文件之间是否一致，并看结论。两者一致，且结论说行，则通过。

3. 关于别墅节能，对于节规的理论值和节技规的具体做法同上。不能满足理论值时，在运用动态法算出 HDD18＋CDD26 即设计建筑物空调暖年耗电量之和，同时运用对比法。和参照物能耗指标作比较。如果设计建筑物能耗指标小于参照建筑物能耗指标和朝向一致的一个虚拟建筑物，只不过参照建筑物的外形和朝向根据节规 4.0.3/4.0.4/4.0.7/4.0.8/4.0.9 而来。

4. 这里的所谓参照建筑物，指和设计建筑物能耗指标朝向一致的各项热工指标等根据节规 4.0.3/4.0.4/4.0.7/4.0.8/4.0.9 而来。

5. 关于"D"的理解：

在 JGJ 的 4.0.8 表中，不光提到 K，还提到 D。关于 D 的概念，在第 31/32/34/35 页说明中有详细的说明，值得注意。

K——是稳态传热条件下，材料传热性能参数之一。

D——是非稳态传热条件下，材料传热热性能参数之一。它反映了某材料形成的围护结构对温度波动的抵抗能力。

运用代热节能的轻质材料（加气混凝土，混凝土轻质砌块使用等）时，D 值就显得重要起来，即应选用表 4.0.8 的上述情况下，D 值反映出外围护结构内表面温度变化的情况。因此，表 4.0.8 表头虽有两种情况可以选择，但实质上当代热节能材料的轻质材料是用轻质材料作保温材料，也因此使用表 4.0.8 的上述情况 $D≥2.5→K≤0.8$，外墙 $D≥2.5→K≤1.0$。当然，如果是多层外墙砖结构，由于黏土砖是重质材料，则采用 $D＝3.0→K≤1.5$。由此也可以明白上海住标 6.2.2 只提出对 K，不考虑 D 的要求是显然是不够全面的。因此，在其后的技术规程中，就将 D 值要求进去了。

6. 国家规范和地方标准经常更新，诸读者关注新版，旧版规范条文的变化，例如上海的《居住建筑节能设计标准》2009 年 7 月有了新版本 DG/TJ08－205－2008，居住建筑节能要求从 50% 提高到 65%，因此上述对比表只能作为资料保留，仅供读者参考学习。

7.5 夏热冬冷地区建筑节能规范对比表

各项K值	体形系数	屋顶	外墙	各项K值（外窗）	分户墙楼板	底部自然通风的架空楼板	户门	地面及地下室外墙（接触土壤）	外窗气密性	遮阳系数	判别方法
居住建筑	条状≤0.35，点状≤0.40（节规4.0.3）	K≤1.0，D>3.0；K≤0.8，D>2.5（节规4.0.8）	K≤1.5，D>3.0；K≤1.0，D>2.5（节规4.0.8）	节规4.0.4/节能专篇6.1.1.3： 外窗K值<table><tr><td></td><td>≤0.25</td><td>0.25~0.30</td><td>0.30~0.35</td><td>0.35~0.45</td><td>0.45~0.50</td></tr><tr><td>E/W 无遮阳</td><td>4.7</td><td>4.7</td><td>3.2</td><td></td><td></td></tr><tr><td>有遮阳</td><td>4.7</td><td>4.7</td><td>3.2</td><td>3.2</td><td>2.5</td></tr><tr><td>N 月温>5℃</td><td>4.7</td><td>4.7</td><td>3.2</td><td>3.2</td><td>2.5</td></tr><tr><td>月温≤5℃</td><td>4.7</td><td>4.7</td><td>3.2</td><td>3.2</td><td>2.5</td></tr><tr><td>S</td><td>4.7</td><td>4.7</td><td>3.2</td><td>3.2</td><td>2.5</td></tr></table>	$K \leq 2.0$	$K \leq 1.5$	$K \leq 3.0$		6层及7层以下：III级。7层及7层以上：II级（GB 7107《建筑外窗空气渗透性能分级及其检测方法》）（与GB/T 7107—2002分级不一样）（节规4.0.7）	
公建	≤0.40	≤0.7	≤1.0	国公节4.2.2.4/节能专篇6.1.1.8：<table><tr><td>外窗（透明幕墙）</td><td>传热系数K</td><td>遮阳系数SC 东南西/北</td></tr><tr><td>窗墙比≤0.2</td><td>≤4.7</td><td>—</td></tr><tr><td>0.2<窗墙比≤0.3</td><td>≤3.5</td><td>≤0.55/</td></tr><tr><td>0.3<窗墙比≤0.4</td><td>≤3.0</td><td>≤0.50/0.60</td></tr><tr><td>0.4<窗墙比≤0.5</td><td>≤2.8</td><td>≤0.45/0.55</td></tr><tr><td>0.5<窗墙比≤0.7</td><td>≤2.5</td><td>≤0.40/0.50</td></tr><tr><td>屋顶透明部分</td><td>≤3.0</td><td>≤0.40</td></tr></table>有外遮阳时：遮阳系数=玻璃的遮阳系数×外遮阳的遮阳系数（国公节附表A）；无外遮阳时，遮阳系数=玻璃遮阳系数		≤1.0		$R \geq$ 1.2 m²·K/W	外窗不应低于GB 7107的4级。幕墙不应低于GB/T 15225的3级	见左侧表	

（续表）

	体形系数	各项 K 值						地面及地下室外墙热阻	外窗气密性	遮阳系数	判 别 方 法
		屋顶	外墙	外窗	分户墙楼板	底部自然通风的架空楼板	户门				
冬冷夏热地区居住建筑节能设计标准（节规 2001）	4.0.3	4.0.8	4.0.8	4.0.4	4.0.8	4.0.8	4.0.8		4.0.7		每座城市气象环境同一情况下，不同建筑物因个体差别产生不同的 HDD18，CDD26，这两者能耗量之和小于平表 5.0.5 限值之和（已考虑非建筑因素），即达标（节规 5.0.5）
公共建筑节能设计标准 GB 50189—2005（国公节）	4.1.2	4.2.2.4	4.2.2.4	4.2.2.4	4.2.2.4	4.2.2.4		4.2.2.6	4.2.10/11	4.2.2.4	设计建筑物的采暖空调能耗不大于参照建筑物 50%，即认为合乎要求（国公节 1.0.3 说明/4.3.1）。☞ 当设计建筑物满足表 4.2.2—4 中各项值的要求时，则不必进行权衡判断（国公节 4.2.2）。☞ 当表 4.2.2—4 中各项目的要求不满足时，则应按国公节 4.3 进行权衡判断（国公节 4.2.2—4.3）
索引号《全国民用建筑设计技术措施》节能专篇 — 居住建筑	2.3.1.5	5.1.1.1	3.1.1.1	6.1.1.3	4.1.1.1	4.1.1.2			6.1.1.2		居住建筑的体形系数、窗墙面积和墙体、屋面不满足要求时，则应进行围护结构的综合判评。冬冷夏热地区的采暖空调能耗不应超过规定的限值（见节能表 5.0.5/节 能 专 篇 2.3.1.7/2.3.3/3.1.4/3.1.1.1/5.1.1.1）
公建		5.1.1.2	3.1.1.2	6.1.1.8	4.1.1.2				6.1.1.4		公共建筑每个朝向的窗墙比积和墙体、屋面 K 值不满足要求时，则应进行权衡判断（节 能 专 篇 2.3.3.2.1/2.33.2.3/3.1.1.2/5.1.1.2）
节能专篇构造	3.3.1	5.3.1	3.3.1	6.3.1	4.3.1					7.3.1	

注：1. 从 2001 年《夏热冬冷地区居住建筑节能设计标准》公布，2005 年 GB 50189《公共建筑节能设计标准》公布，到 2007 年《全国民用建筑设计技术措施》节能专篇出版，历经七年，就全国一般情况而言，建筑节能，包括居住建筑和公建，把它们放在一块，从理论到付诸实施才成完整系列。上面把这三者联系起来，列成表格，便于检索。注意，本表所列三个规范都是要求不能满足时才进行权衡判断，和上海 765 号文不一样。上海 765 号文则一定要进行权衡判断。

2. 2007 年审图人员培训资料认为："节能设计也同样由于体形系数的原因，不适合低层住宅和高层住宅。"节能设计标准中的限值是依据多层住宅的模式得出的，不适合低层住宅和高层住宅。低层住宅由于体形系数的原因很难满足 55.1 kW·h/m² 的限值要求，而高层住宅也同样满足限值要求不易。而且，把住宅分成低、多、高三类，加以区别对待。为了有效达到节能标准要求，低、多、高层住宅对节能要求低。多、高层住宅。要区别对待。所以，上海 765 居住建筑节能要求从 50%提高到 65%，因此上述对比表只表示能耗比较标准。例如上海的《居住建筑设计标准》2009 年 7 月有了新版本 DG/TJ 08—205—2008，居住建筑节能要求从一定要满足要求后，才能进行权衡判断。

3. 国家规范和地方标准经常更新，请读者关注新版，旧版规范资料保留，仅供读者参考学习。

7.6　国标"公共建筑节能标准"和上海"公共建筑节能标准"对照表

设计建筑围护结构热工标准		国标 GB 50189—2005《公共建筑节能标准》(国公节)	上海 DGJ-107—2004《公共建筑节能标准》(上公节)	说 明
	体形系数	≤0.4(国公节 4.1.2)	K≤0.4(上公节 3.0.3)	
	外墙 K	夏热冬冷地区围护结构传热系数和遮阳系数限值(国公节 表4.2.2-4):考虑遮阳系数 围护结构部位 / 传热系数 K 屋面 ≤0.7 外墙 ≤1.0 架空通风楼板 ≤1.0	K≤1.0 上公节 3.0.4 D≥3.0,ρ≤0.7 3.0>D≥2.5,ρ≤0.6 2.5D≥2.0,ρ≤0.5	把 D 和 ρ 同时考虑
	屋面 K		K≤0.8 上公节 3.0.4 D≥3.0,ρ≤0.7 3.0>D≥2.5,ρ≤0.6 2.5D≥2.0,ρ≤0.5	
	窗墙比,外窗 K	单一朝向外窗(透明幕墙) 传热系数 K / 遮阳系数 SC 东南西/北 窗墙比≤0.2 ≤4.7 — 0.2<窗墙比≤0.3 ≤3.5 ≤0.55/ 0.3<窗墙比≤0.4 ≤3.0 ≤0.50/0.60 0.4<窗墙比≤0.5 ≤2.8 ≤0.45/0.55 0.5<窗墙比≤0.7 ≤2.5 ≤0.40/0.50 屋顶透明部分 ≤3.0 ≤0.40	同一朝向的窗墙面积比 / 传热系数 r≤0.4 K≤3.7 r>0.4 K≤3.0	窗墙比不宜大于0.45,其中东西向外墙的窗墙比不宜大于0.30(上公节 3.0.6)。垂直墙面上的 K 值(上公节 3.0.7)
	天窗 K		天窗 K≤2.5(上公节 3.0.8)。遮阳系数≤0.5(上公节 3.0.10)	
	门,分隔墙和楼板的 K	有外遮阳时,遮阳系数=玻璃的遮阳系数×外遮阳的遮阳系数;无外遮阳时,遮阳系数=玻璃的遮阳系数(国公节附表 A)	门,分隔墙和楼板的 K(上公节 3.0.12): 门 外(透明) 外(不透明) 分隔门 分隔墙 楼板 通风架空楼板 K≤3.0 K≤1.5 K≤2.0 K≤2.0 K≤2.0 K≤1.5	
	地面或地下室外墙及其他地面的热阻 R	R = 1.2 m² · K/W		

（续表）

		国标 GB 50189—2005《公共建筑节能标准》(国公节)	上海 DGJ-107—2004《公共建筑节能标准》(上公节)	说　明
参照建筑围护结构热工标准	基准建筑 (以20世纪80年代建筑为参照)	外墙 K≤2.0 屋面 K≤1.5 考虑遮阳遮阴系数 采暖能源煤,效率 55% (国公节表 1.0.3 说明)	标准建筑 (以现在节能建筑为参照) 体形系数,朝向同设计建筑(上公节 8.3.3.1)。 东西墙窗墙比 0.30,其他朝向窗墙比 0.45(上公节 8.3.3.1)。 外墙 K≤1.0(上公节 8.3.3.2.1→3.0.4)。 屋面 K≤0.8(上公节 8.3.3.2.1→3.0.4)。 不同窗墙比取 K≤3.7(r≤0.4),K≤3.0(r>0.4)(上公节 8.3.3.2.2→3.0.7)。 透明顶棚 K=2.5(上公节 8.3.33.2→3.0.7)。 内窗 K=4.7(上公节 8.3.3.4→3.0.8)。 遮阴系数 0.6/0.5(上公节 8.3.33.5→3.0.11)。 内门 内围护结构 K=3.7(上公节 8.3.3.6→3.0.12)。 玻璃幕墙 东西墙遮阴系数 0.5(上公节 8.3.3.7→3.0.7)。	把 D 和 ρ 同时考虑
节能标志	设计建筑物的采暖空调能耗大于参照建筑物 50%,即认为合乎要求(国公节 1.0.3 说明/4.3.1)。 当设计建筑物满足表 4.2.2-4 中各项值的要求时,则不必进行权衡判断(国公节 4.2.2)。 当设计建筑物不能满足表 4.2.2-4 中各项值的要求时,则应按国公节 4.3 进行权衡判断(国公节 4.2.2→4.3)		设计建筑物的年能耗费用不超过标准建筑物的年能耗费用,即为合乎要求(上公节 2.0.6 说明)。 上海的公建节能计算应满足 GB 50189—2005《公共建筑节能标准》4.2.2-4 的要求或按其 4.3 进行权衡判断	

注:上海不少事做在前面,有其可取之处,但也做了不少虚功。上海版的《公共建筑节能标准》就是其中之一,笔者紧紧跟上,也做虚功了。

7.7　06版低规与01版低规重点条文比较

编号	01版低规条文内容	01版条文	06版条文	内容提示	06版低规条文内容
1		1.0.3	1.0.2	高度与层数计算	
2		2.0.5	3.2.8	二级屋顶金属构件无保护	
3		3.2.1	3.3.1	厂房防火区面积	

编号	01版低规条文内容	01版条文	06版条文	内容提示	06版低规条文内容
4	第3.4.8条 有爆炸危险的甲、乙类厂房内不应设置办公室、休息室。如必须贴邻本厂房设置时,应采用一、二级耐火等级建筑,并应采用耐火极限不低于3h的非燃烧体防护墙隔开和设置直通室外或疏散楼梯的安全出口	3.4.8		厂房贴邻建造办公室	3.3.8 厂房内严禁设置员工宿舍。办公室、休息室等不应设置在甲、乙类厂房内,当必须贴邻本厂房设建造时,其耐火等级不应低于二级,并应采用耐火极限不低于3.00 h的不燃烧体防爆墙隔开和设置独立的安全出口。 在丙类厂房内设置的办公室、休息室,应采用耐火极限不低于2.50 h的不燃烧体隔墙和1.00 h的楼板与厂房隔开,并应至少设置1个独立的安全出口。如隔墙上需开门窗时,应采用乙级防火门
5			3.4.1注2/3/4	独立车间生活用房	① 乙类厂房与重要公共建筑之间的防火间距不宜小于50.0 m。单层、多层丙类厂房及其与丁、戊类厂房仓库之间的防火间距,可按本表的规定减少2.0 m。为丙、丁、戊类厂房服务而单独设立的生活用房应按民用建筑确定,与所属厂房之间的防火间距不应小于6.0 m。必须相邻建造时,应符合本表注3、4的规定。 ② 两座厂房相邻较高一面的外墙为防火墙时,其防火间距不限,但甲类厂房之间不应小于4.0 m。两座丙、丁、戊类厂房相邻两面的外墙均为不燃烧体,当无外露的燃烧体屋檐,每面外墙上的门窗洞口面积之和各小于等于该外墙面积的5%,且门窗洞口不正对开设时,其防火间距可按本表的规定减少25%。 ③ 两座一、二级耐火等级的厂房,当相邻较低一面外墙为防火墙且较低一座厂房的屋顶部位设置甲级防火卷帘或防火分隔水幕或按本规范第7.5.3条的规定设置防火卷帘时,甲、乙类厂房之间的防火间距不应小于6.0 m;丙、丁、戊类厂房之间的防火间距不应小于4.0 m
6		3.3.10	3.3.1/3.4.1	独立/附建车间变配电	3.3.14 变、配电所不应设置在甲、乙类厂房内或贴邻建造,且不应设置在爆炸性气体、粉尘环境的危险区域内。供甲、乙类厂房专用的10 kV及以下的变、配电所,当采用无门窗洞口的防火墙隔开时,可一面贴邻建造,并应符合现行国家标准《爆炸和火灾危险环境电力装置设计规范》GB 50058等规范的有关规定。 乙类厂房的配电所必须在防火墙上开窗时,应设置密封固定的甲级防火窗
6A		8.8.1	8.6.4	消防水泵房	
7	简单	3.3.1	3.4.1	厂房防火间距	全面
8	6.0 m	3.3.2	3.4.7	UE型厂房两翼防火间距	6.0 m

(续表)

编号	01版低规条文内容	01版条文	06版条文	内容提示	06版规范条文内容
9	第3.3.4条 数座厂房(高层厂房除外)的占地面积总和不超过本规范第3.2.1条的规定的防火分区最大允许占地面积时,可成组布置,但允许占地面积应综合考虑组内各个厂房的耐火等级、层数和生产类别,按其中允许占地面积较小的一座确定(面积不限者,不应超过10 000 m²)。组内厂房之间的间距:当厂房高度不超过7 m时,不应小于4 m;超过7 m时,不应小于6 m。组与组或相邻两座建筑之间的防火间距,应符合本规范第3.3.1条的规定(按相邻两座建筑耐火等级最低的建筑物确定)	3.3.4	3.4.8	成组布置厂房间防火间距	3.4.8 除高层厂房和甲类厂房外,其他类别的数座厂房占地面积之和小于本规范第3.3.1条规定的防火分区最大允许建筑面积(按其中较小者确定,但防火分区的最大允许建筑面积不限者,不应超过10 000 m²)时,可成组布置。当厂房建筑高度小于等于7.0 m时,组内厂房之间的防火间距不应小于4.0 m;当厂房建筑高度大于7.0 m时,组内厂房之间的防火间距不应小于6.0 m。组与组或相邻两座建筑之间的防火间距,应根据相邻两座耐火等级较低的建筑,按本规范第3.4.1条的规定确定
10		3.3.8/ 3.3.1/ 5.2.1	3.4.1	丙丁戊类厂房与民用建筑防火间距	
11	5.0 m	3.3.12	3.4.12	厂房与围墙间距	5.0 m
12	第3.4.3条 泄压面积与厂房体积的比值(m²/m³)宜采用0.05~0.22。爆炸介质威力较强或爆炸压力上升速度较快的厂房,应尽量加大比值。体积超过1 000 m³的建筑,如采用上述比值有困难时,可适当降低,但不宜小于0.03	3.4.3	3.6.3	泄压面积	3.6.3 有爆炸危险的甲、乙类厂房,其泄压面积宜按下式计算,但当厂房的长径比大于3时,宜将该建筑划分为长径比小于等于3的多个计算段,各计算段中截面面积不得大于泄压面积: $$A = 10CV^{\frac{2}{3}}$$ (式3.6.3) 式中 A——泄压面积(m^2); V——厂房的容积(m^3); C——厂房容积为1 000 m^3时的泄压比,可按表3.6.3选取(m^2/m^3)
13		3.5.1	3.7.2	厂房安全出口	补充地下厂房1个安全出口的规定
14	01版低规条文内容与06版相同	3.5.3	3.7.4	厂房疏散距离	06版规范条文内容与01版低规相同
15		3.5.4	3.7.5	厂房楼梯及门最小宽度	楼梯1.1/走道1.40/门净宽0.90
16	第3.5.5条 甲、乙、丙类厂房和高层厂房的疏散楼梯应采用封闭楼梯间,高度超过32 m的且每层人数超过10人的高层厂房,宜采用防烟楼梯间或室外楼梯。其疏散楼梯间及其前室的设置应按《高层民用建筑设计防火规范》的有关规定执行	3.5.5	3.7.6	厂房楼梯类型	3.7.6 高层厂房和甲、乙、丙类多层厂房应设置封闭楼梯间或室外楼梯。建筑高度大于32 m且任一层人数超过10人的高层厂房,应设置防烟楼梯间或室外楼梯。封闭楼梯间、防烟楼梯间的设计,应符合本规范第7.4节的有关规定

（续表）

编号	01版低规条文内容	01版条文	06版条文	内容提示	06版低规条文内容
17	01版低规条文内容与06版低规相同	4.2.4	3.3.7	地下室禁止贮藏甲乙类物品	06版低规条文内容与01版相同
18	第4.2.7条　库房每个防火隔间（冷库除外）的安全出口数目不宜少于两个。但一座多层库房的占地面积每超过300 m²时，可设一个疏散楼梯；面积不超过100 m²的防火隔间，可设置一个门。高层库房应采用封闭楼梯间	4.2.7	3.8.7	高层仓库楼梯间	3.8.7　高层仓库应设置封闭楼梯间
19		4.3.1	3.5.1/2	库房防火间距	
20	第4.2.12条　甲、乙类库房内不应设置办公室、休息室。丁类库房内的办公室、休息室，应采用耐火极限不低于2.50 h的不燃烧体隔墙和1.00 h的楼板分隔开，其出口应直通室外或疏散走道	4.2.12	3.3.15	库房办公室、休息室	3.3.15　仓库内严禁设置员工宿舍。甲、乙类仓库内严禁设置办公室、休息室等，并不应贴邻建造。在丙、丁类仓库内设置的办公室、休息室，应采用耐火极限不低于2.50 h的不燃烧体隔墙与库房分隔，并应设置独立的安全出口。如隔墙上需开设相互连通的门时，应采用乙级防火门
21		4.2.1	3.3.2	库房防火区面积	
22		2.0.1	3.2.1/5.1.1	厂房/民用构件耐火时间	
23	01版低规条文内容与06版低规相同	5.1.1	5.1.7	民用建筑防火区面积	06版低规条文内容与01版相同
24	第5.1.2条　建筑物内如设有上下层相连通的走马廊、自动扶梯等开口部位时，应按上、下连通层作为一个防火分区，其建筑面积之和不超过本规范第5.1.1条的规定。注：多层建筑物的中庭，当房间、走廊、过道、设有自行关闭的乙级防火门或防火卷帘；中庭每层回廊设有火灾自动报警系统和自动喷水灭火系统；以及封闭屋盖设有自动排烟设施时，可不受本条规定限制	5.1.2	5.1.9/10	上下连通一个防火区	5.1.9　当多层建筑物内设置自动扶梯、敞开楼梯等上下层相连通的开口时，其防火分区面积应按上下层相连通的面积叠加计算；当其建筑面积之和大于本规范第5.1.7条的规定时，应划分防火分区。5.1.10　建筑物内设置中庭时，其防火分区面积应按上下层相连通的面积叠加计算；当超过一个防火分区最大允许建筑面积时，应符合下列规定：①房间与中庭相通的开口部位应设置能自行关闭的甲级防火门窗；②与中庭相通的过厅、通道等处应设置甲级防火门或防火卷帘；防火门或防火卷帘应能在火灾时自动关闭或降落。防火卷帘的设置应符合本规范第7.5.3条的规定。中庭应按本规范第9章的规定设置排烟设施

（续表）

编号	01 版低规条文内容	01 版条文	06 版条文	内容提示	06 版低规条文内容
25		5.1.1A	5.1.14/15	歌舞娱乐	5.1.14 歌舞厅、录像厅、夜总会、放映厅、卡拉 OK 厅（含具有卡拉 OK 功能的餐厅）、游艺厅（含电子游艺场所）、桑拿浴室（不包括洗浴部分）、网吧等歌舞娱乐放映游艺场所，宜设置在一、二级耐火等级建筑物内的首层、二层或三层的靠外墙部位，不宜布置在袋形走道的两侧或尽端。 5.1.15 当歌舞厅、录像厅、夜总会、放映厅、卡拉 OK 厅（含具有卡拉 OK 功能的餐厅）、游艺厅（含电子游艺场所）、桑拿浴室（不包括洗浴部分）、网吧等歌舞娱乐放映游艺场所必须布置在袋形走道的两侧或尽端布置在建筑物内首层、二层或三层以外的其他楼层时，尚应符合下列规定： ① 不应布置在地下二层及二层以下。当布置在地下一层时，地下一层地面与出入口地坪的高差不应大于 10.0 m。 ② 一个厅、室的建筑面积不应大于 200 m²，并应采用耐火极限不低于 2.00 h 的不燃烧体隔墙和 1.00 h 的不燃烧体楼板与其他部位隔开，厅、室的疏散门应设置乙级防火门。 ③ 应按本规范第 9 章设置防烟与排烟设施
26	01 版低规条文内容与 06 版低规相同	5.1.3	5.1.7	地下室防火区面积	06 版低规条文内容与 01 版低规相同
27			5.1.12/5.3.13	地上商场、展厅	5.1.12 地上商店营业厅、展览建筑的展览厅应符合下列条件时，其每个防火分区的最大允许建筑面积不应大于 10 000 m²： ① 设置在一、二级耐火等级建筑内或多层建筑的首层。 ② 按本规范第 8、9、11 章的规定设置设置有自动喷水灭火系统、排烟设施和火灾自动报警系统。 5.3.13 建筑内的观众厅、展览厅、餐厅、营业厅、多功能厅和阅览室等，其室内任何一点至最近安全出口的直线距离不宜大于 30.0 m 内部装修设计符合现行国家标准《建筑内部装修设计防火规范》GB 50222 的有关规定。

（续表）

编号	01版低规条文内容	01版条文	06版条文	内容提示	06版低规条文内容
28		5.1.3A	5.1.13/5.3.13	地下商场	5.1.13　地下商店应应符合下列规定： ① 营业厅不应设置在地下三层及三层以下。 ② 不应经营和储存火灾危险性为甲、乙类储存物品属性的商品。 ③ 当设有火灾自动报警系统和自动灭火系统，且建筑内部装修符合现行国家标准《建筑内部装修设计防火规范》GB 50222 的有关规定时，其营业厅每个防火分区的最大允许建筑面积可增加到 2 000 m²。 ④ 应设置防烟与排烟设施。 ⑤ 当地下商店总建筑面积大于 20 000 m² 时，应采用不开设门窗洞口的防火墙分隔。相邻区域确需局部连通时，应选择采取下列措施进行防火分隔： A. 下沉式广场等室外开敞空间。该室外开敞空间应能防止相邻区域的火灾蔓延和便于安全疏散。 B. 防火隔间。该防火隔间的墙应为实体防火墙，在隔间的相邻区域分别设置能自行关闭的常开式甲级防火门。 C. 避难走道。该避难走道应符合现行国家标准《人民防空工程设计防火规范》GB 50098 的有关规定外，其两侧的墙应为实体防火墙，且在局部连通处的墙上应分别设置能自行关闭的常开式甲级防火门。 5.3.13　建筑内的观众厅、展览厅、多功能厅、餐厅、营业厅和阅览室等，其室内任何一点至最近安全出口的直线距离不宜大于 30.0 m
29		5.2.1	5.2.1	防火间距	
30	第5.2.4条　数座一、二级耐火等级且不超过六层的住宅，如占地面积的总和不超过 2 500 m² 时，可成组布置，但组内建筑之间的间距不宜小于 4 m。组与组或组与相邻建筑之间的防火间距仍不应小于本规范第5.2.1条的规定	5.2.4	5.2.3	成组住宅公楼	
31		5.3.1	5.3.2/7.6.4	安全出口	7.6.4　连接两座高层建筑物的天桥，当天桥采用不燃烧体且通向天桥的出口符合安全出口的设置要求时，该出口可作为建筑物的安全出口

（续表）

编号	01版低规条文内容	01版条文	06版条文	内容提示	06版低规条文内容
32	第5.3.2条 九层及九层以下，建筑面积不超过500 m²的塔式住宅，可设一个楼梯。九层及九层以下的每层建筑面积不超过300 m²，且每层人数不超过30人的单元式宿舍，可设一个楼梯。 第5.3.3条 超过六层的组合式单元住宅和宿舍，各单元的楼梯间均应通至平屋顶，如户门采用乙级防火门时，可不通至屋顶	5.3.2/3	5.3.11	住宅楼梯间	5.3.11 居住建筑单元任一层建筑面积大于650 m²，或任一住户的户门至安全出口的距离大于15 m时，该建筑每个单元每层安全出口不应少于2个。当通廊式非住宅居住建筑超过表5.3.11规定的层数时，安全出口不应少于2个。居住建筑的楼梯间设置形式应符合下列规定： ① 通廊式居住建筑当建筑层数超过2层时，户门应采用乙级防火门。 ② 其他形式的居住建筑当建筑层数超过6层或当一层建筑面积大于500 m²时，应设置封闭楼梯间，当户门或窗采用乙级防火门、窗时，可不设置封闭楼梯间。 居住建筑中的楼梯间宜通向屋顶，通向平屋面的门或窗应向外开启。 当住宅中的电梯井与楼梯相邻布置时，应设置封闭楼梯间，当采用乙级防火门时，可不设置封闭楼梯间。当居住建筑底部设置汽车库时，应设置电梯候梯厅并采用防火分隔措施 表5.3.11 通廊式非居住类居住建筑可设置一个安全出口的条件 表格见下

表5.3.11 通廊式非居住类居住建筑可设置一个安全出口的条件

耐火等级	最多层数	每层最大建筑面积(m²)	人数
一、二级	3层	500	第二层和第三层的人数之和不超过100人
三级	3层	200	第二层和第三层的人数之和不超过50人
四级	2层	200	第二层人数不超过30人

编号	01版低规条文内容	01版条文	06版条文	内容提示	06版低规条文内容
33	第5.3.7条 公共建筑的室内疏散楼梯宜设置楼梯间。医院、疗养院的病房楼、设有空气调节系统的多层旅馆和超过五层的其他公共建筑的室内疏散楼梯均应设置封闭楼梯间（包括底层扩大封闭楼梯间）。 注：① 超过六层的塔式住宅，如户门采用乙级防火门时，可不设。 ② 公共建筑门厅的主楼梯如不计入总疏散宽度，可不设楼梯间	5.3.7	5.3.5	公建楼梯间	5.3.5 下列公共建筑的室内疏散楼梯应采用封闭楼梯间（包括首层扩大封闭楼梯间）或室外疏散楼梯： ① 医院、疗养院的病房楼。 ② 旅馆。 ③ 超过2层的商店等人员密集的公共建筑。 ④ 设置有歌舞娱乐放映游艺场所且建筑层数超过2层的建筑。 ⑤ 超过5层的其他公共建筑
33A			5.3.7	公建电梯间	5.3.7 公共建筑中的客、货电梯宜设置独立的电梯间，不宜直接设置在营业厅、展览厅、多功能厅等能厅等场所所内
34		5.3.1.四	5.3.4	局部升高一个梯	

（续表）

编号	01版低规条文内容	01版条文	06版条文	内容提示	06版低规条文内容
35		5.3.8		疏散距离	
36		5.3.1	5.3.13	1个门房间的疏散距离	
37		5.3.8、三	5.3.2/5.3.13.4	2个门房间的疏散距离	
38		5.3.8、二	5.3.13.3	楼梯间距出口15m	
39		5.3.13/14	5.3.14/15	最小梯宽门宽	
40	第5.3.12条 学校、商店、办公楼、候车室等民用建筑底层疏散外门、楼梯、走道的各自总宽度，应通过计算确定；疏散宽度指标不应小于表5.3.12的规定	5.3.12	5.3.17	公建商店楼梯宽度	商店的疏散人数应按每层营业厅建筑面积乘以面积折算值和疏散人数换算系数计算。地上商店的面积折算值宜为50%～70%，地下商店的面积折算值不应小于70%。疏散人数的换算系数可按表5.3.17-2确定

表5.3.17-1 疏散走道、安全出口、疏散楼梯和房间疏散门每100人的净宽度（m）

楼层位置	耐火等级		
	一、二级	三级	四级
地上一、二层	0.65	0.75	1.00
地上三层	0.75	1.00	
地上四层及四层以上各层	1.00	1.25	
与地面出入口地面的高差不超过10m的地下建筑	0.75		
与地面出入口地面的高差超过10m的地下建筑	1.00		

表5.3.17-2 商店营业厅内的疏散人数换算系数（人/m²）

楼层位置	地下第二层	地下第一层、地上第一、二层	地上第三层	地上第四层及四层以上各层
换算系数	0.80	0.85	0.77	0.60

（续表）

编号	01版低规条文内容	01版条文	06版条文	内容提示	06版低规条文内容
41		6.0.1/8.3.2.四	6.0.1/8.2.8.4	消防车道布置	
42		6.0.2	6.0.9	消防车道门洞	
43		6.0.3	6.0.3	人行道间距 80 m	
44		6.0.6	6.0.5	大型公建环形消防车道	
45		6.0.4	6.0.6	厂区消防车道	
46		6.0.7	6.0.2	封闭内院	
47		6.0.10	6.0.10	回车场	
48		7.1.3/5	7.1.3	防火墙两侧窗户间距	
49		7.2.3	7.2.2	手术室娱乐幼老分隔	
50	第7.2.4条 下列建筑或部位的隔墙,应采用耐火极限不低于1.5 h的非燃烧体: ①甲、乙类厂房和使用丙类液体的厂房。 ②有明火和高温的辅助用房。 ③剧院后台的辅助用房。 ④一、二、三级耐火等级建筑的门厅。 ⑤建筑内的厨房	7.2.4	7.2.3	特殊部位隔墙加强/FM乙	7.2.3 下列建筑或部位的隔墙,隔墙上的门窗应采用乙级防火门窗,隔墙应采用耐火极限不低于2.00 h的不燃烧体: ①甲、乙类厂房和使用丙类液体的厂房。 ②有明火和高温的厂房。 ③剧院后台的辅助用房。 ④一、二级耐火等级建筑的门厅。 ⑤除住宅外,其他建筑内的厨房。 ⑥甲、乙、丙类厂房或甲、乙、丙类仓库内布置有不同类别火灾危险性的房间
51		7.2.9	7.2.7/9	管井 FM丙	
52		7.4.1	7.4.3.5/6	防烟楼梯间/FM乙/墙上洞口	
53		7.4.5	7.4.8	梯井>150	

（续表）

编号	01版低规条文内容	01版条文	06版条文	内容提示	06版低规条文内容
54		7.4.2	7.4.5	户外疏散梯	
55		7.4.7	7.4.12	疏散门方向	
56	第3.5.6条　高度超过32m的设有电梯的高层厂房,每个防火分区内应设一台消防电梯可兼客、货梯兼用,并应符合下列条件: ①消防电梯应设前室,其面积不应小于6.00m²,与防烟楼梯间合用的前室,其面积不应小于1000m²。 ②消防电梯宜靠外墙,在底层应设直通室外的出口,或经过长度不超过30m的通道通向室外。 ③消防电梯井、机房与相邻电梯井、机房之间,应用防火极限不低于2.50h的墙隔开;当在隔墙上开门时,应设甲级防火门。 ④消防电梯,当隔墙上开门时,应采用乙级防火门或隔火卷帘。 ⑤消防电梯,应设电话和消防队专用的操纵按钮。 ⑥消防电梯的井底,应设排水设施。 注:①高度超过32m的高层塔架,当每层工作平台人数不超过2人时,可不设消防电梯。 ②丁、戊类厂房,当建筑高度超过32m且局部升起部分的每层建筑面积不超过50m²时,可不设消防电梯。	3.5.6	3.7.7/3.8.9/7.4.10 烟规 3.1.1/3.1.3.5/3.2.2	厂房库房消防电梯	3.7.7/3.8.9　建筑高度大于32.0m且设置电梯的高层厂房(高层仓库),每个防火分区内宜设置一部消防电梯。消防电梯可与客、货梯兼用,消防电梯的防火设计应符合本规范第7.4.10条的规定
57	第3.5.5条　甲、乙、丙类厂房和高层厂房的疏散楼梯应采用封闭楼梯间,高度超过32m且每层人数超过10人的高层厂房,宜采用防烟楼梯间或室外楼梯。防烟楼梯间及其前室按《高层民用建筑设计防火规范》的要求执行	3.5.5	3.7.6/7.4.3	厂房楼梯间	3.7.6　高层厂房和甲、乙、丙类多层厂房应设置封闭楼梯间或室外楼梯。建筑高度大于32m且任一层人数超过10人的高层厂房,应设置防烟楼梯间或室外楼梯。封闭楼梯间、防烟楼梯间的设计,应符合本规范第7.4节的有关规定
58	疏散楼梯间	烟规 3.3.1	9.1.2/9.3.1	楼梯间防烟	9.1.2　防烟楼梯间及其前室、消防电梯间前室或合用前室应设置防烟设施。9.3.1　下列场所应设置机械加压送风防烟设施:①不具备自然排烟条件的防烟楼梯间。②不具备自然排烟条件的消防电梯间前室或合用前室。③设置自然排烟设施的防烟楼梯间,其不具备自然排烟条件的前室

（续表）

编号	01版低规规范条文内容	01版条文	06版条文	内容提示	06版低规条文内容
59	相差很大	烟规 4.1.1	9.1.3	应设排烟场所	9.1.3 下列场所应设置排烟设施： ① 丙类厂房中建筑面积大于300 m² 的地上房间；人员、可燃物较多的丙类厂房或高度大于32.0 m的高层厂房中长度大于20.0 m的内走道；丙类厂房中建筑面积大于5 000 m² 的丁类厂房。 ② 占地面积大于1 000 m² 的丙类仓库。 ③ 公共建筑中经常有人停留或可燃物较多，且建筑面积大于300 m² 的地上房间；长度大于20.0 m的内走道。 ④ 中庭 ⑤ 设置在一、二、三层且房间建筑面积大于200 m² 或设置在四层及四层以上或地下、半地下的歌舞娱乐放映游艺场所。 ⑥ 总建筑面积大于200 m² 或一个房间建筑面积大于50 m² 且经常有人停留或可燃物较多的地下、半地下建筑或建筑的地下室、半地下室。 ⑦ 其他建筑中长度大于40.0 m的疏散走道

注：规范更新，反映了技术渐趋成熟，是件好事。但许多事情密切关联，牵一发动全身。低规改了，高规仍在原地踏步，出现了倒挂现象。

7.8 上海残规局部汇总表

建筑类别		基本尺度	无障碍入口（坡道、门斗、平台、雨篷）	道路、走道、门、地面	无障碍楼梯	无障碍电梯	无障碍厕所 厕所	无障碍厕所 厕位	停车位	备注
居住建筑	低多层	√宜2%~4%	√	√	√×					
	中高层	√宜4%	√10%	√100%	应	√	√同层厕所	底层√	2%√>1个	连廊 W=1 200
	宿舍	√宜2%(底层)	√×							
办公	非智能化办公楼									
	社区中心		√	√	宜	√		宜√	√1~2个	
	企事业	对外	√	√	√			×	√	
		非对外	√					×	×	

（续表）

建筑类别		基本尺度	无障碍入口（坡道，门斗，平台，雨罩）	道路、走道、门、地面	无障碍楼梯	无障碍电梯	无障碍		停车位	备注
							厕所	厕位		
商店	大：>5 000 m²		√	√		√		层层应设√	√	
	中：<5 000 m²		宜√					宜√		
	小型便利店：<500 m²		宜√							
停车场	大（300）特大：300~500								8个（特大2%）	
	中：50~300								5个	
	小：50								2个	
餐饮	二级		×	×			×	×		
中小学校	>36班		√	√				↔		
	18~36班		√	√				↔		
	<18班		√	√			×	×		

说明："√"表示应做；"宜√"表示宜做；"×"表示可以不做；"√×"表示可做可不做，视具体情况确定。

7.9 居住建筑离界距离及相互间距图解（上海）

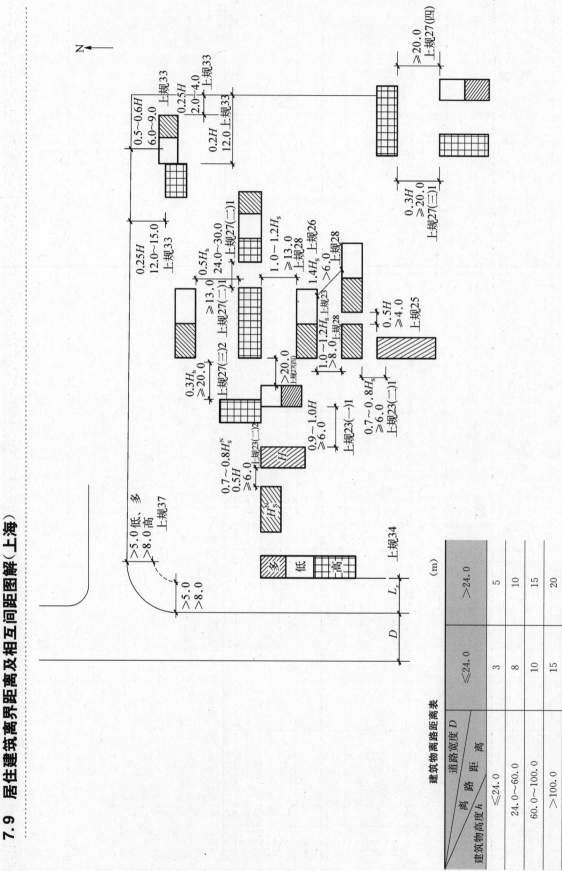

建筑物离路距离表

	道路宽度 D 离 路 距 离		(m)
建筑物高度 h		≤24.0	>24.0
≤24.0		3	5
24.0～60.0		8	10
60.0～100.0		10	15
>100.0		15	20

7.10 建筑相互间距表

南北平行 北侧建筑

南北平行 南侧建筑	居 低独	居 多	居 高	非居 低	非居 多	非居 高
居 低	上23(一)1 1.0~1.2Hs 上28≥6.0 / 上26 1.4Hs	上23(一)1 1.0~1.2Hs 上28≥8.0	上23(一)1 1.0~1.2Hs 上28≥13.0 / 上26 1.4Hs 上28≥13.0	上29(二)→31(四) ≥6.0 消防间距低5.2.1 ≥6.0	上29(二)→31(四) ≥6.0 消防间距低5.2.1 ≥6.0	上29(二)→31(四) ≥6.0 消防间距高4.2.1 ≥6.0(褶)≥9.0(高)
居 多	上23(一)1 1.0~1.2Hs	上23(一)1 1.0~1.2Hs	上23(一)1 1.0~1.2Hs 上28≥13.0	上29(二)→31(四) ≥6.0 消防间距低5.2.1 ≥6.0	上29(二)→31(三) ≥10.0 消防间距低5.2.1 ≥6.0	上29(二)→31(二) ≥13.0
居 高	上解23(一)1/26 1.0~1.2Hs/1.4Hs 上28≥6.0 不必日照分析	上解23(一)1 1.0~1.2Hs 不必日照分析	上解23(一)1 1.0~1.2Hs 不必日照分析	上29(二)→31(四) ≥6.0 消防间距高4.2.1 ≥6.0(褶)9.0(高)	上29(二)→31(二) ≥13.0	上29(二)→31(二) ≥0.4Hs ≥24.0
非居 低	上29(一)1→32(一)1 1.0~1.2Hs 上28≥6.0	上29(一)1→23(一)1 1.0~1.2Hs 上28≥8.0	上29(一)1→23(一)1 1.0~1.2Hs 上28≥13.0	31(四)≥6.0 消防间距低5.2.1≥6.0	31(四)≥6.0 消防间距低5.2.1≥6.0	31(四)≥6.0 消防间距高4.2.1≥6.0(褶)≥9.0(高)
非居 多	上27(二)1 0.5Hs≥24.0~30.0 日照分析	上27(二)1 0.5Hs≥24.0~30.0 日照分析	上27(二)1 0.5Hs≥24.0~30.0 日照分析	31(四)≥6.0 消防间距低5.2.1≥6.0	31(三)≥10.0	31(三)≥15.0
非居 高	上27(二)1 0.5Hs≥24.0~30.0/ 日照分析	上27(二)1 0.5Hs≥24.0~30.0/ 日照分析	上27(二)1 0.5Hs≥24.0~30.0/ 日照分析	31(四)≥6.0 消防间距高4.2.1≥6.0(褶)≥9.0(高)	31(二)≥13.0	31(一)≥0.4Hs ≥24.0

执行文件:
2003.11《上海市规划管理技术规定》
2007.7 沪规发〔2007〕524号《上规应用解释》

N居 S居	N非 S居
上23/26/27/28	上29(一)→31(四)
上29(一)→	上31
N居 S非	N非 S非

	上23—27	上29(一)→27/28 21/28
居	上29—23—28	上31

东西平行
东侧建筑

东侧建筑（东西平行）＼东西侧建筑	居・低	居・多	居・高	非・低	非・多	非・高
非・高	上29(一)→27(二)2 $0.3H_h$ ≥24.0	上29(一)→27(二)2 $0.3H_h$≥24.0	上29(一)→27(二)2 $0.3H_h$≥24.0	上31(四) ≥6.0 消防间距高4.2.1 6.0(裙)9.0(高)	上31(二)≥13.0	上31(二)2 $0.3H_h$≥18.0
非・多	上29(一)→27(一)2 $0.9\sim1.0H'$≥6.0	上29(一)→23(一)2 $0.9\sim1.0H'$≥6.0	上29(一)→27(二)2 ≥24.0	上31(四) ≥6.0 消防间距低5.2.1 ≥6.0	上31(三)≥10.0	上31(二)≥13.0
非・低	上29(一)→27(二)2 $0.9\sim1.0H'$≥6.0	上29(一)→23(一)2 $0.9\sim1.0H'$≥6.0	上29(一)→27(二)2 ≥24.0	上31(四)≥6.0 消防间距低5.2.1 ≥6.0	上31(四) ≥6.0 消防间距低5.2.1 ≥6.0	上31(四) ≥6.0 消防间距高4.2.1 6.0(裙)9.0(高)
居・高	上27(二)2 ≥24.0	上27(二)2≥24.0	上27(一)2≥$0.4H$ ≥24.0	上29(一)→27(二)2 ≥24.0	29(一)→27(二)2 ≥24.0	29(一)→27(一)2 $0.4H'$≥24.0
居・多	上23(一)2 $0.9\sim1.0H'$≥6.0	上23(一)2 $0.9\sim1.0H'$≥6.0	上27(二)2≥24.0	上29(一)→23(一)2 $0.9\sim1.0H'$ ≥6.0	上29(一)→23(一)2 $0.9\sim1.0H'$	上29(一)→27(二)2 ≥24.0
居・低	上23(一)2 $0.9\sim1.0H'$≥6.0	上23(一)2 $0.9\sim1.0H'$≥6.0	上27(二)2≥24.0	上29(一)→23(一)2 $0.9\sim1.0H'$	上29(一)→23(一)2 $0.9\sim1.0H'$≥6.0	上29(一)→27(二)2 ≥24.0

东西侧建筑
东西平行

建筑垂直布置

	东西间距	南北间距	消防间距
低多层居	上23(二)2 0.7~0.8H_N^S 0.5H_W^E≥6.0	上23(二)1 0.7~0.8H_S ≥6.0	低5.2.1 (4.0)6.0
多低居↔高居	上27(四)≥20.0	上27(四)≥20.0	高4.2.1 ≥9.0
高居↔高居	上23(三)2 0.3H_h≥20.0	上27(三)1 0.3H_S≥20.0	高4.2.1 ≥13.0

建筑山墙间距

	山墙间距规划	消防间距
低多↔低多	上25/23(二)3(山墙宽≤16.0)←上29(三)0.5H_h ≥4.0	低5.2.1 ≥6.0
低↔高	上25/27(六)←上29(三) ≥13.0	低5.2.1 ≥13.0
高↔高 多低居	上25/27(六)←上29(三) ≥13.0 0.5H_h←沪规法(2004)303. 三	高4.2.1 ≥13.0

江苏省南北向建筑相互间距（大城市）2h

图例：
裙房 $H \leq 10.0$ m，作低层；$10.0 \sim 24.0$ m，作多层；≥ 24.0 m，作高层

图例	条文	图例	条文
	苏3.1.3/3.1.8		苏3.1.9.2
	苏3.1.9.1→3.1.3/3.1.3/2		苏3.1.10.1

南侧建筑＼北侧建筑	居住建筑 低	居住建筑 多	居住建筑 高	非居住建筑 低	非居住建筑 多	非居住建筑 高
居住建筑 低	2h 苏3.1.3.二 ≥6.0 苏3.1.8	2h 苏3.1.3.二 ≥12.0 苏3.1.8	2h 苏3.1.3.二 ≥18.0 苏3.1.8	≥9.0 苏3.1.9.2	≥9.0 苏3.1.9.2	≥9.0 苏3.1.9.2
居住建筑 多	2h 苏3.1.3.二 ≥12.0 苏3.1.8	2h 苏3.1.3.二 ≥12.0 苏3.1.8	2h 苏3.1.3.二 ≥18.0 苏3.1.8	≥10.0 苏3.1.9.2	≥12.0 苏3.1.9.2	≥18.0 苏3.1.9.2
居住建筑 高	2h 苏3.1.3.二 ≥30.0 苏3.1.8	2h 苏3.1.3.二 ≥30.0 苏3.1.8	2h 苏3.1.3.二 ≥30.0 苏3.1.8	≥12.0 苏3.1.9.2	≥24.0 苏3.1.9.2	≥24.0 苏3.1.9.2
非居住建筑 低	2h 苏3.1.9.1→3.1.3/2 ≥6.0 苏3.1.8	2h 苏3.1.9.1→3.1.3 ≥12.0	2h 苏3.1.9.1→3.1.3 ≥18.0	≥6.0 苏3.1.10.1	≥6.0 苏3.1.10.1	≥9.0 苏3.1.10.1
非居住建筑 多	2h 苏3.1.9.1→3.1.3 ≥12.0	2h 苏3.1.9.1→3.1.3 ≥12.0	2h 苏3.1.9.1→3.1.3 ≥18.0	≥6.0 苏3.1.10.1	≥12.0 苏3.1.10.1	≥13.0 苏3.1.10.1
非居住建筑 高	2h 苏3.1.9.1→3.1.3 ≥30.0	2h 苏3.1.9.1→3.1.3 ≥30.0	2h ≥30.0	≥9.0 苏3.1.10.1	≥13.0 苏3.1.10.1	≥18.0 苏3.1.10.1

江苏省东西向建筑相互间距（大城市）2h

高层裙房，分三种情况：$H<$10.0 m，作低层；10.0～24.0 m，作多层；≥24.0 m，视作高层

最小间距 3.1.8	最小间距 3.1.8
2h×0.95 住 / 住 苏3.1.3/3.1.8	2h×0.95 住 / 非 → 苏3.1.9.1→3.1.3/3.1.8
最小间距 3.1.9.1→ 3.1.3/3.1.8	最小间距 3.1.10.1
2h×0.95 住 / 非 苏3.1.9.1→3.1.3/3.1.8	2h×0.95 非 / 非 苏3.1.10.1

西侧建筑 ＼ 东侧建筑		住宅			非住宅		
		低	多	高	低	多	高
住宅	低	2h×0.95 ≥6.0	2h×0.95 ≥12.0	2h×0.95 ≥18.0	≥9.0	≥9.0	≥9.0
	多	2h×0.95 ≥12.0	2h×0.95 ≥12.0	2h×0.95 ≥18.0	≥10.0	≥12.0	≥18.0
	高	2h×0.95 ≥30.0	2h×0.95 ≥30.0	2h×0.95 ≥30.0	≥12.0	≥24.0	≥24.0
非居住	低	2h×0.95 ≥6.0	2h×0.95 ≥12.0	2h×0.95 ≥18.0	≥6.0	≥6.0	≥9.0
	多	2h×0.95 ≥12.0	2h×0.95 ≥12.0	2h×0.95 ≥18.0	≥6.0	≥12.0	≥13.0
	高	2h×0.95 ≥30.0	2h×0.95 ≥30.0	2h×0.95 ≥30.0	≥9.0	≥13.0	≥18.0

江苏省中小城市南北向布置建筑间距(3h)

高层裙房分三种情况：
<10.0 m，作低层；
10.0～24.0 m，作多层；
≥24.0 m，作高层

		北侧建筑					
		住宅			非住宅		
南侧建筑		低	多、中高	高	低	多	高
住宅	低	3h 苏3.1.3 ≥6.0 苏3.1.8	3h ≥12.0	3h ≥18.0	≥9.0	≥9.0	≥9.0
住宅	多、中高	3h 苏3.1.3 ≥12.0 苏3.1.8	3h ≥12.0	3h ≥18.0	≥10.0	≥12.0	≥18.0
住宅	高	3h 苏3.1.3 ≥30.0 苏3.1.8	3h ≥30.0	3h ≥30.0	≥12.0	≥24.0	≥24.0
非住宅	低	3h ≥6.0	3h ≥12.0	3h ≥18.0	≥6.0	≥6.0	≥9.0
非住宅	多	3h ≥12.0	3h ≥12.0	3h ≥18.0	≥6.0	≥12.0	≥13.0
非住宅	高	3h ≥30.0	3h ≥30.0	3h ≥30.0	≥9.0	≥13.0	≥18.0

住 非 ≥底/小图图3.1.9.2 — 苏3.1.9.2

非 非 ≥底/小图图3.1.10.1 — 苏3.1.10.1

住 住 3h ≥底/小图图3.1.3 — 苏3.1.3/3.1.8

住 非 3h ≥底/小图图3.1.8 — 苏3.1.9.1→3.1.3/3.1.8

江苏省中小城市东西向布置建筑间距（3h×0.95）

高层裙房分三种情况：H≤10.0 m，视作低层；10.0～24.0 m，视作多层；≥24.0 m，视作高层。

凡高层建筑为相邻建筑的遮挡建筑，且被遮挡有住宅、医院、学校、幼儿园等，必须作日照分析（苏3.1.6.1），同时又要满足日照间距（苏3.1.6.2→3.1.3）。对于非正南北朝向的，还要乘以方位系数，0.9或0.95（苏3.1.3.3）

不同建筑类型相邻组合简图
东西向平行类

西侧建筑 ＼ 东侧建筑		住宅 低	住宅 多	住宅 高	非住宅 低	非住宅 多	非住宅 高
住宅	低	3h×0.95 苏3.1.9.1→3.1.3.3 ≥9.0 苏3.1.8	3h×0.95 苏3.1.9.1→3.1.3.3 ≥9.0 苏3.1.8	3h×0.95 苏3.1.9.1→3.1.3.3 ≥9.0 苏3.1.8	3h×0.95 苏3.1.3.3 ≥6.0 苏3.1.8	3h×0.95 苏3.1.3.3 ≥12.0 苏3.1.8	3h×0.95 苏3.1.3.3 ≥18.0 苏3.1.8
住宅	多	3h×0.95 苏3.1.9.1→3.1.3.3 ≥10.0 苏3.1.8	3h×0.95 苏3.1.9.1→3.1.3.3 ≥12.0 苏3.1.8	3h×0.95 苏3.1.9.1→3.1.3.3 ≥18.0 苏3.1.8	3h×0.95 苏3.1.3.3 ≥12.0 苏3.1.8	3h×0.95 苏3.1.3.3 ≥12.0 苏3.1.8	3h×0.95 苏3.1.3.3 ≥18.0 苏3.1.8
住宅	高	3h×0.95 苏3.1.9.1→3.1.3.3 ≥12.0 苏3.1.8	3h×0.95 苏3.1.9.1→3.1.3.3 ≥24.0 苏3.1.8	3h×0.95 苏3.1.9.1→3.1.3.3 ≥24.0 苏3.1.8	3h×0.95 苏3.1.3.3 ≥30.0 苏3.1.8	3h×0.95 苏3.1.3.3 ≥30.0 苏3.1.8	3h×0.95 苏3.1.3.3 ≥30.0 苏3.1.8
非住宅	低	≥6.0 苏3.1.10.1	≥6.0 苏3.1.10.0	≥9.0 苏3.1.10.1	3h×0.95 苏3.1.9.1→3.1.3.3 ≥6.0 苏3.1.8	3h×0.95 苏3.1.9.1→3.1.3.3 ≥12.0 苏3.1.8	3h×0.95 苏3.1.9.1→3.1.3.3 ≥18.0 苏3.1.8
非住宅	多	≥6.0 苏3.1.10.1	≥12.0 苏3.1.10.1	≥13.0 苏3.1.10.1	3h×0.95 苏3.1.9.1→3.1.3.3 ≥12.0 苏3.1.8	3h×0.95 苏3.1.9.1→3.1.3.3 ≥12.0 苏3.1.8	3h×0.95 苏3.1.9.1→3.1.3.3 ≥30.0 苏3.1.8
非住宅	高	≥9.0 苏3.1.10.1	≥13.0 苏3.1.10.1	≥18.0 苏3.1.10.1	3h×0.95 苏3.1.9.1→3.1.3.3 ≥30.0 苏3.1.8	3h×0.95 苏3.1.9.1→3.1.3.3 ≥30.0 苏3.1.8	3h×0.95 苏3.1.9.1→3.1.3.3 ≥30.0 苏3.1.8

江苏省各种⊥布置情况建筑间距表

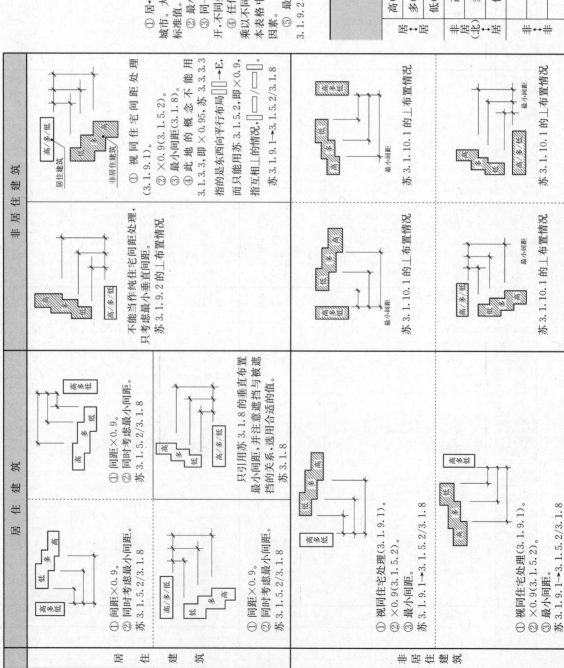

N ← → E

最小间距综合表

		高（遮）⊥挡）间距	多（遮）⊥挡）间距	低（遮）⊥挡）间距	适应情况
居 → 居	高（被挡）	25	15	15	▨ 3.1.8
	多（被挡）	20	10		
	低（被挡）	20	10	13	
非居 居（北）→ 居	高非	20	13		▨ 3.1.9.2
	多非	13	9		
	低非	9	6		
非 ↔ 非	高	15	9	9	▨ 3.1.10.1
	多	13	6	6	
	低	9	6	6	

① 居↔居，或当作居↔居处理的，要分别大中小城市。大城市选 2h 作标准值，中小城市选 3h 作标准值。

② 最小间距不分大中小城市。

③ 同一象限里的以实线分隔，相同处理的，以虚线隔开，不同处理的以实线分隔。要当心，以免搞错。

④ 任何情况下都有方位角的间题，只不过分角数而已。或乘以不同系数 1.0，或 0.90，或 0.95，这在本表格中不反映。实际计算时，均要考虑这一因素。

⑤ 最小间距有三种，分别见苏 3.1.8、苏 3.1.9.2、苏 3.1.10.1，下面列表综合表达 3.1.9.2、苏 3.1.10.1。

江苏省建筑山墙间距

不分大小城市，只关相邻建筑类别

		住宅			非住宅		
		低	多	高	低	多	高
住宅	低	4.0/6.0 低规5.2.4/苏3.1.8	8.0 苏3.1.8	13.0 苏3.1.8	4.0/6.0 低规5.2.4/苏3.1.9.2	6.0 苏3.1.9.2	9.0 苏3.1.9.2
	多	6.0 苏3.1.8	8.0 苏3.1.8	13.0 苏3.1.8	6.0 苏3.1.9.2	6.0 苏3.1.9.2	9.0 苏3.1.9.2
	高	13.0 苏3.1.8	13.0 苏3.1.8	13.0 苏3.1.8	13.0 苏3.1.9.2	9.0 苏3.1.10.1	13.0 苏3.1.10.1
非住宅	低	4.0/6.0 苏3.1.8	6.0 苏3.1.8	9.0 苏3.1.8	6.0 苏3.1.10.1	6.0 苏3.1.10.1	9.0 苏3.1.10.1
	多	6.0 苏3.1.8	6.0 苏3.1.8	9.0 苏3.1.8	6.0 苏3.1.10.1	6.0 苏3.1.10.1	9.0 苏3.1.10.1
	高	13.0 苏3.1.8	13.0 苏3.1.8	13.0 苏3.1.8	9.0 苏3.1.10.1	9.0 苏3.1.10.1	13.0 苏3.1.10.1

7.11 厂房防火间距图解

☞ 成组布置（低规 3.3.4）

条件：① 高层及甲类厂房除外；② 占地面积之和＜低规 3.2.1 规定。

以面积小者为准，即以其中生产类别丙丁戊多单顺序第一者为准，无规定者以 10 000 m² 为限。

间距：

1. 6.0 m（其中之一 $H>7.0$）

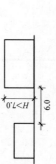

2. 4.0 m（其中之一 $H<7.0$）

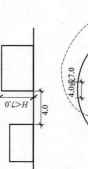

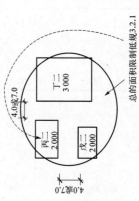

以其中生产类别丙丁戊为准，即以其中占地最小者为准。

本例即以丙二为准（低规 3.3.4→3.2.1）。

说明：此表根据相应条文制作，供参考。

06 低规的相应条文为 3.4.8/3.3.1。

总的面积限制低规3.2.1

☞ 通常情况（见低规 3.3.1 表）

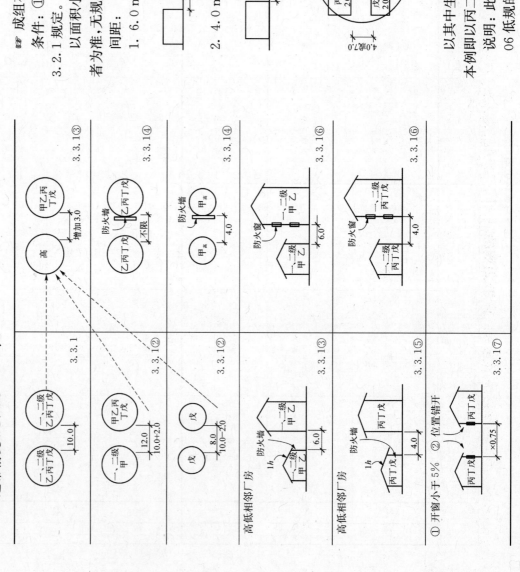

7.12 小型商业网点及营业厅疏散距离图解

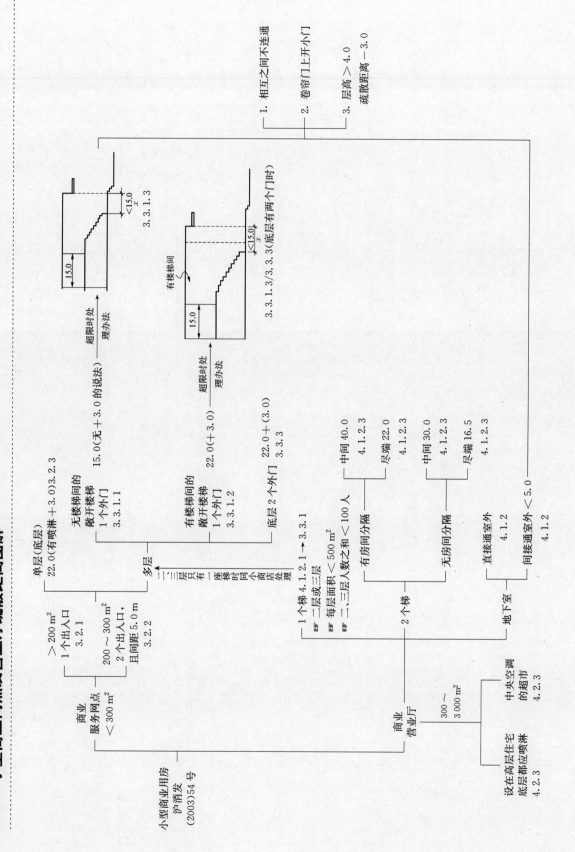

后 记

说起本手册的来历,要提起二十年前的一场大病。1993年因病卧床两月有余,躺在床上,面对白茫茫的天花板,思前想后,对于之后的生活,感到一丝丝担心。壮年结束,暮年临近,怎么办? 看来,早一点从画图第一线退下来,做一点校对什么的,可能是明智之举。

开始那时,还没有想得那么远那么多。只是想,凭什么去"校",凭什么说人家"对"与"不对"? 这"校"字,只有从规范出发,符合谓之对,不符合谓之不对。同时还希望能在一个本子里,解决日常工作中遇到的常见问题。

因此,从那时起,开始特别留心周围同事提出的问题,带着问题到规范中去找答案,用笔把它们记下来。过了一段时间,越记越多,就发现修改补充非常不方便。因此,临近退休之时,下决心学习五笔打字。学会了打字,把文字、表格打入电脑,增增减减就容易多了。

打出的稿子慢慢变长,内容渐渐增多。对于解决问题,好似有点用处。于是有的同事鼓励我:"何不把它出版呢?"——因此,就有了这本手册。

成书的过程,不光是资料搜罗的过程,更是从一个个错误中吸取经验的过程,积累经验的过程,艰难而又漫长。资料搜集得愈多,愈是明白不知道的东西更多,疑问反而更多。有自己没有弄懂的,有规范自身没有说清楚自相矛盾的,也有或者被我张冠李戴的。

因为成书过程过于缓慢,积累的过程简直跟不上规范修改的速度。为了追赶时时变化的形势,体力上感到有点入不敷出。大体上,从2004年10月开始全面修改原稿,不断补充完善,至今已数年,再拖下去,恐怕这本手册永远只能是"明日黄花"了,因此下定决心结稿。等到结稿,真正体会到一句话:"万事艰辛出。"

本手册采用笔记体裁,难免粗糙而且不合一般的文章体裁,条理的安排不够统一,同时,说明每条内容的出处的做法,虽然有其方便之处,但也带来新的问题,那么多互不关联的章节号码,太容易出错,一不小心就踏中地雷。另外,本人花了不少心血打造的工具图表,只是一种尝试,不一定完美。在此,一方面表示歉意,另一方面诚恳欢迎各位指正(E-mail:2087663698@qq.com)。手册的产生,无论是草稿的手工制作,内容的积累,还是基本电脑技巧的掌握,都是依靠周围同事。没有周围同事的帮助,我将一事无成。借此机会,首先向我无法一一列举名字的同事们表示谢意,其次向蒋浩良、张波、马黎勇、卢靖、田煜、盛中度、吴军、钱俊、王红兵、朱鸿云、李晓林……诸君表示谢意,同时更要向胡毅先生表达本人迟到的谢意,我曾经一而再再而三地给他制造麻烦,至今仍感惭愧,感谢他在我十分无奈时给我以无私帮助。

本手册以日常工作中涉及的各种规范、规定、政策法令、图集、参考书(资料)为基础,离开它们本手册就无从谈起。借此出版机会,向各种规范、规定、政策法令、图集、参考书(尤其是非公开发行的资料)的制定者和作者们表示谢意。引用时都会说明出处,以表示对他们辛勤劳动的尊重和感谢。引用中,如有违背他们原意的,应该是本人的错误,由本人负责,与规范、规定、政策法令、图集、参考书(资料)的制定者和作者无关。

　　2005 年到如今,又 8 年了。这 8 年,经历过电脑崩盘的绝望,经历过漫长等待的无奈,经历过双方观念磨合的妥协,经历过卧床一个月不能吃饭、无法睡觉、体重骤减二十多斤的艰难……终于迎来了曙光,手册要出版了。"丑媳妇见公婆",既期待又担忧,担忧中夹杂着期待。但愿我能像一个老中医,在帮助解决工程设计小儿科多发病、常见病方面起一点作用,给我的生活带来一点信心和愉悦。如果能在未来几年的坐堂问诊中碰上志同道合的年轻人,那就更好了,可以新陈代谢了。

蒋靖生

2014 年 4 月